標準 工作機械

徐 南 燮 著

東 明 社

머 리 말

切削加工을 요하는 모든 機械 및 기타 制品의 精密度와 생산성은 바로 工作機械의 性能에 관계되는 것으로 보아 공작기계설계·제작 능력은 그 나라의 기술수준 평가의 척도가 되며, 그 중요성은 새삼 언급할 필요가 없을 것이다.

「工作機械」라는 學問은 기본적으로 「工作機械設計原理」의 내용을 취급하는 것으로서, 이것을 공부하고 연구하기 위하여는 공작기계의 작동원리 및 사용법, 절삭기구, 절삭저항 및 경제절삭속도 등에 대한 지식이 선행되어야 함은 너무나 당연하다. 本書는 이 점을 감안하여 1, 2, 3篇에서 공작기계의 작동원리 및 사용법, 4篇에서 절삭기구, 절삭저항 및 경제절삭속도, 5篇에서 공작기계설계의 기초원리를 체계적으로 기술하려고 노력하였다.

1, 2, 3篇의 내용은 機械工作法의 切削加工篇에서, 4篇의 내용은 金屬切削理論에서 각각 취급되고 있으나 기계공작법의 진도가 절삭가공에 이르지 못하였거나 금속절삭이론을 수강하지 못한 학생을 위하여 이에 대한 것을 수록하였으므로 실정에 따라 취사선택할 수 있을 것이다. 그러나 학생의 입장에서는 체계적인 정리를 한다는 데 의미를 두고 처음부터 공부하기를 권하는 바이다. 2년제 대학에서는 1, 2, 3, 4篇에 중점을 두고 5篇에서는 극히 기초적인 것만을 소개할 것을, 4년제 대학에서는 1, 2, 3, 4篇을 선택적으로 강의한 후 5篇에 중점을 두어 강의할 것을 감히 권하는 바이다.

오교와 부족한 점에 대하여는 차후에 보완하기로 하오니 독자 여러분의 충언을 기대하는 바입니다.

끝으로 본서의 집필에 참고한 문헌의 저자들 및 출판을 맡아준 東明社 여러분에게 심심한 사의를 표하는 바이다.

1993. 5.

저 자 씀

◇ 차　　례 ◇

총 론

재료를 변형하여 우리 문화 생활에 필요한 機械 및 器具를 제작할 수 있는 기계, 즉 기계를 낳을 수 있는 기계를 **工作機械**(machine tool)라 한다. 재료를 변형시키는 방법에는 chip을 발생하는 切削加工法과 chip의 발생이 없는 塑性加工法으로 대별할 수 있다. 전자에 이용되는 것을 切削工作機械, 후자에 이용되는 기계를 非切削工作機械(金屬加工機械)라 구별할 수 있으나 狹義에서의 공작기계라 하면 전자를 의미하며, 本書에 있어서도 협의의 공작기계만을 취급하기로 한다.

工作機械의 분류

공작기계를 분류 기준에 따라 나누면 다음과 같다.

〔1〕 構造에 따른 분류

① 平削機(planer, shaper, slotter)
② 旋盤(lathe)
③ 硏削機(grinding machine)
④ milling machine
⑤ boring machine
⑥ drilling machine
⑦ gear cutting machine
⑧ broaching machine

〔2〕 用途에 따른 분류

(1) **汎用工作機械**(general purpose machine tool) : 가공능력 범위가 넓어서 다양한 가공을 할 수 있으나 자연히 구조가 복잡하다. 소량 생산에 적합한 공작기계이다.

(2) **單能工作機械**(single purpose machine tool) : 범용공작기계를 단능화한 공작기계이다.

(3) **專用工作機械**(special machine tool) : 가공할 것을 미리 정하여 이에 대비한 것으로서 단능공작기계의 융통성을 더욱 축소한 공작기계이다.

(4) **萬能工作機械**(universal machine tool) : 몇대 또는 수종의 범용공작기계가 해야 할 일을 한 대의 공작기계에서 할 수 있는 공작기계이다.

(5) **生産形 工作機械**(manufacturing machine tool) : 重切削과 다량 생산에 적합하게 설계된 것으로서, 단능형과 만능형의 중간에 속하는 공작기계라 할 수 있다.

(6) **數値制御工作機械**(NC machine tool) : 일반적으로 기계가공의 능률 및 정밀도는 작업자의 숙련도에 따라 차이가 있으며, 正味加工時間은 작업시간의 30% 내외에 있다. 공작기계의

NC化에 따라 계측시간, 준비시간 등의 시간을 단축하고, 正味時間을 늘이고, 작업자의 영향을 받지 않는 일정한 가공을 할 수 있으며, 한 사람이 여러 대의 공작기계를 운전할 수 있는 장점도 있다.

〔3〕 其他의 분류

(1) 절삭능력에 따라 : 强力工作機械(heavy duty machine tool)

(2) 절삭속도에 따라 : 高速工作機械(high speed machine tool)

(3) 절삭 정도에 따라 : 精密工作機械(precision machine tool)

(4) 주축수에 따라 : 單軸工作機械(single-spindle machine tool), 多軸工作機械(multispindle machine tool)

工作機械의 具備條件

생산자의 관심은 高級製品을 값싸게 얻는 것이다. 즉 高能率로 高精密度의 제품을 생산하는 理想 조건을 만족시키기 위하여 공작기계가 구비해야 할 조건은 다음과 같다.

〔1〕 高精密度의 관점

① 정밀도가 높아야 한다.

② (靜的, 動的 및 熱的) 剛性이 커야 한다.

③ 耐久性이 커야 한다.

〔2〕 高能率의 관점

① 操作이 용이하여야 한다.

② 生産率이 커야 한다.

③ 안전장치를 구비하여야 한다.

이상의 조건을 전부 만족하는 상태에서의 가공은 쉽지 않다. 예컨대 重切削에서는 정밀도를 다소 희생하고 切削率(금속제거율)을 높이는 데 역점을 둔다.

工作機械의 基本運動

공작기계가 소정의 절삭가공을 수행하기 위하여는 기본적으로 切削運動(cutting motion), 移送運動(feed motion) 및 位置調整運動(positioning motion)이 필요하다.

(1) **절삭운동** : 공작물과 工具刃의 상대적인 운등을 말하며 공작기계의 대부분의 동력은 이 절삭운동에 소비된다. 선반, planer 등에서 공구는 일정 위치에 있고 공작물의 이동에 의하여

절삭운동이 이루어지며, shaper, drilling machine, broaching machine 등에서는 공작물이 일정 위치에 있고 공구의 운동에 의하여 절삭운동이 이루어진다.

절삭운동의 크기(절삭속도)는 단위시간에 공작물이 工具刃을 통과하는 거리〔m/min, ft/min〕로 표시된다. 선반과 drilling machine에서와 같이 공작물 또는 공구가 회전운동을 할 때에는 회전체의 원주속도가 절삭속도이며, 그 방향은 절삭인 접촉점에서 접선 방향이다.

(2) 이송운동 : 절삭운동인 線要素를 面要素로 되게 하는 운동으로서 일반적으로 공작물의 새로운 면을 가공하기 위하여 절삭 방향에 대한 수직 방향에서 공작물과 공구의 상대운동이다. 平削 및 形削에서는 절삭이 중단되는 귀환행정에서 이송운동이 되고, 선삭, drilling, 연삭 및 milling 등에 있어서는 절삭운동의 중단없이 연속적으로 이송운동이 된다.

이송운동의 크기는 공작물 또는 공구의 1회전당 이송운동량〔mm/rev, in/rev〕, 절삭행정당(1왕복당) 이송운동량〔mm/stroke, in/stroke〕으로 나타내며, 이송운동 또는 이송운동량을 단순히 이송(feed)이라고도 한다.

대표적 공작기계에 대한 기본운동의 조합은 다음 Table과 같다.

(3) 위치조정운동 : 절삭운동과 이송운동이 시작되기 전에 공작물과 공구의 상대위치를 조

절삭운동과 이송운동의 조합

가 공 방 식	공 작 기 계	절 삭 운 동	이 송 운 동
旋削 (turning)	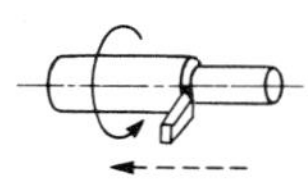 旋盤 (lathe)	공작물(회전운동)	공구(직선운동)
drilling	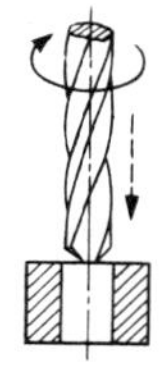 drilling machine	공구(회전운동)	공구(직선운동)
圓筒研削 (grinding)	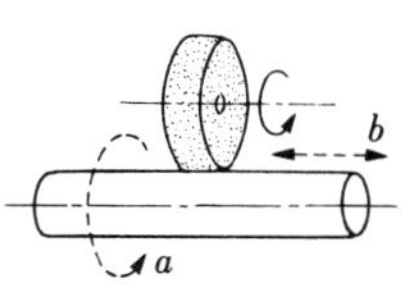 研削機 (grinding machine)	공구(회전운동)	공작물 (a) (직선운동), 공구 (b) (직선운동), 또는 (a+b) (직선운동)
milling	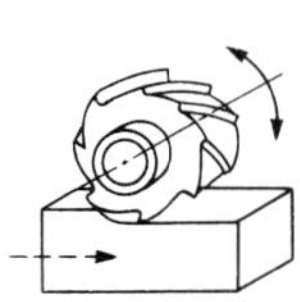 milling machine	공구(회전운동)	공작물(직선운동)
平削 (I) (planing)	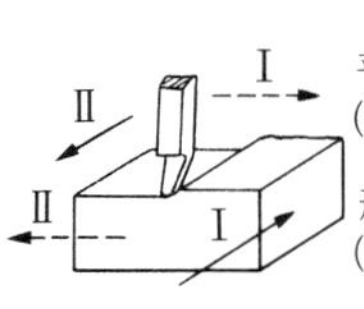 平削機 (planer)	공작물(직선운동)	공구(직선운동)
形削 (II) (shaping)	形削機 (shaper)	공구(직선운동)	공작물(직선운동)

정하는 운동으로서, 기계의 운동중심과 공작물의 중심조정, 가공시간의 절약을 위하여 이송 방향으로 공작물과 공구의 거리 단축, 소정의 치수 및 粗度를 얻기 위한 절삭깊이 및 이송(feed)의 조정 등이 있다. 따라서 위치조정운동은 절삭운동과 이송운동을 위한 보조운동이라고 볼 수 있다.

1 篇

切 削 加 工

1章 旋削加工

공작물의 회전과 그 회전축을 포함하는 평면내에서 공구의 선운동에 의하여 공작물을 원하는 형태로 절삭하는 것을 선삭 또는 선삭가공이라 한다.

1-1 旋盤의 종류

선반은 분류기준에 따라 다음과 같은 종류가 있다.

(1) 가공물의 재료에 따라

i) 金屬用 선반(metal working lathe)　　ii) 木工用 선반(wood working lathe)

(2) 설치 방법에 따라

i) 고정식 선반(stationary lathe)　　ii) 이동식 선반(movable lathe)

(3) 동력 전달방식에 따라

i) 皮帶車式 선반(belt driven lathe)

ii) 油壓式 선반(hydraulic lathe)

iii) 齒車式 선반(gear driven lathe)

iv) 無段式 變速 선반(stepless speed driven lathe)

v) 變速電動機式 선반(variable speed driven lathe)

(4) 축방향에 따라

i) 수평식 선반(horizontal lathe)　　ii) 수직식 선반(vertical lathe)

(5) 移送機構에 따라

i) 자동식 선반(automatic lathe)　　ii) 비자동식 선반(non-automatic lathe)

(6) 축의 회전수에 따라

i) 저속 선반(low speed lathe)　　ii) 고속 선반(high speed lathe)

(7) 절삭량에 따라

i) 輕力 선반(light duty lathe)

ii) 中力 선반(medium duty lathe)

iii) 强力 선반(heavy duty lathe)

(8) 축의 수에 따라

i) 單軸 선반(single spindle lathe)

ii) 2軸 선반(double spindle lathe)

iii) 多軸 선반(multi-spindle lathe)

(9) bed의 형상에 따라

i) 英式 선반

ii) 美式 선반

(10) 작업 목적에 따라

i) 보통 선반(engine lathe)

ii) 卓上 선반(bench type lathe)

iii) 工具 선반(tool room lathe)

iv) 정면 선반(face lathe)

v) turret 선반(turret lathe)

vi) 多刃 선반(multi-cut lathe)

vii) 車軸 선반(shaft lathe)

viii) back-off lathe

ix) 模倣 선반(copying lathe)

x) 나사절삭 선반(screw cutting lathe)

주로 사용되고 있는 선반을 다음과 같이 각각에 대하여 설명한다.

〔1〕 普通旋盤

氣力旋盤이라고도 부르며 초기의 手足旋盤에서 蒸氣機關(steam engine)의 발명에 의하여 engine을 사용하였기 때문에 지금까지 그 이름이 불려지고 있다. Fig. 1-1은 보통 선반이며, 이 선반으로 할 수 있는 작업은 Fig. 1-2와 같다.

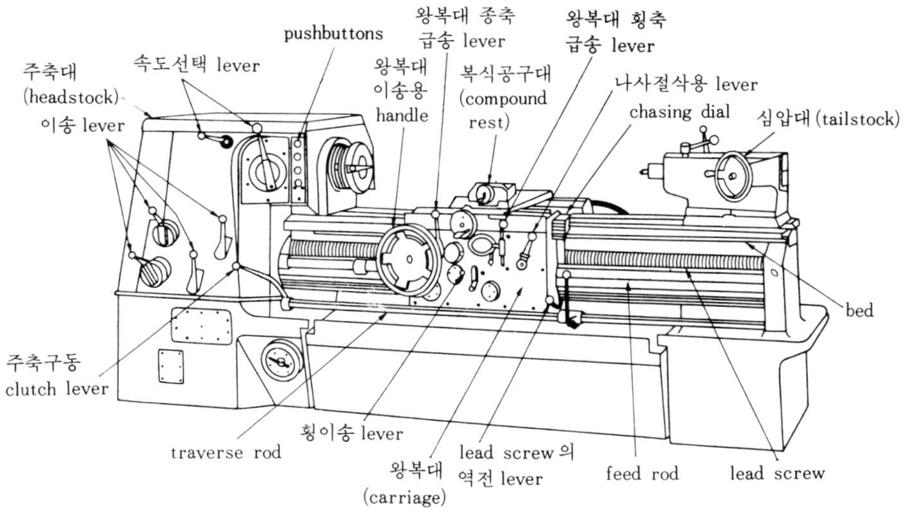

Fig. 1-1 보통 선반

〔2〕 卓上 旋盤

Fig. 1-3과 같이 bed의 길이가 900mm, swing(가공할 수 있는 최대 직경)이 200mm 이하인 소형 선반으로서 탁상에 설치하여 사용한다.

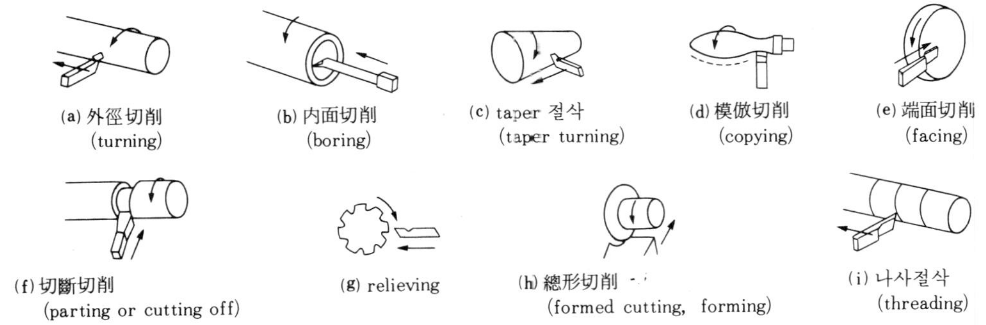

Fig. 1-2 선반의 기본 작업

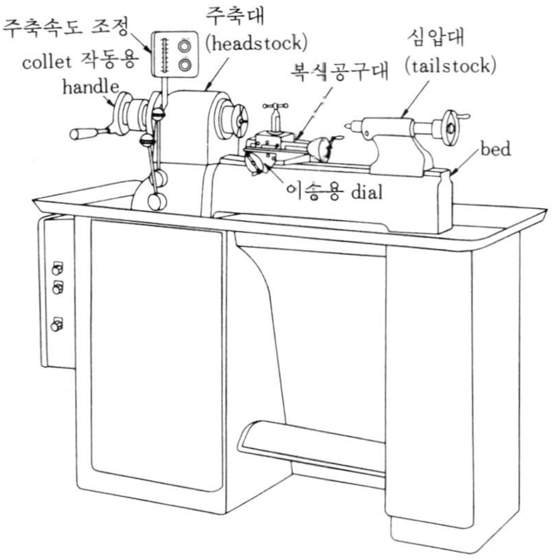

Fig. 1-3 탁상 선반

〔3〕 正面 선반

길이가 짧고 지름이 대단히 큰 것을 가공할 목적으로 제작된 선반이며, 심압대에는 cross bed가 있으며, 보통 공구대(tool rest)가 2개 있다.

〔4〕 工具 선반

보통 선반에 taper 절삭장치, relieving 장치를 구비한 것과 같은 것으로서 절삭공구 제작 및 각종 절삭에 사용된다(Fig. 1-56 참조).

〔5〕 turret 선반

공구대(tool post)에 작업순서에 따라 공구를 설치하여 표면절삭, 가로절삭, drilling, 나사 절삭 등의 작업을 일괄적으로 할 수 있는 선반이다(Fig. 1-63 참조).

〔6〕 自動 선반

재료의 이송 및 공구의 이송을 cam 등의 장치를 이용하여 한번 조절하여 놓으면 공구가 마멸될 때까지 연속적으로 이루어지는 선반이다.

〔7〕 多刃 선반

Fig. 1-4와 같이 동시에 各部를 절삭할 수 있도록 다수의 공구를 설치한 선반이며, 작업이 매우 능률적이다.

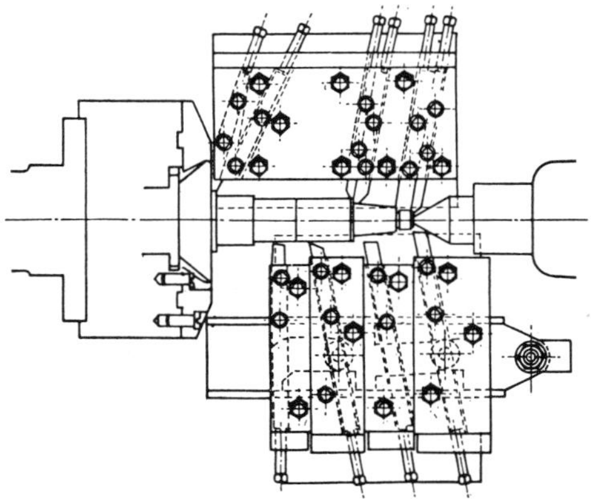

Fig. 1-4 다인선반

1-2 旋盤의 構造와 附屬裝置

1-2-1 선반의 각부 명칭

선반은 Fig. 1-1과 같이 주축대(head stock), 왕복대(carriage), 심압대(tail stock), bed, 등으로 구성되어 있다.

〔1〕 **主軸臺**(headstock)

주축대는 전동기의 동력을 받아 spindle을 회전시키며, spindle의 나사부에 가공물을 고정하는 面板(face plate)과 chuck을 고정한다. spindle의 회전수는 Fig. 1-5와 같은 변속 gear 장치에 의하여 조정한다. 이 외에도 변속장치로는 段車 및 back gear, 유압 또는 무단변속장치가 있다.

〔2〕 **往復臺**(carriage)

왕복대는 Fig. 1-6과 같이 apron, saddle, 複式工具臺(compound rest) 및 工具臺(tool post) 등으로 되어 있으며, apron hand-wheel에 의하여 왕복대를 bed에 따라 이동시키고, cross-feed handle에 의하여 cross slide를 bed 안내면에 직각 방향으로 움직인다. 또 compound-rest handle에 의하여 compound rest를 움직인다.

cross-feed handle과 compound-rest handle에는 micrometer collar가 부착되어 있어 $\frac{1}{100}$ mm까지의 눈금을 읽을 수 있으며, 이 collar는 set screw를 늦추어서 0의 위치를 임의로 맞출 수 있다. 자동이송마찰 clutch는 세로 방향과 가로 방향의 자동이송을 할 때 사용되며, 이송 방향은 주축대에 있는 역전장치에 의하여 정한다. half-nut lever는 나사절삭시에 자동

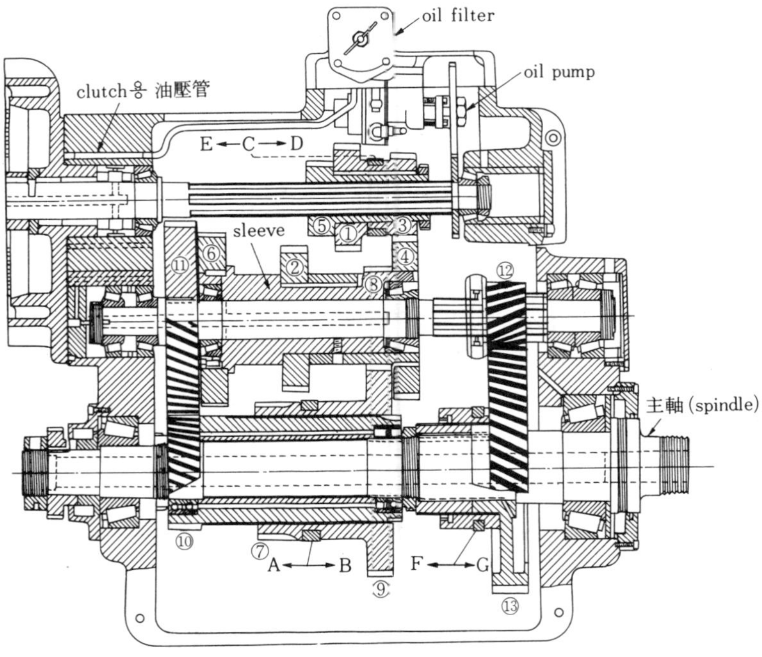

齒車의 미끄럼 운동	齒車의 회전전달 방향		
A·C·F	①→②→⑥→⑦	A·C·G	①→②→⑥→⑦→⑩→⑪→⑫→⑬
A·D·F	③→④→⑥→⑦	A·D·G	③→④→⑥→⑦→⑩→⑪→⑫→⑬
A·E·F	⑤→⑥→⑦	A·E·G	⑤→⑥→⑦→⑩→⑪→⑫→⑬
B·C·F	①→②→⑧→⑨	B·C·G	①→②→⑧→⑨→⑩→⑪→⑫→⑬
B·D·F	③→④→⑧→⑨	B·D·G	③→④→⑧→⑨→⑩→⑪→⑫→⑬
B·E·F	⑤→⑥→⑧→⑨	B·E·G	⑤→⑥(sleeve 회전)→⑧→⑨ (sleeve 회전)→⑩→⑪→⑫→⑬

Fig. 1-5 미끄럼 gear에 의한 주축구동장치

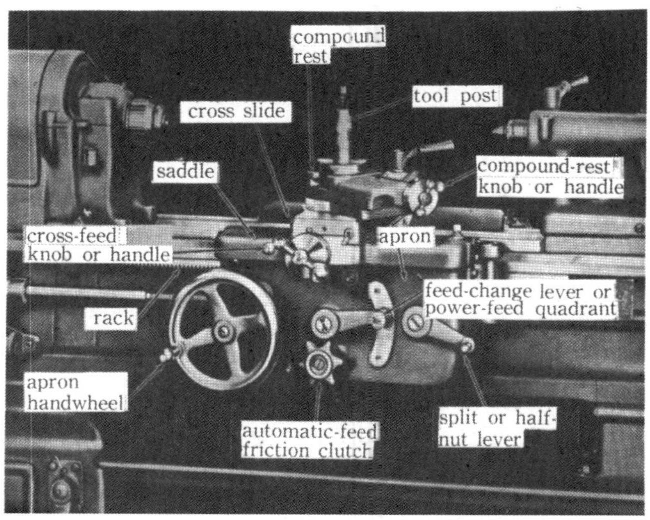

Fig. 1-6 왕 복 대

이송을 주기 위하여 사용한다. 또한 lead screw는 나사절삭에만 사용되고 feed screw가 별도로 설치된 것도 있다.

Fig. 1-7은 apron의 내부구조이며, lead screw는 worm gear를 회전시켜 cross feed를 주고 half nut를 lead screw에 물리어 세로 방향의 이송을 준다.

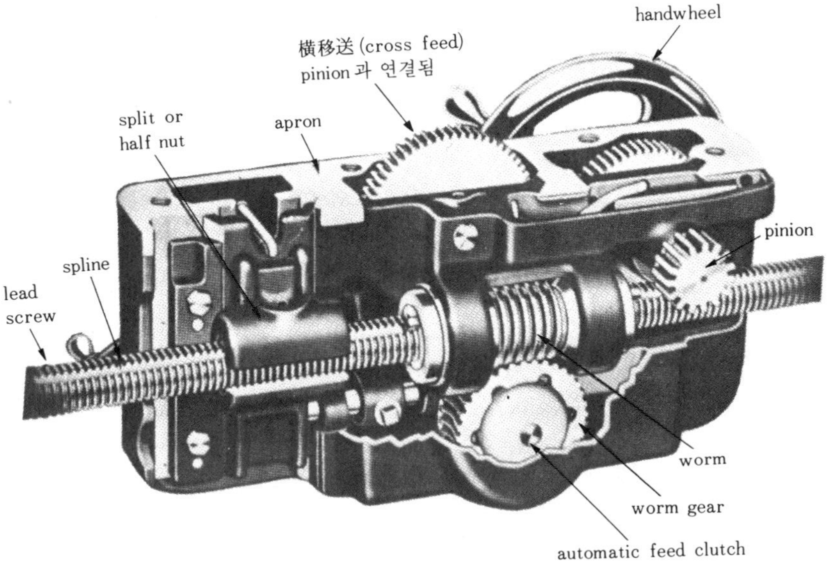

Fig. 1-7 apron의 내부 구조

〔3〕 **心押臺**(tailstock)

Fig. 1-8과 같이 spindle에 Morse taper를 갖는 center를 끼워 가공물을 지지하는 데 사용되며, center 대신 drill을 꽂고 drilling도 할 수 있다. bed상에서 적당한 위치에 심압대를 고정하고 hand wheel을 돌려 spindle을 움직인다. 편심조정나사(offsetting screw)를 돌려 심압대의 spindle을 주축대의 spindle에 대하여 수평면상에서 약간 편심시킬 수 있다.

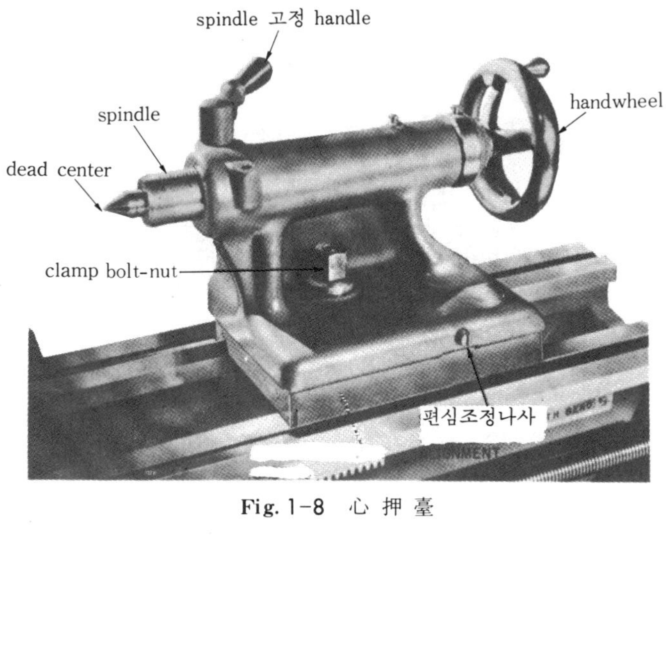

Fig. 1-8 心 押 臺

1-2-2 선반의 부속장치

선반에는 작업의 종류에 따라 각종 부속품과 부속장치가 사용된다.

〔1〕 center

심압대의 spindle에 고정하여 가공물을 支持하는 부속품으로서 Fig.1-9와 같은 것들이 있다. center가 회전하지 않을 때 이를 **dead center**, 회전할 때 **live center**라 하며 center shank는 Morse taper로 되어 있고, 끝의 center角은 일반적으로 60°이며 큰 가공물에 대해서는 75° 또는 90°이다. 가공물이 고속회전을 하거나 큰 경우에는 center 끝은 超硬合金을 붙여 만든다.

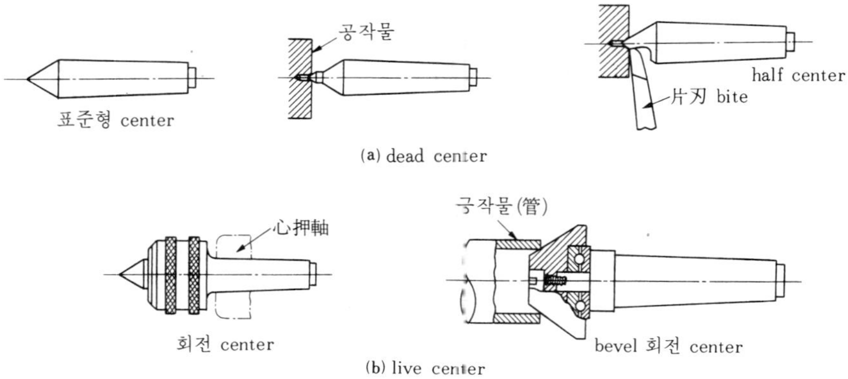

Fig. 1-9　각종 center

〔2〕 面板(face plate)

Fig. 1-10과 같이 주축의 spindle 나사部에 면판을 고정하고 공작물의 형상이 불규칙하여 chuck을 이용할 수 없는 경우에 chuck 대신 면판을 사용한다.

Fig. 1-10　면판을 이용한 공작물의 고정

〔3〕 돌리개(dog)

공작물을 양 center에 걸고 공작물을 주축과 함께 회전시키는 부속품이다. Fig. 1-11은 dog의 종류와 사용 예이다.

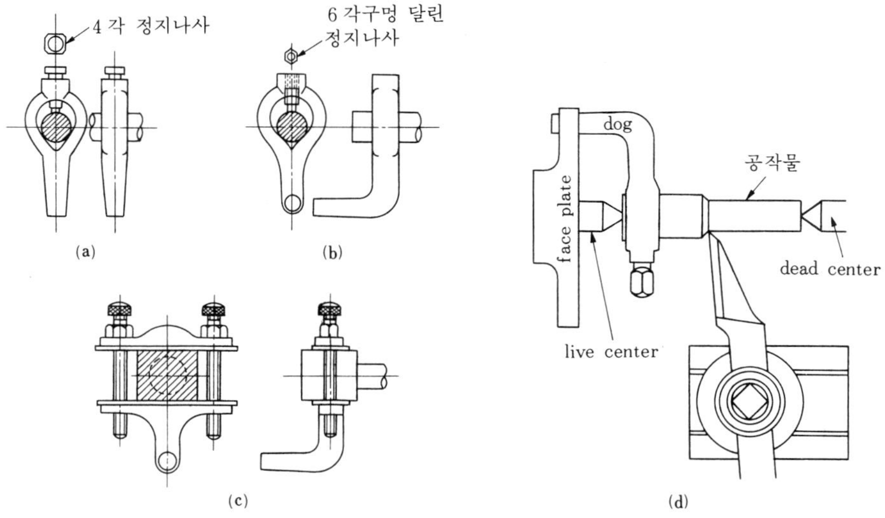

Fig. 1-11 돌 리 개

〔4〕 **心棒** (mandrel)

Fig. 1-12와 같이 공작물의 중앙에 구멍이 있어 center로 직접 지지할 수 없을 때에는 심봉(mandrel)을 끼우고 지지하여 가공한다.

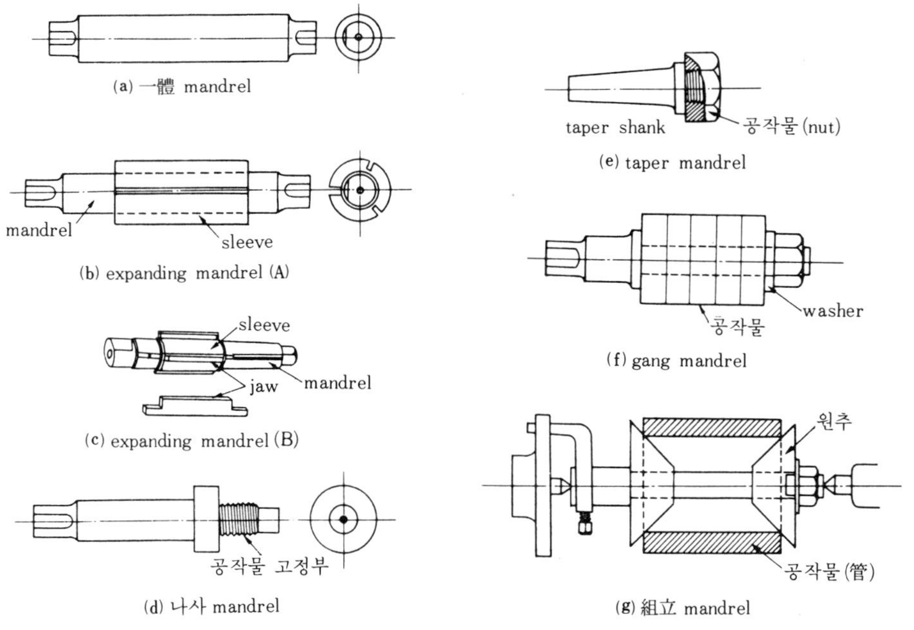

Fig. 1-12 각종 mandrel

〔5〕 **chuck**

chuck은 회전하는 vise의 일종으로서 주축의 spindle에 설치하여 공작물을 고정하는 데 사용되며, 다음과 같은 종류가 있다.

(1) 單動 chuck (independent chuck) : Fig. 1-13(a)와 같이 4개의 jaw로 되어 있으며, 각 jaw가 각각 단독으로 움직여 불규칙한 공작물의 고정에 적합하다.

(2) 連動 chuck (universal chuck) : Fig. 1-13(b)와 같이 3개의 jaw가 동시에 움직이며, 원형단면봉 또는 육각단면봉 등의 물림에 적합하나 scroll이 마멸되면 정밀도가 떨어진다. jaw는 안지름용과 바깥지름용이 따로 있다.

(3) magnetic chuck : Fig. 1-13(c)와 같이 chuck의 내부에 電磁石이 있고 이에 직류를 통하면 chuck이 磁化되어 공작물을 흡착시킨다. 가공 후 공작물의 殘留磁氣를 제거하기 위하여 脫磁機를 사용한다.

(4) collet chuck : Fig. 1-13(d)와 같은 형상으로 공작물의 지름이 작은 경우에 사용한다.

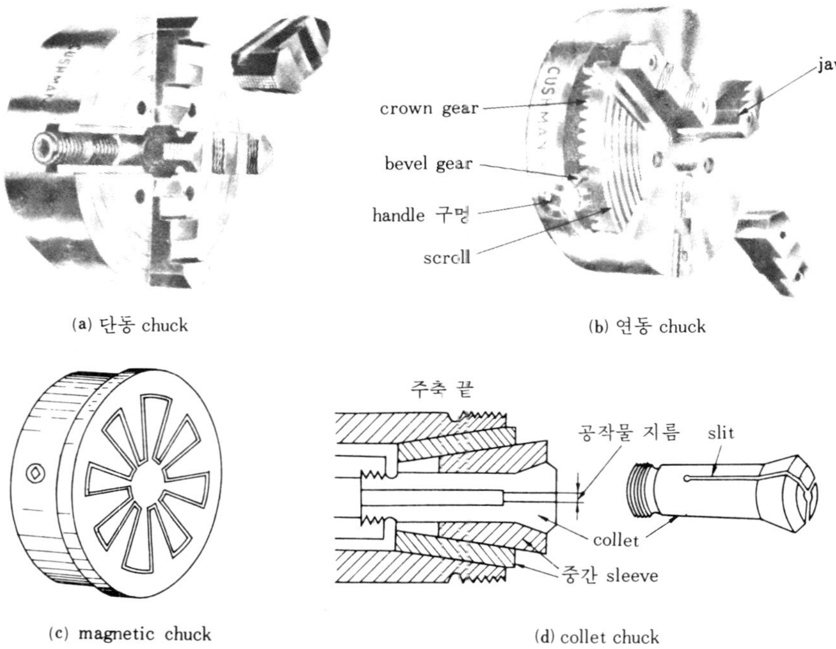

(a) 단동 chuck (b) 연동 chuck (c) magnetic chuck (d) collet chuck

Fig. 1-13 chuck의 종류

(5) 압축공기 chuck (compressed air chuck) : 압축공기에 의하여 jaw를 움직이고 공작물에 대한 고정력은 압축공기에 의하여 조절한다. 이것의 특징은 운전 중 작동이 가능하며 공작물에 고정 자국을 남기지 않는다. 압축공기 대신 유압을 이용하는 유압 chuck도 있다.

(6) drill chuck : 선반작업 중 구멍작업을 할 때 drill chuck으로 drill을 고정하고 drill chuck의 shank를 심압대의 spindle에 끼운다(Fig. 1-36 참조).

〔6〕 防振具 (work rest)

지름이 작고 긴 공작물을 가공할 때에 공구의 절삭력에 의하여 공작물이 휘어져서 일정한 지름의 가공을 할 수 없으면 Fig. 1-14와 같은 방진구를 사용한다. 방진구는 bed에 고정하는 고정식과 왕복대와 함께 이동하는 이동식이 있다.

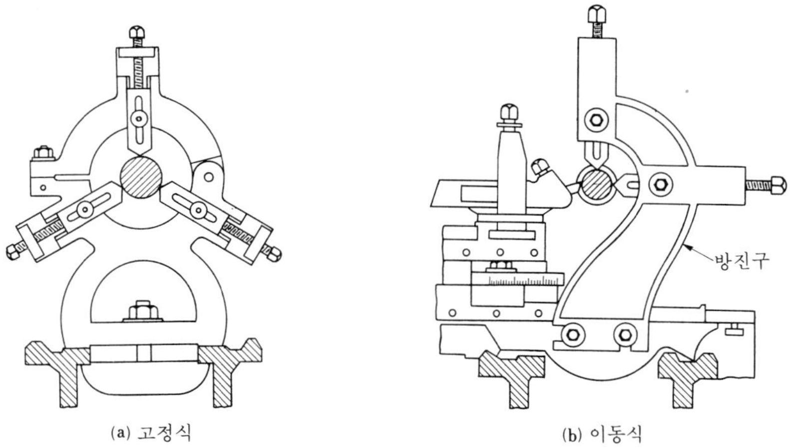

Fig. 1-14 방 진 구

1-3 切削工具와 切削作用

1-3-1 切 削 工 具

〔1〕 **bite** (tool)의 형상과 용도

Fig. 1-15와 같이 용도에 따라 각종의 bite가 있으나, 가장 많이 사용되는 것의 각부 명칭은 Fig. 1-16과 같다. 특히 나사切削 bite는 工具上面이 평탄하며, 上面과 側面傾斜角을 두지 않고 bite의 끝을 정확히 加工物의 중심선에 위치하도록 해야 한다.

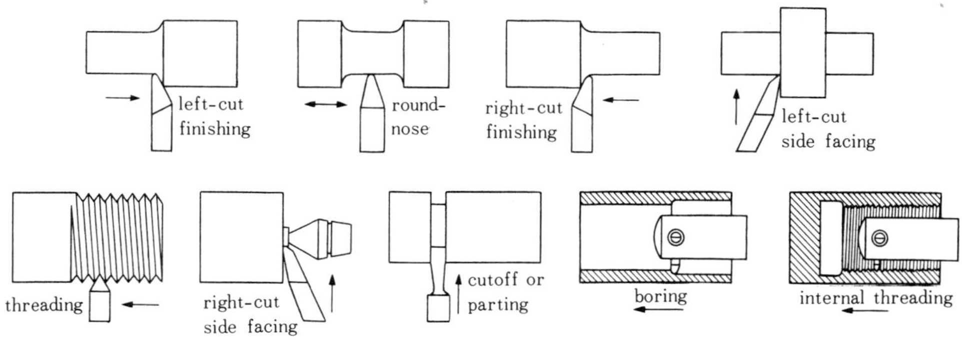

Fig. 1-15 bite의 종류와 용도

〔2〕 **工具角**(tool angle)

bite의 각도는 加工表面, 工具壽命, 切削力 등에 미치는 영향이 크며, 공작물 축과 bite의 절삭점을 포함하는 평면이 수평일 때 중요한 角을 들면 Fig. 1-17에서 다음과 같다.

(1) 傾斜角(rake angle) : 切刃의 임의점(일반적으로 선단)을 지나고 底面에 평행한 평면과 上面 경사면이 이루는 각

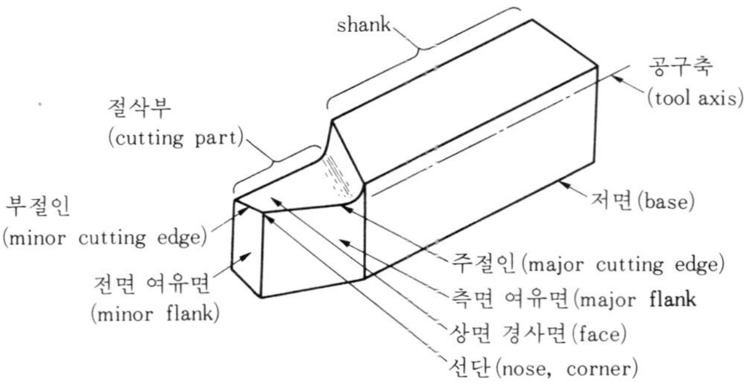

Fig. 1-16 bite의 각부 명칭

(i) 上面 경사각(back rake angle) : 切刃의 임의점(일반적으로 선단)을 지나는 底面 및 가공물의 축선에 수직인 평면내에서 측정한 경사각(α_b)

(ii) 側面 경사각(side rake angle) : (i)의 측정면과 수직인 평면내에서 측정한 경사각(α')

(iii) 수직 경사각(normal rake angle) : 主切刃(major cutting edge)의 저면에 대한 투영과 수직인 평면내에서 측정한 경사각(α_n)

(iv) 평행 경사각(parallel rake angle) : 主切刃과 평행하고 저면에 수직인 평면내에서 측정한 경사각(α_p)

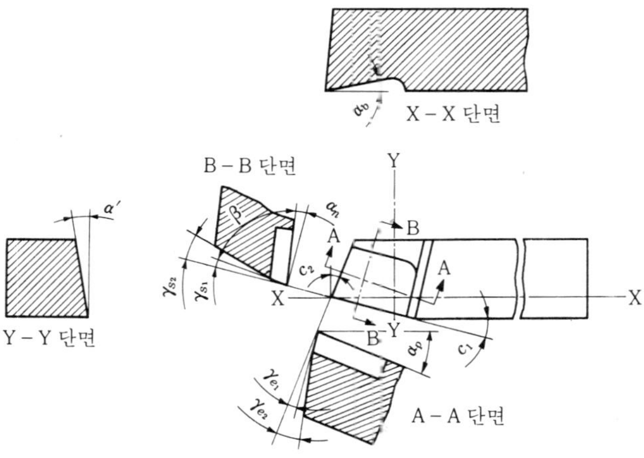

Fig. 1-17 bite의 각

(2) 餘裕角(relief angle) : 저면에 수직인 평면내에서 刃에서 底面에 그은 수직선과 여유면이 이루는 각, 제 2 차 여유면과 이루는 角은 clearance angle이라 한다.

(i) 第1先端 여유각(제 1 전방 여유각, end relief angle) : 副切刃(minor cutting edge)의 底面에 대한 투영과 직교하고 底面에 수직인 평면내에서 측정한 1次餘裕面의 여유각(γ_{e_1})

(ii) 第2先端 여유각(제 2 전방 여유각, end clearance angle) : 副切刃의 底面에 대한 투영과 직교하고 底面에 수직인 평면내에서 측정한 2차여유면의 여유각(γ_{e_2})

(iii) 第1横餘裕角(제 1 측면 여유각, side relief angle) : 主切刃의 底面에 대한 투영과 직교하고 底面에 수직인 평면내에 측정한 1차여유면의 여유각(γ_{s_1})

(iv) 第 2 橫餘裕角(제 2 측면 여유각, side clearance angle) : 主切刃의 底面에 대한 투영과 직교하고 저면에 수직인 평면내에서 측정한 2 차여유면의 여유각(γ_{s_2})

(3) 刃先角(cutting edge angle) : 刃先(cutting edge)의 위치를 나타내는 角

(i) 主切刃角(major cutting edge angle) : 主切刃과 工具軸이 이루는 각(c_1), 또는 주절인이 공구축에 수직인 선과 이루는 각

(ii) 副切刃角(minor cutting edge angle) : 副切刃이 공구축에 수직인 선과 이루는 각(c_2)

(4) 先端(nose) : 주절인과 부절인의 교차점을 nose라 하며, 절삭조건에 알맞는 nose 반경을 갖는다. 이상과 같은 정의에 의한 bite 형상은 다음 Fig. 1-18 과 같이 표시한다.

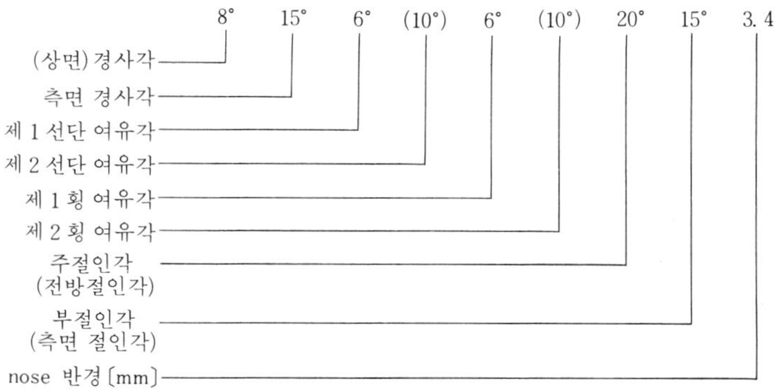

Fig. 1-18 bite의 형상 표시법

bite를 선반에 고정하는 設置角에 따라서 절삭작용에 영향을 미치는 실제의 作用角은 앞에서 정의한 각만으로는 불충분하다. 이에 대한 설명은 본서의 정도를 넘으므로 생략한다. (金屬切削理論, 東明社, 徐南燮 著 참조) Table 1-1 은 중요재료의 표준공구각의 예이다.

Table 1-1 bite角의 표준실용치 [度]

가공물재료		고속도강 bite				초경합금 bite			
		α_b	α'	γ_{e1}	γ_{s1}	α	α'	γ_{e1}	γ_{s1}
탄 소 강	硬	8～12	12～14	8	10	0～10	4～12	5～10	5～10
	軟	12～18	14～22	8	12	0～15	8～15	5～12	6～12
특 수 강	硬	8～10	12～14	8	10	0～16	4～12	5～10	5～10
	軟	10～12	12～14	8	10	0～15	8～15	6～12	6～12
쾌 삭 강		12～16	18～22	8	12	5～15	0～15	6～12	6～12
주 철	硬	5	12	8	10	0～6	0～10	4～6	4～6
	軟	5	12	8	10	0～6	0～12	4～6	4～10
황동 및 청동	硬	0	−2～0	8	10	0～5	4～8	4～10	4～6
	軟	0	−4～0	8	10	0～10	4～16	4～8	4～8
구 리 (Cu)		16	20	12	14	6～10	15～25	7～10	7～10
Al		35	15	8	12	5～15	8～15	6～10	6～10
plastic		5～16	0～10	8～10	12～15	0～10	8～15	6～10	6～10

* α_b : 상면 경사각, α' : 측면 경사각, γ_{e1} : (제 1 선단)여유각, γ_{s1} : 측면 여유각(제 1 횡 여유각)

〔3〕 chip breaker

강을 선삭하는 경우 chip이 연속적으로 길게 감겨져 나오므로 가공물 표면을 손상시키며, 작업자에게 위험할 뿐 아니라 chip의 열을 공구에 전도시키고 윤활에도 지장을 준다.

위와 같은 결함을 제거하기 위하여 chip을 짧게 끊어 주거나, chip의 유동 방향을 임의의 방향으로 유도하는 chip breaker를 둔다. Fig. 1-19 및 Fig. 1-20과 같은 종류의 chip breaker가 있으며, 어느 것이나 chip의 곡률반경을 작게 하여 chip이 끊어지도록 한다.

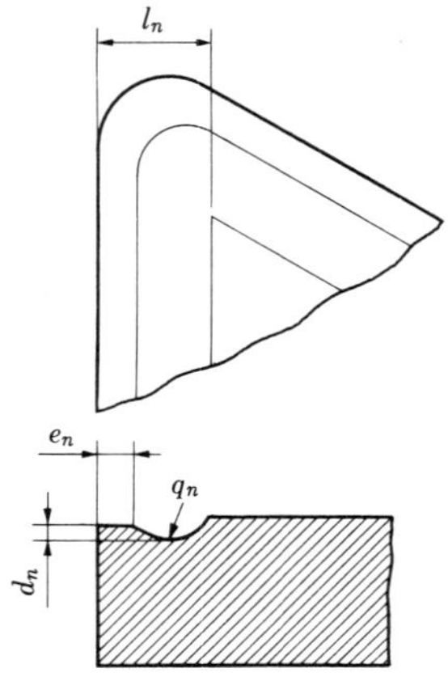

d_n : chip breaker 홈 깊이
e_n : chip breaker land 폭
l_n : chip breaker 길이
q_n : chip breaker 홈 반경

Fig. 1-19　홈형 chip breaker

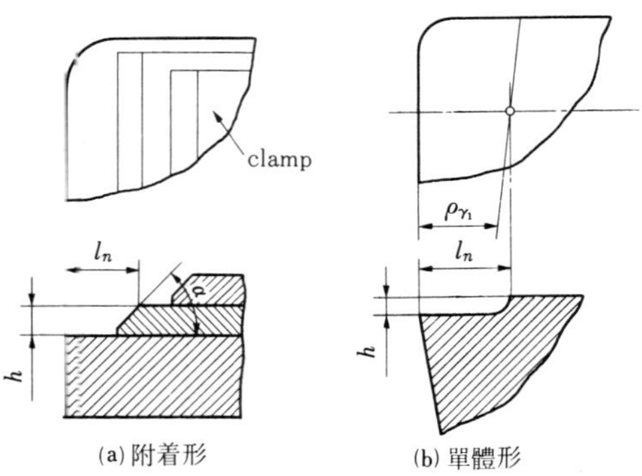

h : chip breaker 높이
l_n : chip breaker 길이
α : chip breaker wedge 각
ρ_{γ_1} : chip breaker 각

Fig. 1-20　돌기형 chip breaker

Fig. 1-21은 선삭에서의 여러 가지 chip의 유동 형태를 보여 준다.

Fig. 1-21(a)의 수직절삭에서는 초기에 chip이 조밀하게 감겨지다가 절삭이 진행되면 chip 곡률 반경이 점점 증가하면서 chip의 응력이 증가하여 파괴된다.

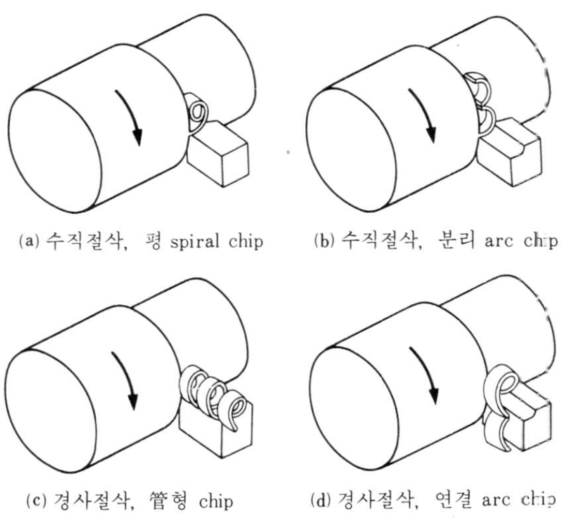

Fig. 1-21　chip의 유동 형태

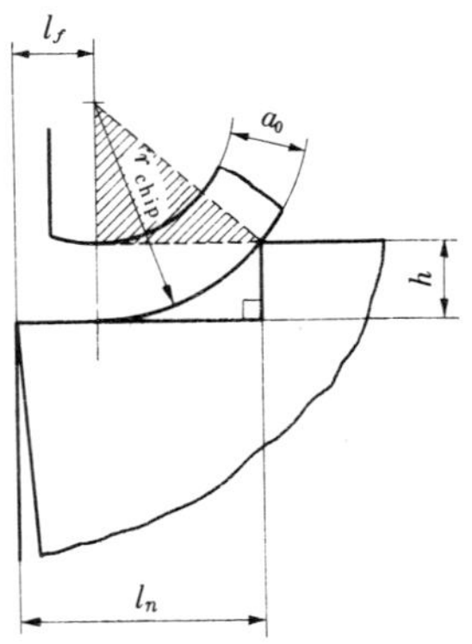

Fig. 1-22　단체형 chip breaker에서의 chip 곡률 반경

Fig. 1-22에서와 같은 돌기형 chip breaker에서

$$r^2_{chip}=(l_n-l_f)^2+(r_{chip}-h)^2$$

$$\therefore\ r_{chip}=\frac{(l_n-l_f)^2}{2h}+\frac{h}{2} \qquad (1-1)$$

$\frac{l_f}{a_0}=K$라 하면(주어진 가공재료에 대하여 일정하다)

$$r_{chip}=\frac{(l_n-K\cdot a_0)^2}{2h}+\frac{h}{2}$$

鋼에서는 $K=1$이므로

$$r_{chip}=\frac{(l_n-a_0)^2}{2h}+\frac{h}{2} \qquad (1-2)$$

Fig. 1-23에서

$$r_{chip}=[(l_n-l_f)-h\cdot\cot\alpha]\cdot\tan\left(\frac{\pi-\alpha}{2}\right)$$

$$=[(l_n-l_f)-h\cdot\cot\alpha]\cdot\cot\frac{\alpha}{2} \qquad (1-3)$$

$l_f=a_0$라 하면

$$r_{chip}=[(l_n-a_0)-h\cdot\cot\alpha]\cdot\cot\frac{\alpha}{2} \qquad (1-4)$$

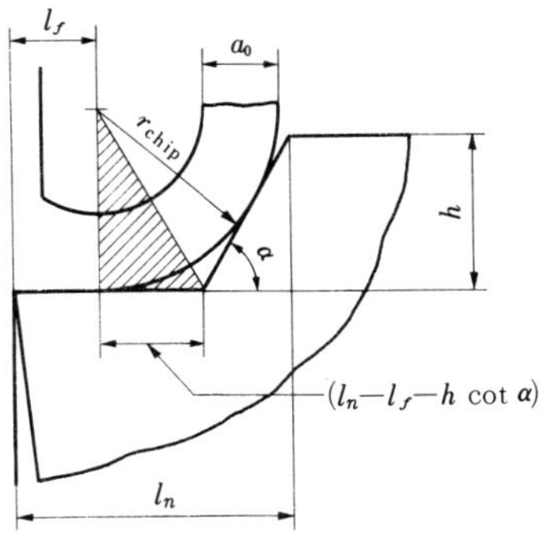

Fig. 1-23 부착형 chip breaker에서의 chip 곡률 반경

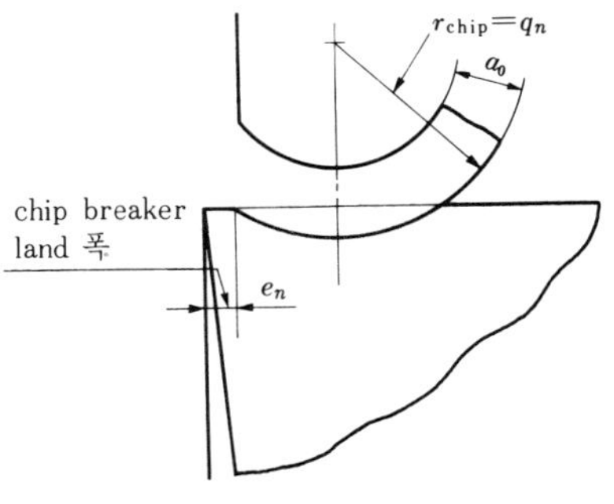

Fig. 1-24 홈형 chip breaker에서의 chip의 곡률 반경

Fig. 1-24와 같은 홈형 chip breaker에서는 $e_n<l_f$일 때에 한하여 breaker의 역할을 한다. 즉 $e_n<l_f$일 때에 chip은 홈(groove)을 따라 유동하고 groove 반경 q_n의 곡률 반경을 갖는다.

$$r_{chip}=q_n \qquad (1-5)$$

chip과 공구의 접촉 길이 $l_f=a_0$라 하면 $e_n<a_0$인 조건하에서 breaker의 역할을 하며, chip의 두께 a_0가 중요한 인자이다.

1-4 선 반 작 업

1-4-1 선반작업의 종류

선반작업에는 여러 가지가 있으나, 가장 기본적인 것을 들면 다음과 같다.

① center 작업(center work)
② chuck 작업(chuck work)
③ drilling
④ boring
⑤ taper 절삭(taper turning)
⑥ 나사절삭(threading)
⑦ relieving
⑧ 模倣切削(copying)
⑨ 切斷加工(cutting-off)
⑩ 偏心軸切削

1-4-2 center 작업

〔1〕 center의 조정

공작물을 live center와 dead center 사이에 지지하고 dog와 面板 등으로 회전시켜 절삭을 하는 것을 **center 작업**이라 하며, center와 center를 잇는 중심선과 bite의 운동이 평행할 때 단면이 진원인 圓柱가 가공된다. 양 center의 높이가 같고 수평면상에서 중심선과 bite의 이동선이 평행하지 않으면 원추형인 taper 가공이 되고, 수평투영선이 평행하고 양 center의 높이가 다를 경우에는 Fig. 1-25에서와 같이 雙曲面體가 가공된다.

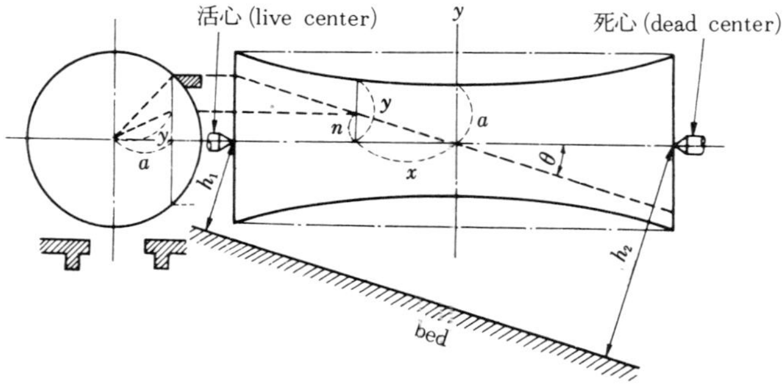

Fig. 1-25 쌍곡면의 절삭

bed상에서 center의 높이를 각각 h_1, h_2라 하고, bite의 이동 방향과 중심선의 교각을 θ라 하면

$$y^2=a^2+n^2,\quad n=x\cdot\tan\theta$$

이며

$$y^2=a^2+x^2\cdot\tan^2\theta$$

$$\frac{y^2}{a^2}-\frac{x^2}{\left(\dfrac{a}{\tan\theta}\right)^2}=1 \qquad (1-6)$$

로 되어 중심선을 회전축으로 하는 雙曲面體가 된다.

이상과 같이 taper 절삭이나 쌍곡면 절삭이 되지 않는 진원의 圓柱切削을 위해서는 다음과 같은 검사를 행한다.

(1) live center와 dead center를 맞추는 방법 : 심압대를 이동하여 dead center를 live center에 접근시켜 일직선상에 있는지를 검사하고 심압대의 조절나사에 의하여 일직선상에 위치시킨다.

(2) 시험절삭법 : 절삭을 하고 공작물의 兩端의 지름을 측정한다. 지름이 동일하지 않으면 심압대를 조정하고 다시 절삭한 후 측정한다. 이 방법을 되풀이하여 간다. 수평 방향의 조절은 용이하나 수직 방향의 것은 간단히 할 수 없다. Fig. 1-26에서 A를 풀어 주고 B를 조이면 좌측으로 이동되어 수평 방향의 이동이 조절된다.

(3) bite에 의한 방법 : bite의 끝을 dead center에 맞추고 왕복대를 이용하여 bite 끝이 live center와 일치하면 정상 상태이다.

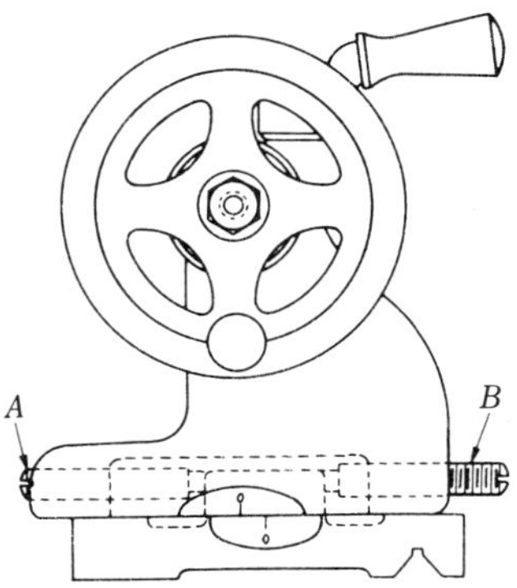

Fig. 1-26 심압대의 조절

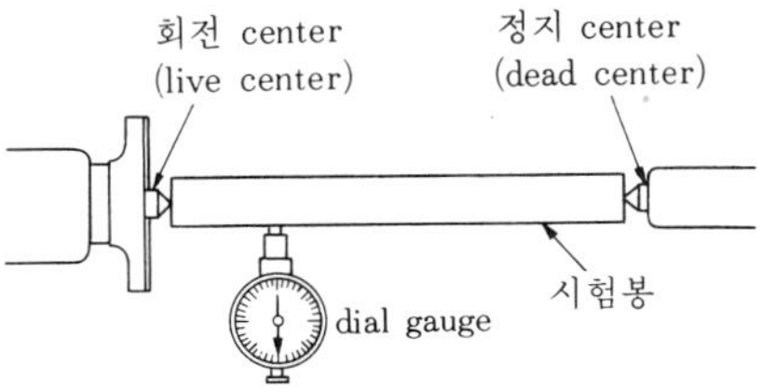

Fig. 1-27 시험봉에 의한 center 맞추기

(4) 시험봉에 의한 방법 : Fig. 1-27과 같이 양 center로 시험봉을 지지하고 왕복대에 설치한 dial gauge로 검사하는 방법이다.

〔2〕 **center 구멍**(center hole)

피삭재의 재질 및 크기에 따라 구멍의 크기가 다르나 보통 Table 1-2와 같은 규격의 center drill을 사용하며, Fig. 1-28은 center 구멍의 適否를 표시한다.

1-4-3 bite의 고정

bite의 先端이 공작물의 중심선의 높이(center 높이)에 오도록 하는 것이 이상적이고 직경이 큰 공작물의 荒削에서는 공작물의 중심선으로부터 중심각 5° 이내의 높이에 설치할 수도 있으나 bite先端을 중심선보다 낮게 위치시키면 공작물에 파고 들어갈 수 있으므로 이를 피하여야 한다.

bite holder는 너무 길게 나오도록 고정하지 말 것이며, bite先端이 약간 심압대를 향하도록 holder를 틀어 주어 bite가 공작물에 파고 들어가지 않도록 하는 것이 좋다.

Table 1-2　center drill의 규격〔mm〕

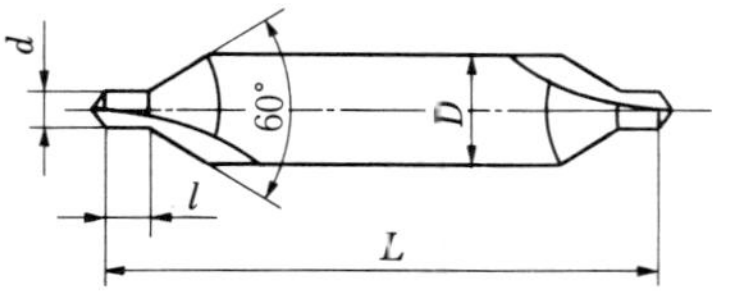

공작물의 지름	호칭치수	d	D	L	l
5 이하	0.7	0.7	3.5	35	1
5～15	1	1	4	35	1.5
10～15	1.5	1.5	5	40	2
20～35	2	2	6	45	3
30～45	2.5	2.5	8	0	3.5
35～60	3	3	10	55	4
40～80	4	4	12	66	5
60～100	5	5	14	78	6.5
80～140	6	6	18	90	8

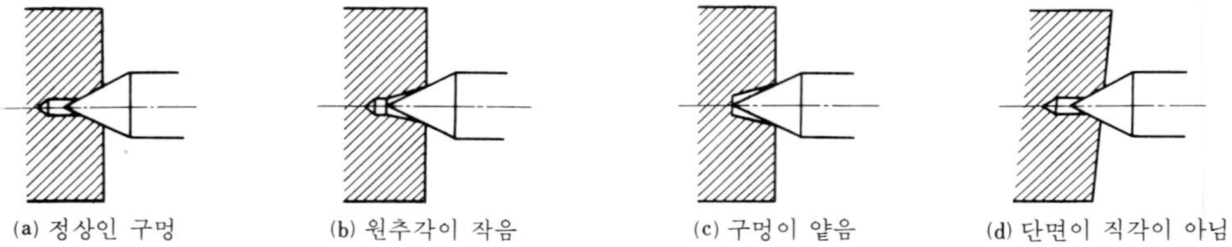

(a) 정상인 구멍　(b) 원추각이 작음　(c) 구멍이 얕음　(d) 단면이 직각이 아님

Fig. 1-28　center 구멍의 適否

Fig. 1-29(b)에서와 같이 외경절삭의 경우 공구를 가공물의 중심선보다 h만큼 높여 절삭할 때 유효 경사각 $\alpha_e=\alpha+\theta$가 되어 경사각은 증가하고, 유효전방 여유각 $\gamma_e=\gamma-\theta$가 되어 전방 여유각은 감소한다.

이때 offset h에 대한 較正角 θ는

$$\sin\theta=\frac{h}{D/2}=\frac{2h}{D} \qquad (1-7)$$

Fig. 1-29(c)에서와 같은 내경절삭에서는 외경절삭의 경우와 반대로 경사각은 감소하여 $\alpha_e=\alpha-\theta$로 되고, 전방 여유각(제 1 선단 여유각)은 증가하여 $\gamma_e=\gamma+\theta$로 된다.

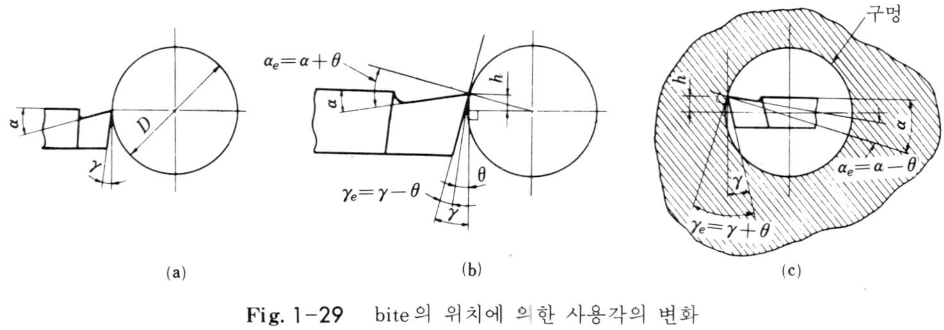

(a)　(b)　(c)

Fig. 1-29　bite의 위치에 의한 사용각의 변화

예제 1-1. 공구 경사각 $\alpha=10°$, 전방 여유각 $\gamma=8°$, 가공물의 직경 $D=30$mm이고 공구를 가공물의 중심선 위로 1mm 偏位시켰을 때 유효 경사각 α_e와 유효 여유각 γ_e를 계산하라(외경 절삭의 경우).

(解) $\theta=\sin^{-1}\dfrac{2h}{D}=\sin^{-1}\dfrac{2\times1}{30}=3.82°$

$$\therefore \alpha_e=\alpha+\theta=10°+3.82°=13.82°$$

$$\gamma_e=\gamma-\theta=8°-3.82°=4.18°$$

1-4-4 chuck 작업

공작물이 짧아서 dead center로 지지할 필요가 없거나 drilling, boring, tapping 및 reaming을 위하여 chuck에 의해서만 고정할 때가 있다. 공작물을 chuck에 고정하는 방법은 다음과 같다.

〔1〕 chalk method

Fig. 1-30과 같이 chuck에 공작물을 고정하고 chalk를 일정 높이에 대고 주축을 손으로 서서히 회전시켜 공작물에 닿은 chalk에 의하여 높고 낮음을 알 수 있다. 이에 따라 chuck의 jaw를 조정한다.

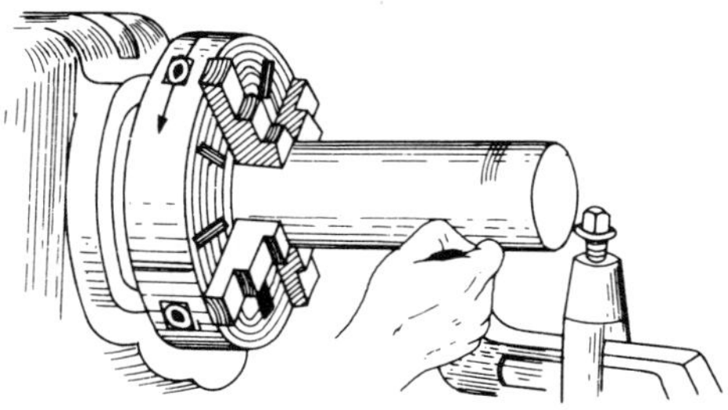

Fig. 1-30 chalk에 의한 center 조정

〔2〕 surface gauge method

Fig. 1-31과 같이 공작물의 一端에 미리 center를 표시하고 surface gauge를 대고 주축을 회전시켜 surface gauge의 pin이 그리는 circle에 따라 jaw를 조정한다.

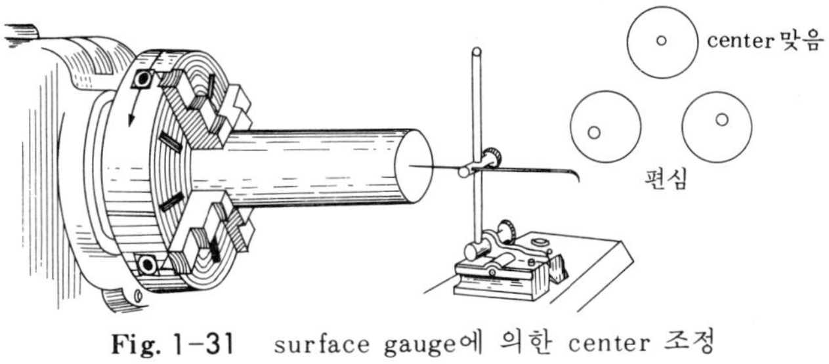

Fig. 1-31 surface gauge에 의한 center 조정

〔3〕 wiggler method

Fig. 1-32와 같이 wiggler가 원을 그리지 않고 심압대의 dead center에 일치할 때까지 chuck의 jaw를 조정한다.

〔4〕 **dial indicator method**

Fig. 1-33과 같이 中空軸의 center 잡기에 편리하고 dial indicator에 의하여 높고 낮음을 알 수 있으며, 나타나는 偏心量의 $\frac{1}{2}$로 조정하여 간다.

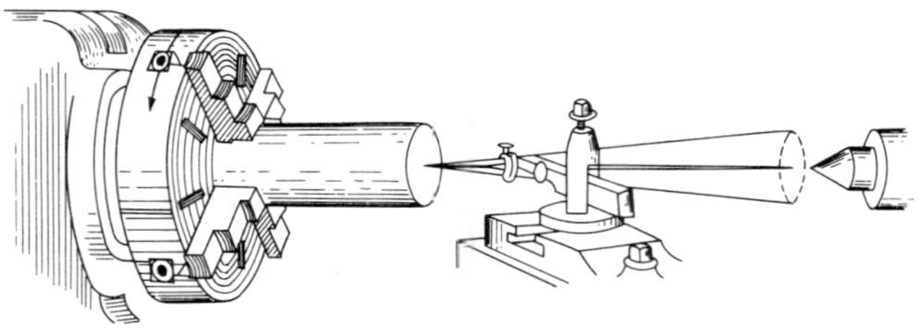

Fig. 1-32 wiggler에 의한 center 조정

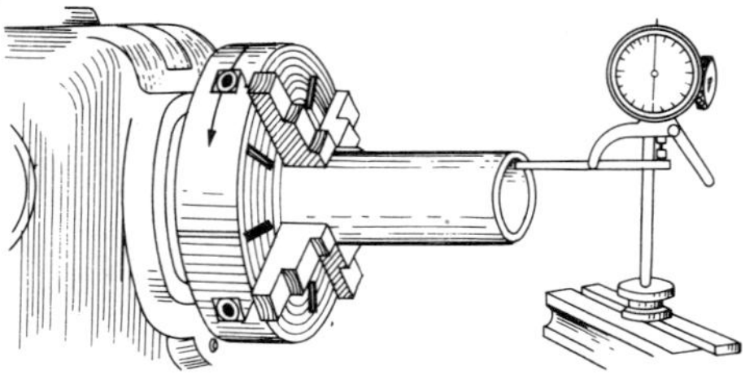

Fig. 1-33 dial indicator에 의한 center 조정

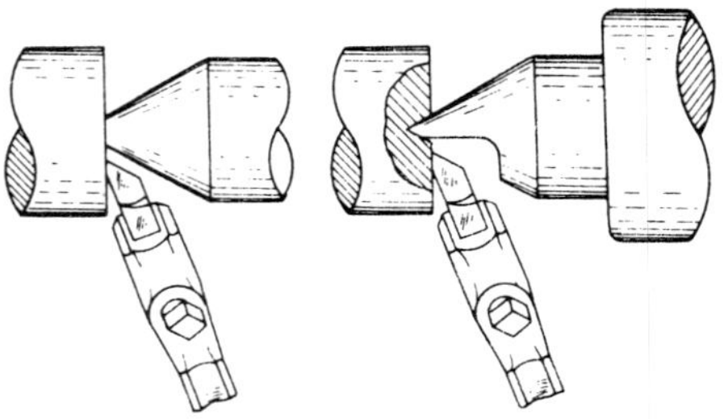

Fig. 1-34 단 면 절 삭

1-4-5 端面切削(facing)

Fig. 1-34와 같이 bite先端을 공작물측에 가깝게 수평면상에서 기울이며, 荒削일 때에는 bite를 外周에서 중심에 접근시켜가거나 중심으로부터 外周를 향하여 움직이면서 절삭하여도 좋다. 그러나 다듬절삭에서는 중심에서 外周로 절삭하는 것이 좋다. 중심부에 未加工部를 남기지 않기 위해서는 half center를 사용하는 수도 있다.

1-4-6 knurling(roulette 작업)

Fig. 1-35와 같이 가공물의 표면에 knurl공구를 압입하여 knurl 표면과 같은 凹凸을 내는 작업이며, micrometer, gauge등의 handle에 이용된다.

knurl이 1개인 경우에는 knurl의 중심과 가공물의 중심이 일치하여야 하고, 2개인 경우에는 knurl이 가공물의 중심선에 대하여 대칭적으로 위치하여야 한다. 주축의 회전수는 최저로 하고 從方向의 이송은 빠르게 한다. knurling을 하면 다듬질 치수보다 0.2~0.4mm정도 지름이 크게 되는 것도 고려하여야 하고, 절삭유제를 충분히 공급하는 것도 잊지 말아야 한다.

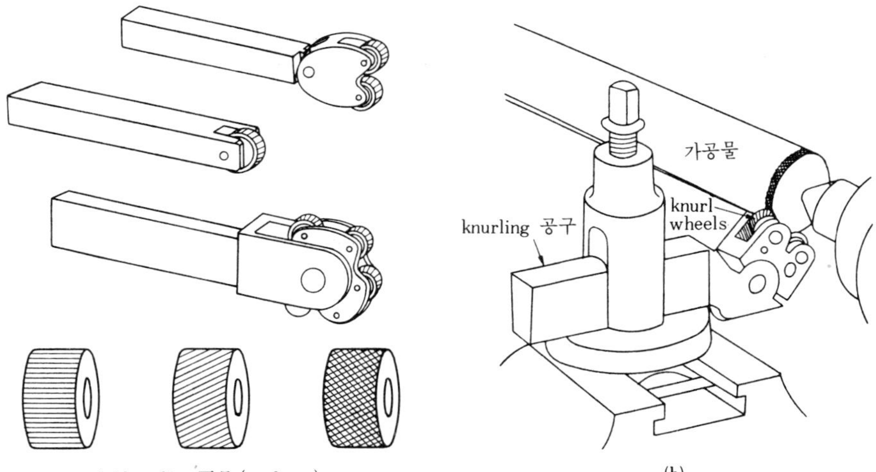

(a) knurling 工具 (roulette) (b)

Fig. 1-35 roulette 작업

1-4-7 구멍뚫기 작업 (drilling)

공작물을 선반의 chuck에 물리고 Fig. 1-36(a)와 같이 drill 고정구의 handle이 공구대에 걸치게 해서 drill의 회전을 막으며, 주축을 회전시키고 심압대의 handle을 돌려 이송을 주는 방법과, Fig. 1-36(b)와 같이 drill을 고정한 drill chuck을 심압대의 taper 구멍에 끼우며 주축을 회전시키고 심압대에서 이송을 주는 방법에 의하여 구멍뚫기 작업을 행할 수 있다. 같은 방법으로 reaming도 할 수 있다.

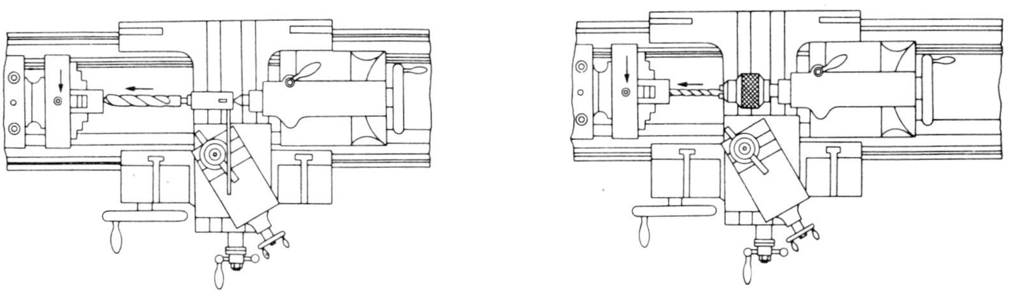

(a) (b)

Fig. 1-36 선반에서 구멍뚫기 작업

1-4-8 boring

이미 뚫려 있는 구멍을 Fig. 1-37과 같이 boring공구로 원통의 내면을 선삭하여 구멍을 확대하는 작업을 **boring**이라 하며, 공구의 끝은 공작물의 중심선보다 약간 높게 위치시킨다. 구멍이 깊을 경우에는 bar가 길게 되므로 bar의 변위가 크게 되어 정확한 가공이 어렵게 된다. 막힌 구멍의 boring에는 boring bar의 끝에 절삭인을 장치한다.

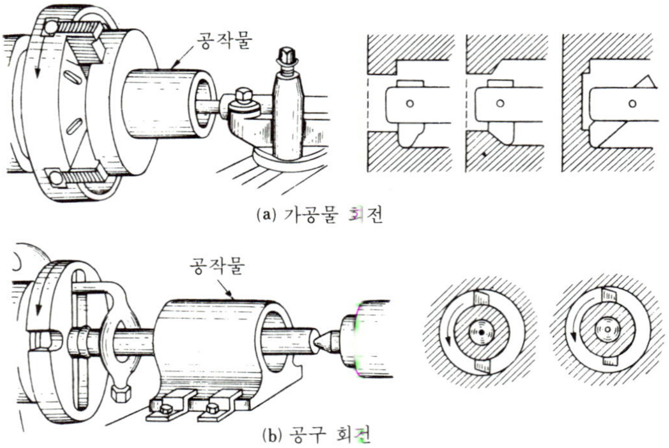

(a) 가공물 회전

(b) 공구 회전

Fig. 1-37 boring

1-4-9 taper 절삭

Fig. 1-38(a)에서 원추대의 큰 직경을 D, 작은 직경을 d, 길이를 l, 꼭지각을 2α라 할 때 $\frac{D-d}{l}=2\tan\alpha$로 되며 $D-d$를 1로 환산한 $\frac{1}{x}$를 taper라 하고, 각 2α를 taper 각이라 한다. Fig. 1-38(b)와 같은 원추에서의 taper는 $l=L$, $d=0$로 놓으면 $\frac{D}{L}=2\cdot\tan\alpha$와 같이 된다.

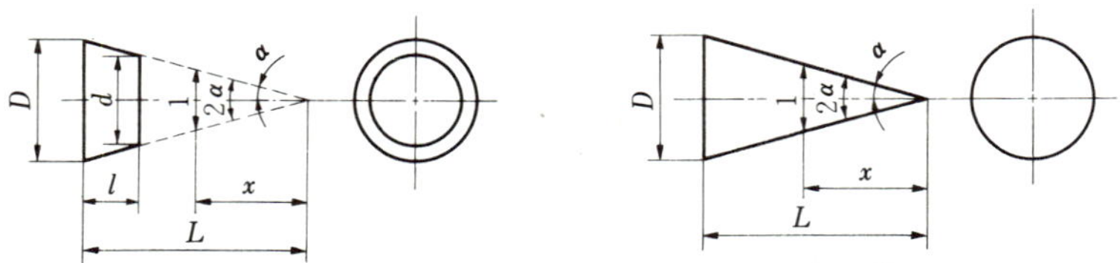

$\frac{1}{x}=\frac{D-d}{l}=2\tan\alpha$

(a) 원추대

$\frac{1}{x}=\frac{D}{L}=2\tan\alpha$

(b) 원추

Fig. 1-38 taper

taper 선삭에는 다음 네 가지 방법이 있다.

① 심압대의 偏位에 의한 것(tailstock set-over method)

② taper 장치에 의한 것(taper attachment method)

③ 복식공구대의 경사에 의한 것(compound rest method)

④ 가로이송과 세로이송을 동시에 주는 방법

〔1〕 심압대의 편위에 의한 방법

Fig. 1-39(a)와 같이 심압대를 편위시켜 taper 절삭을 하는 방법이며, Fig. 1-39(b)와 같이 편위 거리 e가 같아도 공작물의 길이가 다르면 taper는 다르게 된다. 이 방법은 비교적 taper가 작고 공작물이 길 때에 이용된다. 수평면상에서 편위 거리 e는 다음 식에 의한다.

L : 공작물의 길이〔mm〕, D, d : taper 진부분의 양단의 지름〔mm〕, l : taper 진부분의 양단

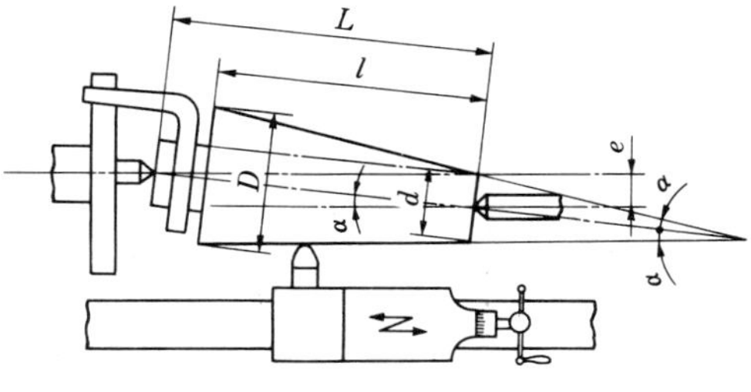

(a)

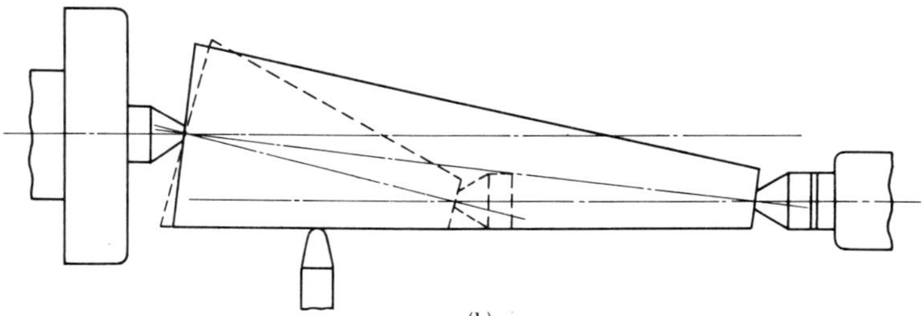
(b)

Fig. 1-39 심압대의 편위에 의한 taper 절삭

의 거리(원추의 높이)〔mm〕라 하면

$$\frac{e}{L}=\sin\alpha,\quad \tan\alpha=\frac{\frac{D-d}{2}}{l}=\frac{D-d}{2l}$$

$$\therefore\ e=L\cdot\sin\alpha=L\cdot\sin\left(\tan^{-1}\frac{D-d}{2l}\right)$$

이며 $D-d$가 작고 l이 클 때에는

$$e=\frac{L(D-d)}{2l} \tag{1-8}$$

이 된다. center와 center 구멍이 정상적인 접촉을 못하므로 불규칙적 마모에 의한 치수오차에 주의하여야 한다.

〔2〕 taper 장치에 의한 방법

Fig. 1-40과 같이 선반 뒤쪽에 붙은 taper 장치(attachment)에 왕복대를 연결하고 attachment의 taper bar에 따라 왕복대를 이동시켜 taper 절삭을 하며, 필요한 taper角은 taper bar의 기울임角에 의한다.

이 방법에 의하면 다음과 같은 장점이 있다.

① 공작물의 center 구멍과 선반의 center가 같은 중심선상에 있으므로 center 구멍과 center가 손상되지 않는다.

② taper attachment의 taper bar角을 조정하여 놓으면 공작물의 길이에 관계없이 동일한 taper 절삭을 할 수 있다.

③ taper boring이 용이하다.

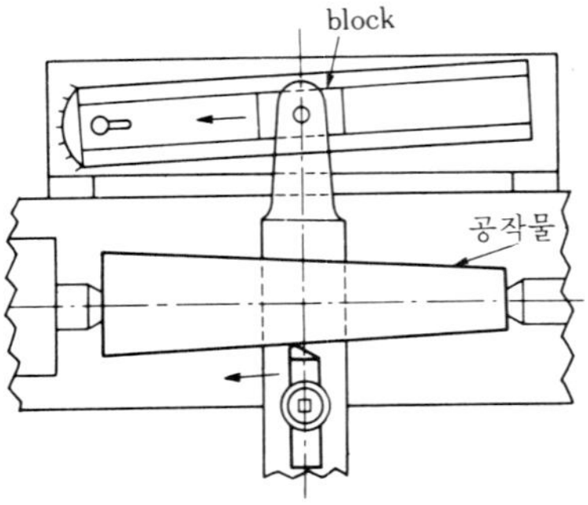

(a) taper 절삭

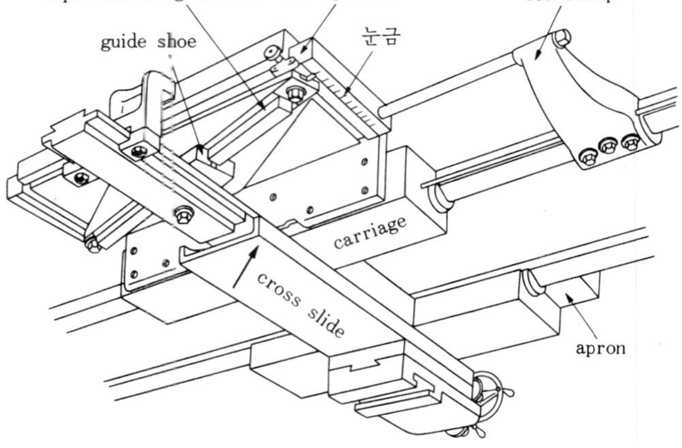

(b) taper 장치

Fig. 1-40 taper 장치에 의한 taper 절삭

④ 偏位法보다 큰 범위의 taper 절삭을 할 수 있다.

〔3〕 복식공구대의 경사에 의한 방법

taper가 크고 공작물이 짧을 때 이용하는 방법으로 Fig. 1-41과 같이 필요한 角만큼 복식공구대를 경사시키고 수동으로 복식공구대의 handle을 회전시켜 bite를 이송시킨다.

즉, $\tan\alpha = \dfrac{D-d}{2l}$에 의하여 복식공구대를 α만큼 회전시킨다.

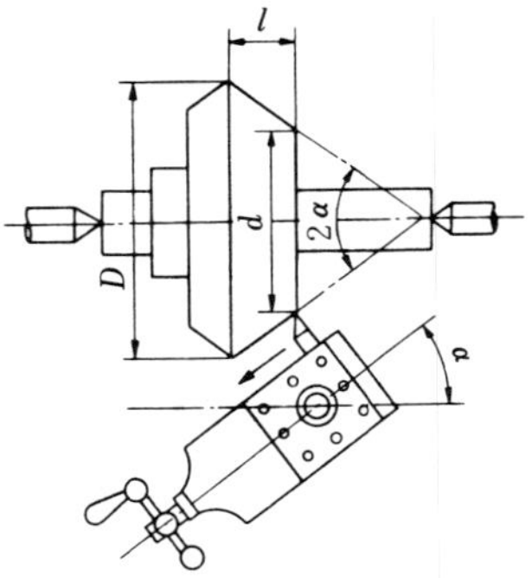

Fig. 1-41 복식공구대의 경사에 의한 taper 절삭

〔4〕 가로이송과 세로이송을 동시에 주는 방법

bed의 아래에 lead screw에 따른 이송과 함께 그와 직각 방향의 이송을 주는 특수한 gear장치가 있는 선반에서만 가능한 작업이다.

예제 1-2. 선반에서 심압대의 편위에 의하여 Fig. 1-42와 같은 taper 절삭을 하려 할 때 편위량(offset) e를 구하라.

(解) 공작물의 全길이 L과 taper부의 길이 l이 같은 경우로서

$$편위량\ e = \frac{L(D-d)}{2l} = \frac{60(50-30)}{2\times 60} = 10\,\text{mm}$$

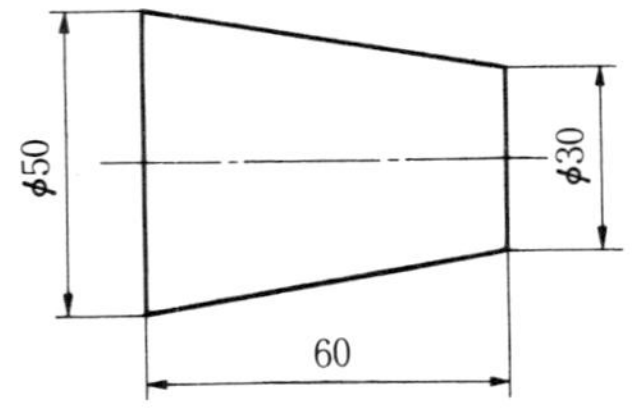

Fig. 1-42

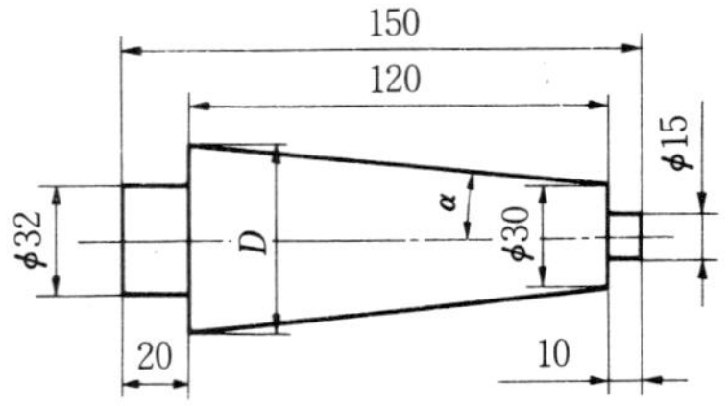

Fig. 1-43

예제 1-3. Fig. 1-43과 같이 全길이가 150mm의 가공물에 (1 : 30) taper×길이 120mm의 절삭을 할 때 다음을 구하라.

(1) 심압대의 편위에 의한 절삭에서 편위량 e는?

(2) 복식공구대를 이용한 절삭에서 공구대의 회전각 α는? 단, taper부의 최소 단면의 직경 $d=30$mm

(解) taper의 정의 $\text{taper}=\dfrac{D-d}{l}$에서

$$\frac{1}{30}=\frac{D-30}{120} \qquad \therefore\ D=34\text{ m}$$

(1) $e=\dfrac{L(D-d)}{2l}$에서

$$\text{편위량 } e=\frac{150(34-30)}{2\times120}=2.5\text{ mm}$$

(2) $\tan\alpha=\dfrac{D-d}{2l}$에서 ($\alpha$: 회전각, 2α : taper 각)

$$\text{복식공구대의 회전각 } \alpha=\tan^{-1}\frac{34-30}{2\times120}=0.955°=57.290'$$

1-4-10 나 사 절 삭

선반에서 나사를 절삭할 때 spindle과 lead screw를 gear로 연결하여 회전속도를 일정하게 하면 소정의 pitch를 갖는 나사를 절삭할 수 있다. bite의 끝은 나사山의 형상에 맞추어 研削하고 center gauge에 의하여 Fig. 1-44와 같이 bite를 공작물의 중심선에 대하여 직각이 되게 설치한다. 공구를 오른쪽에서 왼쪽을 향하여 절삭함으로써 오른나사 가공이 이뤄지고, 왼나사(left screw)의 절삭은 Fig. 1-45에서와 같이 주축대에 있는 역전 lever를 조작하여 공구를 왼쪽에서 오른쪽으로 향하게 한다.

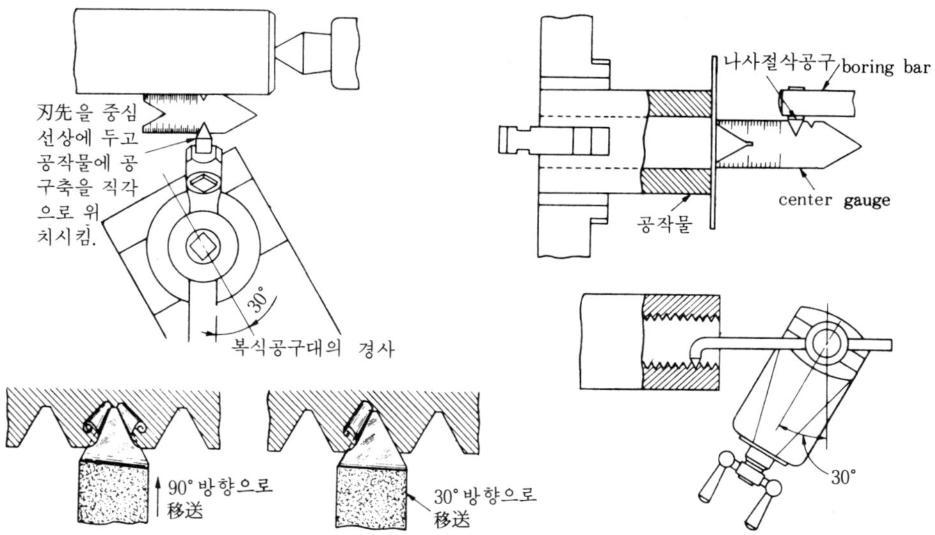

Fig. 1-44 나사절삭을 위한 공구의 설치

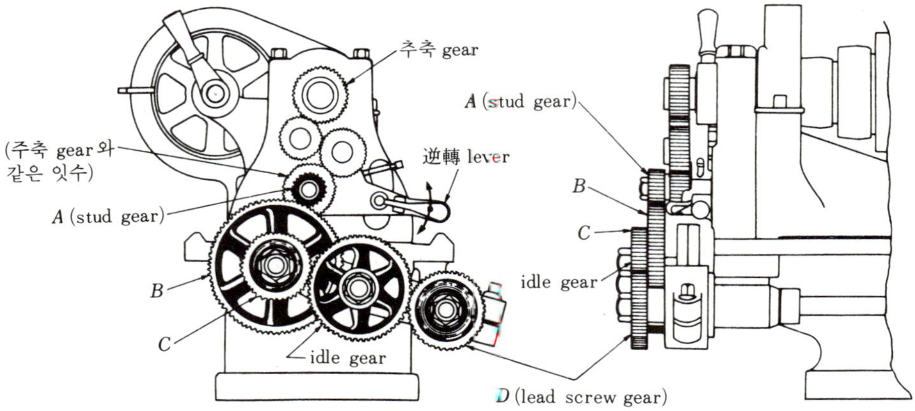

Fig. 1-45 주축과 lead screw 간의 변화 gear 열

〔1〕 변환 gear(change gear)의 계산

선반에서 속도변환에 사용되는 gear는 inch system에서는 20～120(5 teeth差)과 127, meter system에서는 20～64(4 teeth差)와 72, 80, 127 잇수의 것이 있으나 실제에는 보유한 gear를 사용할 수 있도록 변환gear를 선정하여야 한다.

Fig. 1-46(a)는 단식변환gear 열, Fig. 1-46(b)는 복식변환 gear열이며, 이송역전 장치는 회전수에 영향을 주지 않으므로 본그림에 표시하지 않았다.

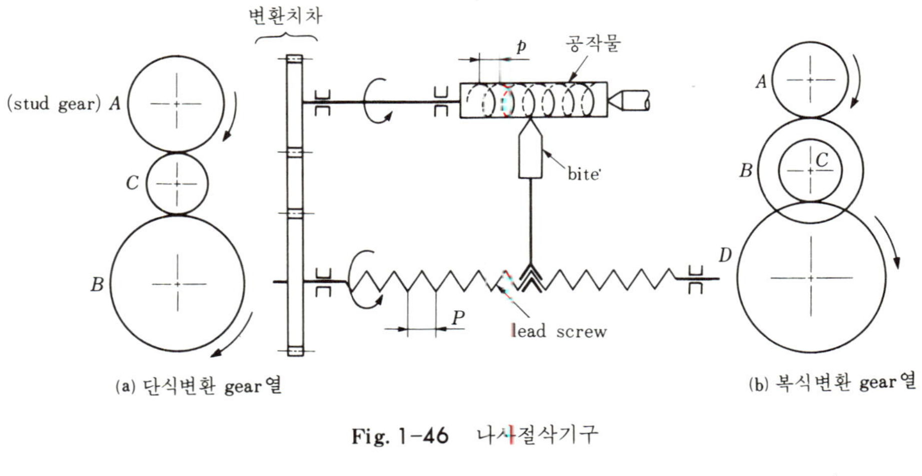

Fig. 1-46 나사절삭기구

n : 절삭되는 나사의 단위 길이당의 산수, p : 절삭되는 나사의 pitch$\left(=\frac{1}{n}\right)$

N : lead screw의 단위 길이당의 산수, P : lead screw의 pitch$\left(=\frac{1}{N}\right)$

A, B, C, D : 각 gear의 명칭과 그 gear의 치수라 하면 공구대가 lead screw 상에서 이동하는 길이와 가공되는 나사의 길이는 같으므로 $N \cdot P = n \cdot p$로 된다.

단식 gear열에서 $\frac{N}{n} = \frac{p}{P} = \frac{A}{B}$ (1-9)

복식 gear열에서 $\frac{N}{n}=\frac{p}{P}=\frac{A}{B}\times\frac{C}{D}$ (이때 $A+B>C$, $C+D>B$ 의 조건을 만족해야 한다.) (1-10)

로 되며, 이에 대한 예를 소개한다.

(1) meter system의 lead screw를 갖는 선반에서의 나사절삭(齒數의 선택은 임의로 할 수 있다고 가정)

예제 1-4. lead screw의 pitch가 6mm인 선반에서 pitch 2mm인 나사를 절삭할 때 변환 gear를 정하여라.

(解) $\frac{p}{P}=\frac{2}{6}=\frac{2\times10}{6\times10}=\frac{20}{60}=\frac{2\times12}{6\times12}=\frac{24}{72}=\frac{A}{B}$

즉 stud gear A와 lead screw gear B의 잇수는 $A=20$, $B=60$, 또는 $A=24$, $B=72$로 하면 된다.

예제 1-5. lead screw의 pitch가 8mm인 선반에서 pitch 2.25mm의 나사를 절삭할 때 변환 gear를 정하여라.

(解) $\frac{p}{P}=\frac{2.25}{8}=\frac{2.25\times4}{8\times4}=\frac{9}{32}=\frac{3\times3}{4\times8}=\frac{3\times12}{4\times12}\times\frac{3\times8}{8\times8}=\frac{36}{48}\times\frac{24}{64}=\frac{A}{B}\times\frac{C}{D}$

즉 복식의 gear열에서 $A=36$, $B=48$, $C=24$, $D=64$

예제 1-6. lead screw의 pitch가 8mm인 선반에서 6산/in의 나사를 절삭할 때 변환 gear를 정하여라.

(解) $\frac{p}{P}=\frac{25.4/6}{8}=\frac{25.4}{48}=\frac{25.4\times5}{48\times5}=\frac{127}{240}=\frac{1\times127}{3\times80}$

$$=\frac{1\times20}{3\times20}\times\frac{127}{80}=\frac{127}{60}\times\frac{20}{80}=\frac{A}{B}\times\frac{C}{D}$$

즉, 복식 gear열에서 $A=127$, $B=60$, $C=20$, $D=80$

(2) inch system의 lead screw를 갖는 선반에서의 나사절삭(齒數의 선택은 임의로 할 수 있다고 가정)

예제 1-7. lead screw의 pitch가 2산/in인 선반에서 pitch 5mm의 나사를 절삭할 때 변환 gear를 정하여라.

(解) $\frac{p}{P}=\frac{5}{25.4/2}=\frac{10}{25.4}=\frac{5\times10}{127}=\frac{50}{127}=\frac{A}{B}$

즉, 단식 gear열에서 $A=50$, $B=127$

예제 1-8. lead screw의 pitch가 2산/in인 선반에서 pitch 5산/in의 나사를 절삭할 때 변환 gear를 정하여라.

(解) $\frac{p}{P}=\frac{1/5}{1/2}=\frac{2}{5}=\frac{2\times10}{5\times10}=\frac{20}{50}=\frac{A}{B}$

즉, 단식 gear에서 $A=20$, $B=50$

예제 1-9. lead screw의 pitch가 6산/in인 선반에서 pitch 10mm의 나사를 절삭할 때 변환 gear를 정하여라.

(解) $\frac{p}{P}=\frac{10}{25.4/6}=\frac{5\times60}{127}=\frac{5\times60\times20}{127\times20}=\frac{50}{127}\times\frac{120}{20}=\frac{A}{B}\times\frac{C}{D}$

즉, 복식 gear 열에서 $A=50$, $B=127$, $C=120$ $D=20$

〔2〕 나사절삭 방법

(1) 三角나사切削

(i) bite의 설치 : 刃先을 공작물의 중심선과 같은 높이에서 center gauge에 의하여 맞춘다.

(ii) 60° 산나사의 절삭을 위한 복식공구대의 위치 : Fig. 1-47에서와 같이 복식공구대를 30° (또는 29°, 오른나사의 경우) 정도 회전시켜 고정하는 것이 보통이다. 이때 절삭 깊이는 복식공구대의 이송나사로 조절하며, bite의 절삭작용은 左側刃이 하게 되고 右側刃은 나사면을 다듬는 역할을 한다.

나사산의 높이를 h, 복식공구대의 이송나사의 이동 거리를 l, 복식공구대의 회전각을 30°라 하면

$$\frac{h}{l}=\cos 30°$$

$$\therefore\ l=\frac{h}{\cos 30°}=\frac{h}{0.866}=1.1547h \qquad (1-11)$$

이다.

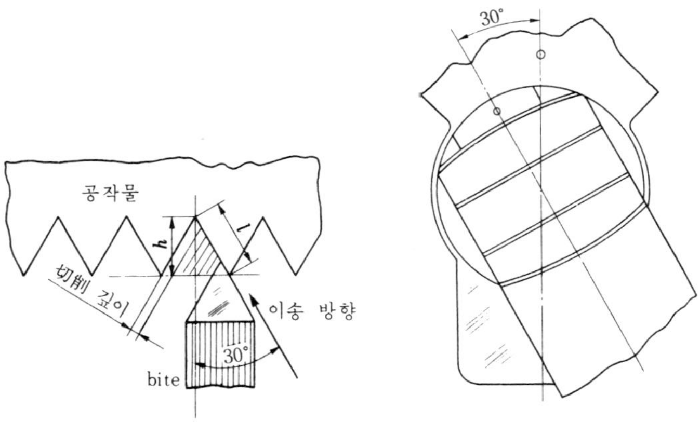

Fig. 1-47 60° 山나사절삭법

(2) 四角나사切削

나사의 螺旋角(helix angle)이 클 때에는 bite刃의 폭은 pitch의 $\frac{1}{2}$이고, 多重나사와 같이 나선각이 작을 때에는 bite刃의 폭은 $\frac{1}{2}\times$pitch보다 작게 하며 bite刃을 Fig. 1-48과 같이 나사의 중심선에서 나선에 직각되게 설치하여야 한다. nut를 절삭할 때 bite刃의 폭은 $\frac{1}{2}\times$pitch보다 0.02in(0.5mm) 정도 크게 하여 bolt의 山과 여유를 준다.

刃을 나선에 직각되게 위치하는 경우에 Fig. 1-48에서 bite 폭 b는

$$b=\frac{1}{2}\cdot p\cdot\sin\left(\frac{\pi}{2}-\theta\right)=\frac{1}{2}p\cdot\cos\theta \qquad (1-12)$$

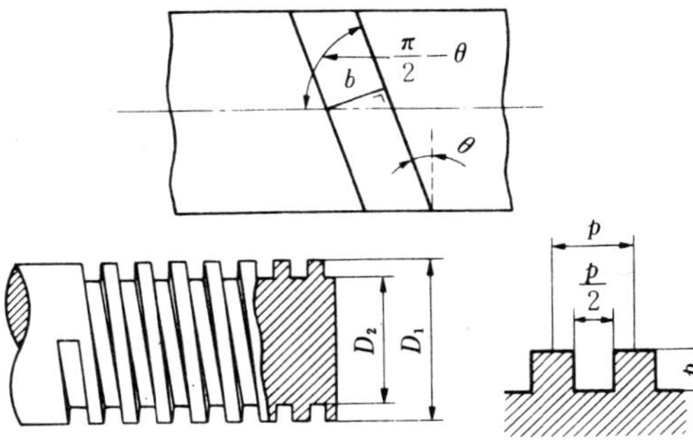

Fig. 1−48 사각나사

절인이 축과 수평선상에서 평행하게 위치시킬 경우에는 도입각과 추종각에 따라 bite를 연삭하면 bite측면과 나사 사이에 마찰이 있게 되므로 Fig. 1−49에서와 같이 bite의 뒷부분을 가늘게 하기 위해 양면에 1°정도의 여유각을 두는 것이 좋다. 즉 도입측에서는 helix angle에 1°를 가산하고, 추종측에서는 helix angle에서 1°를 減한다.

外徑과 內徑 부분에서 lead는 같으므로 추종각 및 도입각은 Fig. 1−50에서

$$\tan\theta_1 = \frac{L}{\pi D_1},\quad \tan\theta_2 = \frac{L}{\pi D_2} \qquad (1-13)$$

이 된다.

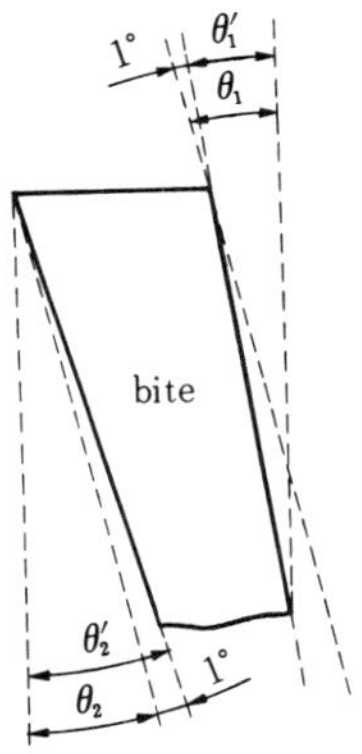

Fig. 1−49 나사의 이론적 helix 각과 공구의 여유각

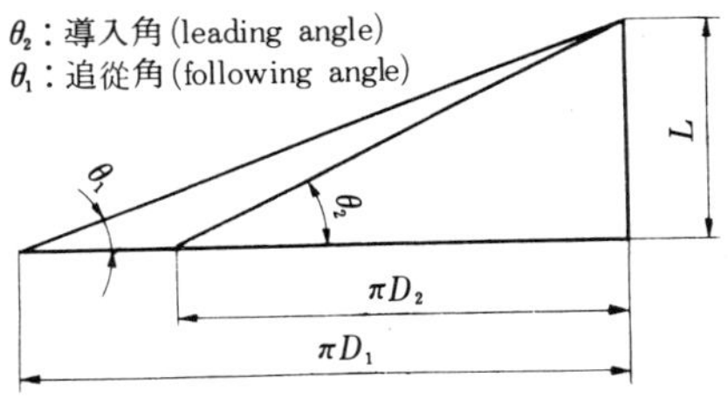

Fig. 1−50

예제 1−10. 1 in pitch의 3重 사각나사(bolt)를 절삭할 때 bite의 형상과 치수를 정하라. 단, 외경 $D_1 = 4$ in, 골경 $D_2 = 3$ in이고, 여유는 nut의 홈에 두는 것으로 한다.

(解) $\tan\theta_1 = \frac{L}{\pi D_1} = \frac{1\times 3}{4\pi} = 0.239$

∴ 나사의 추종 helix angle $\theta_1 = 13.44°$

$\tan\theta_2 = \frac{L}{\pi D_2} = \frac{1\times 3}{3\pi} = 0.318$

∴ 나사의 도입 helix angle $\theta_2 = 17.67°$

bite의 도입각 $\theta_2' = \theta_2 + 1° = 17.67° + 1° = 18.67°$

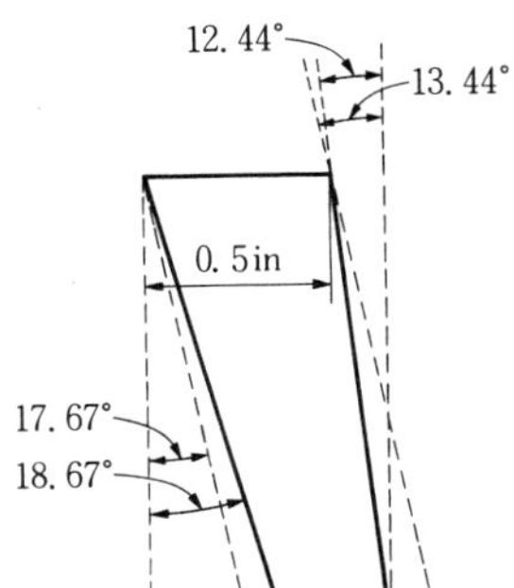

Fig. 1−51

추종각 $\theta_1' = \theta_1 - 1° = 13.44° - 1° = 12.44°$

절삭인의 폭 $b = \frac{1}{2} \cdot p = \frac{1}{2} \times 1 = 0.5$in(刃을 가공물 축선에 평행하고 같은 높이에 위치시킬 때)

따라서 bite의 형상과 크기는 Fig. 1-51 과 같다.

(3) 梯形나사(trapezoid screw) 切削

제형나사는 사각나사보다도 강력하고 tap과 dies를 이용하여 가공하기에 용이하기 때문에 사각나사보다 많이 쓰인다. 제형나사각이 29°(또는 30°)로 되어 있어 lead screw 등에서 split nut가 쉽게 물리도록 되어 있다.

제형나사에서는 山頂과 골에서 각각 0.010in의 여유를 갖도록 한다. 따라서 tap을 사용할 때 tap drill의 직경을 나사의 최소경보다 0.020in 크게 하고 tap의 최대 직경도 0.020in 크게 한다.

bite로 제형나사를 절삭할 때에는 Fig. 1-52와 같이 bite 低面에 충분한 여유각을 주어 마찰을 피하고 복식공구대를 반시계 방향으로 $14\frac{1°}{2}$ 또는 15° 경사지게 하며, 공구를 가공 방향에 수직되게 설치한다. 기타의 것은 삼각나사를 절삭할 때와 같다.

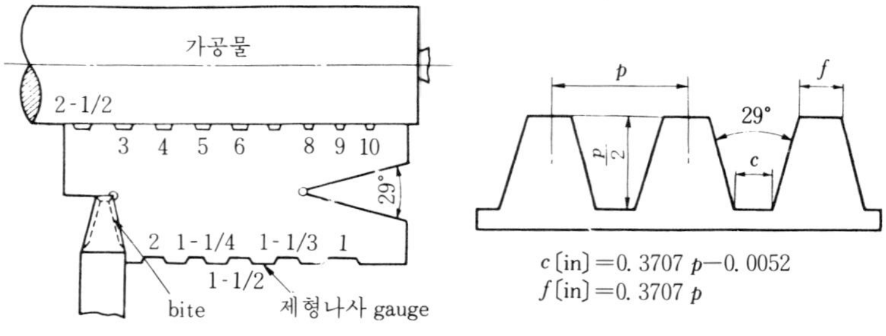

Fig. 1-52 제형나사용 bite의 설치법

(4) taper나사(taper screw) 절삭

taper 나사의 절삭은 taper 장치를 사용하여 나사축 방향의 이송을 주며, 절삭공구는 Fig. 1-53 에서와 같이 나사축 방향에 직각으로 설치하여야 하고, 기타는 보통 삼각나사의 절삭 방법과 같다. bite가 taper에 수직이 아니므로 유의하기 바란다.

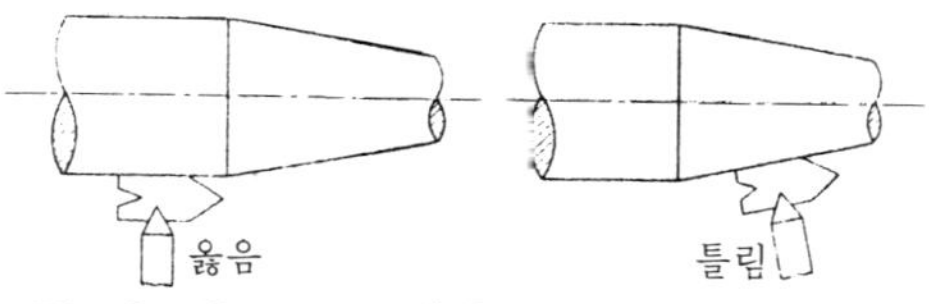

Fig. 1-53 taper 나사절삭에서 bite의 설치

(5) 多重나사(multiple screw) 切削

나사를 1회전시킬 때 축방향의 이동 거리인 lead를 L이라 하고, 인접한 나사간의 거리인 pitch를 p라 하면

1중나사에서는 $L=p$

2중나사에서는 $L=2p$

⋮ ⋮

n중나사에서는 $L=n \cdot p$

의 관계에 있으며, 다중나사의 절삭방법을 다음의 예로 설명한다.

1in에 8山의 lead screw를 갖는 선반으로 pitch가 $\frac{1}{8}$in인 2중나사를 절삭한다면 2중나사의 lead $L=\frac{1}{8}\times 2=\frac{1}{4}$in이고 주축이 1회전할 때 bite는 $\frac{1}{4}$in 이동하여야 하며, 주축의 1회전에 대하여 lead screw는 $\frac{1}{4}\div\frac{1}{8}=2$회전하여야 한다. 즉, $\frac{\text{가공물의 lead}}{\text{lead screw의 pitch}}=\frac{\text{lead screw의 회전수}}{\text{주축 gear의 회전수}}=\frac{\text{주축 gear(stud gear)의 치수}(A)}{\text{lead screw gear의 치수}(B)}$의 관계에 의하여 변환 gear를 정하고, gear 변환표에 의하여 lever로 변환하는 선반에서 위와 같은 조건으로 2중나사를 절삭했다면 1중나사절삭의 변환 gear표에서 2중나사이므로 8산/in 대신에 4산/in에 lever를 맞춘다. 같은 방법으로 12산/in의 pitch를 갖는 3중나사를 절삭할 때에는 lever를 4산/in에 맞추면 된다.

1 lead를 pitch수로 분할하여 절삭하는 방법은 다음과 같다.

(i) 처음 1줄을 소요의 깊이로 절삭한 다음 공작물을 주축에서 풀어서 2중나사에서는 공작물을 $\frac{1}{2}$회전, 3중나사에서는 공작물을 $\frac{1}{3}$회전시켜 공작물을 다시 주축에 고정시켜 제2홈 및 제3홈을 절삭한다. 이때 등간격으로 dog를 고정할 수 있도록 되어 있는 面板(face plate)을 사용하면 편리하다.

(ii) 처음 1줄을 소요의 깊이로 절삭할 때 stud gear와 idle gear의 접촉면을 분필 등을 사용하여 선으로 표시하고 제2홈을 절삭하기 전에 stud gear와 idle gear를 분리하며, 2중나사의 경우는 stud gear의 처음 접촉점과 반대 방향에 표시를 하여 이것이 idle gear의 처음 표시와 만나게 하여 물리고 split nut를 닫으면 된다. 따라서 stud gear의 齒數는 나사의 重數의 倍數가 되어야 한다. 즉 3중나사에서는 3의 배수가 되어야 한다.

〔3〕 chasing dial의 사용법

나사는 1회의 절삭으로 완성되는 것이 아니고 같은 곳을 계속 깎아내어 완성된다. 왕복대를 처음의 위치에 옮긴 후 bite를 정확히 홈에 다시 넣기 위해서는 다음에 설명하는 chasing dial을 이용한다.

Fig. 1-54와 같이 왕복대에 고정된 chasing dial의 worm gear와 lead screw가 맞물고 있

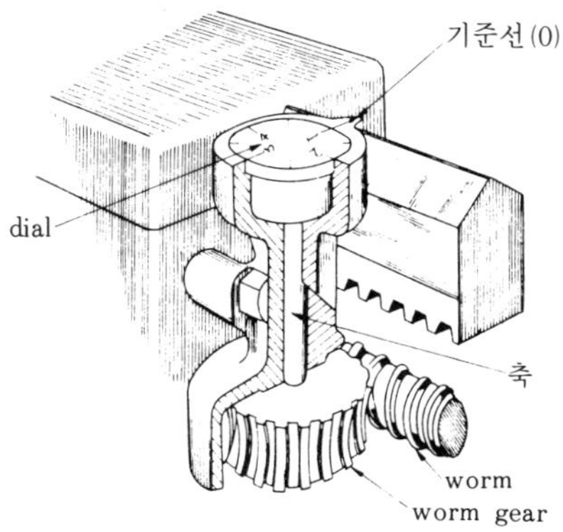

Fig. 1-54 chasing dial

어 lead screw가 회전하면 worm gear와 同心軸에 있는 눈금의 dial이 회전한다.

dial의 지침에 따라 split nut(또는 half nut)를 닫으면 bite가 전에 가공한 홈에 들어가게 된다. inch식 lead screw를 갖는 선반에서 chasing dial의 이용에 대하여 설명하면 worm과 맞물린 worm gear의 잇수는 worm의 山數의 倍數로 되어 있어 worm의 pitch가 4산/in이면 worm gear의 잇수는 16 (24) 등으로 되며, 왕복대가 4in 이동하면 8등분 눈금이 있는 dial이 1회전한다. 따라서 dial의 1눈금은 왕복대의 $\frac{1}{2}$in의 이동에 해당한다.

多重나사에서는 1중나사의 pitch 대신에 lead로써 계산하면 되며, 예를 들어 1중나사에서 chasing dial의 4눈금마다 half nut를 닫는다면 4重나사에서는 1눈금마다 닫으면 된다.

이상과 같은 원리에 의하여 half nut를 닫는 위치는 Table 1-3과 같이 표시할 수 있다.

Table 1-3　half nut의 물림 위치

被加工物의 1 in當 山數	half nut의 물림위치	
偶　　數	임의의 dial 눈금이 기준선과 일치할 때	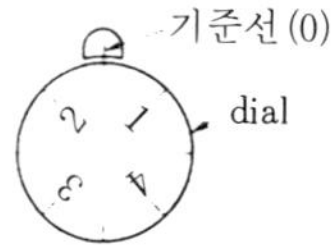
奇　　數	數字의 dial 눈금이 기준선과 일치할 때	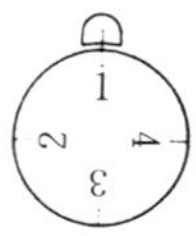
$\frac{1}{2}$로 표시되는 分數 $\left(5\frac{1}{2},\ 11\frac{1}{2}\ 등\right)$	奇數의 dial눈금 (1, 3)이 기준선과 일치할 때	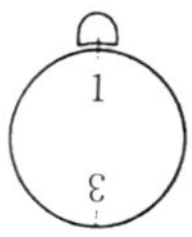
기타의 分數 ($\frac{1}{2}$로 표시되는 것 제외)	처음 절삭할 때의 dial눈금이 기준선과 일치할 때	

meter식 lead screw를 갖는 선반에서는 inch식 선반에서와 같은 규칙이 없으므로(또는 chasing dial이 없는 선반에서) half nut를 lead screw에 물린 채로 lead screw를 역전시킨 후 切削을 반복한다.

실제에는 inch식 lead screw를 갖는 선반에서도 chasing dial의 눈금 조정에 번거로움이 있으므로 chasing dial을 이용하지 않고 half nut를 물린 채 역전시킨 다음 반복절삭하는 경우가 많다.

〔4〕 tapping

Fig. 1-55와 같이 공작물과 tap을 선반에 설치하여 內面나사 절삭을 할 수 있다. drill구멍에 tap을 넣고 주축대의 spindle을 손으로 회전시키면서 심압대의 spindle에 의하여 tap을 밀어 주면 tap wrench가 tap의 회전을 막아주므로 가공물과 tap이 상대적 운동을 하면서 나사

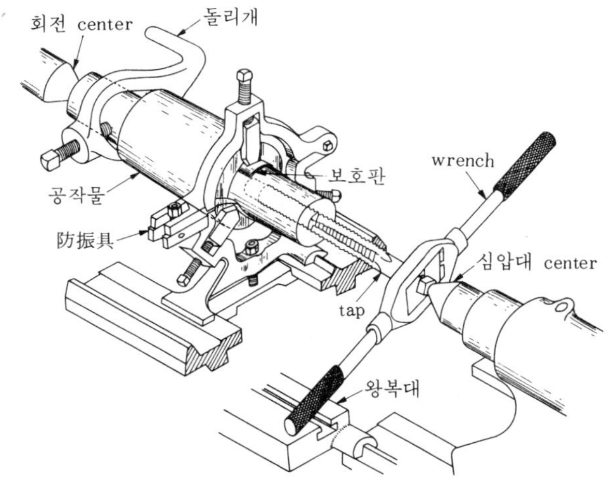

Fig. 1-55 선반에서의 tapping

절삭이 이루어진다. 수시로 tap을 가공물에서 분리시켜 chip을 제거한 후 tapping을 되풀이한다.

1-4-11 relieving

milling cutter와 hob 등에 여유각(clearance angle)을 두기 위하여 Fig. 1-56과 같은 장치로 陽刻加工을 하는 것을 **relieving**이라 한다. Fig. 1-56(a)에서는 cam축 p에 의하여 cam c가 회전하고 공구대에 고정된 nail a가 이동하여 bite에 橫移送(cross feed)을 주고, cam과 na-

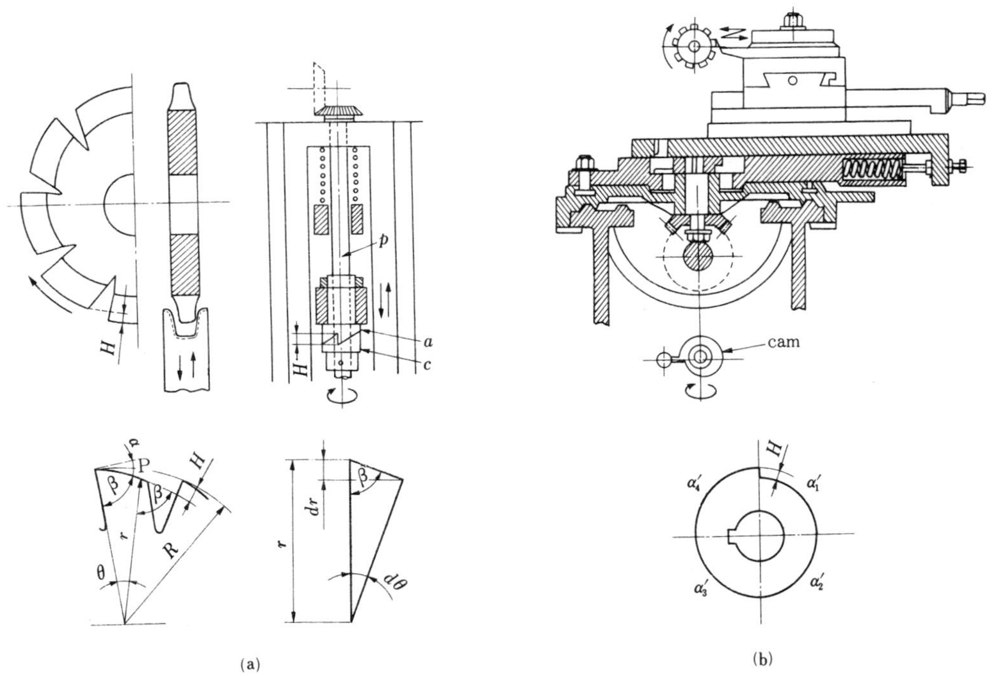

Fig. 1-56 relieving 장치

il의 최고부를 통과하면 spring 작용에 의하여 bite는 본래의 위치에 急歸還한다.

Fig. 1-56(b)에서는 bevel gear에 의한 동력전달에 의하여 cam을 회전시키고 cam이 1회전할 때마다 bite가 이동하여 relieving하며, 공작물이 1pitch 회전할 때마다 bite가 1회의 동작을 하여야 한다.

cutter, hob 등의 공구를 연삭하여도 clearance angle이 변하지 않고 일정하기 위해서는 여유면(flank)을 對數曲線(logarithmic spiral)으로 하여야 하나, 보통 대수곡선 대신 제작하기에 용이한 Archmedian spiral을 이용한다.

임의의 角 θ에서 cutter의 flank까지의 반지름 r는

$$r=R-\frac{\theta}{2\pi/N}\cdot H=R-\frac{N\cdot H}{2\pi}\cdot\theta \tag{1-14}$$

P점에서 접선과 動徑이 이루는 角을 β라 하면

$$(r-dr)\cdot d\theta=dr\cdot\tan\beta$$

$$\therefore\ r\cdot d\theta=dr\cdot\tan\beta$$

$$\therefore\ \tan\beta=\frac{r}{dr}\cdot d\theta \tag{1-15}$$

∴ 刃先部에서는 식 (1-15)에서 r 대신 $\frac{D}{2}$, dr 대신 H, $d\theta$ 대신 $\frac{2\pi}{N}$를 대입하면

$$\tan\beta=\frac{\pi D}{N\cdot H} \tag{1-16}$$

그런데

$$\tan\beta=\tan\left(\frac{\pi}{2}-\alpha\right)=\cot\alpha=\frac{1}{\tan\alpha}$$

$$\therefore\ \tan\alpha=\frac{N\cdot H}{\pi D} \tag{1-17}$$

clearance angle α가 너무 크면 cutter刃은 예리하나 약해지므로 8°~12° 정도로 한다. $\alpha=10°$라 하면

$$H=\frac{\pi D}{N}\cdot\tan 10°=0.55\times\frac{D}{N}\fallingdotseq\frac{D}{2N} \tag{1-18}$$

단, D : cutter의 지름, N : cutter의 잇수, H : relieving 높이

1-4-12 模倣切削(copying)

불규칙한 輪廓의 절삭을 할 때 가로이송이 模型板을 따라 이루어지면서 절삭하는 방법이며, 일명 윤곽선삭(contour turning)이라고도 한다. 특히 같은 제품을 대량으로 생산할 때 유리하며, 모방절삭방법에는 기계적 방법, 전기적 방법, 유압식 방법 등이 있다.

〔1〕 기계적 방법

Fig. 1-57과 같이 공구대를 축방향으로 자동이송시킬 때 bed 위에 고정된 模型板에 따라 축방향과 직각인 전후로 sliding하면서 절삭한다. 보통 重切削에는 사용하지 않고 荒切削이 끝난 완성 가공에 주로 사용된다. 가장 간단한 방법은 taper attachment의 型板에 模型을 설치하고 roller로 접촉이송시키면서 가공하는 것이다.

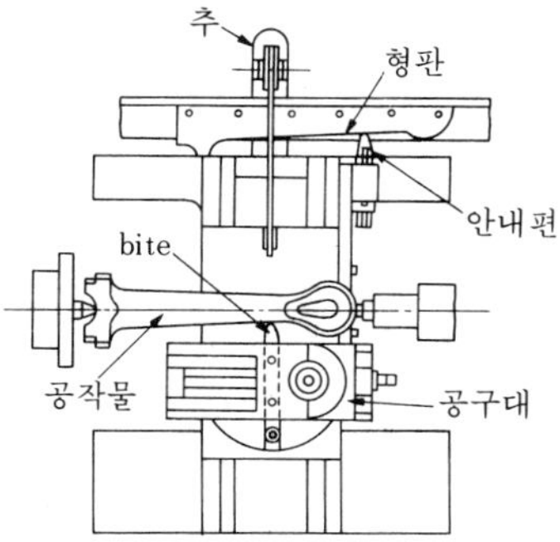

Fig. 1-57 기계적 모방절삭장치

〔2〕 전기적 방법

Fig. 1-58에서와 같이 전기적 모방절삭장치에서 촉침이 型板을 따라 접촉 이동하면 전기적 접촉이 open 또는 closed되어 從방향 이송용 motor 또는 橫방향 이송용 motor의 switch를 on 또는 off한다.

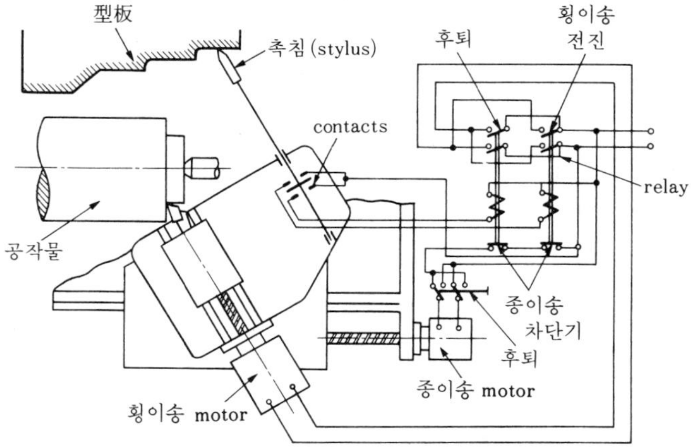

Fig. 1-58 전기적 모방절삭장치

촉침이 중립에 있으면 종방향 이송용 motor가 구동되어 가공물의 회전축 방향에 평행하게 가공물을 가공하고, 촉침이 움직여서 전기적 접촉이 closed되면 종방향 이송은 멈추고 횡방향의 이송이 된다.

공구대는 촉침운동 방향과 같은 방향으로 운동한다. 즉 촉침과 공구대의 거리는 본래의 값으로 복원되며, 촉침의 접촉이 다시 시작되고 횡방향의 이송이 중지되며 종방향의 이송이 재개된다.

보다 상세한 내용은「Machine Tools by Weck, Vol. 3, p. 42~49」를 참조하라.

〔3〕 유압식 방법

Fig. 1-59와 같이 arm의 先端에 pilot valve와 tracer가 있으며, 공구대의 이송은 pilot valve에 의하여 조작되는 작동 valve에 의하여 행하여진다. tracer는 spring에 의하여 뒤로 잡아당기는 힘을 받고 있다. tracer가 모형에 접할 때까지 이동하도록 valve가 열리고 모형에 접촉하면 유압회로를 닫아 공구대는 정지하며, tracer가 눌러지면 공구대가 후진하도록 회로가 열린다. 보다 상세한 내용은 *Hydraulic Control of Machine Tools*, Pergamon Press 또

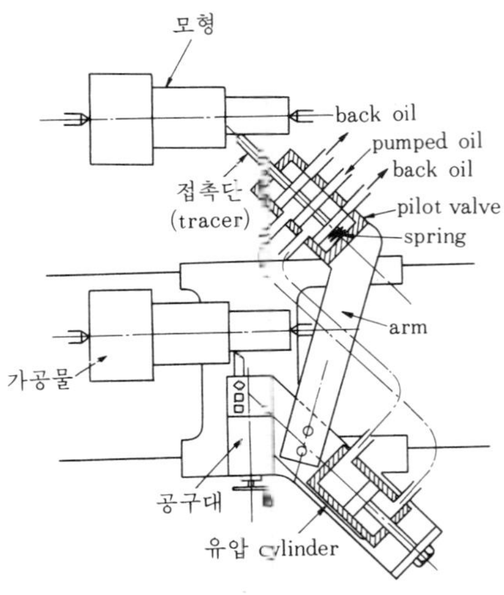

Fig. 1-59 유압식 모방절삭장치

는「Machine Tools by Weck, Vol.3, p.49~54」를 참조하라.

1-4-13 切斷加工(cutting-off)

절단가공에서 지켜야 할 사항은 다음과 같다.

① 공작물을 chuck에 고정한 상태에서 절단가공을 하며, center간에 고정된 상태에서는 할 수 없다.

② 절단공구는 Fig. 1-60과 같은 置換 blade로서 가공면과의 마찰을 피하기 위하여 측면이 5° 정도의 側面餘裕角(side clearance angle)을 이루는 taper를 갖는다. 先端餘裕角(end relief angle)은 8~12°이며, 공구면의 傾斜角(back rake angle)은 극히 작거나 또는 0°이다.

③ 刃先의 위치는 정확히 공작물의 중심선과 일치하여야 하며, 공구가 중심선보다 높으면 지름이 작아질 때 가공물에 공구가 올라타고, 낮으면 가공물이 공구 위에 올라오게 된다.

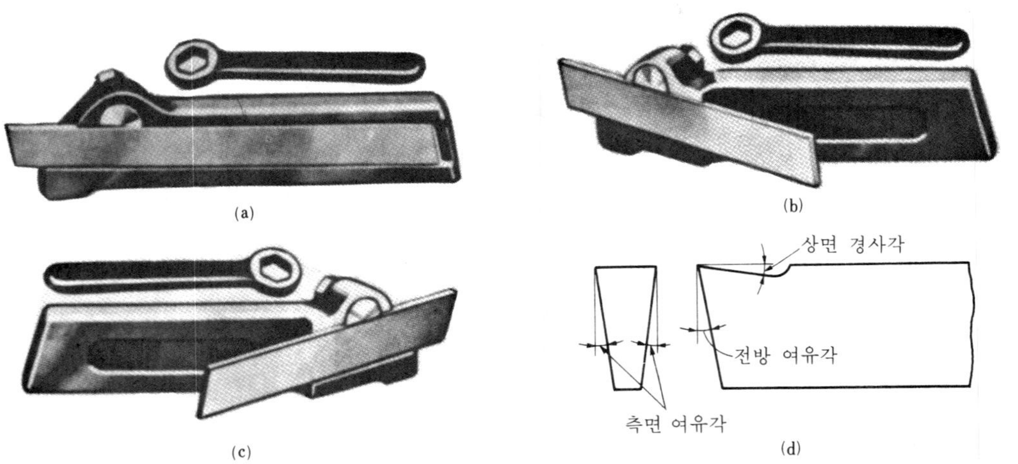

Fig. 1-60 절단공구

④ 가공물과 공구를 견고하게 고정하여 chatter(떨림)가 없도록 하여야 한다.

⑤ 절삭속도는 보통 선삭속도의 $\frac{2}{3}$ 정도로 한다.

⑥ 공구의 이송은 극히 느리게 준다.

⑦ 절삭유제를 충분히 공급한다.

1-4-14 偏心軸切削

편심 거리가 작은 경우와 crank축과 같이 큰 경우가 있다. 편심 거리가 작을 때에는 center 구멍을 뚫을 때 옆의 구멍과 합쳐질 염려가 있으므로 얕게 하여야 한다. 편심 거리가 큰 경우에 Fig. 1-61(b)와 같이 고정구를 나사로 체결하고 surface gauge에 의하여 center를 구하여 center drill로 구멍을 낸다. 가공중 공작물의 변형을 방지하기 위하여 그림과 같이 木片을 끼운다.

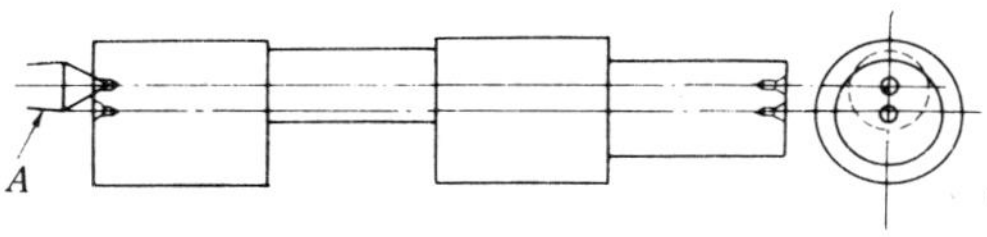

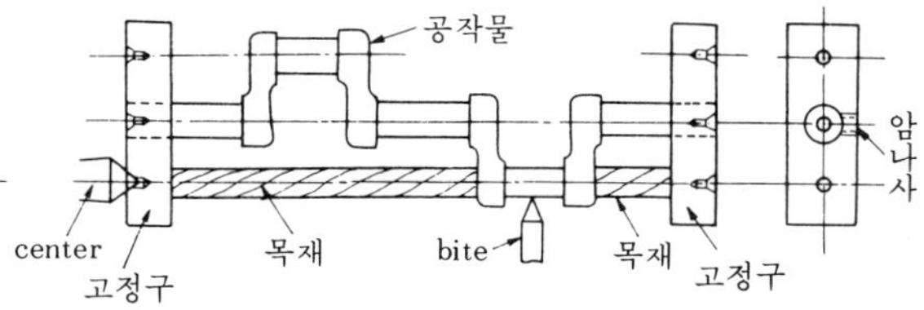

Fig. 1-61 편심축 절삭

1-5 turret 旋盤作業

turret 선반은 보통선반(engine lathe)에 비하여 다음의 특징을 갖고 있다.

① 용도에 따라 공구는 거의 영구적으로 고정하여 둘 수 있다.

② 前加工과 같은 가공이 될 수 있도록 절삭범위를 미리 정하여 고정할 수 있다.

③ 동시에 다중절삭이 가능하다.

④ taper 절삭, 나사절삭, 모방절삭 등을 할 수 있도록 부속 장치가 갖추어져 있다.

Fig. 1-62는 turret 선반의 기본 구성 요소의 block diagram이고, Fig. 1-63은 나사절삭에서의 공구의 配置例이며, Fig. 1-64는 공구 고정 방법과 작업의 예이다.

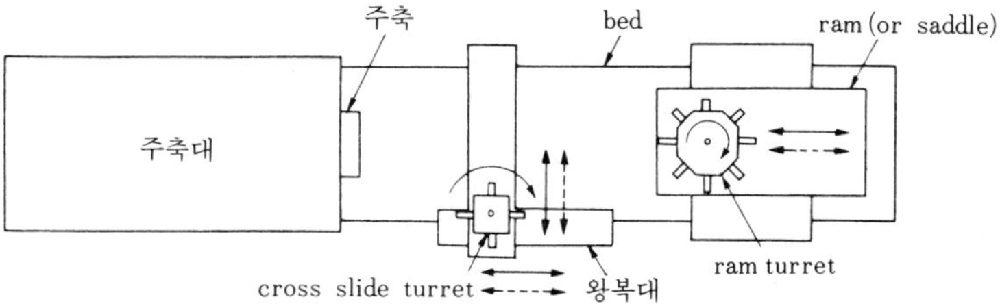

Fig. 1-62 turret 선반의 기본 구성 요소의 block diagram

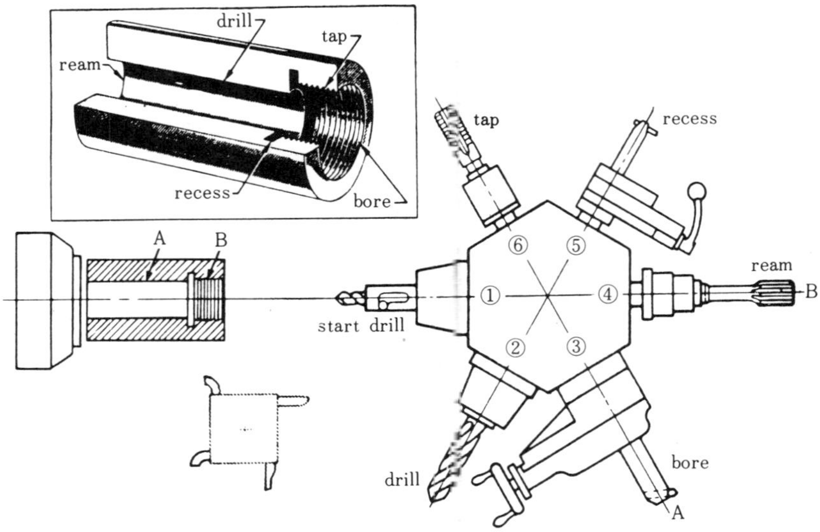

Fig. 1-63　turret 공구의 배치

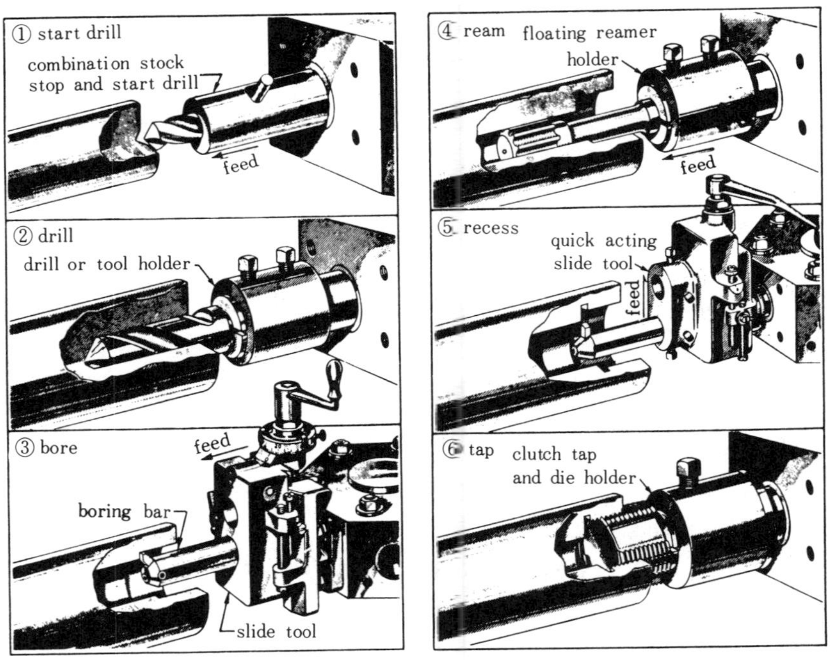

Fig. 1-64　turret 工具의 고정과 작업

1-5-1　turret旋盤 작업의 종류

Fig. 1-64 의 예에서

① center drill로 center 내기
② drill로 drilling
③ boring bite로 boring
④ reamer로 reaming
⑤ boring bite로 recessing
⑥ tap으로 나사절삭

을 한다.

1-5-2 turret 旋盤의 종류

주축의 방향에 따라 turret 선반을 분류하면 다음과 같다.

① 수평 turret 선반(horizontal turret lathe)

(i) ram형 turret 선반(ram-type turret lathe)

(ii) saddle형 turret 선반(saddle-type turret lathe)

② 直立 turret 선반(vertical turret lathe)

〔1〕 ram형 turret 선반

Fig. 1-65에서와 같이 회전공구대는 saddle상에서 왕복이동을 하는 안내, 즉 ram에 설치되어 있다. saddle의 이동은 bed상에서 이루어진다. 棒材와 가벼운 공작물의 가공에 적합하다.

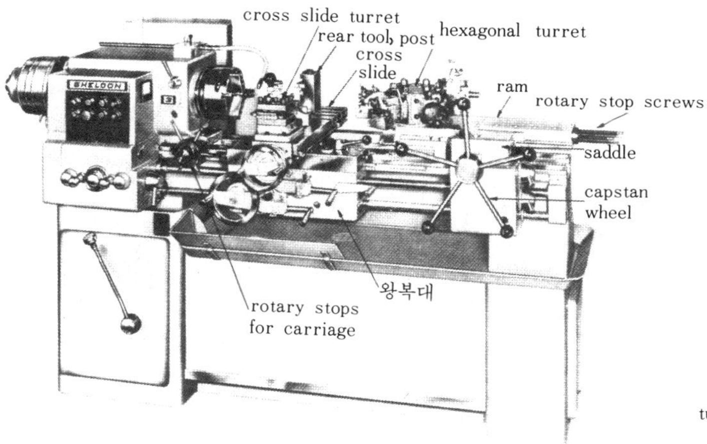

(a)

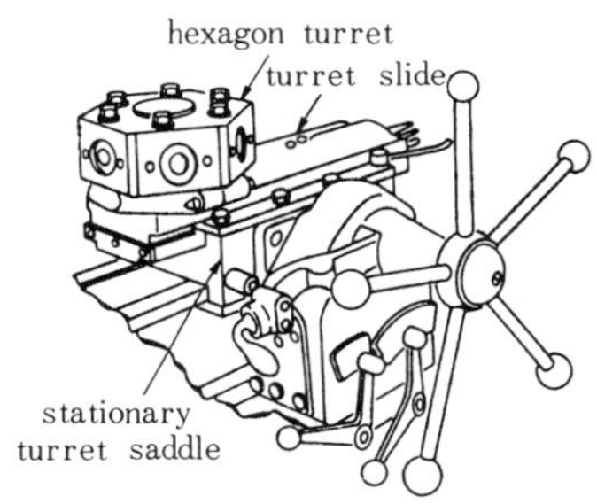

(b)

Fig. 1-65 ram형 turret 선반

〔2〕 saddle형 turret 선반

Fig. 1-66에서와 같이 회전공구대가 직접 saddle상에 설치되어 ram형에 비하여 공구를 보다 견고하게 고정할 수 있으며, 큰 공작물 가공에 적합하다.

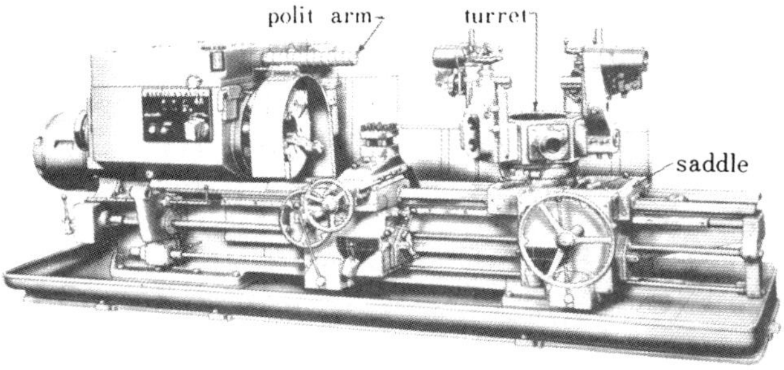

(a)

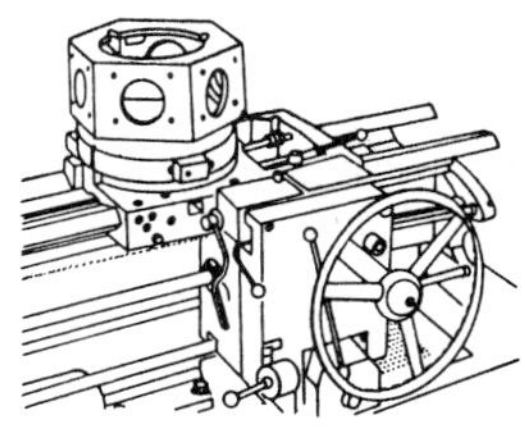

(b)

Fig. 1-66 saddle형 turret 선반

2 章 Drill 加工

2-1 drill 가공과 drilling machine의 종류

2-1-1 drill 加工의 종류

송곳(drill)을 회전시키고 drill 축 방향으로 이송을 주어 구멍을 뚫는 작업인 drilling이 주가 되고, 그 외에도 drilling machine을 이용하여 Fig. 1-67과 같이 reaming, boring, counter-boring, countersinking, spot facing 및 tapping 등을 할 수 있다.

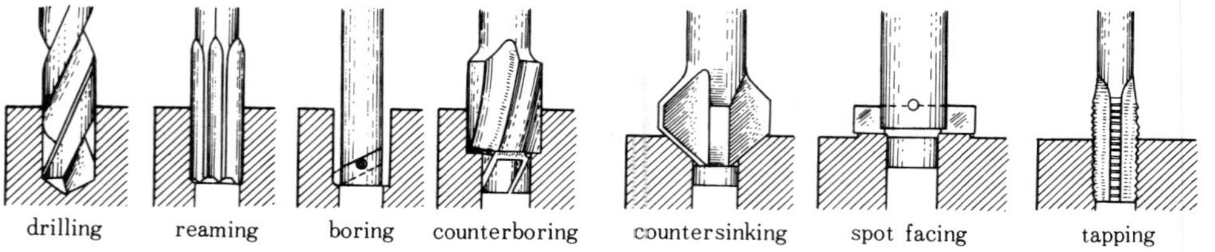

Fig. 1-67 drilling machine에서의 작업

(1) drilling : 공작물에 drill을 회전시키면서 drill에 축방향의 이송을 주어 구멍을 뚫는 작업이다. 깊은 구멍에는 深孔용 drill을 사용하며, drill을 고정하고 공작물을 회전시키는 경우도 있다.

(2) reaming : reamer를 사용하여 drilling된 구멍의 치수를 정확히 하며, 정밀가공을 한다. reaming의 가공여유는 0.4mm를 초과하지 않는다.

(3) boring : drilling에 의하여 뚫린 구멍을 확대하는 것이 주이고, 구멍의 형상을 바로 잡기도 한다.

(4) counterboring : end mill과 같은 공구를 사용하여 drilling에 의한 구멍과 同心으로 구멍의 한쪽을 확대하며 밑은 평탄하다.

(5) countersinking : 나사의 접시머리가 들어갈 구멍을 가공하는 것으로서 구멍의 一端을 원추형으로 확대한다.

(6) spot facing : nut 또는 cap screw 머리의 자리를 만들기 위하여 구멍축에 직각으로 평탄하게 가공하는 작업이다.

(7) tapping : 구멍의 内面에 나사를 내는 작업이며, tap을 뽑기 위해서는 역전전동기 또는 역

전장치를 사용한다.

2-1-2 drilling machine의 종류

drilling machine(또는 drill press)은 Fig. 1-68과 같이 base, column, table, head 및 spindle의 기본구조로 되어 있으며, 사용 목적과 구조에 따라 분류하면 다음과 같다.

① 휴대용 drill(portable drill 또는 portable drilling machine)

② 手調節 drilling machine(sensitive drilling machine)

(i) 탁상식(bench mounting type)

(ii) floor식(floor mounting type)

③ 直立 drilling machine(upright drilling machine)

④ radial drilling machine

(i) 보통식(plain type)

(ii) 만능식(universal type)

⑤ 多軸 drilling machine(multi-spindle drilling machine)

⑥ 多頭 drilling machine(gang drilling machine)

⑦ 深孔 drilling machine(deep hole drilling machine or gun drilling machine)

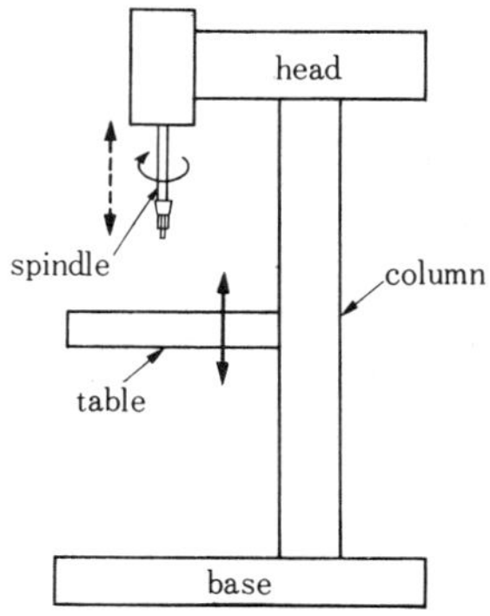

Fig. 1-68 drilling machine의 기본 구조

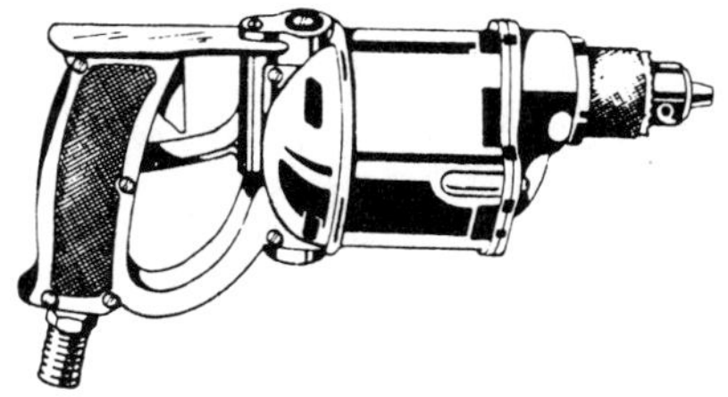

Fig. 1-69 휴대용 전기 drill

〔1〕 휴대용 drill

Fig. 1-69와 같은 형상으로 휴대할 수 있으며, 어느 각도에서도 구멍을 뚫을 수 있다.

〔2〕 수조절 drilling machine

이송(feed)을 人力으로 하는 소형의 belt 전동식 drilling machine이다. spindle의 외부 sleeve 위에 있는 rack를 pinion으로 상하이동시키며, 보통 drill의 치수는 15mmϕ 이하이다. Fig. 1-70, Fig. 1-71은 각각 탁상식 수조절 drilling machine과 floor식 수조절 drilling machine이다.

〔3〕 直立 drilling machine

수조절 drilling machine과 구조는 같으나, 다만 이송(feed)을 자동으로 할 수 있다는 차이

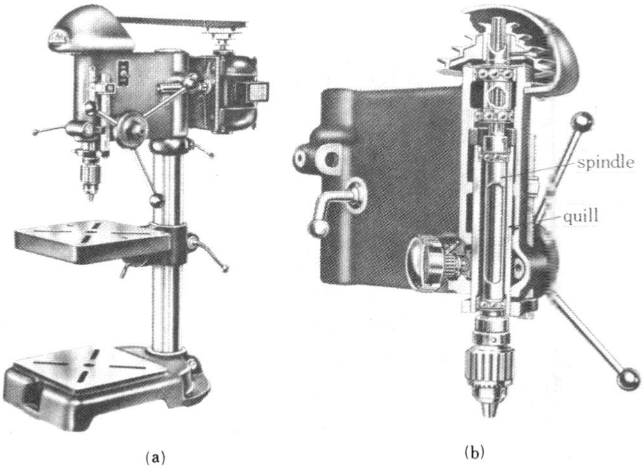

Fig. 1-70 탁상식 수조절 drilling machine

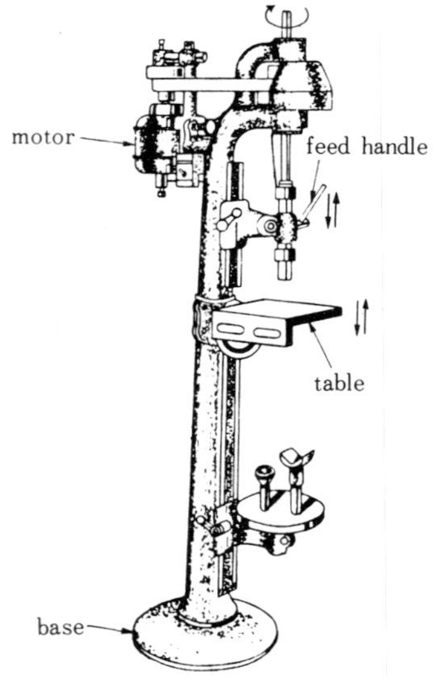

Fig. 1-71 floor식 수조절 drilling machine

가 있다. Fig. 1-72는 직립 drilling machine의 일종으로서 「A→B→C→D→E」의 순서로 이송동력이 전달되어 worm E가 worm gear F를 회전시켜 F의 축상에 있는 pinion이 spindle sleeve의 rack를 下向시킨다.

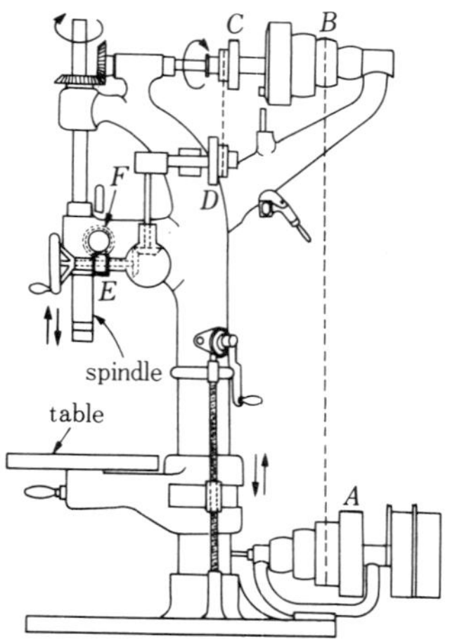

Fig. 1-72 직립 drilling machine

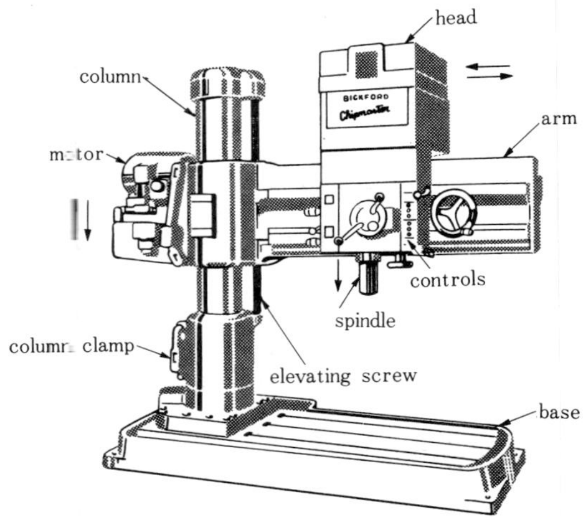

Fig. 1-73 radial drilling machine

〔4〕 **radial drilling machine**

대형의 공작물에 여러 개의 구멍을 뚫을 때 공작물을 이동시키지 않고 Fig. 1-73과 같이 arm을 vertical column 주위에 회전시키고 drilling head를 arm상에서 이동시켜 작업할 수 있는 공작기계이다. radial drilling machine 중에서 drilling head가 arm상에서 직선운동만 되는 것을 **普通式**(plain type)이라 하고, 직선운동과 회전운동을 동시에 할 수 있는 것을 **萬能式**(universal type)이라 한다.

〔5〕 **多軸 drilling machine**

Fig. 1-74와 같이 spindle의 위치가 조절되며, 여러 개의 구멍을 동시에 뚫을 때 사용된다. 일단 조절하여 놓으면 정밀도와 호환성이 좋다. Fig. 1-75는 Fig. 1-74의 spindle의 내부구조이며 중간축이 伸縮할 수 있게 되어 있다.

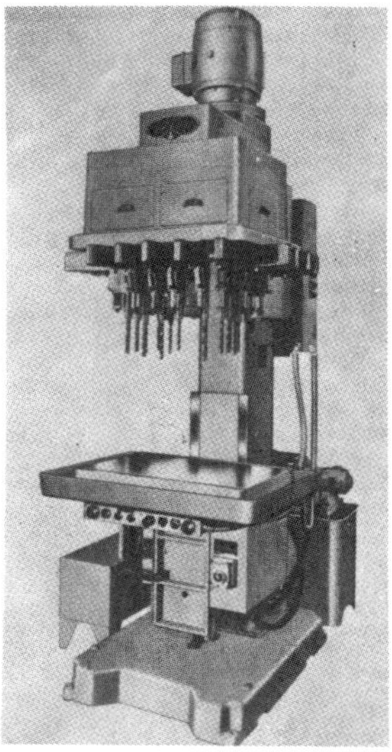

Fig. 1-74 다축 drilling machine

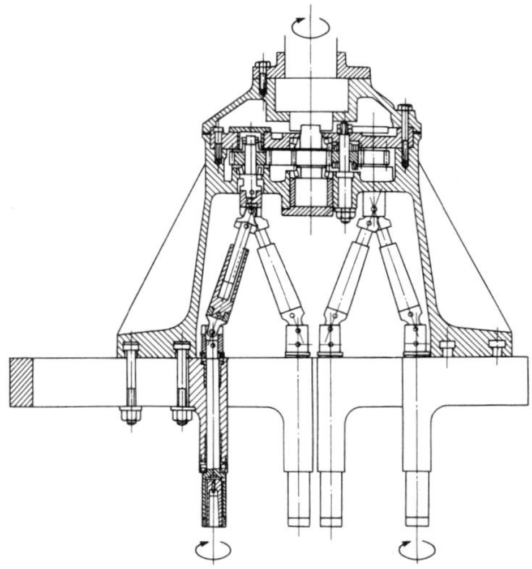

Fig. 1-75 다축 drilling machine spindle

〔6〕 **多頭 drilling machine**

Fig. 1-76과 같이 여러 개의 spindle을 단일 table과 조합한 것이며, spindle의 간격이 고정된 것과 조절할 수 있는 것이 있다. 각 spindle은 별도로 동작을 하며, 순차적인 가공을 할 때 편리하다.

Fig. 1-76 多頭 drilling machine

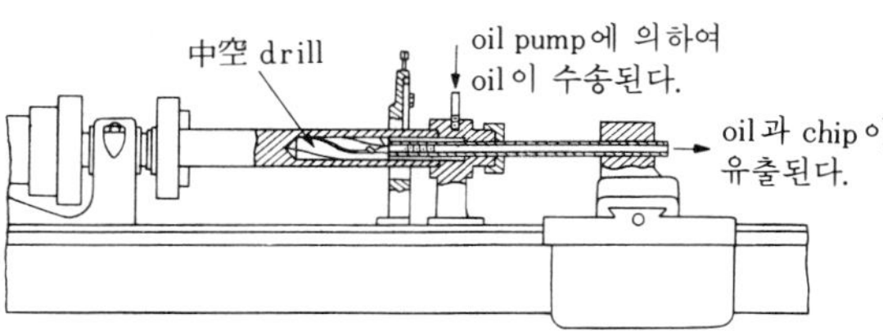

Fig. 1-77 심공 drilling machine

〔7〕 **深孔 drilling machine**

Fig. 1-77 과 같이 銃身, 긴 軸, connecting rod 등과 같이 긴 구멍을 요하는 구멍가공에 적합한 공작기계이며 절삭유제의 공급, 가공물의 고정, drill의 처짐 등이 중요한 문제이다.

이상과 같이 drilling machine의 종류를 들었는데, 이들의 크기는 일반적으로 가공할 수 있는 구멍의 최대 지름 및 길이, 또는 column의 표면에서 spindle의 중심까지의 거리와 spindle 끝과 table의 上面까지의 최대 거리 등으로 표시한다.

2-2　drill 加工 (drilling)

2-2-1　drill

drill은 탄소공구강, 특수공구강 및 고속도강, 경질합금의 附刃 등으로 되어 있다.

〔1〕 **drill의 종류**

drill에는 많은 종류가 있으나, 대별하면 다음과 같다.

(i) flat drill　　(iii) special drill

(ii) twist drill　　(iv) hard metal drill

(1) flat drill : Fig. 1-78 과 같은 종류가 있으며, 주로 목재가공에 이용되고 鍛造 제작하며 刃先部의 경사각은 30～40° 이다.

(2) twist drill : Fig. 1-79 와 같은 종류가 있다.

(i) ordinary twist drill (a)　　(iv) 4 edge twist drill (d)

(ii) flat twist drill (b)　　(v) straight flute drill (e)

(iii) 3 edge twist drill (c)

(i) 및 (ii) 가 주로 사용되는데 (i) 은 구멍을 정확하게 뚫고, (ii) 는 drill 제작을 위한 재료가 적게 들며, (iii) 과 (iv) 는 구멍 内面을 smooth 하게 하고, (v) 는 flat drill처럼 사용된다.

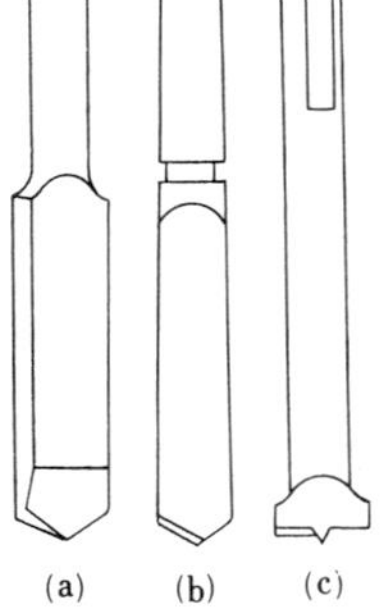

Fig. 1-78　flat drill

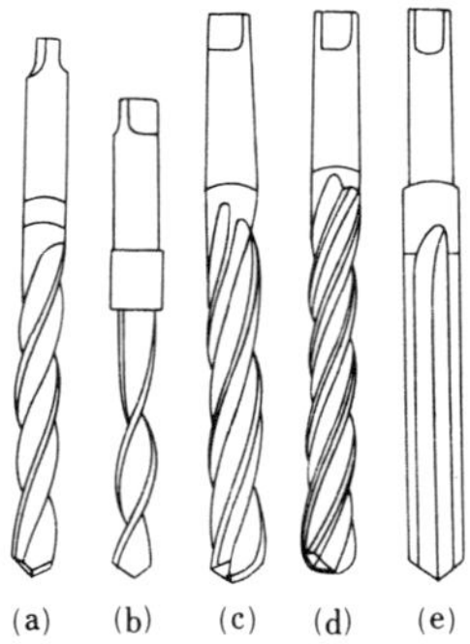

Fig. 1-79　twist drill

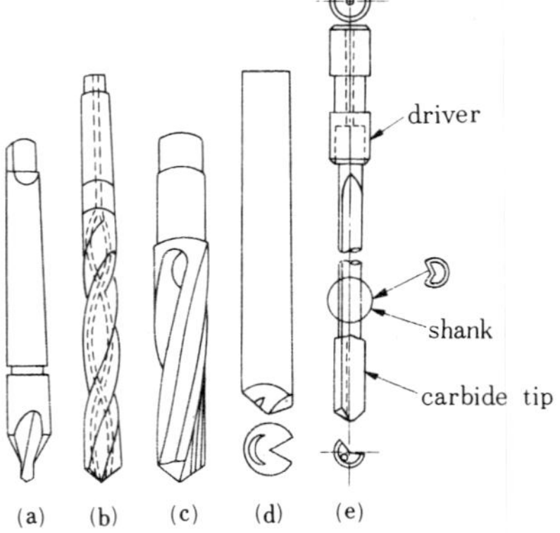

Fig. 1-80　special drill

(3) special drill : Fig. 1-80과 같은 종류가 있다.

(i) center drill (a)

(ii) 油孔部 drill(oil hole drill) (b)

(iii) 中空部 drill(hollow drill) (c)

(iv) 半圓 drill(rifle barrel drill)(d)

(v) 砲身 drill(gun barrel drill)(e)

(i)은 선반 등에서 center 작업, (ii)는 深孔部를 가공할 때 사용되며 chip은 절삭유와 함께 배출된다.

〔2〕 drill의 각부 명칭 및 硏削法

(1) drill의 각부 명칭 : drill의 각부 명칭은 Fig. 1-81과 같다.

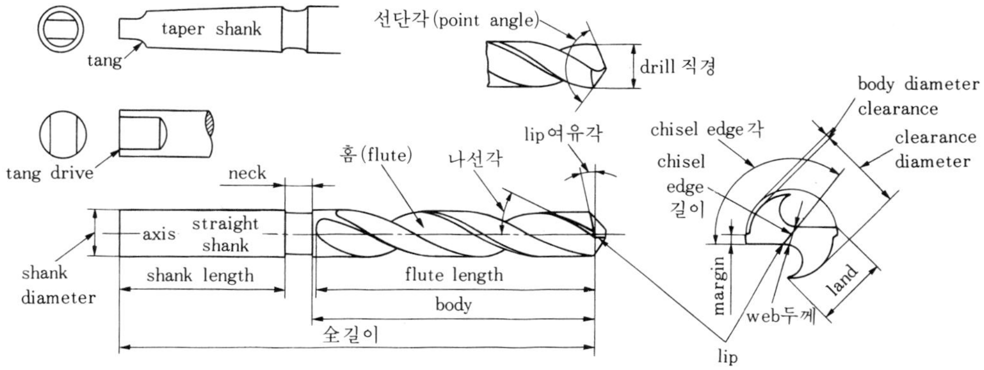

Fig. 1-81 drill의 각부 명칭

(i) drill point : drill의 끝부분으로서 원추형이다.

(ii) body : drill의 본체로서 홈(flute)이 있다.

(iii) flute : drill의 body에 있는 직선 또는 나선의 홈이며, chip을 배출하고 절삭유제를 공급하는 통로가 된다.

(iv) shank : drill을 고정하는 부분이며, 곧은 것과 Morse taper진 것이 있다.

(v) dead center : drill 끝에서 切削刃이 만나는 점이다.

(vi) tang : drill에 회전력을 전달하기 위한 drill shank부의 납작한 부분이다.

(vii) margin : drill의 홈의 가장자리에 있는 좁은 面으로서 drill의 위치를 잡아 준다.

(viii) web : 홈 사이의 좁은 단면으로서 shank쪽으로 갈수록 커진다.

(ix) point angle : drill 끝의 절삭날 사이의 角이다.

(x) helix angle : drill 의 중심축과 helix line 사이의 角이다.

(xi) body clearance : 돌기로 나와 있는 margin부의 높이이다.

(xii) lip clearance angle(lip relief angle) : 切削刃의 작용에 방해가 되지 않도록 Fig. 1-81과 같이 표시된 角이다.

(xiii) 윗면 경사각(rake angle) : Fig. 1-82와 같이 가공면상의 수직선과 경사면(face)이 이루는 角이다.

(2) drill의 연삭법 : drill을 연삭하는 방법에는 drill을 손으로 잡고 하는 방법과 drill 연삭기

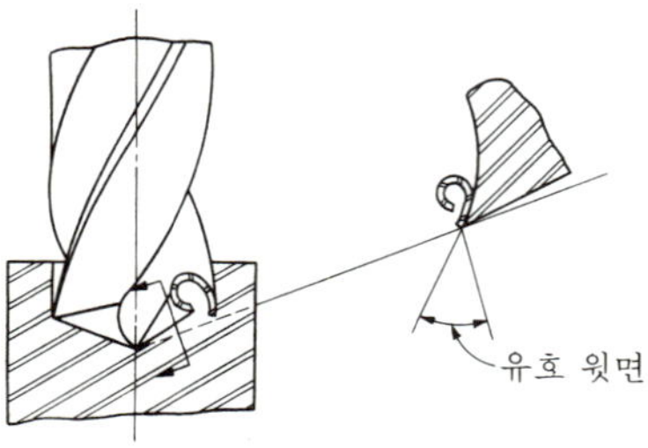

Fig. 1-82 drill의 경사각

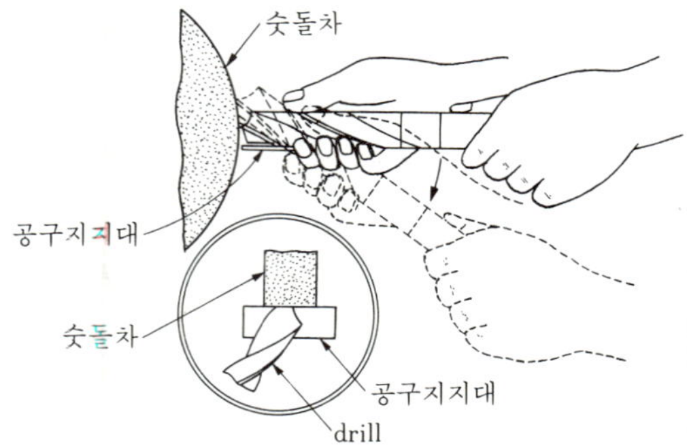

Fig. 1-83 drill의 연삭의 수작업

에 의한 방법이 있다. Fig. 1-83은 손에 의한 연삭법을 보여 주며, 작업 순서는 다음과 같다.

(i) 연삭숫돌을 평탄하게 dressing 한다.

(ii) 절삭刃의 길이를 같게 한다.

(iii) point angle을 적정하게 정하고 중심축에 대하여 같게 한다.

(iv) clearance angle을 적정하게 하고 양측이 같게 하며, drill을 회전시켜서 heel(背面)을 점점 깊게 연삭한다.

(v) 작은 drill은 web의 두께가 문제되지 않으나 큰 drill에서는 Fig. 1-84와 같이 둥근 숫돌로 web를 얇게(thinning) 해야 한다.

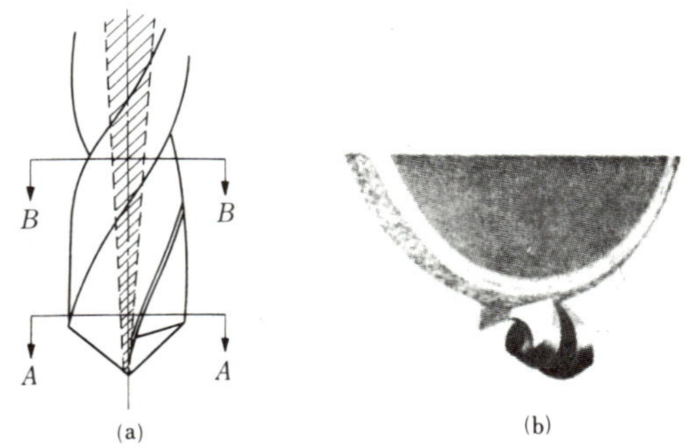

Fig. 1-84 drill의 thinning

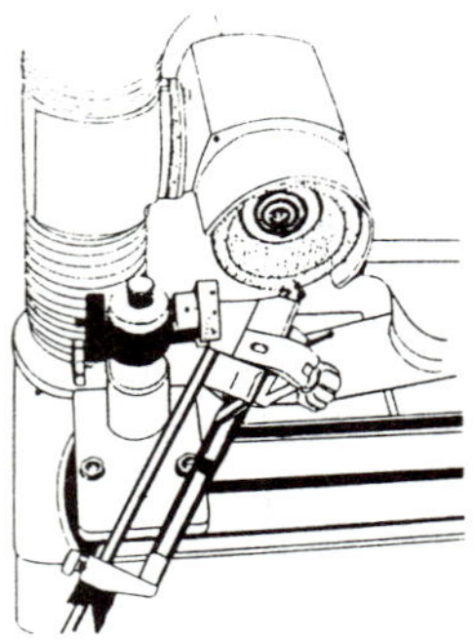

Fig. 1-85 drill 연삭기에 의한 drill 연삭

Fig. 1-85는 drill연삭기에 의한 drill을 연삭하는 것이며, 보다 정확하고 빠르게 연삭된다. 이상과 같이 연삭한 drill은 Fig. 1-86과 같이 검사한다.

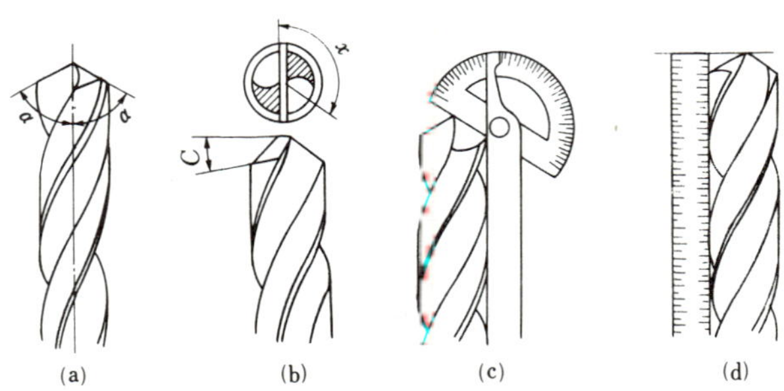

Fig. 1-86 drill의 검사

2-2-2 drill의 角度 및 절삭조건

drill의 날끝각(point angle)은 너무 크면 feeding이 곤란하고, 너무 작으면 刃先이 약해지므로 공작물의 재질에 따라 Table 1-4 에서와 같이 적당한 값을 취하여야 한다.

drill의 절삭속도는 drill의 중심부로부터 외경부까지에 걸쳐 刃先의 위치에 따라 다르나 일반적으로 외주의 속도로서 호칭하며, 고속도강 drill의 절삭속도 및 이송의 적정값은 Table 1-5 와 같다.

Table 1-4 drill의 角(度)

공작물재료	선단각 (point angle)	선단여유각 (lip relief angle)	chisel edge angle	나선각 (helix angle)
표준형 drill (일반작업, 탄소강, 주강, 주철 등)	118	12~15	125~135	20~32
Mn 강	150	10	115~125	20~32
Ni 강, 질화강	130~150	5~7	115~125	20~32
황동, 청동 (軟)	90~118	12~15	125~135	20~32
구리, 동합금	118	12~15	125~135	10~30
積層 plastics	110~130	10~15	125~135	30~40
경질고무	90~118	12~15	125~135	10~20
주철	60~90	12~15	125~135	10~20

Table 1-5 고속도강 drill의 절삭조건

절삭속도〔m/min〕, 이송〔mm/rev〕

drill의 직경 〔mm〕	강 $\sigma_t \leqq 50$〔kg/mm²〕		강 $\sigma_t=50\sim70$〔kg/mm²〕		강 $\sigma_t=70\sim90$〔kg/mm²〕		강 $\sigma_t=90\sim110$〔kg/mm²〕	
	V	f	V	f	V	f	V	f
2~5	20~25	0.1	20~25	0.1	15~18	0.05	10~14	0.05
6~11	20~25	0.2	20~25	0.2	15~18	0.1	10~14~14	0.1
12~18	30~35	0.25	20~25	0.25	15~18	0.2	12~18	0.15
19~25	30~35	0.3	25~30	0.3	18~22	0.3	16~20	0.2
26~50	25~30	0.4	25	0.4	15~20	0.35	14~16	0.3

drill의 직경 〔mm〕	주철 $\sigma_t=12\sim18$〔kg/mm²〕		주철 $\sigma_t=18\sim30$〔kg/mm²〕		황동·청동(軟)		青銅(硬)	
	V	f	V	f	V	f	V	f
2~5	25~30	0.1	12~18	0.1	≤50	0.05	≤35	0.05
6~11	30~40	0.2	14~18	0.15		0.15		0.1
12~18	25~30	0.35	16~20	0.2		0.3		0.2
19~25	20	0.6	16~20	0.3		0.45		0.35
26~50	20	1.0	16~18	0.4		—		—

2-2-3 drill의 고정

drill shank에는 straight shank와 taper shank가 있는데, straight shank는 지름이 12mm 이하인 drill에, taper shank는 그 이상에서 사용된다.

straight shank의 drill은 drill chuck에 고정하고, drill chuck은 drilling machine의 spindle의 taper孔에 압입된다. taper shank의 drill은 Fig. 1-87과 같은 socket 및 sleeve에 압입하고 socket 또는 sleeve를 drilling machine에 압입한다.

drill의 taper shank가 drilling machine의 spindle taper 보다 작을 때에는 Fig. 1-87(a)와 같은 sleeve를 사용하고, drill의 taper shank가 클 때에는 Fig. 1-87(b)와 같은 socket를 사용하며, 때로는 sleeve를 포개어 사용하기도 한다.

(a) sleeve　　(b) socket

Fig. 1-87　drill socket과 sleeve

Fig. 1-88은 taper shank의 drill을 sleeve에서 뽑는 방법을 圖示한 것이다.

drill chuck에는 여러 가지 종류가 있으나, Fig. 1-89는 Jacobs 회사에서 개발한 2種의 chuck을 도시한 것이다.

Table 1-6은 shank의 taper, Table 1-7은 drill의 치수를 표시한다.

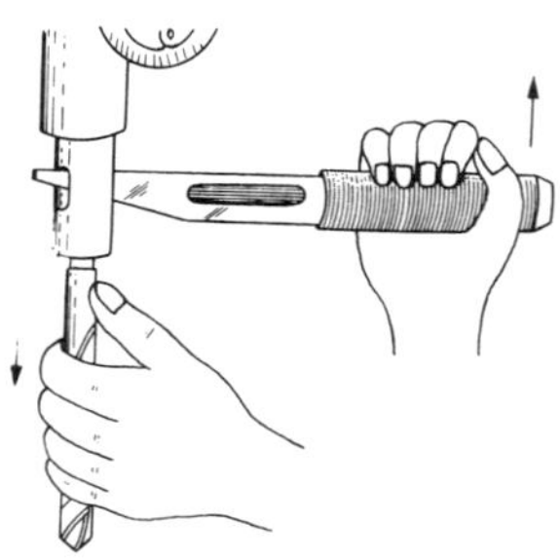

Fig. 1-88　drill 뽑기

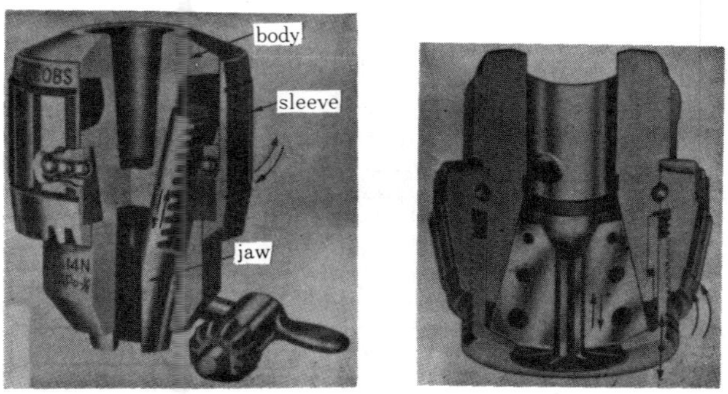

Fig. 1-89　Jacobs chuck

Table 1-6　drill shank의 taper

drill 지름 범위〔in〕	Morse taper 번호	drill 지름 범위〔in〕	Morse taper 번호
~9/16	No. 1	1 17/64~2	No. 4
37/64~29/32	No. 2	2 1/64~3	No. 5
59/64~1 1/4	No. 3	3 1/16~4	No. 6

2-2-4 작 업 순 서

① 공작물의 소정 위치에 punching하여 compasses로 drill 지름보다 약간 크게 원을 그린다.

② 표시된 원주 밖으로 clamp 혹은 jig로 공작물을 고정하고 drilling machine의 table을 적당한 위치에 고정한다.

③ spindle의 회전수와 이송을 정한다.

④ 손으로 가볍게 눌러서 이송을 주어 약간 drill이 들어갔을 때, drill을 들어 올려 위치를

Table 1-7 drill의 치수

〔inch〕	〔mm〕	wire gauge	inch의 소 수	〔inch〕	〔mm〕	wire gauge	inch의 소 수	〔inch〕	〔mm〕	wire gauge	inch의 소 수	〔inch〕	〔mm〕	wire gauge	inch의 소 수
		80	.0135	3/64			.0469	3/32			.0938	5/32			.1563
		79	.0145		1.2		.0472		2.4		.0945			22	.1570
					1.25		.0492			41	.0960		4		.1575
					1.3		.0512		2.45		.0966			21	.1590
						55	.0520			40	.0980			20	.1610
					1.35		.0531		2.5		.0984		4.1		.1614
1/64			.0156			54	.0550			39	.0995		4.2		.1654
	.4		.0157		1.4		.0551			38	.1015			19	.1660
		78	.0160		1.45		.0571		2.6		.1024		4.25		.1673
		77	.0180		1.5		.0591			37	.1040		4.3		.1693
	.5		.0197			53	.0595		2.7		.1063			18	.1695
		76	.0200		1.55		.0610			36	.1065	11/64			.1719
		75	.0210						2.75		.1083			17	.1730
	.55		.0217										4.4		.1732
		74	.0225											16	.1770
	.6		.0236					7/64			.1094		4.5		.1772
		73	.0240							35	.1100			15	.1800
		72	.0250	1/16			.0625		2.8		.1102		4.6		.1811
	.65		.0256		1.6		.0630			34	.1110			14	.1820
		71	.0260			52	.0635			33	.1130			13	.1850
	.7		.0276		1.65		.0650		2.9		.1142		4.7		.1850
		70	.0280		1.7		.0669			32	.1160		4.75		.1870
		69	.0293			51	.0670		3		.1181	3/16			.1875
	.75		.0295		1.75		.0689			31	.1200		4.8		.1890
		68	.0310			50	.0700		3.1		.1220			12	.1890
					1.8		.0709							11	.1910
					1.85		.0728						4.9		.1929
						49	.0730							10	.1935
					1.9		.0748	1/8			.1250			9	.1960
1/32			.0313			48	.0760		3.2		.1260		5		.1969
	.8		.0315		1.95		.0768		3.25		.1280			8	.1990
		67	.0320							30	.1285		5.1		.2008
		66	.0330						3.3		.1299			7	.2010
	.85		.0335						3.4		.1339	13/64			.2031
		65	.0350							29	.1360			6	.2040
	.9		.0354	5/64			.0781		3.5		.1378		5.2		.2047
		64	.0360			47	.0785			28	.1405			5	.2055
		63	.0370		2		.0787						5.25		.2067
	.95		.0374		2.05		.0807						5.3		.2087
		62	.0380			46	.0810	9/64			.1406			4	.2090
		61	.0390			45	.0820		3.6		.1417		5.4		.2126
	1		.0394		2.1		.0827			27	.1440			3	.2130
		60	.0400		2.15		.0846		3.7		.1457		5.5		.2165
	1.05	59	.0410			45	.0860			26	.1470	7/32			.2188
			.0413		2.2		.0866		3.75		.1476		5.6		.2205
		58	.0420		2.25		.0886			25	.1495			2	.2210
		57	.0430			43	.0890		3.8		.1496		5.7		.2244
	1.1		.0433		2.3		.0906			24	.1520		5.75		.2264
	1.15		.0453		2.35		.0925		3.9		.1535			1	.2280
		56	.0465			42	.0935			23	.1540		5.8		.2283

확인하고, 중심이 정확하지 않을 때에는 chisel로 Fig. 1-90과 같이 위치를 바로잡는다.

⑤ drill의 先端이 공작물을 관통할 때에는 절삭저항이 급증하므로 이송을 줄인다.

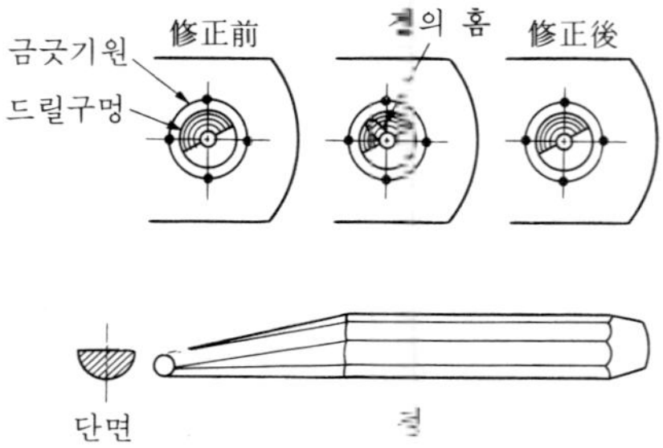

Fig. 1-90 drill 先端의 위치 조정

2-2-5 구멍 불량의 원인

구멍의 방향, 크기가 소정의 것과 다르거나 구멍이 眞圓이 아닌 경우에는 불량 구멍이라 할 수 있으며, 그 원인은 다음과 같다.

① 切削刃의 길이와 각도가 drill의 중심선에 대하여 대칭이 아닐 때에는 구멍은 drill 지름보다 크게 된다.

② 공작물 재질이 불균일하거나 氣孔 등이 있으면 절삭저항이 작은 쪽으로 drill이 굽어져 들어간다.

③ spindle이 drilling machine의 table에 대하여 직각이 아닌 경우에는 경사된 구멍이 뚫린다.

④ 주축의 bearing이 헐거워져 있거나, drill, socket 및 spindle의 taper가 정확하지 않은 경우에는 구멍의 지름은 크게 되며 眞圓이 되지 않는다.

2-2-6 drill의 파손 원인

drill은 작업 중 다음과 같은 원인으로 파손되는 일이 있다.

① 切削刃이 바르게 연삭되지 않아서 切削刃에 국부적으로 과대한 절삭력이 작용할 때,

② 작업 중 구부러진 drill로 계속 가공할 때,

③ thinning이 너무 깊어서 先端이 약해졌을 때,

④ 구멍에 chip이 너무 많이 충전되어 있어서 torque가 과대할 때,

⑤ 이송이 너무 커서 절삭저항이 과대할 때,

⑥ 구멍에 비하여 drill을 너무 길게 고정하여 휘어질 때

2-2-7 특수 drill가공

薄板에 비교적 큰 구멍을 뚫을 때에는 drill의 원추부가 판을 관통하여 판을 눌러 주는 힘이

없어 판이 심하게 움직이며 구멍이 불규칙하고 크게 된다. 박판의 drill 가공에는 Fig. 1-91과 같은 특수 flat drill, saw cutter, fly cutter 등을 사용하거나 또는 판을 목재 사이에 넣어 조인 다음 목재와 함께 drill 가공을 행하는 것이 좋다.

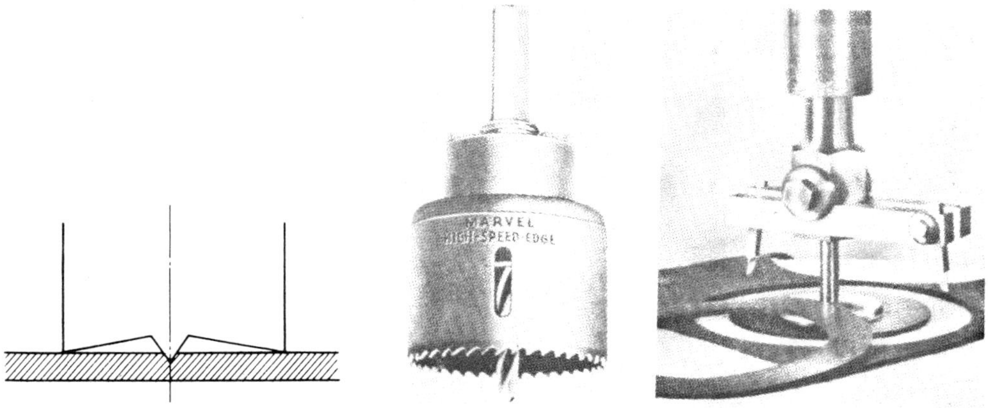

(a) flat drill (b) saw cutter (c) fly cutter

Fig. 1-91 薄板의 drill 가공

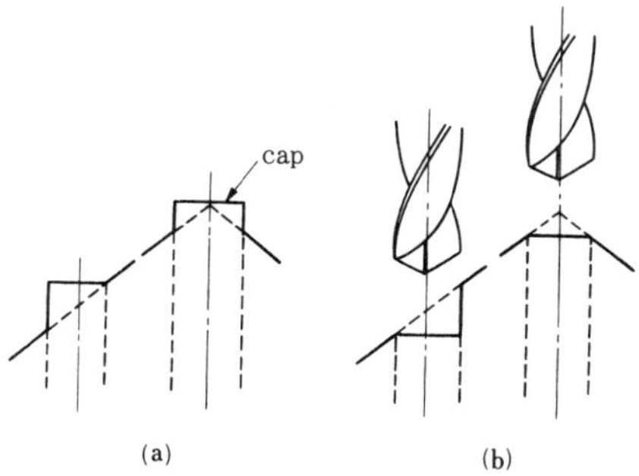

Fig. 1-92 경사면과 뾰족부의 drill 가공

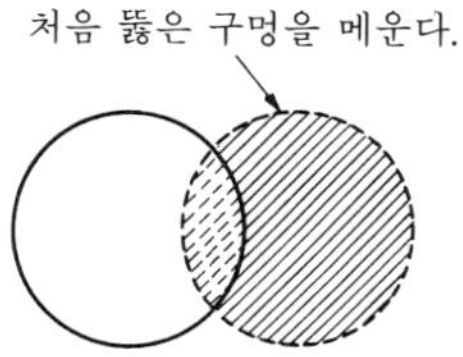

Fig. 1-93 겹친 구멍의 drill 가공

경사면이나 뾰족한 부분에 drilling을 할 때에는 Fig. 1-92와 같이 cap을 붙이거나 end mill 등으로 drill 축에 수직되게 가공한 후 drilling을 행한다.

겹쳐진 구멍을 뚫을 때에는, Fig. 1-93과 같이 먼저 뚫은 구멍을 같은 종류의 재료로 메운 다음 다른 구멍을 뚫고 메운 금속을 빼낸다.

2-2-8 절 삭 유 제

drilling에서는 切削刃이 깊은 구멍내에 있어 절삭유제의 사용 효과가 적다. 붓으로 절삭유제를 공급할 때에는 drill 지름의 20%, oil pump로 공급할 때에는 drill 지름의 3배 정도의 깊이까지만 절삭유제의 효과가 있다. 油孔 drill을 사용하지 않고 深孔을 뚫을 때에는 drill을 자주 빼내어 chip을 제거함과 동시에 drill을 냉각시켜야 한다. Table 1-8은 被削材에 대한 절삭유제를 예시한다.

Table 1-8 절 삭 유 제

피 삭 재	절 삭 유 제	절 삭 속 도〔m/min〕
aluminium	석유, 소다수, 수용성유제	150~200
주 철	乾 절 삭	12~26
가 단 주 철	수 용 성 유 제	16~30
청 동	수 용 성 유 제	20~40
연 강	豚 油, 소 다 수	20~35
경 강	석유, terebene 유, 소다수	17~25

2-3 reamer加工 (reaming)

2-3-1 reamer의 각부 명칭

reamer는 drill로 뚫은 구멍을 정확한 치수로 다듬는 데 사용되는 절삭공구이며, 각부의 명칭은 Fig. 1-94와 같다.

reamer 가공을 위해서는 소요 치수보다 0.4mm 정도의 작은 지름으로 drill 가공한다.

(1) chamfer : 절삭을 담당하는 모서리 부분으로서 切削刃의 후면에는 clearance angle이 있도록 한다.

(2) body : 수개의 홈과 land로 되어 있으며, land의 가장자리에는 margin이 있다. 몸체여유

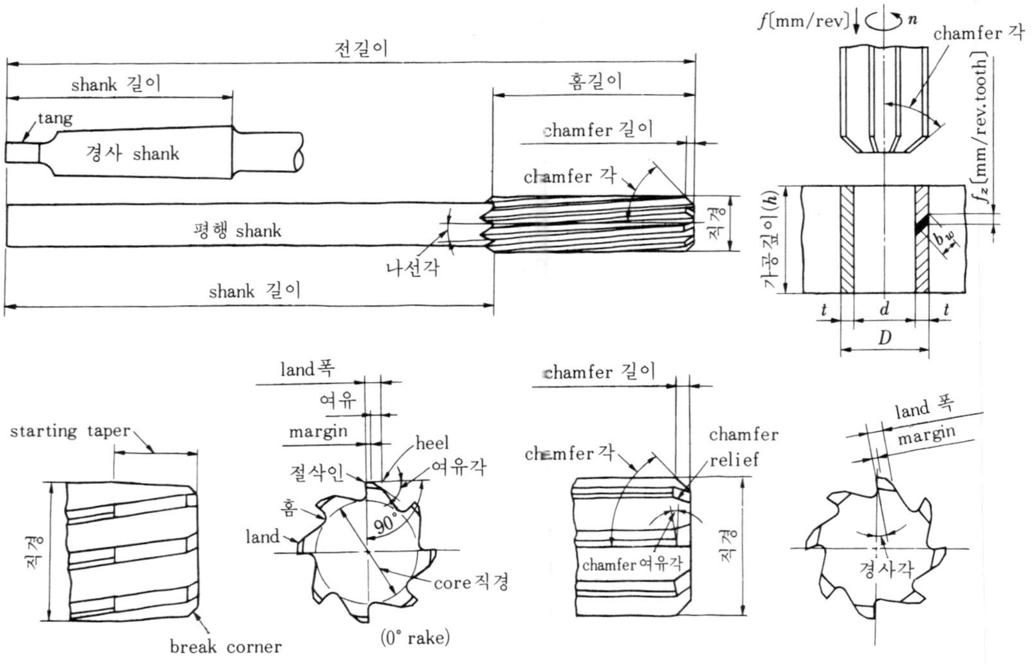

Fig. 1-94 reamer의 각부 명칭

각과 傾斜角(rake angle)이 있다.

(3) shank : 곧은 것과 taper진 것이 있으며, reamer를 회전시키기 위한 tang이 있다. hand reamer에서는 四角頭가 있어 holder에 의하여 회전시킨다.

2-3-2 reamer의 종류

reamer에는 분류 방식에 따라 다음과 같은 종류가 있다

(1) 구멍의 형상에 따라

(i) 곧은 reamer(straight reamer) (ii) taper reamer

(2) 사용 방법에 따라

(i) hand reamer (ii) machine reamer

(3) 구조에 따라

(i) solid reamer (iii) 조정 reamer(adjustable reamer)

(ii) 中空 reamer(hollow reamer)

Fig. 1-95는 reamer의 종류를 예시한 것이고, Fig. 1-96은 조정 reamer의 구조를 나타낸다.

arbor for shell reamer

fluted chucking reamer

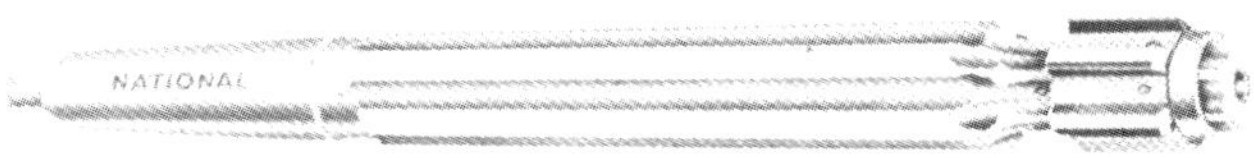

carbide-tipped shell expansion reamer

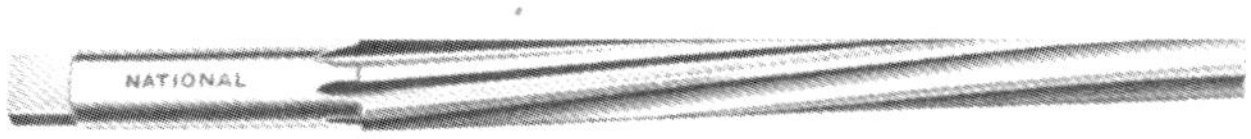

taper pin reamer

hand reamer

Fig. 1-95 reamer의 종류

2-3-3 reamer의 가공 조건

drill 가공에 비하여 절삭속도를 느리게 하고 이송(feed)은 크게 한다. 절삭속도가 느리면 re-

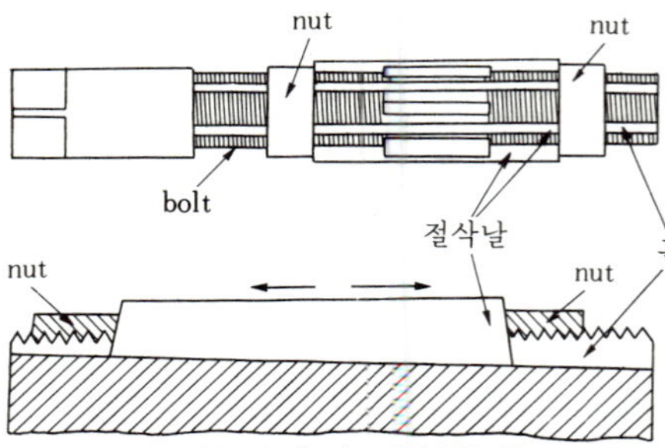

Fig. 1-96　조정 reamer의 구조

amer의 수명은 길게 되나 작업능률이 떨어지며, 절삭속도를 너무 크게 하면 reamer의 수명이 짧게 되고 land부가 쉽게 손상되어 가공면이 불량하게 된다. 高速度鋼製의 reamer에서는 drill 가공시의 $\frac{2}{3} \sim \frac{3}{4}$의 절삭속도와 2～3배의 feed를 준다. Table 1-9는 고속도강 reamer의 절삭속도와 feed를 표시한다.

Table 1-9　reamer의 절삭속도와 이송

가공물 재료	절삭속도 〔m/min〕	이송〔mm/rev〕			
		reamer의 지름〔mm〕			
		5 이하	5～20	21～50	50 이상
탄소강 및 주강 {軟 硬	3～6 2～4	0.2～0.3	0.3～0.5	0.5～0.6	0.6～1.2
합금강 단조품 {軟 硬	3～4 2～3	0.1～0.2	0.2～0.4	0.4～0.5	0.5～0.8
주철 {軟 硬	4～6 3～4	0.3～0.5	0.5～1	1～1.5	1.5～3
可鍛주철 {軟 硬	4～6 3～4	0.2～0.3	0.3～0.5	0.5～0.6	0.6～2.0
동, 황동	8～14	0.3～0.5	0.5～1	1～2.5	1.5～3
Al 및 Al 합금 {軟 硬	12～20 0～32	0.3～0.5	0.5～1	2～1.5	1.5～3
Mg 및 Mg 합금	30	0.4～0.5	0.5～1.2	1.2～2	1.2～2

2-4　tap加工(tapping)

2-4-1　tap의 각부 명칭

tap은 3～4개의 홈(flute)이 있는 bolt 형상을 갖는 내부 나사절삭을 위한 공구이다. tap의 각부의 명칭은 Fig. 1-97과 같고, 절삭작용은 Fig. 1-98과 같으며, Fig. 1-99와 같이 3개

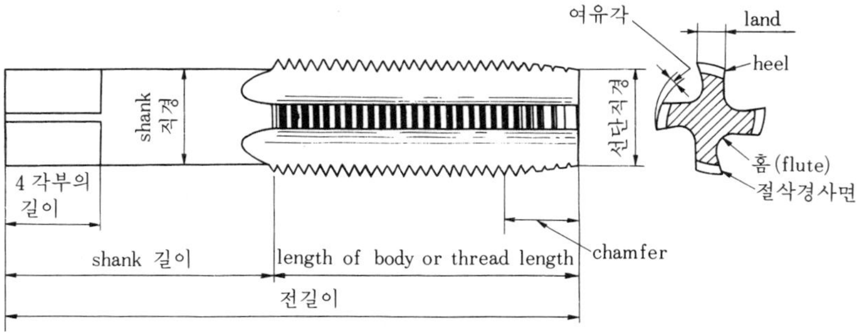

Fig. 1-97 tap의 각부 명칭

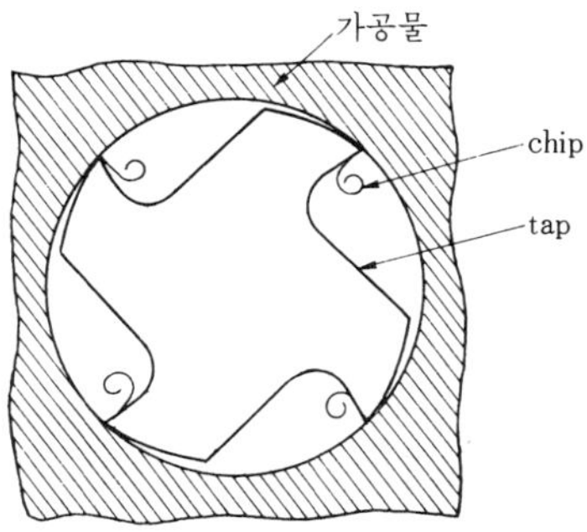

Fig. 1-98 tap의 절삭작용

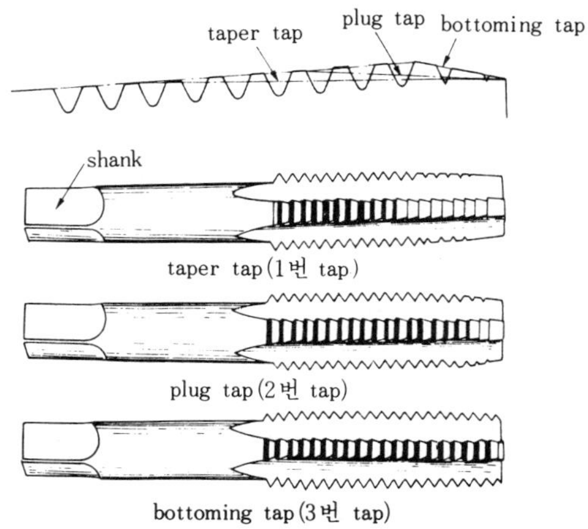

Fig. 1-99 1組의 tap

가 1組로 되어 있다.

(1) chamfer : taper진 부분

(2) 홈(flute) : 경사면(face)을 형성하기 위한 홈이며, chip과 유제의 통로가 된다.

(3) heel : land부의 뒷부분

(4) point diameter : tap부 끝의 바깥지름

(5) (thread) relief : 마찰을 적게 하기 위하여 절삭인의 뒷부분을 깎아내어 생긴 간격

tap에는 다음과 같은 종류가 있다.

(1) hand tap : 3개의 tap이 1組를 형성하며, 보통 tap wrench로 tap을 고정하여 손으로 회전시켜 나사가공을 하는 tap이다.

(2) machine tap : drilling machine에서 tap固定具와 함께 사용할 수 있도록 제작된 tap이다.

(3) taper tap : Fig. 1-99의 1번 tap을 사용하거나 taper용 나사 tap을 사용하여 taper 구멍에 나사가공을 하며, 보통 管의 연결부에 사용된다.

(4) tapper tap(nut tap) : Fig. 1-100과 같은 형상으로서 tap의 shank가 길고 shank부의 지름이 나사의 골지름보다 작아서 nut에 tapping이 완료되면 nut가 shank에 가득 채워질 때까

Fig. 1-100 tapper tap

지 순차적으로 tapping 할 수 있다. 주로 tapping machine에 사용된다.

(5) pulley tap : pulley의 set screw 혹은 oil cup에 나사가공을 할 때 사용되는 것으로서 긴 자루를 갖는 hand tap이다.

(6) gun tap : 형상은 hand tap과 같으나 Fig. 1-101 과 같이 taper 부의 5山 정도 길이의 홈을 넓고 깊게 파서 tap의 진행 방향으로 chip이 쉽게 배출될 수 있게 제작된 tap이다.

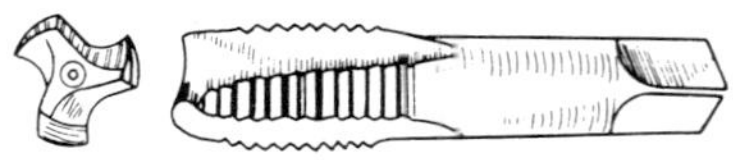

Fig. 1-101 gun tap

(7) stay tap : 아주 긴 형상으로서 先端에는 reamer 부, 중간에는 나사절삭부, 말단은 나사 안내부로 되어 있다. boiler 등의 내외판을 연결하는 stay bolt 구멍가공에 사용된다.

2-4-2 tap 작업

tapping에서는 적당한 tap의 형상, 윤활유의 선택, 작업자의 숙련이 중요하다. tap 구멍은 metric screw thread, unified screw thread 등과 같이 나사의 종류에 따라 다르나, 나사의 최소경(minor diameter)보다 약간 크게 뚫는 것이 보통이다. tap 구멍이 너무 작으면 절삭저항이 커서 tap을 회전시키는 것이 어렵고 또 山이 깨끗하지 못하고, 구멍이 너무 크면 山이 완성되지 못한다.

일반적으로 100% 山높이 나사, 80% 山높이 나사, 75% 山높이 나사가 많이 사용되며, 이것에 대한 tap drill의 지름은 다음과 같이 계산된다.

Fig. 1-102에서 D를 바깥지름, d를 안지름, P를 pitch 지름, h를 山높이라 하면 $h=\frac{1}{2}(D-d)$로 되며, 100% 山높이 나사에 대하여 tap drill 지름(tap drill diameter)은

$$\text{T.D.D.}=D-2h \tag{1-19}$$

80% 山높이 나사에 대하여

$$\text{T.D.D.}=D-2\times\frac{4}{5}h=D-\frac{8}{5}h \tag{1-20}$$

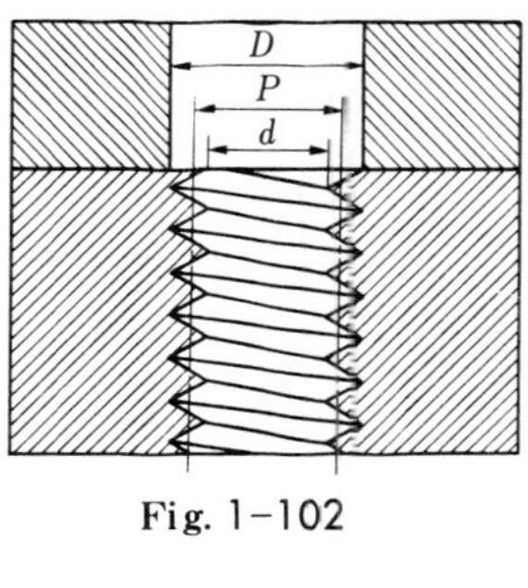

Fig. 1-102

75% 山높이 나사에 대하여

$$\text{T.D.D.}=D-2\times\frac{3}{4}h=D-\frac{3}{2}h \tag{1-21}$$

로 되며, 윗식을 이용하지 않을 때에는 다음과 같은 방법으로 tap drill 지름을 정하기도 한다.

미국 표준나사(inch system)에서

$$\text{T.D.D.}=D-\frac{1}{N}$$

meter system에서

$$\text{T.D.D.}=D-p \tag{1-22}$$

단, N : 1 in당의 山數, p : pitch〔mm〕

예제 1-11. 5/8 in−11인 tap에 대한 T.D.D.를 구하라.

(解) $\text{T.D.D.}=D-\frac{1}{N}=\frac{5}{8}-\frac{1}{11}=0.625-0.091=0.534\text{ in}$

예제 1-12. $M12\times1.75$인 tap에 대한 T.D.D.를 구하라.

(解) $\text{T.D.D.}=D-p=12-1.75=10.25\text{ mm}$

Table 1-10은 metric screw thread에 대한 tap drill 지름의 예이며, 필요와 사정에 따라 물림높이를 임의로 정한다.

Table 1-11은 고속도강 tap의 절삭속도 예이다.

hand tap을 사용하여 tap 작업을 할 때에는 Fig. 1-103과 같이 수직으로 적당히 누르면서 시계 방향으로 돌려 어느 정도 들어가면 Fig. 1-104와 같이 돌리기만 하면 된다. 가끔 약간씩 逆轉을 시켰다가 다시 절삭을 계속한다.

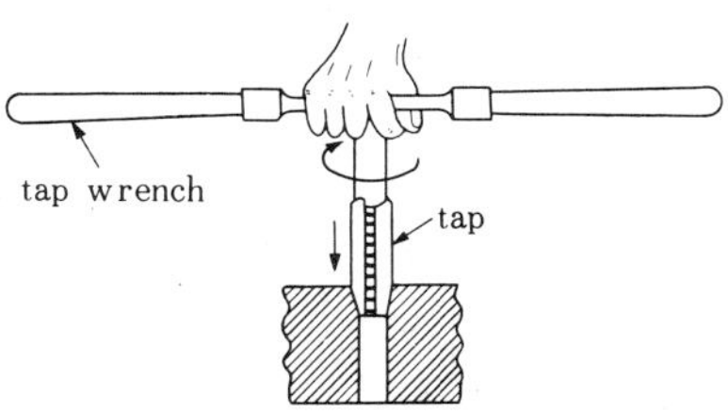

Fig. 1-103 hand tap 작업의 시작

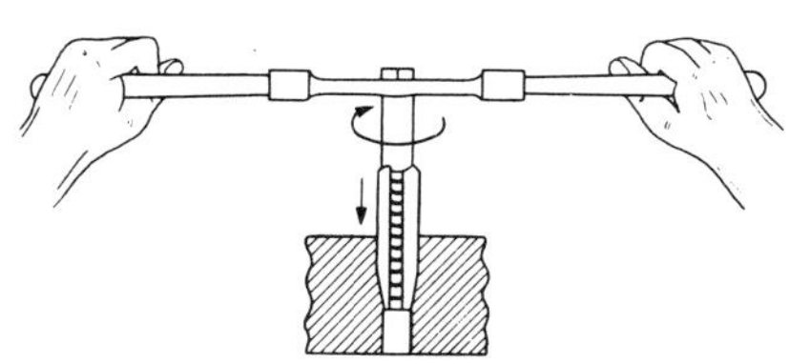

Fig. 1-104 hand tap 작업

2-4-3 tap과 bolt의 파손

tap은 다음과 같은 경우에 파손되기가 쉽다.

① tap hole이 너무 작아서 과대한 절삭저항을 받을 때

② tap이 한쪽으로 기울어져 밀착될 때

③ 절삭유제가 없어 tap이 구멍에 너무 밀착될 때

④ chip이 충전되어 있는 상태에서 tap을 회전시킬 때

⑤ tap이 구멍의 底面에 닿은 상태에서 tap을 회전시킬 때

Table 1-10　tap drill의 지름

(meter 나사)

수나사 바깥 지름〔mm〕	drill의 지름〔mm〕		수나사 바깥 지름〔mm〕	drill의 지름〔mm〕	
	Ⅰ	Ⅱ		Ⅰ	Ⅱ
1	0.75	—	14	11.5	11.75
1.2	0.95	—	(15)	12.5	12.75
1.4	1.1	—	16	13.5	13.75
1.7	1.3	—	(17)	14.5	14.75
2	1.5	1.6	18	15	15.25
2.3	1.8	1.9	(19)	16	16.25
2.6	2.1	2.1	20	17	17.25
3	2.3	2.4	(21)	18	18.25
3.5	2.8	2.9	22	19	19.25
4	3.1	3.2	(23)	20	20.25
4.5	3.6	3.7	24	20.5	20.75
5	3.9	4.0	(25)	21.5	21.75
5.5	4.4	4.5	27	23.5	23.75
6	4.8	5.0	30	25.75	26.0
7	5.8	6.0	33	28.75	29.0
8	6.5	6.7	36	31	31.5
9	7.5	7.7	39	34	34.5
10	8.2	8.4	42	36.5	37.0
(11)	9.25	9.4	45	39.5	40.0
12	9.9	10.0	48	42	42.5
(13)	10.9	11.0	52	46	46.5

* Ⅰ列은 주철, 황동, 청동에 사용하며, Ⅱ列은 강 및 이에 유사한 재료에 사용한다. 또 괄호를 한 것은 되도록 사용하지 않는다.
* 같은 지름에 대한 pitch의 종류 및 산 높이는 「기계설계학」을 참조하라.

Table 1-11　tap (H.S.S.) 절삭속도

재료	절삭속도〔m/min〕	재료	절삭속도〔m/min〕
연강	20～25	황동	25～30
Ni-Cr강	10～15	청동	20～25
열처리한 Ni-Cr강	2～4	Al 합금	56～65
주철	10～20		

* 절삭유제를 충분히 사용할 경우

이상과 같은 원인으로 tap이 구멍 내에서 파단되었을 때에는 다음과 같은 방법으로 파단된 tap을 구멍에서 빼낸다.

① Fig. 1-105와 같이 cape chisel을 tap의 홈(flute)에 넣고 망치로 가볍게 타격한다.

② 소량의 窒酸(nitric acid)을 구멍에 滴下하여 가공물과 tap을 침식시키면 헐겁게 되며, tap을 빼낸 후에는 남아 있는 질산을 제거하여야 한다.

bolt가 구멍에서 파단되었을 때에는 Fig. 1-106과 같이 bolt에 구멍을 뚫고 알맞는 screw extractor를 넣고 오른나사의 경우 반시계 방향으로 돌려 빼낸다.

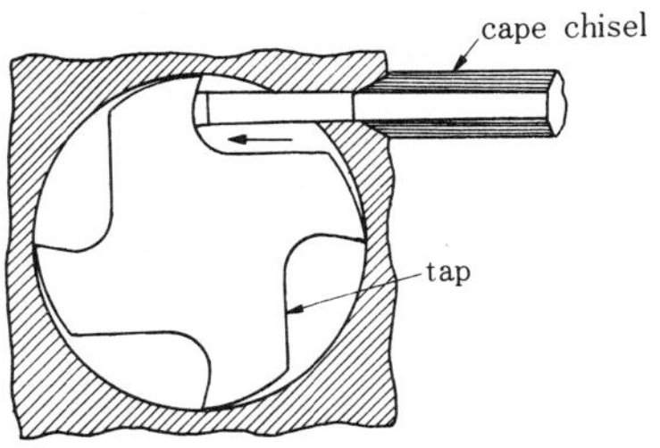

Fig. 1-105 파단된 tap의 제거

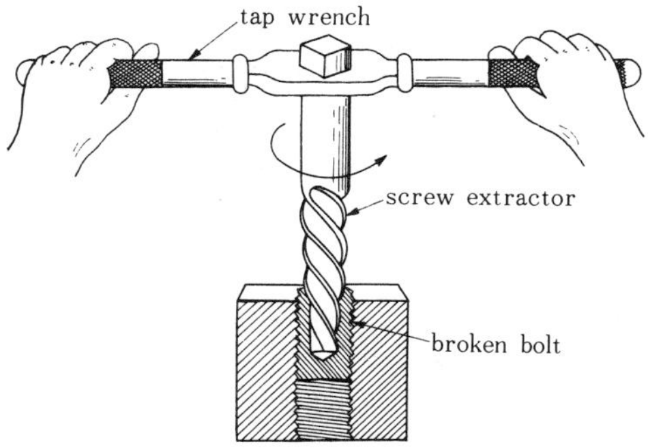

Fig. 1-106 파단된 bolt의 제거

3 章　Bore 加工

3-1　boring과 boring machine의 종류

3-1-1　boring

boring은 drilling 또는 鑄造(casting) 등에서 이미 뚫린 구멍을 확대하거나 내부를 완성가공하는 작업이다. boring의 원리는 선삭과 같으나 boring machine은 공작물이 커서 회전시키면 偏心될 염려가 있든가, 형상이 회전하기에 곤란한 공작물의 가공에 이용된다.

Fig. 1-107은 공작물과 공구의 상대운동을 표시한다.

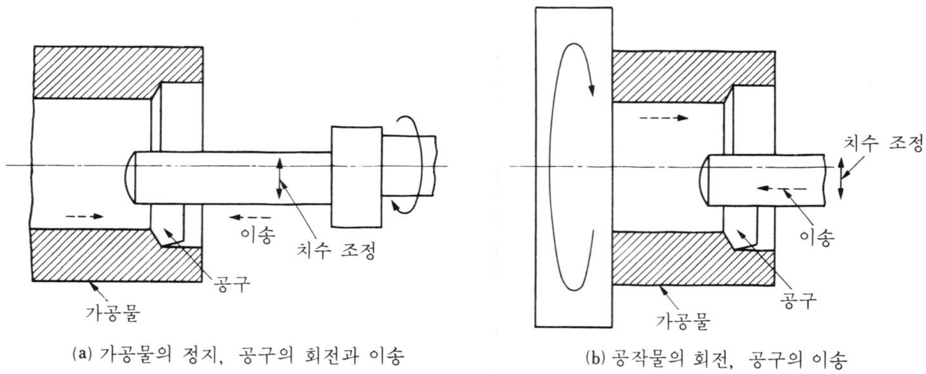

Fig. 1-107　boring 공구와 공작물의 상대운동

boring machine이 발달함에 따라 Fig. 1-108과 같이 boring, drilling, milling 등을 1대의 기계에서 할 수 있는 수평식 boring machine이 있다.

3-1-2　boring machine의 종류

boring machine은 구조와 작업 방법에 따라 분류하면 종류가 많으나 크게 나누면 다음과 같다.

① 수평 boring machine (horizontal boring machine)

② jig boring machine (또는 jig borer)

③ 정밀 boring machine (fine boring machine)

④ 수직 boring machine (vertical boring machine)

⑤ 直立 turret 선반(vertical turret lathe 또는 turret vertical boring machine)

⑥ core boring machine

〔1〕 수평 boring machine

수평 boring machine은 수평인 주축을 갖고 있으며, Fig. 1-108에서와 같이 2개의 column 사이에 세로 방향으로 움직이는 saddle과 가로 방향으로 움직이는 table, 상하 및 좌우로 움직이는 주축대(headstock), boring bar를 지지하는 column으로 구성되어 있다. 수평 boring machine은 다음과 같이 분류할 수 있다.

(1) table형 : saddle面上에서 table이 spindle과 평행 및 직각으로 이동한다. boring 이외의 일반가공에 사용된다(Fig. 1-108).

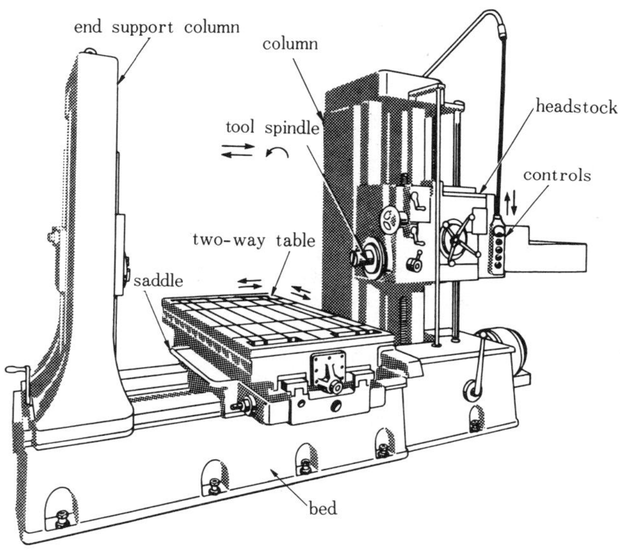

Fig. 1-108 수평식 boring machine

(2) planer형 : table형과 비슷하나 saddle이 없고 길이 방향의 이송은 bed상의 안내에 따라 column이 이동하여 이루어진다. 중량이 큰 공작물에 사용된다. Fig. 1-109는 수평 planer형 boring machine의 block diagram이다.

(3) floor형 : 공작물을 T홈이 있는 floor plate에 고정하고 주축대는 column을 따라 상하로

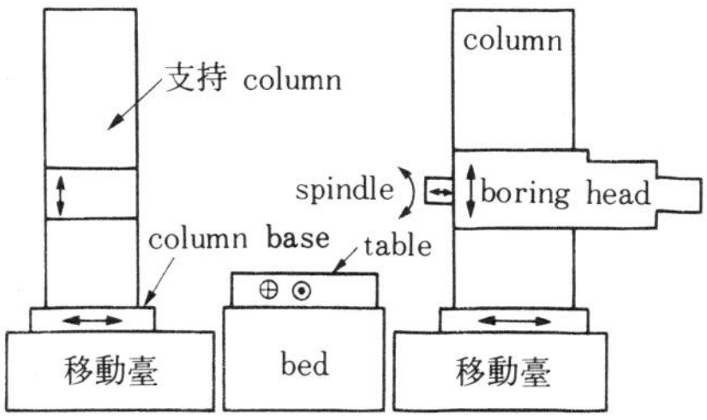

Fig. 1-109 수평 planer형 boring machine

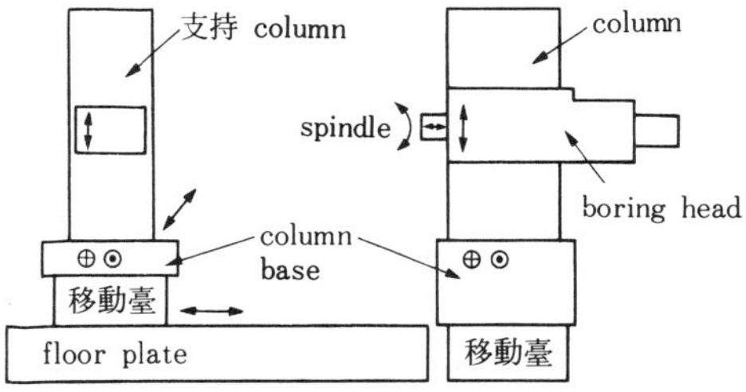

Fig. 1-110 수평 floor형 boring machine

이동하며, column은 bed상을 따라 이동한다. 공작물이 커서 table형에서 가공하기 어려운 것을 가공할 때 사용되며, Fig. 1-110은 수평 flocr형 boring machine의 block diagram이다.

(4) 이동형(portable type) : 공작물에 가까이 이동하여 작업하는 boring machine이며, 큰 기계의 수리 등에 사용된다.

〔2〕 jig boring machine

drilling에서 정확하지 못한 구멍가공, 각종 jig의 제작, 기타 정밀한 구멍가공을 위한 전문기계로서 제품의 허용오차는 ±0.002~0.005mm 정도이다. table과 주축대의 위치를 정하기 위하여 나사식 측정장치, 標準棒 gauge, dial gauge, 현미경에 의한 광학적 측정장치 등을 갖추고 있다. jig boring machine에는 雙柱形과 單柱形이 있으며, Fig. 1-111은 단주형 jig boring machine의 일종이다.

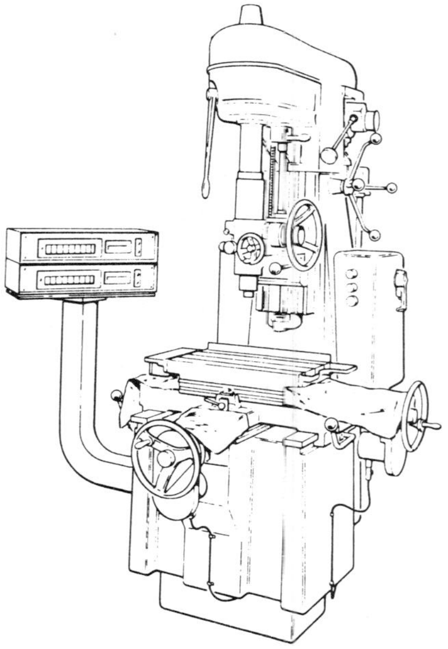

Fig. 1-111 單柱形 jig boring machine

〔3〕 정밀 boring machine

회전속도가 크고 feed의 정밀도가 높은 기구를 갖고 있으며, bite 재료는 초경합금 또는 diamond를 사용한다. spindle bearing과 공구와의 위치 관계가 일정하므로 眞圓度 및 眞直度 등이 높다.

〔4〕 수직 boring machine

spindle이 수직으로 위치하고 있으며, Fig. 1-112와 같이 공구의 위치는 cross rail과 cross rail상의 tool head에 의하여 조절된다. 공구는 선삭 및 平削의 것과 같은 형상의 것이며, 공작물을 고정한 table이 회전운동을 하여 boring, 수평면가공 및 수직선삭 등을 할 수 있다.

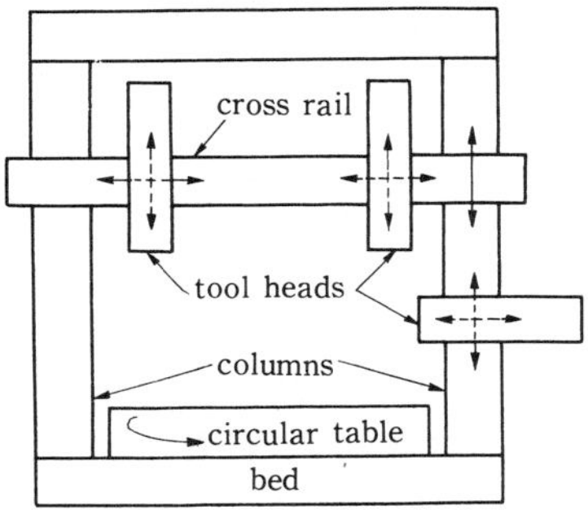

Fig. 1-112 수직 boring machine

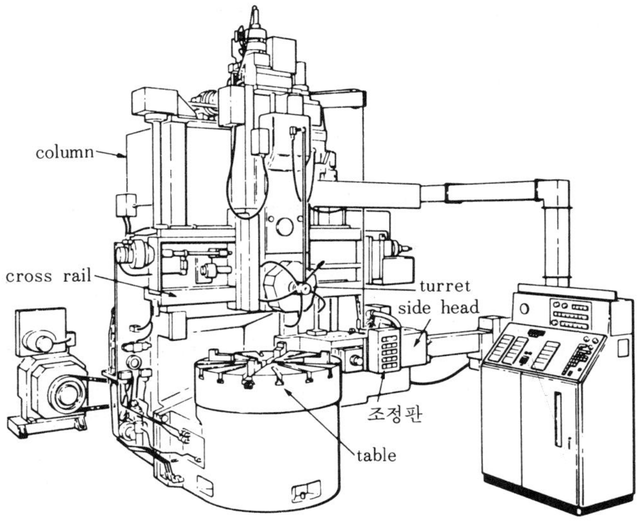

Fig. 1-113 직립 turret 선반

〔5〕 **直立 turret 선반**(turret直立 boring machine)

Fig. 1-113 과 같이 turret 선반의 주축대를 수직축상에 수평으로 위치시키고 cross rail 이 상하로, turret head가 cross rail 상에서 이동하여 공작물을 고정한 table이 회전하도록 되어 있는 공작기계이다. 이 공작기계는 길이가 짧고 지름이 크며 중량이 큰 가공물의 가공에 적합하다.

〔6〕 **core boring machine**

가공할 구멍이 drill 가공할 수 있는 것에 비하여 아주 클 때에는 丸形으로 절삭하여 core를 나오게 하며, core는 별도의 목적에 이용된다.

3-2 boring 工具

3-2-1 boring bar, bite 및 head

boring bar는 bite를 고정하고 주축의 구멍에 끼워 회전시키는 棒으로서 Fig. 1-114와 같이 taper진 것과 평행부로 되어 있는 것이 있다.

boring bite(tool, cutter)는 필요에 따라 수없이 많을 수 있으나 예를 들면 Fig. 1-115와

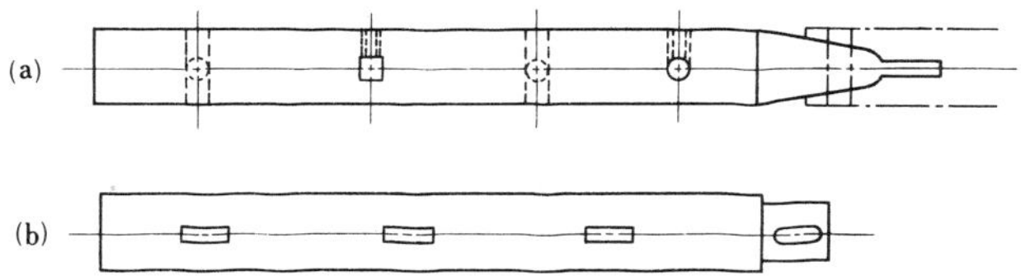

Fig. 1-114 boring bar

같다.

bite(cutter)를 bar에 고정하는 방법에는 Fig. 1-116 및 Fig. 1-117과 같은 것이 있다.

Fig. 1-118은 가공된 구멍에 boring bar에 맞는 bush를 넣어 boring bar의 지지부로 이용하는 예를 보여 준다.

Fig. 1-119와 같은 boring head는 절삭할 구멍의 지름이 너무 커서 bite를 boring봉에 직접 고정할 수 없을 때 사용한다.

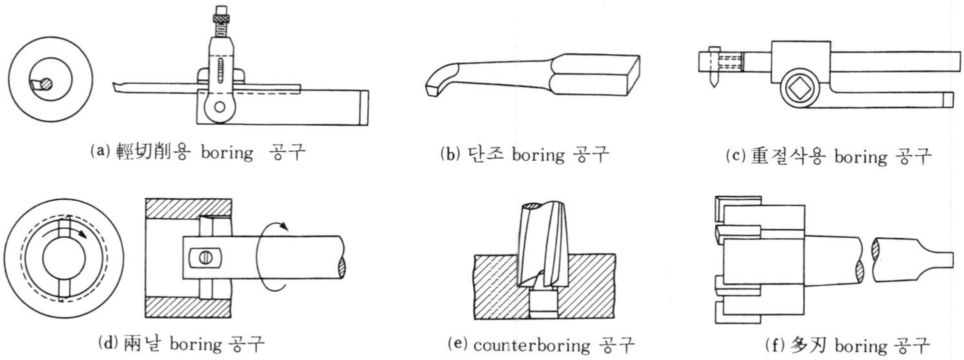

Fig. 1-115　boring 공구의 종류

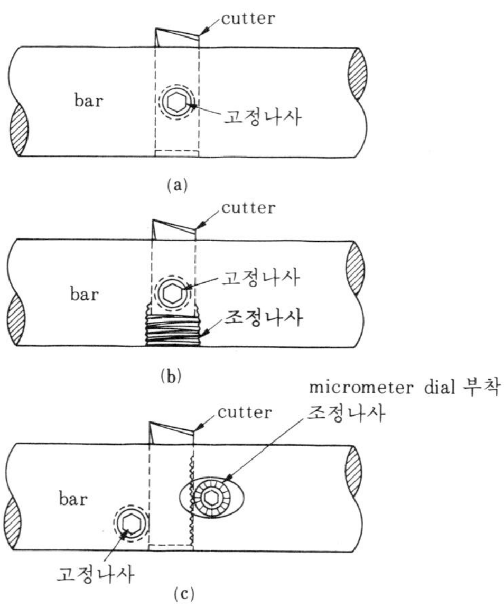

Fig. 1-116　fly cutter를 bar에 고정하는 방법

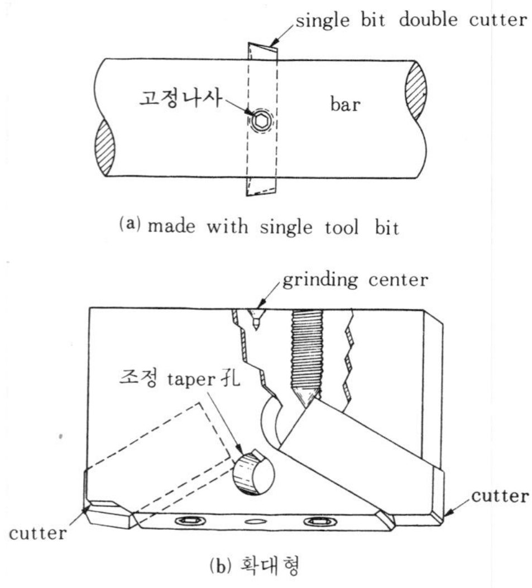

Fig. 1-117　double cutter를 bar에 고정하는 방법

3-3 절삭조건

3-3-1 공구의 角

boring공구의 각도는 절삭공구의 지름 및 가공물의 재질에 의하여 영향을 받는다. 공구의 지

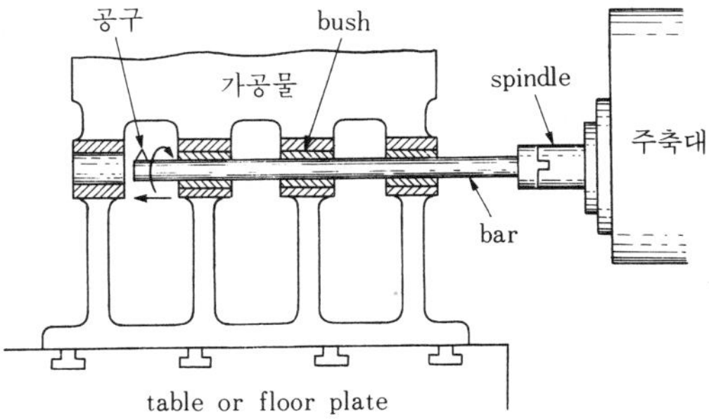

Fig. 1-118 bush에 의한 bar의 지지

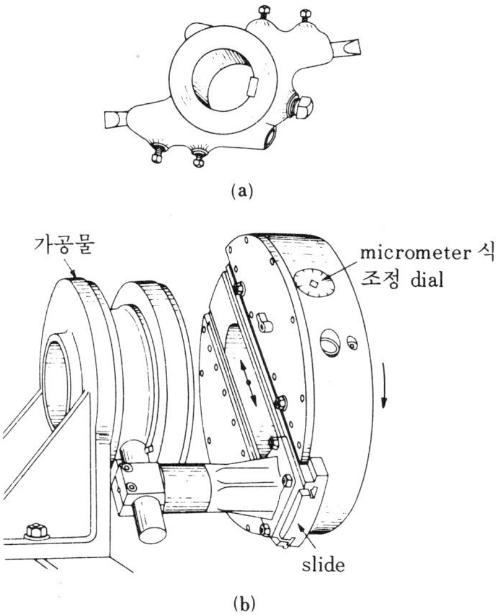

Fig. 1-119 boring head

름이 커질수록 반지름 방향의 경사각(radial rake angle)과 측면 경사각(side rake angle)은 작아야 하며, 다른 각들의 크기는 공작물의 재질에 따라 다르다. 가공중 chip이 가공면에서 멀리 구멍의 중심을 향해서 배출되어 가공면에 손상을 주지 않아야 한다.

3-3-2 절삭속도와 移送量

Table 1-12는 titanium carbide 공구로 강을 가공할 때의 절삭속도와 이송량을 예시한다.

Table 1-12 titanium carbide 공구의 boring 조건

피 삭 재	절삭속도〔m/min〕	이송〔mm/rev〕
1045 강	200～500	0.1～0.25
4340 강(열처리. 35～42 H_{RC})	150～250	〃 (깊이 0.25～0.5)
416 stainless 강	10～250	〃 (깊이 0.25～0.5)

4章 Shaper(形削機) 加工

4-1 shaper의 가공과 shaper 종류

Fig. 1-120에서와 같이 ram의 先端에 위치한 공구고정대에 고정된 bite의 절삭운동과 vise에 고정된 공작물의 이송에 의하여 Fig. 1-121의 평면가공을 할 수 있다.

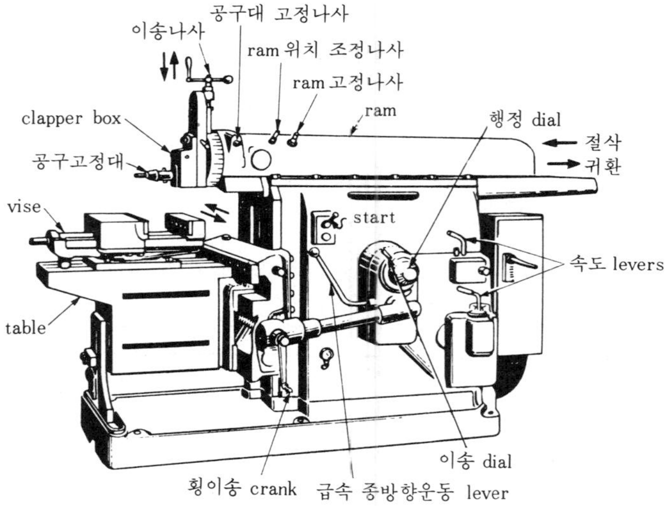

Fig. 1-120 shaper의 각부 명칭

4-1-1 shaper의 종류

shaper에는 분류 기준에 따라 다음과 같은 종류가 있다.

(1) ram의 방향에 따라

i) 수평 shaper (horizontal shaper)

ii) 수직 shaper (vertical shaper)

(2) ram의 왕복기구에 따라

i) crank와 slotted rocker arm에 의한 것

ii) 유압기구에 의한 것

iii) rack와 pinion에 의한 것

iv) screw와 nut에 의한 것

(3) 구조에 따라

i) 표준 shaper (standard shaper)

ii) 만능 shaper (universal shaper) : table을 ram의 방향 및 ram과 직각 방향으로 경사시킬 수 있는 것.

iii) 引削式 shaper (draw-cut shaper) : 끌어당기면서 절삭하는 shaper이다.

일반적으로 shaper 규격은 ram의 行程(stroke)에 따라 Table 1-13과 같은 것들이 있다.

Table 1-13 shaper의 크기

기 계 호 칭	14〔in〕	18〔in〕	21〔in〕	24〔in〕
ram 최 대 행 정〔mm〕	356	457	533	610
행 정 수/min	17~104	11~101	9~85	8~74
table 上面의 넓이〔mm×mm〕	305×250	416×305	467×305	584×330
가로 방향의 이동 거리〔mm〕	406	527	610	755
수직 방향의 이동 거리〔mm〕	356	—	281	292
vise jaw의 벌림〔mm〕	190	273	273	324
전 동 기 동 력〔HP〕	2	4	4	5

4-1-2 shaper의 가공

일반적으로 shaper에서는 Fig. 1-121과 같은 가공을 하며, 부속장치를 이용하면 齒形加工 및 曲面加工 등도 할 수 있다.

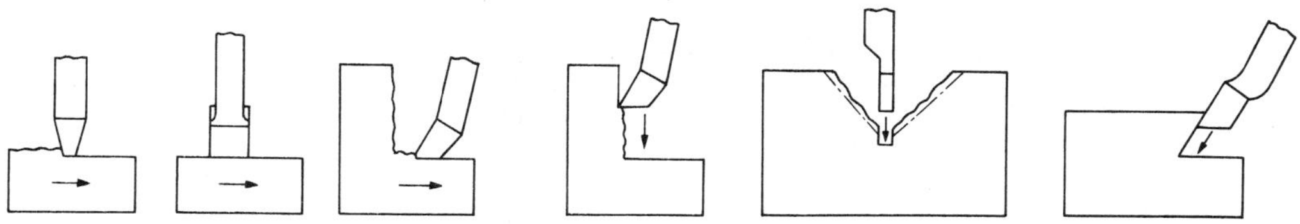

(a) 수평면 절삭 (b) 수직면 가공 (c) 홈절삭 (d) 경사면 절삭

Fig. 1-121 shaper 작업의 종류

4-2 shaper의 機構

4-2-1 ram의 運動機構

〔1〕 crank와 slotted rocker arm에 의한 것

Fig. 1-122에서와 같이 감속장치를 거쳐 bull gear를 회전시키고 bull gear는 crank pin을 회전시켜 rocker arm을 pivot을 중심으로 요동시킨다. rocker arm의 上端은 ram screw에 연결된다. 행정은 crank pin과 crank 중심간의 거리를 bevel gear의 회전에 의하여 조절하고, 절삭위치의 결정은 ram screw의 회전에 의한다.

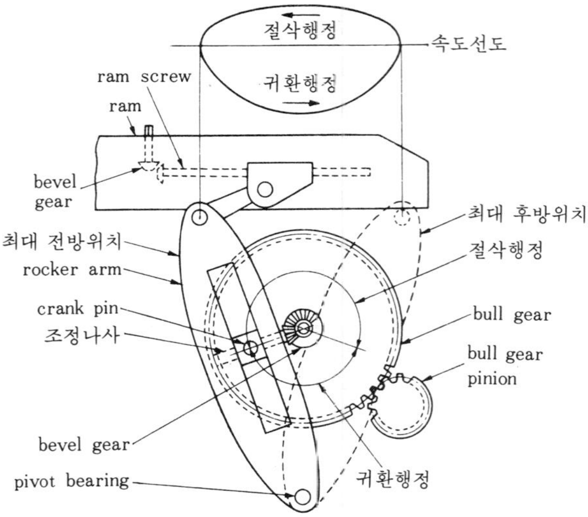

Fig. 1-122 crank에 의한 ram의 운동

〔2〕 유압식 기구에 의한 것

Fig. 1-123은 유압식 shaper 기구로서 gear pump에 의한 壓力油가 방향valve의 동작으로 작동cylinder의 左右에 교대로 공급되어 piston을 운동시키고, piston rod에 체결된 ram이 운동한다. ram에 고정된 dog가 방향변환lever를 통하여 방향변환 valve를 작동시킨다.

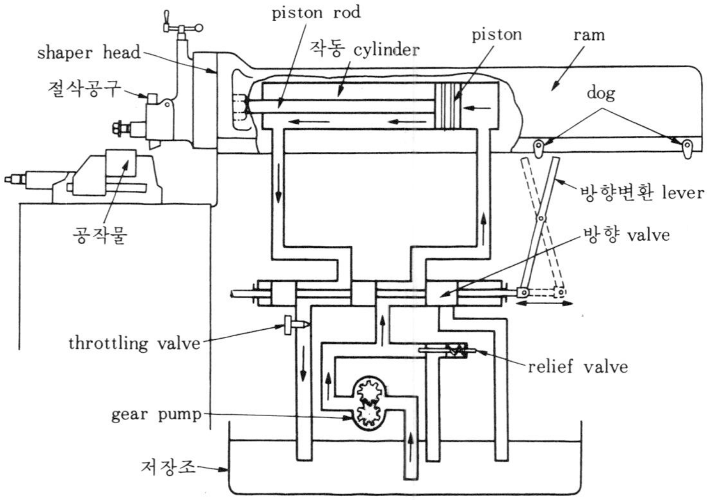

Fig. 1-123 유압식 shaper 기구

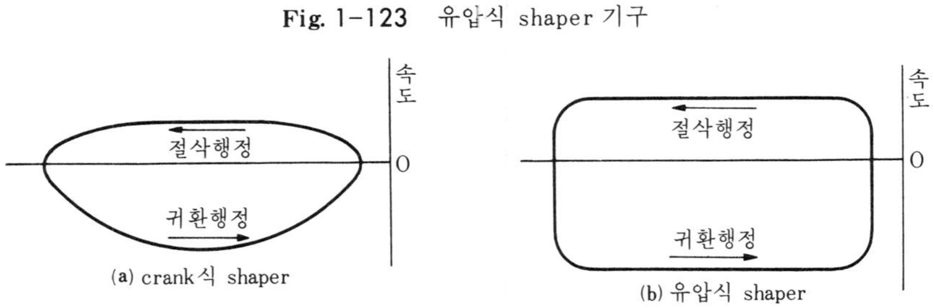

Fig. 1-124 crank식과 유압식의 속도 변화 비교

유압식 shaper에 있어서는 切削行程(cutting stroke)중에 속도가 crank식에 비하여 비교적 일정하며 歸還行程(return stroke)의 속도가 빠르다.

Fig. 1-124는 crank식과 유압식에서의 속도 변화를 비교한 것이다.

4-2-2 table의 移送機構

crank식 shaper에서 ram의 왕복운동과 함께 ram과 직각 방향으로 table이 이송되도록 Fig. 1-125와 같은 구조로 되어 있다. crank축에 偏心輪狀의 홈이 있는 圓板이 끼워져 있고, 이 圓板 *a*의 회전에 의하여 *b*가 요동하고 ratchet *c*를 요동시킨다. ratchet이 ratchet wheel을 회전시키며, ratchet wheel은 이송나사 *e*를 회전시켜 table을 이동시킨다. 이송량은 나사 *f*에 의하여 거리 *r*의 조절에 의한다. table의 상하이동은 cross rail의 조임을 푼 다음 상하이동용 나사를 돌리면 된다. 유압식으로 이송할 때에는 유압식 feed조절장치의 handle에 의한다.

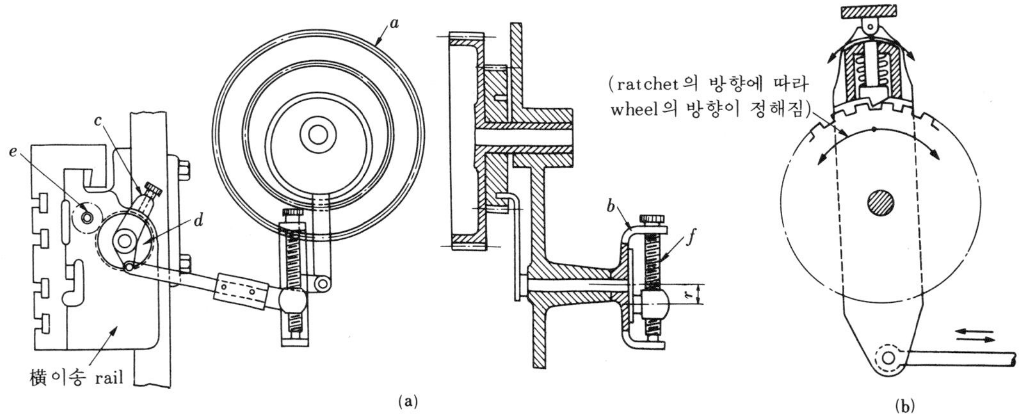

Fig. 1-125 table 이송장치

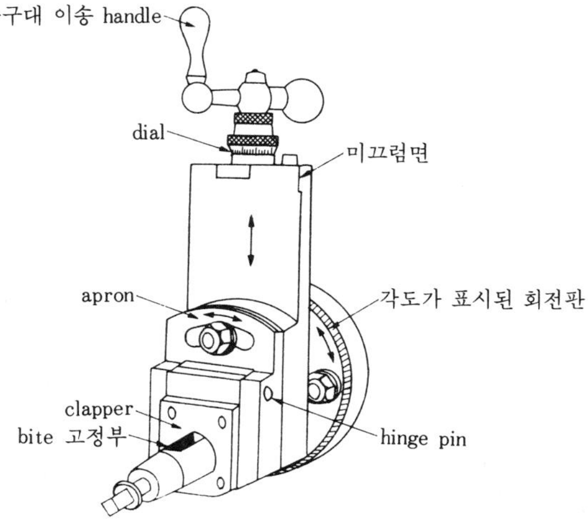

Fig. 1-126 shaper 工具臺

4-2-3 工具臺(tool post)

bite를 고정하여 Fig. 1-126에서와 같이 수평절삭, 수직절삭 및 각도절삭을 할 수 있는 기구로 되어 있다. bite의 이송은 공구대의 handle을 돌려 slider를 이동시키고 bite를 임의의 각도로 경사시킬 때에는 회전판(swivel plate)을 돌리면 된다. 귀환행정 때 bite를 손상시키지 않기 위해서 hinge를 중심으로 clapper가 들리도록 되어 있다.

4-3 bite 및 工作物의 고정

4-3-1 bite 및 bite의 고정

shaper용 tool(bite)을 형상에 따라 분류하면 Fig. 1-127과 같다. shaper용 bite는 선반용의 것과 유사하나 선단 여유각이 4° 정도로서 선삭용의 것에 비하여 작고, shaper 가공에서는 선삭에서와 같은 방법으로 이송을 주지 않으므로 측면 여유각은 2~3° 정도이며, 측면 경사각은 다듬질 bite에서 10° 정도이고 그 외에는 두지 않는다.

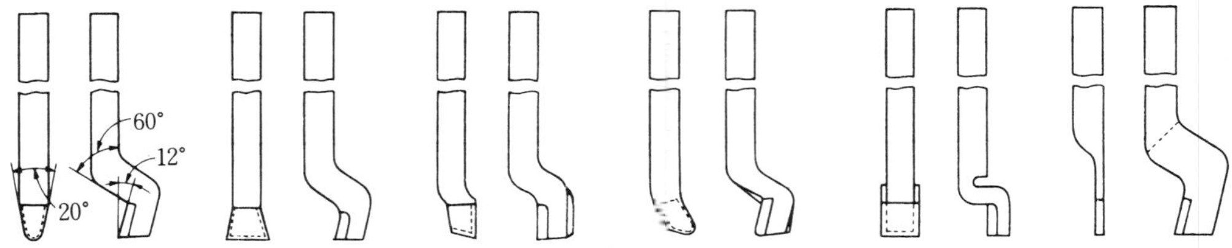

(a) 둥근劒 bite (b) 平劒 bite (c) 右側片刃 bite (좌측절삭용) (d) 右側劒刃 bite (좌측절삭용) (e) spring 다듬질 bite (f) 홈절삭 bite

Fig. 1-127 shaper용 bite

bite의 고정은 적당한 각도로 견고하게 하여야 한다. shaper에서는 Fig. 1-128(a)에서와 같이 goose neck을 갖는 bite를 사용하여 절삭저항이 증가하여도 휘어져서 공작물에 파고 들어가는 일이 없도록 Fig. 1-129(b)와 같이 고정하여야 한다.

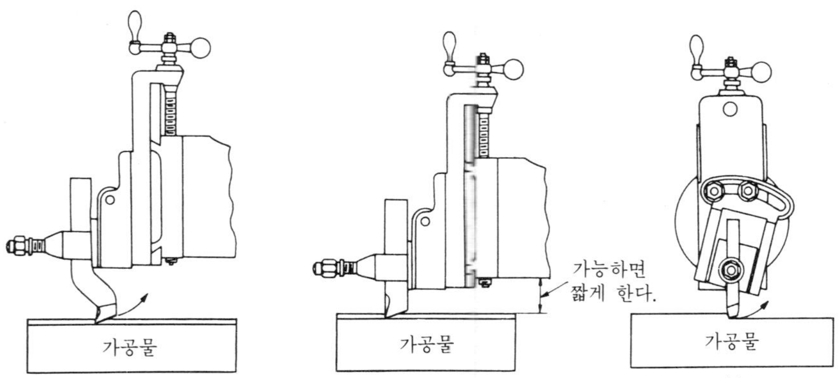

(a) (b) (c)

Fig. 1-128 shaper 공구의 고정법

Fig. 1-128(b)에서와 같이 bite가 가능하면 짧게 나오도록 고정하여 절삭진동을 적게 하는 것이 좋고, Fig. 1-128(c)와 같이 陰의 경사각을 갖게 하여 bite가 파고 들어가지 않고 밖으로 회전하는 식으로 굽어지게 하는 방법도 있다. Fig. 1-128(c)의 효과를 크게 하기 위해서는 bite를 길게 하는 것이 유리하나 절삭진동이 수반되는 문제가 있다. 또한 bite의 선단이 Fig. 1-129와 같이 회전 moment 중심을 통하는 수직선상에 위치하여 bite의 변형으로 예정깊이 이상으로 절삭이 이루어지지 않아야 한다.

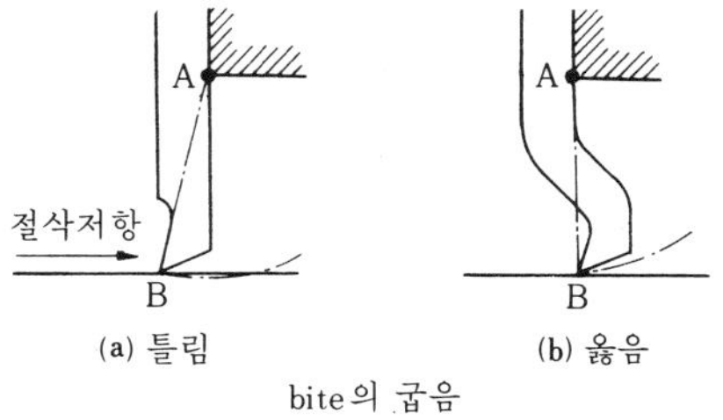

Fig. 1-129 goose neck bite의 고정

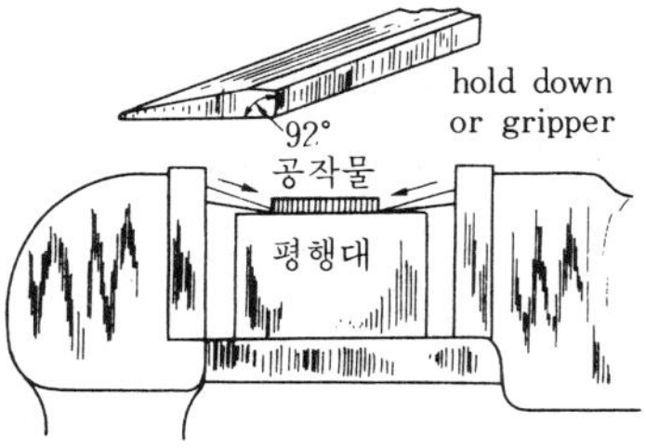

Fig. 1-130 얇은 工作物의 고정

4-3-2 공작물의 고정법

공작물을 고정하는 방법에는 vise를 사용할 때와 shaper의 table과 clamp를 이용하는 경우가 있으며, 어느 경우에서나 정확한 위치에 견고하게 고정하여야 한다.

Fig. 1-130은 얇은 공작물 고정법, Fig. 1-131은 clamp와 angle plate에 의한 고정법의 예이다.

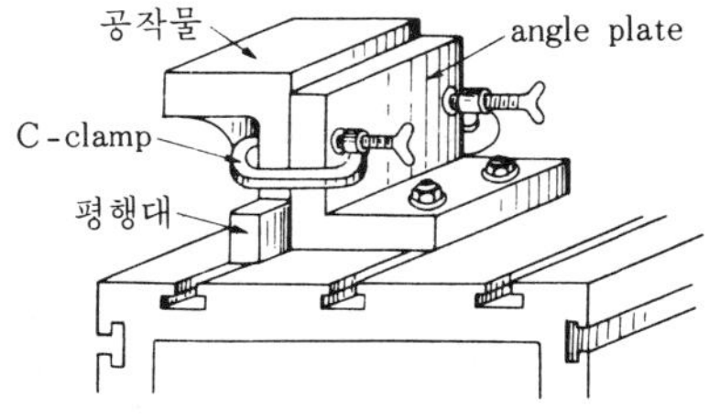

Fig. 1-131 C-clamp와 angle plate에 의한 고정

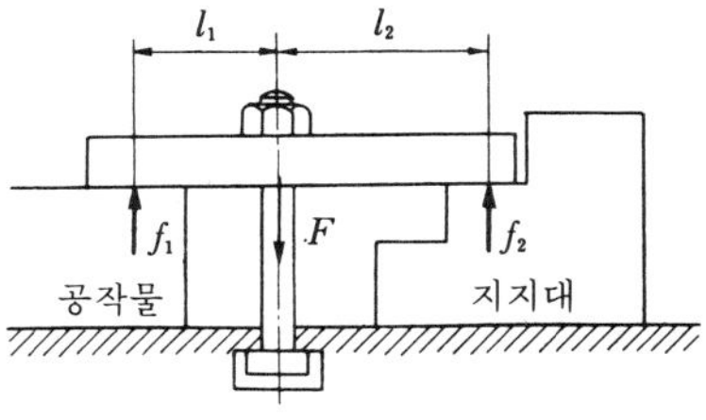

Fig. 1-132 bolt의 위치와 고정 효과

Fig. 1-132에서 bolt에 힘 F를 작용시켜 공작물을 f_1, 지지대를 f_2로 누른다면 다음 관계가 성립된다.

$$f_1 \cdot l_1 = f_2 \cdot l_2 \qquad \therefore \frac{f_2}{f_1} = \frac{l_1}{l_2}$$

$$\therefore \frac{f_1 + f_2}{f_1} = \frac{l_1 + l_2}{l_2}$$

그런데 $f_1 + f_2 = F$이므로

$$f_1 = \frac{l_2}{l_1 + l_2} \cdot F \qquad (1-23)$$

이다. l_2가 클수록, l_1이 작을수록 고정 효과는 커진다.

4-3-3 공작물 고정에서의 유의사항

공작물을 고정할 때 다음 사항을 지켜야 한다.

① vise 및 table을 깨끗이 청소한다.

② 平行棒의 높이는 vise의 높이보다 높게 하고 vise 폭보다는 20~30 mm 정도 길게 한다.

③ Fig. 1-133과 같이 공구대에 dial gauge를 장치하고, Fig. 1-134와 같이 종이를 끼워 넣어 가면서 *A*, *B*, *C*, *D*점의 위치가 같게 조정하면 공작물의 자리는 行程方向과 평행하게 된다.

④ Fig. 1-135와 같이 vise에 직삭자를 고정하고 *A*와 *B*점이 dial gauge 상에서 같은 눈금을 가리키도록 table과 vise 사이를 고인다.

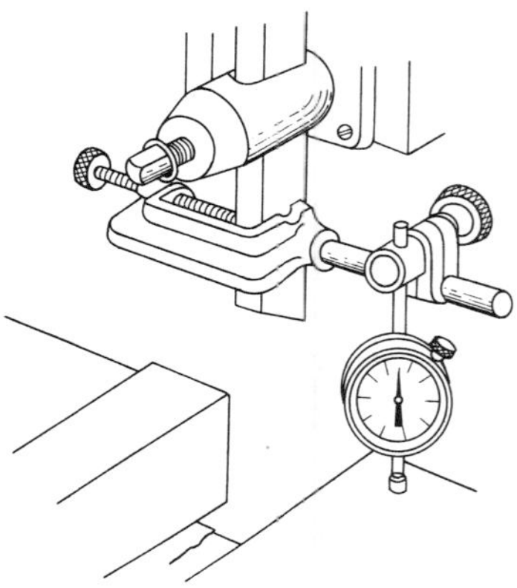

Fig. 1-133

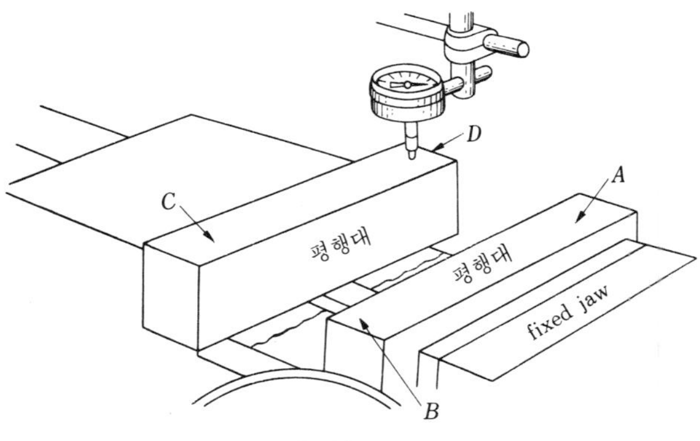

Fig. 1-134

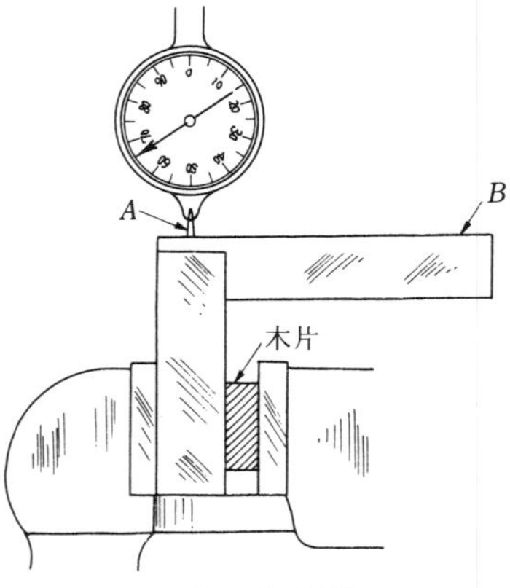

Fig. 1-135

4-4 shaper 作業

4-4-1 수 평 절 삭

수평면절삭은 shaper 작업 중에서 가장 기본이 되는 것으로서 절삭 깊이는 tool head에 있는 feed screw에 의하여 행하고, 수평이송은 table에서 수동 또는 자동으로 주어진다.

주철 등을 가공할 때에는 行程末端에서 공작물의 모서리가 떨어져 나가는 일이 있으므로 Fig. 1-136과 같이 45° 정도로 모따기를 하고 shaping을 하면 좋다.

다듬질加工에서는 輕切削을 하며 주철이나 강에 대해서 미세한 이송을 한다.

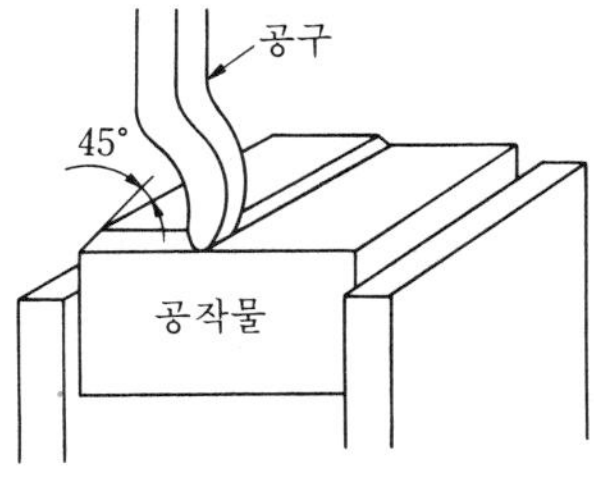

Fig. 1-136 모 따 기

4-4-2 수직절삭과 각도절삭

공작물의 側面, 段, 홈, key way의 다듬질에는 수직절삭을 하고, dovetail groove 등의 다듬질에는 각도절삭을 한다. 다듬질가공에서는 Fig. 1-137과 같이 apron을 경사지게 하며, 귀환행정과 이송을 줄 때 apron과 bite가 공작물에 닿지 않도록 한다.

Fig. 1-138은 apron의 경사방법을 보여 준다.

dovetail 절삭에서 중요한 것은 각도와 치수를 정하는 것이다.

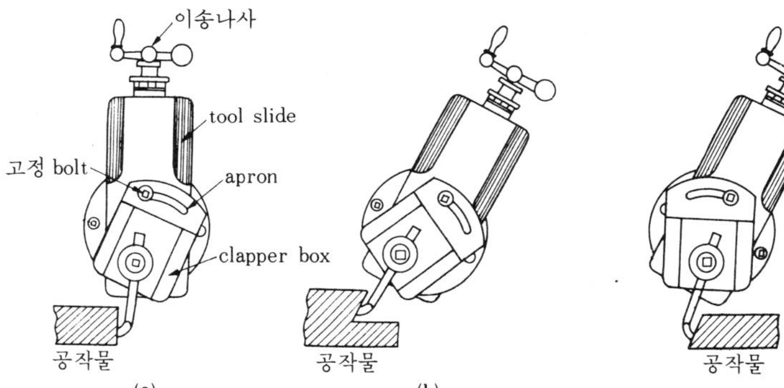

Fig. 1-137 공구대의 경사

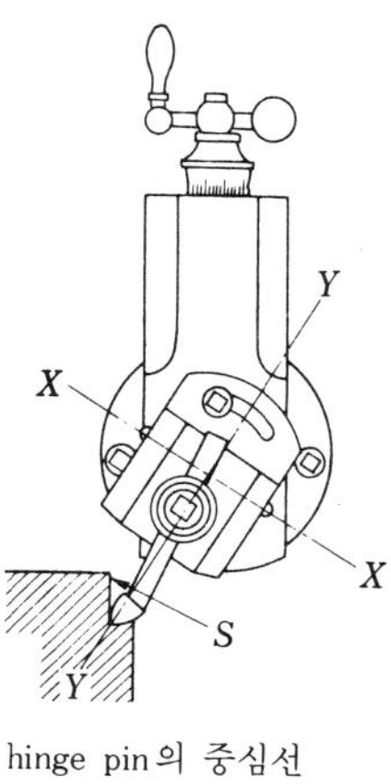

XX : hinge pin의 중심선
YY : *XX*선에 수직으로 bite의 날끝을 통과하는 직선

그림과 같은 하향으로 절삭할 때 귀환행정에서 bite가 공작물에 닿아 들어 올려지면 bite의 날끝이 *XX*선에 대하여 수직으로 *YY*축을 포함하는 평면내로 들어 올려진다. 따라서, 귀환행정에서 측면 *S*를 문지르는 일이 없다.

Fig. 1-138 apron의 경사 방법

4-4-3 四面의 直角切削

공작물의 四面을 직각으로 절삭할 때 공작물을 Fig. 1-139와 같이 고정한다.

① 平行棒 위에 공작물을 고정하고 1면을 가공한다.

② 1면을 vise의 jaw에 고정하고 2면을 가공한다. 이때 1면의 반대면이 이동 jaw에 밀착되지 않을 때에는 황동봉을 끼우고 고정한다.

③ ②와 같은 방법으로 3면을 가공한다.

④ 평행봉 위에 고정하고 4면을 가공한다.

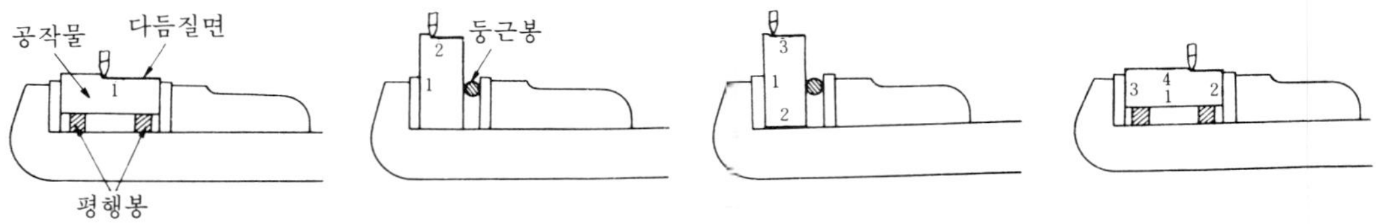

Fig. 1-139 직각가공의 순서

4-4-4 曲 面 切 削

폭이 좁은 곡면절삭에는 總形 bite를 사용하면 좋으나, 폭이 넓은 경우에는 금긋기를 하고 먼저 거친 절삭을 한 후 table에 자동이송을 주면서 공구대의 이송 handle을 돌려 수직이송을 준다. Fig. 1-140은 곡면절삭의 예이다.

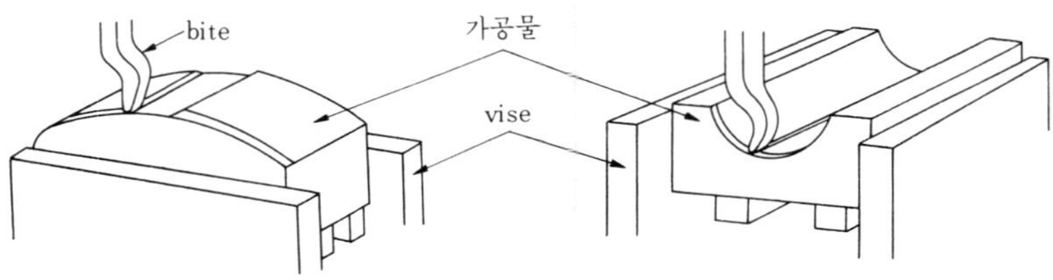

(a) 외곡면 절삭 (b) 내곡면 절삭

Fig. 1-140 곡 면 절 삭

4-4-5 홈 절 삭

shaper로 절삭하는 홈에는 폭이 넓은 홈과 폭이 좁은 홈이 있으며, 단면의 형상에 따라 여러 가지가 있다.

〔1〕 넓은 폭의 홈절삭

금긋기를 하고 거친절삭을 한 다음 Fig. 1-141과 같이 다듬질 bite로 측면, 바닥면, 구석을 가공한다.

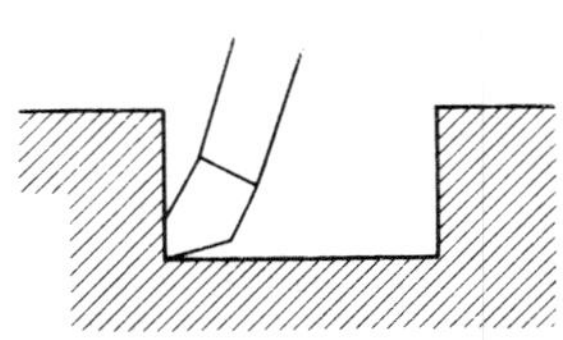

Fig. 1-141 홈의 구석부 가공

〔2〕 key way의 절삭

Fig. 1-142(a)의 1, Fig. 1-142(b)의 2 및 3과 같이 key way

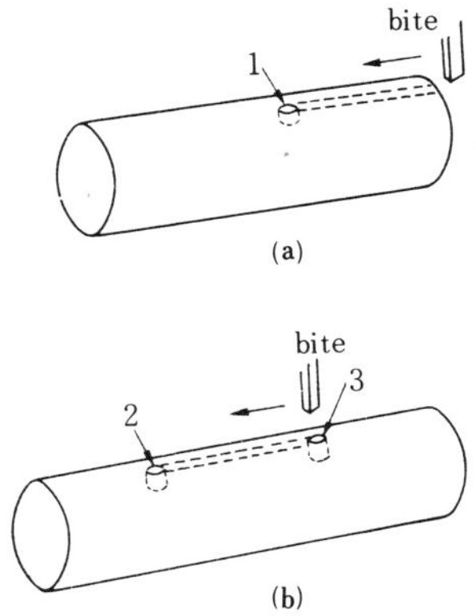

Fig. 1-142 축의 key way 가공

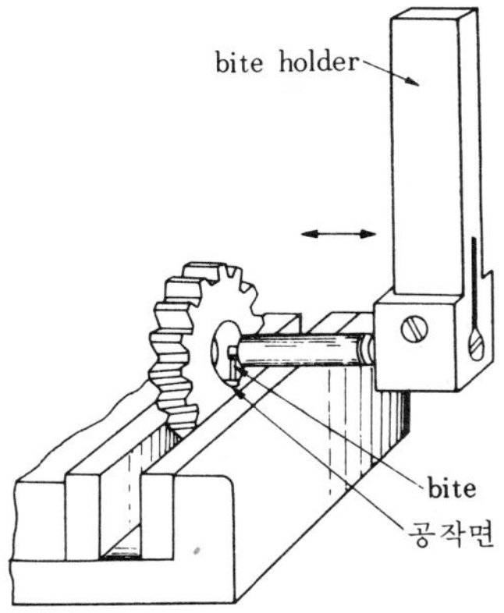

Fig. 1-143 구멍의 key way 가공

의 끝부분을 drill 가공한 다음 key way용 bite로 線에 따라 홈절삭을 한다.

Fig. 1-143은 gear의 boss에 key way를 내는 방법을 보여 준다.

Table 1-14는 超硬工具를 사용해서 공작물을 shaping할 때의 절삭조건이다.

Table 1-14 shaper 절삭조건(초경공구)

재 질	절삭깊이 〔mm〕	이 송 〔mm〕	절삭속도 〔m/min〕	재 질	절삭깊이 〔mm〕	이 송 〔mm〕	절삭속도 〔m/min〕
硬한 주철 Meehanite 주철	12.5까지	0.125～0.50	30～45	中 鋼	9.3 까지	0.25～0.38	45～52
軟한 주철	〃	〃	가능한 최고 속도	硬 鋼	6.25까지	0.125～0.25	45～60
주 철	6.25까지	0.125～0.25	45～52	die 鋼	〃	〃	〃
연 강	10.9까지	0.25～0.38	22～30	硬 黃 銅	10.9까지	0.25～0.38	30～37

5章 Slotter 加工

5-1 slotter의 개요

slotter(立削機, 立削盤)는 구조가 shaper(形削機)를 수직으로 세워 놓은 것과 비슷하여 수직 shaper(vertical shaper)라고도 한다. Fig. 1-144에 slotter의 각부 명칭이 표시되어 있다.

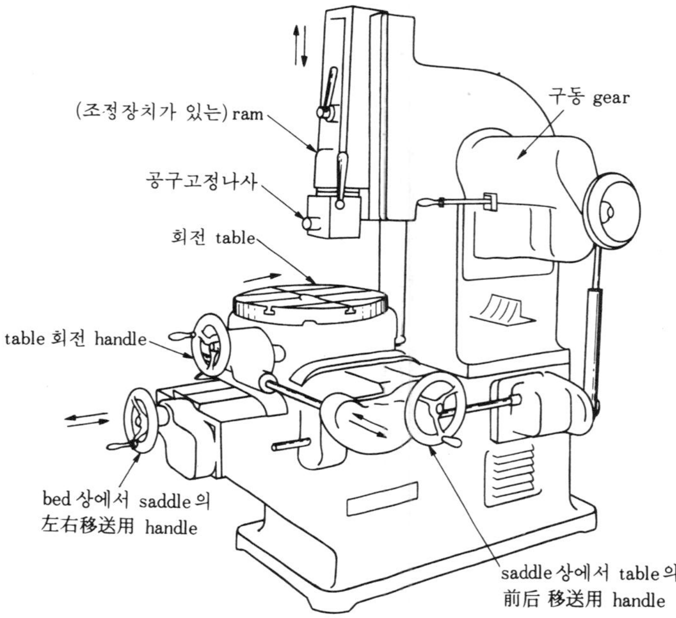

Fig. 1-144 slotter

주로 boss에 key way를 절삭하기 위하여 발달된 기계로서 가공물을 table 상에 고정하고 bed에 수직인 하향으로 절삭함으로써 重切削을 할 수 있다. Fig. 1-145는 slotter로 할 수 있는

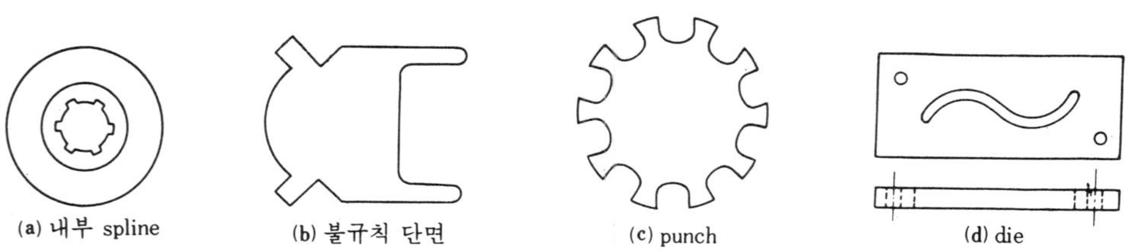

Fig. 1-145 slotter 가공의 예

가공의 예이다. slotter의 규격은 ram의 최대 stroke와 table의 지름으로 표시한다.

5-2 slotter의 구조

5-2-1 ram의 運動機構

Fig. 1-146은 crank식 ram의 운동기구로서 rocking arm 3에 pin 2를 끼워 고정해서 crank를 만든다. 연결봉 5는 crank와 ram 8을 연결하고, 行程을 바꾸는 데에는 pin 2의 위치를 이동시켜 crank의 회전지름을 조정한다. 행정의 위치를 바꿀 때에는 체결나사 6을 풀고 handle 7을 돌려 ram screw 8을 회전시킨 후 6을 조인다. ram의 귀환행정을 돕기 위하여 중추(balancing weight) 혹은 flywheel이 붙은 것도 있다.

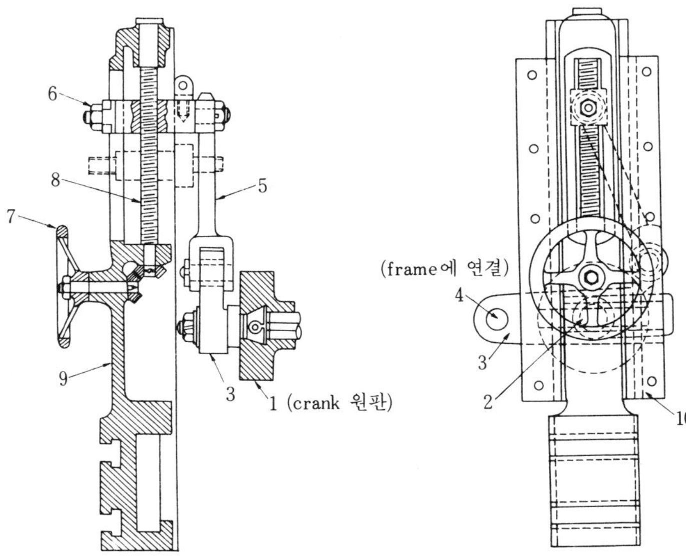

Fig. 1-146 crank식 ram의 운동기구

5-2-2 ram의 傾斜裝置

공작물을 경사절삭할 때 ram을 경사시키는데 여기에는 ram의 sliding面에 평행한 평면내에서 경사시키는 것과 그 면과 직각인 평면내에서 경사시키는 방법이 있다. 前者는 shaper에서와 같은 방법으로 하고, 후자는 Fig. 1-147과 같은 장치에 의한다.

5-2-3 table의 移送裝置

table은 bed에 따라 좌우로 이동되고 saddle상에서 前後로 이동되며, 회전 table은 worm과 worm gear에 의하여 회전된다(Fig. 1-144 참조).

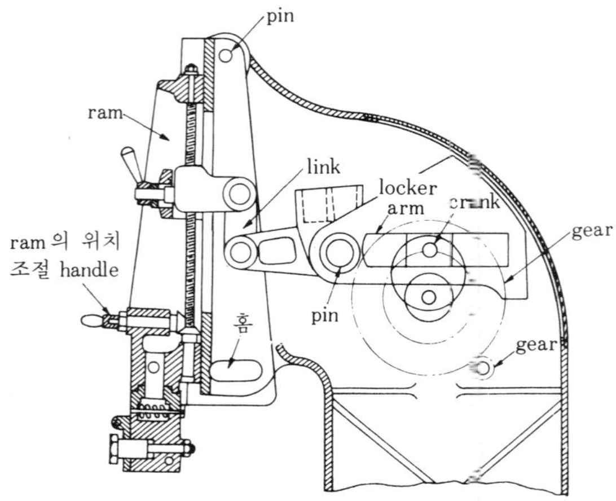

ram은 상부의 pin을 중심으로 하여 홈의 허용 범위(10° 정도)만큼 경사시킬 수 있다.

Fig. 1-147 ram을 경사시키는 장치

자동이송장치는 ram의 1 왕복운동마다 cam홈, link, 이송봉(feed rod)을 거쳐 ratchet wheel이 회전되어 이송축인 나사를 회전시킨다.

5-3 slotter 作業

slotter용 bite는 충분한 공간의 여유가 있으므로 강력한 bite holder를 사용하는 것이 좋다. Fig. 1-148은 bite 고정구를 나타낸다.

귀환행정 때 bite와 공작물간의 마찰을 피하기 위하여 relief block A는 pin P를 중심으로 회전할 수 있게 되어 있다. bite B는 쐐기 W를 나사 S로 가압하여 고정한다. Fig. 1-148(a)는 절삭행정 때 공작물과 bite의 관계를 보이고, Fig. 1-148(b)는 귀환행정 때의 관계이다.

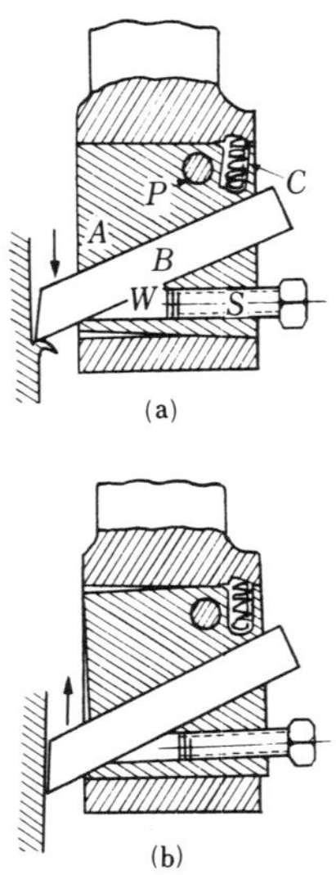

Fig. 1-148 slotter bite의 고정구

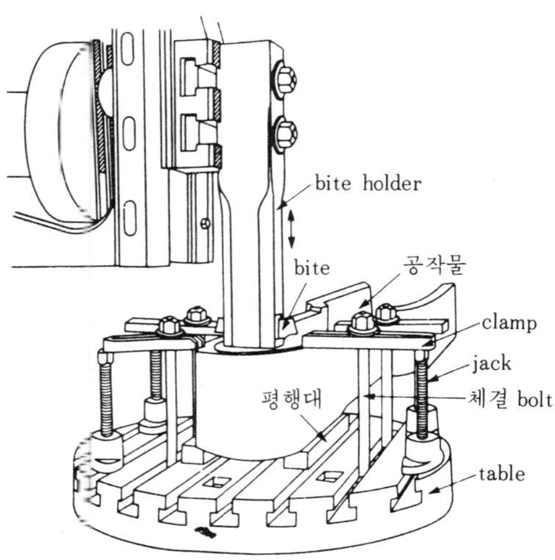

Fig. 1-149 slotter 작업의 예

공작물의 고정은 table 위에 직접 고정하는 경우도 있고 Fig. 1-149와 같이 평행 block 위에 놓고 고정하는 것도 있다.

공작물의 측면가공은 table에 이송을 주어 행하고 원통면을 가공할 때에는 공작물의 圓弧中心이 table의 회전중심과 일치하도록 고정하여 공작물에 회전이송을 주면 된다.

6章 Planer 加工

6-1 planer의 개요

shaper, slotter 및 planer가 평면을 가공한다는 데에는 공통점을 갖고 있으나 shaper와 slotter에서는 小形物을 가공하며 가공물에 이송을 주고, planer에서는 大形物을 가공하고 공구에 이송을 준다. 공구의 이송은 귀환행정 때에 주며, planer는 각종 基準面 및 案內面이 될 평면가공에 주로 사용된다.

Fig. 1-150은 雙柱式 planer의 block diagram으로서 각부 명칭이 표시되어 있다.

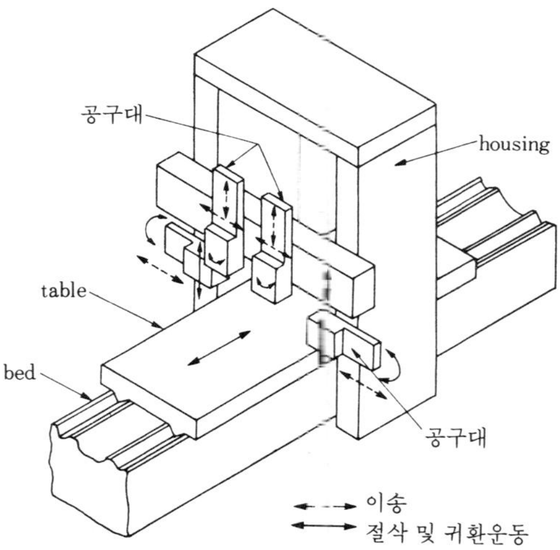

Fig. 1-150 쌍주식 planer의 block diagram

6-2 planer의 종류

planer의 종류는 분류기준에 따라 다음과 같다.

(1) 直柱의 수에 따라

i) 쌍주식 planer (double-housing planer, closed type planer)

ii) 단주식 planer (open-side planer)

(2) 용도에 따라

i) 일반용 planer

ii) 특수용 planer (cylinder 용, rail 용 등)

(3) table 의 구동방식에 따라

i) gear式 planer (spur gear 식, helical gear 식, worm gear 식)

ii) 나사식 planer

iii) belt-pulley 식 planer

iv) 변속전동기식 planer

v) 유압식 planer (hydraulic planer)

6-2-1 쌍주식 planer (double-housing planer)

Fig. 1-151 과 같이 2개의 直柱(column)가 있고, 그 사이에 橫柱(cross rail)가 있어 上下로 이동하게 되어 있다. table 위에 공작물을 고정하고 이것을 왕복운동시키며, 이 운동 방향과 직각인 방향으로 이송을 주면서 절삭한다. 이 형식의 planer의 크기는 table의 크기(길이×폭), 공구대의 수평 및 상하 이동 거리, 工具刃에서 table까지의 최대 거리로써 표시한다.

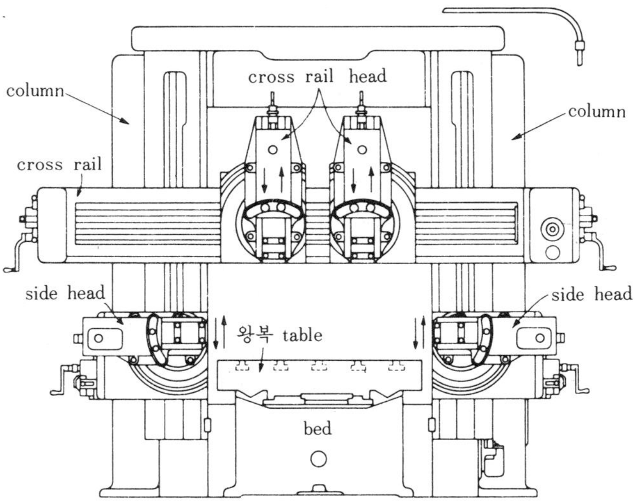

Fig. 1-151 쌍주식 planer

6-2-2 單柱式 planer (open-side planer)

Fig. 1-152 와 같이 측부에 單一直柱가 있어 cross rail 및 공구대를 지지한다. 폭이 넓은 공작물도 가공할 수 있는 장점이 있으며, 가공할 수 있는 최대 폭은 直柱의 內側面에서 공구대까지의 최대 거리이다.

필요에 따라서는 rolling table 을 설치하고 그 위에 공작물을 올려 놓는다. 크기는 쌍주식 planer 에서와 같은 방법으로 표시한다.

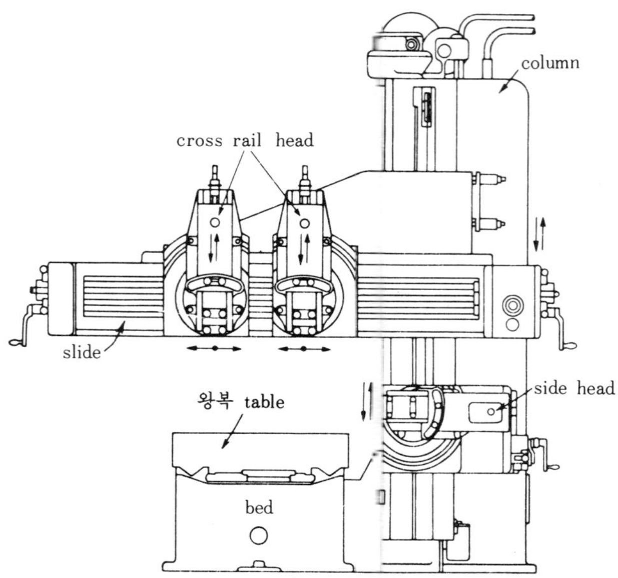

Fig. 1-152 단주식 planer

6-2-3 특수용 planer

(1) **pit형 planer**(pit-type planer)

pit형 planer는 대형이며 table이 고정되어 있고 공구대가 가공물 위를 이동한다는 것이 다른 점이다. ram형 공구대가 cross rail에 설치되어 있고, cross rail을 지지하는 支柱가 bed의 案內面에 따라 滑動한다.

(2) **plate 또는 edge planer**

edge planer는 압력용기용 鋼板 등의 가장자리(edge)를 가공하기에 편리하게 제작된 planer이며, plate는 bed에 고정되고 공구가 고정된 왕복대가 전후로 운동하면서 가공된다. 대부분의 edge planer에서는 planer용 보통절삭공구 대신에 milling cutter가 주로 사용된다.

6-3 planer의 구조

6-3-1 table의 운동기구

〔1〕 **gear식**

Fig. 1-153과 같이 table 밑면에 부착된 rack과 pinion을 맞물려 table을 구동시킨다. 절삭행정에서는 중간 belt車가 작고 평행 belt 걸기를 하여 table의 속도가 느리며, 귀환행정에서는 중간 belt車의 지름이 크고 十字 belt 걸기를 하여 속도를 크게 한다(Fig. 1-158 참조).

Fig. 1-153에서 1은 동력전달차, 2와 3은 idle車, 4, 5, 6, 7, 8, 9는 gear(spur gear),

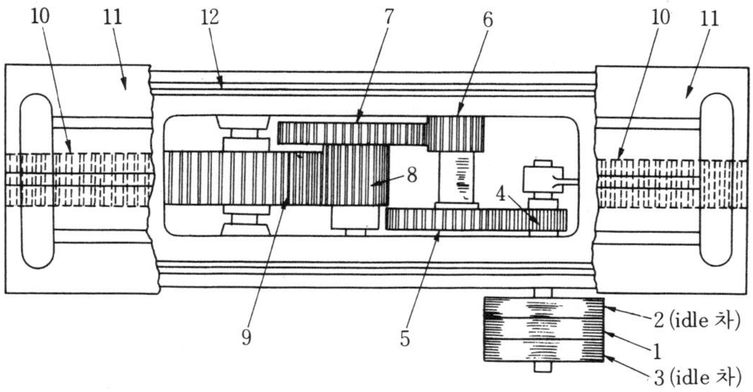

Fig. 1-153 spur gear식 table 구동

10은 rack, 11은 table이며, 동력전달은 「1→4→5→6→7→8→9→10」의 순서에 의하여 이루어진다.

Fig. 1-154는 강력한 구조를 갖는 helical gear에 의한 table의 구동기구이고 Fig. 1-155는 worm gear식 table의 구동기구인데, *A*는 역전용 motor, *B* 및 *C*는 helical gear, *D*는 worm, *E*는 rack이다.

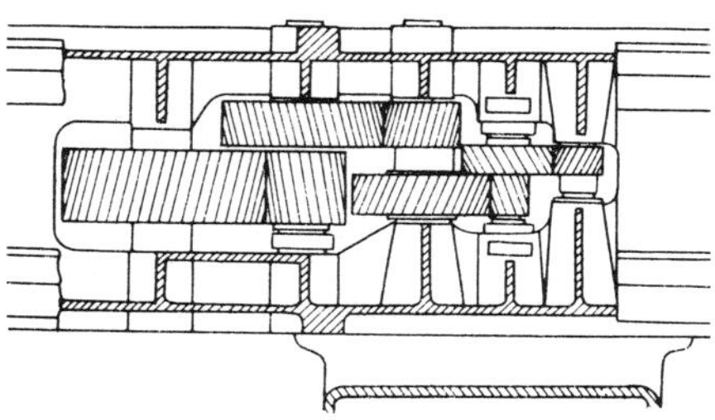

Fig. 1-154 helical gear식 table 구동

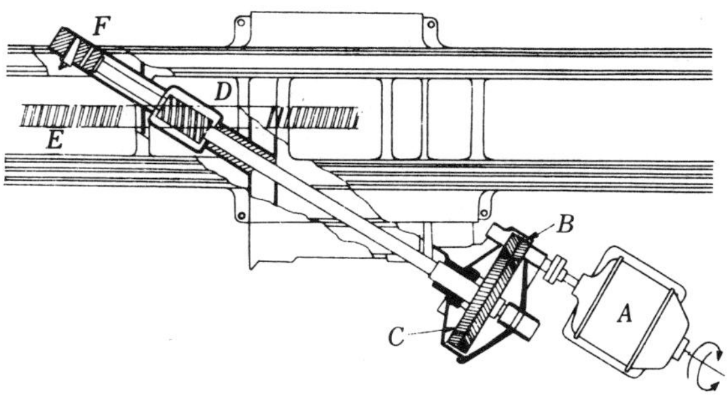

Fig. 1-155 worm gear식 table 구동

〔2〕 나 사 식

Fig. 1-156과 같이 nut를 table 하부에 부착하고, 이것에 나사棒을 연결하여 table을 구동한다. 귀환행정은 gear식과 같은 방법으로 행하여진다.

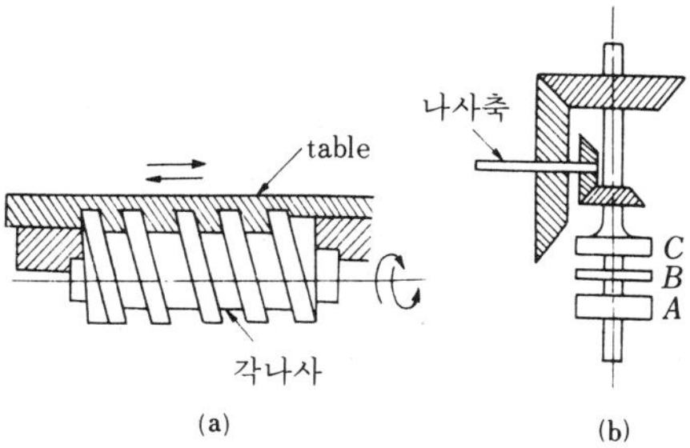

Fig. 1-156 나사식 table 구동

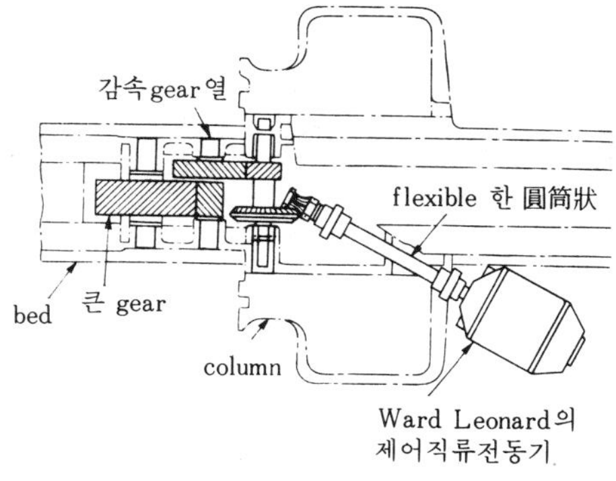

Fig. 1-157 변속전동기식 table 구동

〔3〕 **變速電動機式**

Fig. 1-157은 Ward Leonard 제어직류전동기에 의한 table의 구동기구이다. 직류전동기에 의해서 변속과 회전 방향의 正轉 및 逆轉을 하는 방식이다. 속도의 조정이 광범위하고 운전이 용이하나 설비비가 많이 든다.

〔4〕 **유 압 식**

bed에 cylinder를 고정하고 table의 밑면에 piston rod를 고정하면 유압에 의하여 piston이 왕복운동을 하고, 동시에 table이 구동된다. 유압식 planer의 기구는 유압식 shaper의 기구인 Fig. 1-123과 같다.

유압식 planer의 특징은 무단변속을 할 수 있고 임의의 절삭속도와 귀환속도를 얻을 수 있으나, 높은 압력과 다량의 기름이 필요하다. 유압 pump에는 吐出量이 변하는 것과 일정한 것이 있으며, 可變인 것에서는 속도를 6～60m/min 범위에서 무단변속을 할 수 있다. 토출량이 일정한 것에서는 용량이 다른 pump를 상호 조합하여 속도를 단계로 변화시킨다. 또 유압 cylinder의 개수에 따라 單 cylinder식, 複 cylinder식이라 칭한다. 複 cylinder식은 절삭행정과 귀환행정용 cylinder를 각각 갖고 있는 경우가 많다.

〔5〕 **belt-pulley식 逆轉**

gear식 및 나사식 planer에서 사용되는 기구는 Fig. 1-158과 같다. table을 자동으로 왕복운동시킬 때에는 먼저 공작물의 길이에 따라 dog 4, 5의 위치를 정한다. 절삭행정을 마칠 때 dog 4는 6을 밀어 7의 좌측으로 당겨지며, belt shifter가 내측으로 이동하여 open belt를 idle pulley에 옮기고 cross belt를 고정 pulley에 옮겨 귀환행정을 시킨다. 또 귀환행정 末端에서 dog 5가 8을 밀어 7이 우측으로 밀리면서 belt shifter를 돌려 절삭행정이 이루어지도록 be-

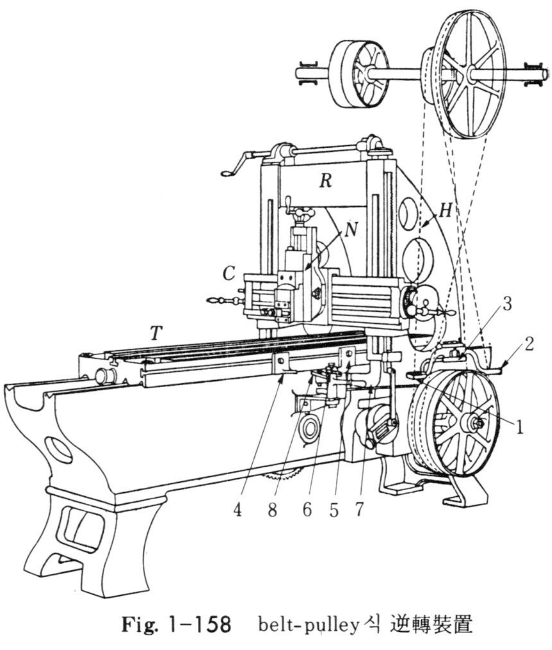

Fig. 1-158 belt-pulley식 逆轉裝置

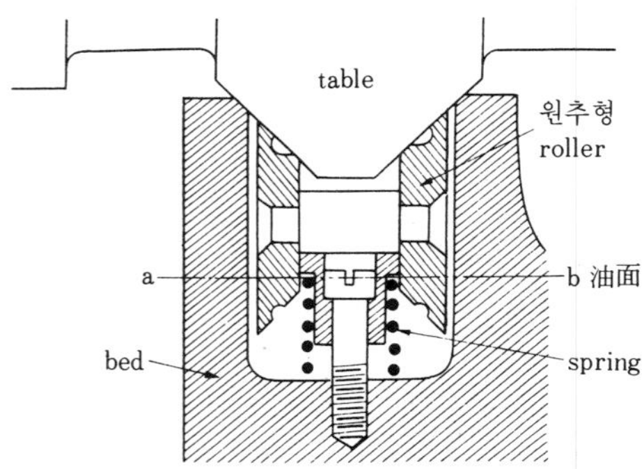

Fig. 1-159 table의 給油裝置

lt가 이동된다.

Fig. 1-159는 table의 給油裝置로서 V홈에 적당한 간격으로 oil basin(油槽)을 두고 조합된 원추 roller를 이 oil basin에 浸漬한다. table이 운동하면 원추 roller가 sliding면에 oil을 공급한다.

6-3-2 공구대(tool head, tool post)

공구대는 bite를 고정하고 cross rail상에서 이동되어 수평이송을 주고 공구대의 上下移送나사에 의하여 상하 방향으로 이송을 준다. 공구대의 이송은 table의 1왕복마다 행하여지도록 되어 있으며, 귀환행정에서는 bite의 가공면과의 마찰을 피하기 위하여 압축공기나 전자석을 이용하여 hinge를 중심으로 들어올리게 되어 있다.

Fig. 1-160은 공구대의 수직단면을 나타내며, 1은 이송 handle, 2는 이송나사, 3은 slide, 4는 apron, 5는 saddle, 6은 이송축, 7, 8, 9, 10은 bevel gear, 11은 이송나사, 12는 tool block, 13은 tool holder이다. 공구대의 上下移送은 「6→7→8→9→10→2」에 의하여 이루어진다.

Fig. 1-161은 Fig. 1-160의 6과 11을 회전시키는 기구이다.

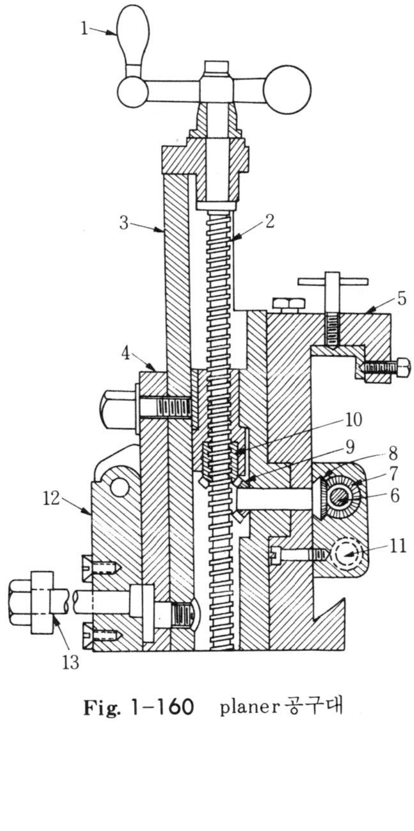

Fig. 1-160 planer공구대

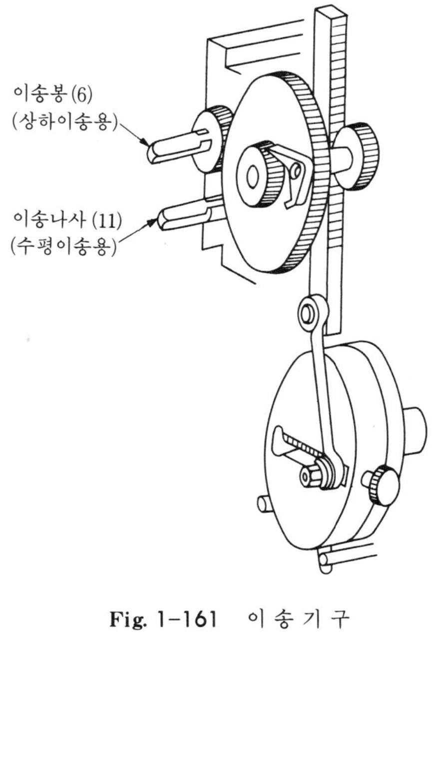

Fig. 1-161 이 송 기 구

6-4 工作物의 固定具

6-4-1 jack

Fig. 1-162 와 같이 공작물의 수평을 맞추거나 절삭압력을 지지하기 위하여 사용되는 공구이다. (e)와 (f)는 jack을 높이거나 그러한 형상의 받침을 요할 때 사용된다.

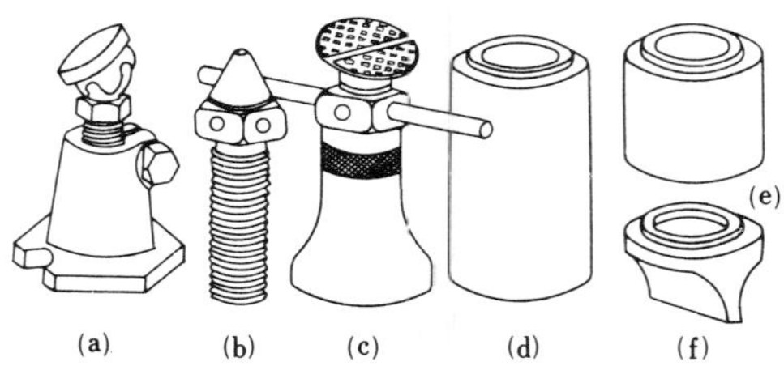

Fig. 1-162 planer jack

6-4-2 停止具(stop)

정지구는 공작물이 table 위에서 미끄러지지 못하도록 하는 공구로서 Fig. 1-163과 같고, Fig. 1-164는 공작물의 고정의 예이다.

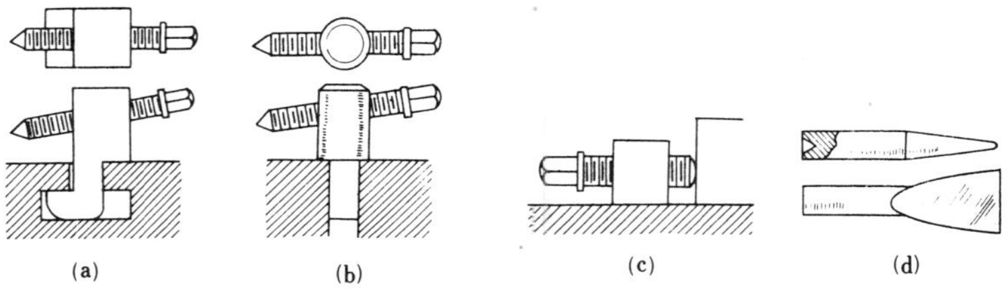

Fig. 1-163 정 지 구

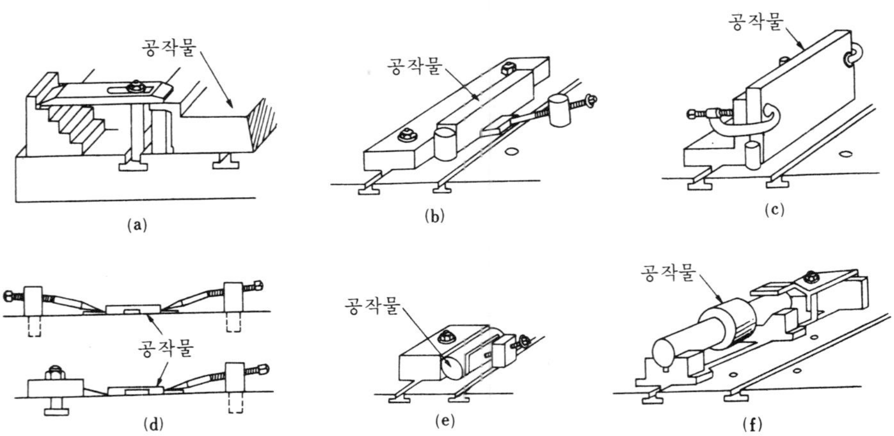

Fig. 1-164 공작물의 고정 예

6-5 절 삭 조 건

6-5-1 절삭속도, 이송 및 절삭깊이

平削盤(planer)에서의 절삭속도는 table의 속도와 동일하며, Fig. 1-165는 planer table의 行程에 대한 속도 관계를 나타낸다. Table 1-15는 planer 작업에서 절삭속도, 이송 및 절삭깊이의 예이다.

절삭속도가 너무 크면 절삭초기 bite에 충격을 주고 귀환행정으로의 방향 전환에 소비되는 energy가 커지므로 belt 구동식에서 기계 효율이 20~30% 정도의 低率이다.

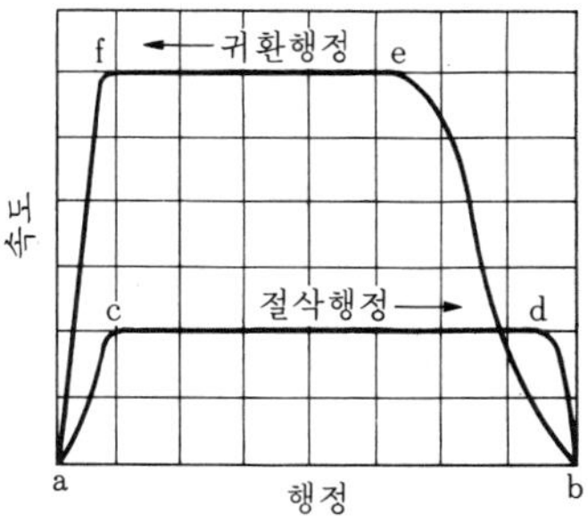

Fig. 1-165 planer의 행정과 절삭속도와의 관계

Table 1-15 절삭속도〔m/min〕

절삭조건 / 가공재질	고속도강공구				주조합금공구				초경질합금공구			
절 삭 깊 이(depth of cut)〔mm〕	3.2	6.4	12.8	25.4	3.2	6.4	12.8	25.4	3.2	6.4	12.8	25.4
이 송(feed) 〔mm/행정〕	0.8	1.6	2.4	3.2	0.8	1.6	2.4	3.2	0.8	1.6	2.4	3.2
주 철(軟)	29	23	18	15	48	41	33	29	90	73	59	50
주 철(中)	21	17	14	11	38	32	27	23	73	59	48	40
주 철(硬)	14	11	7.5	—	29	24	20	—	50	40	32	—
쾌 삭 강	27	21	17	12	42	32	26	20	106	82	64	47
강(보통절삭성)	21	17	12	9	32	24	18	14	90	68	53	40
강(저절삭성)	12	9	7.5	—	30	15	12	—	65	48	38	—
청 동	45	45	38	—	최대	최대	최대	최대	최대	최대	최대	최대
aluminium	60	60	45	—	〃	〃	〃	〃	〃	〃	〃	〃

6-6 planer의 특수가공

planer에서도 shaper에서와 같이 공구와 공작물의 상대운동을 변화시킴으로써 여러 형상의 가공을 할 수 있다. 다음과 같이 몇 가지의 예로서 설명한다.

6-6-1 半徑棒을 이용한 반지름이 큰 원호가공

Fig. 1-166에서와 같이 공작물이 半徑棒에 고정되어 반경봉과 함께 planer table상에 고정된 안내판에서 요동할 수 있게 되어 있다.

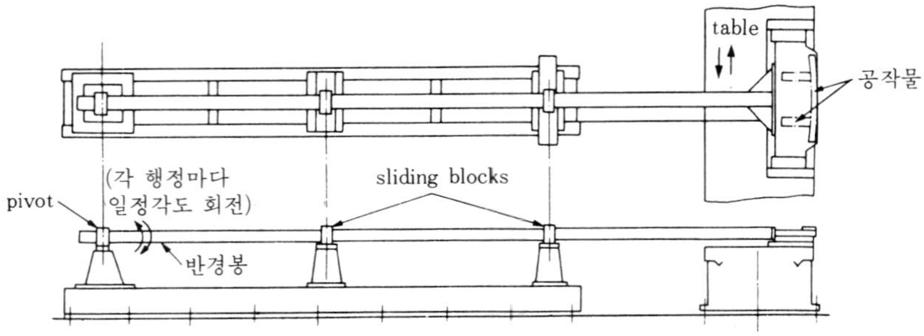

Fig. 1-166　반지름봉에 의한 원호의 곡면가공

각 행정마다 회전시켜 table을 왕복운동시키면 원통의 곡면가공이 된다.

6-6-2　부분 gear와 rack를 이용한 곡면가공

Fig. 1-167에서와 같이 부분 gear (gear sector)와 rack에 의하여 공구대가 회전하도록 되어 있으며, 이 회전은 saddle이 cross rail상에서 이동할 때, 즉 이송될 때에 이루어진다. 가공면의 곡률반경은 공구 끝에서 회전중심 (swivel center)까지의 거리이며, clapper box를 미끄럼 안내에 따라 이동시킴으로써 회전중심도 이동된다.

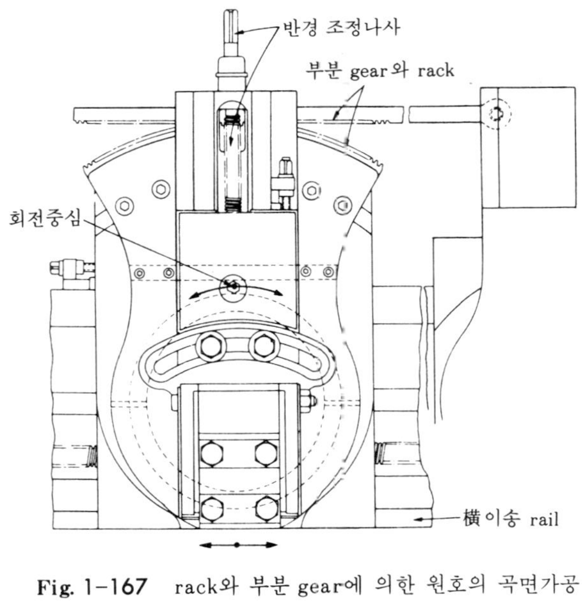

Fig. 1-167　rack와 부분 gear에 의한 원호의 곡면가공

6-6-3　roll의 螺旋홈加工

Fig. 1-168에서와 같이 roll (가공물)을 V block에 올려 놓고 angle plate에 의하여 길이방향의 이동을 못하게 하며, roll neck에 고정한 arm이 가공중 bed에 고정된 경사판에 따라 角變位를 함으로써 roll를 회전시키면 나선홈의 가공이 된다.

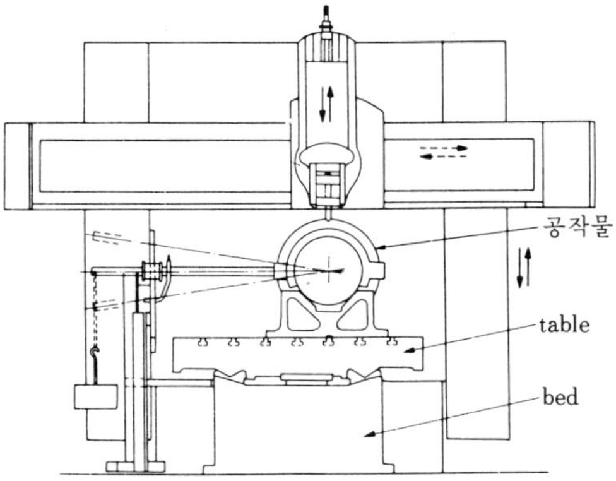

Fig. 1-168 arm과 roll에 의한 나선홈가공

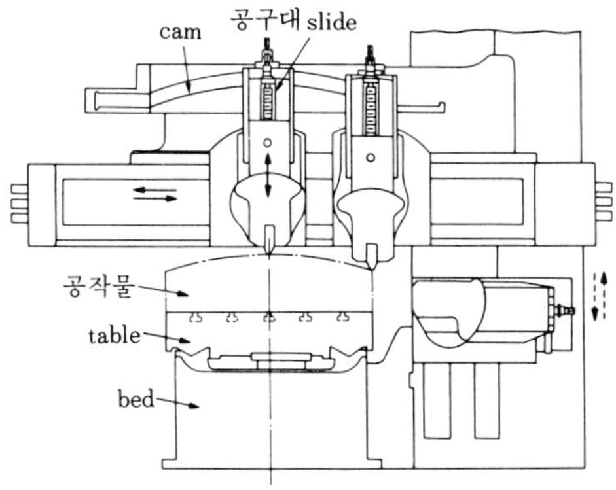

Fig. 1-169 cam에 의한 곡면가공

6-6-4 cam에 의한 곡면가공

Fig. 1-169와 같이 공구대 slide를 cam에 연결하여 수직이송을 줌으로써 cam곡선 형상의 곡선단면가공을 할 수 있다.

7章 Milling

7-1 milling machine의 종류

milling machine은 회전하는 절삭공구에 가공물을 이송하여 원하는 형상으로 가공하는 공작기계이다. 이때 회전공구를 **milling cutter**라 한다. 공작물은 table에 고정되며 table은 세로방향(longitudinal), 가로 방향(crosswise), 上下 방향(vertical)으로 이동된다. Fig. 1-170은 knee 또는 column type milling machine에서 공작물의 이동 방식을 보여 준다.

milling machine으로 할 수 있는 가공에는 평면절삭, 홈절삭, 곡면절삭, 단면절삭, gear의 齒形가공, 특수 나사가공, cam 가공 등이 있다. 分割臺와 같은 부속장치를 사용하여 drill, reamer, boring공구, cutter 등도 제작할 수 있다.

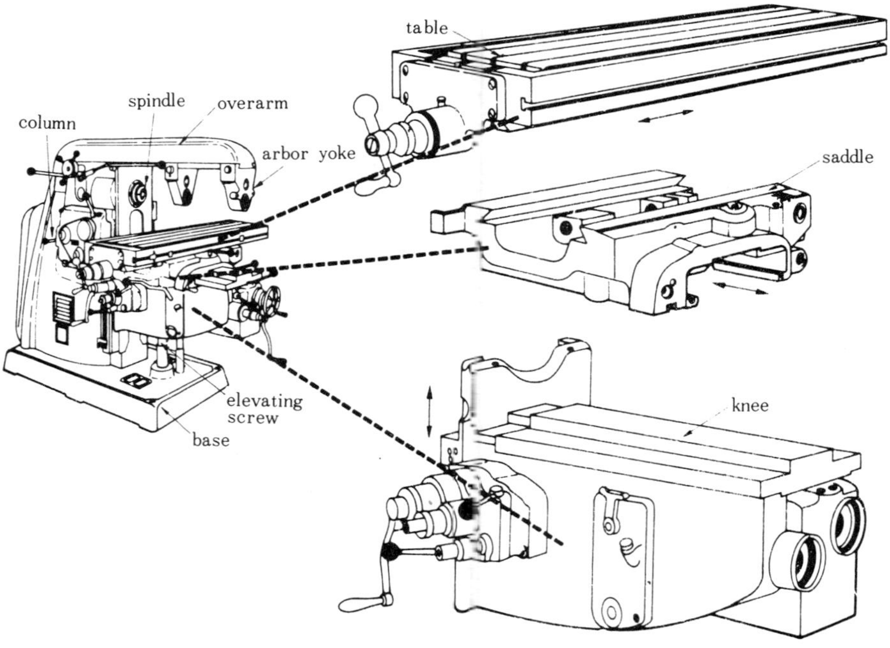

Fig. 1-170 knee 및 column식 milling machine

7-2 milling machine

구동은 belt, 단독전동기, 유압 등에 의하며, 공작물의 이송은 수동, 자동 및 유압에 의한다. 분류 방식에 따라 다음과 같은 종류가 있다.

〔1〕 knee 또는 column type milling machine

(1) 동력전달 방식에 따라

① 段車式(cone pulley type) ② gear식(all geared type)

(2) 주축의 방향에 따라

① 수평식(horizontal type)

i) plain milling machine ii) 만능 milling machine(universal milling machine)

② 수직식 milling machine(vertical milling machine)

〔2〕 生産形 milling machine(manufacturing type milling machine)

(1) 절삭량에 따라

① 輕力形(light duty type) ② 强力形(heavy duty type)

(2) 주축 방향에 따라

① 수평식

i) 單頭式 ii) 兩頭式

② 수직식

i) 주축고정식 ii) 주축경사식

〔3〕 특수형 milling machine(special type milling machine)

① planer형 milling machine

② 모방 milling machine

③ 공구 milling machine

④ 나사 milling machine

⑤ cam milling machine

⑥ pantograph milling machine

⑦ 遊星 milling machine

7-3 milling machine의 구조

가장 많이 사용되는 plain milling machine과 수직식 milling machine(vertical milling machine)의 구조에 대하여 설명한다.

7-3-1 plain milling machine의 구조

plain milling machine에서 주요부의 명칭은 Fig. 1-170과 같다.

〔1〕 **column과 base**

column은 base에 견고하게 고정되어 있는 기계의 지지틀이며, column前面의 案內에 따라 knee가 上下移送을 한다. base는 knee의 이송용 나사를 지지하며, 절삭유제의 tank로도 이용된다.

〔2〕 **knee, saddle 및 table**

knee는 column의 안내면에 따라 상하이송을 하는 부분으로서 saddle과 table을 지지하고 있다. Fig. 1-170에서와 같이 knee는 상하이송, saddle은 前後移送, table은 左右移送을 할 수 있게 되어 있으며, 이송용 bolt와 nut에는 backlash 제거 장치가 있다. 공작물은 table 위에 놓고 T-bolt에 의하여 고정한다. milling machine의 규격은 번호로 표시하며 그 번호는 table의 이동량으로 정한다. 즉 knee 또는 column type milling machine은 table의 이동량인 左右거리×前後거리×上下거리로 표시한다.

〔3〕 **주축**(spindle)**과 overarm**

주축은 column에 직각으로 설치되어 taper roller bearing으로 지지되어 있다. 剛性이 크며 gear와 일체로 된 flywheel이 있어 회전, 절삭력의 변동 및 그에 의한 진동을 막고 있다.

Fig. 1-171은 주축의 지지 방법을 보여 주며, Fig. 1-172는 주축에 arbor를 고정하는 방법이다.

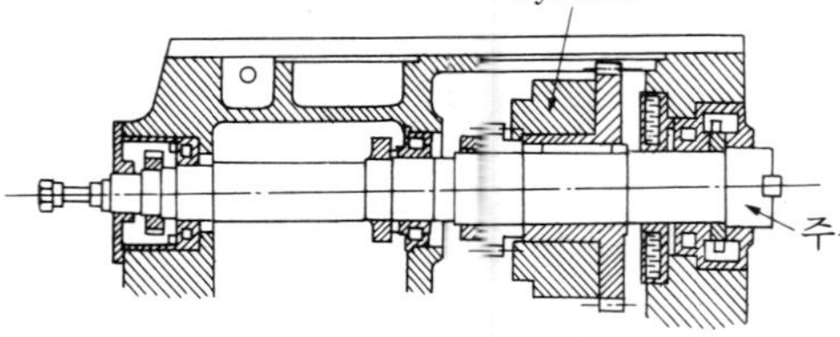

Fig. 1-171　주축의 지지 방법

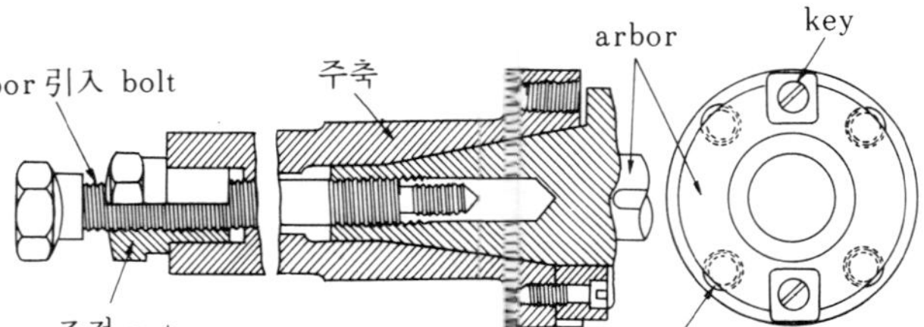

Fig. 1-172　主軸端과 arbor 고정법

overarm(Fig. 1-170 참조)은 column 상부에 주축(spindle)과 평행하게 설치되어 있으며, 1개 또는 2개의 arbor 지지대(yoke)로 arbor를 지지한다.

〔4〕 **구동기구**(driving mechanism)

주축회전은 「3상교류유도전동기→V-belt차→변속 gear→주축」의 순으로 행해지며, Fig. 1-173은 주축구동기구의 예이고, Fig. 1-174, Fig. 1-175는 이송기구의 예이다.

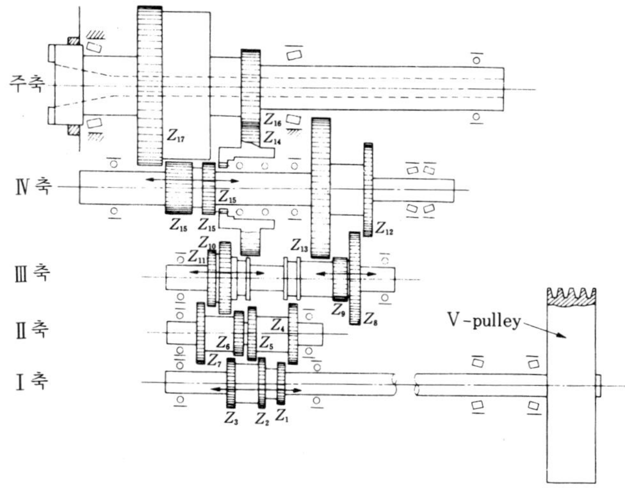

Fig. 1-173 주축의 구동기구

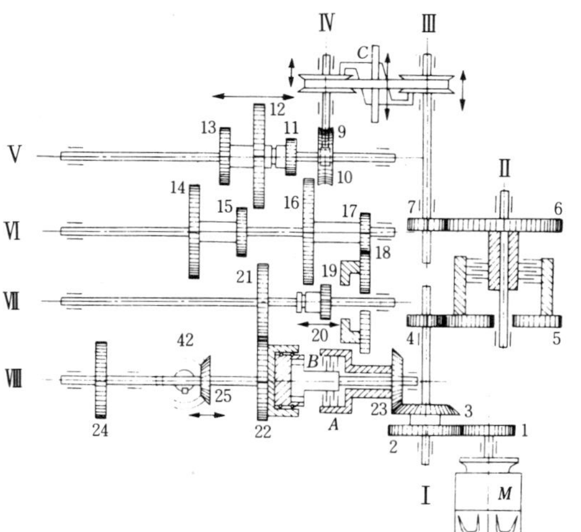

(a) 이송변속기구

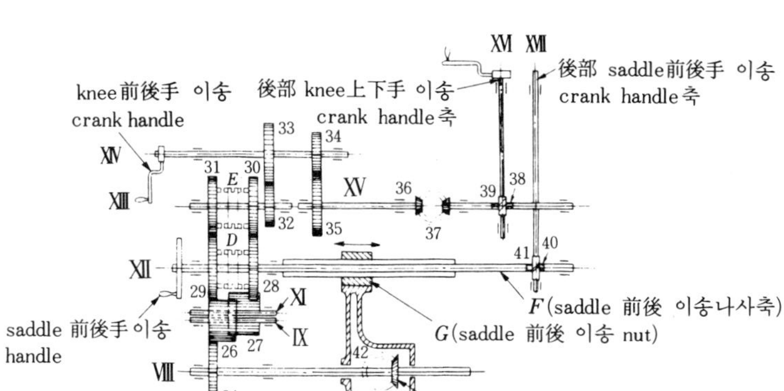

(b) 이송전동기구

Fig. 1-174 이 송 기 구

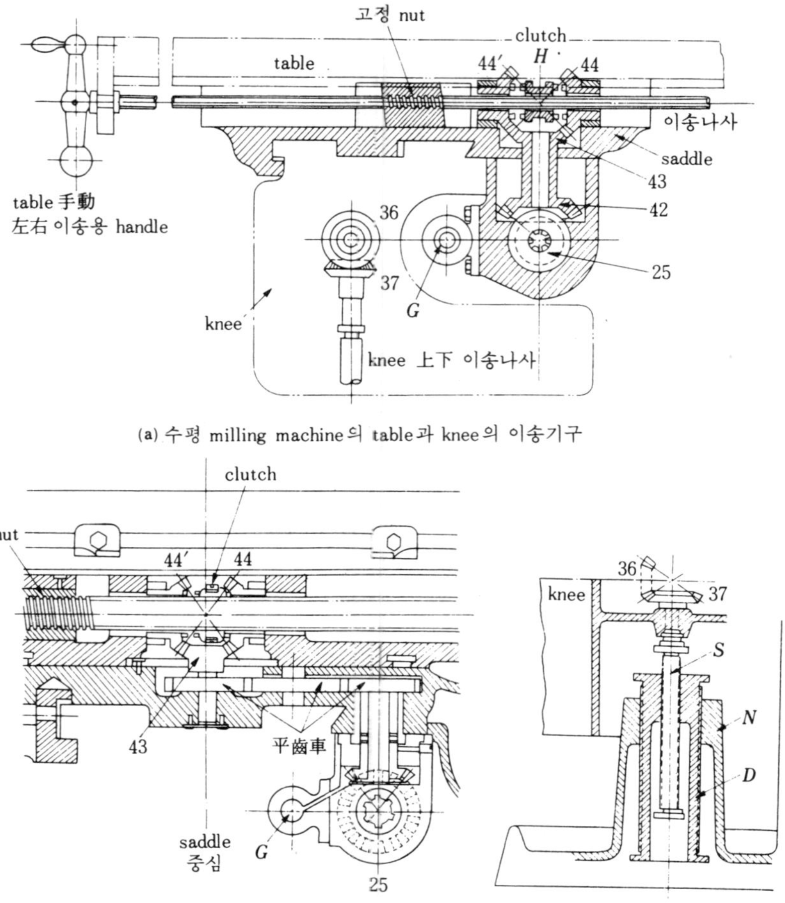

(a) 수평 milling machine의 table과 knee의 이송기구

(b) 만능 milling machine의 table의 이송기구

(c) knee 上下 이송나사 기구

Fig. 1-175 이 송 기 구

Fig. 1-174(a)에서 동력전달은 「이송용 전동기(M)→1→2→4→5→多版 clutch→6→7→V-pulley→9(worm)→10(worm gear) (축 V)」로 되고, V 축상의 sliding gear 11, 12, 13과 Ⅶ 축상의 sliding gear 20을 조합하여 6단계의 회전수가 Ⅷ축에 전해진다. 6종의 속도 사이에 다시 V-pulley를 조정하여 무단변속한다.

「M→1→2→3→23→多板 clutch A→B→Ⅷ」에 의하여 급속이송한다.

이상에서 변속된 속도로 Fig. 1-174 및 Fig. 1-175에서와 같이 3방향의 이송을 하게 된다.

25(Ⅷ 축)→42→43 ⟨ 44 / 44′ ⟩ clutch H→table의 左右 이송나사

24(Ⅷ 축)→26 ⟨ 29 / 27→28 ⟩ clutch D→saddle의 前後 이송나사(F)

24(Ⅷ 축)→26 ⟨ 29→31 / 27→28→30 ⟩ clutch E→32→33→34→35→36→37(knee의 上下 이송나사)

Fig. 1-175 의 44와 44′는 空轉하며 clutch와 연결되었을 때 이송나사를 회전시킨다.

table이 수평면내에서 회전하는 만능 milling machine에서는 Fig. 1-175(b)와 같이 table을 회전시키기 위한 기구가 saddle의 중심에 일치하도록 장치되어 있다. Fig. 1-175(c)는 knee의 上下 이송나사기구의 예로서 D에는 内外나사가 있으며 D와 S를 함께 올리면 더욱 높게 할 수 있다.

7-3-2 수직식 milling machine의 구조

Fig. 1-176은 수직식 milling machine과 주축구동 방식의 예이다. 주축이 수직인 것 외에는 보통 milling machine과 같은 구조를 갖고 있다. 절삭공구로서는 end mill을 사용하며 홈가공과 측면가공에 적합하다. 또 face cutter를 사용하면 평면가공을 능률적으로 할 수 있다.

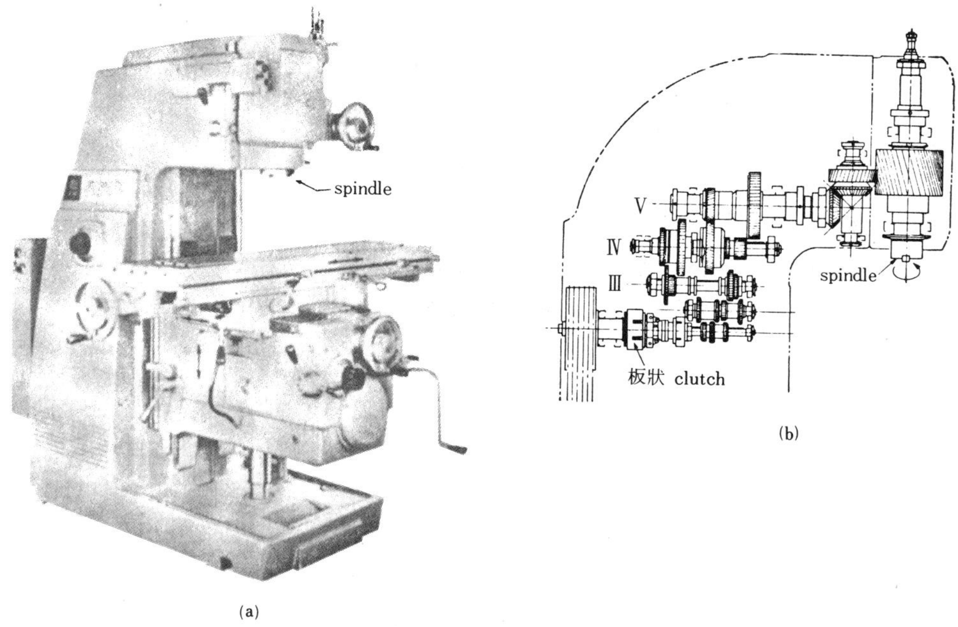

(a) (b)

Fig. 1-176 수직식 milling machine

7-4 부속장치(milling attachment)

milling machine으로 각종 작업을 하기 위해서는 다음과 같은 부속장치가 필요하다.

7-4-1 分割臺(dividing head, index head)

Fig. 1-177과 같이 table에 분할대를 고정하고, 공작물을 분할대의 spindle과 心押臺 center 사이에 지지하며, 공작물의 圓周分割, 홈파기, 角度分割 등에 사용한다.

분할법에는

① 直接分割法(面版分割法, direct dividing method)

② 單式分割法(simple dividing method)

③ 差動分割法(differential dividing method) 등이 있다.

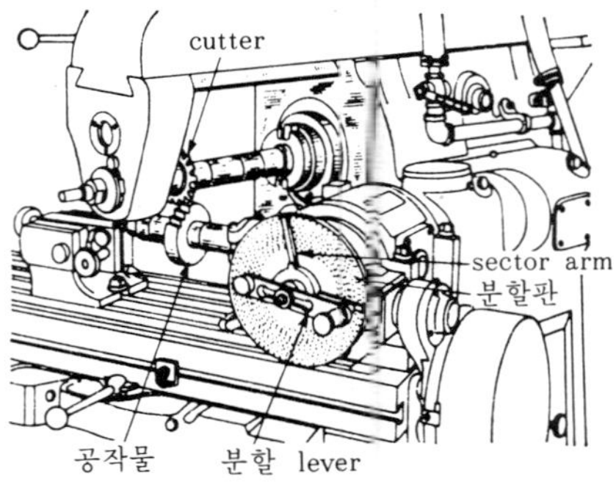

Fig. 1-177 分割臺(Cincinnati形)

〔1〕 직접분할법

직접분할법은 분할대 spindle을 직접 회전시켜 분할하는 것으로, Cincinnati type, Brown & Sharpe type에서는 분할판이 24등분 되어 있어 24의 因數인 2, 3, 4, 6, 8, 12, 24의 분할이 가능하다. Cincinnati type에서는 24孔, 30孔, 36孔의 3列을 갖는 분할판도 있다.

직접분할작업을 할 때에는 Fig. 1-178(a)와 같은 직접분할전용기구를 사용하거나 Fig. 1-178(b)와 같은 단식분할기구에서 먼저 분할crank의 측면에 있는 worm handle을 돌려 worm을 빼고 주축(spindle)이 자유로이 회전할 수 있게 하여 사용한다.

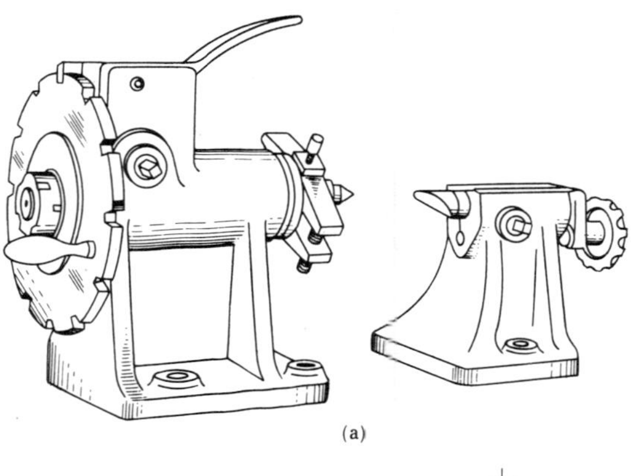

(a)

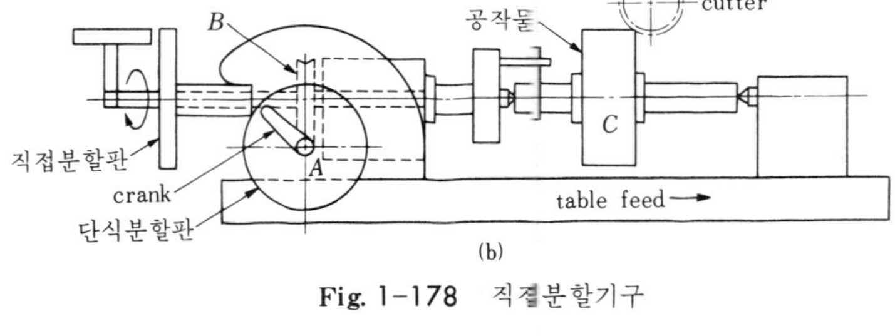

(b)

Fig. 1-178 직접분할기구

〔2〕 단식분할법

단식분할법은 분할 crank의 40회전이 주축(spindle)을 1회전시키도록 되어 있으며, Fig. 1-179와 같은 기구로 되어 있다. 즉 reamer에 8개의 홈을 가공한다면 crank를 5회전씩 하고 가공하면 된다.

N : 분할수, n : crank의 회전수라 하면

$$n=\frac{40}{N} \tag{1-24}$$

R : worm과 worm gear의 회전비(=40), H : 분할판의 孔數, h : 1회의 분할에 요하는 孔數라 하면

$$h=\frac{R}{N}\cdot H \qquad \therefore\ \frac{h}{H}=\frac{R}{N} \tag{1-25}$$

가 된다. 분할판의 孔數는 Table 1-16과 같다.

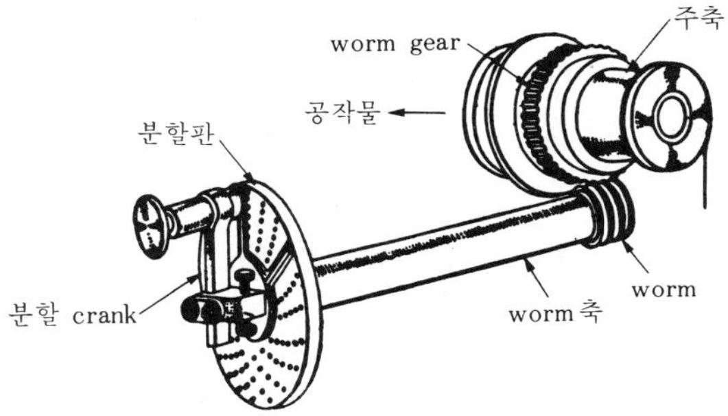

Fig. 1-179 單式分割機構

Table 1-16 분할판의 구멍 수

형 식		구 멍 수
Cincinnati type	전 면	24 25 28 30 34 37 38 39 41 42 43
	후 면	46 47 49 51 53 54 57 58 59 62 66
Brown & Sharpe type	No. 1	15 16 17 18 19 20
	No. 2	21 23 27 29 31 33
	No. 3	37 39 41 43 47 49

예제 1-13. 원주를 72등분하여라.

(解) $\frac{h}{H}=\frac{R}{N}=\frac{40}{72}=\frac{10}{18}$

板 No.1의 18孔을 사용하여 10孔씩 돌리면 된다.

예제 1-14. 원주를 9등분하여라.

(解) $\frac{h}{H}=\frac{R}{N}=\frac{40}{9}=4\frac{4}{9}=4\frac{8}{18}=4\frac{12}{27}$

板 No.1의 18孔을 사용하여 4회전하고 8孔씩 돌리면 된다. 또는 板 No.2의 27孔을 사용하여

4 회전하고 12孔씩 돌리면 된다.

예제 1-15. 원을 중심각 $5\frac{2°}{3}$씩 분할하여라.

(解) $\frac{h}{H}=\frac{40}{N}$에서 $N=\frac{360°}{\theta°}$이므로

$$\frac{h}{H}=\frac{40}{N}=\frac{40\cdot\theta°}{360°}=\frac{\theta°}{9}=\frac{5\frac{2}{3}}{9}=\frac{17}{27}$$

板 No. 2 의 27孔을 사용하여 17孔씩 돌리면 된다.

〔3〕 차동분할법

Cincinnati 형과 Brown & Sharpe 형은 crank handle의 회전(worm의 회전)을 분할판에 전달하는 과정의 gear列이 서로 약간 다르고, Cincinnati 형은 milling machine의 table의 오른쪽에 위치하고 Brown & Sharpe 형은 왼쪽에 위치하도록 되어 있는 것 외에는 같은 원리로서 worm과 worm gear의 회전비는 40이다. 본서에서는 많이 사용되는 Cincinnati 형을 예로 들어 설명하지만 이것에 대한 분할공식은 Brown & Sharpe 형에 대해서도 적용할 수 있다.

직접분할법이나 단식분할법에서 분할할 수 없는 분할에 이용하고, 차동분할에서는 분할판이 worm축에 고정되지 않으며(分割板과 몸체를 一體시키는 bolt를 풀어 준다) crank handle을 돌리면 주축이 회전하여 change gear A, M, D를 움직이고 change gear의 중간 gear의 수가 1개이면 sleeve와 一體인 분할판은 crank handle의 회전 방향으로 전진하나 중간 gear가 2개이면 crank handle의 회전 방향과 반대 방향으로 회전한다. 운동전달 순서는 Fig. 1-180(a)에서 「crank축→E_1→E_2→worm→worm gear(工作物의 회전)→A→M→D→F_1→F_2→분할판」이다.

gear A와 D의 齒數比와 중간 gear의 수를 적당히 택함으로써 차동회전을 조절할 수 있다. change gear가 1列〔Fig. 1-182(a), (b)〕로 된 것을 단식차동분할법, 2列〔Fig. 1-182(c), (d)〕로 된 것을 복식차동분할법이라 한다.

Fig. 1-180(a)에서 gear E_1과 E_2, F_1과 F_2의 齒數는 같다. A와 D의 齒數가 동일하다면

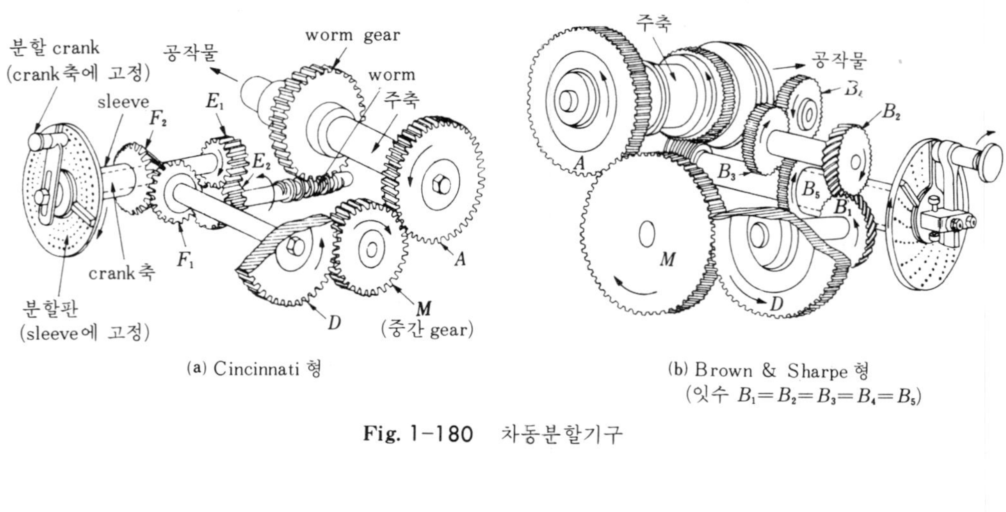

(a) Cincinnati 형　　(b) Brown & Sharpe 형 (잇수 $B_1=B_2=B_3=B_4=B_5$)

Fig. 1-180 차동분할기구

Fig. 1−181 과 같이 crank handle이 분할판상에서 1회전할 때 실제로는 x만큼 회전한 것이 되며, crank handle의 분할판상에서 1회전과 실제 1회전과의 차는 $\frac{1}{40}x$가 된다(∵ 분할판 회전량=worm gear의 회전량).

즉

$$x-1=\frac{x}{40} \qquad \therefore\ x=\frac{40}{39}$$

이상과 같이 중간gear가 1개인 경우 〔Fig. 1−181 (a)〕에 crank handle을 분할판상에서 1회전시키면 주축(공작물)은 39등분된다.

$\left(\because\ 40\div\frac{40}{39}=39\right)$

중간 gear가 2개인 경우〔Fig. 1−181 (b)〕에 crank handle이 분할판상에서 1회전할 때 crank handle의 실제 회전 x는 다음과 같다.

$$x-1=-\frac{x}{40} \quad \therefore\ x=\frac{40}{41}$$

즉 crank handle을 분할판상에서 1회전시키면 공작물은 41등분된다$\left(\because\ 40\div\frac{40}{41}=41\right)$.

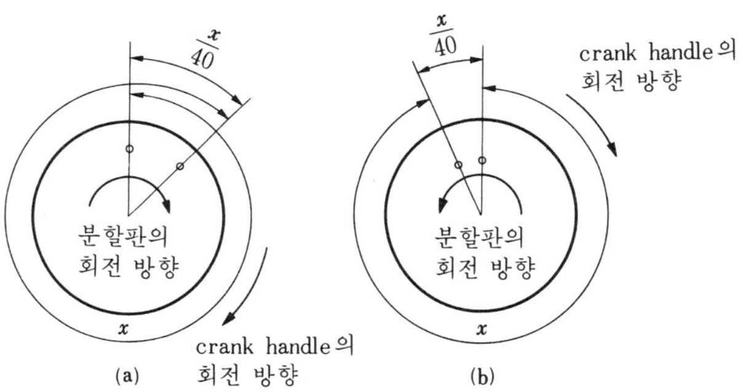

Fig. 1−181 crank handle과 분할판의 회전

Fig. 1−180 (a)에서 gear A에 대한 D의 회전비를 r라 하면, 분할판의 회전은 r배가 되며

$$x-1=\frac{\pm\, rx}{40} \qquad \therefore\ x=\frac{40}{40\mp r}\left(\begin{array}{l}-:\text{中間 gear 1개인 경우}\\+:\text{中間 gear 2개인 경우}\end{array}\right)$$

이다.

crank handle의 분할판상의 1회전은 주축(공작물)을 $\frac{40}{40\mp r}$의 $\frac{1}{40}$회전인 $\frac{1}{40\mp r}$로 회전시킨다.

N : 분할수, H : 사용되는 분할판의 구멍 수, h : crank handle을 돌리는 구멍 수, n : 주축(공작물)을 $\frac{1}{N}$ 회전시키는 데 요하는 crank handle의 회전수라 하면 다음 관계식이 성립된다.

$$n:\frac{1}{N}=1:\frac{1}{40\mp r}$$

$$\therefore\ n=\frac{40\mp r}{N} \qquad (1-26)$$

crank handle과 분할판의 관계에서 다음 식이 얻어진다.

$$\therefore\ n=\frac{h}{H} \tag{1-27}$$

식 (1-26)과 식 (1-27)에서

$$\frac{h}{H}=\frac{40\mp r}{N}\quad \frac{h}{H}\cdot N=40\mp r\quad \therefore\ (\mp)r=\frac{A}{D}=\frac{h}{H}N-40 \tag{1-28}$$

으로 되며 A와 D는 Fig. 1-180에서 gear의 명칭과 그 gear의 잇수를 동시에 나타낸다.

N_1: 단식분할이 가능한 N에 가까운 數라 하면, crank handle의 회전수 n은 $n=\frac{40}{N_1}$으로 되며, 식 (1-28)에서

$$(\mp)r=\frac{h}{H}N-40=n\cdot N-40=\frac{40}{N_1}N-40=\frac{40(N-N_1)}{N_1} \tag{1-29}$$

이 된다. 변환gear(change gear)열은 Fig. 1-182와 같으며

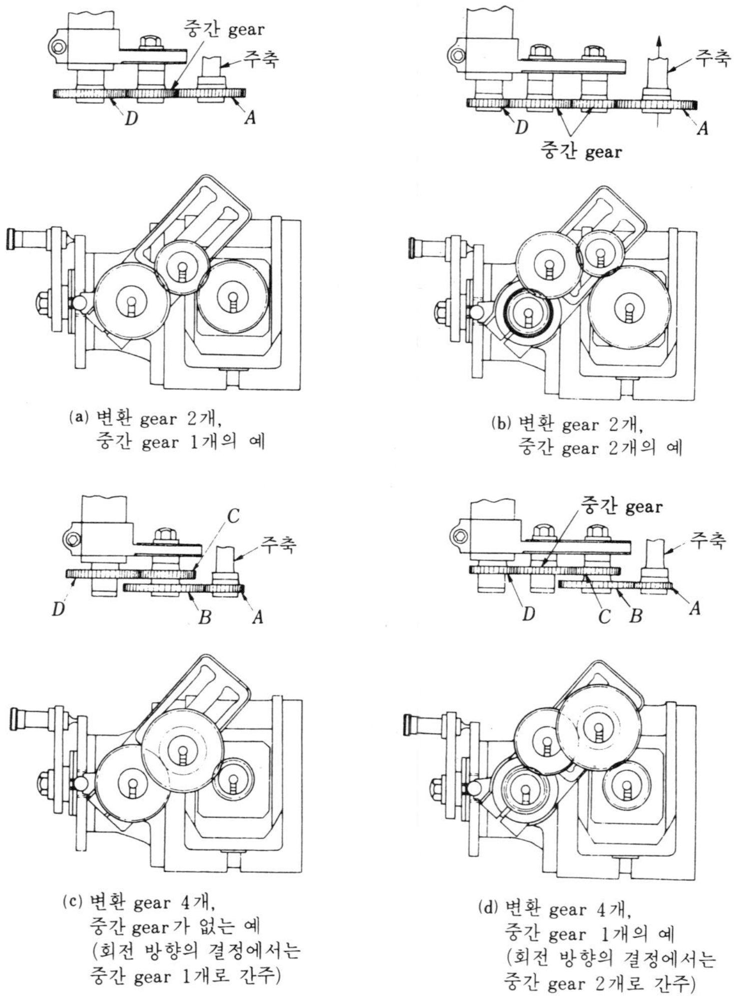

(a) 변환 gear 2개, 중간 gear 1개의 예

(b) 변환 gear 2개, 중간 gear 2개의 예

(c) 변환 gear 4개, 중간 gear가 없는 예 (회전 방향의 결정에서는 중간 gear 1개로 간주)

(d) 변환 gear 4개, 중간 gear 1개의 예 (회전 방향의 결정에서는 중간 gear 2개로 간주)

Fig. 1-182 차동분할용 변환 gear 장치

단식에서는 $r=\frac{A}{D}$

복식에서는 $r=\frac{A}{B}\cdot\frac{C}{D}$ (단, $A+B>C$, $C+D>B$이어야 한다.) (1-30)

변속 gear의 회전비 r가 (−)값일 때, 즉 ($N<N_1$)일 때에는 crank handle의 회전 방향과 분할판의 방향이 같도록 중간 gear를 정하고, r가 (+) 값일 때에는 crank handle과 분할판의 회전 방향이 서로 반대가 되도록 중간 gear를 정해야 한다.

Cincinnati형에서는 잇수 17, 18, 19, 20, 21, 22, 24, 27, 30, 33, 36, 39, 42, 45, 48, 51, 55, 60의 변환 gear가 있고, Brown & Sharpe형에는 24, 28, 32, 40, 44, 48, 56, 64, 72, 86, 100의 잇수의 것이 있어 분할등분수가 주어지면 표에 의하여 변환 gear를 알 수 있으나 본서에서는 원리를 익히도록 하기 위하여 임의의 잇수를 갖는 gear를 이용할 수 있다고 가정하여 계산예제를 소개한다.

예제 1-16. 원주를 233등분하여라.

(解) $N_1=240$으로 하면 $n=\frac{40}{N_1}=\frac{40}{240}=\frac{1}{6}=\frac{3}{18}$이 되어 분할판의 구멍 18을 택하여 3구멍씩 돌리면 된다. 변환 gear의 회전비 r는 식 (1-29)에서

$$r=\frac{40(N-N_1)}{N_1}=\frac{40(233-240)}{240}=-\frac{40\times7}{240}=-\frac{56}{48}=\frac{A}{D}$$

즉 Fig. 1-183과 같이 $A=56$, $D=48$의 잇수를 갖는 gear와 중간 gear 1개를 사용한다.

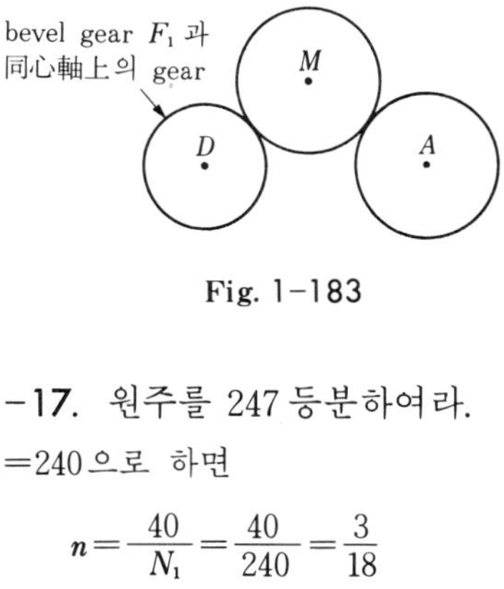

Fig. 1-183

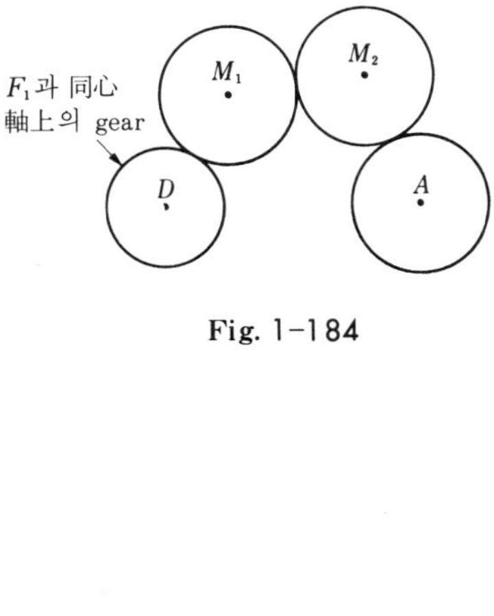

Fig. 1-184

예제 1-17. 원주를 247등분하여라.

(解) $N_1=240$으로 하면

$$n=\frac{40}{N_1}=\frac{40}{240}=\frac{3}{18}$$

$$r=\frac{40(N-N_1)}{N_1}=\frac{40(247-240)}{240}=\frac{40\times7}{240}=\frac{56}{48}=\frac{A}{D}$$

r가 (+)값이므로 중간 gear는 2개이며 Fig. 1-184와 같다.

예제 1-18. 원주를 257등분하여라.

(解) $N_1=245$로 하면

$$n=\frac{40}{N_1}=\frac{40}{245}=\frac{8}{49}$$

$$r=\frac{40(N-N_1)}{N_1}=\frac{40(257-245)}{245}=\frac{40\times12}{245}=\frac{96}{49}=\frac{6\times16}{7\times7}$$

$$=\frac{6\times8\times16\times4}{7\times8\times7\times4}=\frac{48}{56}\times\frac{64}{28}=\frac{A}{B}\cdot\frac{C}{D}$$

중간 gear는 2개를 사용하고 gear列은 Fig. 1-185와 같다.

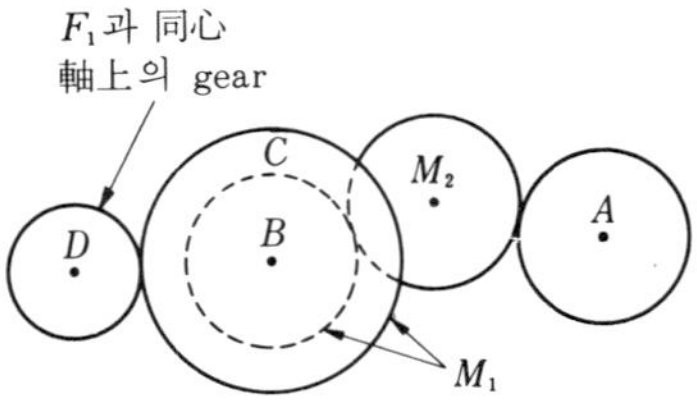

Fig. 1-185

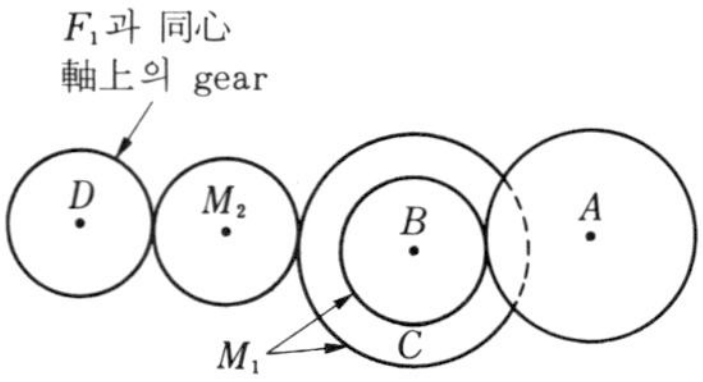

Fig. 1-186

예제 1-19. 원주를 319등분하여라.

(解) $N_1=290$으로 하면

$$n=\frac{40}{N_1}=\frac{40}{290}=\frac{4}{29}$$

$$r=\frac{40(N-N_1)}{N_1}=\frac{40(319-290)}{290}=\frac{40\times29}{290}=\frac{4}{1}=\frac{2\times2}{1\times1}$$

$$=\frac{2\times24}{1\times24}\times\frac{2\times30}{1\times30}=\frac{48}{24}\times\frac{60}{30}=\frac{A}{B}\cdot\frac{C}{D}$$

중간 gear는 2개이며 gear列은 Fig. 1-186과 같다.

맞물린 齒數比가 너무 크거나 너무 작지 않아야 회전에 무리가 없다는 것을 고려하고, 변환치차의 보유 형편에 따라 단식으로 할 수 있는 것도 복식연결하는 경우가 있다.

7-4-2 공작물의 고정장치

공작물을 고정하는 방법에는 table에 직접 고정하는 방법, vise를 이용하는 방법, center로 지지하는 방법, chuck을 이용하는 방법, 附着具를 이용하는 방법, 회전 table을 이용하는 방법 등이 있으나 주로 vise와 회전 table에 의하기 때문에 vise의 종류와 용도에 대하여 설명하기로 한다.

〔1〕 vise

vise에는 Fig. 1-187과 같이 횡식 vise(plain vise), 회전식 vise(swivel vise), 만능식 vise(universal vise)가 있다.

(1) 횡식 vise(보통 vise, plain vise) : 공작물의 길이 방향 또는 그와 직각인 방향으로 절삭하기 위하여 공작물의 고정에 사용되며, 회전식 vise나 만능식 vise에 비하여 견고하고 공작물을 table에서 낮은 높이에 고정할 수 있어 강력절삭에 적합하다.

(2) 회전식 vise(swivel vise) : 보통 vise 밑에 각도눈금이 있는 회전대가 있어 수평면내에서 임의의 각도로 jaw의 위치를 조정할 수 있다.

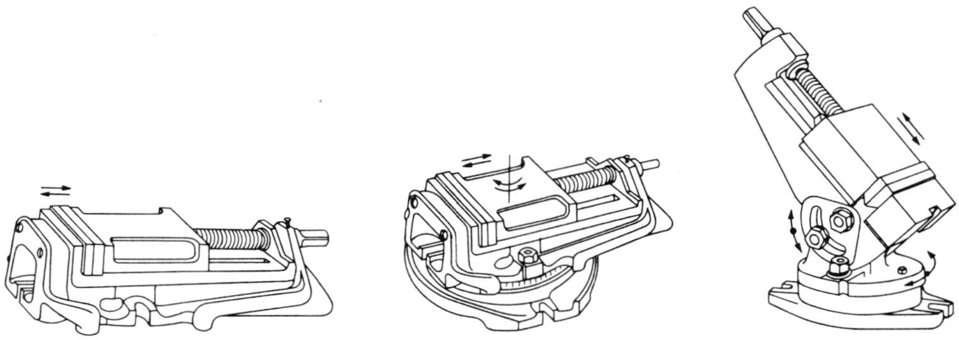

(a) 橫식 vise (b) 회전식 vise (c) 만능식 vise

Fig. 1-187 vise의 종류

(3) 만능식 vise(universal vise) : 수평면내와 수직면내에서 임의의 각도로 jaw의 위치를 조정할 수 있어 편리하나 가공물이 table에서 높게 고정되고 vise에 체결부가 많기 때문에 보통식 vise만큼 견고하지 못하다.

vise를 table에 고정하기 전에 table과 vise를 청소하여야 하며, Fig. 1-188과 같이 arbor에 dial gauge를 부착시켜 jaw의 수직도를 검사하고 column에 직각자를 대고 jaw의 table 길이 방향에 대한 직각도를 검사한다.

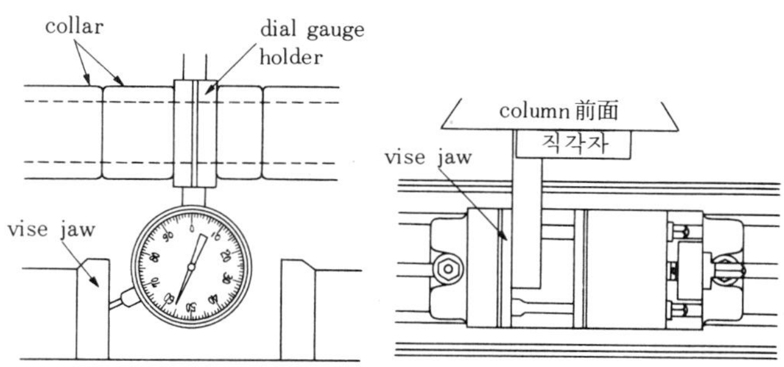

(a) (b)

Fig. 1-188 vise의 고정

〔2〕 **회전 table**(rotary table)

회전 table에는 Fig. 1-189(a), (b)와 같은 圓 table, Fig. 1-189(c)와 같은 可傾 table, Fig. 1-189(d)와 같은 만능경사 table, Fig. 1-189(e)와 같은 NC용 경사 table 등이 있다.

7-4-3 直立 milling장치(vertical milling attachment)

이 장치는 수평식 milling machine을 직립식 milling machine으로 변환시키는 데 이용되며, 필요한 각도만큼 회전시킬 수 있는 것도 있다. Fig. 1-190은 이 장치의 예이다.

7-4-4 萬能 milling 장치(universal milling attachment)

Fig. 1-191과 같이 수평식 milling machine의 column에 장치하여 수평 spindle과 연결하

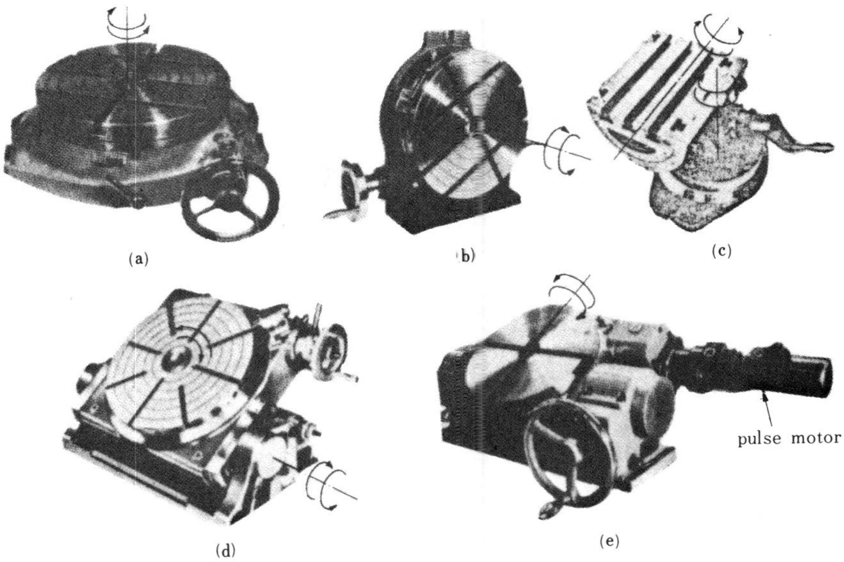

Fig. 1-189 회전 table

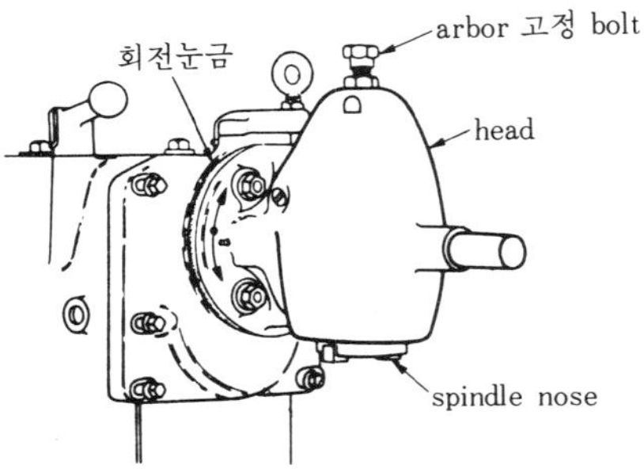

Fig. 1-190 회전식 직립 milling 장치

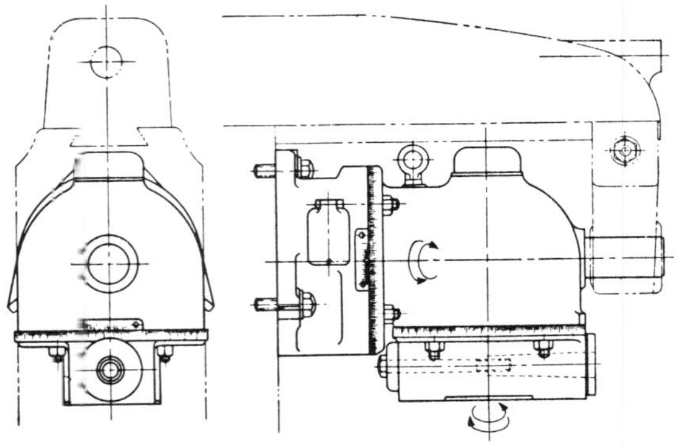

Fig. 1-191 만능 milling 장치

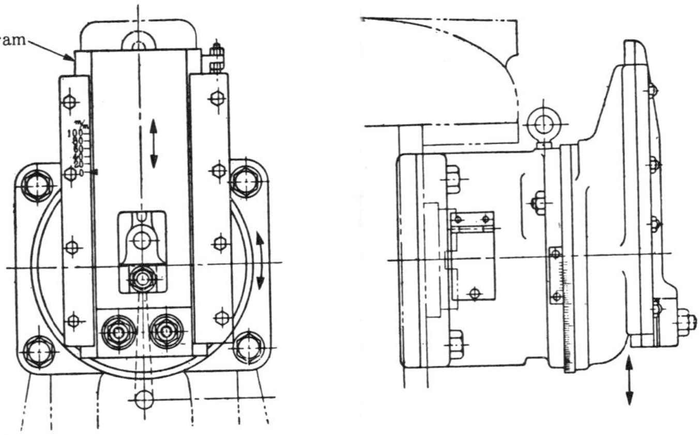

Fig. 1-192 slotting 장치

는 것은 직립 milling 장치의 경우와 같고, 수평 및 수직면에서 임의의 각도로 자유로이 회전시킬 수 있다. end mill을 사용하면 key홈, 金型 등을 가공하는 데 편리하고, 분할대와 함께 사용하여 만능 milling machine을 대신할 수 있다. 만능 milling machine에 이 장치를 사용하면 나사, milling cutter, drill 등의 홈을 가공할 수 있다.

7-4-5 slotting 장치 (slotting attachment)

Fig. 1-192와 같이 수평식 milling machine의 column에 장치하여 milling machine의 spindle의 회전운동을 ram의 上下 직선운동으로 변환하여 内外의 key홈, spindle, gear 등의 가공을 할 수 있고, column에 평행한 面内에서 임의의 각도로 경사시킬 수 있다.

7-4-6 rack milling장치 (rack milling attachment)

Fig. 1-193과 같이 수평식 milling machine의 spindle과 gear에 의하여 동력전달을 받고 공작물 고정용 특수 vise와 總形 cutter를 이용하여 rack를 가공한다. rack milling 장치의 spindle과 milling machine의 spindle은 서로 직각인 평면내에 있다. table을 1pitch만큼 이송하려면 table의 이송나사에 고정되어 있는 등분판에 의하거나 분할대를 이용한다(Fig. 1-237 참조).

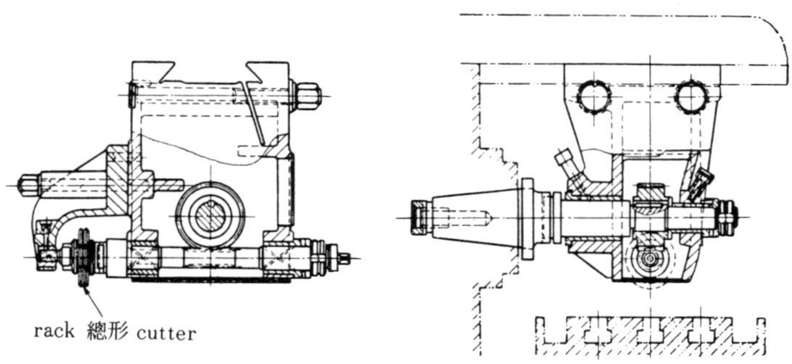

Fig. 1-193 rack milling 장치

7-4-7 나사 milling 장치 (thread milling attachment)

나사 milling 장치는 rack milling 장치와 비슷하나 cutter가 회전 table의 중심에 수직으로 위치하며 분할대 및 lead screw와 조합하여 内外의 곧은 나사, taper나사, worm나사 등을 가공한다(Fig. 1-225 참조).

7-4-8 arbor

milling machine spindle의 taper구멍에 고정하고 他端은 yoke에 의하여 지지되는 棒을 **arbor**라 하며, arbor에 cutter를 끼우고 collar에 의하여 cutter의 위치를 조정하며 key에 의

하여 arbor상에서 cutter의 공전을 막는다.

Fig. 1-194는 arbor의 각부 명칭과 고정법을 보여 준다.

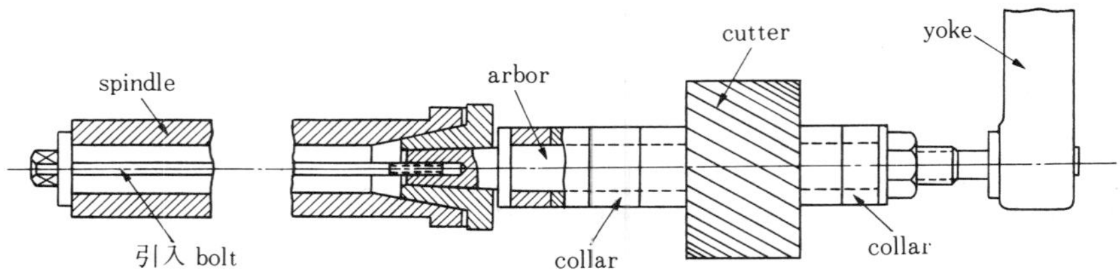

Fig. 1-194 arbor와 cutter의 고정법

7-4-9 adapter 및 collet

end mill과 같이 shank의 크기나 taper가 spindle의 것과 다를 때에는 Fig. 1-195와 Fig. 1-196의 adapter, Fig. 1-197의 collet을 사용하여 공구를 고정한다.

Fig. 1-198은 adapter와 collet을 조합한 예이고, Fig. 1-199는 straight shank에 사용되는 spring chuck을 도시한 것이다.

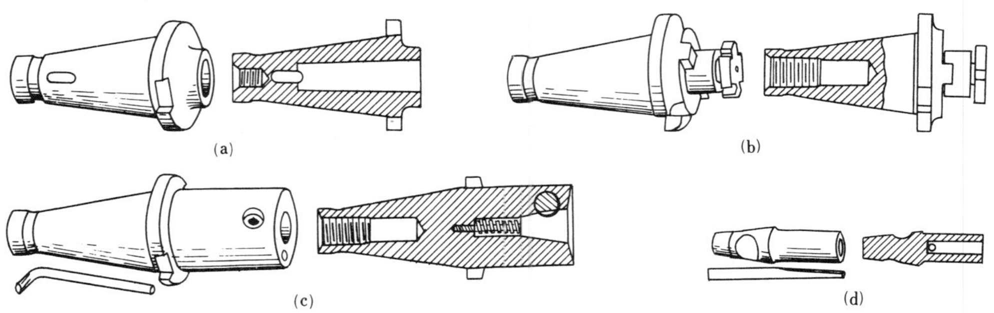

Fig. 1-195 arbor 또는 end mill의 adapter

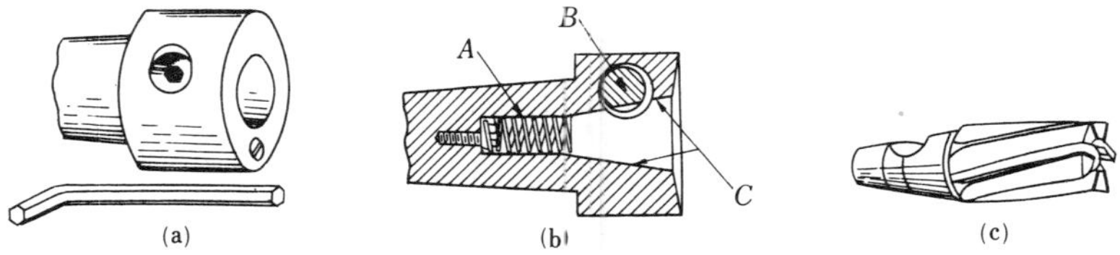

Fig. 1-196 cam-lock식 adapter

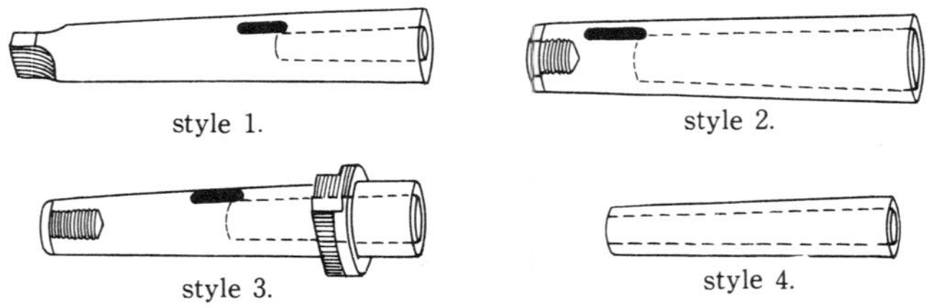

Fig. 1-197 milling machine collet

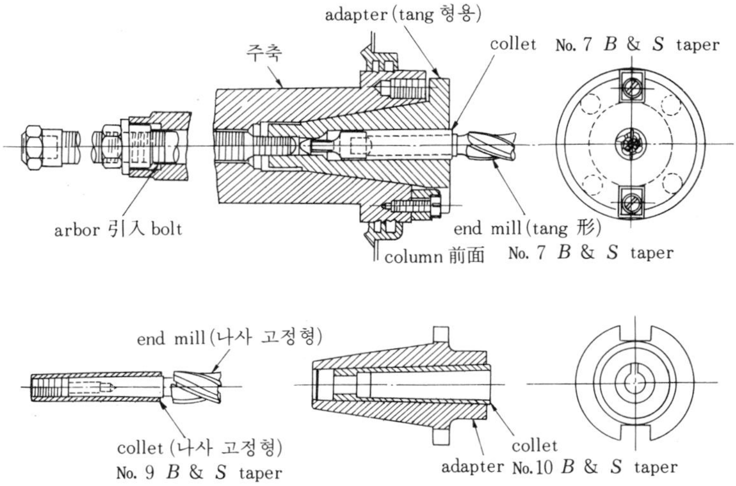

Fig. 1-198 adapter와 collet의 조합

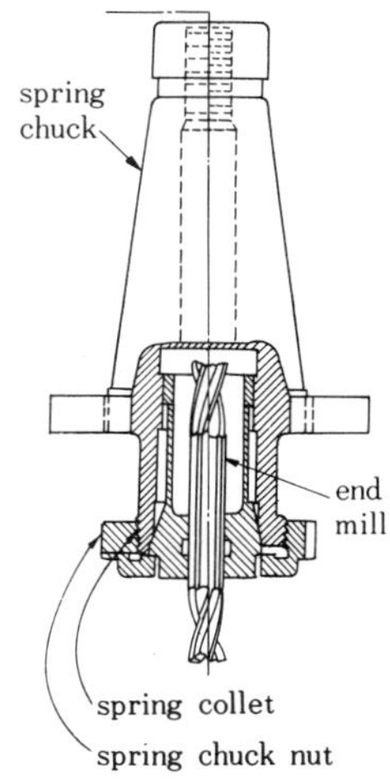

Fig. 1-199 spring chuck

7-5 milling cutter

7-5-1 cutter의 종류

milling cutter는 분류기준에 따라 다음과 같은 종류가 있다.

(1) 작업에 따라

i) plain cutter

ii) 側面 cutter (side cutter)

iii) angular cutter

iv) 總形 cutter (formed cutter)

(2) 구조에 따라

i) 單體形 cutter (solid type cutter)

ii) 組立形 cutter (built-up type cutter)

(3) 형태에 따라

i) 圓筒形 cutter (shell type cutter)

ii) 자루形 cutter (taper and straight shank cutter)

〔1〕 plain cutter

外周面에만 切刃이 있으며 평면가공에 사용된다(Fig. 1-200). 보통 폭이 10∼15mm인 것은 切刃이 직선이고, 그 이상의 폭에 대해서는 helical로 되어 있다. helical 切刃의 cutter는 절삭이 순차적으로 되어 직선 cutter의 결점을 보완하며 소비동력이 적고 가공면이 좋으나 推力(thrust)이 작용하는 결점이 있다. cutter의 폭이 아주 작은 것을 metal saw cutter라 한다.

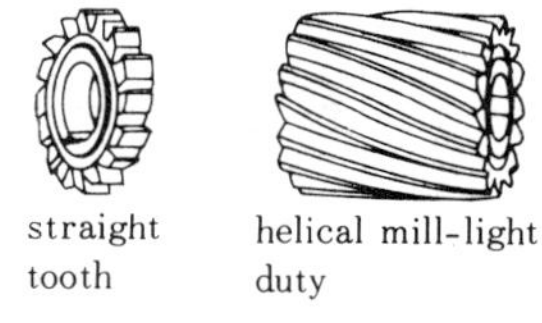

Fig. 1-200

〔2〕 **側面 cutter**(side cutter)

圓周面과 側面에 切刃을 갖는 폭이 비교적 좁은 cutter로서 주로 홈, 斷面加工에 사용된다 (Fig. 1-201).

integral-tooth side mills

Fig. 1-201

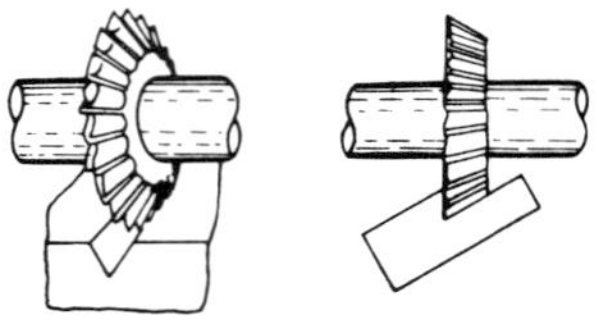

double-angle single-angle

Fig. 1-202

〔3〕 **angular cutter**

圓錐面의 일부에 切刃을 갖는 cutter로서 공작물의 角切削, cutter와 reamer 등의 가공에 사용된다(Fig. 1-202).

〔4〕 **總形 cutter**(formed cutter)

外周에 所要加工品의 외형과 같은 곡선의 윤곽을 갖는 cutter이며, gear, cutter, reamer, tap 등의 윤곽을 가공할 때 사용된다(Fig. 1-203).

〔5〕 **正面 cutter**(face cutter)

外周 및 한쪽 단면에 切刃이 있고 자루(shank)가 없는 cutter로서 대형 milling machine 또는 boring machine에 설치하여 넓은 평면가공에 주로 사용된다. 큰 cutter는 삽입형 刃(inserted teeth)으로 된 것이 많다(Fig. 1-204).

convex cutter

Fig. 1-203

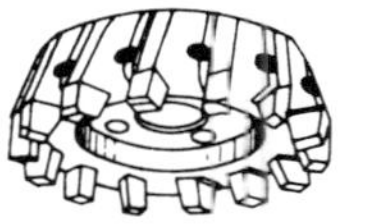

outside cone type

Fig. 1-204

"helical" end mill

Fig. 1-205

〔6〕 **end mill**

end mill은 face cutter와 같이 圓周와 단면에 切刃을 갖는 shank가 있는 cutter이며 가공물의 溝部의 가공에 주로 사용된다(Fig. 1-205).

T홈과 같은 가공용은 상하면과 원주에 切刃이 있다. 대형의 것은 shank와 切刃部가 별개로 되어 있으며 이와 같은 end mill을 **shell end mill**이라 한다.

7-5-2 cutter의 재료

cutter의 절삭작용은 斷續的으로 행하여지기 대문에 경도와 큰 靭性을 함께 요구하고 있으며, 이러한 切削刃의 재료에는 고속도강(H.S.S.)과 초경합금 등이 주로 사용된다. 靭性面에서 보면 고속도강이 가장 우수하나 최근에는 초경합금이 많이 개량되어 인성이 향상되었다.

7-5-3 cutter의 各部 명칭과 角

Fig. 1-206~Fig. 1-209는 각각 milling cutter의 各部 명칭과 角을 표시한다.

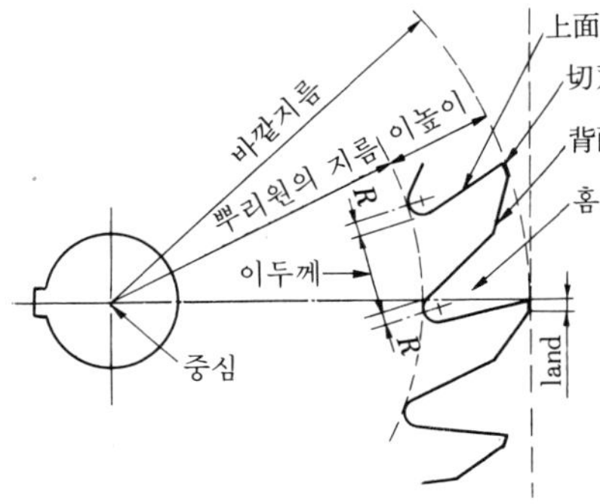

Fig. 1-206 單體平(solid plain) milling cutter

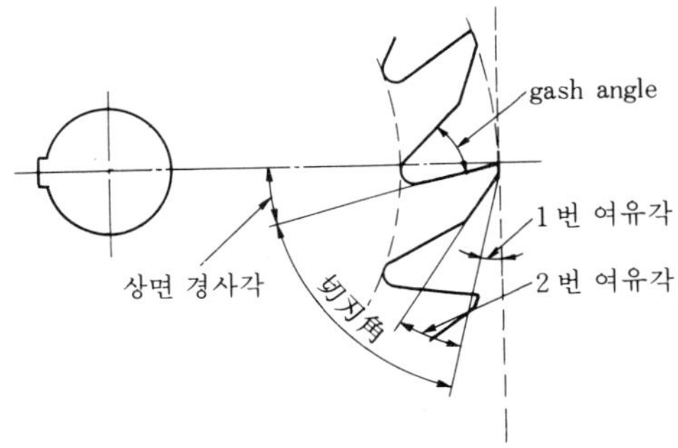

Fig. 1-207 單體平(solid plain) milling cutter

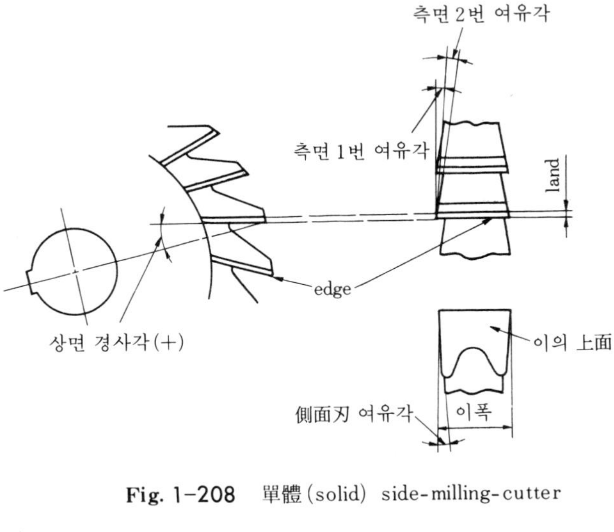

Fig. 1-208 單體(solid) side-milling-cutter

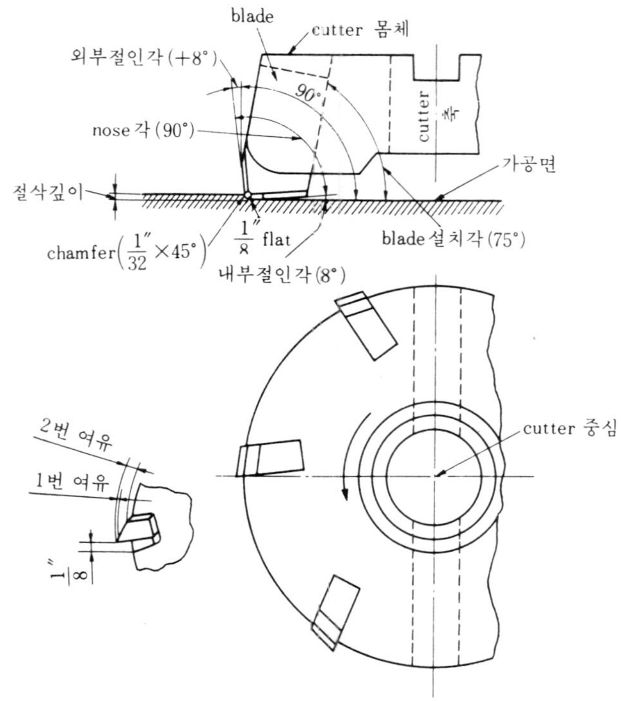

Fig. 1-209 插入刃 face cutter

〔1〕 **윗면 경사각**(radial rake angle)

刃先과 cutter의 중심을 이은 선과 cutter面(face)이 이루는 角으로서 미국 Cincinnati milling machine Co.에서는 鋼의 절삭에서는 15°, 주철의 절삭에는 8~10°를 추천하고 있다.

〔2〕 **여유각**(clearance angle)

刃先의 背面(flank)과 刃先의 접선이 이루는 각이며, Fig. 1-207 에서와 같이 제 1 번 여유각과 제 2 번 여유각이 있고, H.S.S. cutter에 대하여 Table 1-17 의 값을 추천하고 있다.

문헌에 따라 2 번 여유각의 정의가 상이하므로 Table 1-17 의 사용에 유의하기 바란다.

Table 1-17 여 유 각(度)

가 공 재 료	1번 여유각	2번 여유각	가 공 재 료	1번 여유각	2번 여유각
저 탄 소 강	3 ~ 5	9~15	보통 및 硬青銅	4~7	11~19
고탄소강 및 합금동	3 ~ 5	9~15	황동 및 軟青銅	10~12	23~27
주 철	4 ~ 7	11~19	Al, Mg, plastic	10~12	23~27

7-5-4 cutter의 연삭

절삭을 능률적으로 행하기 위해서는 cutter의 刃先이 예리하여야 하며 마모되었을 때에는 적당한 시기에 재연삭을 함으로써 cutter의 수명을 연장하고 가공면을 곱게 할 수 있다. 마모가 심하면 마찰열에 의하여 마모가 가속화된다.

plain milling cutter의 재연삭은 보통 land만을 연삭하고 경사면(face)은 연삭하지 않는 것이 좋다.

cutter의 연삭에는 平形 또는 cup형 숫돌을 사용한다. 平形 숫돌을 사용할 경우에는 Fig. 1-210에서와 같이 실제의 여유각과 겉보기의 것에 차이가 있으며, 연삭면이 곡면으로 되지만 cup형 숫돌에서는 평면으로 되고 정확한 여유각이 얻어진다. 평형 숫돌을 사용할 때에는 숫돌의 지름이 200mm 이상 되어야 평면에 가까운 연삭을 할 수 있다.

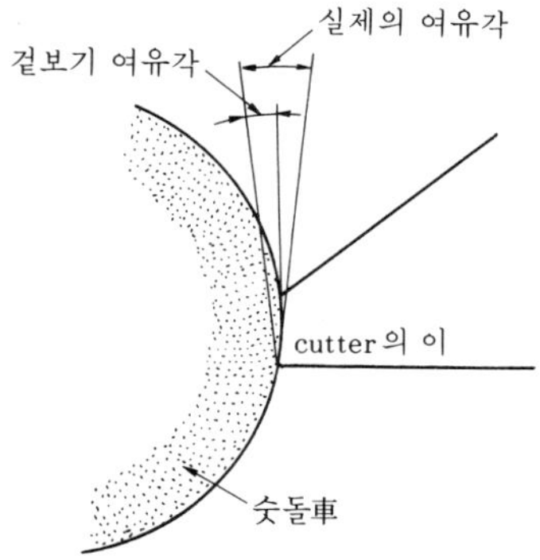

Fig. 1-210 평형 숫돌로 연삭한 여유면의 형상

Fig. 1-211 (a), (b)를 下向硏削, Fig. 1-211 (c), (d)를 上向硏削이라 하며 그 특징은 다음과 같다. 하향연삭에서는 숫돌의 회전이 날 끝으로 향하므로 burr가 생겨 연삭 후 기름숫돌(oil stone)로 제거하여야 한다. 상향연삭은 예리한 切刃으로 연삭하지만 cutter 지지대에서 cutter가 떨어졌다 붙었다 하는 경우가 있어 불안정하다.

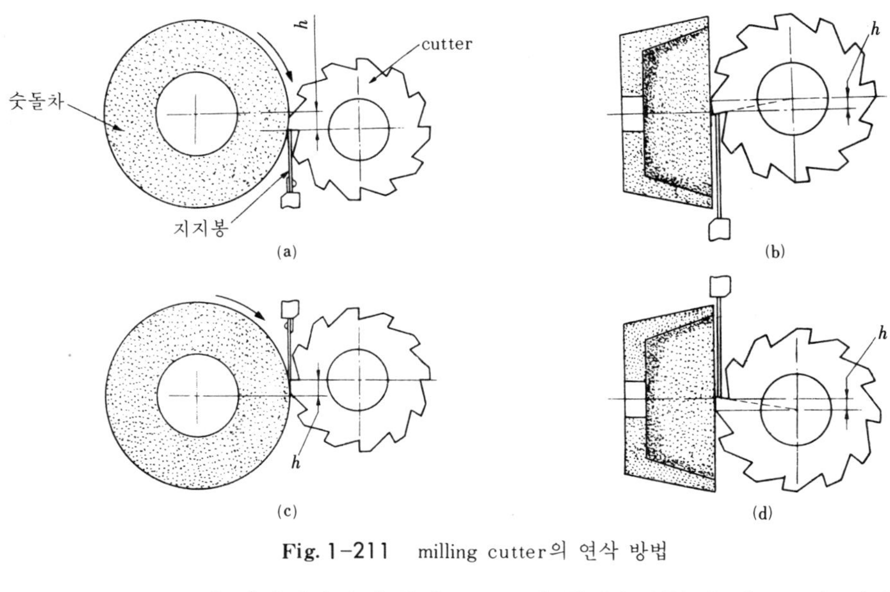

Fig. 1-211 milling cutter의 연삭 방법

Fig. 1-212는 land의 연삭에서의 숫돌과 cutter의 중심을 偏位한 것으로서 편위량은 다음과 같다.

β : 여유각(relief angle), D : 숫돌의 지름(평형 숫돌 사용시), cutter의 지름(cup형 숫돌

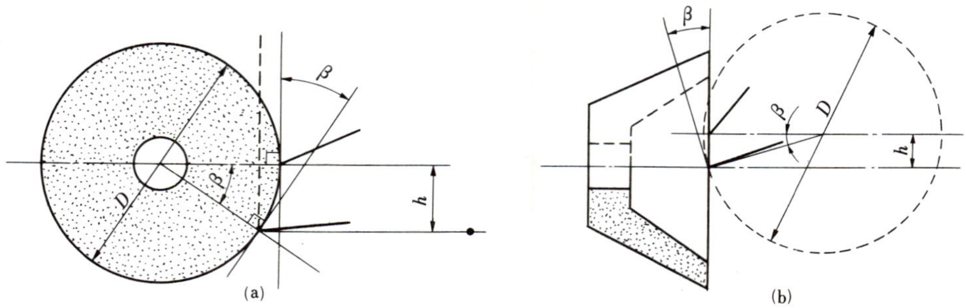

Fig. 1-212　숫돌과 milling cutter의 중심 관계 위치

사용시), *h* : 편위 거리라 하면

$$h=\frac{D}{2}\cdot\sin\beta \qquad (1-31)$$

로 된다. Table 1-18 은 여유각 *β*와 지름 *D*에 대한 편위거리 *h*의 값이다.

Table 1-18　여유각 *β*와 지름 *D*에 대한 편위거리 *h*〔mm〕

β〔°〕 \ *D*〔mm〕	100ϕ	125ϕ	150ϕ	175ϕ
5	4.3	5.4	6.5	7.5
9	7.8	9.7	11.7	13.6
12	10.3	13.0	15.6	18.0
15	12.9	16.1	19.4	22.6
20	17.1	21.3	25.6	30.0

작은 pitch의 cutter에는 지름이 작은 숫돌을 사용한다.

總形 cutter에서는 곡선으로 된 land의 연삭이 곤란하므로 tooth face를 연삭한다. tooth face를 연삭할 때에는 Fig. 1-213 과 같이 경사각이 0°일 때와 경사각이 0°가 아닐 경우에 따라 cutter의 중심과 숫돌의 연삭면이 일치하거나 偏位된다.

α : 경사각(rake angle), *h* : 편위거리, *D* : cutter의 지름이라 하면

$$h=\frac{D}{2}\cdot\sin\alpha \qquad (1-32)$$

cutter의 背面은 Fig. 1-213 에서와 같이 지지대(rest)로 지지하여야 하며 1회의 연삭량은

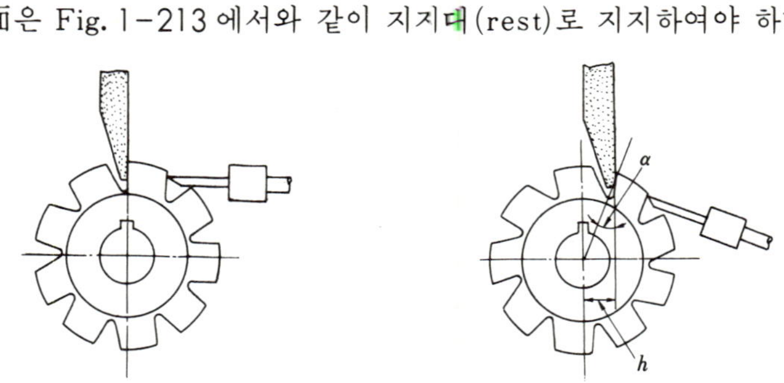

Fig. 1-213　總形 cutter의 傾斜面(face) 研削

0.05~0.07mm가 적당하고, 연삭중에 橫方向의 이송을 변화시키면 안 된다.

Fig. 1-214, Fig. 1-215는 side milling cutter의 연삭법, Fig. 1-216은 end mill의 연삭법, Fig. 1-217은 spiral cutter의 연삭법을 각각 보여 준다.

plain cutter, side cutter 및 end mill의 spiral teeth의 원주를 연삭할 때에는 지지봉을 wheel head에 고정하고 cutter와 함께 table을 이동시키면서 cutter의 홈이 지지봉에 따라 회전할 수 있도록 손으로 돌려 주며 cutter와 숫돌이 계속적으로 접촉할 수 있도록 붙잡아 주어야 한다. 숫돌의 폭은 좁은 것이 좋다.

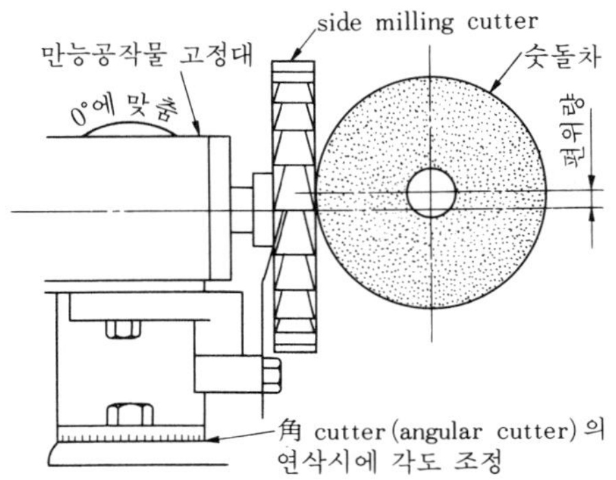

Fig. 1-214 平形 숫돌에 의한 side milling cutter의 側面研削

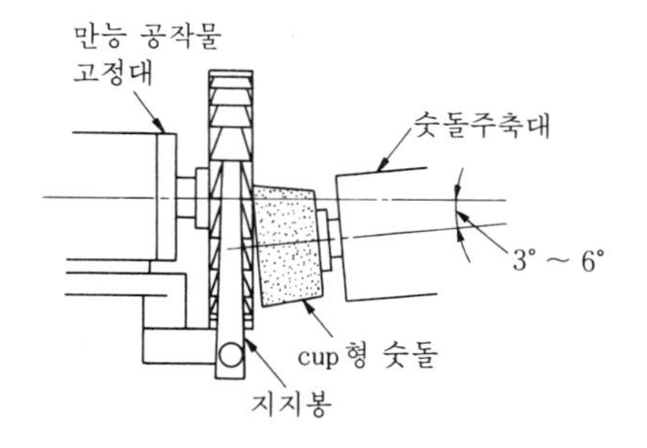

Fig. 1-215 cup形 숫돌에 의한 side milling cutter의 側面研削

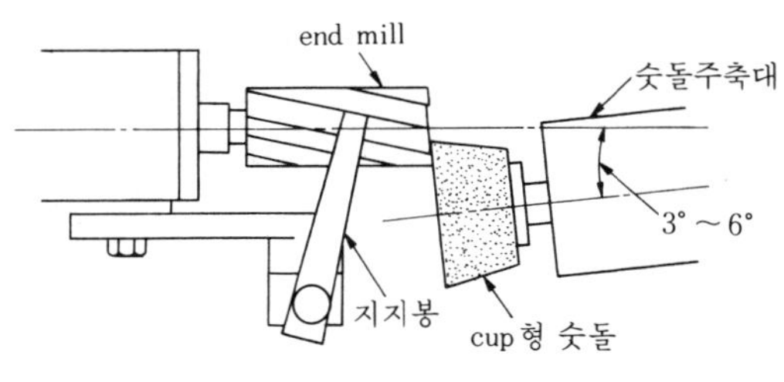

Fig. 1-216 cup形 숫돌에 의한 end mill의 연삭

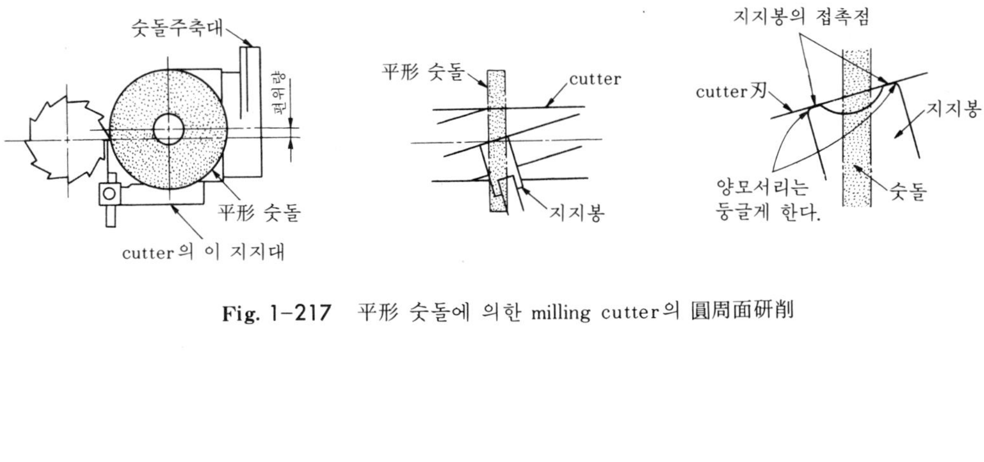

Fig. 1-217 平形 숫돌에 의한 milling cutter의 圓周面研削

7-6 milling machine에 의한 加工(milling)

7-6-1 cutter의 절삭 방향

Fig. 1-218과 같이 milling cutter의 회전 방향과 공작물의 이송 방향에 따라 上向切削(up-cutting, conventional cutting)과 下向切削(down-cutting)이 있다.

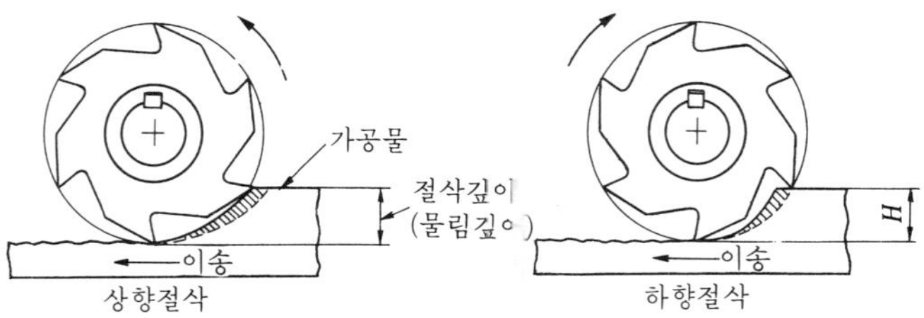

Fig. 1-218 상향절삭과 하향절삭

〔1〕 **상향절삭**(up-cutting, conventional cutting, up-milling)

Fig. 1-218은 plain milling cutter로 절삭하는 예로서 cutter의 회전 방향과 공작물의 이송 방향이 반대일 때, 즉 cutter의 刃이 절삭을 시작할 때 chip이 가장 얇으며 절삭이 끝날 때 가장 두껍게 되는 절삭을 **상향절삭**이라 한다.

상향절삭의 장단점은 다음과 같다.

〔장 점〕

① chip이 切削刃의 진행을 방해하지 않는다.

② cutter와 table의 진행 방향이 상반되므로 idle이 제거된다.

〔단 점〕

① cutter가 공작물을 들어 올리려고 하므로 공작물을 확실하게 고정하여야 한다.

② 절삭 초기에 이송이 적으면 刃部가 sliding하여 마모가 쉽게 되고, arbor의 spring 작용으로 떨림(chattering)이 발생하는 경우가 많다.

〔2〕 **하향절삭**(down-cutting, climb-cutting, down-milling)

cutter의 회전 방향과 공작물의 이송 방향이 같은 때, 즉 절삭 초기에 chip의 두께가 가장 두껍고 절삭이 끝날 때에 가장 얇게 되는 절삭을 **하향절삭**이라 하며, 이것의 특징은 다음과 같다.

〔장 점〕

① 공작물을 누르면서 절삭하므로 공작물의 고정 방법이 간단하다.

② 상향절삭에서와 같은 sliding이 없어 cutter 刃部의 마모가 적다.

〔단 점〕

① table 이송기구의 backlash에 의하여 적은 idle이라도 있으면 공작물이 cutter에 끌려들어가 떨림 또는 공작물과 cutter에 손상을 가져올 수 있다.

Fig. 1-219는 face milling을 보여 주며 상향절삭과 하향절삭이 조합된 것으로 볼 수 있다.

최근의 milling machine에는 backlash 제거장치가 있으며, 이것은 screw와 nut간의 밀착에 의하여 이루어진다. 여러 종류의 backlash 장치가 있으나 유압에 의한 Fig. 1-220과 같은 구조만을 소개한다.

screw와 nut의 마모를 줄이기 위해서는 절삭중에만 backlash 제거장치가 작동되도록 하는 것이 좋다. nut A의 一端에 압력을 가하여 nut C와 screw B를 밀착시켜 backlash를 제거하며 nut A는 회전하지 못하도록 cylinder head D와의 사이에 key가 끼워져 있다.

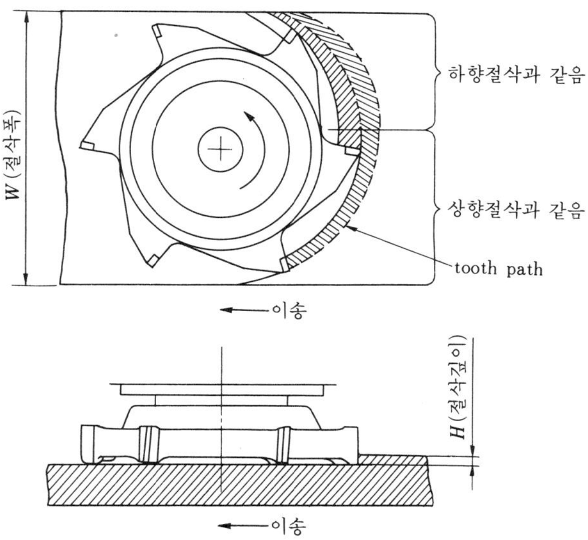

Fig. 1-219 face milling

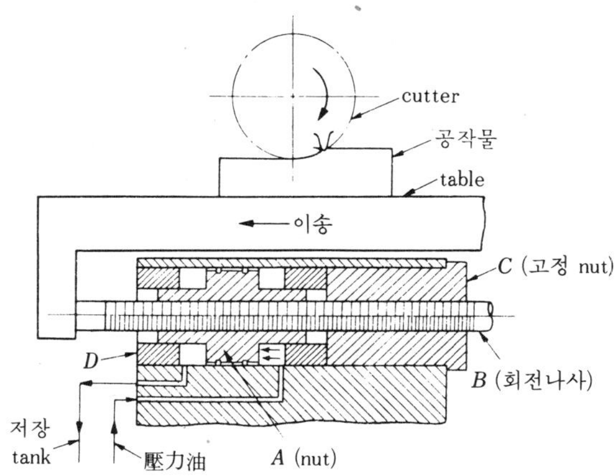

Fig. 1-220 유압식 backlash 제거장치

7-6-2 절삭속도와 이송

절삭속도, 이송, 절삭 깊이는 공작기계의 생산 능률에 큰 요소가 되며, 그 크기는 공작기계

의 성능, 공작물의 재질 및 가공 정도 등 여러 가지 조건에 의하여 Table 1-19 및 Table 1-20과 같이 정해진다.

Table 1-19　milling cutter의 절삭속도〔m/min〕

가공물재료	공구재료			
	탄소강	고속도강	경질합금(荒削)	경질합금(仕上)
주 철(軟)	18	32	50～60	120～150
주 철(硬)	12	24	30～60	75～100
가단주철	9～15	24	30～75	50～100
강(軟)	14	27	20～75	150
강(硬)	8	15	25	30
aluminium	77	150	95～300	300～120
황 동(軟)	30	60	236	180
황 동(硬)	25	50	150	300
청 동	25	50	75～150	150～240
구 리	25	50	150～240	240～300

Table 1-20　이송〔mm/tooth〕

피삭재		正面 cutter		plain cutter		홈 또는 측면 cutter		end mill		총형 cutter		톱날 cutter	
		HS	C	HS	C	HS	C	HS	C	HS	C	HS	C
plastic		0.23	0.38	0.25	0.30	0.20	0.23	0.18	0.18	0.10	0.13	0.08	0.10
Al, Mg 합금		0.55	0.50	0.45	0.40	0.32	0.30	0.28	0.25	0.18	0.15	0.13	0.13
황 동 청 동	快削	0.55	0.50	0.45	0.40	0.32	0.30	0.28	0.25	0.18	0.15	0.13	0.13
	普通	0.35	0.30	0.28	0.25	0.20	0.18	0.18	0.15	0.10	0.10	0.08	0.08
	硬	0.23	0.23	0.18	0.20	0.15	0.15	0.13	0.13	0.08	0.08	0.05	0.08
동		0.30	0.30	0.25	0.23	0.18	0.18	0.15	0.15	0.10	0.10	0.08	0.08
주 철	H_B 150～180	0.40	0.50	0.32	0.40	0.23	0.30	0.20	0.25	0.13	0.15	0.10	0.13
	H_B 180～220	0.32	0.40	0.25	0.32	0.18	0.25	0.18	0.20	0.10	0.13	0.08	0.10
	H_B 220～300	0.28	0.30	0.20	0.25	0.15	0.18	0.15	0.15	0.08	0.10	0.08	0.08
가단주철, 주강		0.30	0.35	0.25	0.28	0.18	0.20	0.15	0.18	0.10	0.13	0.08	0.10
탄소강	쾌삭강	0.30	0.40	0.25	0.32	0.18	0.23	0.15	0.20	0.10	0.13	0.08	0.10
	연강, 中鋼	0.25	0.35	0.20	0.28	0.15	0.20	0.13	0.18	0.08	0.10	0.08	0.10
합금강	H_B 180～220	0.20	0.35	0.18	0.28	0.13	0.20	0.10	0.18	0.08	0.10	0.05	0.10
	H_B 220～300	0.15	0.30	0.13	0.25	0.10	0.18	0.08	0.15	0.05	0.10	0.05	0.08
	H_B 300～400	0.10	0.25	0.08	0.20	0.08	0.15	0.05	0.13	0.05	0.08	0.03	0.08
	stainless 강	0.15	0.25	0.13	0.20	0.10	0.15	0.08	0.13	0.05	0.08	0.05	0.08

*HS : 고속도강 cutter, C : 초경 cutter

7-6-3　절삭유제의 공급방법

milling에서 절삭유제의 공급은 cutter의 냉각작용과 cutter와 공작물 간의 윤활작용을 위한 것이며, Fig. 1-221에서와 같이 *A, B, C, D*에서 공급하는 것이 가장 좋은 방법이지만 한쪽

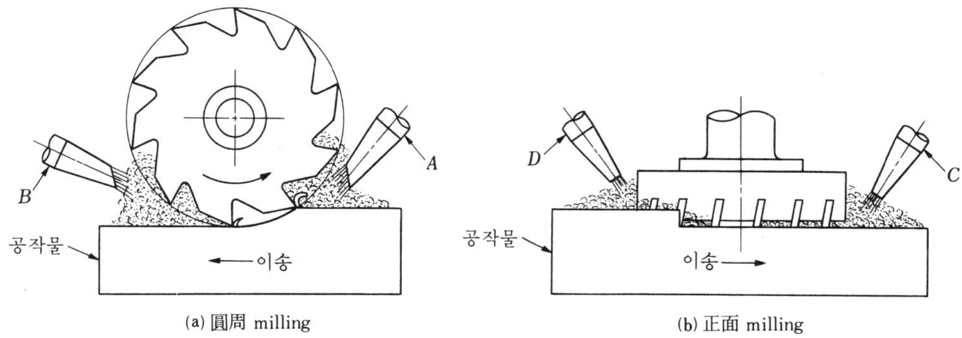

Fig. 1-221 절삭유제의 공급방법

에서만 공급할 때에는 A와 D의 위치에 nozzle을 두는 것이 좋다.

원주 milling에서는 A의 위치에서 공급함으로써 cutter를 충분히 냉각하고 nozzle에서 떨어진 절삭유제가 다시 공작물과 cutter 사이에서 유막작용을 한다.

正面 milling에서는 D의 위치에서 공급함으로써 원주 milling에서와 같은 효과를 낼 수 있다. 필요에 따라서는 nozzle을 납작하게 하여 절삭유제가 넓게 퍼지도록 한다.

7-6-4 평 면 절 삭

Fig. 1-222와 같이 plain cutter의 평면절삭은 milling중 가장 간단한 작업이다. 공작물이 작을 때에는 machine vise에 의하여 고정한다.

Fig. 1-222에서 A는 arbor, B는 plain cutter, C는 collar, D는 固定 nut, E는 yoke이다.

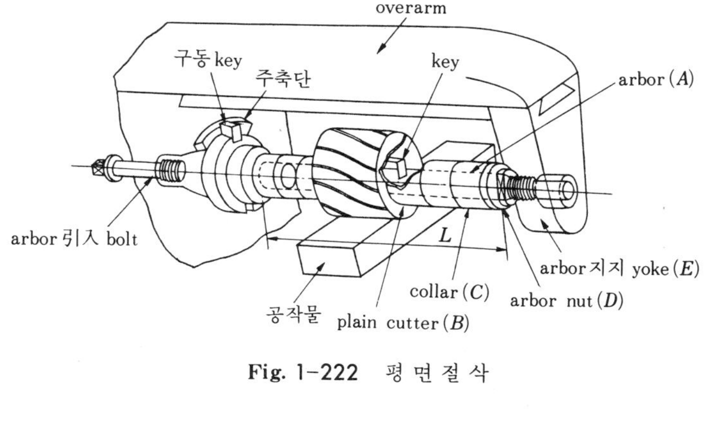

Fig. 1-222 평 면 절 삭

7-6-5 gear 절삭 (gear cutting)

gear 절삭은 gear 절삭기 (gear cutting machine), gear shaper 등을 사용하지만, 이에 대한 설명은 다음으로 미루고, 여기에서는 milling machine에서의 gear 절삭에 대해서만 언급한다. gear (齒車)의 종류에 대하여서는 9章을 참조하라.

〔1〕 平 gear (spur gear)의 절삭

齒의 大小는 diametral pitch (DP), module (M), 圓周 pitch (circular pitch) (CP)로 표시하며, 이들 정의는 다음과 같다.

$$DP=\frac{N}{D} \quad (N: \text{잇수},\ D\,[\text{inch}]: \text{gear의 pitch원의 지름}) \tag{1-33}$$

$$M=\frac{D}{N} \quad (N: \text{잇수},\ D\,[\text{mm}]: \text{gear의 pitch원의 지름}) \tag{1-34}$$

$$CP=\frac{\pi D}{N} \quad (N: \text{잇수},\ D\,[\text{inch 또는 mm}]: \text{gear의 pitch원의 지름}) \tag{1-35}$$

또 D_0 : 이끝원의 지름, a : 이끝 높이라 하면

$$D_0=D+2a=D+2\times0.33CP=D+2\times0.33\times\frac{\pi}{DP}\fallingdotseq\frac{D\cdot DP+2}{DP}$$

$$\therefore\ DP=\frac{D\cdot\dfrac{N}{D}+2}{D_0}=\frac{N+2}{D_0} \tag{1-36}$$

같은 방법으로

$$M=\frac{D}{N}=\frac{D_0}{N+2} \tag{1-37}$$

$$CP=\frac{\pi D}{N}=\frac{\pi D_0}{N+2}$$

이다.

Fig. 1-223은 $DP=4\sim16$까지의 齒의 크기를 상대적으로 비교한 것이다.

gear의 치형곡선은 잇수에 따라 약간씩 다르므로 cutter도 gear의 치수에 알맞은 것을 사용하여야 하나 무수히 많은 종류로 만들 수 없으므로 數種으로 대신하고 있다.

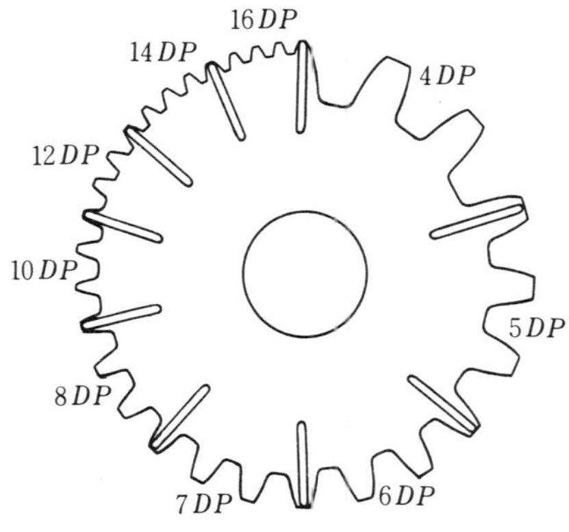

Fig. 1-223

Table 1-21은 involute gear cutter에서 절삭할 gear의 齒의 크기 (diametral pitch, module)에 따라서 잇수 12로부터 rack까지 8구분하여 8종의 gear cutter가 사용되는 것을 보여준다. 보다 精度를 요할 때에는 Table 1-22의 半番號의 cutter도 사용한다.

Table 1-21 involute gear cutter (표준)

No.	1	2	3	4	5	6	7	8
잇 수	135~rack	55~134	35~54	26~34	21~25	17~20	14~16	12~13

Table 1-22 involute gear cutter

No.	$1\frac{1}{2}$	$2\frac{1}{2}$	$3\frac{1}{2}$	$4\frac{1}{2}$	$5\frac{1}{2}$	$6\frac{1}{2}$	$7\frac{1}{2}$
잇 수	80~134	42~54	30~34	23~25	19~20	15~16	13

Fig. 1-224는 diametral pitch 10일 때의 involute 齒形 cutter의 1 set이다.

예로서 잇수=40개, $DP=8$인 gear를 가공할 때에는 cutter No.3, $DP=8$인 cutter를 사용하면 된다.

spur gear 절삭의 작업 순서는 다음과 같다.

① 가공될 gear의 잇수와 pitch에 맞는 cutter를 선정한다.

② 가공물의 축선과 cutter의 회전중앙면을 일치시킨다.

③ 분할계산을 하여 분할판의 구멍 수를 정한다.

④ cutter와 가공물이 접촉할 때까지 table을 상승시키고 knee의 上下이송용 micrometer를 맞추고 기어의 全齒 높이만큼 table을 상승시켜 齒形을 가공한다. 1개의 齒의 절삭이 끝나면 다음 것을 절삭한다.

齒形이 큰 경우에는 여러 회로 나누어 절삭하며, 또는 회전 table을 이용하여 가공재를 수평으로 고정하고 절삭하기도 한다.

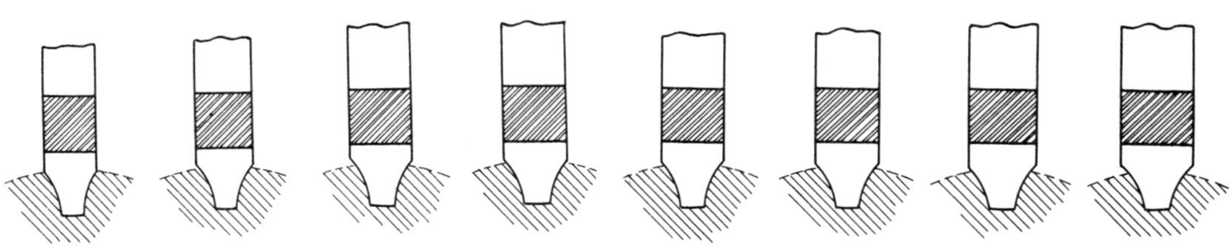

No. 1 135T. ~ rack | No. 2 55 ~ 134T. | No. 3 35 ~ 54T. | No. 4 26 ~ 34T. | No. 5 21 ~ 25T. | No. 6 17 ~ 20T | No. 7 14 ~ 16T. | No. 8 12 ~ 13T.

Fig. 1-224 10 DP인 cutter 1組(8개)

예제 1-20. diametral pitch $DP=8$, 잇수 $N=52$인 평치차(spur gear)를 가공하여라.

(解) ① 바깥지름 $D_0=\dfrac{N+2}{DP}=\dfrac{52+2}{8}=\dfrac{54}{8}=6.750$ in

② 齒깊이$=\dfrac{2.157}{DP}$ in $=\dfrac{2.157}{8}=0.2697$ in

(기계설계 참조)

③ cutter 번호 : 3(∵ 잇수 52는 35~54 teeth의 범위에 있으므로)

④ 분할대의 변환 gear : $\dfrac{h}{H}=\dfrac{40}{N}=\dfrac{40}{52}=\dfrac{10}{13}=\dfrac{30}{39}$

∴ Brown & Sharpe의 분할판 No. 3 의 39孔을 사용하여 30孔씩 돌린다(sector arm을 0과 30에 접하게 벌린다).

〔2〕 helical gear의 절삭

milling machine에서 나사, drill홈, 平形 cutter의 helical홈 및 helical gear와 같은 helical면을 가공하기 위해서는 Fig. 1-180 에서 주축 gear A를 회전시키는 gear列를 해체시키고 Fig. 1-225 (a)와 같이 milling machine table의 lead screw와 gear列를 형성하여 가공물을 회전시키는 동시에 이송을 주어야 한다. 이들 螺旋에 대한 관계식은 Fig. 1-226 과 Fig. 1-227 에서 다음과 같다.

L : lead〔in 또는 mm〕, D : 소재의 지름〔in 또는 mm〕, α : 나선각, β : lead각이라 하면

$$L = \pi D \cdot \tan \beta = \pi D \cdot \cot \alpha \tag{1-38}$$

Fig. 1-227에서와 같이 N개의 螺旋이 원통 주위를 돌 때 이를 평면상에 전개하면 N개의 평행선이 된다. 인접한 나선간의 축방향의 거리를 축 pitch(axial pitch) p_a, 나선에 직각인 거리

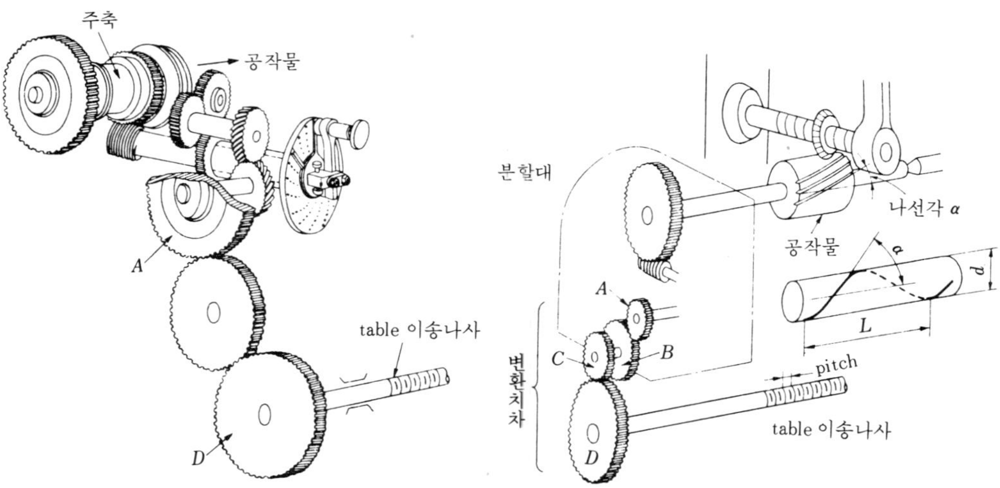

Fig. 1-225

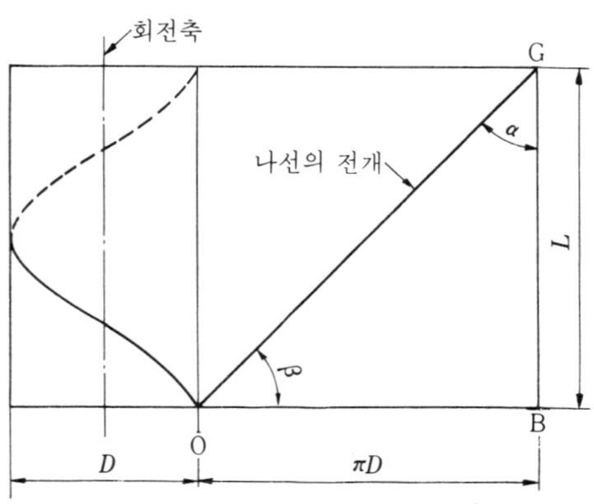

Fig. 1-226 나선의 전개

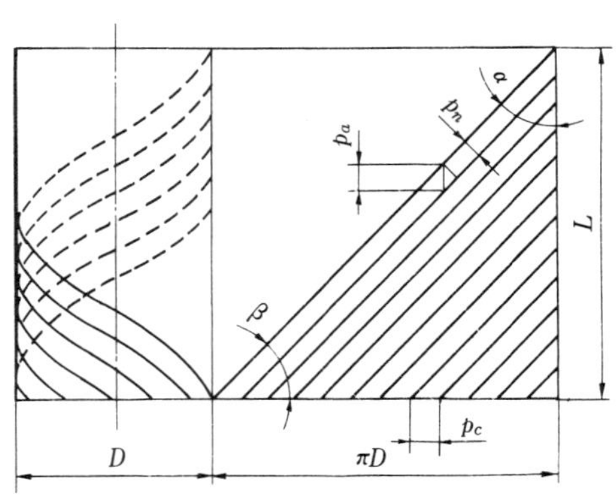

Fig. 1-227 等間隔螺旋의 전개

를 직각 pitch(normal pitch) p_n, 원주상에서 나선 간의 거리를 원주 pitch(circular pitch) p_c 라 하면

$$p_c = \frac{\pi D}{N}$$

$$L = N \cdot p_a \qquad (1-39)$$

식 (1-39)에서

$$N = 1 \text{이면} \quad L = p_a$$

$$N = 2 \text{이면} \quad L = 2p_a$$

$$p_n = p_c \cdot \cos\alpha = p_c \cdot \sin\beta$$

$$p_a = p_c \cdot \tan\beta = p_c \cdot \cot\alpha \qquad (1-40)$$

예제 1-21. 원통의 지름이 4.813 in이고, 나선각 $\alpha = 65°30'$일 때의 lead L을 구하여라.

(解) $L = \frac{\pi D}{\tan\alpha} = \frac{\pi \times 4.813}{\tan 65°30'} = 6.8908$ in

$L = 6.8908$에 근사한 gear列은 lead 표상의 근사값 $L = 6.8800$ in에 의하여 $A = 86$, $B = 100$, $C = 32$, $D = 40$으로 되며(lead 변환 gear의 표에서) 오차는 3.3% 정도이다. 즉 주축에 고정한 가공물이 1회전하는 동안 A(분할대의 worm에 설치한 치차)는 우측으로 40회전하게 되며, D(lead screw에 설치한 치차)는 $40 \times \frac{A}{B} \times \frac{C}{D} = 40 \times \frac{86}{100} \times \frac{32}{40} = 27.52$ 회전, table의 이송나사가 $\frac{1}{4}$ in pitch의 一重나사라 하면 table은 $\frac{1}{4} \times 27.52 = 6.8800$ in 만큼 진행한다.

다음에 cutter의 선택에 대하여 설명한다. helical gear의 가공에도 spur gear 절삭용의 cutter가 사용되나 치수계산에 있어서 다르다. 즉 Fig. 1-228과 같이 잇면에 직각인 단면은 타원이 되며, 이 원주를 직각 pitch로 나눈 수를 기준으로 하여 Table 1-21, Table 1-22에서 cutter의 번호를 구한다.

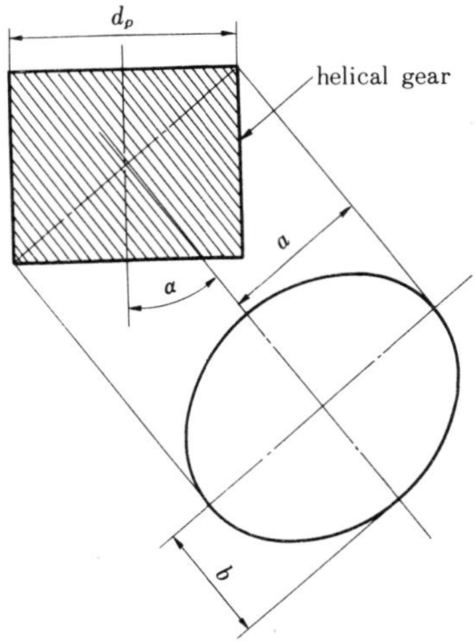

Fig. 1-228 helical gear의 歯線 방향에 직각인 단면

일반적으로 milling machine의 table 이송용 lead screw는 inch식에서는 4산/in, meter 식에서는 6 mm의 pitch로 되어 있다. 그러므로 inch식에서 worm축에 설치한 gear와 lead screw에 설치한 gear의 잇수가 동일하다면, 가공물이 1회전 (worm의 40회전)할 때 table은 $\frac{1}{4}\times40=10$ in 만큼 진행하고, meter식에서는 $6\times40=240$ mm 만큼 진행하며 여기서 10 in 및 240 mm를 milling machine의 **lead常數**라 한다.

즉 lead L인 나사를 절삭할 때 분할대와 milling machine의 lead screw간의 gear 연결은

$$\text{inch식} : \frac{A}{B}\times\frac{C}{D}=\frac{L}{10} \tag{1-41}$$

$$\text{meter식} : \frac{A}{B}\times\frac{C}{D}=\frac{L}{240} \tag{1-42}$$

이다.

예제 1-22. milling machine으로 나선각 $\alpha=27\frac{1}{2}^{\circ}$, 지름 $D=1$ in인 drill의 홈을 가공할 때 lead의 변환gear를 계산하여라.

(解) $L=\pi D\cdot\cot\alpha=\pi\times1\times\cot27\frac{1}{2}^{\circ}=6$ in

$$\frac{A}{B}\cdot\frac{C}{D}=\frac{L}{10}=\frac{6}{10}=\frac{3\times2}{2\times5}=\frac{3\times15}{2\times15}\times\frac{2\times20}{5\times20}=\frac{45}{30}\times\frac{40}{100}$$

∴ worm축 gear $A=45$, $B=30$, $C=40$, table의 lead screw gear $D=100$

Fig. 1-228에서 d_p : gear의 pitch원의 지름이라고 하면

$$a=\frac{d_p}{2\cos\alpha},\quad b=\frac{d_p}{2} \tag{1-43}$$

타원주 l은

$$l=\pi(a+b)=\pi d_p\cdot\frac{(1+\cos\alpha)}{2\cos\alpha}$$

∴ 가상적인 잇수(等價잇수) N_e는 $N_e=\frac{l}{p_n}$에서

$$N_e=\frac{N}{\cos^3\alpha} \tag{1-44}$$

이 된다(본서의 정도를 고려하여 도입 과정을 생략하였음).

Fig. 1-229는 식 (1-44)를 圖示한 것이다.

이상에서 helical gear 절삭의 작업 순서는 다음과 같이 정리할 수 있다.

① 가공될 gear의 pitch에 맞는 cutter를 선정한다.

② 분할계산을 하여 분할판의 구멍수를 정한다.

③ lead의 변환 gear를 계산한다.

④ table의 회전각도를 정한다.

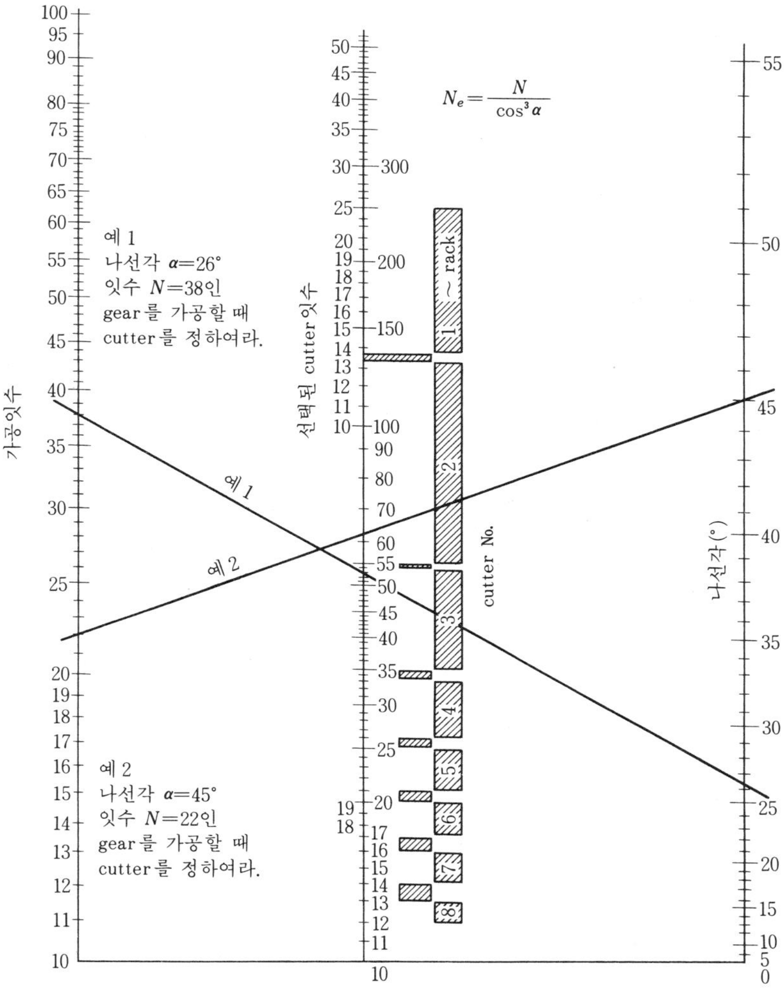

Fig. 1-229 inch식 helical gear cutter 번호의 결정

⑤ 가공물 고정용 mandrel의 大徑側이 분할대를 향하도록 한다.

예제 1-23. diametral pitch $DP=12$, 잇수 $N=18$, 나선각 $\alpha=18°$인 gear를 가공할 때 ① 분할계산, ② 변환gear계산, ③ table角의 계산, ④ cutter의 번호를 정하여라.

(解) ① $\frac{h}{H}=\frac{R}{N}=\frac{40}{18}=2\frac{4}{18}$

1番板 18孔을 사용하여 2회전 4孔씩 돌린다.

② 식 (1-38)에서

$$L=\frac{\pi D}{\tan \alpha}$$

식 (1-36)에서

$$D=\frac{N+2}{DP}=\frac{20}{12}=1.66 \text{ in}$$

$$\therefore\ L=\frac{\pi\times1.66}{\tan 18^{\circ}}=16\,\text{in}$$

inch식 나사로 된 table을 이송시킬 때

$$\frac{A}{B}\times\frac{C}{D}=\frac{L}{10}=\frac{16}{10}=\frac{66}{30}\times\frac{32}{44}$$

③ table의 회전각은 18° 이다.

④ $N_e=\dfrac{N}{\cos^3\alpha}=\dfrac{18}{\cos^3 18^{\circ}}=21$

즉 Table 1-21 에서 No. 5 의 cutter를 사용한다.

예제 1-24. 바깥지름 $D=4$ in, 잇수 $N=10$, 나선각 $\alpha=25^{\circ}$ (右向), 경사각$=10^{\circ}$ (正의 반지름 방향 경사각), 홈(flute) 깊이$=\frac{1}{2}$in, 길이 $L=4$ in인 공구강 plain milling cutter를 가공하여라.

(解) ① Fig. 1-230 과 같은 $\phi 4\,\text{in}\times\phi 1\frac{1}{2}\,\text{in}\times4\,\text{in}$인 key way를 갖는 소재를 준비한다.

② Fig. 1-231 과 같이 분할대와 table에 고정된 소재에 경사각과 홈(flute) 깊이를 표시하고, table의 右端이 column에 향하도록 table을 25° 회전시킨다.

③ lead 변환 gear 계산

$$L=\pi D\cdot\cot\alpha=\pi\times4\times\cot 25=26.942\ \text{in}$$

table의 lead screw pitch가 4산/in이라 하면

$$\frac{A}{B}\times\frac{C}{D}=\frac{L}{10}=\frac{26.942}{10}\fallingdotseq\frac{27}{10}\ (\text{변환치차표 참조})$$

正의 방향으로 회전시키려면

$$\frac{A}{B}\times\frac{C}{D}=\frac{L}{10}=\frac{27}{10}=\frac{3\times9}{5\times2}=\frac{9\times5}{5\times5}\times\frac{3\times20}{2\times20}=\frac{45}{25}\times\frac{60}{40}$$

∴ worm에 설치된 gear $A=45$, $B=25$, $C=60$, table의 lead screw에 설치된 gear $D=40$

④ 분할대의 변환 gear 계산

$$\frac{h}{H}=\frac{40}{N}=\frac{40}{10}=4$$

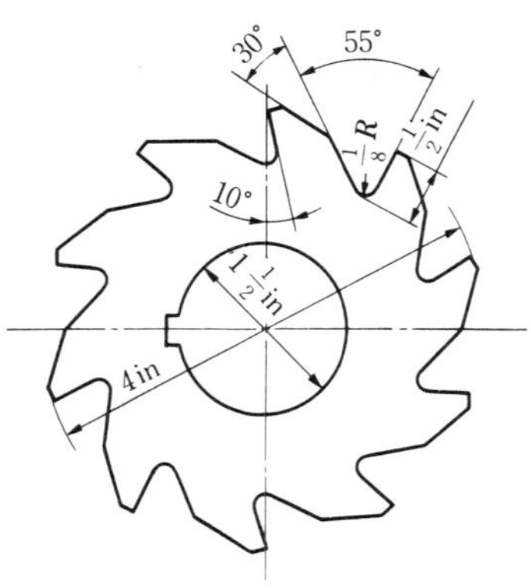

Fig. 1-230 plain milling cutter의 치수

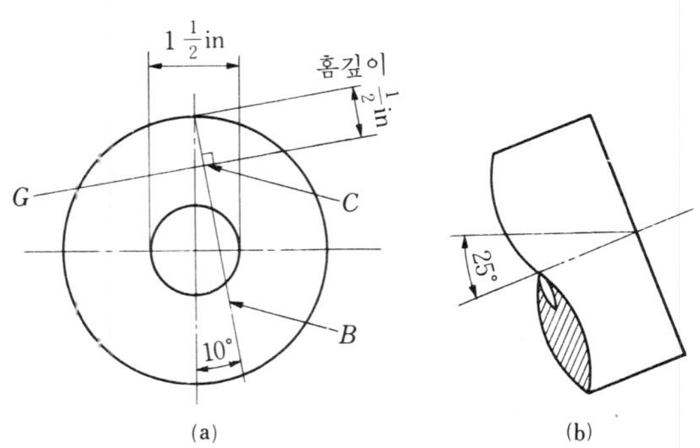

Fig. 1-231 切削刃의 위치 표시

crank를 분할판상에서 4회전씩 돌린다.

⑤ 55°인 2重 angle cutter를 택하여 홈(flute) 표시에 대략 맞춘 다음 Fig. 1-231 (b)와 같이 소재를 움직여서 정확한 위치를 조정한다.

⑥ Fig. 1-232에서 중심선 C가 cutter의 중심선과 일치하도록 橫移送을 준다.

⑦ 홈(flute)을 절삭한 후 cutter를 plain helical cutter로 바꿔 끼운다.

⑧ 분할대를 이용하여 홈 측면이 30°에서 table에 평행하도록(surface gauge 등을 사용) 가공물을 회전시켜 제 2 여유각을 절삭한다. 또는 다음과 같은 계산에 의하여 crank를 회전시키기도 한다.

$$90°-\left(30+\frac{55}{2}\right)=32.5°=32°30'$$

이므로

$$\begin{array}{rl} & 32°=1920' \\ +) & 30'=30' \\ \hline & 32°30'=1950' \end{array}$$

$$\therefore \frac{h}{H}=\frac{1950}{540}=3\frac{330}{540}=3\frac{11}{18}$$

∴ Brown & Sharpe 분할판 No. 1의 18孔을 사용하여 3회전 11孔씩 돌리면 된다.

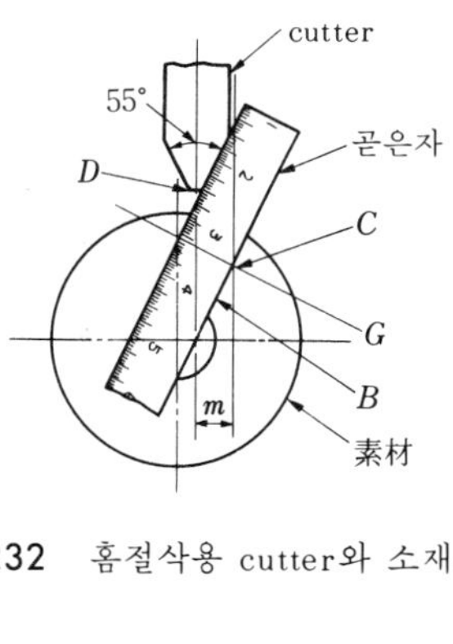

Fig. 1-232 홈절삭용 cutter와 소재의 위치

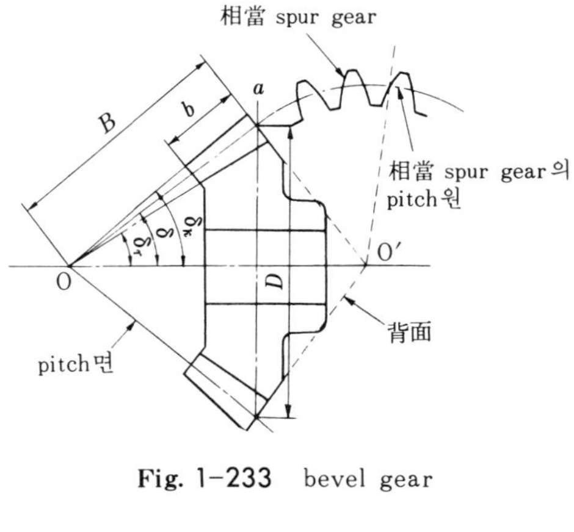

Fig. 1-233 bevel gear

〔3〕 bevel gear의 절삭

bevel gear를 milling machine으로 절삭하는 것은 비능률적이고 비교적 정밀하지 못하지만 수량이 많지 않을 때 milling machine을 사용하는 경우가 있다. 가공할 bevel gear의 齒長 b는 pitch 圓錐 반지름 B의 $\frac{1}{3}$ 이하로 하고 각 部位의 치수에 대해서는 기계설계 handbook을 참조하라.

즉 Fig. 1-233에서

$$b<\frac{1}{3}B \qquad (1-45)$$

로 한정하고 cutter의 선정은 다음 방법에 의한다.

N : 실제 bevel gear의 잇수

N_e : bevel gear의 等價잇수

δ : bevel gear의 pitch 圓錐半角

D : pitch원의 지름

이라 하면

$$aO' = \frac{D}{2} \times \frac{1}{\cos\delta}$$

aO'를 반지름으로 하는 원주에 배열한 等價잇수 N_e와의 관계식은

$$\frac{N_e}{N} = \frac{aO'}{\frac{D}{2}} = \frac{\frac{D}{2} \times \frac{1}{\cos\delta}}{\frac{D}{2}} = \frac{1}{\cos\delta}$$

$$\therefore\ N_e = \frac{N}{\cos\delta} \qquad (1-46)$$

N_e에 대한 cutter를 선정하고 다음 방법으로 절삭한다.

① cutter의 중심과 분할대의 중심을 맞춘다.

② 분할대의 축을 Fig. 1-234의 (a) 및 (b)와 같이 低齒圓錐半角 δ_r만큼 경사시킨다. Fig. 1-234의 (c) 및 (d)는 taper진 공작물의 길이가 클 때 지지하는 방법을 보여 준다.

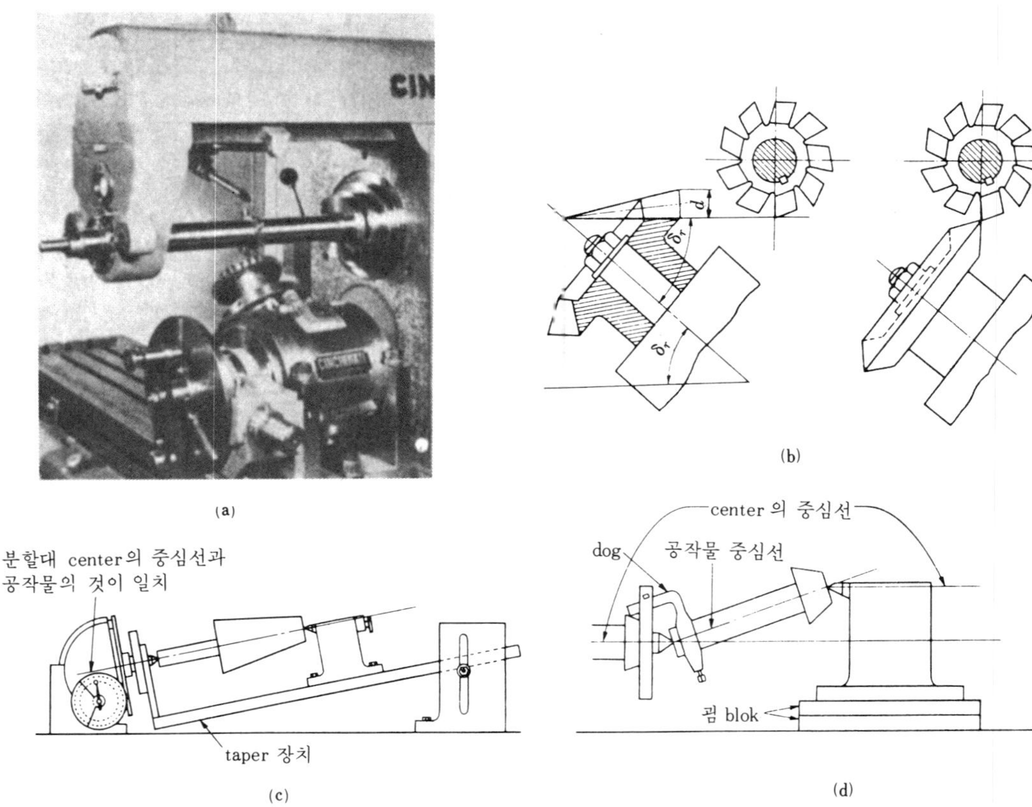

Fig. 1-234 bevel gear cutter와 소재의 위치

③ Fig. 1-234 와 같이 소재의 外端을 cutter에 접촉시키고 knee의 上下移送用 축의 micrometer collar를 눈금 0에 맞춘다. 절삭 깊이는 spur gear에서처럼 2.25M(M : module)으로 한다.

④ Fig. 1-235 에서와 같이 제 3 과정을 마친 齒홈의 폭은 外端에서는 약간 확대시킬 필요가 있어 소재를 회전시키는 것을 **편위**(set-over)라 한다.

S : 偏位量

DP : diametral pitch

t_c : gear 大端에서 pitch 원상의 cutter 齒의 두께

C : set-over 계수

라 하면

$$S=\frac{t_c}{2}-\frac{C}{DP} \tag{1-47}$$

로 되며 EB面이 cutter 측면과 일치할 때까지 회전시키고, 그 반대축에 대해서도 같은 방법으로 행한다.

Table 1-23 은 bevel gear 절삭의 set-over 계수이다.

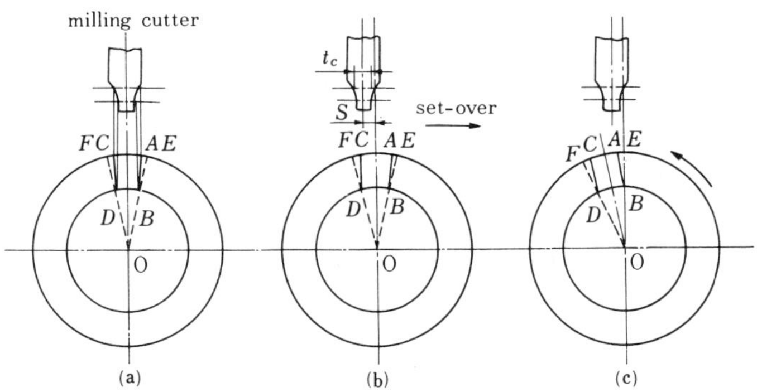

Fig. 1-235 bevel gear 절삭의 set-over

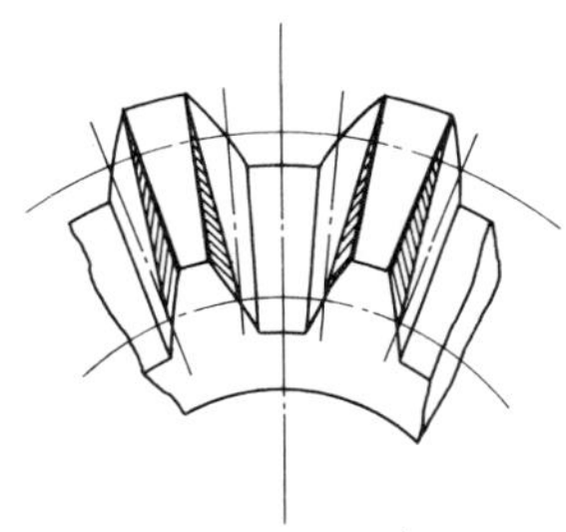

Fig. 1-236 修正된 bevel gear의 齒形

Table 1-23 bevel gear 절삭의 set-over 계수

cutter No.	頂點 거리와 이 幅과의 比												
	3/1	$3\frac{1}{4}/1$	$3\frac{1}{2}/1$	$3\frac{3}{4}/1$	1/4	$4\frac{1}{4}/1$	$4\frac{1}{2}/1$	$4\frac{3}{4}/1$	5/1	$5\frac{1}{2}/1$	6/1	7/1	8/1
1	0.254	0.254	0.255	0.256	0.257	0.257	0.257	0.258	0.258	0.259	0.260	0.262	0.264
2	0.266	0.268	0.271	0.272	0.273	0.274	0.274	0.275	0.277	0.279	0.280	0.283	0.284
3	0.266	0.268	0.271	0.273	0.275	0.278	0.280	0.282	0.283	0.286	0.287	0.290	0.292
4	0.275	0.280	0.285	0.287	0.291	0.293	0.296	0.298	0.298	0.302	0.305	0.308	0.311
5	0.280	0.285	0.290	0.293	0.295	0.296	0.298	0.300	0.302	0.307	0.309	0.313	0.315
6	0.311	0.318	0.323	0.328	0.370	0.334	0.337	0.340	0.343	0.348	0.352	0.356	0.362
7	0.289	0.298	0.308	0.316	0.324	0.329	0.334	0.338	0.343	0.350	0.360	0.370	0.376
8	0.278	0.286	0.296	0.309	0.319	0.331	0.338	0.344	0.352	0.361	0.368	0.380	0.386

7-6-6 rack의 절삭

rack은 pinion의 회전운동을 직선운동으로, 또는 rack의 직선운동을 pinion의 회전운동으로 변환시켜 주는 gear로 平面上에 심어진 平齒車(spur gear)로 간주된다. rack의 pitch원은 직선이며 rack 가공시에는 원주 pitch$\left(CP=\dfrac{\pi}{DP}\right)$를 이용한다.

rack가 10 in (254 mm) 이하의 길이일 때에는 cutter arbor에 평행하도록 milling vise에 가공물을 고정하여 table에 이송을 주어 가공할 수 있으나, rack가 milling machine의 횡이송 길이보다 길면 Fig. 1-237과 같이 가공물을 table의 길이 방향으로 고정하여야 한다.

p : table의 운동 방향으로 측정한 rack의 pitch

L : table lead screw의 lead

A : 분할대의 회전축에 설치한 변환 gear의 잇수

D : table의 이송나사에 설치한 변환 gear 잇수라 하면

$$\frac{L}{p}=\frac{D}{A} \tag{1-48}$$

또는 table lead screw에 장치된 micrometer dial에 의하여 每齒마다 이송을 주기도 한다.

Fig. 1-237 rack 절삭장치

예제 1-25. diametral pitch $DP=6$인 rack를 가공할 때 1 pitch씩 진행시키는 방법을 구하여라.

table lead screw의 pitch는 4산/in

(解) $CP=\dfrac{\pi}{DP}=\dfrac{\pi}{6}=0.5233\text{ in}$

$\dfrac{0.5233}{1/4}=2.0933$이므로 table lead screw의 handle을 2.0933 회전시키면 0.5233 in 진행된다.

$$2.0933 \fallingdotseq 2.1=\frac{4.2}{2}=\frac{42}{20}=2\frac{2}{20}$$

∴ Brown & Sharpe 분할판 No. 1의 20孔을 사용하여 crank를 2회전 2孔씩 돌리면 된다.

7-6-7 worm gear의 절삭

worm과 worm gear는 회전 방향을 90°로 전환시키며 회전비를 크게 줄이는 데 편리하게 이

용된다. worm은 1重 또는 多重 Acme 나사의 일종이며 나선각은 14.5°~30° 사이에 있다.

worm과 worm gear의 齒數比는 (1 : worm gear 잇수)의 관계에 있으므로 50산의 worm gear에 대해서는 회전비가 (50 : 1)이 된다. 2重 worm에서는 (50 : 2), 즉 (25 : 1)이 된다.

milling machine에서의 worm gear 절삭은 소재의 원주면을 worm 뿌리원반지름(root diameter)으로 곡면가공을 한 다음

① 분할대에 고정하여 involute cutter로 spur gear와 같은 방법으로 1차 가공한다.

② 1차 가공이 끝나면 arbor에 worm cutter를 고정하여 2차로 완성가공한다.

7-6-8 cam과 cam의 절삭

〔1〕 cam

cam은 회전운동을 왕복운동으로, 선운동을 왕복운동으로 변환시키거나 또는 jig와 fixture 등에서 고정장치로 쓰인다.

cam에는 Fig. 1-238 (a), (b)와 같이 從動節(follower)이 cam의 홈에 물리어 운동하는 것과 Fig. 1-238 (c), (d), (e)와 같이 cam이 종동절을 밀어 주고 종동절의 自重 또는 spring力에 의하여 cam과 계속 접촉을 유지하는 것이 있다.

cam이 종동절에 주는 운동에 따라 분류하면 等速運動 cam, 調和運動 cam 및 等加速度(또는 등감가속도) cam 등이 있다.

radial cam에서 종동절에 왕복운동을 주는 cam의 突起 부분을 **lobe**라 하며 cam에 따라서 1

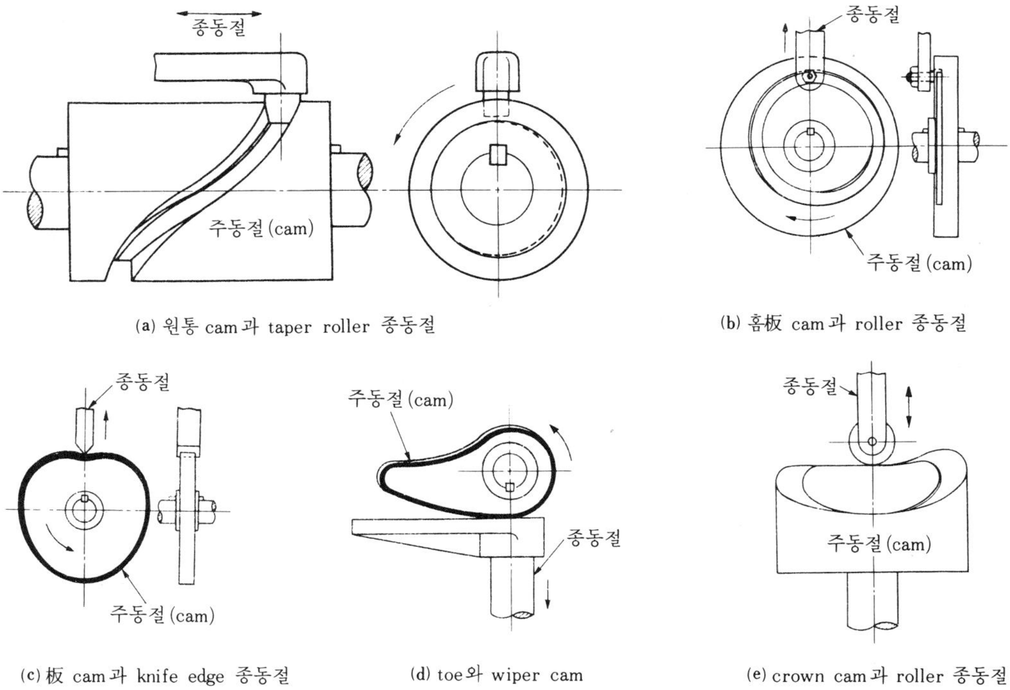

(a) 원통 cam과 taper roller 종동절 (b) 홈板 cam과 roller 종동절

(c) 板 cam과 knife edge 종동절 (d) toe와 wiper cam (e) crown cam과 roller 종동절

Fig. 1-238 cam

개에서 여러 개의 lobe가 있는 것이 있다.

cam이 1회전할 때 lobe 1개의 揚程을 **rise**라 하며, lobe가 여러 개 있을 때 전체 lobe의 總揚程을 **lead**라 한다. 즉 2개의 lobe가 있는 cam의 lead는 1개 있는 cam의 것에 대하여 2倍의 lead를 갖는다.

〔2〕 cam의 절삭

等速揚程板 cam이 아닌 경우에는 소재에 cam의 윤곽을 표시하고, 그 윤곽에 접근할 수 있는 데까지 절삭한 다음 줄(file)가공 또는 polishing 등으로 완성가공하는 경우가 많다.

等速揚程 cam(uniform rise cam)은 Fig. 1-239(a)와 같이 수직주축대가 있는 milling machine에서 주축과 가공물축이 서로 평행되게 위치시켜서 절삭할 수 있다.

Fig. 1-240과 같이 가공물과 주축이 table에 수직으로 위치하면 조합된 변환gear에 대하여 lead가 동일한 cam 외에는 절삭할 수 없으며, Fig. 1-241과 같이 가공물과 주축이 table

(a)

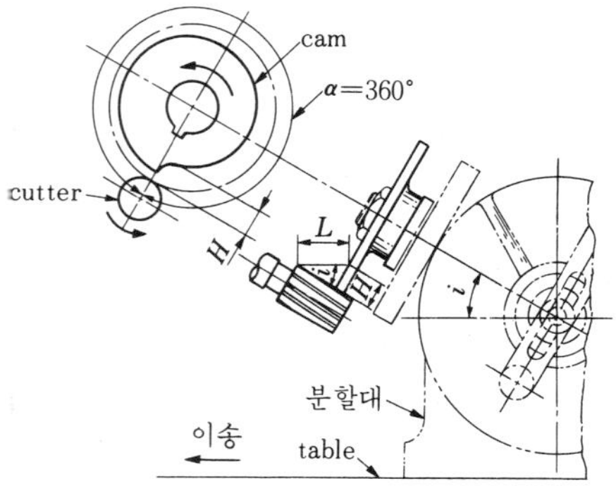

(b)

Fig. 1-239 등속 cam의 절삭장치

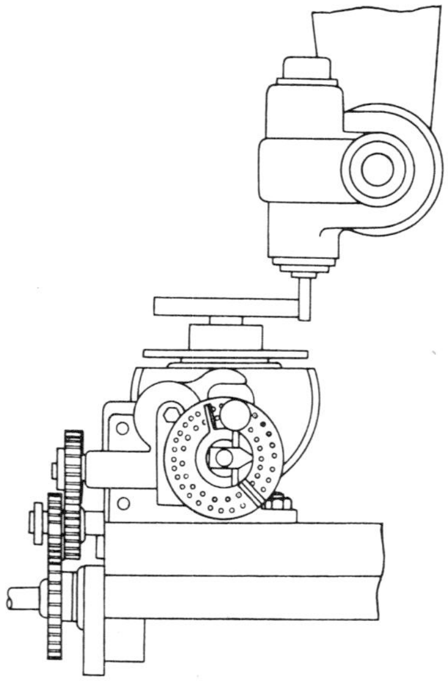

Fig. 1-240

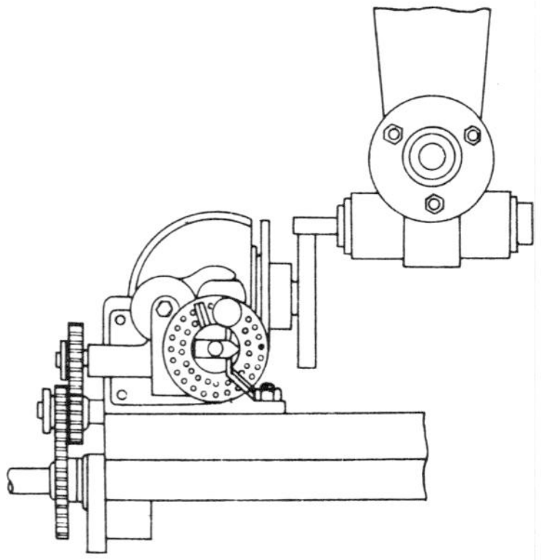

Fig. 1-241

에 평행하면 lead가 없는 원주절삭이 된다. 그러나 Fig. 1-239와 같이 가공물과 milling machine의 주축대를 table에 대하여 경사(0°~90°)시키면 table의 横移送의 범위내에서 임의의 lead를 갖는 cam의 절삭이 가능하다. 이와 같이 경사시키지 않으면 lead가 서로 다를 때마다 gear 변환을 하여야 하며, gear의 수가 무수히 많아야 할 것이다.

Fig. 1-239 (b)와 같은 等速揚程을 갖는 Archimedes 나선으로 된 cam을 절삭할 때 cam의 임의의 회전각 α에 대한 cam의 양정을 h, 360° 회전에 대한 양정(lead)을 H, α회전에 대한 table의 이송량을 F, 360° 회전에 대한 table의 이송량을 L, 소재(cam)와 cutter가 이루는 각을 i라 하면

$$h=F\cdot\sin i,\quad L=\frac{360^\circ}{\alpha}\cdot F$$

$$\therefore\ L=\frac{360^\circ\cdot h}{\alpha\cdot\sin i} \qquad (1-49)$$

식 (1-49)에서 h, i, α를 알면 table의 이송량 L이 계산된다.

예제 1-26. 360° 회전에서 0.375 in의 양정을 갖는 cam을 절삭할 때 table의 lead L, cam과 주축대의 경사각 i를 구하여라.

(解) cam의 lead가 0.375 in 되도록 milling machine의 table과 분할대의 gear 연결을 하면 되지만 handbook에 있는 규격 gear의 연결로서는 最小 lead가 0.670 in이다. 따라서 cam의 lead를 임의로 할 수 있는 cam과 주축대를 i만큼 경사시켜야 한다. 그런데 table의 lead가 0.670 in로 될 때 gear 잇수(handbook에 의함)는 24, 86, 24, 100이므로

$$\sin i=\frac{H}{L}=\frac{0.375}{0.670}=0.5570$$

$$\therefore\ i=34^\circ 2'$$

예제 1-27. 각각의 양정이 0.150 in인 3개의 lobe를 갖는 cam을 절삭하여라. 각 lobe는 120°의 중심각을 갖는다.

(解) ① cam의 lead$=\frac{360^\circ}{120^\circ}\times 0.15=0.450$ in

② handbook에 의하면 0.450 in에 근사한 최소 table lead 0.670 in이며

$$\frac{A}{B}\times\frac{C}{D}=\frac{L}{10}=\frac{0.670}{10}=\frac{24}{86}\times\frac{24}{100}\text{가 된다.}$$

③ 소재와 주축대가 table과 이루는 角 i는

$$i=\sin^{-1}\frac{0.450}{0.670}=42^\circ 12'$$

④ 소재와 cutter의 중심선을 일치시키고 소재를 분할 crank로 회전시켜서 소재의 120° 분할선에 cutter를 접촉시킨다.

⑤ 수직이송용 micrometer collar를 0에 맞춘다.

⑥ 소재의 중심각 0°~120°까지 절삭하여 제 1 lobe를 얻고, 제 2 lobe를 절삭하기 위하여 table을 출발점에 복귀시킨다. 제 3 lobe도 같은 방법으로 절삭한다.

8章 研削加工

8-1 研削加工의 개요

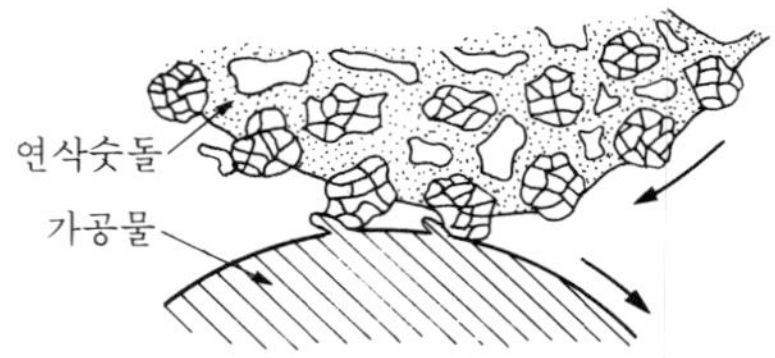

Fig. 1-242 입자에 의한 절삭

연삭가공은 Fig. 1-242에서와 같이 연삭숫돌의 粒子(abrasive grain)의 절삭작용으로 공작물에 微小의 chip이 발생하는 가공이며, 이에 사용되는 기계를 研削機(grinding machine)라고 한다.

연삭입자는 結合劑로서 결합되어 있으며 입자가 둔화되어 절삭저항이 결합제의 강도 이상이 되면 입자는 탈락되고, 새로 예리한 입자가 출현한다.

연삭입자의 재질은 초기에는 金剛砂(emery), corundum 등의 천연산이었으나 그 후 SiC, Al_2O_3 등의 人造研削숫돌이 발명되어 연삭능력이 향상되었다.

정밀연삭의 조건은 연삭입자의 선택 못지않게 조용한 운전을 할 수 있는 연삭기가 필요하며, 최근에는 V-belt식 외에 유압식 등이 사용된다.

8-2 연삭기의 종류

연삭기를 작업에 따라 분류하면 다음과 같다.

① 원통연삭기(plain cylindrical grinding machine)

② 만능원통연삭기(universal cylindrical grinding machine)

③ 내면연삭기(internal grinding machine)

④ 평면연삭기(surface grinding machine)

(i) 수평평면연삭기(horizontal spindle surface grinding machine)

(ii) 직립평면연삭기(vertical spindle surface grinding machine)

⑤ 만능공구연삭기(universal cutter and tool grinding machine)

⑥ centerless 연삭기(centerless grinding machine)

(i) 圓筒 centerless 연삭기(centerless cylindrical grinding machine)

(ii) 내면 centerless 연삭기(centerless internal grinding machine)

⑦ 나사연삭기(thread grinding machine)

⑧ spline 연삭기(spline grinding machine)

⑨ crank 축연삭기(crank shaft grinding machine)

⑩ roller 연삭기(roller grinding machine)

⑪ gear 연삭기(gear grinding machine)

⑫ cam 연삭기(cam grinding machine)

8-2-1 圓筒研削機

원통연삭기는 공작물의 外周를 연삭하는 기계로서 Fig. 1-243과 같이 세 가지의 연삭방식이 있다.

Fig. 1-243(a)는 table에 이송을 주고 숫돌車로 깊이를 주는 방식, Fig. 1-243(b)는 숫돌차로 이송과 깊이를 주며, Fig. 1-243(c)는 숫돌차로 깊이만을 주는 plunge-cut연삭이다. Fig. 1-244는 원통연삭기의 외관을 보여 준다.

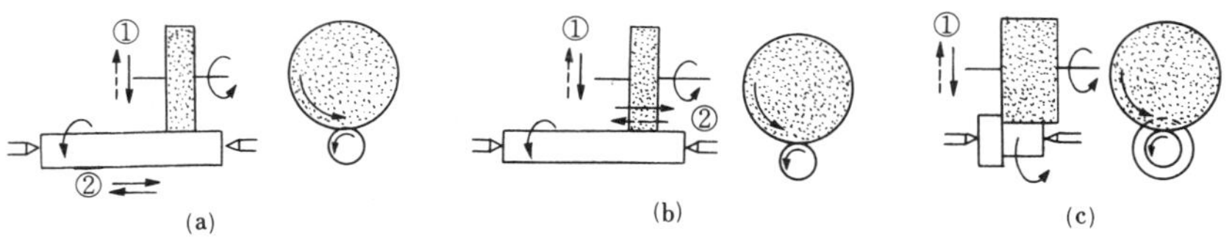

Fig. 1-243 원통연삭방식

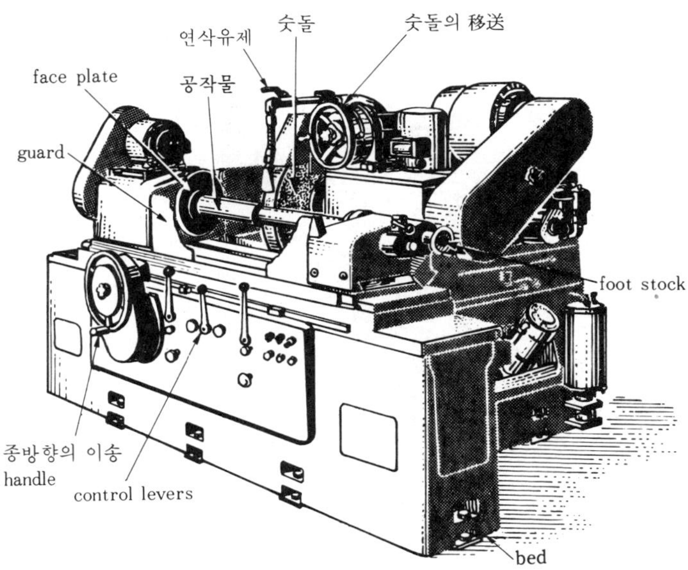

Fig. 1-244 원통연삭기

8-2-2 萬能研削機

원통의 外周만을 연삭하는 연삭기를 원통연삭기라 하는 데 대하여, 원통외주연삭뿐만 아니라 내면연삭, 표면연삭, 단면연삭 등을 할 수 있도록 숫돌臺 및 주축대가 회전할 수 있고 table 자체도 회전할 수 있게 설계된 연삭기를 **만능연삭기**라 하며, 소규모의 공장에서 주로 사용된다.

8-2-3 內面研削機

孔形 공작물의 내면을 연삭하기 위한 연삭기로서 숫돌의 크기가 작기 때문에 필요한 연삭속도를 얻기 위해서는 숫돌주축의 회전수가 커야 하고 外周研削에 비하여 숫돌의 마모가 크다. 내면연삭방식은 Fig. 1-245와 같고, Fig. 1-246은 내면연삭기의 예이며 bearing部 *A*가 滑動함으로써 軸이 上下로 이동한다.

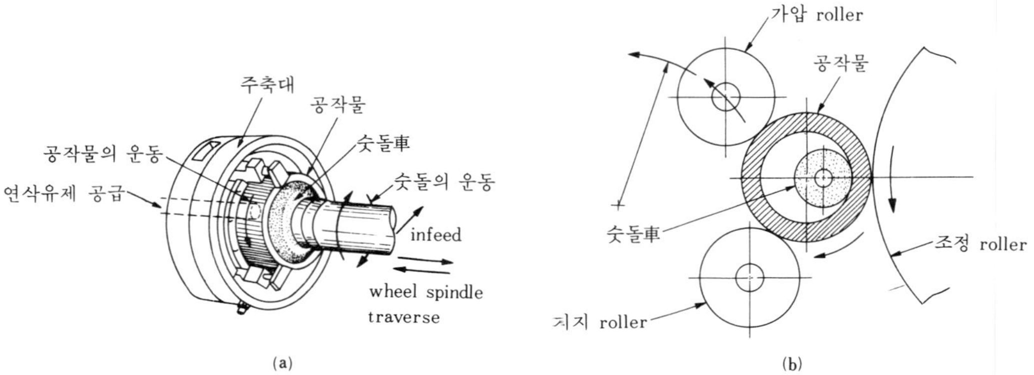

Fig. 1-245 내면연삭방식

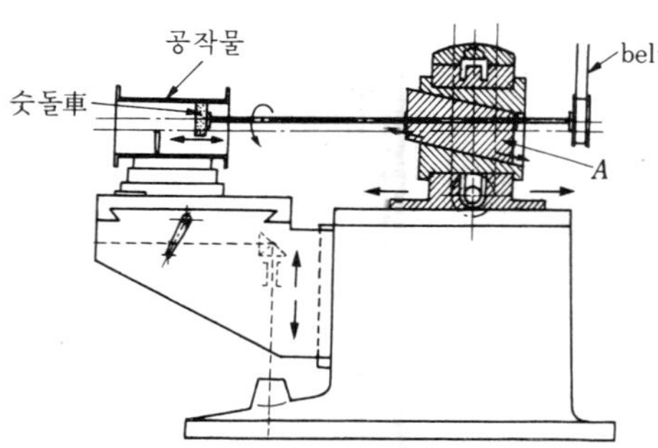

Fig. 1-246 내면연삭기

8-2-4 平面研削機

평면을 가공하기 위해서 설계된 연삭기를 **평면연삭기**라 하며, 평면연삭기는 숫돌의 원주면을 이용하는 숫돌車의 주축이 수평인 것과 숫돌의 측면을 이용하는 숫돌차의 주축이 수직인 것이 있다. Fig. 1-247은 평면연삭방식을 보여 주며, Fig. 1-248은 평면연삭기의 예이다.

table에 공작물을 고정하는 방법에는 magnetic chuck을 사용하는 것과 vise를 사용하는 경우가 있다.

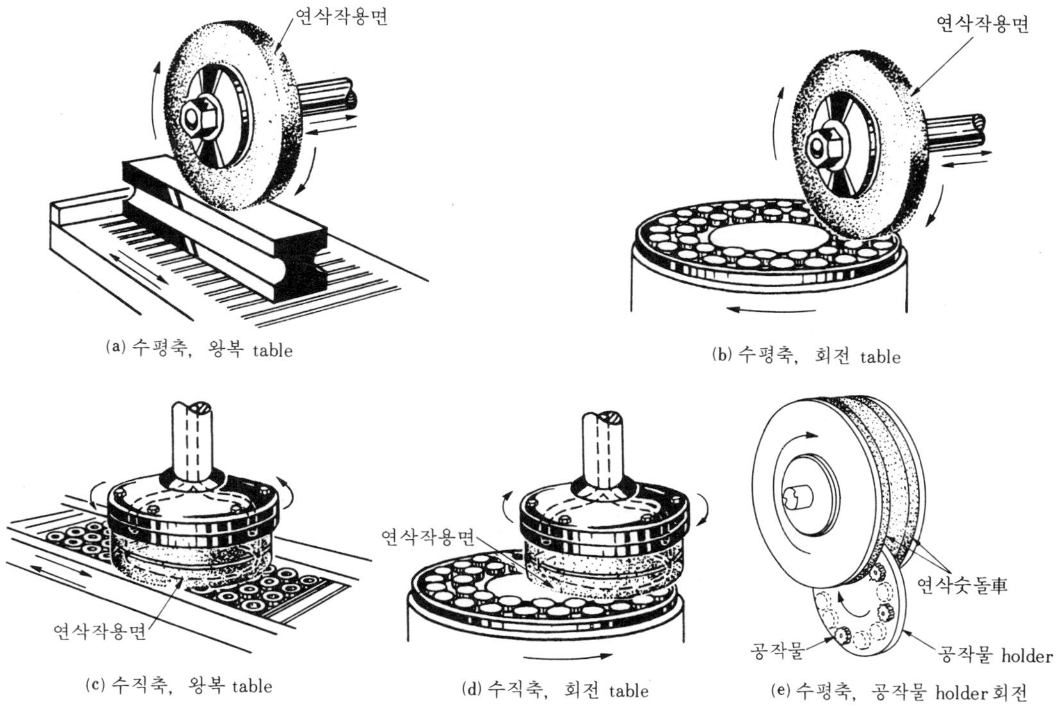

Fig. 1-247 평면연삭방식

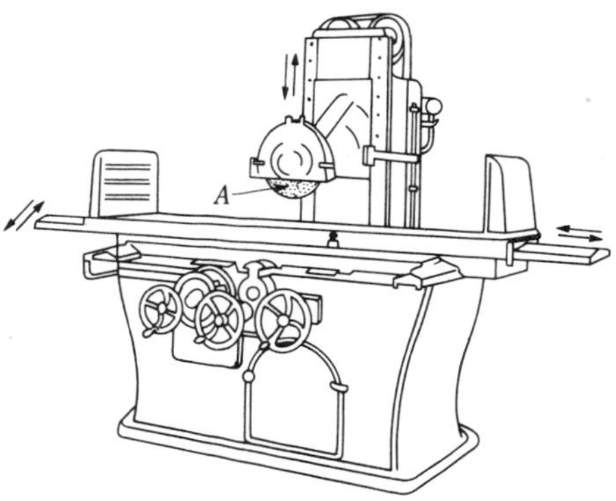

Fig. 1-248 평면연삭기

8-2-5 萬能工具研削機

절삭공구를 연삭하기 위하여 공구제작실 등에서는 전문연삭기가 필요하다. 즉

① bite 연삭기 (bite grinding machine)

② cutter 연삭기 (cutter grinding machine)

③ drill 연삭기 (drill point grinding machine)

④ 만능식 공구연삭기 (universal tool grinding machine)

등이 있으며, 이 중 만능식 공구연삭기는 ①, ②, ③의 기능을 갖는 연삭기이다. Fig. 1-249

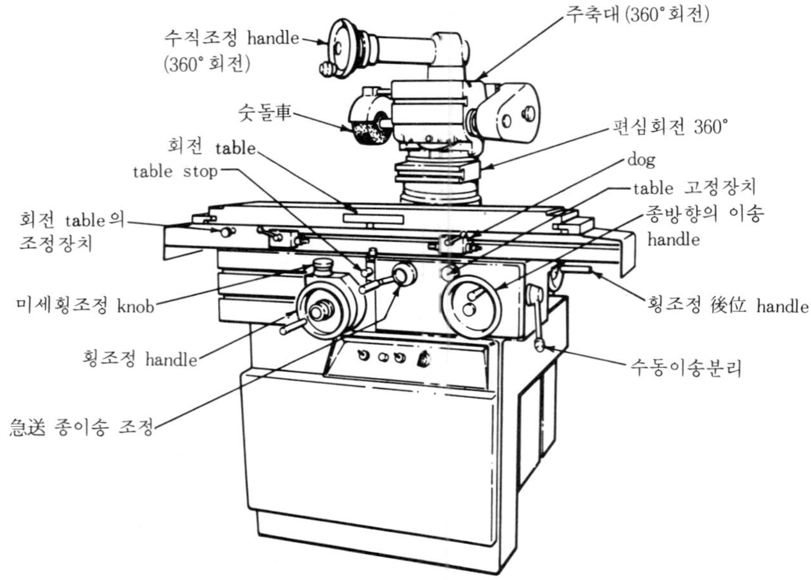

Fig. 1-249　만능공구연삭기

는 만능공구연삭기이며 cutter의 연삭법은 7章 7-5-4를 참고하기 바란다.

8-2-6　centerless연삭기

centerless연삭기는 원통연삭과 내면연삭에 사용되며 공작물을 center로 지지하지 않고 연삭숫돌(grinding wheel)과 조정차(regulating wheel) 사이에 공작물을 삽입하고 지지판으로 지지하면서 연삭하는 연삭기이다. 조정차는 고무결합제(rubber bond)를 사용한 것으로서 공작물과 조정차의 마찰력에 의하여 공작물을 회전시키고 조정차의 공작물에 대한 압력으로써 공작물의 회전속도를 조정한다.

공작물의 원주속도는 조정차의 것과 거의 같다. Fig. 1-250은 centerless연삭기의 원리를 보여 주며

f: 공작물의 이송속도〔mm/min〕, N: 조정차의 회전수〔rpm〕, α: 연삭숫돌에 대한 조정차의 경사각(2°～8°), d: 조정차의 지름〔mm〕이라 하면

$$f = \pi d \cdot N \cdot \sin\alpha \tag{1-50}$$

로 된다.

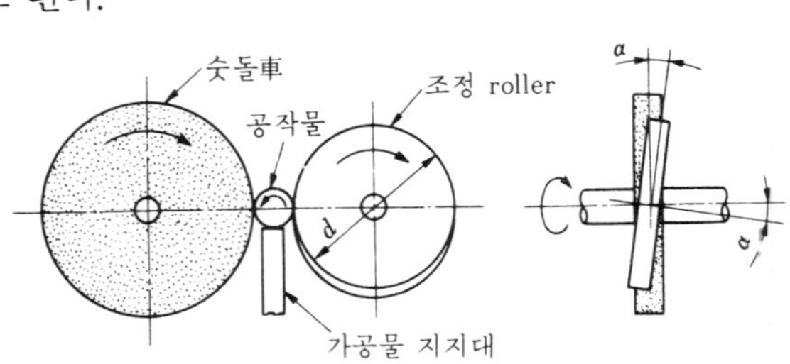

Fig. 1-250　centerless연삭기의 원리

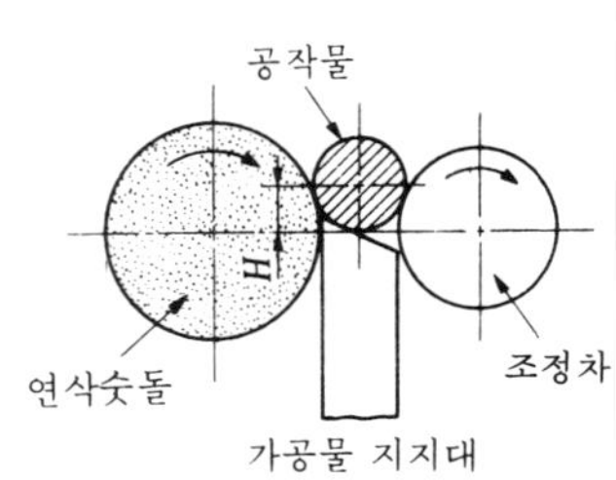

Fig. 1-251　지지판의 위치

공작물의 회전 방향과 연삭숫돌의 방향은 반대이며(때로는 同一方向) 지지판의 형상과 위치는 Fig. 1-251과 같이 $\frac{1}{2}\times$(공작물의 지름)$\fallingdotseq H<$ 15mm의 조건에 있다. H가 크면 진원으로 연삭되지만 진동이 생기기 쉽다.

연삭속도는 연삭숫돌의 원주속도로 표시하며, 2000 m/min 정도이다. 연삭 깊이는 거친가공에서는 최대 0.2mm, 다듬질가공에서는 최대 0.02mm 정도이다. Fig. 1-252는 centerless 내면연삭법을 보여 주며, 지지 roller와 조정 roller에 의하여 가공물을 회전시키면서 공작물의 내면을 偏心誤差 0.0025mm인 높은 精密度의 연삭을 한다.

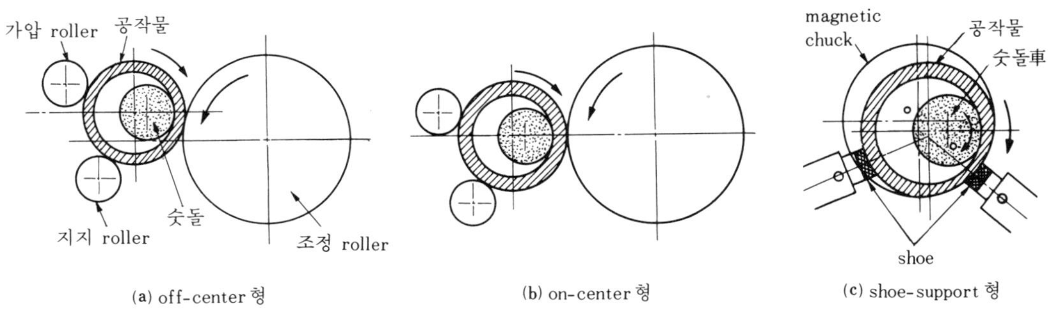

Fig. 1-252 centerless 내면연삭방식

Fig. 1-253은 centerless ball bearing 연삭법을 보여 준다.

centerless 연삭의 장점은 다음과 같다.

① 연삭에 숙련을 요하지 않는다.

② 연속적인 연삭을 할 수 있다.

③ 공작물의 굽힘이 없으므로 重연삭을 할 수 있다.

④ 공작물의 축방향에 推力이 없으므로 지름이 작은 공작물의 연삭에 적합하다.

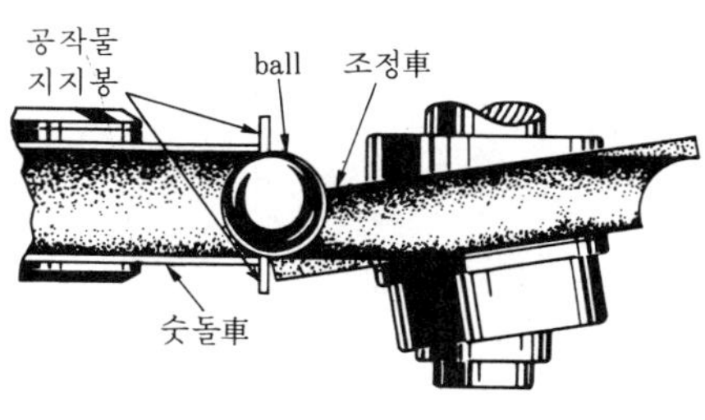

Fig. 1-253 centerless ball bearing 연삭방식

8-2-7 나사研削機

나사연삭법은 나사 gauge, 공구나 측정기의 이송나사 등과 같이 고정밀도를 요하는 나사의 가공 또는 다듬질에 이용되며 Fig. 1-254(a)와 같이 1개의 山形 숫돌에 의한 연삭과 Fig. 1-254(b)와 같이 多山形 숫돌에 의한 것이 있다.

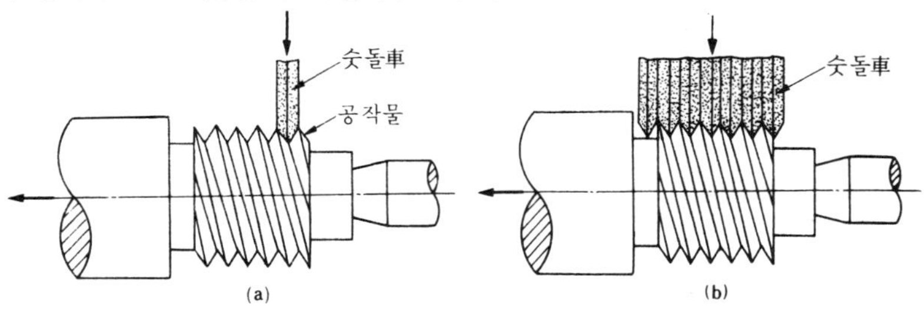

Fig. 1-254 나사연삭방식

1山形 숫돌에 의한 방법은 공작물의 축방향으로 pitch 이송을 주어 연삭하며 1 pass 또는 2 pass로서 완성할 수 있으나, 보통 그 이상의 pass로 완성한다.

多山形 숫돌에 의한 방법은 공작물이 1회전하기 전에 全나사 깊이로 연삭을 시작한다. 숫돌은 diamond로써 수시로 dressing 하여 마모된 부분의 기능을 복원하여야 한다. 숫돌의 원주속도는 200～3000 m/min 이다.

1山形 숫돌에서는 정밀도가 높은 제품을 얻을 수 있으나 생산이 늦으며, 多山形 숫돌은 정밀도는 다소 떨어지나 다량 생산에 적합하다.

8-2-8 spline 연삭기

spline 축을 전문적으로 연삭하는 연삭기이며, Fig. 1-255와 같이 單車法과 3車法이 있다.

단차법은 Fig. 1-255 (a), (b)와 같이 숫돌 1개로 spline의 底面과 側面을 동시에 연삭하고, 3 차법은 Fig. 1-255 (c)와 같이 분담하여 연삭하는 것이다.

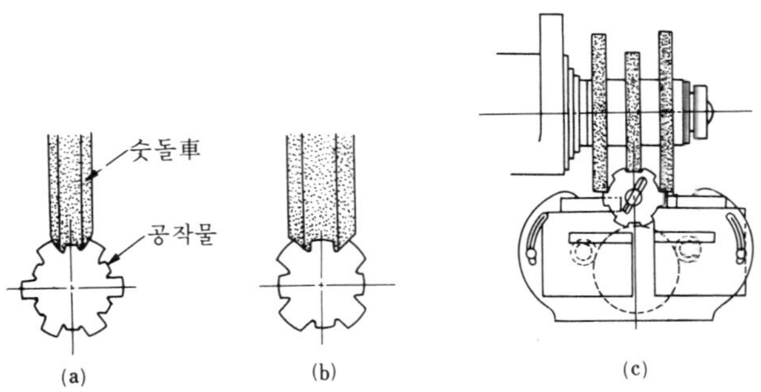

Fig. 1-255 spline 연삭방식

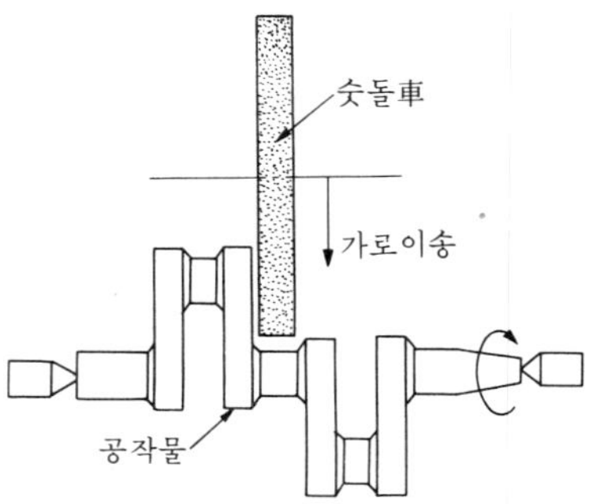

Fig. 1-256 crank軸 연삭법

8-2-9 crank축 연삭기

Fig. 1-256과 같이 원통연삭에서의 plunge-cut 연삭법과 같은 방법이며, 다만 가공부가 연삭기의 center에 직접 지지되지 않는다는 것이 다를 뿐이다.

Fig. 1-256은 crank軸의 journal을 연삭하는 것이며, 숫돌은 나사장치 또는 유압장치에 의하여 연삭 깊이를 주는 방향으로만 이송되지만 연삭무늬를 피하기 위하여 미소한 세로이송을 줄 때도 있다.

8-2-10 roller 연삭기

금속압연용, 제지용, 印刷用 등의 roller를 전문적으로 정밀연삭하는 데 이용되는 연삭기이며, 원통연삭기와 다른 점은 세로이송과 가로이송을 동시에 주어 roller의 중앙부를 볼록하게 또는 오목하게 연삭할 수 있다는 것이다.

8-2-11 gear연삭기

gear를 연삭하는 방법에는 Fig. 1-257과 같이 gear와 맞물리는 rack를 연삭숫돌로 하는 創生法(generated method)과 Fig. 1-258과 같이 齒形 cutter와 같은 숫돌로 齒를 1개씩 분할하여 연삭하는 成形法(formed wheel method)이 있다.

Fig. 1-257(a)에서 G는 소형 전동기에 의하여 회전하는 숫돌이며, 2개의 숫돌車는 서로 壓力角으로 경사져서 rack의 경사면을 이룬다. rack에 대하여 gear를 회전시키면 involute齒形이 연삭되며 숫돌이 齒에 접하는 부분은 극소하기 때문에 약간 마멸되어도 rack는 변하지 않는다. 그림에서와 같이 gear는 회전하면서 좌우로 움직이며 table에 의하여 상하 이동도 된다.

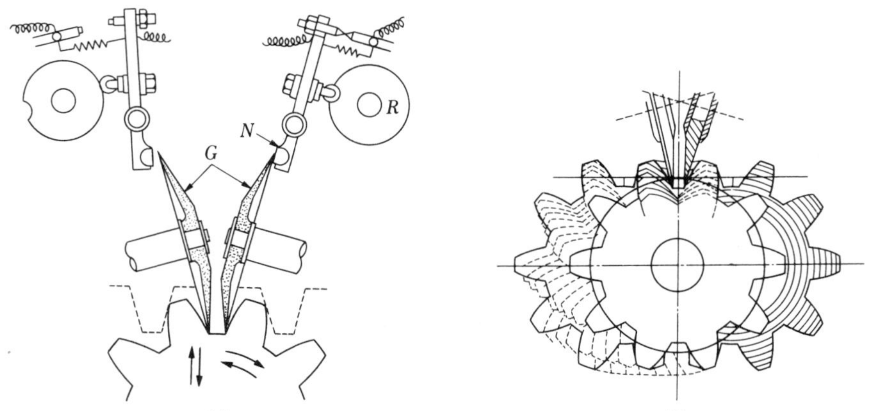

Fig. 1-257 창 생 법

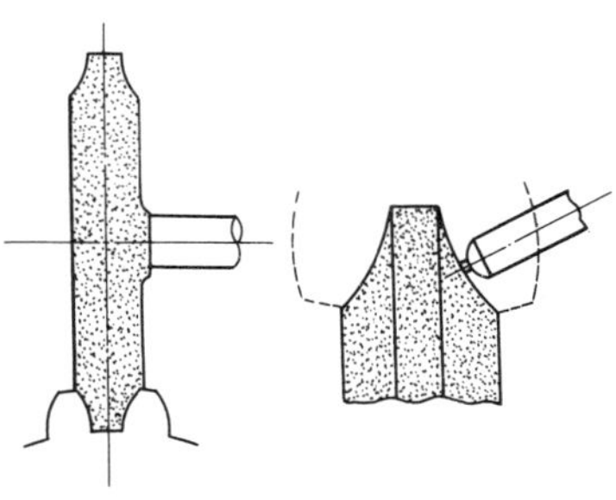

Fig. 1-258 성 형 법

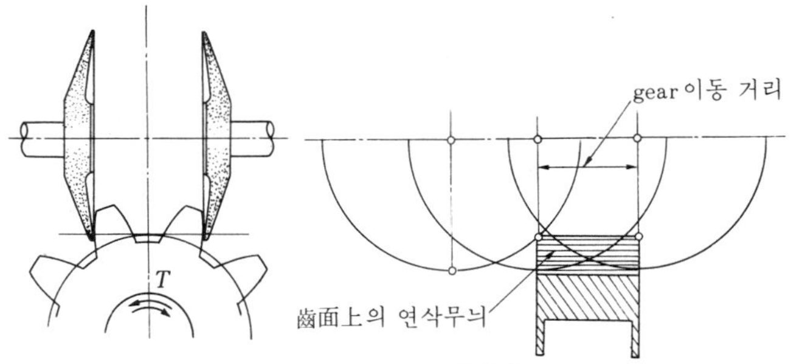

Fig. 1-259 0° 연삭법

Fig. 1-259는 0°研削法(zero degree grinding method)이며, 齒의 두께를 측정하는 원리를 이용한 것이다. 숫돌軸은 수평이며, gear는 회전하면서 좌우로 운동한다.

Fig. 1-260은 hob형 숫돌에 의한 gear연삭법을 보여 준다.

8-2-12 cam연삭기

일종의 模倣연삭기이며, Fig. 1-261과 같이 lead에 따라 cam을 연삭한다. 공작물과 lead

Fig. 1-260　hob형 숫돌에 의한 gear연삭법

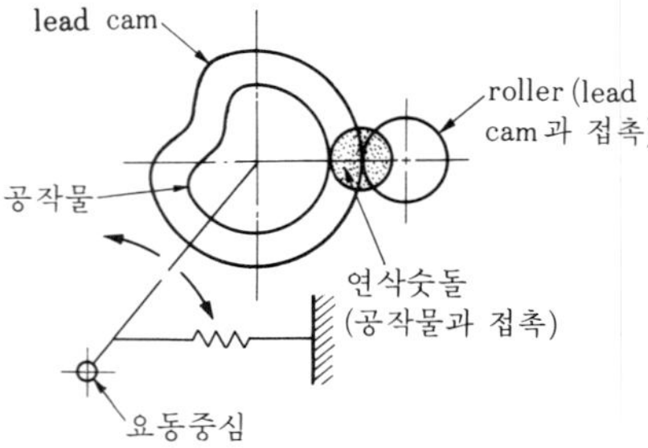

Fig. 1-261　cam연삭기

cam은 同一軸에 고정시켜 공작물은 회전하면서 搖動中心에 대하여 요동하며, 공작물은 lead cam의 형상으로 연삭된다. 원통연삭기에 cam 연삭장치를 이용하는 경우도 있다.

8-3 연 삭 숫 돌

연삭가공을 이해하기 위해서는 연삭숫돌에 대한 지식이 필요하다. 연삭숫돌은 milling에서 cutter와 같은 역할을 하며 Fig. 1-262와 같이 예리한 모서리를 가진 粒子(abrasive grain), 結合劑(bonding material) 및 氣孔으로 되어 있는데, 다음 다섯 가지의 특성이 연삭성능에 영향을 미친다.

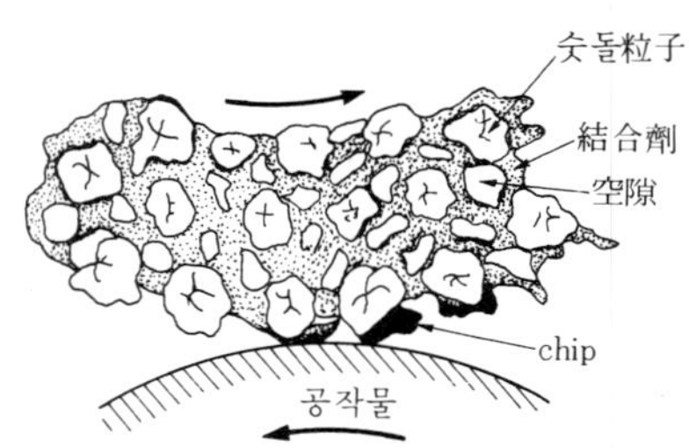

Fig. 1-262　연삭숫돌의 조직과 연삭작용

① 粒子(abrasive grain), ② 粒度(grain size), ③ 結合度(grade), ④ 組織(structure), ⑤ 結合劑(bond)

8-3-1 粒 子

연삭숫돌에 사용되는 粒子에는 天然粒子와 人造粒子가 있으며, 천연입자에는 砂岩(sandstone), emery(50~60% 결정체 Al_2O_3+산화철), corundum(75~90% 결정체 Al_2O_3+산화철), diamond, garnet 등이 있고, 인조입자에는 탄화규소(silicon carbide, SiC), 산화 aluminium(aluminium oxide, Al_2O_3), 탄화붕소(boron carbide, B_4C), zirconium oxide(ZrO_2) 등이 있다.

인조입자를 사용하기 전에는 천연입자만을 사용하였으나 입자의 質이 균일하지 못하여 숫돌의 마모가 불균일하다. diamond숫돌은 결합체로 bakelite를 사용하며 磨滅과 發熱이 적어 초경합금공구의 연삭에 적합하다.

인조입자중 탄화규소는 연삭중 마멸이 되지 않고 부서져 예리한 새로운 입자가 나타나므로 경도가 높은 주철, 냉강주철, 초경합금 등의 연삭에 사용된다. 경도는 diamond의 것과 거의 비슷하다.

탄화규소입자는 SiO_2, 석유 cokes(petroleum cokes), 톱밥(saw dust), 鹽을 爐에서 2350 ℃ 정도로 가열하여 만들어진 결정체를 부수면 얻어진다.

산화 aluminium 입자의 숫돌은 강, 고속도강 등의 연삭에 사용된다. Table 1-24는 인조숫돌입자의 기호이다.

Table 1-24 인조숫돌입자의 기호

종류	기호	적용범위
갈색 용융 alumina 질 백색 용융 alumina 질	A WA	보통 탄소강, 합금강, stainless 강 등 강계통의 연삭에 적합하다.
탄화규소질 녹색 탄화규소질	C GC	alumina 질보다 굳으나 취성이 있으므로 인장강도가 낮은 재료, 즉 주철·황동·경합금·초경합금 등을 연삭하기에 적합하다.

8-3-2 粒 度

粒子의 크기는 mesh로 표시하며, Table 1-25는 입도를 분류한 것이다. 숫돌에는 입도를 표시하고 있으나 等粒만이 아니라 입도가 다른 입자를 혼합한 것이 많다. No. 24 combination이라 표시한 것은 No. 24를 주로 하고, 기타 No. 36, 46, 60 등이 배합되었다는 것이다. 細粒이 많으면 多孔性이 감소되어 연삭성이 떨어지지만 숫돌의 강도와 내마모성이 증가되는 장점이 있다.

Table 1-25 연삭숫돌의 입도

호칭	粗粒(coarse)	中粒(medium)	細粒(fine)	極細粒(extra fine)
입도(번)	10, 12, 14, 16, 20, 24	30, 36, 46, 54, 60	70, 80, 90, 100, 120, 150, 180, 220	240, 280, 320, 400, 500, 600, 700, 800

일반적으로 조립과 세립이 많이 사용되며, 입도의 선정은 다음 기준에 의한다.

(1) 정밀도에 따라

① 거친연삭에는 粗粒

② 다듬질연삭 또는 절삭공구의 연삭에는 細粒

(2) 공작물의 재질에 따라

① 경도가 큰 재료에는 細粒

② 연한 재료 또는 연성이 큰 것에는 粗粒을 사용한다.

8-3-3 結合度

결합도란 연삭입자를 결합시키는 접착력의 정도를 의미하며, 이를 硬度라고도 하나 입자의 경도와 결합제의 경도와는 무관하다. 숫돌의 입자가 숫돌에서 쉽게 탈락될 때 軟하다고 하며 탈락이 어려울 때 硬하다고 한다.

공작물의 재질 및 연삭조건에 따라 적당한 결합도의 숫돌을 택하여야 한다. 결합도가 너무 軟하면 숫돌의 손상이 심하여 정상적인 연삭이 어렵고, 너무 硬하면 입자의 再生作用이 잘 되지 않아서 입자의 마모와 더불어 눈메움이 생기고 연삭력이 過大하게 되며 가공물 재질이 변하게 된다.

Fig. 1-263(a)는 정상적인 연삭 상태, Fig. 1-263(b)는 숫돌의 결합도가 너무 커서 숫돌입자의 마모가 심할 때, Fig. 1-263(c)는 가공물의 경도가 너무 적거나 숫돌의 결합도가 너무 적을 때 숫돌의 空隙에 chip이 채워지는 경우이다. 결합도의 표시는 Table 1-26과 같다.

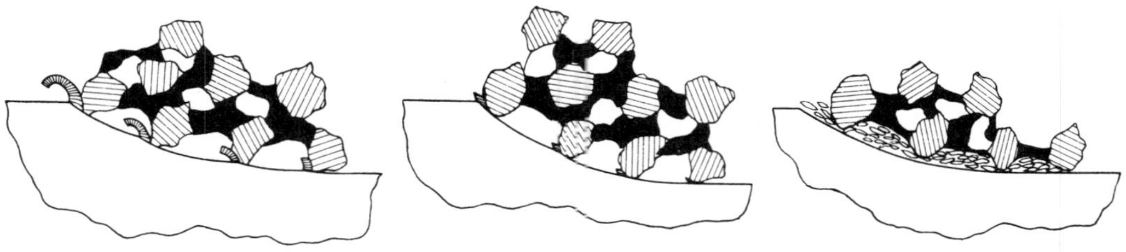

(a) 정상연삭 (b) glazing (c) loading

Fig. 1-263 숫돌의 결합도와 연삭 상태

Table 1-26 결 합 도

호 칭	極軟(very soft)	軟(soft)	中(medium)	硬(hard)	極硬(very hard)
결합도 기호	ABCDEFG	HIJK	LMNO	PQRS	TUVWXYZ

결합도의 선정은 다음 기준에 의한다.

(1) 공작물의 재질에 따라

① 軟質材料에는 硬한 숫돌

② 硬質材料에는 軟한 숫돌

(2) 숫돌의 원주속도에 따라

① 속도가 클 때에는 軟한 숫돌

② 속도가 작을 때에는 硬한 숫돌

(3) 공작물의 원주속도에 따라

① 속도가 클 때에는 硬한 숫돌

② 속도가 작을 때에는 軟한 숫돌

(4) 공작물과 숫돌의 접촉 면적에 따라

① 면적이 클 때에는 軟한 숫돌

② 면적이 작을 때에는 硬한 숫돌을 사용한다.

8-3-4 組 織

연삭숫돌의 단위체적당에 들어 있는 입자수를 密度라 하고, Fig. 1-264와 같이 일정체적내에 입자의 수가 많으면 조직이 密하고, 적으면 성기다고 한다.

연삭숫돌의 체적에 대한 입자체적의 比인 **粒子率**(grain percentage)로 조직을 표시하며, 이것의 분류와 기호는 Table 1-27과 같다.

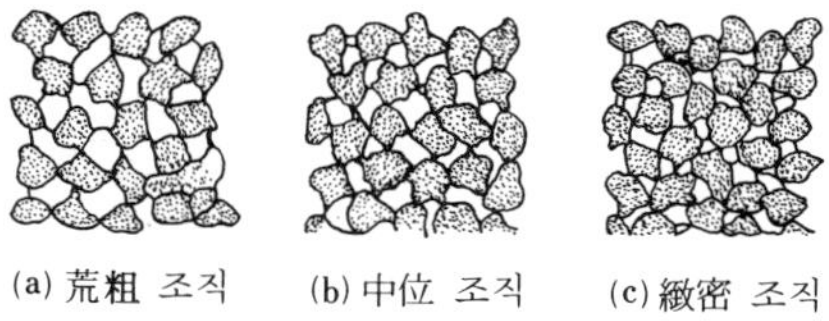

Fig. 1-264 연삭숫돌의 조직

Table 1-27 조직기호

호 칭	조직기호	입자율〔%〕
荒組조직	w	42 이하
中位조직	m	42~50
緻密조직	c	50 이상

조직의 선택 기준은 다음과 같다.

(1) 공작물의 재질에 따라

① 연질에는 성긴 조직

② 경질에는 稠密한 조직

(2) 공작물의 정밀도에 따라

① 거친연삭에는 성긴 조직

② 다듬질연삭에는 稠密한 조직

(3) 공작물과 숫돌의 접촉 면적에 따라

① 거친연삭에서 면적이 클 때에는 성긴 조직

② 다듬질연삭에서 면적이 작을 때에는 稠密한 조직을 사용한다.

8-3-5 結合劑

결합제는 숫돌입자를 결합하여 숫돌의 형상을 갖도록 하는 재료이며, 결합제로서 필요한 조건은 다음과 같다.

① 粒子間에 氣孔이 생기도록 할 것

② 균일한 조직으로 임의의 형상 및 크기로 만들 수 있을 것

③ 고속회전에 대한 安全强度를 가질 것

④ 熱과 연삭액에 대하여 안전할 것

이상의 조건을 만족하는 것으로서 널리 사용되고 있는 결합제는 다음과 같다.

〔1〕 vitrified결합제(vitrified bond, V)

현재 사용되고 있는 숫돌의 대부분이 vitrified 결합제이며, 이 결합제의 장점은 ① 多孔性이고, ② 강도가 크며, ③ 물, 연삭유제, 열 등에 영향을 받지 않는다.

vitrified법(vitrified process)은 연삭숫돌입자를 점토 성분의 결합제와 혼합하여 주형에 넣어 실온에서 수일간 건조시킨다. 다음에 물을 약간 가하고 press로 가압해서 성형하여 자기를 굽는 방법으로 燒結시킨다. 연삭속도는 1600~2000 m/min이다.

〔2〕 silicate 결합제 (silicate bond, S)

규산 soda (silicate soda)를 연삭숫돌입자와 혼합하여 주형에 넣고 260℃에서 1~3시간 가열하여 수일간 건조시킨다. vitrified법에 의한 것보다 결합도는 약하나 연삭열이 적어야 하는 절삭공구 등의 연삭에 적합하다.

〔3〕 shellac 결합제 (shellac bond, E)

shellac이 주성분이며 숫돌입자에 증기가열혼합기에서 shellac을 피복하고, 이를 가열된 주형에 넣어서 압축하여 성형하고 150℃에서 여러 시간 가열한다.

이 숫돌은 강도와 탄성이 크므로 얇은 형상의 것에 적합하며 crank축, 톱, 절단용에 많이 사용된다.

〔4〕 고무결합제 (rubber bond, R)

결합제의 주성분이 고무이고 그 외에 유황 등을 첨가하여 숫돌의 粒子와 혼합해서 소요의 두께로 압연한 다음 원형의 숫돌을 잘라내어 가압하고 硬化시킨다. 탄성이 크므로 얇은 숫돌을 만드는 데 적합하며, 절단용 숫돌 및 centerless 연삭기의 조정숫돌로 사용된다.

〔5〕 bakelite 또는 resinoid 결합제 (bakelite 또는 resinoid bond, B)

결합제의 주성분은 합성수지이며, shellac숫돌과 고무결합제를 사용한 것처럼 연삭열로 인한 軟化의 경향이 적고 연삭유제에도 안정하고 탄성이 커서 乾式 절단용에 적합하다.

숫돌입자에 합성수지 및 액체용제와 혼합하여 주형에 넣고 155℃에서 $\frac{1}{2}$~3일간 전기로 내에서 가열한다. 연삭속도는 2800~4900m/min이다.

〔6〕 vinyl 결합제 (vinyl bond, PVA)

polyvinyl이 주성분이며, 超彈性 숫돌로서 buff와 비슷한 숫돌이다. polyvinyl alcohol 용액에 숫돌입자를 혼합하고, formalin을 첨가하여 탈수시켜서 주형에 넣어 결합시킨 후 수세하여 완성시킨다.

〔7〕 금속결합제 (metal bond, M)

숫돌의 입자인 diamond를 분말야금법으로 구리, 황동, Ni, 철 등으로 결합한다. diamond의 함유량이 1 cm³ 중에 4 carat의 것을 100%로 하며 50%, 25%의 것이 주로 사용되나 입자의 탈락 및 dressing 등에 어려움이 많다.

8-3-6 숫돌車의 형태

특정한 목적을 위해서 적당한 形狀의 연삭숫돌을 선택하는 것이 대단히 중요하다. Fig. 1-265와 같은 13종의 표준형태가 있으며 제작회사마다 같은 치수로 만들도록 규격화하고 있다. 또 연삭숫돌의 선단의 윤곽은 Fig. 1-266과 같이 12종의 표준이 정해져 있다.

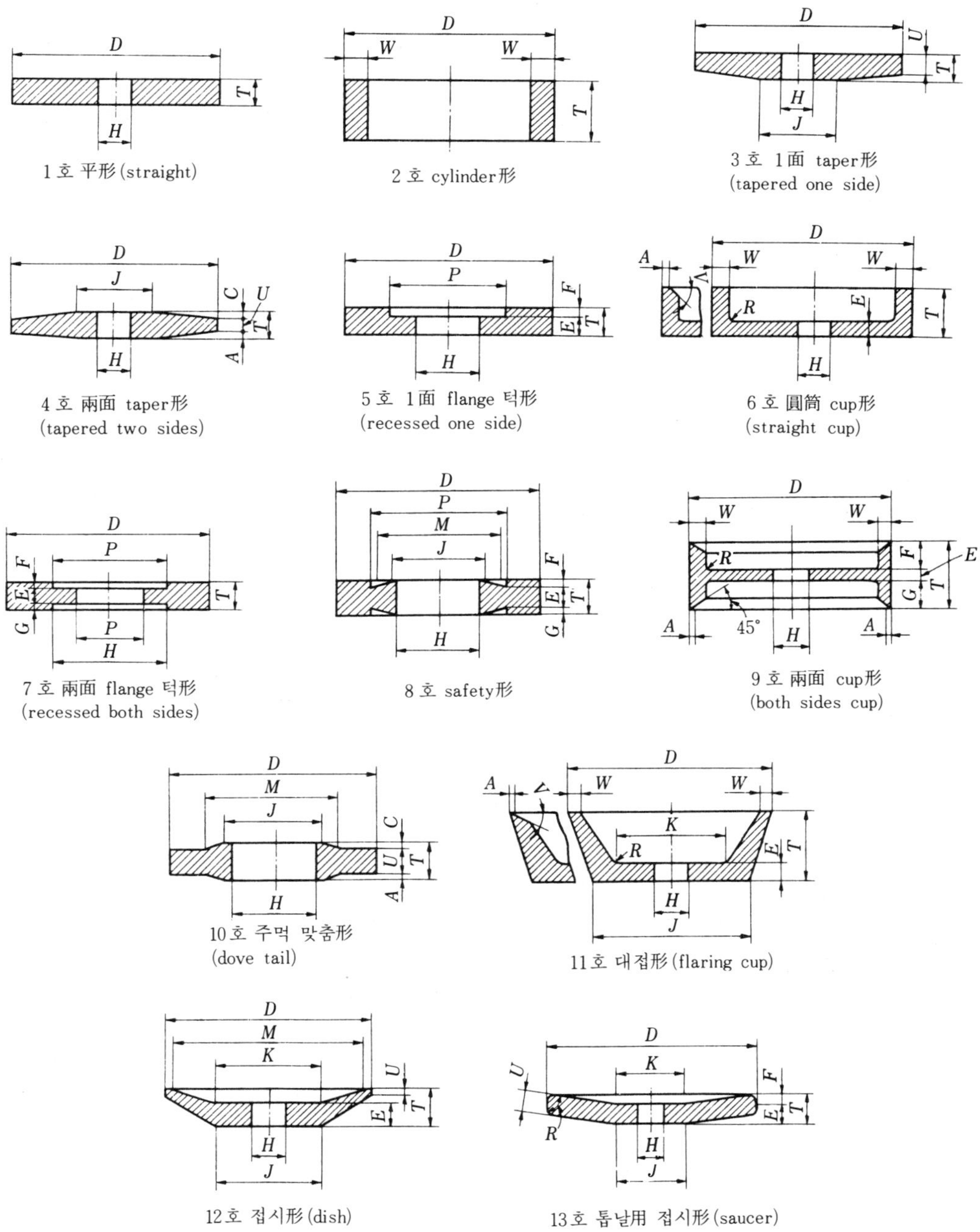

Fig. 1-265 연삭숫돌의 표준형

8-3-7 연삭숫돌 표시법

연삭숫돌의 표시법은 숫돌粒子材料, 粒度, 硬度(結合度), 조직, 결합제, 숫돌 형상, 숫돌의 치수의 순으로 Table 1-28과 같다.

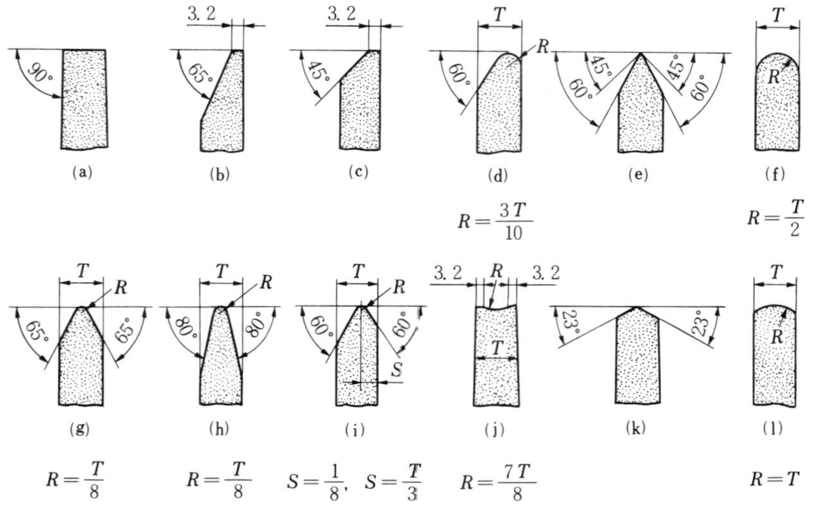

Fig. 1-266　연삭숫돌 先端의 윤곽

Table 1-28　연삭숫돌 표시법

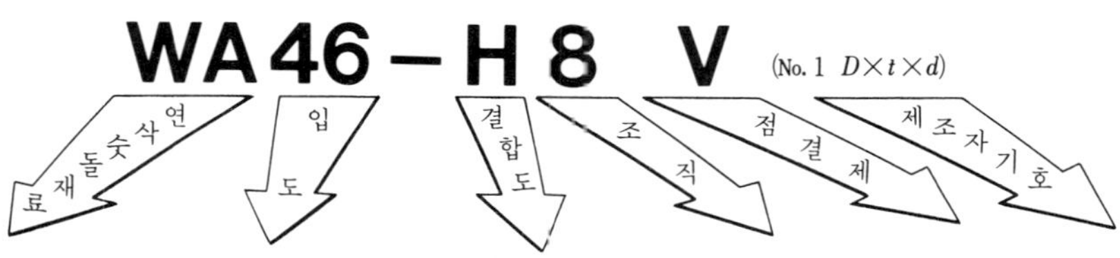

alumina質
A(2 A 3A)
WA (4A)
炭化珪素質
C(2C, 3C)
GC(4 C)

荒目	中目	細目	極目	微目
10	30	70	240	800
12	36	80	280	1000
14	46	90	320	1200
16	54	100	400	
20	60	120	500	1600
24		150		2000
		180	600	2300
		200	700	3000

(極軟)	(軟)	(中)	(硬)	(極硬)
A	H	L	P	T
B	I	M	Q	U
C	J	N	R	V
D	K	O	S	W
E				X
F				Y
G				Z

密	中	粗
0	4	7
1	5	8
2	6	9
3		10
		11
		12

점결방법
V
S
E
T
R

① 形狀
② 치수
③ 製造記號
④ 年月日

8-4　研削條件

숫돌의 원주속도, 연삭 깊이, 이송은 서로 밀접한 관계를 맺고 있으며 공작물의 재질, 숫돌의 성질 등에 따라 이들을 적당히 택해야 한다.

8-4-1 숫돌의 圓周速度

숫돌의 원주속도는 연삭능률과 관계가 있고, 숫돌의 원주속도가 너무 느리면 숫돌마멸에 비하여 유용한 일이 적으며, 너무 빠르면 연삭작용이 너무 심하여 숫돌이 파괴되는 수가 있다. 오랜 경험에 의하면 Table 1-29 의 범위의 것을 택하는 것이 좋다.

Table 1-29 숫돌의 원주속도

작 업 종 류	속도〔m/min〕	속도〔ft/min〕
원통연삭	1650~2000	5500~6500
내면연삭	600~1800	2000~6000
평면연삭	1200~1800	4000~6000
주물귀 절단(手動, vitrified 숫돌 사용)	1500~2000	5000~6500
주물귀 절단(resinoid 숫돌 사용)	2100~2900	7000~9500
습식공구연삭	1500~1800	5000~6000
건식공구연삭	1400~1800	4500~6000
금속절단(resinoid)	2700~4900	9000~16000
초경합금연삭	1400~1650	4500~5500

8-4-2 공작물의 圓周速度

공작물의 원주속도는 숫돌의 원주속도에 관계되나 숫돌의 마모와 다듬질면의 상태면에서는 속도가 느린 것이 좋고, 연삭능률면에서는 다소 큰 것이 유리하다. Table 1-30 은 가공물의 표준원주속도이다.

Table 1-30 가공물의 표준속도〔m/min〕

피 삭 재	원통외면 연삭		내면연삭
	다듬질연삭	거친연삭	
담금된 강	6~12	15~18	20~25
특수강	6~10	9~12	15~30
강	8~12	12~15	15~20
주 철	6~10	10~15	18~35
황동 및 청동	14~18	18~21	25~30
aluminium	30~40	40~60	30~50

8-4-3 移 送

원통연삭에서 이송은 공작물의 원주속도와 관계하며, 원주속도가 크면 이송을 작게 하여 숫돌과 연삭기에 무리가 없도록 해야 하고, 원주속도가 아주 느릴 때에도 이송을 작게 한다.

이송은 숫돌의 폭 이하가 되어야 하며, 이송 f의 숫돌의 폭 B에 대한 표준값은 다음과 같다.

구리 $$f=\left(\frac{1}{3}\sim\frac{3}{4}\right)B$$

주철 $f=\left(\frac{3}{4}\sim\frac{4}{5}\right)B$

다듬질연삭 $f=\left(\frac{1}{4}\sim\frac{1}{3}\right)B$

이송 f〔mm/rev〕, 공작물의 회전수 n〔rpm〕이라 하면 이송속도 v_f〔m/min〕는 다음과 같다.

$$v_f=\frac{f\cdot n}{1000} \tag{1-51}$$

丸棒硏削이나 內面硏削에서 숫돌이 공작물을 떠날 때까지 이송을 주지 말고 숫돌幅의 $\frac{1}{3}$을 초과하지 않을 정도로 공작물 밖으로 나왔을 때 이송을 중지하는 것이 좋다. 그 이상 나오면 숫돌이 공작물에 미치는 압력이 증가하여 공작물의 절삭깊이가 커져서 가늘게 되거나 구멍이 크게 된다.

8-4-4 연 삭 깊 이

연삭깊이는 숫돌의 종류, 공작물의 재질 및 형상, 공작물의 가공면 정도 등에 따라 다르나 일반적으로 강을 연삭할 때에는 Table 1-31 의 범위를 택한다.

Table 1-31 강의 연삭깊이〔mm〕

	원 통 연 삭	내 면 연 삭	평 면 연 삭	공 구 연 삭
거친연삭	0.01~0.04	0.02~0.04	0.01~0.27	0.07
다듬질연삭		0.0025~0.005		0.02

8-4-5 硏 削 餘 裕

연삭여유는 공작물의 재질, 크기, 가공 전의 정밀도, 연삭기의 능력 등에 따라 다르나, 일반적으로 적용되는 원통연삭의 연삭여유는 Table 1-32 와 같다.

8-4-6 가공중에 발생하는 결함과 대책

연삭가공중에 연삭조건이 적절하지 않으면 여러 가지 결함이 발생할 수 있으므로 적절하게 대처하여야 한다.

〔1〕 연 삭 균 열

硏削熱에 의하여 熱膨脹 또는 재질의 변화 등으로 가공물에 硏削龜裂이 일어난다. 이러한 균열은 아주 미세하여 육안으로 식별하기가 어렵고, 많은 경험에 의하여 다음 사항이 알려져 있다.

① C가 0.6~0.7% 이하의 강에 대해서는 거의 연삭균열이 발생하지 않는다.

② 共析鋼에 가까운 탄소강에서는 자주 발생한다.

③ 담금질 상태에서는 輕硏削에서도 발생하나 뜨임하면 방지되는 수가 있다. 또 연삭균열을

Table 1-32 원통연삭의 연삭여유〔mm〕

공작물의 지름	공작물의 길이										
	50	100	150	200	250	350	450	600	750	900	1000
3	0.15	0.17									
6	0.15	0.20	0.25								
9	0.17	0.20	0.25	0.30	0.33						
12	0.20	0.22	0.28	0.30	0.33	0.38	0.40				
20	0.20	0.22	0.28	0.33	0.35	0.40	0.43	0.45			
25	0.22	0.25	0.30	0.33	0.35	0.40	0.45	0.48	0.50		
32	0.22	0.28	0.30	0.35	0.38	0.43	0.45	0.48	0.50	0.55	
38	0.25	0.28	0.33	0.35	0.40	0.43		0.48	0.53	0.58	0.60
50	0.30	0.33	0.35	0.40	0.43	0.45	0.48	0.53	0.55	0.60	0.66
75	0.38	0.40	0.43	0.45	0.48	0.50	0.55	0.60	0.63	0.68	0.70
100	0.43	0.45	0.48	0.50	0.53	0.58	0.63	0.68	0.70	0.75	0.80
150	0.50	0.53	0.58	0.60	0.63	0.68	0.73	0.78	0.80	0.85	0.90
200	0.60	0.63	0.68	0.70	0.73	0.78	0.83	0.88	0.90	0.95	1.00
250	0.68	0.70	0.75	0.78	0.80	0.83	0.88	0.93	1.00	1.05	1.10

적게 하기 위해서는 연한 숫돌을 사용하며, 이송을 크게 하고, 절삭 깊이를 작게 하는 것이 좋고, 연삭액을 충분히 사용하여 발열을 적게 하고 발생열을 신속히 제거하는 것이 좋다.

〔2〕 **떨림** (chattering)

연삭중의 떨림현상은 가공면의 정밀도를 해치며, 그 원인은 다음과 같다.

① 숫돌의 평형 상태가 불량할 때

② 숫돌의 결합도가 너무 클 때

③ center 및 center rest 등의 사용법이 불량할 때

④ 연삭기 자체의 진동이 있을 때

⑤ 외부의 진동이 전해졌을 때

8-4-7 연삭숫돌의 dressing과 truing

〔1〕 **dressing**

연삭숫돌의 입자가 무디어지거나 눈메움이 생기면 연삭능력이 저하하므로, 숫돌의 예리한 날이 나타나도록 하는 작업을 **dressing**이라 하며, 乾式 dressing과 濕式 dressing이 있다. 건식과 습식의 dressing은 연삭조건과 일치시켜야 한다. Table 1-33은 dressing조건의 예이다.

Table 1-33 숫돌 dressing 조건

다듬질 정도	입 도〔mesh〕	diamond의 절입깊이 (반지름)〔mm〕	dressing 반복 횟수〔회〕	이송속도		spark-out 왕복 횟수〔회〕
				숫돌 1회전당〔mm/rev〕	매 분 당〔mm/min〕	
거친연삭	36~46	0.03	4	0.4	600	0
中 研 削	46~54	0.02	3	0.3	400	0
다듬질연삭	60~80	0.01	3	0.2	200	3
精密研削	100~180	0.005	3	0.1	100	4

〔2〕 **truing**

연삭가공중에 숫돌의 粒子가 떨어져 나가 숫돌의 단면형상이 변하는 수가 있어 이것을 정상적인 단면 형상으로 깎아 다듬는 것을 **truing**이라 한다. truing할 때에는 동시에 dressing도 된다. Table 1-34는 truing조건의 예이다.

Table 1-34 숫돌의 **truing**조건〔mm/rev〕

다듬질면 거칠기 R_{max}〔μ〕 / 粒度			粗粒 10~24	中粒 30~60	細粒 80~220	極細粒 240~800
KSB 0161 표면거칠기 규격	거친연삭	50 이하	1	—	—	—
	보통 다듬질연삭 (中 및 上)	6 이하	1/2~1	1/2~1	1/2~1	—
	上 다듬질연삭	1.5 이하	1/5~1/2	1/5~1/2	1/5~1/2	1~1/2
	精密연삭	0.4 이하	—	1/10~1/5	1/10~1/5	1/10~1/5
超精密연삭		0.2 이하	—	1/20~1/10	1/20~1/10	1/20~1/5

〔3〕 **dresser**

Fig. 1-267 (a)는 diamond dresser로서 diamond를 자루 끝에 고정한 것이며 diamond의 수에 따라 單刃 diamond dresser(single point diamond dresser), 多刃 diamond dresser (multi-point diamond dresser)라 한다.

(b)는 星形 dresser(star dresser)로서 星形鋼板 사이에 間隔材를 넣고 여러 장 포개어 pin으로 자루에 고정한 것이다.

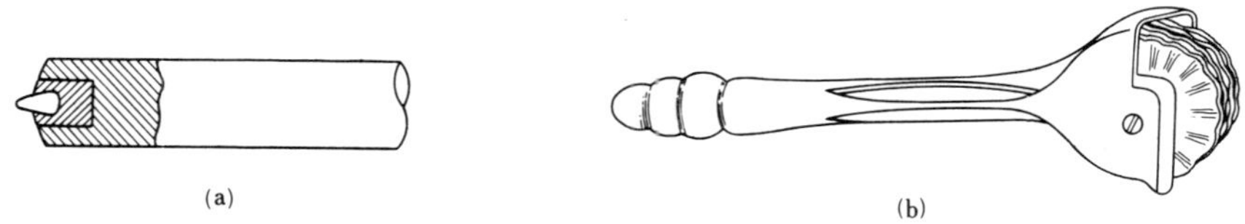

Fig. 1-267 dresser

Fig. 1-268은 diamond dresser의 설치각을 표시하며, dressing 및 truing작업은 ① 연삭숫돌을 시동시키고 숫돌의 높은 면이 dresser의 끝과 접촉될 때까지 조심스럽게 숫돌을 내린다. ② table을 전후로 이송하고, Table 1-33 및 Table 1-34의 조건에 맞게 거리를 조정한다.

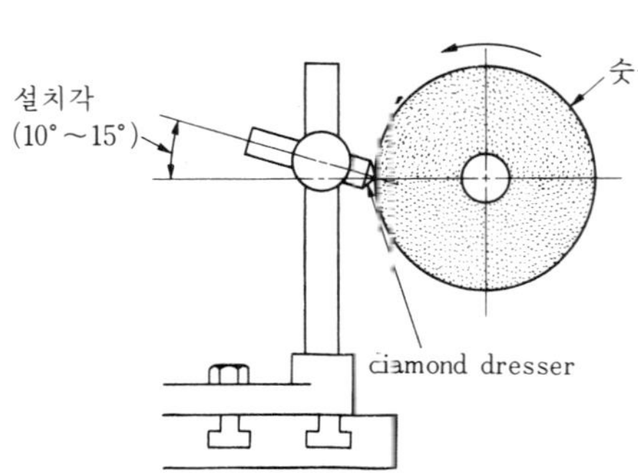

Fig. 1-268 diamond dresser의 설치각

8-5 研削油劑

연삭에서는 단위체적의 研削粉(研削 chip)당 가공 energy가 크기 때문에 열이 많이 발생하며 숫돌의 열전도성이 좋지 않으므로 대부분 가공물에 전도된다. 그 결과 연삭열균열이 발생하며 공작물의 재질도 변하므로 연삭유제를 공급하여 이에 대처하여야 한다.

연삭유제는 윤활성, 냉각성, 침투성을 가져야 하며, 윤활작용으로 숫돌粒의 절삭작용을 돕고 숫돌粒의 마모나 열발생을 감소시킨다. 냉각작용으로 발생하는 열을 신속히 제거하고 침투작용으로 숫돌입자 사이에 研削粉이 메워지는 것을 막는다.

연삭유제의 구비 조건은 윤활성, 냉각성, 침투성을 포함하여 다음과 같다.

① 연삭성을 좋게 할 것(chip의 생성을 쉽게 한다).
② 가공면의 정도를 좋게 할 것.
③ 공구수명을 크게 할 것(숫돌입자의 마모가 적다).
④ 가공물 및 연삭기를 녹슬지 않게 할 것.
⑤ 인체에 무해하고 악취가 없을 것.
⑥ 거품이 없을 것.
⑦ 도장을 침해하지 않을 것.

8-6 숫돌車의 안전사용

연삭숫돌은 고속으로 회전하기 때문에 연삭중에 숫돌이 파열된다면 대단히 위험하므로 안전을 위해서 다음 사항에 주의하여야 한다.

① 숫돌을 사용 전에 세심하게 검사할 것.
② 숫돌을 정확히 고정할 것.
③ 숫돌은 덮개(cover)를 설치하여 사용할 것.
④ 조건에 맞는 숫돌의 원주속도를 지킬 것.
⑤ 냉각된 숫돌로 단시간의 重연삭을 피하고, 乾式 연삭에 갑자기 다량의 연삭유제를 공급하지 말 것.

8-6-1 숫돌의 검사

〔1〕 음향검사

hammer로 숫돌을 가볍게 두들겨 울리는 소리에 의하여 떨림 및 균열의 여부를 판단한다.

〔2〕 회전시험

숫돌을 使用速度의 1.5배로 3~5분간 회전시켜 遠心力에 의한 파괴 여부를 시험한다.

〔3〕 均衡검사

연삭숫돌의 두께나 조직이 불균일하여 회전중 떨림이 나타나는 경우가 있는데, 이것을 조정하기 위해서는 Fig. 1-269에서와 같이 숫돌이 어느 위치에서나 정지할 수 있도록 balancing weight *a* 및 *b*의 위치를 조정한다. 小形 숫돌에서는 不平衡量이 적으므로 크게 문제되지 않으나 大形 숫돌에서는 숫돌고정 flange에 장치되어 있는 重錘를 홈에 따라 滑動시켜서 적당한 위치에 고정하여야 한다.

평형검사법의 순서는 다음과 같다.

① 숫돌을 surface grinder에 장착하고 truing한다.

② 숫돌에 taper진 balancing arbor를 끼우고 Fig. 1-269(a)와 같이 balancing stand에 올려 놓는다.

③ 숫돌을 돌려 정지한 후 아래쪽에 중심이 있음을 알 수 있으며 이 곳에 표시를 한다.

④ 각각 $\frac{1}{4}$, $\frac{1}{2}$, $\frac{3}{4}$ 회전시켜서 평형을 check한다.

⑤ 중추 screw를 풀고 앞에서 표시한 쪽과 반대쪽으로 중추를 옮겨 가면서 어떤 위치에서나 정지될 때 중추 screw를 조인다.

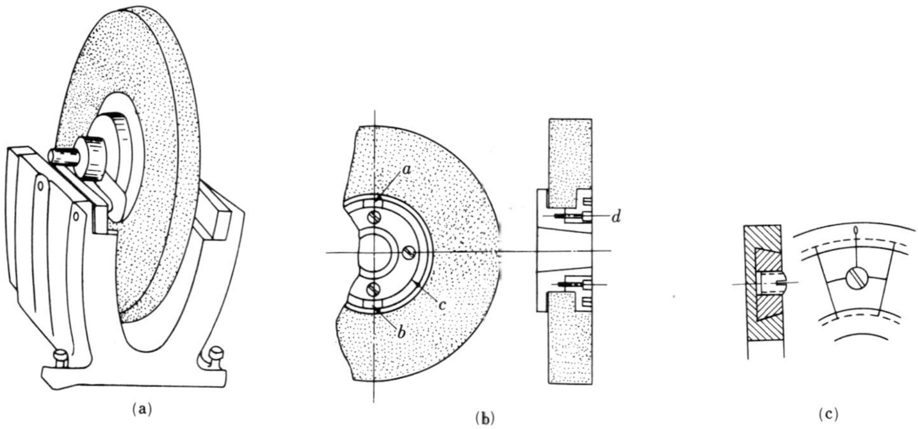

Fig. 1-269　숫돌의 平衡잡기

8-6-2　숫돌의 고정

숫돌은 취약하므로 중심축에서 직접 지지하는 것은 위험하며, 숫돌지름의 $\frac{1}{2} \sim \frac{1}{3}$의 flange로 Fig. 1-270(a)와 같이 숫돌의 측면을 고정한다.

숫돌과 flange 사이에는 0.5mm 이하의 壓紙 또는 얇은 고무 washer를 끼운다. 축의 열팽창에 의한 숫돌의 파괴를 피하기 위하여 숫돌구멍과 軸과의 간격은 0.1~0.15mm 정도로 유지하는 것이 좋다.

8-6-3　숫돌의 덮개

숫돌이 회전중 파괴되는 경우에 안전을 위하여 연삭기의 종류, 형상 및 치수에 따라 알맞는 덮개를 Fig. 1-271과 같이 씌워야 한다.

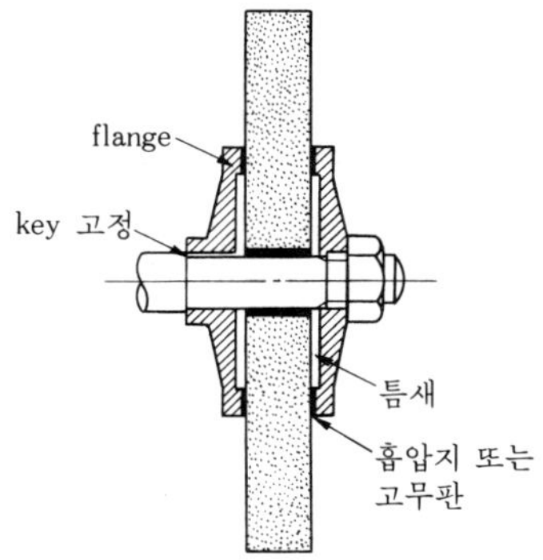

(a) 옳음 (b) 틀림

Fig. 1-270 숫돌의 고정

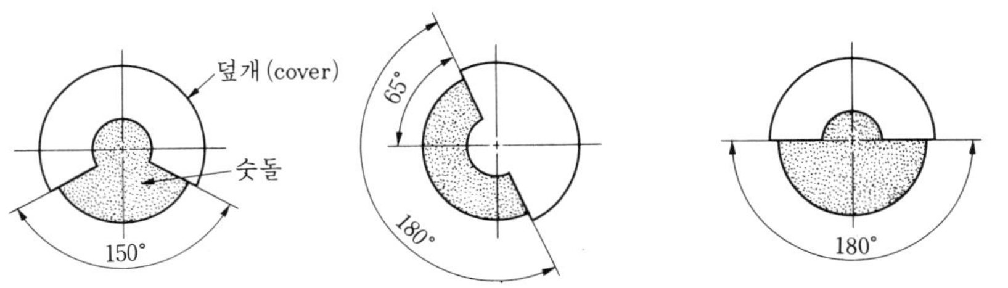

(a) 평면연삭 (b) 원통연삭 (c) swing frame 및 portable

Fig. 1-271 숫 돌 덮 개

8-6-4 숫돌의 취급

보관할 때에는 木製의 선반에 놓아 진동이나 충격을 받지 않게 하는 것이 좋으며, 많은 양을 포개 놓거나 重量物을 올려 놓지 않도록 하여야 한다. 대형의 숫돌을 운반할 때에는 숫돌면이 상하지 않도록 보호하여야 한다.

9章 齒車加工

9-1 gear가공의 개요

현재 많이 사용되고 있는 gear의 종류에는 Fig. 1-272와 같은 것이 있으며, gear를 절삭 가공하고 정밀도를 높이기 위하여 연삭(grinding), lapping, gear shaving 등으로 다듬질가공을 한다.

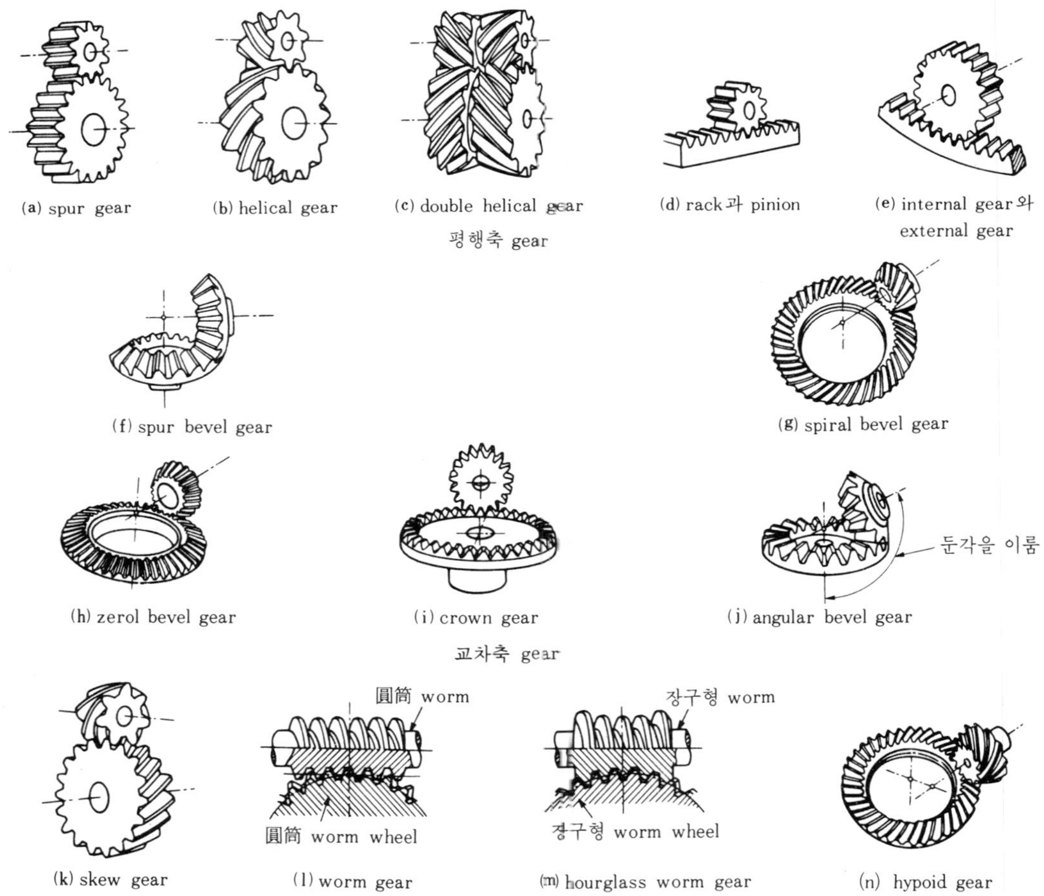

(a) spur gear (b) helical gear (c) double helical gear (d) rack과 pinion (e) internal gear와 external gear

평행축 gear

(f) spur bevel gear (g) spiral bevel gear (h) zerol bevel gear (i) crown gear (j) angular bevel gear

교차축 gear

(k) skew gear (l) worm gear (m) hourglass worm gear (n) hypoid gear

어긋난 축 gear

Fig. 1-272 gear의 종류

9-1-1 gear 절삭법의 종류

〔1〕 齒成形 기구에 의한 분류

(1) 總形 切削法 : Fig. 1-273에서와 같이 齒 사이의 홈과 같은 형상의 공구를 사용하여 이를 1개씩 가공하여 가는 방법으로서 shaper, slotter, milling machine에서 gear를 제작할 수 있다.

(2) 創成法(generating process) : 정확히 involute 齒形을 가공할 수 있는 방법으로 Fig. 1-274와 같이 gear와 맞물고 회전하는 것 같이 가공물과 공구가 운동하면서 가공하는 것으로서 pinion cutter를 축방향으로 왕복운동시키는 방법도 있고, Fig. 1-275와 같이 rack cutter를 사용하는 것을 **gear shaving**, hob를 사용하는 방법을 **gear hobbing**이라고 한다. gear hobbing에 대해서는 차후에 설명하기로 한다.

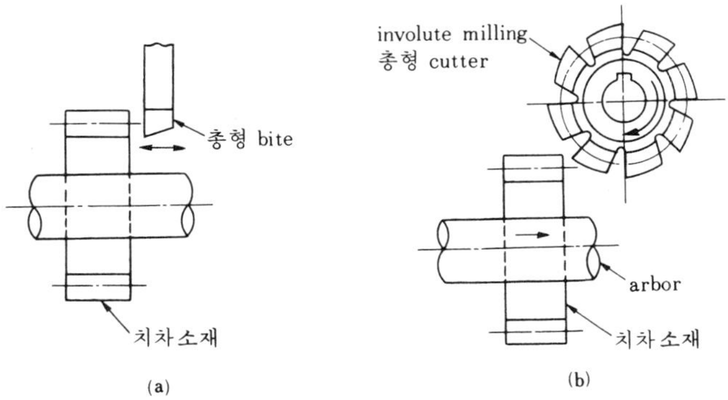

Fig. 1-273 총형 공구에 의한 gear 절삭

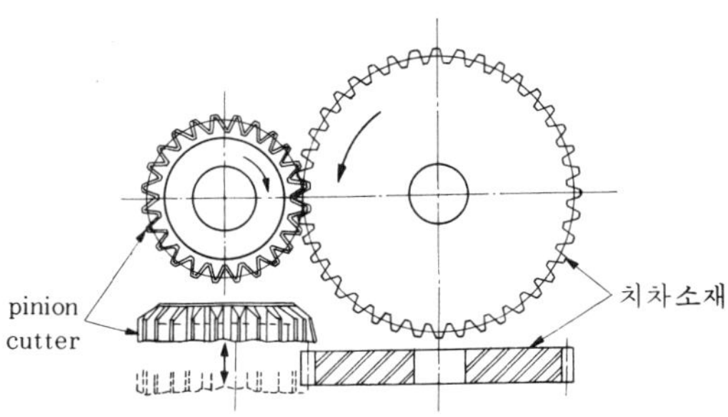

Fig. 1-274 pinion cutter에 의한 치차가공

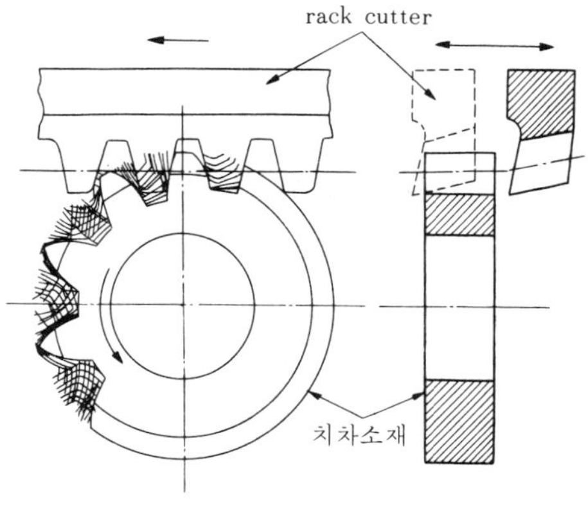

Fig. 1-275 rack cutter에 의한 치차가공

Fig. 1-276에서와 같이 rack cutter 측면이 齒形 곡면 *a*, *b*, *c*, *d*를 순차적으로 접촉하면서 운동에 방해가 되는 부분을 절삭하여 involute 齒形을 이룬다.

(3) 型板에 의한 방법 : Fig. 1-277과 같이 shaper의 table에 型板과 공작물을 고정하고, 화살표 방향으로 이송을 주면 공구대가 型板의 齒形曲線에 따라 움직이며 공작물에 치형가공을 하게 된다. 型板에 따라 공구대를 sliding시킬 때에는 공구대와 절삭 깊이용 이송나사를 서로 분리시켜야 한다.

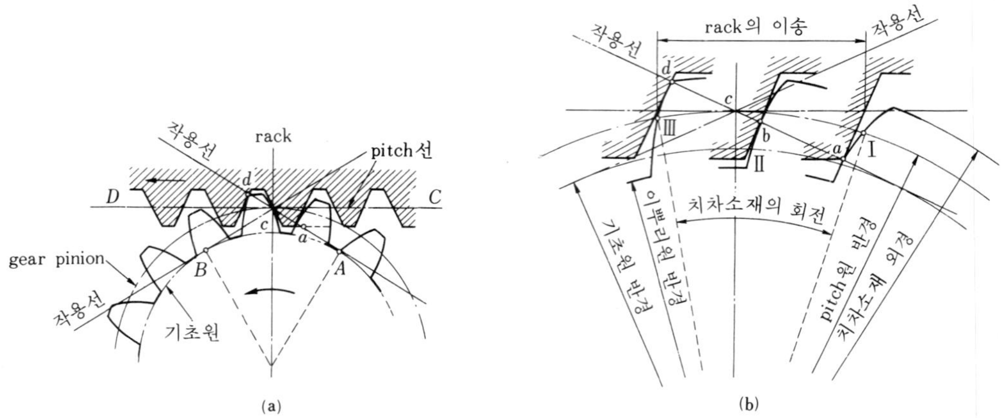

Fig. 1-276 rack cutter에 의한 involute 치형가공원리

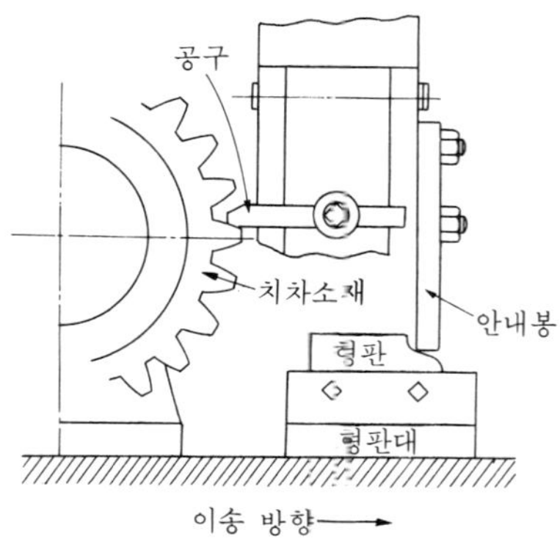

Fig. 1-277 shaper에 의한 gear의 모방가공

〔2〕 치형가공기에 의한 분류

① 壓延轉造 成形法 : 기계공작법의 소성가공편을 참조하기 바란다.

② planer, shaper 및 slotter 가공

③ milling machine 에 의한 가공

④ 연삭에 의한 가공

⑤ hobbing machine 에 의한 가공

9-2 hobbing machine에 의한 gear加工

9-2-1 hobbing machine의 개요

gear hobbing machine으로 원통형 gear를 가공하는 것을 **gear hobbing**이라 하며, Fig. 1-278과 같이 절삭공구인 hob의 twisting angle만큼 경사시키는 것 외에는 worm에 해당하고,

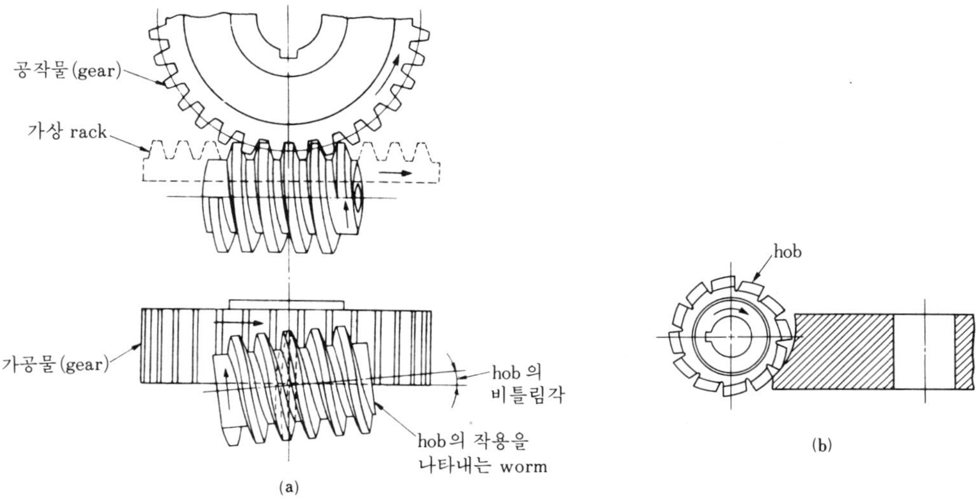

Fig. 1-278 hob와 가공물의 위치

공작물 소재가 worm gear에 해당하여 서로 맞물고 돌아가는 것과 같은 방법으로 gear를 創成하는 것이다.

hobbing machine으로 가공할 수 있는 것에는 spur gear, helical gear, worm gear, spline, sprocket 등이 있으며, 1개의 hob로 임의의 잇수를 가공할 수 있으나 잇수가 35개 이하이면 undercut이 생기므로 hob의 수정이 필요하다. Fig. 1-279는 hob가공의 예이다.

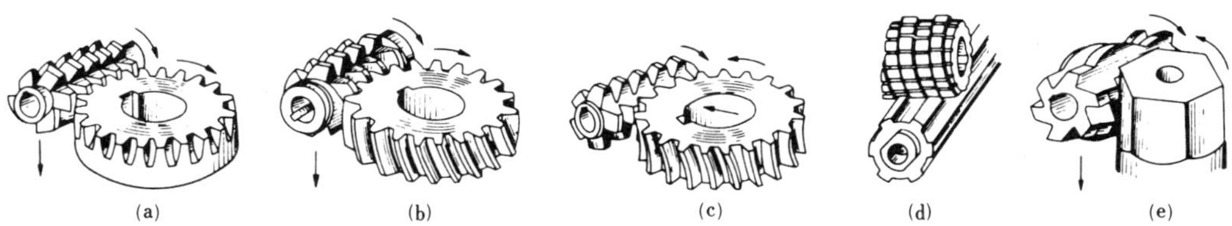

Fig. 1-279 hobbing의 예

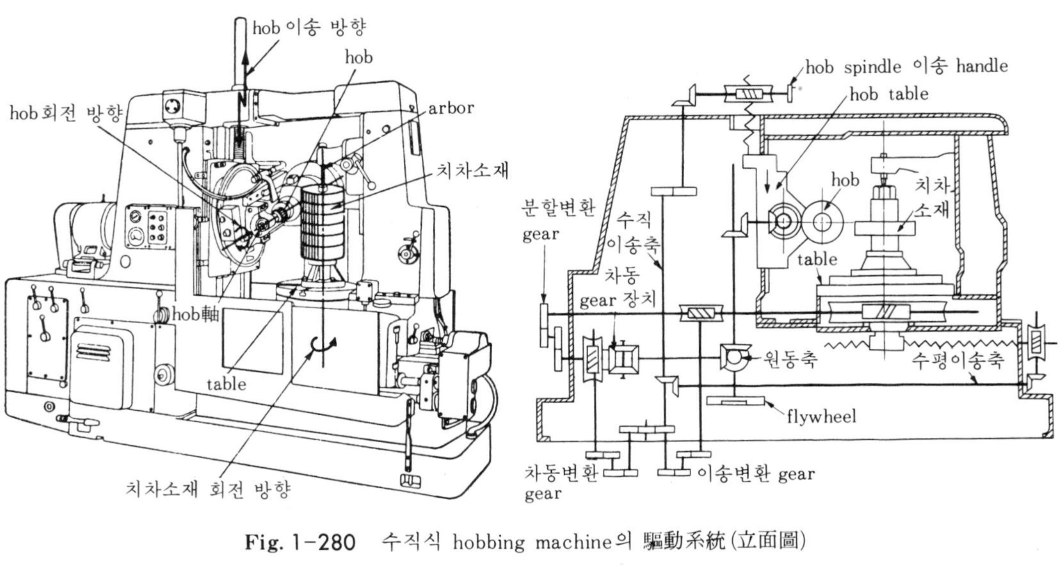

Fig. 1-280 수직식 hobbing machine의 驅動系統(立面圖)

hobbing machine에는 공작물을 고정하는 軸이 수평인 것과 수직인 것이 있으며, Fig.1-280은 수직식 hobbing machine이다.

hobbing machine의 규격은 절삭할 수 있는 최대 pitch, 바깥지름, 이폭 등으로 표시한다.

9-2-2 hobbing machine의 機構(동력전달 순서에서 差動裝置가 分割 gear의 앞에 위치한 경우)

hobbing machine에서 gear를 절삭하기 위해서는 다음 네 가지의 운동이 조합된다.

① hob의 회전운동 ③ hob의 feed운동

② table의 회전운동 ④ 차동장치의 운동

Fig. 1-281에서 이상 네 가지의 운동계를 설명하기로 한다.

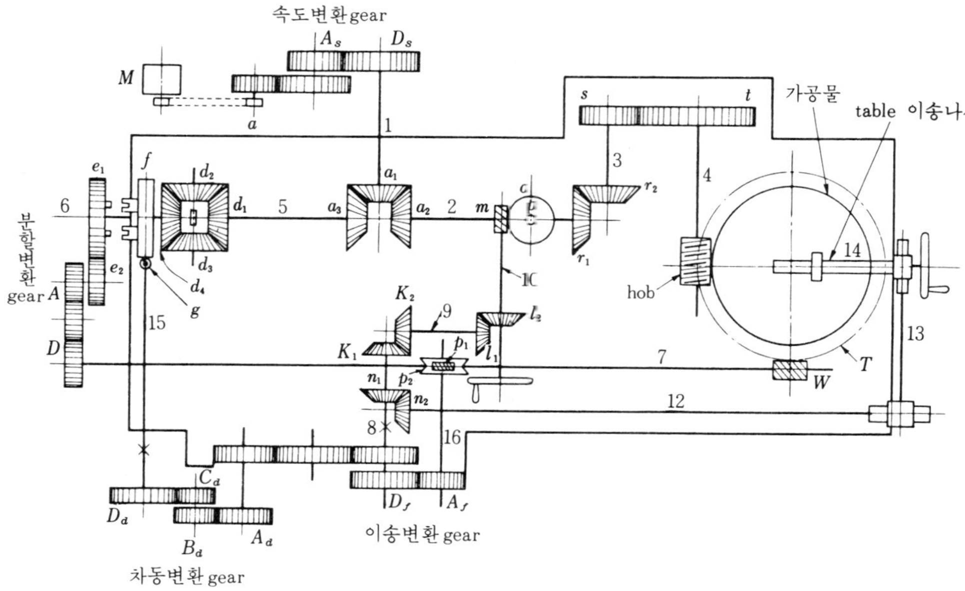

Fig. 1-281 hobbing machine의 驅動系統(平面圖)

〔1〕 hob系

A_s, D_s는 motor M에서 오는 속도의 變換 gear ; a_1, a_2는 잇수가 같은 bevel gear ; r_1, r_2는 잇수가 같은 bevel gear

$$i_h=\frac{s}{t}=\frac{1}{3} : s\text{와 } t\text{의 잇수比}$$

〔2〕 table系

d_1, d_2, d_3, d_4는 잇수가 같은 bevel gear ; A, D는 공작물의 분할변환gear

$$i_T=\frac{W}{T}=\frac{1}{72} : W\text{(worm)와 } T\text{(table에 고정된 worm gear)의 잇수比}$$

〔3〕 **feed系**

A_f, D_f는 feed 변환 gear ; K_1, K_2는 잇수가 같은 bevel gear ; l_1, l_2는 잇수가 같은 bevel gear

$$i_p=\frac{p_1}{p_2}=\frac{1}{3} : p_1\text{과 } p_2\text{의 잇수比}$$

$$i_s=\frac{m}{o}=\frac{1}{20} : m\text{과 } o\text{의 잇수比}$$

$$p=\frac{1}{4}\text{in} : \text{hob head의 上下運動나사의 pitch}$$

〔4〕 **差動裝置系**

A_d, B_d, C_d, D_d는 차동장치의 변환 gear

$$i_g=\frac{g}{f}=\frac{1}{20} : \text{worm } g\text{와 worm gear } f\text{의 잇수의 比}$$

(1) hob系의 회전 : 「1축→2축→3축→4축(hob)」의 순으로 동력전달이 이루어지고 hob의 회전수 n_H와 1축의 회전수 n_0의 관계는 다음과 같다.

$$n_H=n_0\cdot\frac{a_1}{a_2}\cdot\frac{r_1}{r_2}\cdot\frac{s}{t}$$

그런데

$$a_1=a_2,\quad r_1=r_2,\quad \frac{s}{t}=\frac{1}{3} \tag{1-52}$$

$$\therefore\ n_H=\frac{1}{3}n_0 \tag{1-53}$$

즉 1축의 1회전에 대하여 hob는 $\frac{1}{3}$ 회전한다.

(2) table系의 회전 : 「1축→5축→6축→7축(W)→T」의 순으로 동력전달이 되고, table의 회전수 n_T와 1축의 회전수 n_0와의 관계는 다음과 같다.

$$n_T=n_0\cdot\frac{a_1}{a_3}\cdot\frac{d_1}{d_2}\cdot\frac{d_2}{d_4}\cdot\frac{e_1}{e_2}\cdot\frac{A}{D}\cdot\frac{W}{T} \tag{1-54}$$

그런데

$$a_1=a_2=a_3,\quad e_1=e_2,\quad i_d=\frac{d_1}{d_2}\cdot\frac{d_2}{d_4}=1,\quad \frac{W}{T}=\frac{1}{72}$$

이라 하면

$$n_T=\frac{1}{72}n_0\cdot\frac{A}{D} \tag{1-55}$$

〔5〕 **分割變換 gear공식**

식 (1-53)과 식 (1-55)에서 $\frac{A}{D}=\frac{a}{b}\cdot\frac{c}{d}=1$일 때 $\left(\frac{a}{b}\cdot\frac{c}{d}\text{는 2단 분할 gear를 의미한다}\right)$ table의 1회전에 대한 hob의 회전수를 **分割常數**라 하며 spur gear를 가공할 경우 본례에서는

다음과 같다.

$$\text{분할상수} = n_H / n_T = \frac{1}{3} n_0 \Big/ \frac{n_0}{72} = 24 \tag{1-56}$$

공작물의 잇수를 N, hob의 重數를 k라 하면

$$\frac{n_T}{n_H} = \frac{\frac{1}{N}}{\frac{1}{k}} = \frac{k}{N} \tag{1-57}$$

즉 hob의 1회전에 대하여 table은 $\frac{k}{N}$만큼 회전하여야 한다.

식 (1-52)에서 $a_1 = a_2$, $r_1 = r_2$인 경우

$$n_H = n_0 \cdot \frac{s}{t} = n_0 \cdot i_h$$

식 (1-54)에서 $a_1 = a_3$, $e_1 = e_2$인 경우

$$n_T = n_0 \cdot \frac{d_1}{d_2} \cdot \frac{d_2}{d_4} \cdot \frac{A}{D} \cdot \frac{W}{T} = n_0 \cdot i_d \cdot \frac{a}{b} \cdot \frac{c}{d} \cdot i_T$$

$$\therefore \frac{n_T}{n_H} = \frac{1}{i_h} \cdot i_d \cdot \frac{a}{b} \cdot \frac{c}{d} \cdot i_T$$

$$\therefore n_T = n_H \cdot \frac{1}{i_h} \cdot i_d \cdot \frac{a}{b} \cdot \frac{c}{d} \cdot i_T$$

$n_H = 1$일 때, 즉 hob가 1회전하면 table의 회전수 $n_T\left(=\frac{k}{N}\right)$는 다음과 같다.

$$n_T = \frac{k}{N} = \frac{i_d \cdot i_T}{i_h} \cdot \frac{a}{b} \cdot \frac{c}{d}$$

$$\therefore \frac{a}{b} \cdot \frac{c}{d} = \frac{k}{N}\left(\frac{i_h}{i_d \cdot i_T}\right) \tag{1-58}$$

단, $\frac{a}{b} \cdot \frac{c}{d} = \frac{A}{D}$: 분할변환 gear비이다.

(1) spur gear의 가공 : spur gear의 가공에서는 $i_d = 1$이며, 식 (1-58)은 다음과 같다.

$$\frac{a}{b} \cdot \frac{c}{d} = \frac{k}{N} \cdot \left(\frac{i_h}{i_T}\right) = \frac{k}{N} \cdot \left(\frac{s}{t} \Big/ \frac{W}{T}\right) = \frac{k}{N} \cdot C_s \tag{1-59}$$

단, C_s : spur gear 가공에서의 분할상수(index constant)

(2) helical gear의 가공 : helical gear의 가공에서는 차동 gear장치가 사용되므로 $i_d = \frac{1}{2}$이다. 그러므로 식 (1-58)에서

$$\frac{a}{b} \cdot \frac{c}{d} = \frac{k}{N} \cdot \left(\frac{2 i_h}{i_T}\right) = \frac{k}{N} \cdot C_h \tag{1-60}$$

단, C_h : helical gear 가공에서의 분할상수(index constant)이며 $C_h = 2 \cdot C_s$이다.

Fig. 1-281 에서

$$i_h=\frac{1}{3},\quad i_T=\frac{1}{72}$$

이므로

$$C_s=\frac{i_h}{i_T\cdot i_d}=\frac{\frac{1}{3}}{1\times\frac{1}{72}}=24,\quad C_h=\frac{i_h}{i_T\cdot i_d}=\frac{\frac{1}{3}}{\frac{1}{2}\times\frac{1}{72}}=48$$

그러므로 분할변환 gear의 잇수比(i_i)의 공식은 다음과 같다.

$$\text{spur gear}：i_i=\frac{A}{D}=\frac{a}{b}\cdot\frac{c}{d}=\frac{24}{N}\cdot k \qquad (1-61)$$

$$\text{helical gear}：i_i=\frac{A}{D}=\frac{a}{b}\cdot\frac{c}{d}=\frac{48}{N}\cdot k \qquad (1-62)$$

차동장치를 사용할 때에는 다음과 같은 구동계통을 갖는다.

motor M→ 1 축→ 5 축(차동 gear 장치)→ 6 축→ 7 축→16축→15축→ 7 축(worm W)

차동장치를 사용하지 않을 때(spur gear의 가공)에는 g와 f를 분리시키고 6축을 차동장치에 끼워 넣어 d_2, d_3로 하여금 쐐기작용을 시키면 차동장치는 5축과 6축을 단일축으로 일체시키고 e_1→e_2→A→D를 통하여 운동이 전달된다.

차동장치를 사용할 때(helical gear의 가공)에는 e_1은 f와 분리시키고 6축에 고정하며 이때 g는 f를 구속하므로 5축의 회전에 의하여 bevel gear d_2, d_3가 고정된 bevel gear d_4의 주위를 회전하면서 6축을 회전시킨다. 6축의 회전수는 차동장치의 원리에 의하여 5축 회전수의 $\frac{1}{2}$이 되며 분할상수는 spur gear 때의 2배이다.

〔6〕 feed變換 gear 공식

Fig. 1-281에서 table이 1회전하기 위해서는 7軸이 72회전하며 feed系의 구동계통은 다음과 같다.

7 축→p_1→p_2→feed 변환 gear(A_f, D_f) (2단일 때는 a_1, b_1, c_1, d_1)→ 8 축→K_1→K_2→ 9 축→l_1→l_2→10축→m→o→feed 나사(pitch $p=\frac{1}{4}$ in)

table의 1회전, 즉 W의 72회전$\left(\frac{1}{i_T}=72\right)$에 대한 feed량 F는

$$F=\frac{1}{i_T}\cdot\frac{p_1}{p_2}\cdot\left(\frac{a_1}{b_1}\cdot\frac{c_1}{d_1}\right)\cdot\frac{K_1}{K_2}\cdot\frac{l_1}{l_2}\cdot\frac{m}{o}\cdot p$$

그런데 $K_1=K_2$, $l_1=l_2$

$$\therefore\ F=\frac{1}{i_T}\cdot i_p\cdot\left(\frac{a_1}{b_1}\cdot\frac{c_1}{d_1}\right)\cdot i_S\cdot p$$

$$\therefore\ \frac{a_1}{b_1}\cdot\frac{c_1}{d_1}=\frac{F}{\frac{1}{i_T}\cdot i_p\cdot i_S\cdot p}=\frac{F}{C_F} \qquad (1-63)$$

단, $C_F=\frac{1}{i_T}\cdot i_p\cdot i_S\cdot p$：feed 상수(feed constant)이다.

Fig. 1－281 에서 $\frac{1}{i_T}=72$, $i_p=\frac{1}{3}$, $i_s=\frac{1}{20}$ 이므로

$$\frac{a_1}{b_1}\cdot\frac{c_1}{d_1}=\frac{20}{24}\cdot\frac{F}{p} \tag{1-64}$$

식 (1－64)에서 $\frac{a_1}{b_1}\cdot\frac{c_1}{d_1}=1$, $p=\frac{1}{4}$in 라 하면 $F=\frac{3}{10}$in 가 된다.

식 (1－64)에서 $\frac{20}{24p}$을 **feed變換 gear常數**(constant of feed change gear)라 하며, $p=\frac{1}{4}$in 라 하면 feed변환 gear의 잇수比(i_f)는 다음과 같다.

$$i_f=\frac{a_1}{b_1}\cdot\frac{c_1}{d_1}=\frac{10}{3}\cdot F \tag{1-65}$$

helical gear의 가공에 있어서도 W(worm)의 72회전에 대하여 table이 1회전되므로 식 (1－65)를 적용할 수 있다.

〔7〕 helical gear가공에서의 차동장치 변환 gear공식

spur gear에서는 가공물이 1회전하면 1회의 가공이 끝나고 다음 절삭이 시작되나, helical gear 가공에서는 Fig. 1－282 에서와 같이 ($\pm x$) 만큼 여분의 회전을 하여야 한다.

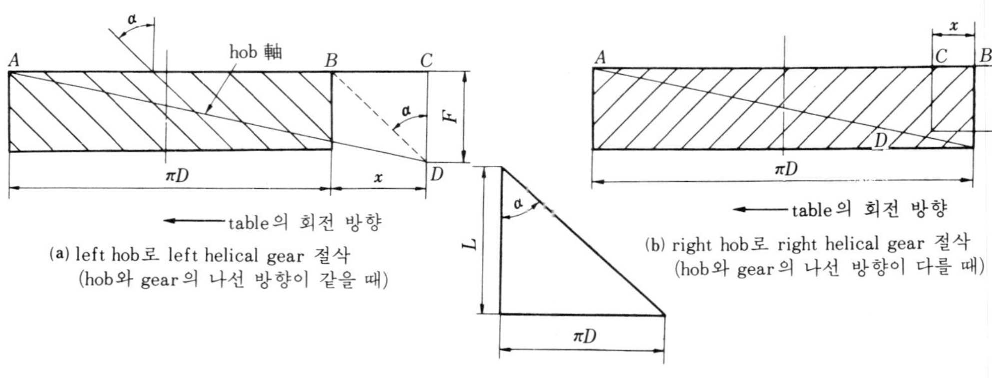

Fig. 1－282

즉 (＋) : hob와 gear의 나선 방향이 같을 때, (－) : hob와 gear의 나선 방향이 다를 때

$$x=F\cdot\tan\alpha \tag{1-66}$$

단, α : hob의 helix angle이고, D : 공작물의 pitch 지름이라 하면 x에 대한 회전수는 다음과 같다.

$$\frac{x}{\pi D}=F\cdot\tan\alpha\cdot\frac{1}{\pi D} \tag{1-67}$$

helical gear에서 $\tan\alpha=\frac{\pi D}{L}$ 이다. 단, L : helical gear의 lead

$$\therefore\ L=\frac{\pi D}{\tan\alpha}=\pi D\cdot\cot\alpha \tag{1-68}$$

∴ 식 (1－67)과 식 (1－68)에서

$$\frac{x}{\pi D}=\frac{F}{L} \tag{1-69}$$

식 (1－69)에서 여분의 회전량은 $\frac{F}{L}$가 되는 것을 알 수 있으며, Fig. 1－281에서의 차동장치를 사용하면 다음과 같다.

(1) table을 회전시키는 분할운동 : 1축→a_1→a_3→5축→6축→A→D→7축→W→T

(2) (±) x량을 위한 차동운동 : 7축→p_1→p_2→(feed change gear) A_f→D_f→(차동변환 gear) A_d→B_d→C_d→D_d→15축→g→f→A→D→W→T

helical gear의 가공에서는 (1) 및 (2)운동이 필요하며 차동변환 gear A_d, B_d, C_d, D_d(또는 a_2 b_2, c_2, d_2)에 의하여 (±) x는 다음과 같다.

$$x=\frac{1}{i_T}\cdot\frac{p_1}{p_2}\cdot\left(\frac{a_1}{b_1}\cdot\frac{c_1}{d_1}\right)\cdot\left(\frac{a_2}{b_2}\cdot\frac{c_2}{d_2}\right)\cdot\frac{g}{f}\cdot\left(\frac{a}{b}\cdot\frac{c}{d}\right)\cdot\frac{W}{T}\cdot\pi D$$

$$=\frac{1}{i_T}\cdot i_p\cdot i_f\cdot\left(\frac{a_2}{b_2}\cdot\frac{c_2}{d_2}\right)\cdot i_g\cdot i_i\cdot i_T\cdot\pi D$$

$$\therefore\ \frac{x}{\pi D}=\frac{F}{L}=i_p\cdot i_f\cdot\left(\frac{a_2}{b_2}\cdot\frac{c_2}{d_2}\right)\cdot i_g\cdot i_i$$

$$\therefore\ \frac{a_2}{b_2}\cdot\frac{c_2}{d_2}=\frac{1}{i_p\cdot i_f\cdot i_g\cdot i_i}\cdot\frac{F}{L} \tag{1-70}$$

重數 $k=1$인 hob로 helical gear를 가공할 때 다음 조건을 대입하면

$$i_i=\frac{a}{b}\cdot\frac{c}{d}=\frac{48}{N}$$

$$i_f=\frac{a_1}{b_1}\cdot\frac{c_1}{d_1}=\frac{10}{3}F$$

$i_p=\frac{1}{3}$, $i_g=\frac{1}{20}$, $i_T=\frac{1}{72}$, 차동변환 gear의 잇수비(i_d)는 다음과 같다.

$$i_d=\frac{A_d}{D_d}=\frac{a_2}{b_2}\cdot\frac{c_2}{d_2}=\frac{3}{8}\cdot\frac{N}{L}=0.375\frac{N}{L} \tag{1-71}$$

그런데 Fig. 1－283에서

diametral pitch $DP=\frac{N}{D}$

circular pitch $CP=\frac{\pi D}{N}=ab=p_c$

직각 circular pitch $p_n=ac=p_c\cdot\cos\alpha$

$$\therefore\ p_n=\frac{\pi D}{N}\cdot\cos\alpha$$

직각 diametral pitch $DP=\frac{\pi}{p_n}=\frac{\pi}{\frac{\pi D}{N}\cdot\cos\alpha}=\frac{N}{D\cdot\cos\alpha}$ (1－72)

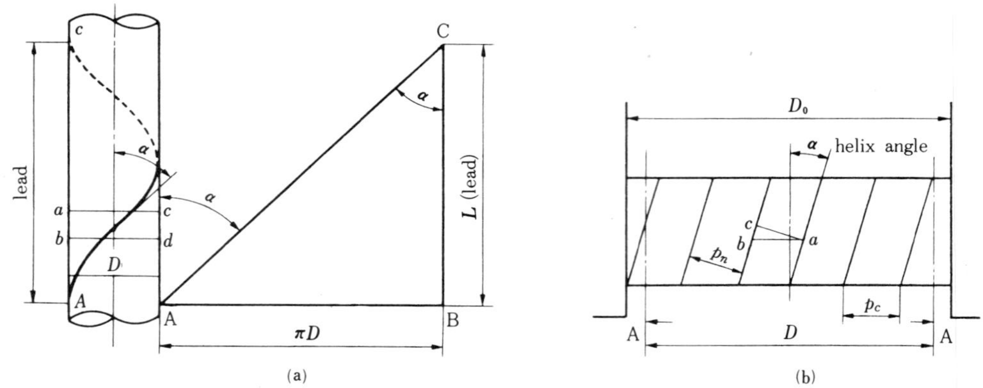

Fig. 1-283　helical gear의 개요

$$\therefore \frac{a_2}{b_2}\cdot\frac{c_2}{d_2}=\frac{3}{8}\cdot\frac{N}{L}=\frac{3}{8}\cdot\frac{DP\cdot D\cdot\cos\alpha}{\pi D\cdot\cot\alpha}=\frac{3}{8}\cdot\frac{DP\cdot\sin\alpha}{\pi}$$

$$=0.1193\cdot DP\cdot\sin\alpha$$

$$i_d=\frac{A_d}{D_d}=\frac{a_2}{b_2}\cdot\frac{c_2}{d_2}=0.1193\cdot DP\cdot\sin\alpha \qquad (1-73)$$

hobbing machine에 따라 상수가 정해져 있으나 알 수 없을 경우에는 이상의 방법으로 계산한다.

9-2-3　hobbing machine의 기구(동력전달 순서에서 差動裝置가 分割 gear의 뒤에 위치한 경우

〔1〕 hob系의 회전

Fig. 1-284 에서 동력전달은 다음 순서와 같다.

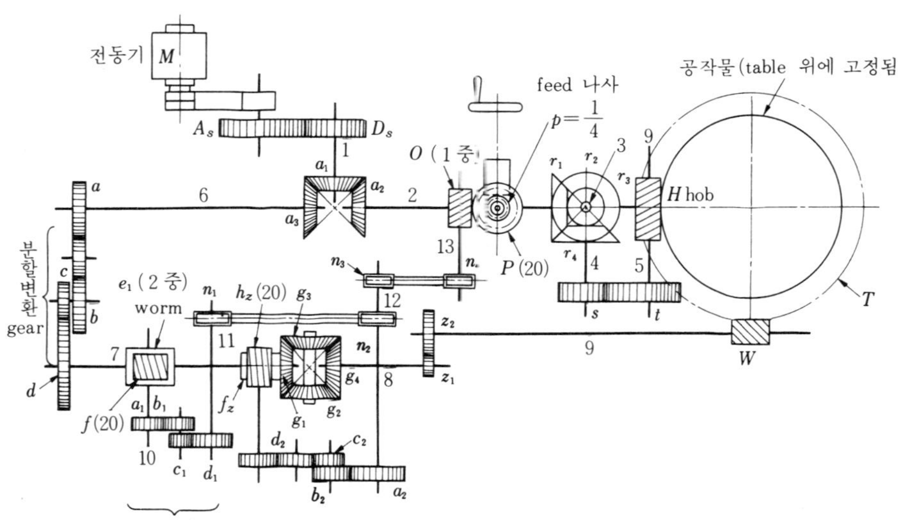

Fig. 1-284　hobbing machine의 구동계통(평면도)

1축→a_1→a_2→2축(r_1)→r_2→3축→r_3→r_4→4축→s→t→5축(hob)

bevel gear r_1과 r_2는 수평축 2와 수직축 3에 있고 bevel gear r_3와 r_4는 수직축 3과 수평축 4에 있다.

∴ 1축의 n_0회전에 대한 hob의 회전 n_H는 다음과 같다.

$$n_H = n_0 \cdot \frac{a_1}{a_2} \cdot \frac{r_1}{r_2} \cdot \frac{r_3}{r_4} \cdot \frac{s}{t} \tag{1-74}$$

$a_1 = a_2$, $r_1 = r_2$, $r_3 = r_4$의 관계라 하면

$$n_H = n_0 \cdot \frac{s}{t} = n_0 \cdot i_h \tag{1-75}$$

〔2〕 **table系의 회전**

table의 회전은「1축→a_1→a_3→6축→분할변환 gear(a, b, c, d)→7축→차동 gear 장치(g_1, g_2, g_3, g_4)→z_1→z_2→W(worm)→T(table의 worm gear)」의 순서에 의하며, 차동장치의 역할은 다음과 같다.

7축→worm f_z→worm gear h_z→bevel gear g_2, g_3는 bevel gear g_1의 주위를 돌아 g_4를 회전→8축(차동장치에 의하여 7축의 2배의 회전수)→z_1→z_2→W→T

h_z, f_z는 축에 고정된 것이 아니고 서로 분리시킬 수 있다.

1축의 n_0회전에 대하여 table의 회전수 n_T는

$$n_T = n_0 \cdot \frac{a_1}{a_3} \cdot \left(\frac{a}{b} \cdot \frac{c}{d}\right) \cdot \left(\frac{g_1}{g_2} \cdot \frac{g_2}{g_4}\right) \cdot \frac{z_1}{z_2} \cdot \frac{W}{T}$$

그런데 $a_1 = a_3$, $z_1 = z_2$, 차동변환gear의 잇수比 $i_d = \frac{g_1}{g_2} \cdot \frac{g_2}{g_4} = 2$, $i_i = \frac{a}{b} \cdot \frac{c}{d}$, $i_T = \frac{W}{T}$라 하면

$$n_T = n_0 \cdot i_i \cdot i_d \cdot i_T = 2\,n_0 \cdot i_i \cdot i_T \tag{1-76}$$

$i_i = \frac{a}{b} \cdot \frac{c}{d} = 1$일 때 table의 1회전에 대한 hob의 회전수, 즉 분할상수는 다음과 같다.

단, $i_h = \frac{s}{t} = \frac{1}{2}$, $i_T = \frac{1}{80}$이다.

$$\frac{n_H}{n_T} = \frac{n_0 \cdot i_h}{2\,n_0 \cdot i_i \cdot i_T} = 20 \tag{1-77}$$

〔3〕 **分割變換 gear 공식**

重數 k인 hob를 사용하여 공작물의 잇수 N인 gear를 가공하려면 hob의 1회전에 대하여 table은 $\frac{k}{N}$ 회전하여야 한다.

$\frac{k}{N} = 1\,(\text{hob의 1회전}) \cdot \frac{t}{s} \cdot \frac{r_4}{r_3} \cdot \frac{r_2}{r_1} \cdot \frac{a_2}{a_1} \cdot \frac{a_1}{a_3} \cdot \left(\frac{a}{b} \cdot \frac{c}{d}\right) \cdot \left(\frac{g_1}{g_2} \cdot \frac{g_2}{g_4}\right) \cdot \frac{z_1}{z_2} \cdot \frac{W}{T}$ 그런데 $a_1 = a_2 = a_3$, $r_3 = r_4$, $z_1 = z_2$이므로 $\frac{t}{s} = \frac{1}{i_h}$, $\frac{a}{b} \cdot \frac{c}{d} = i_i$, $\frac{W}{T} = i_T$, $\frac{g_1}{g_2} \cdot \frac{g_2}{g_4} = i_d$라 하면

$$i_i=\frac{a}{b}\cdot\frac{c}{d}=\frac{k}{N}\cdot\left(\frac{i_h}{i_d\cdot i_T}\right)=\frac{k}{N}\cdot C \quad (1-78)$$

단, $C=\frac{i_h}{i_d\cdot i_T}$: gear常數(gear constant)

(1) spur gear의 가공 : $i_h=\frac{1}{2}$, $i_T=\frac{1}{80}$, $i_d=2$ 이므로

$$i_i=\frac{A}{D}=\frac{a}{b}\cdot\frac{c}{d}=\frac{20}{N}\cdot k \quad (1-79)$$

〔4〕 feed變換 gear공식

feed를 위한 회전전달은 다음과 같다. 1축→c_1→a_3→6축→분할변환 gear(a, b, c, d)→7축→worm e_1→worm gear f→10축→feed변환 gear(a_1, b_1, c_1, d_1)→11축→n_1 $\xrightarrow{\text{chain}}$ n_2→12축→n_3 $\xrightarrow{\text{chain}}$ n_4→13축→O→P→feed나사(pitch $p=\frac{1}{4}$ in) (hob의 상하운동)

table의 1회전에 대해 7축이 40회전하도록 되어 있다면 hob의 feed F는 다음과 같다.

$$F=\left(40\cdot\frac{e_1}{f}\cdot\frac{a_1}{b_1}\cdot\frac{c_1}{d_1}\cdot\frac{n_1}{n_2}\cdot\frac{n_3}{n_4}\cdot\frac{O}{P}\right)\cdot p$$

그런데

$$i_e=\frac{e_1}{f}=\frac{2}{20},\quad i_p=\frac{O}{P}=\frac{1}{20},\quad n_1=n_2,\quad n_3=n_4$$

라 하면

$$i_f=\frac{A_f}{D_f}=\frac{a_1}{b_1}\cdot\frac{c_1}{d_1}=\frac{F}{40\cdot i_e\cdot i_p\cdot p}=F\cdot C_F \quad (1-80)$$

단, $C_F=\frac{1}{40\cdot i_e\cdot i_p\cdot p}$: feed상수(feed constant)

$$\therefore\ i_f=\frac{A_f}{D_f}=\frac{a_1}{b_1}\cdot\frac{c_1}{d_1}=20F \quad (1-81)$$

〔5〕 helical gear가공에서의 差動變換 gear공식

식 (1-69) $\frac{x}{\pi D}=\frac{F}{L}$의 관계를 갖도록 차동변환 gear를 정해야 한다.

(1) table을 회전시키는 분할운동 : 7축→e_1→f→10축→feed변환 gear(a_1, b_1, c_1, d_1)→11축→n_1→n_2→12축→차동변환 gear(a_2, b_2, c_2, d_2)→f_z→h_z→차동장치(g_1, g_2, g_3, g_4)→8축→z_1→z_2→9축→W→T

(2) (±)x량을 위한 차동운동 : $x=\left(40\cdot\frac{e_1}{f}\cdot\frac{a_1}{b_1}\cdot\frac{c_1}{d_1}\cdot\frac{n_1}{n_2}\cdot\frac{a_2}{b_2}\cdot\frac{c_2}{d_2}\cdot\frac{f_z}{h_z}\cdot\frac{z_1}{z_2}\cdot\frac{W}{T}\right)\cdot\pi D$이며, $n_1=n_2$, $z_1=z_2$라 하면

$$\frac{x}{\pi D}=\frac{F}{L}=40\cdot i_e\cdot i_f\cdot i_d\cdot i_g\cdot i_T \quad (1-82)$$

$$\therefore\ i_d=\frac{a_2}{b_2}\cdot\frac{c_2}{d_2}=\frac{1}{40\cdot i_e\cdot i_f\cdot i_g\cdot i_T}\cdot\frac{F}{L}$$

〔식 (1-76)의 i_d와 식 (1-82)의 i_d는 서로 다르므로 착오 없기 바란다.〕

Fig. 1-284에서 $i_e=\frac{2}{20}$, $i_f=20\cdot F$〔식 (1-81)〕, $i_g=\frac{1}{20}$, $i_T=\frac{1}{80}$이라 하면

$$i_d=\frac{A_d}{D_d}=\frac{a_2}{b_2}\cdot\frac{c_2}{d_2}=\frac{20}{L} \tag{1-83}$$

그런데 $L=\pi D\cdot\cot\alpha$이며, helical gear의 diametral pitch $DP=\frac{N}{D\cdot\cos\alpha}$ 식 (1-72)에서 $D=\frac{N}{DP\cdot\cos\alpha}$이므로

$$L=\pi\cdot\cot\alpha\cdot\frac{N}{DP\cdot\cos\alpha}=\frac{\pi\cdot N}{DP\cdot\sin\alpha}$$

$$\therefore\ i_d=\frac{a_2}{b_2}\cdot\frac{c_2}{d_2}=\frac{20\cdot DP\cdot\sin\alpha}{\pi\cdot N}=6.37\frac{DP\cdot\sin\alpha}{N} \tag{1-84}$$

예제 1-28. pitch원의 지름 $D=6$ in, 잇수 $N=42$, 나선각(helix angle) $\alpha=36°$인 左비틀림 helical gear를 左비틀림 1줄 hob로 절삭하려 할 때, 차동변환 gear와 분할변환 gear를 계산하여라. 단, Fig. 1-281의 hobbing machine을 사용한다.

(解) 분할변환 gear 잇수比 $i_i=\frac{A}{D}=\frac{a}{b}\cdot\frac{c}{d}=\frac{48}{N}=\frac{48}{42}$에서

$A=48$ teeth, $D=42$ teeth

lead $L=\pi D\cdot\cot\alpha=\pi\times 6\times\cot 36=25.93$ in

차동변환 gear 잇수比 $i_d=\frac{A_d}{D_d}=\frac{a_2}{b_2}\cdot\frac{c_2}{d_2}=0.1193\times DP\times\sin\alpha$

식 (1-72)에서 $DP=\frac{N}{D\cdot\cos\alpha}=\frac{42}{6\times\cos 36}$이므로

$i_d=\frac{A_d}{D_d}=\frac{0.1193\times 42\times\sin 36}{6\times\cos 36}=0.607=\frac{20}{33}$ (변환 gear 표에 의함, 또는 계산자에 의하여 분수계산할 수 있다.)

$\therefore\ A_d=20$ teeth, $D_d=33$ teeth

또는 식 (1-71)에 의하여

$i_d=\frac{A_d}{D_d}=\frac{a_2}{b_2}\cdot\frac{c_2}{d_2}=0.375\times\frac{N}{L}=0.375\times\frac{42}{25.93}=0.6078=\frac{20}{33}$

$\therefore\ A_d=20$ teeth, $D_d=33$ teeth

table의 회전 방향은 Fig. 1-282(a)와 같이 (+)회전이므로 중간 gear를 1개 사용하여 차동장치를 (+)로 작용시켜야 한다.

예제 1-29. pitch원의 지름 $D=10$ in, 잇수 $N=80$, 나선각(helix angle) $\alpha=34°$인 左비틀림 helical gear를 左비틀림 1줄 hob로 절삭하려 할 때 차동변환 gear, 분할변환 gear를 계산하여라. 단, Fig. 1-284의 hobbing machine을 사용한다.

(解) $DP=\frac{N}{D\cdot\cos\alpha}=\frac{80}{10\times\cos 34}=9.65$

lead $L=\pi D\cdot\cot\alpha=\pi\times 10\times\cot 34=46.55$ in

분할변환 gear의 잇수비 $i_i=\frac{A}{D}=\frac{a}{b}\cdot\frac{c}{d}=\frac{20}{N}=\frac{20}{80}$ 에서

$A=20$ teeth, $D=80$ teeth

차동변환 gear의 잇수비 $i_d=\frac{A_d}{D_d}=\frac{a_2}{b_2}\cdot\frac{c_2}{d_2}=\frac{20}{L}=\frac{20}{46.55}=0.430=\frac{37}{86}$

∴ $A_d=37$ teeth, $D_d=86$ teeth

또는 식 (1-84)에 의하여

$$i_d=\frac{A_d}{D_d}=\frac{a_2}{b_2}\cdot\frac{c_2}{d_2}=6.37\times\frac{DP\cdot\sin\alpha}{N}=6.37\times\frac{9.65\times\sin 34}{80}=0.43=\frac{37}{86}$$

∴ $A_d=37$ teeth, $D_d=86$ teeth

table의 회전 방향은 Fig. 1-182(a)와 같이 (−) 회전이므로 중간 gear 1개를 사용하여 차동장치를 (+)로 작용시킨다.

예제 1-30. Fig. 1-284의 hobbing machine에서 spur gear를 절삭할 때 이송상수(feed constant) $C_F=20$, hob의 상하이송 $F=\frac{1}{60}$(in/table의 1회전)로 하려 한다. 이때 이송변환 gear를 계산하여라.

(解) $i_f=\frac{A_f}{D_f}=\frac{a_1}{b_1}\cdot\frac{c_1}{d_1}=20F=20\times\frac{1}{60}=\frac{20}{60}$

∴ $A_f=20$ teeth, $D_f=60$ teeth

9-2-4 worm gear의 가공

Fig. 1-285와 같이 hob를 가공물의 반지름 방향으로 이송을 주는 방법과 Fig. 1-286과 같이 taper hob를 가공물의 접선 방향으로 이송을 주는 방법이 있다.

〔1〕 hob를 가공물의 반지름 방향으로 이송을 주는 방법

hob의 축을 수평으로 놓고 hob의 폭의 중심이 가공물 폭의 중심에 정확히 맞도록 하여 Fig.

Fig. 1-285 반지름 방향 이송에 의한 worm gear 가공

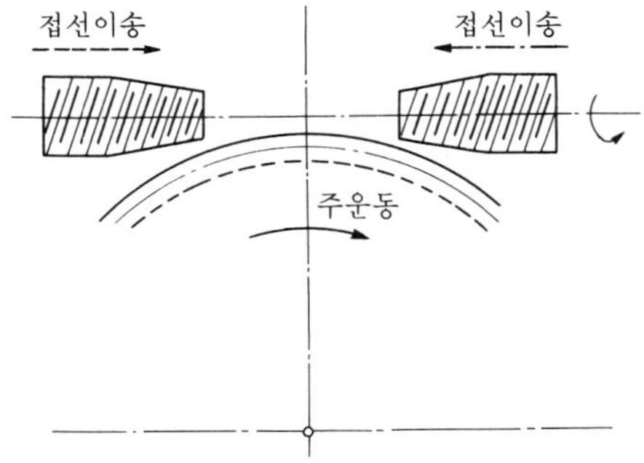

Fig. 1-286 접선 방향의 이송에 의한 worm gear 가공

1-285의 화살표 방향으로 이송을 준다. 이때 hob의 바깥 지름이 worm의 것과 일치하면 물림이 좋은 gear가 가공된다.

〔2〕 **taper hob를 가공물의 접선 방향에 이송을 주는 방법**

taper hob를 가공물의 접선 방향에 이송을 주어 worm gear를 가공하면 보다 정확한 worm gear가 가공되기 때문에 반지름 방향의 이송에 의하여 가공된 것을 다듬는 데에도 사용한다.

9-2-5 hob축의 경사각

spur gear나 helical gear를 가공할 때 hob의 helix angle, 가공될 gear의 helix angle 및 helix 방향에 따라 hob축의 경사 방향과 각도가 Fig. 1-287과 같이 달라진다.

단, Σ_H : hob 축의 경사각, ψ: 가공될 gear의 helix angle, λ : hob 나선각(helix angle)
RH : 오른쪽 나선(right hand), LH : 왼쪽 나선(left hand)

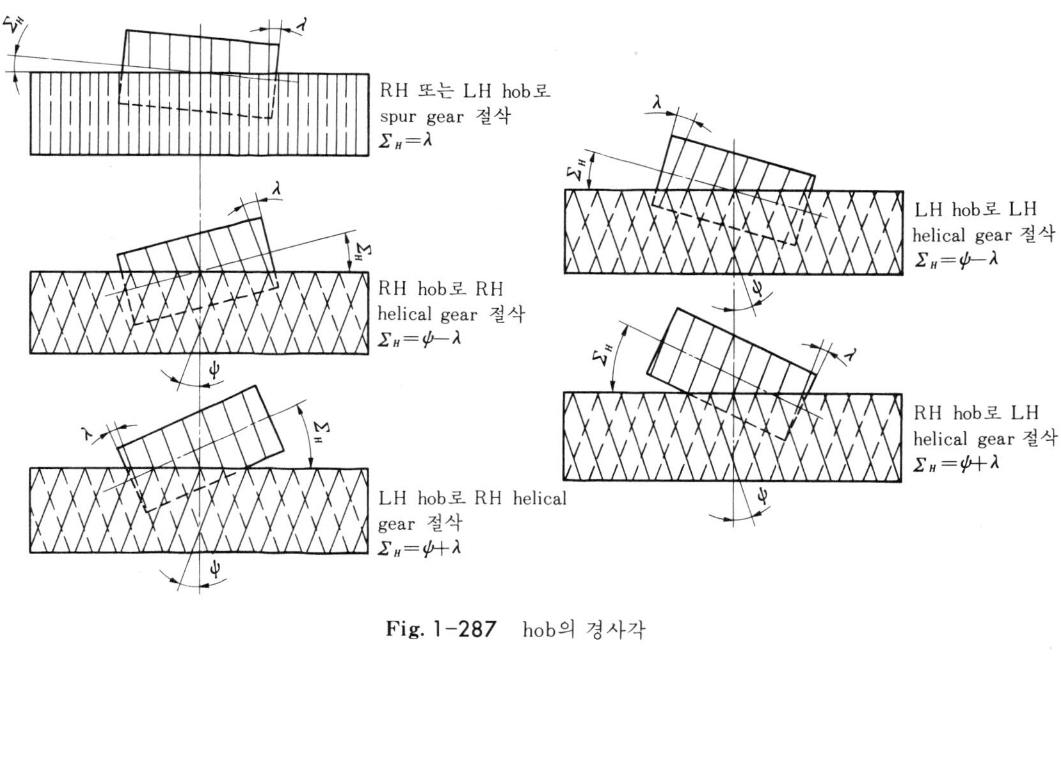

Fig. 1-287 hob의 경사각

9-2-6　hob

Fig. 1-288 은 hob의 各部 명칭이며, gear 절삭용 hob의 표준 치형과 깊이는 다음과 같다.

C : hob의 최대 가공깊이, F : 깊이 여유, DP : diametral pitch, α : 압력각(pressure angle)이라 하면

AGMA系, Fellow系에서는 $C+F=\dfrac{2.250}{DP}$,　$\alpha=14\dfrac{1}{2}\sim 20°$

worm gear系에서는 $C+F=\dfrac{2.157}{DP}$,　$\alpha=14\dfrac{1}{2}\sim 30°$ 이다.

hob에 대한 상세한 내용은 「Tool and Manufacturing Engineers' Handbook」을 참조하라.

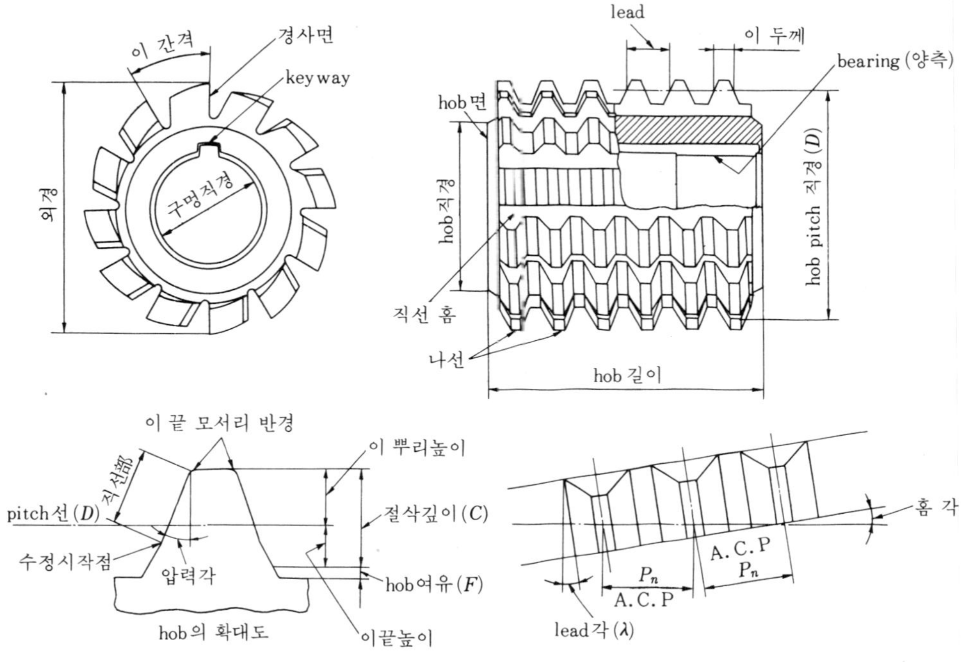

Fig. 1-288　hob의 各部 명칭

9-3　rack에 의한 gear加工

Fig. 1-289 는 rack cutter에 의한 gear 가공기의 대표적인 예로서 공구대가 고정된 ram이 shaper 또는 slotter와 같이 직선운동을 하고 공구대에 고정된 rack cutter가 gear소재를 절삭하도록 되어 있다.

spur gear 전용에서는 ram을 경사시킬 수 없으나 spiral gear도 가공할 수 있는 것에서는 ram을 임의 角으로 회전시킬 수 있다. ram의 귀환행정중에 가공물이 회전하여 pinion이 rack와 맞물고 돌아가는 것과 같은 상태에서 절삭작용이 이루어진다.

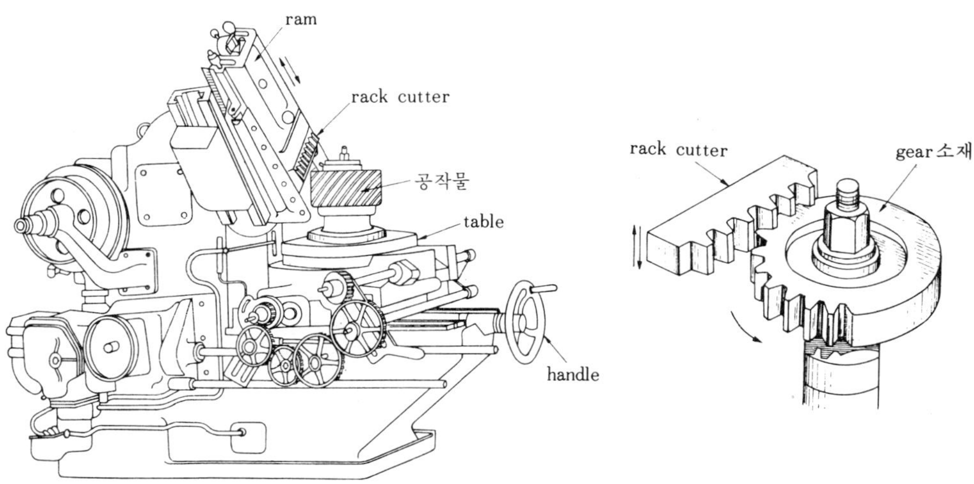

Fig. 1-289 Maag gear shaper

9-4 pinion cutter에 의한 gear加工

Fig. 1-290과 같이 pinion cutter는 왕복운동과 회전을 하고 이것과 한 쌍을 이루는 가공물(gear소재)은 변환 gear에 의하여 회전운동을 하게 되어 있다. 1500 strokes/min 정도로써 아주 능률적인 절삭을 수행할 수 있다.

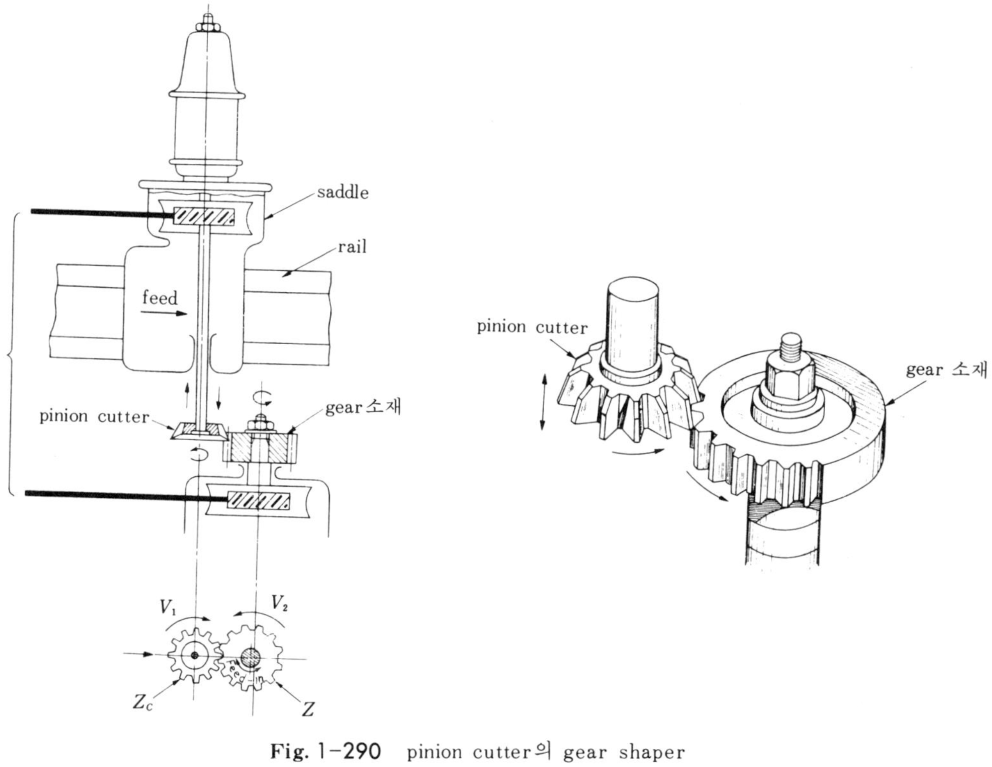

Fig. 1-290 pinion cutter의 gear shaper

9-5　bevel gear의 加工

圓錐面에 齒를 가공한 gear를 **bevel gear**라 하며, 교차하는 軸 사이의 회전 운동을 전달한다. Fig. 1-291은 bevel gear의 各部 명칭을 보여 준다.

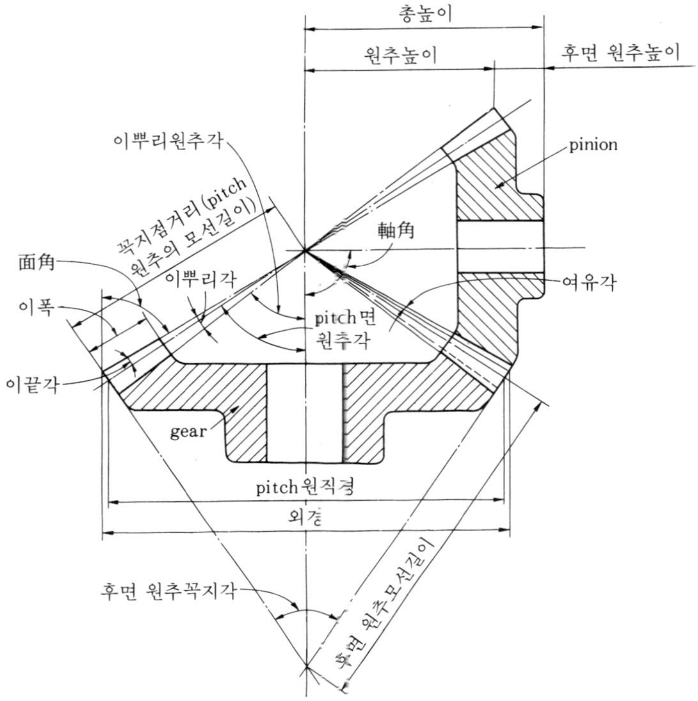

Fig. 1-291　bevel gear의 各部 명칭

9-5-1　bevel gear 가공법의 종류

① 總形 공구에 의한 milling 가공

② 創成法

③ 型板을 이용한 모방절삭

(i) Gleason식　　(ii) Reinecker식　　(iii) Bilgram식

(iv) Klingelnberg식　　(v) Heidenreich식

이중에서 주로 사용되는 것은 Gleason식이다.

9-5-2　직선 bevel gear 가공

〔1〕 Gleason식에 의한 방법

Fig. 1-292는 Gleason식 gear 절삭기의 원리를 보여 주며 bevel gear와 같은 齒形을 갖는 공구가 gear 소재 W를 가공한다. 즉 공구 C가 D면을 활동하면서 가공하며, 1개의 齒形이 創成되면서 공구 C를 소재와 분리하여 1pitch만큼 회전시켜서 다시 가공을 시작한다.

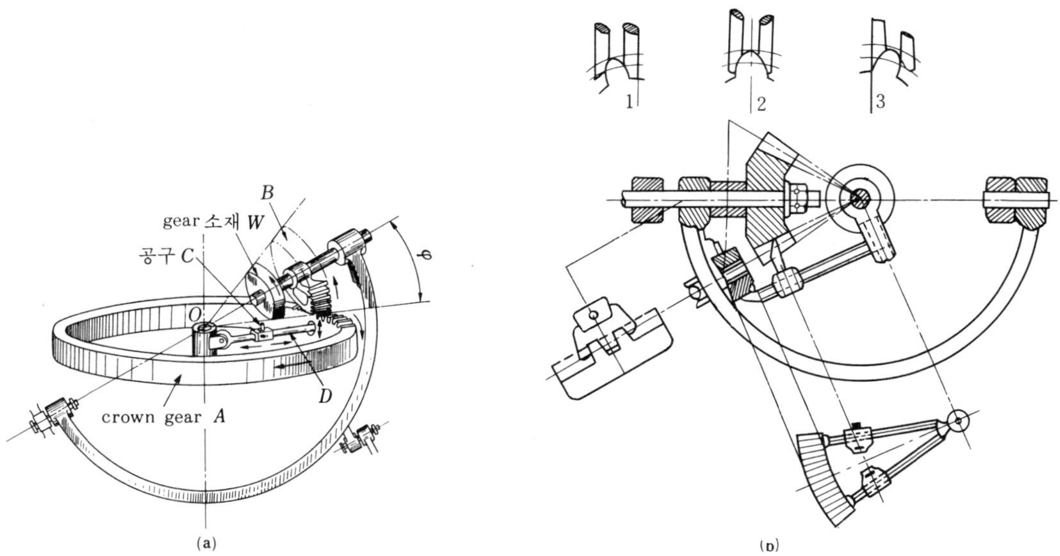

Fig. 1-292 Gleason 직선 bevel gear shaper의 원리

Fig. 1-293~Fig. 1-295는 직선 bevel gear 創成法의 다른 예이다.

Fig. 1-294에서 왕복운동하는 2개의 절삭공구에 의하여 직선 bevel gear가 절삭되며 gear 소재는 n_1〔rpm〕으로 회전하고 cradle은 n_2〔rpm〕의 회전을 한다. 이때 공구의 연속적인 상대

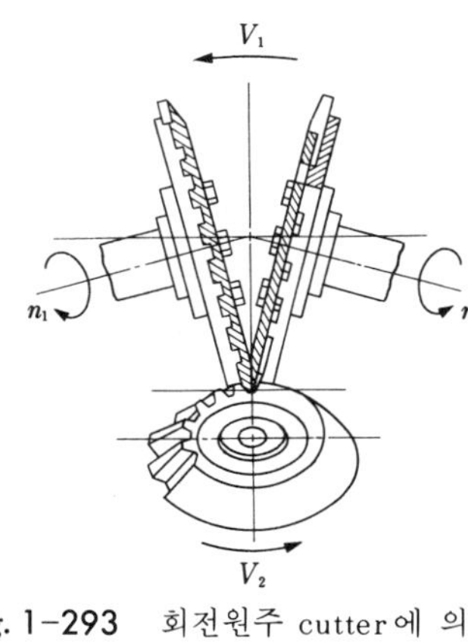

Fig. 1-293 회전원주 cutter에 의한 직선 bevel gear의 창성법

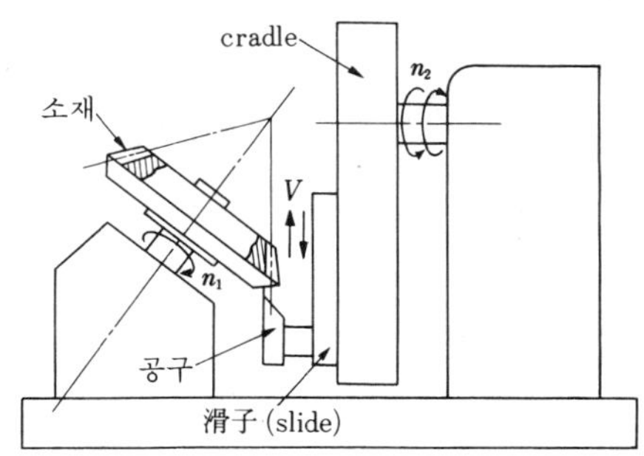

Fig. 1-294 공구의 shaper식 운동에 의한 직선 bevel gear의 가공 원리

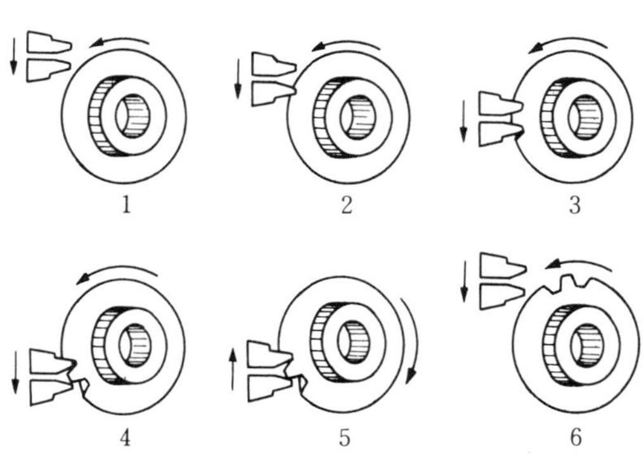

Fig. 1-295 직선 bevel gear 창성에서 공구와 소재의 연속적 상대 위치

위치는 Fig. 1-295와 같다.

9-5-3 spiral bevel gear가공

helical 또는 곡선치형의 bevel gear를 총칭하여 **spiral bevel gear**라 한다. Fig. 1-296은 spiral bevel gear의 종류를 표시한다.

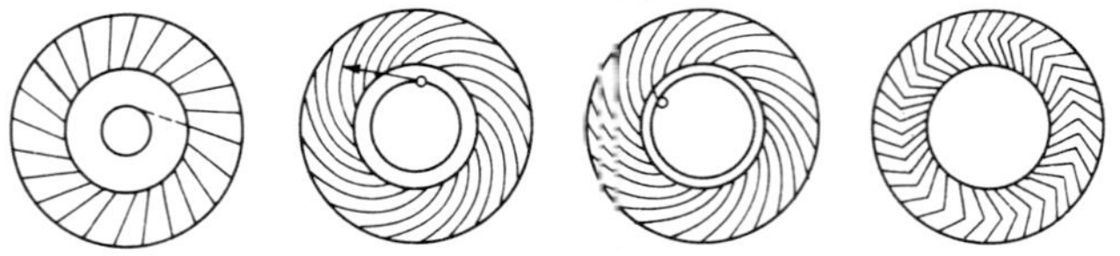

Fig. 1-296 spiral bevel gear

미국의 Gleason회사에서는 圓弧, 이탈리아의 Fiat회사에서는 cycloid곡선, 독일의 Klingelnberg회사에서는 involute곡선을 각각 치형곡선으로 택하고 있다.

Fig. 1-297은 Gleason식 spiral bevel gear 가공의 원리를 도시한 것이며, ring상의 cutter의 회전으로 圓弧狀의 齒形을 얻을 수 있다.

Fig. 1-297 ring cutter에 의한 spiral bevel gear 가공의 원리

9-6 gear의 다듬질

gear절삭기에 의하여 가공된 gear는 齒홈 또는 齒面이 거칠고, 또 열처리 등을 할 경우에는 齒形이 변형하여 gear물림이 원활하지 못한 경우가 있다. 이를 바로 잡는 방법은 다음과 같다.

9-6-1 gear의 shaving

pitch가 정확한 齒形을 가진 Fig. 1-298과 같은 shaving cutter를 사용하여 spur gear 및 helical gear 등을 다듬는다.

(a)

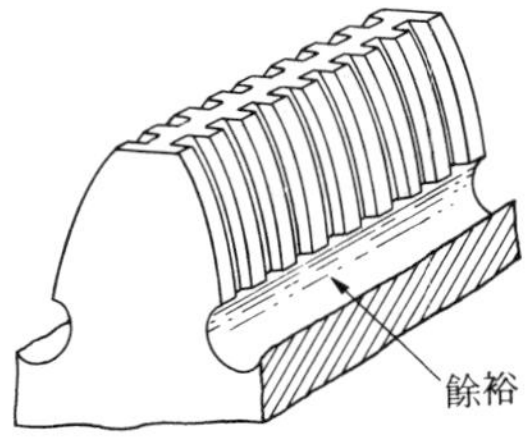

(b)

Fig. 1-298 회전형 shaving cutter의 이

Fig. 1-299와 같이 보다 精度 높은 shaving에는 rack형 shaving cutter를 사용한다. shaving cutter의 齒面에는 0.7~1mm 폭의 홈이 많이 새겨져 있어 이것과 맞물고 돌아갈 때 齒홈과 가공물의 齒面과의 交線에서 가공물의 치면을 소량씩 절삭한다.

shaving cutter의 원주속도는 보통 100~130m/min, 이송은 0.2~0.4mm/rev, 반지름 방향의 절삭 깊이는 0.02~0.04mm, cutter와 가공물의 교차각은 8~12°이다.

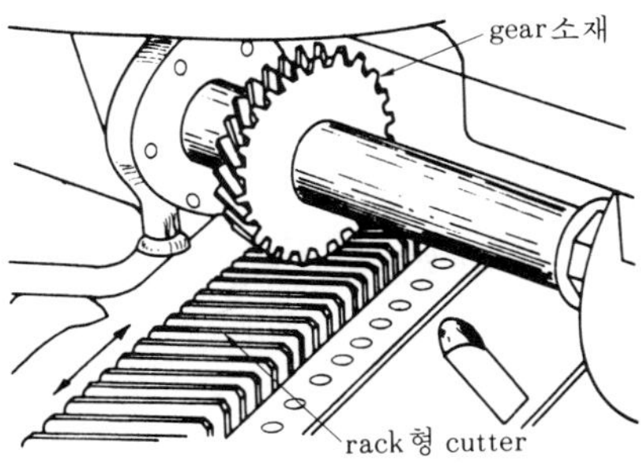

Fig. 1-299 rack형 shaving cutter

9-6-2 gear의 honing

硬質 plastic으로 된 gear를 공작물과 맞물리고 honing입자를 혼합한 공작액을 공급하면서 회전시키면 1분 정도 후에 정밀하게 연삭된다. 이때 가공물을 축방향으로 왕복운동시킨다.

10章 Broach 加工

10-1 broaching의 개요

broaching이란 Fig. 1-300과 같은 多刃工具를 공작물에 눌러대고 통과시킴으로써 절삭가공하는 것을 말하며, 引拔式과 押入式이 있다. 지극히 복잡한 형상의 구멍이나 홈도 broach로써 쉽게 가공할 수 있어 대량 생산에 많이 이용된다.

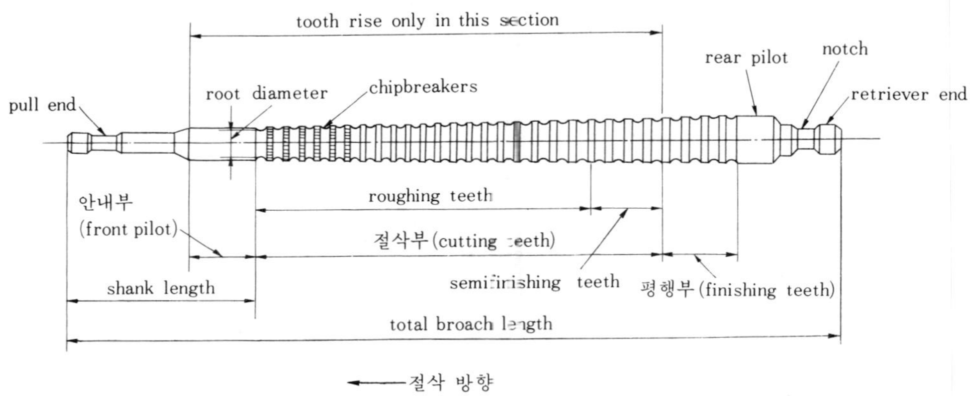

Fig. 1-300 broach의 각부 명칭

10-2 broaching machine의 종류

(1) broach의 운동 방향에 따라

i) 수평식 broaching machine ii) 수직식 broaching machine

(2) 가공면의 내외에 따라

i) 내면 가공 broaching machine ii) 외면가공 broaching machine

(3) broach 공구대의 수에 따라

i) 單頭式 broaching machine ii) 雙頭式 broaching machine

(4) 구동력 전달 방식에 따라

i) 나사식 broaching machine

ii) rack식 broaching machine

iii) 유압식 broaching machine

(5) broach의 절삭 방향에 따라

i) 引拔式 broaching machine

ii) 押入式 broaching machine

iii) 連續式 broaching machine

Fig. 1-301은 수평식 broaching machine, Fig. 1-302는 수직식 broaching machine, Fig. 1-303은 연속식 broaching machine이다.

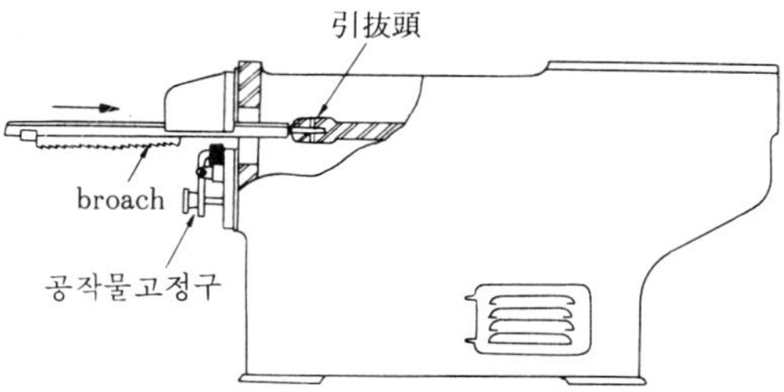

Fig. 1-301 수평식 broaching machine

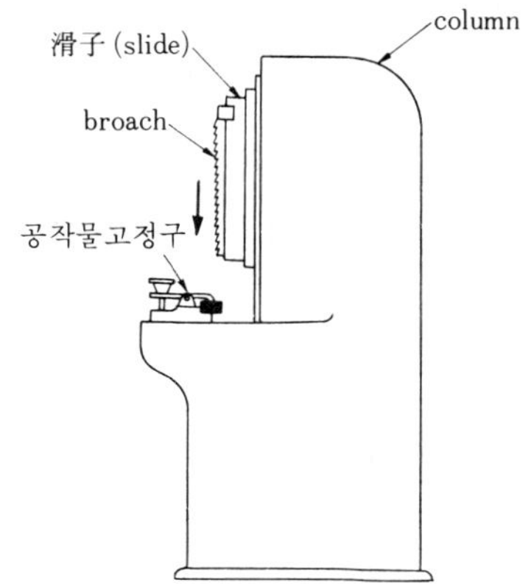

Fig. 1-302 수직식 broaching machine

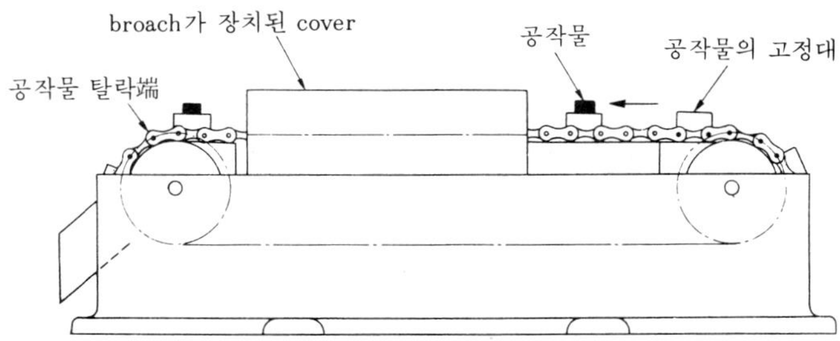

Fig. 1-303 연속식 broaching machine

10-3 broach

10-3-1 broach의 종류

broach는 Fig. 1-300에서와 같이 자루(shank), 案內部(front pilot), 切削部(cutting teeth), 平行部(finishing teeth) 등으로 되어 있다.

Fig. 1-304는 broach刃의 각부의 명칭을 보여 주고, Fig. 1-305는 broach 종류의 예이며, 필요에 따라 여러 가지의 형상 및 크기가 있을 수 있다.

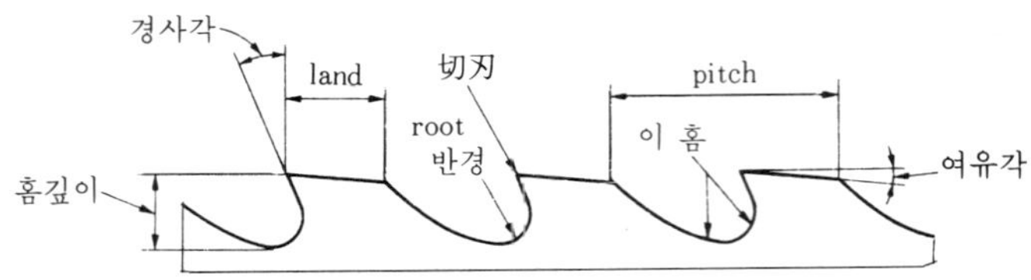

Fig. 1-304 broach刃의 각부 명칭

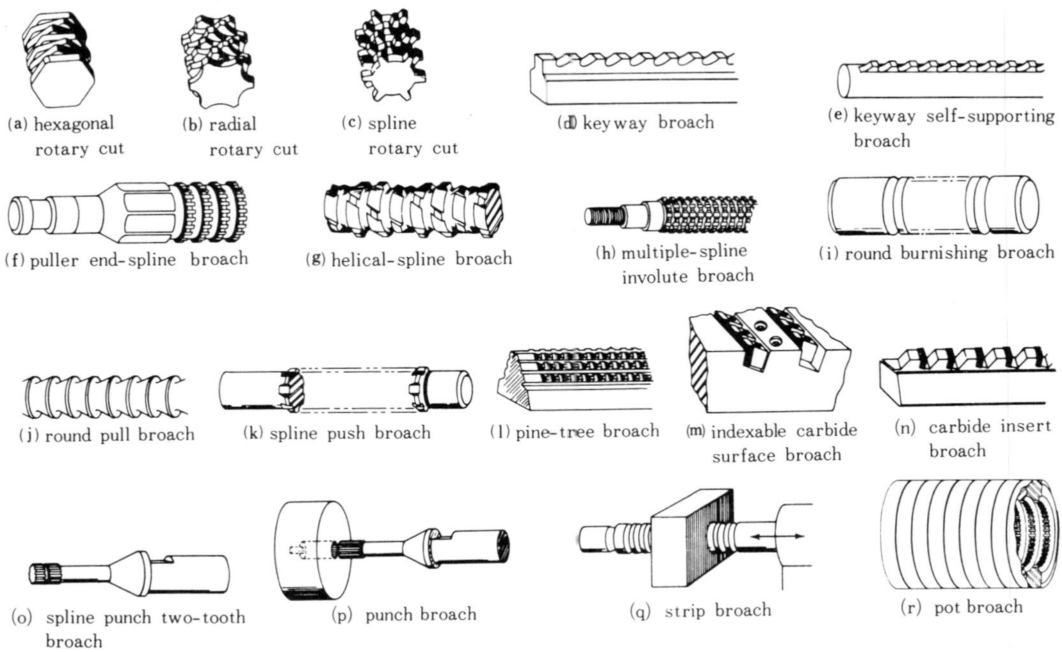

Fig. 1-305 broach의 종류

10-3-2 broach의 설계

〔1〕 broach의 刃先

절삭부에서 중요한 것은 pitch 및 角 등이다. Fig. 1-304에서 p : pitch, L : 절삭할 부분의 길이라 하면

$$p = c\sqrt{L} \qquad (1-85)$$

$c = 1.5 \sim 2$ (軟材에는 작은 값, 硬材에는 큰 값을 취한다)

Table 1-35는 山數와 절삭 길이의 관계를 표시한다.

broach 가공에서 진동을 방지하기 위한 방법으로 pitch를 서로 다르게 하여 시간에 대한 절

Table 1-35 山의 수 n과 절삭 길이와의 관계

n	1	2	3	4	5	6
$L(c=1.5)$	2 mm이하	9 mm 이하	15mm 이하	—	—	—
$L(c=1.8)$	—	—	30mm 이하	52mm 이하	82mm 이하	80mm 이하

삭력 분포를 균등하게 한다. 일반적으로 切刃間의 pitch를 0.1~0.5 mm 정도씩 점진적으로 증가시키는 것이 좋다.

切刃의 높이(gullet depth) h와 pitch p 사이에는 다음 관계를 이용하고 있다.

$$h=(0.35\sim0.5)\cdot p \tag{1-86}$$

절삭저항에 제한이 있으므로 동시에 절삭작용을 하는 刃의 數는 6~8개 정도가 좋다. root 반경 r와 pitch의 관계는

$$r=(0.1\sim0.2)\cdot p \tag{1-87}$$

로 한다.

broach의 경사각(rake angle) α와 여유각(back-off, clearance angle) γ는 Table 1-36의 값을, pitch와 land의 관계는 Table 1-37의 값을 취한다.

Table 1-36 broach의 각〔度〕

피 삭 재	경사각(α)	여유각(γ)	피 삭 재	경사각(α)	여유각(γ)
탄 소 강	15~17	4~7	주 철, 주 강	4~10	3~4
경강, Ni강, 공구강	13~15	4~7	청 동, 황 동	2~4	3~4

Table 1-37 pitch와 land〔mm〕

pitch p	6	6~10	10~18	18~30	30~50
land f	0.2	0.3	0.5	0.8	1.0

〔2〕 broach의 재질과 열처리

broach는 보통 고속도강(H.S.S.)으로 만들고 다듬질 치수를 정확히 하고자 할 때에는 다듬질刃으로서 초경합금을 붙여 사용한다. 대형의 broach는 본체를 탄소강으로 하고 刃部는 고속도강 또는 초경합금을 심어 제작한다.

broach는 형상이 복잡하므로 열처리가 어렵고, 특히 굽힘에 주의하여야 한다.

열처리 후 온도가 내려가기 전에 press 등으로 굽힘을 바로잡고 전용연삭기를 사용하여 shank部와 刃部를 연삭한다.

10-4 broach의 切削速度 및 切削깊이

절삭속도와 깊이는 공구의 재질과 기하학적 형상, 공작물의 재질과 크기 등과 같은 절삭조건에 따라 다르나, 보통 사용되는 절삭속도와 깊이는 Table 1-38 및 Table 1-39와 같다.

이상에서와 같이 다른 절삭공구를 사용한 가공에 비하여 다음과 같이 이점을 요약할 수 있다.

Table 1-38 broach (H. S. S.)의 절삭속도 [m/min]

피 삭 재	절 삭 속 도	피 삭 재	절 삭 속 도
aluminium	110	열 처 리 합 금	7
황 동	34	동합금 또는 풀림처리한 탄소강	14
강	22	연 강	18
주 철	16		
가단주철	18		

Table 1-39 broach (H. S. S.)의 외면절삭 깊이

피 삭 재	절삭날 1개마다의 절삭깊이 [mm]		
	正 面 broach		側 面 broach
	거 친 가 공	다 듬 질 가 공	거 친 가 공
강(高抗張力)	0. 03～0. 05	0. 01	0. 10
강(中抗張力)	0. 06～0. 10	0. 01	0. 15
주 강	0. 06～0. 10	0. 01	0. 15
가 단 주 철	0. 06～0. 10	0. 01	0. 20
주 철	0. 10～0. 25	0. 01	0. 30～0. 50
황 동	0. 10～0. 30	0. 01	—
청 동 주 물	0. 30～0. 60	0. 01	—

① broach의 이동 방향에 대하여 형상과 크기가 일정하다면, 어떠한 복잡한 斷面의 가공도 할 수 있다.

② 보통 broach의 1회운동으로 가공이 완료되므로 가공시간이 짧다.

③ 다듬질면이 균일하고 정도가 높다.

④ spiral 형의 구멍가공은 다른 공작기계로서는 매우 어려우나 broaching machine에서는 쉽게 가공할 수 있다.

11 章 機械톱 加工

금속을 절단하는 기계톱(또는 톱기계) (sawing machine)에는 톱날이 왕복운동하는 기계활톱(hacksawing machine), 톱날이 회전운동을 하여 圓周에 있는 刃으로 절단하는 기계둥근톱(circular sawing machine), 톱날인 band가 절삭회전운동을 하는 기계띠톱(band sawing machine) 등으로 대별할 수 있다.

11-1 機械활톱(hacksawing machine)

11-1-1 기계활톱의 종류

Fig. 1-306과 같이 hacksaw의 왕복운동과 feed로 가공물을 절단하는데 왕복운동에는 일반적으로 crank기구가 많이 사용되고, Fig. 1-307과 같이 여러 가지 형이 있다.

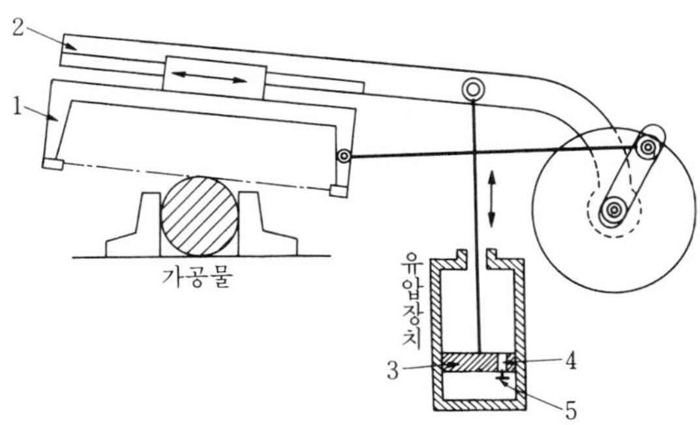

Fig. 1-306 hacksawing machine의 구조

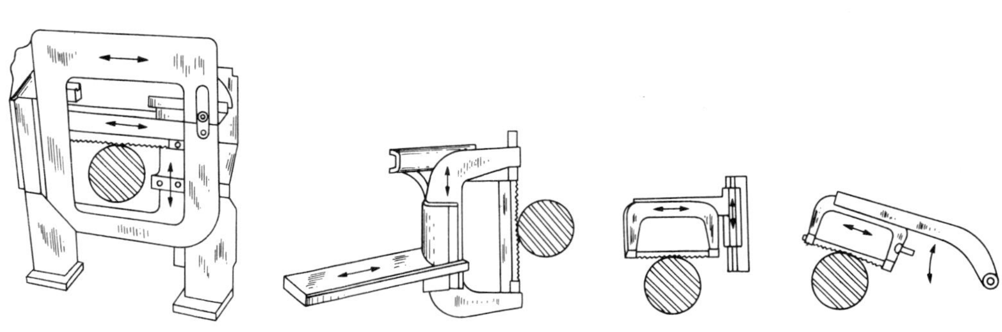

Fig. 1-307 hacksawing machine의 종류

11-1-2 기계활톱의 구조

Fig. 1-306에서 saw frame 1은 crank의 회전에 의하여 arm 2에 따라 滑動하여 왕복운동을 한다. 귀환행정에서 hacksaw의 공작물에 대한 접촉을 가볍게 하도록 유압장치가 있다. piston 3에 있는 구멍 4를 통하여 piston이 상승할 때에는 oil이 쉽게 밑으로 유출할 수 있으나 하강할 때에는 valve 5에 의하여 방해를 받아 서서히 이송하게 된다.

hacksawing machine의 규격은 hacksaw의 행정 및 절삭을 할 수 있는 최대 치수로 표시한다.

11-1-3 hacksaw

hacksaw(기계활톱날)는 손톱날과 비슷하며, 고속도강 hacksaw는 길이가 300~900 mm, 두께가 1.3~3.1mm 정도이고 pitch는 1.8~10 mm이다. hacksaw刃의 형상은 Fig. 1-308과 같으며, 그 중에서 경사각이 0°인 straight tooth가 가장 널리 사용된다.

undercut tooth는 보다 큰 刃에 사용되고, 주철 및 강과 같은 재료를 절단할 경우에는 거친 刃을 선택하여 절삭능률을 크게 하는 것이 좋다.

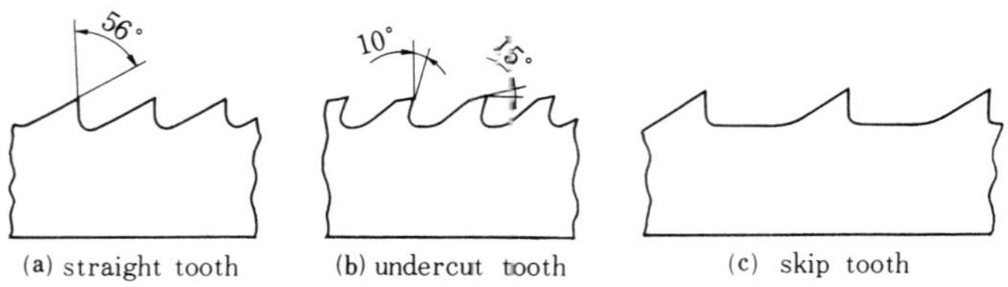

Fig. 1-308 hacksaw 齒形의 종류

Fig. 1-309는 hacksaw刃의 배열을 표시한 것인데 straight set는 hacksaw의 刃을 좌우로 번갈아 기울인 것이고, raker set는 刃을 左, 右, 中立 ; 左, 右, 中立의 순으로 배열하고, wave set는 아주 작은 pitch의 톱에 이용되며, 刃의 group이 교대하여 좌우로 기울어져 있다.

hacksaw는 탄소 C=1~1.1%인 탄소강, C=1.1~1.2%이고 W=2~2.5%인 合金工具鋼, 18-4-1의 고속도강 등의 재료로 제작된다.

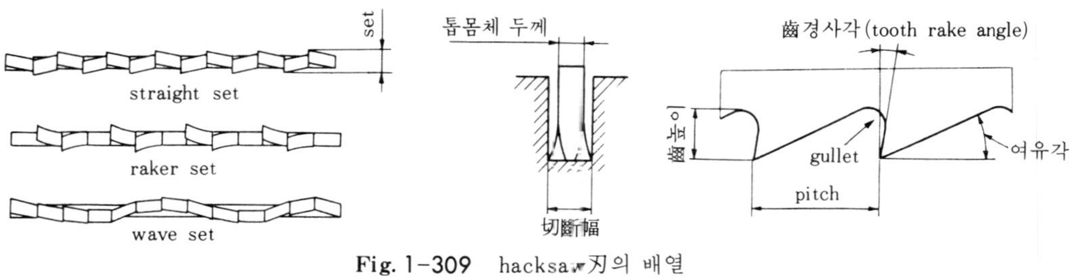

Fig. 1-309 hacksaw刃의 배열

11-1-4 hacksaw 작업

〔1〕 공작물과 hacksaw의 고정

공작물을 고정하는 방법에는 기계적인 것과 유압에 의한 것이 있으며, 다음 사항을 유의하는 것이 좋다.

① 얇은 strip의 경우는 평평하여 많은 매수를 동시에 고정하여 절삭할 수 있을 것.

② 角棒은 평면이 vise의 밑바닥에 접촉되게 하고 고정한다.

③ 丸棒은 여러 개를 동시에 고정할 때에는 Fig. 1-310에서와 같이 직사각형을 이루게 하고, 列間의 봉은 서로 홈에 끼워지게 한다.

④ rail과 같은 것을 1개 절단하고자 할 때에는 rail head가 고정 vise jaw측에 위치하도록 함으로써 절삭능률을 한층 크게 한다.

⑤ angle이나 channel 등의 재료를 Fig. 1-310에서와 같이 넓은 면이 고정 vise jaw 측에 위치하도록 한다.

hacksaw를 frame에 고정할 때에는

① hacksaw의 측면과 滑動 frame의 운동 방향이 같은 평면에 있어야 한다.

② hacksaw에 끼워지는 pin과 hacksaw의 구멍 크기의 차가 작아야 한다.

③ hacksaw에 적당한 인장력을 작용시키도록 引張 bolt를 조여야 한다.

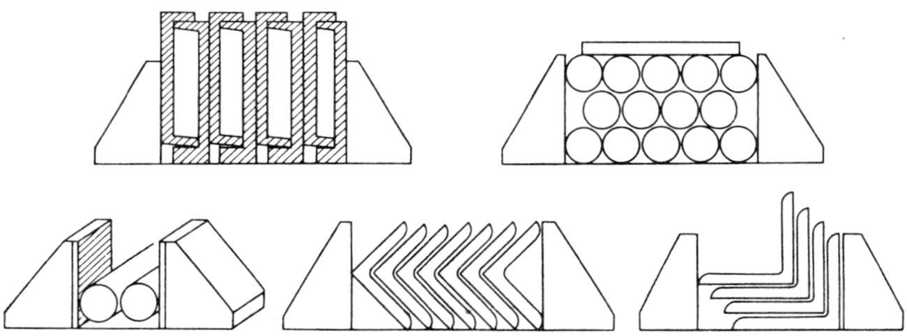

Fig. 1-310 hacksawing machine에서 가공물의 고정 예

〔2〕 절단시작에서의 유의점

① 예리한 모서리에서 절단을 시작할 경우에는 pitch가 작은 톱날을 사용하여 압력을 줄이고, Fig. 1-311에서와 같이 보다 많은 톱니가 가공물에 접촉하게 되면 압력을 점차로 증가시킨다.

② 절단될 재료의 단면폭이 좁을 때에는 pitch가 작은 톱을 사용하며 feed를 줄이고 절삭속도를 증가시킨다.

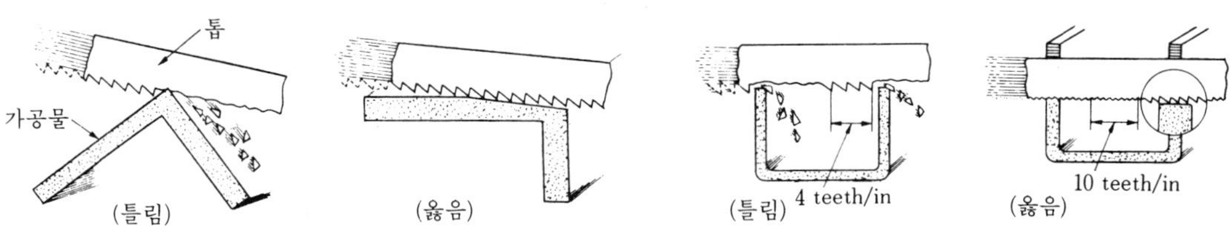

(a) (b)

Fig. 1-311

〔3〕 절삭속도

hacksaw의 절삭속도는 공구의 조건, 가공물의 조건, 절삭유제 등에 따라 다르나, 일반적으로 Table 1-40의 범위를 택한다.

Table 1-40 기계활톱(H.S.S.)의 톱날과 절삭속도

피 삭 재	날의〔개/in〕	속도〔m/min〕	절 삭 유 제
aluminium 합금	4~6	50	鑛物性油
white metal	4~6	45	輕 油
황 동	4~6	45	乳化油
주 철	6~10	25~35	乾 式
drill rod	6~10	30~40	含黃鑛油
nickel 합 금	4~6	25~40	含黃鑛油 또는 乳化油劑
rail	6~10	20~40	含黃鑛油 또는 乳化油劑
탄 소 공 구 강	4~6	30~40	含黃鑛油 또는 乳化油劑
고 속 도 강	4~6	30~35	含黃鑛油 또는 乳化油劑
구 조 용 강	6	35~45	乳化油劑

11-2 圓周톱 機械(圓板톱 機械, circular sawing machine)

〔1〕 원주톱 기계의 종류

Fig. 1-312와 같이 원판톱을 사용하여 절단하는 기계이다.

원주톱 기계는 톱날이 강력하고 내구력과 절단능률이 크고, 각 기준에 따라 분류하면 다음과 같다.

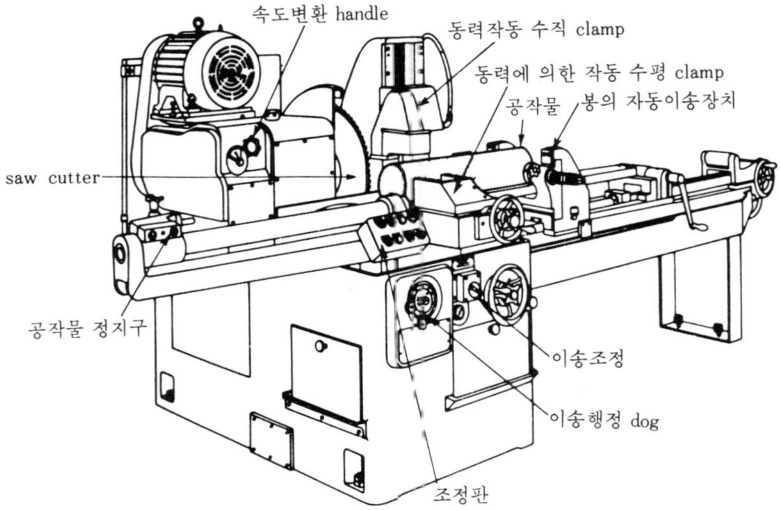

Fig. 1-312 원주톱 기계

(1) 절삭온도에 따라

i) 常温절삭용

ii) 高温절삭용

(2) 이송 기구에 따라

i) column을 따라 bed가 상하 및 전후로 이송되는 것.

ii) column을 따라 원판톱이 상하 및 전후로 이송되는 것.

11-2-1 圓周톱 기계의 구조

Fig. 1-313 은 유압식 이송장치이며, 「gear pump ①→oil 조정 pump ②→cylinder ⑤→piston ③」에 의하여 이송하고 feed 압력은 背壓 valve ④에 의하여 일정하게 조정된다. 귀환시에는 급속귀환운동을 한다. circular sawing machine의 규격은 원판톱의 지름과 절단할 수 있는 최대 지름으로 표시한다.

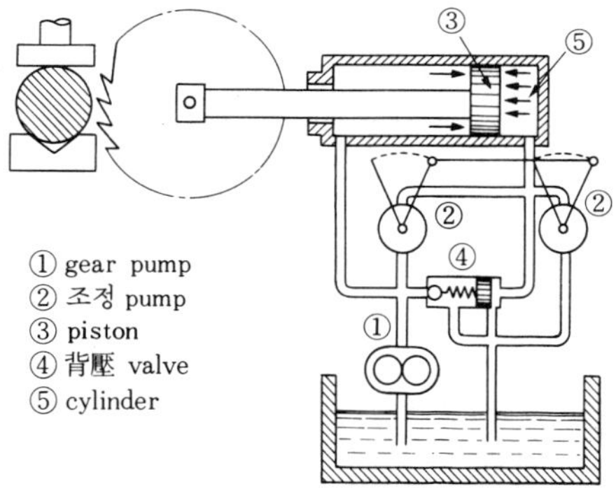

Fig. 1-313 유압식 feed 장치

11-2-2 圓板톱(circular saw)

〔1〕 원판톱의 종류

원판에 톱니를 부착하는 방법에 따라 單體形(solid type), 分割形(segmental type), 심은 날形(inserted tooth type)으로 구분된다. 단체형은 원판의 자체에 톱니를 새긴 것이며, 지름 350~400 mm의 소형 톱이 많다. 분할형은 톱니를 몇 개씩 분할하여 rivet 등으로 원판에 고정한 톱이며, 심은 날형은 톱니 하나하나를 톱 몸체에 경랍땜 등으로 부착한 것인데 대형의 톱이 많다.

〔2〕 원판톱의 지름과 pitch

가공물의 크기에 따라 톱의 크기가 정해지고 가공물의 성질에 따라 적당한 pitch가 선택되어야 한다. Table 1-41 은 가공물의 성질 및 크기에 따른 원판톱의 pitch를 나타낸다.

Table 1-41 가공물의 재질 및 크기에 대한 원판톱의 pitch〔in〕

被削材	공작물치수〔in〕	톱의 pitch	被削材	공작물치수〔in〕	톱의 pitch
연 강	1 - 3	0.40-0.60	황동(軟)	1 - 3	0.40-0.65
	4 - 7	0.60-0.90		4 - 7	0.65-0.80
	8 - 15	0.90-1.10		8 - 15	0.80-1.30
합금강(풀림)	1 - 3	0.25-0.50	황동(硬)	1 - 3	0.40-0.70
	4 - 7	0.50-0.80		4 - 7	0.70-0.80
	8 - 15	0.80-1.10		8 - 15	0.80-0.90
합금강(壓延)	1 - 3	0.20-0.50	Al-Mg 합금	1 - 3	0.50-0.80
	4 - 7	0.50-0.80		4 - 7	0.80-1.10
	8 - 15	0.80-1.10		8 - 15	1.10-2.00
주 철	1 - 3	0.40-0.70			
	4 - 7	0.70-0.90			
	8 - 15	0.90-1.10			

〔3〕 원판톱날의 연삭

톱날의 연삭은 절단능률면에서 대단히 중요하다. 톱날의 연삭에서는 특히 경사각(rake angle, face angle)과 여유각(clearance angle)이 중요하며, 경사각은 12~25°, 여유각은 7~11°의 범위에 있다. 非鐵이나 軟鐵과 같은 軟材에서는 최대 경사각 25°, 여유각 11°까지로 한다. 강인한 합금강에서는 최저 경사각 12°, 여유각 7°까지로 할 수 있다. 원판톱날부는 cemented-carbide가 절단능률면에서는 우수하나 고가이기 때문에 고속도강(H.S.S.)과 분할형 이(齒) 또는 삽입형 이(inserted tooth type)가 많이 사용된다.

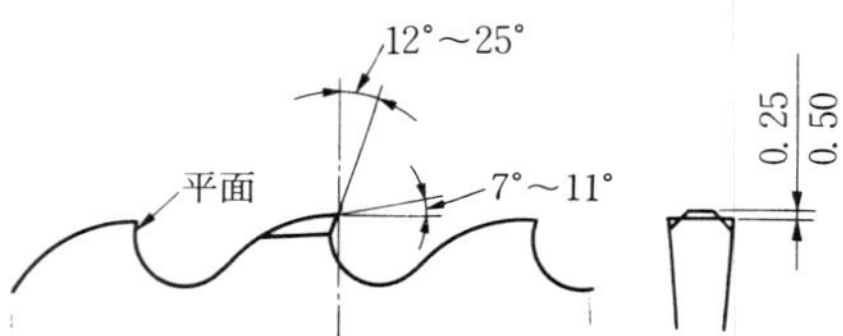

Fig. 1-314 원판톱날의 각

Fig. 1-314는 원판톱날의 角을 도시한 것이다.

〔4〕 절삭속도와 이송

일반적으로 사용되는 원판톱의 절삭속도는 Table 1-42와 같으며, 원주톱 기계의 상태, 공

Table 1-42 원판톱날의 절삭속도와 각도

被削材	절삭면적속도〔in^2/min〕	경사각〔度〕	여유각〔度〕	被削材	절삭면적속도〔in^2/min〕	경사각〔度〕	여유각〔度〕
연 강	20-30	20	10	rail(軟)	2 - 4	18	8
합금강(풀림)	8-14	16	8	rail(硬)	1 - 2	14	7
합금강(壓延)	4-9	14	8	연강관(얇음)	5 - 9	20	8
공구강(풀림)	3-8	12	7	연강관(두꺼움)	4 - 7	20	8
鑄 鐵	8-14	10	7	구조단면재(얇음)	5 - 9	20	8
純 Ni	5-8	18	9	구조단면재(두꺼움)	4 - 6	20	8
구 리	30-60	22	9	Ti			
황동(硬)	20-40	20	8	arc 용해 ingot	6 - 9	14	7
황동(軟)	50-90	22	10	합금 150	5 - 8	14	6
Al-Mg(軟)	500-1000	24	11	nimonic 80 합금	4 - 6	12	6
Al(硬)	70-250	20	11				

작물의 성질 및 톱절단 전의 가공물의 표면 상태 등에 따라 다르다.

이송은 절단될 가공물의 단면적에 따라 다르다. 예를 들면 연강의 경우는 $25 in^2/min$ 이며, 폭이 5 in 이라 하면 이송속도는 5 in/min 이 될 것이다.

11-2-3 원주톱 작업

가능하면 가공물을 1개씩 절단함으로써 conveyor 등을 사용할 수 있으나, 여러 개를 동시에 절단할 필요가 있을 때에는 Fig. 1-315 의 예에서와 같은 방법으로 고정한다. 특수한 형태의 것은 적절한 고정구를 사용하여 vise에 고정한다.

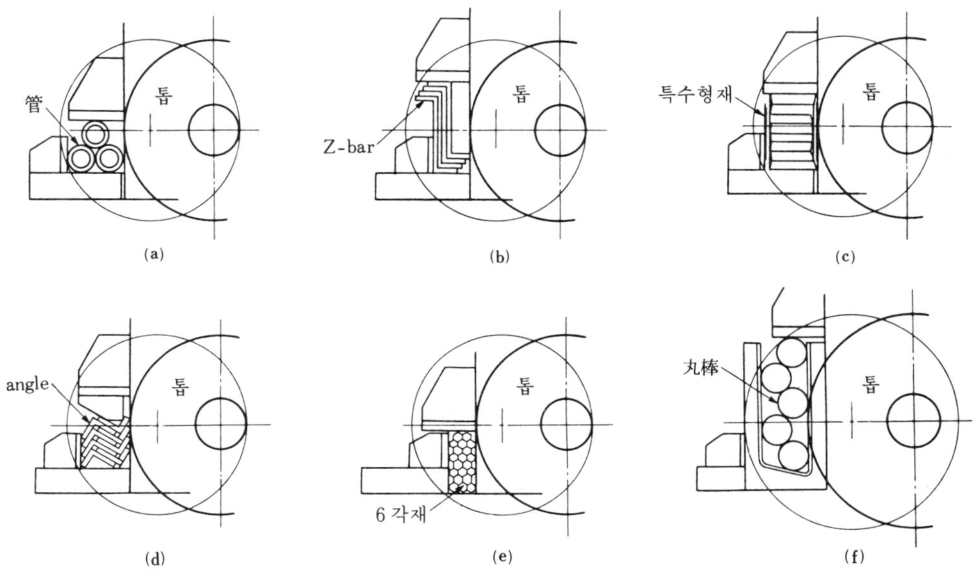

Fig. 1-315 원주톱에서의 공작물의 고정 예

11-3 띠톱기계 (band sawing machine)

pulley (carrier wheel) 의 회전운동에 의하여 띠톱을 운동시켜서 절단작업을 하는 기계를 **띠톱機械**라 한다.

띠톱의 절단운동 방향에 따라 수평식과 수직식의 종류가 있다. 수평식 띠톱기계는 절삭속도가 크고 scrap 손실이 적으며, 수직식은 절단작업과 輪廓作業을 할 수 있다. 윤곽작업은 가공물을 table 위에서 움직여 행한다.

band saw에는 Fig. 1-316 과 같이 여러 종류가 있고, 1 in 당 2~32 개의 톱니를 갖는 pitch 로 되어 있다.

輪廓加工에서는 절단곡선의 곡률 반지름에 따라 톱의 폭이 다르며, Fig. 1-317 은 톱의 폭에 따른 가공할 수 있는 최소 곡률 반지름을 나타낸다.

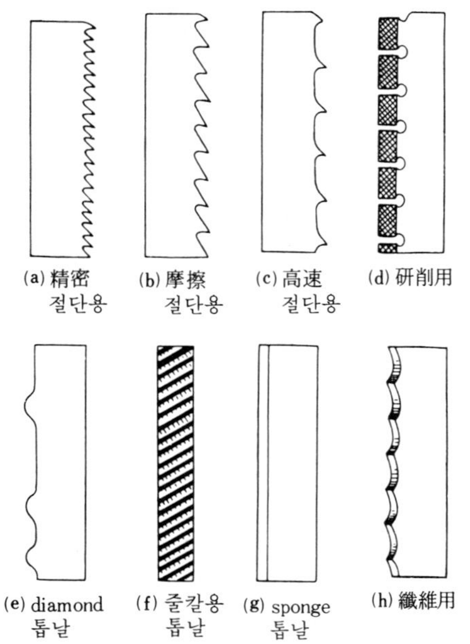

Fig. 1-316 띠톱의 종류

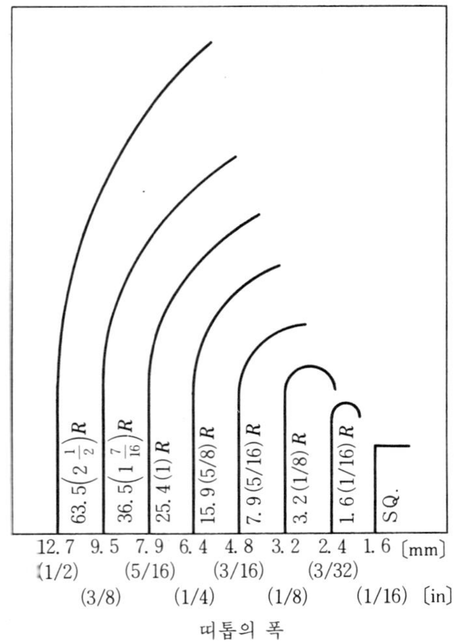

Fig. 1-317 띠톱의 폭에 따른 가공 가능한 최소 곡률 반지름

절삭속도는 band sawing machine의 조건과 band saw의 조건, 가공물의 조건에 따라 다르다.

band saw의 butt용접은 대단히 중요하며 톱기계에 용접기가 장치된 것도 있으며, 용접열이 냉각되기 전에 풀림(annealing) 처리까지 한다.

11-4 摩擦切斷(friction cutting)

마찰절단은 톱날과 가공물의 마찰열에 의하여 가공물의 접촉부가 軟化되고 산화되어 절단된다. 톱의 속도가 아주 커서 가공물이 발생열을 흡수하기 전에 더 많은 열을 발생시켜야 한다. 톱의 이를 열에서 보호하기 위해서는 가공 길이에 비하여 톱의 원주를 크게 하거나 band의 길이를 길게 하여야 한다. 이런 이유로 마찰절단에는 circular sawing machine이나 band sawing machine이 사용된다. 마찰톱에 gear의 이(齒) 모양이 원주에 붙어 있는 것도 있다. 마찰전단에서는 피삭재의 경도보다는 용점 및 grain에 따라 능률이 결정되며, 특히 硬材의 절단에 유리하다.

11-5 研削切斷

결합제로서 합성수지 등을 사용한 연삭숫돌로 금속 및 비금속을 절단하며 棒은 50mm까지, 管은 90mm 정도까지 절단할 수 있다. 합성수지를 結合劑로 한 숫돌은 5000m/min까지 절삭속도를 취할 수 있으며, 절삭온도가 냉각되기 전에 계속 가열되기 때문에 절단속도가 커진다.

숫돌을 보호하기 위해서는 절삭유제를 공급하며, 이 경우에는 공작물의 연화에 의한 절삭이 아니고 연삭입자의 절삭작용에 의한 절단이 이루어지며 절삭속도는 2500m/min 정도로 한다.

Fig. 1-318은 연삭절단기를 도시한 것이고, Fig. 1-319는 연삭절단기의 세 가지 형을 보여 준다.

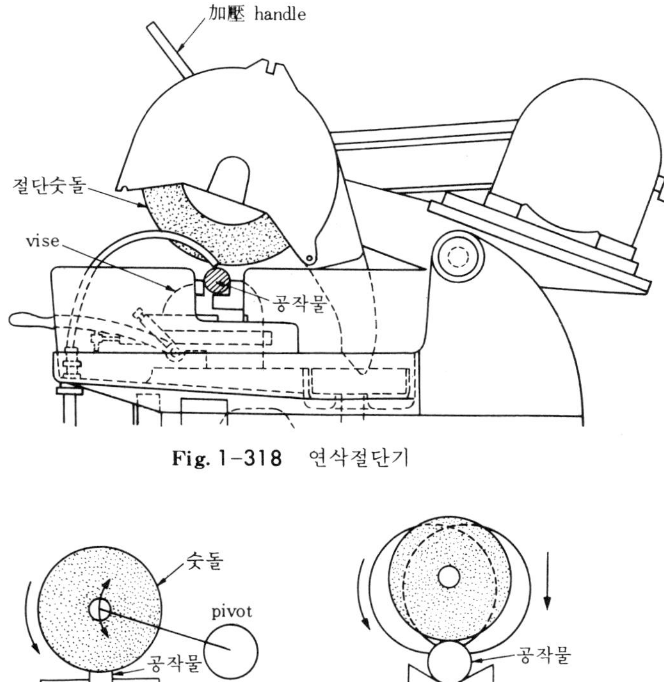

Fig. 1-318 연삭절단기

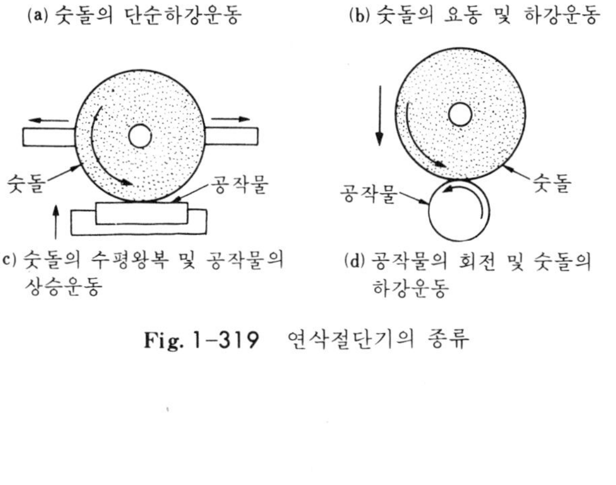

Fig. 1-319 연삭절단기의 종류

2 篇

精密粒子加工

1章 Honing

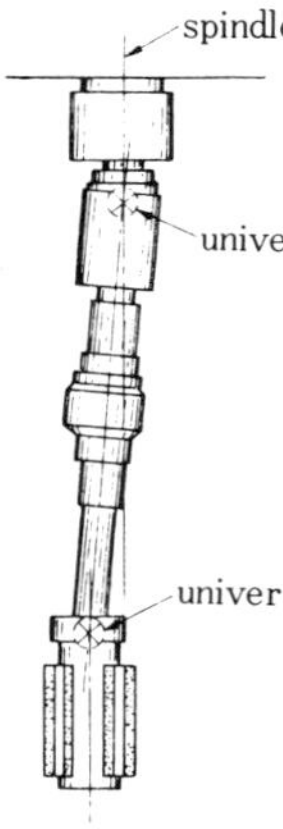

Fig. 2-1 만능 ball joint honing 공구

Fig. 2-1 과 같은 honing工具에 Al_2O_3 또는 SiC의 숫돌을 끼워 구멍내에서 회전하면서 왕복운동을 하여 다음과 같은 목적을 달성한다.

① 發熱이 적고 경제적인 정밀가공을 할 수 있다.

② 前가공에서 나타난 直線度, taper, 眞圓度를 바로잡는다.

③ 표면 정밀도를 높인다.

④ 정확한 치수가공을 할 수 있다.

honing에 적합한 재료에는 주철, 강, 초경합금, 황동, 청동, Al, Cr, 銀의 금속과 유리, ceramics, plastic 등의 비금속이 있으며, 경도에는 제한이 없고 다만 honing 속도에 차이가 있을 뿐이다. H_RC 65 정도의 강의 honing 속도는 0. 15~0. 30 mm/min 이다.

honing은 원통의 內外의 어느 것에도 가능하나 주로 내면에 사용된다. 즉 cylinder 내면, 砲身內面, bush, bearing race 등과 같이 정도가 높은 제품을 생산할 때 이용된다.

작업중에는 다량의 절삭유제를 공급함으로써 발생열을 제거하고 chip을 배출시켜 절삭작용을 돕는다.

honing machine에는 수직형과 수평형이 있으나 주로 수직형이 사용되며, 수평형은 구멍 지름이 작고 길이가 길 때 사용된다. 多氣筒을 동시에 honing하기 위한 multiple spindle honing machine도 있다.

1-1 hone

1-1-1 honing 숫돌(abrasive sticks)

honing stick은 연삭작업에 사용되는 숫돌과 재질은 같으나, 다만 형상이 角棒狀을 하고 있는 점이 다르다. 砥粒으로서는 산화 aluminium(Al_2O_3) 및 탄화규소(SiC)가 주로 사용되나 초경합금이나 磁器 등에는 diamond가 사용된다. 결합제로서는 vitrified bond나 resinoid bond가 주로 사용된다.

1-1-2 粒 度

가공물의 표면정밀도에 따라 다르며 거친 다듬질에는 # 120∼180, 중간 다듬질에는 # 320∼400, 정밀 다듬질에는 # 600이 사용된다.

Fig. 2-2는 honing 숫돌의 입도와 가공면의 粗度와의 관계를 보여 준다.

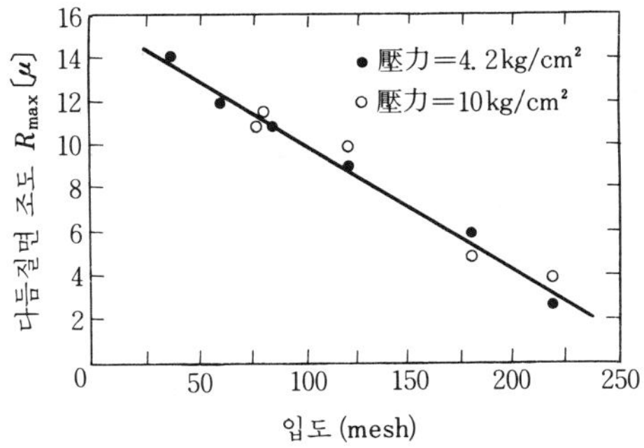

Fig. 2-2 숫돌입도와 다듬질면 조도

1-1-3 硬 度

가공물의 표면 전체에 균일하게 접촉하고, 새로운 절삭인이 출현될 수 있도록 비교적 경도가 작은 숫돌을 사용한다.

열처리 경화강에는 J∼M, 연강에는 K∼N, 주철 및 황동에는 J∼N 범위의 것을 사용한다.

Table 2-1은 다듬질 여유에 대한 각종 가공재에 맞는 honing 숫돌의 선택조건이다.

Table 2-1 honing숫돌의 선택

피 삭 재	다 듬 질 여 유			
	0.15∼0.304〔mm〕	0.05∼0.127〔mm〕	0.0127∼0.037〔mm〕	0.0025∼0.01〔mm〕
연 강	A-120-N A-180-M	A-180-M A-220-L	A-220-L A-320-L	A-400-K A-500-K
열 처 리 강	A-120-M A-180-L	A-180-L A-220-L	A-220-K A-320-K	A-400-J A-500-J
경 강 Cr 강 $R_c \geq 60$	A-180-L A-220-K	A-220-K A-220-J	A-320-J A-320-I	A-500-J A-500-I
주 철 가 단 주 철	C-120-N C-180-M	C-180-M C-220-L	C-320-L C-320-K	C-500-K C-500-J
황 동 청 동 aluminium	A-180-L A-220-K	A-220-K A-220-J	A-320-L A-320-K	A-500-K A-500-J

1-1-4 honing숫돌의 크기

숫돌 작용 면적은 구멍 크기에 대하여 어떤 비의 값을 가져야 한다. 즉, l : 숫돌의 길이, D

: 구멍의 지름이라 할 때 숫돌 표면적의 접촉비 φ는

$$\varphi=\frac{A}{l\cdot\pi D}=\frac{A}{\pi D^2}=\frac{l\cdot b}{\pi D^2}=\frac{l}{D}\cdot\frac{b}{D\pi}=\lambda\cdot\rho \tag{2-1}$$

단, b : 숫돌의 總幅, A : 숫돌의 작용 면적

보통 honing에서는 $\lambda=\frac{l}{D}=1\sim2$, $\rho=\frac{b}{\pi D}=0.6\sim0.8$이다.

숫돌의 길이는 구멍 길이의 $\frac{1}{2}$보다 크면 안 된다. $\frac{1}{2}$보다 크게 되면 공작물에 접촉하지 않는 곳이 있어 숫돌의 마멸이 불균일하며 따라서 가공 구멍의 치수가 불량하게 된다. Fig. 2-3은 구멍 지름과 숫돌 표면접촉비의 관계이다.

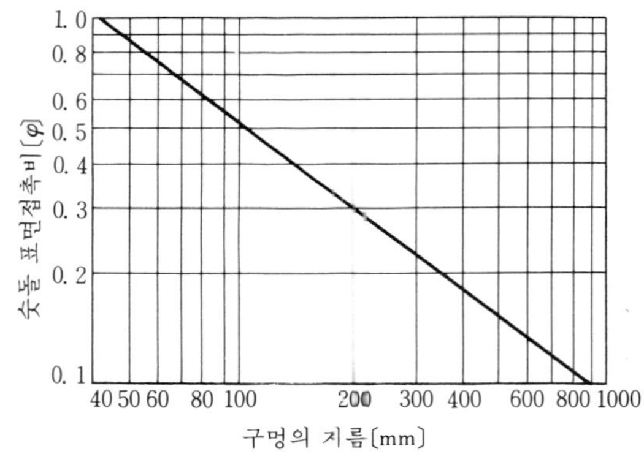

Fig. 2-3 구멍 지름과 숫돌 표면적의 접촉비

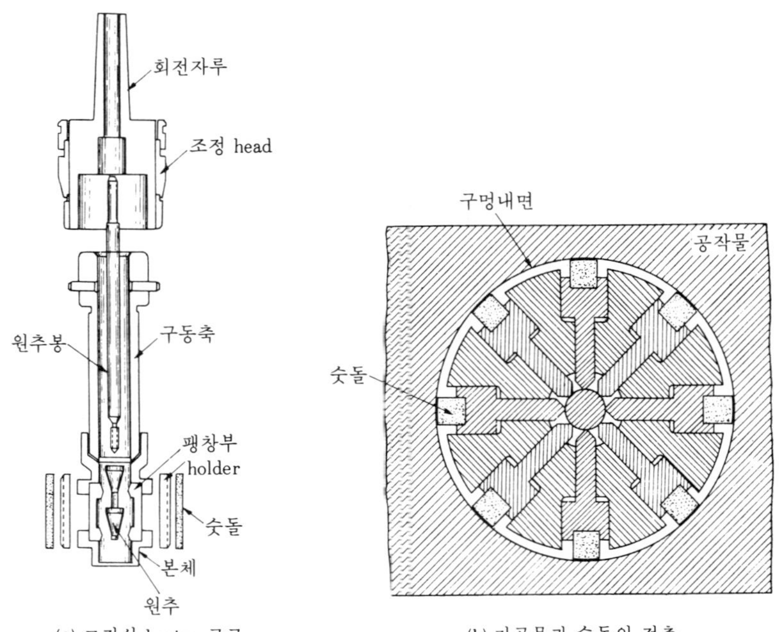

Fig. 2-4 honing 공구

1-2 honing 工具(honing tool)

honing 공구에는 작업조건에 따라 여러 가지 종류가 있으나, Fig. 2-4 에서와 같이 본체(body), 원추(cone), 원추봉(cone rod), 구동축(drive shaft) 등으로 구성되어 있다.

1-3 加 工 液

가공액은 honing 숫돌에 끼워진 chip을 제거하여 절삭능력을 크게 하고 가공면의 표면조도를 좋게 하며, 발생되는 열을 제거하는 작용을 한다. 일반적으로 黃化油, lard유와 석유의 혼합액 등은 모든 금속에 좋은 결과를 가져오고, 水溶性 절삭유제는 그리 적합하지 않다.

1-4 速度와 壓力

회전수가 너무 크면 열의 발생이 많고 숫돌 표면에 chip이 固着되어 절삭능력을 감소시킨다. Fig. 2-5 는 열처리된 Mo 강을 주속도와 왕복운동속도를 비례적으로 증대시켜 홈자국이 24.6° 가 되게 했을 때의 절삭속도에 대한 숫돌 손모량과 다듬질량의 관계이다.

Table 2-2 는 주철과 강에 대한 절삭속도의 예이다.

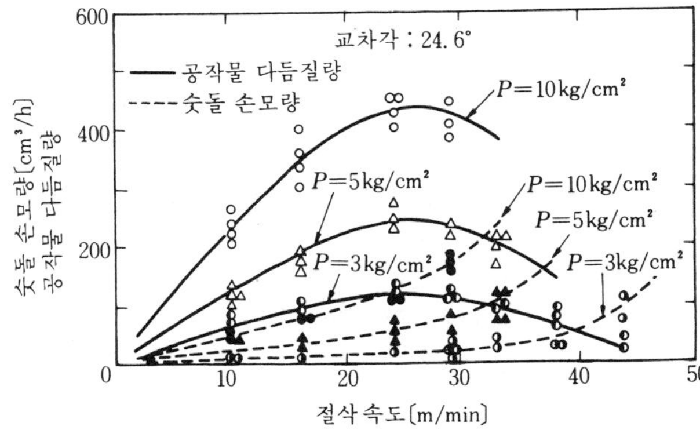

Fig. 2-5 속도의 영향

Table 2-2 honing 속도

피삭재	경도(R_C)	공작물 형상	주속도(m/min)	피삭재	경도(R_C)	공작물 형상	주속도(m/min)
주 철	15~50	홈 있음	61	강	15~35	홈 있음	45
	15~50	홈 없음	33		15~35	홈 없음	24
	50~65	홈 있음	33		35~50	홈 있음	24
	50~65	홈 없음	18		35~50	홈 없음	18
					50~65	홈 있음	24
					50~65	홈 없음	15

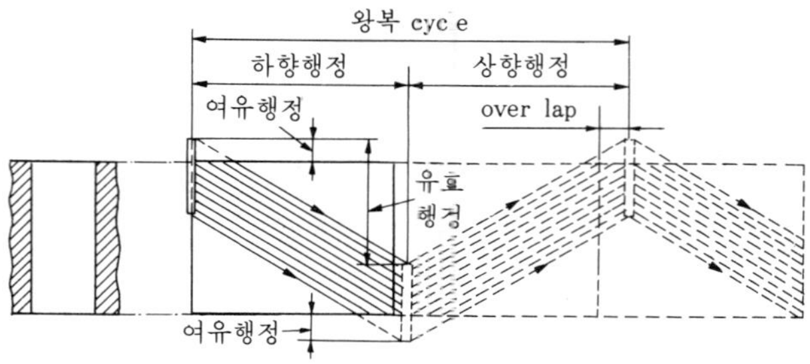

Fig. 2-6

honing 숫돌의 회전운동과 왕복운동에 의하여 Fig. 2-6과 같은 흠자국을 내면서 가공하고, 흠자국의 방향은 왕복운동속도와 원주속도의 비로써 나타낸다.

v_a : 숫돌의 왕복운동속도, v_c : 원주속도라 하면

$$\tan\frac{\alpha}{2}=\frac{v_a}{v_c} \tag{2-2}$$

가 되며 α가 너무 크거나 작으면 砥粒이 같은 흠자국을 통과하여 자연히 절삭량이 줄어든다. Fig. 2-7에서 교차각이 40～50°일 때 다듬질량이 가장 많다는 것을 알 수 있다. 즉 $\tan\frac{\alpha}{2}=\frac{v_a}{v_c}=\frac{1}{3}\sim\frac{1}{2}$ 정도로 하면 좋다.

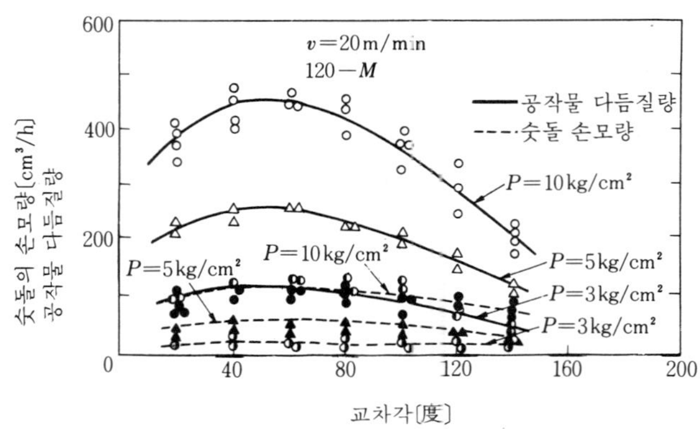

Fig. 2-7　교차각의 영향

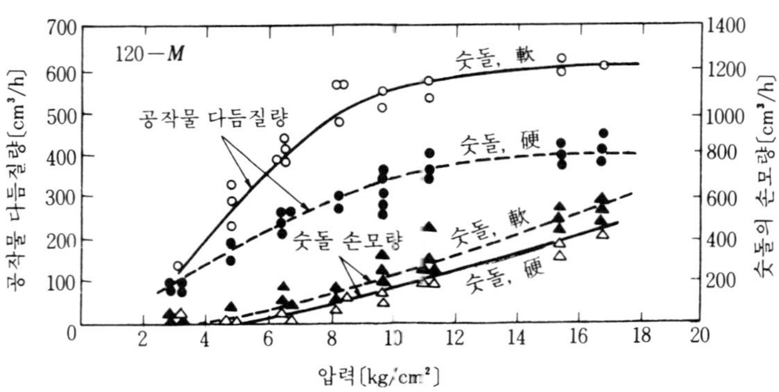

Fig. 2-8　압력과 다듬질량

honing 압력은 가공면의 정도나 작업능률에 영향을 준다. 압력이 커짐에 따라 다듬질량은 증대하나, 압력이 너무 크면 다듬질량의 증가는 압력의 증가에 따르지 못하고 발생열과 숫돌의 손모만 커진다. Fig. 2-8 은 압력과 다듬질량의 관계를 나타낸 것인데, 압력은 10kg/cm²까지 다듬질량이 압력에 거의 비례하나 그 이상에서는 다듬질량이 거의 일정하다.

1-5 honing machine

Fig. 2-9 는 honing machine의 일종으로서 공작물은 table에 고정하고, spindle에 고정된 honing 공구의 회전운동과 왕복운동으로 작업을 한다.

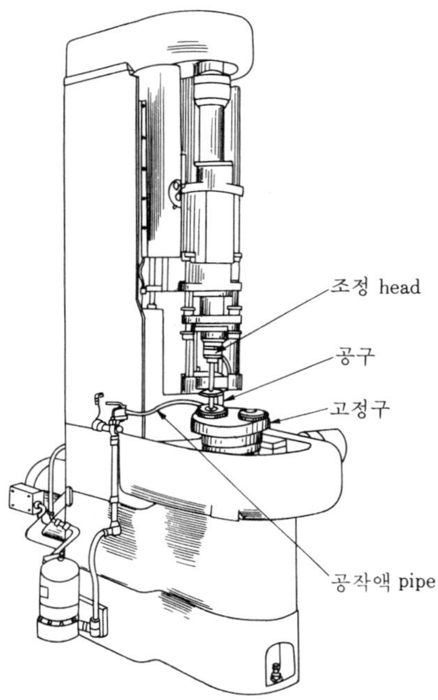

Fig. 2-9 단축수직 honing machine

1-6 液體 honing (liquid honing)

加工物 표면에 工作液과 微細研削粒子의 혼합물을 고속으로 분사하여 매끈한 다듬질면을 얻는 방법을 **液體 honing**이라 한다.

입자의 hammering 효과로 인하여 가공물 표면은 strain 硬化가 되고 疲勞强度(fatigue strength)와 耐磨耗性이 증가한다. Fig. 2-10 에서와 같이 공작물의 凹 부분은 공작액이 채워져 있으므로 자연히 凸 부분에 砥粒이 충돌하여 매끈한 가공면을 형성한다. Fig. 2-11은 액체

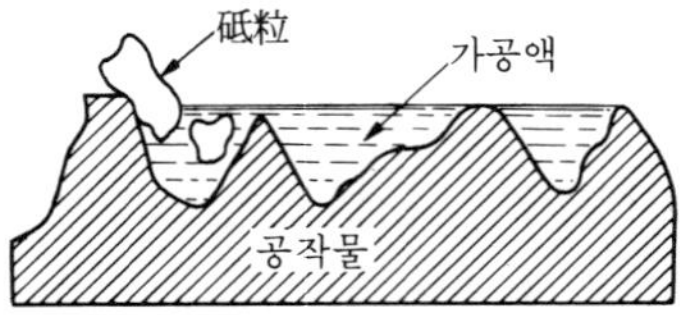

Fig. 2-10 액체 honing에서의 砥粒의 작용

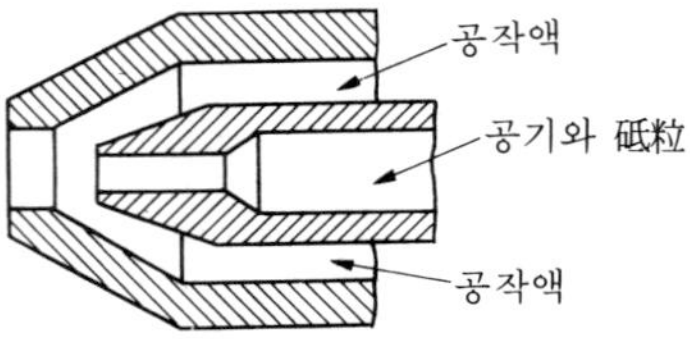

Fig. 2-11 액체 honing용 nozzle

honing용 nozzle의 단면이며, 액체 honing의 장단점은 다음과 같다.

〔장 점〕

① 가공시간이 짧다.

② 공작물의 피로강도를 10% 정도 향상시킬 수 있다.

③ 형상이 복잡한 것도 쉽게 가공할 수 있다.

④ 공작물 표면의 산화막이나 burr를 제거하기어 용이하다.

〔단 점〕

① 砥粒이 凹部에 묻어 내마모성을 해칠 수 있다.

② 다듬질면의 정도(眞直度, 眞圓度 등)가 그다지 좋지 않다.

砥粒으로는 carborundum, alundum, SiO_2를 입도 #600～#5000으로 하고, 물과 砥粒의 비를 1：1로 한다. nozzle과 공작물 표면과의 거리는 6～8cm로 하고 분사각은 45°를 기준으로 한다.

2章 Lapping

가공물 표면을 주철, 구리와 같이 연한 금속 또는 硬木 등으로 된 lap(회전연마반)에 압착시키고, 그 사이에 lap劑(lapping powder)를 첨가하여 공작물과 lap을 상대운동시켜서 극미한 chip을 생성시키는 작업을 **lapping**이라 한다.

Fig. 2-12는 수직형 lapping machine의 기구이며, 「1→2→*M*→*A*」의 순으로 동력이 전달되어 하부 lap을 회전시키고, 「*M*→3→4→5→6→*N*→*H*」의 순으로 동력의 전달이 이루어지면서 상부 lap *H*를 저속 회전시킨다. 이때 pin *P*의 이동으로 편심 거리를 조정할 수 있다.

lapping으로 다듬기를 요하는 것에는 block gauge, limit gauge, plug gauge, ball, roller, 내연기관의 연료분사 pump, prism, lens 등이 있다. lapping액의 유무에 따라 습식법(wet method)과 건식법(dry method)이 있다.

lapping 다듬질의 장점과 단점은 다음과 같다.

〔장 점〕

① 거울面(mirror finish)과 같은 다듬면을 얻을 수 있다.

② 평면도, 진원도, 직선도 등 거의 이상적인 기하학적 형상을 얻을 수 있다.

③ 다량 생산에 적합하다.

④ 시설과 작업 방법이 간단하다.

⑤ 다듬질면은 내마모성과 내식성이 좋다.

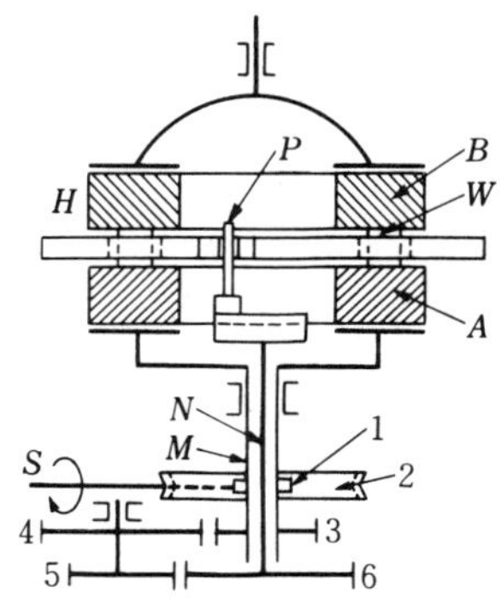

Fig. 2-12 수직형 lapping machine의 기구

〔단 점〕

① 작업자의 옷이 더렵혀진다.

② lap제가 비산하여 다른 기계나 제품에 부착하면 마멸의 원인이 된다.

③ 고도의 정밀가공을 위해서는 숙련을 요한다.

2-1 lap材料

lap재료는 연하고 粒子가 치밀하며 표면에 空隙이나 결함이 없어야 한다. 이에 적합한 재료에는 주철, 강, 황동, 구리, 鉛, 활자합금, Al, Babbitt metal, 주석 등이다. lap의 형상과 재료면에서 곤란할 때에는 비금속재료인 목재, 가죽, fibre 등을 사용하기도 한다.

2-2 lap劑와 lapping油劑

lap 제(lapping powder)의 중요한 성질은 경도, 모서리의 예리함, 인성 등이다. 경도가 크고 예리하며, 강도가 클수록 작업 능률이 높다. 그러나 다듬질면의 조도를 좋게 하기 위해서는 평평한 입자가 좋고, 둥근 입자와 평평한 입자가 쉽게 분쇄되어 새로운 절삭인이 노출되는 것이 절삭 능률을 크게 한다.

lapping powder를 경도가 큰 것부터 나열하면 diamond, 탄화붕소(B_6C, boron carbide), 탄화규소(SiC), 산화 aluminium(Al_2O_3) 등이다.

Fig. 2-13은 lapping 입자의 재료에 따른 다듬질 능률을 표시한다. Fig. 2-14는 lap제의 농도에 대한 다듬질량을 표시한 것이며, lapping 조건은 시험편의 지름 ϕ13.6mm, 0.1% C의 탄소강과 0.9% C의 탄소강, 작용압력 1.46kg/cm², 회전수 300rpm 이며 500회전 전후에서 측정한 것이다.

Fig. 2-15는 lap제의 크기에 따른 다듬질량을 표시한 것이며 보통 # 200 이상의 미세한 것을 사용하는데, # 800까지는 입자가 작아져도 lapping 능률에 크게 지장이 없다는 것을 알 수

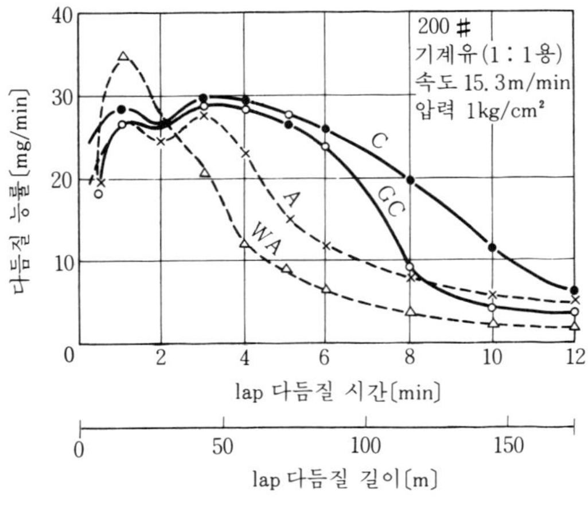

Fig. 2-13 lap제와 다듬질률

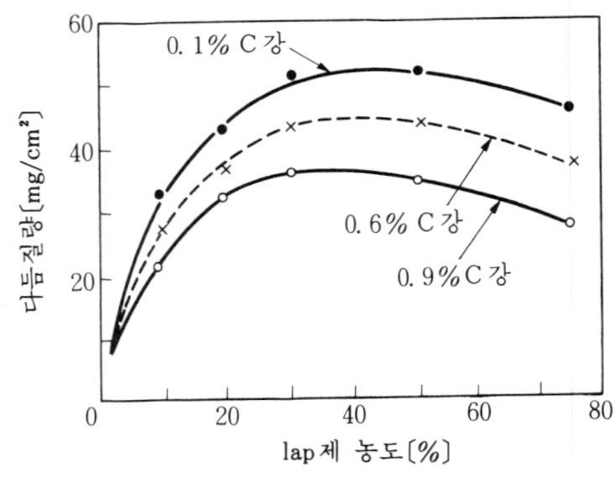

Fig. 2-14 lap제 농도와 다듬질량

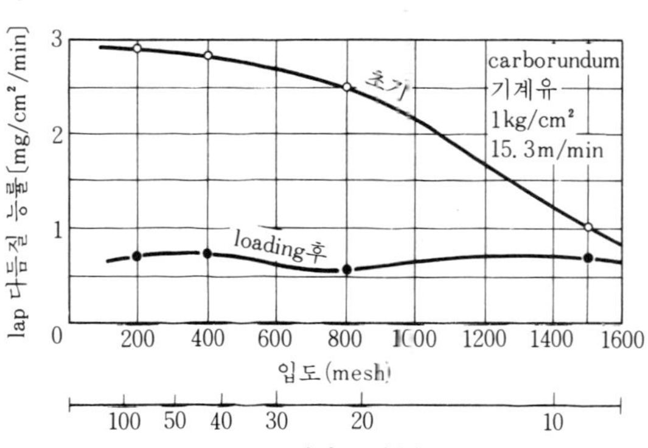

Fig. 2-15 lap제의 크기와 다듬질 능률

있다.

lap 제가 # 1000 이상되면 가공면의 凹凸에 lap 제가 잠입되어 lapping 유제와 함께 작용하는 lap제가 적게 되기 때문에 lapping 능률이 떨어진다.

lapping 유제에는 광물유와 식물유가 있으며, 보통 습식 lapping은 우수한 조도보다도 많은 다듬질량을 얻는 것이 목적이므로 점도가 적은 경유를 사용하는 것이 좋으나 어느 정도 조도를 고려하여 경유에 spindle 유, 기계유 등을 혼합한다. 다듬질량이 적기는 하나 조도를 좋게 하기 위해서는 점도가 큰 spindle 유, grease 등이 사용된다. Fig. 2-16 은 각 lapping 유제에 대한 다듬질량을 표시한다.

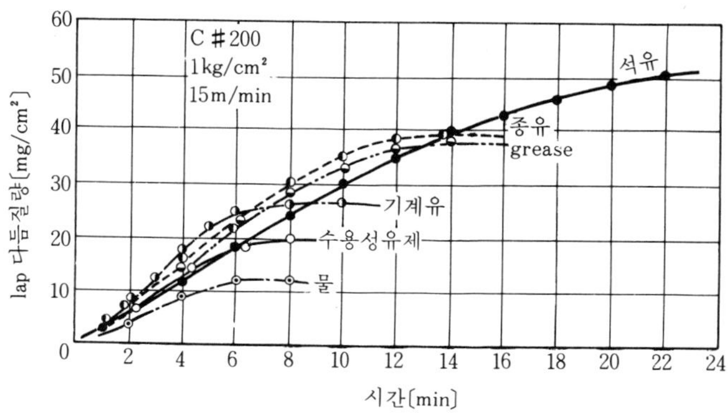

Fig. 2-16 유제와 다듬질량

2-3 다듬질面의 粗度

Fig. 2-17 은 다듬질시간에 대한 다듬질면의 조도를 나타낸 것이며, 시간의 경과에 따라 lap 제가 분쇄되기 때문에 다듬질면이 곱게 되는 것을 알 수 있다.

Fig. 2-18 은 lap 제의 입자 크기에 대한 다듬질면의 조도를 표시한다.

Fig. 2-19 에서 lapping 압력이 높을수록 다듬질 조도는 작아져 좋으나, 무작정 너무 높게

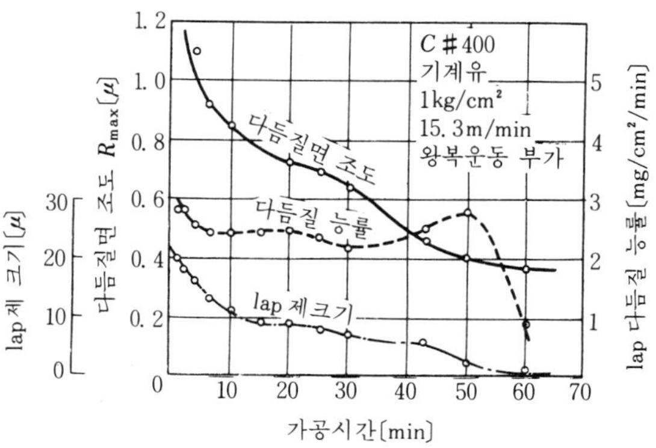

Fig. 2-17 가공시간과 다듬질면 조도

할 수 없다.

Fig. 2-20 및 Fig. 2-21 은 공작물의 경도와 습식 및 건식에 대한 조도를 표시한다.

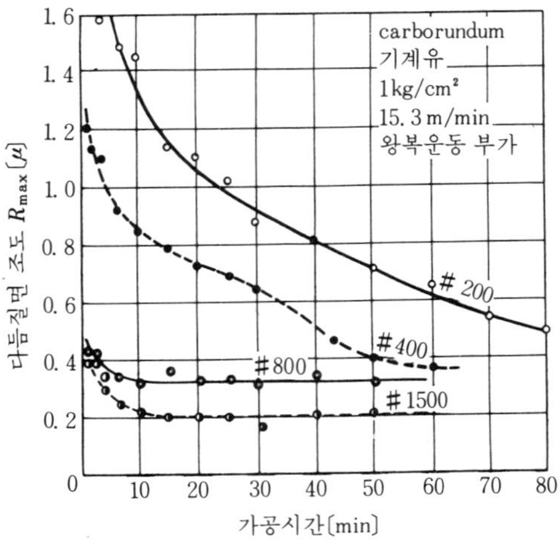

Fig. 2-18 lap제 입도와 다듬질면 조도

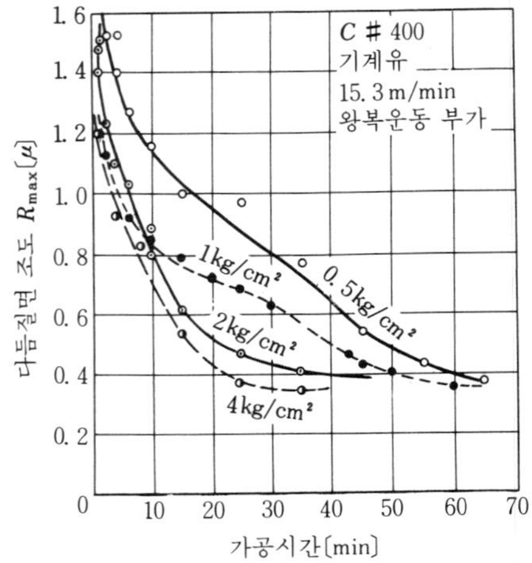

Fig. 2-19 압력과 다듬질면 조도

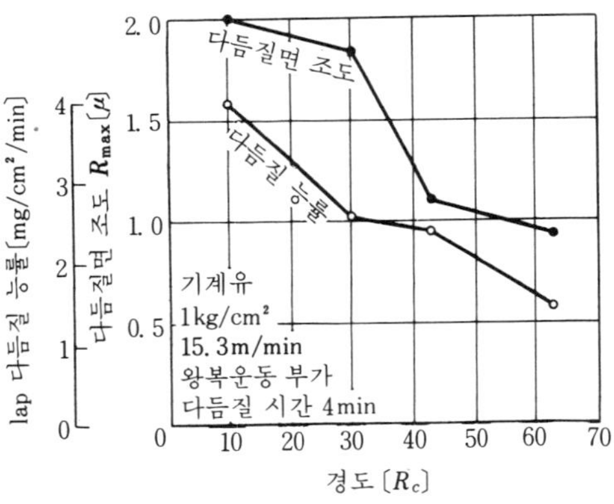

Fig. 2-20 공작물 경도의 영향

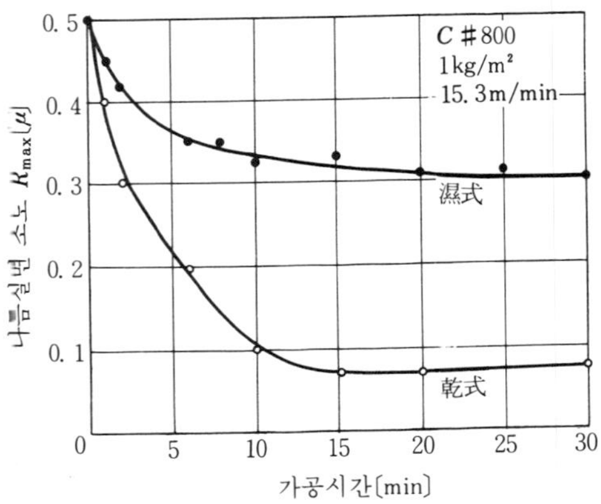

Fig. 2-21 건식법과 습식법과의 다듬질면의 비교

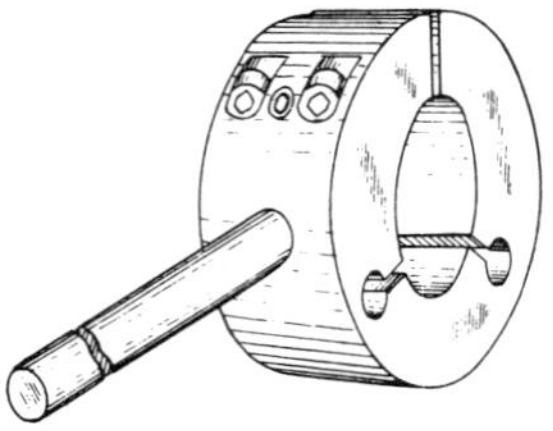

Fig. 2-22 조절 ring lap

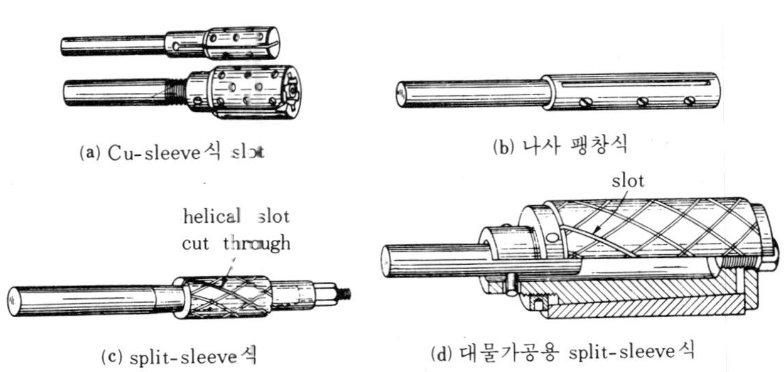

Fig. 2-23 조절 lap

2-4 lapping 방법

2-4-1 손 lapping

Fig. 2-22, Fig. 2-23과 같이 형상이 아주 간단하며, 목적에 따라 여러 가지 형상의 것이 있을 수 있다.

2-4-2 機械 lapping

〔1〕 圓筒 lapping

lap 속도는 반지름의 위치가 달라지면 변하게 되므로 가공물의 모든 위치의 lapping이 균일하게 되려면 접촉되는 周速이 모든 점에 고르게 분포되어야 한다. Fig. 2-24는 원통 lapping용 공작물 고정구의 예이다.

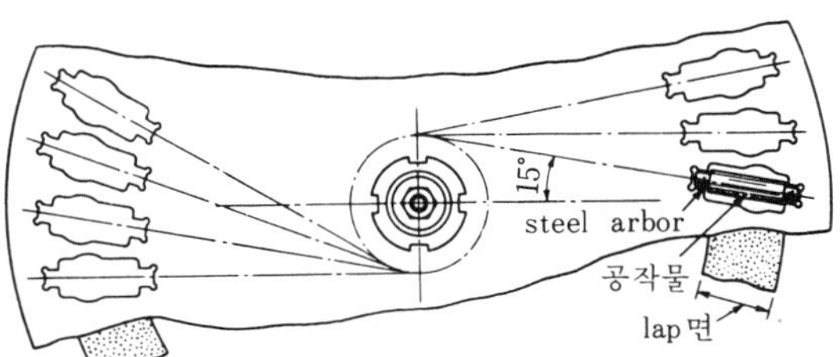

Fig. 2-24 원통 lapping용 공작물의 고정구

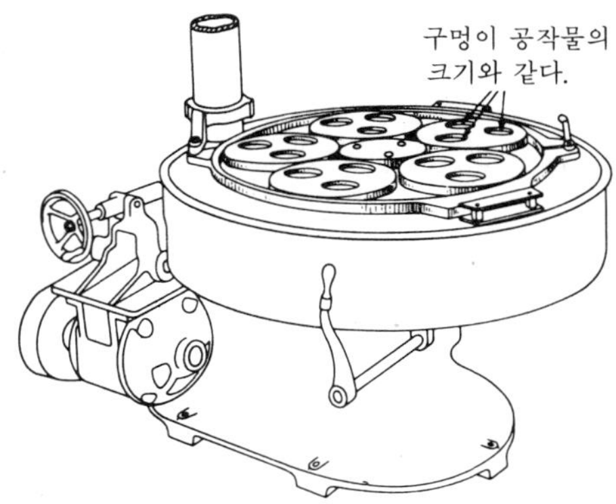

Fig. 2-25 평면 lapping용 공작물의 고정구

〔2〕 平面 lapping

Fig. 2-25와 같이 공작물의 고정구가 원통형 lapping용과 다르다. Fig. 2-25에서 얇은 강판(circular adapters)의 홈에 공작물을 끼우고 회전운동과 旋回運動을 한다.

〔3〕 기타 lapping

Fig. 2-26과 같은 centerless lapping과 Fig. 2-27과 같은 球面 lapping(spherical lapping)도 있다.

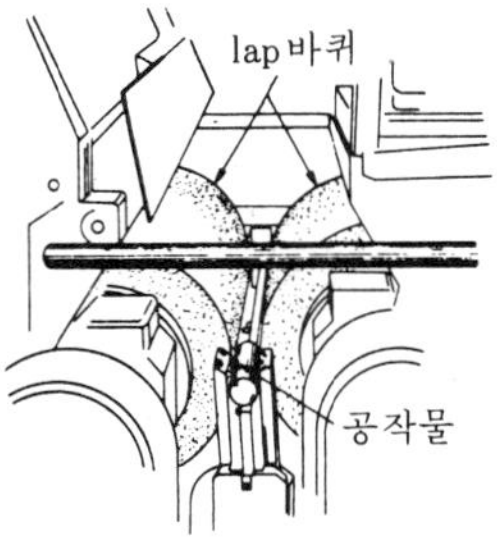

Fig. 2-26 centerless lapping 장치

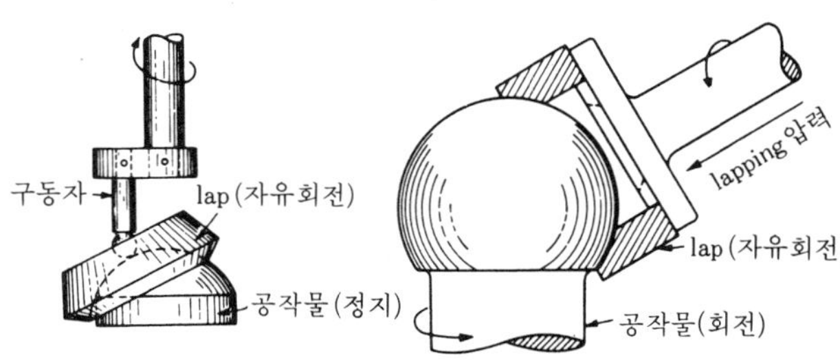

Fig. 2-27 球面 lapping 장치

3章 Superfinishing

superfinishing은 가공물 표면에 미세한 粒子로 된 숫돌을 접촉시키면서 진동을 주는 정밀 가공이며, 이것은 치수 변화가 주목적이 아니고 고정도의 표면을 얻는 것이 주목적이다.

연삭에서는 숫돌과 가공면의 접촉면적이 작아서 이송자국이 생기지만 superfinishing에서는 접촉면적이 크기 때문에 이송자국이나 진동에 의한 자국이 없다.

Fig. 2-28 은 원통외면을 superfinishing 하는 예로서 숫돌의 폭은 공작물 지름의 60~70 % 정도로 하며, 길이는 공작물의 것과 같게 하는 것이 보통이다.

superfinishing에 의한 가공면은 마찰계수가 작고 내마모성이 크다. Table 2-3 은 superfinishing의 특징과 효과를 표시한다.

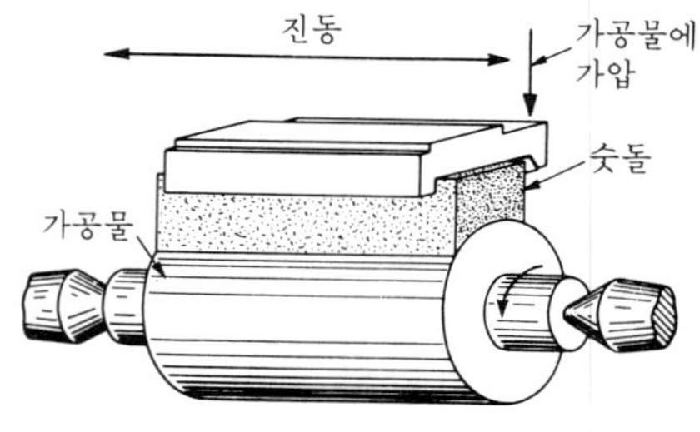

Fig. 2-28 원통 외면의 superfinishing

Table 2-3 superfinishing의 특징과 효과

특 징		예	효 과
숫 돌	결 합 도	G~M	1. 다듬질시간이 짧다. 2. 다듬질면이 미끈하다. 3. 치수 정도가 높다. 4. 다듬질면의 내마모성이 좋다. 5. 다듬질면의 내식성이 좋다. 6. 다듬질면의 마찰 성능이 좋다.
	입 도	# 100~1000	
운 동	多 방 면	—	
	저 속 도	15~20 m/min	
	微 진 동	진폭 1~4 mm, 진동수 1000~2500 cycle/min	
압 력	小	0.4~2 kg/cm²	
공작액	점도가 적당한 것 다량	석유 3+machine 유 1	

3-1 숫 돌

3-1-1 숫돌(砥石) 材料

숫돌은 미세한 입자를 결합제로 결합한 것이며, Al_2O_3, SiC와 결합제로는 vitrified, silicate, resinoid, rubber 등이 사용된다.

3-1-2 粒 度

입자가 크면 다듬질 능력은 크게 되지만 다듬질면의 조도가 좋지 않게 되며, 또 작으면 반대 현상이 생긴다. 그러나 입자가 작을 때 눈막힘(load)이 생겨 전가공면이 제거되지 않아서 오히려 좋지 않은 표면 상태를 얻을 수도 있다. 가공조건과 다듬질 정도에 따라 보통 # 100~1000인 입도의 것이 사용된다.

Table 2-4는 공작물에 따른 숫돌의 입도를 보여 준다.

Table 2-4 숫돌의 입도

공 작 물	입 도[#]
brake胴, clutch판, 관성 바퀴,	180~320
crank축, cam축, piston, valve rod	500
鏡 面	600

3-1-3 結合度(硬度)

연삭숫돌의 경우에 비하여 연한 것이다. 결합도가 크면 새로운 입자의 출현이 힘들고, 너무 무르면 숫돌의 소모가 크며 다듬질면이 거칠다.

superfinishing의 조건에 따라 다르나, 보통 H~M 범위로 한다.

3-2 숫돌의 압력

숫돌의 압력의 大小에 따라 숫돌의 손모량, 가공물의 조도, 다듬질량 등이 달라지며, Fig. 2-29는 이들의 경향을 보여 준다.

숫돌의 압력은 honing의 것에 비하면 낮고, 0.2~2kg/cm²의 범위이다.

Table 2-5는 공작물의 재질에 따른 숫돌의 압력을 표시한다.

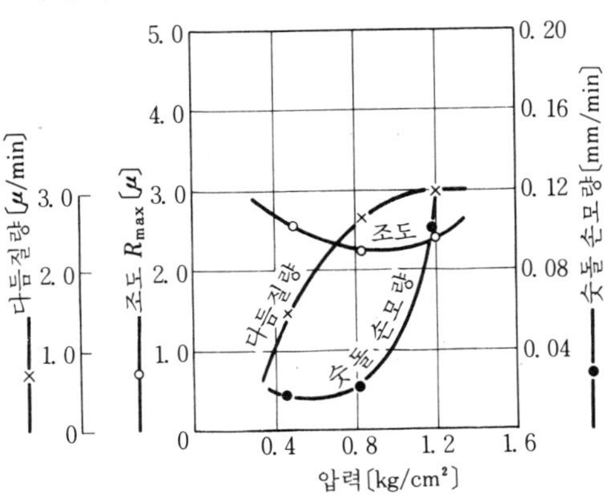

Fig. 2-29 압력의 영향

Table 2-5　공작물의 경도와 압력

공작물재료	Shore 경도	압력〔kg/cm²〕
경　강	21~30	<0.8
반 경 강	17~32	<0.8
주　철	27~36	<1.1
aluminium	11~13	<0.2

3-3　工作物의 속도

공작물의 속도가 크면 砥粒에 작용하는 절삭저항이 작으므로, 결합도가 큰 숫돌을 사용하는 것과 같은 효과로서 新生粒의 출현이 어렵게 되며 절삭능력이 떨어진다. 그러나 속도가 느리면 다듬질 능률은 좋으나 가공물 표면이 거칠게 된다.

이상의 것을 고려하면 工作初에는 6~10 m/min의 저속, 마무리에는 8~27 m/min으로 하는 것이 좋다. Fig. 2-30은 공작물의 속도가 공작물의 조도 및 「숫돌 손모량/절삭길이」에 미치는 영향을 보여 준다.

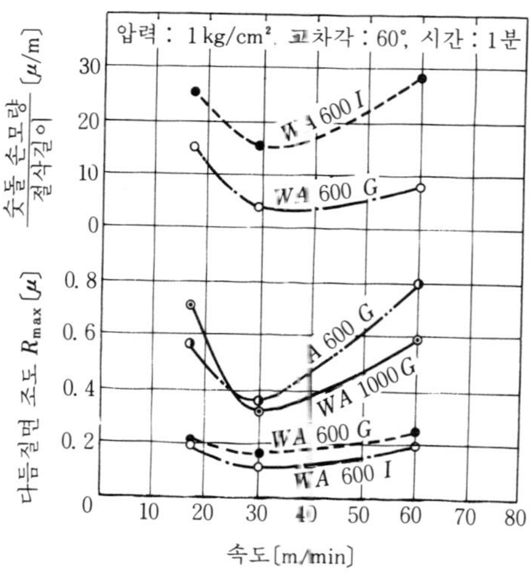

Fig. 2-30　속도의 영향

3-4　숫돌의 진동수와 진폭

superfinishing 숫돌의 진동수가 높고 진폭이 작다는 것이 특징이며, 이것은 공작물의 周速度와 관련시켜 砥粒이 동일한 경로를 지나지 않도록 하여야 한다.

Fig. 2-31에서 θ : 흠집의 교차각, N : 회전수〔rpm〕, n : 진동수, a : 진폭으로 하면 절삭

방향각은

$$\frac{\theta}{2}=\tan^{-1}\frac{2a\cdot n}{\pi D\cdot N} \qquad (2-3)$$

$$\therefore \text{ 흠집의 교차각 } \theta=2\tan^{-1}\frac{2a\cdot n}{\pi D\cdot N} \qquad (2-4)$$

이다. Fig. 2-32는 교차각이 superfinishing에 미치는 영향을 표시한다.

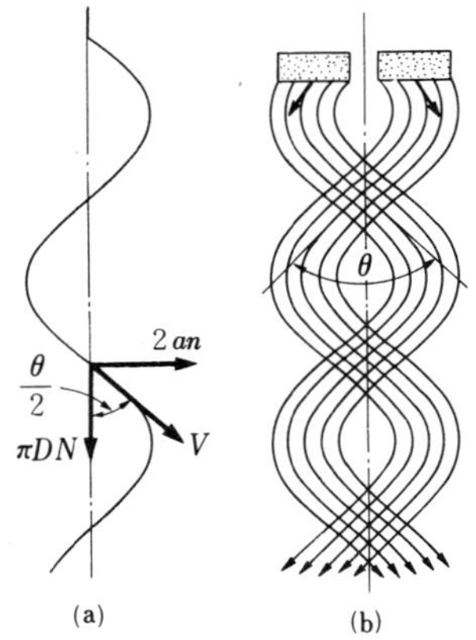

Fig. 2-31 숫돌의 진동수와 진폭

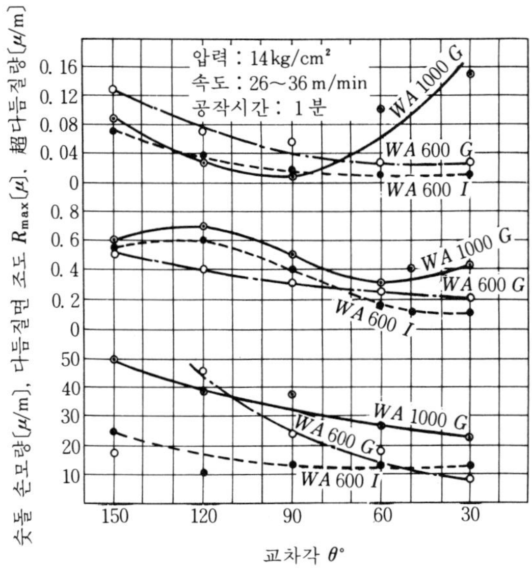

Fig. 2-32 교차각의 영향

3-5 工作液

절삭작업면에서는 공작액의 粘度가 작아서 숫돌의 세척작용을 잘 되게 하여야 하나, 조도면에서 보면 점도가 커야 한다. 일반적으로 석유가 사용되고, spindle유 및 기계유를 10~30% 혼합하여 사용할 때도 있다.

3-6 superfinishing 장치

3-6-1 圓筒面의 superfinishing 장치

원통면을 superfinishing 하는 데에는 여러 가지 기계가 사용될 수 있으나, Fig. 2-33은 旋盤을 이용하는 방법이다.

구조는 spring으로 숫돌에 오는 하중을 지지하고 숫돌을 진동시키는 장치가 있으며, 숫돌을

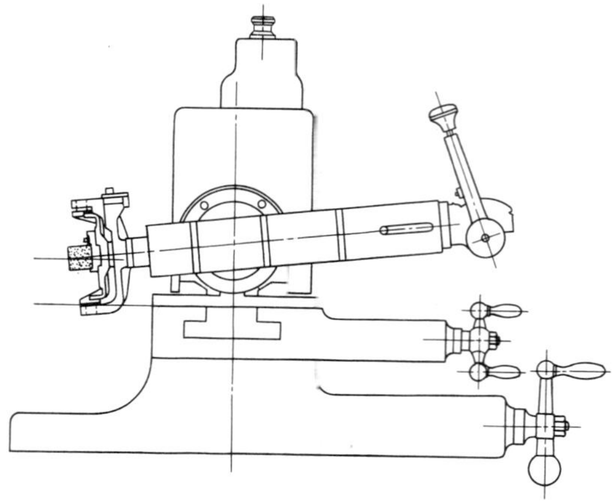

Fig. 2-33 선반 또는 cylindrical grinder 상의 superfinishing 장치

cylinder 길이 방향으로 425 cycle /min 로 진폭 5 mm 정도 진동시킨다.

숫돌의 dressing 은 공작물에 emery cloth 를 감고 숫돌을 접촉시켜 圓弧形으로 만든다. 그 다음에 diamond 공구가 설치된 boring bar 에 의하여 숫돌면을 완성한다. 공작물의 주속은 15 ~18 m/min, 숫돌의 압력은 1.5 kg/cm² 정도로 한다. 가공물의 표면 정도는 0.3μ 정도이고 가공시간은 1 분 정도이다.

3-6-2 平面과 球面의 superfinishing 장치

평면과 구면의 superfinishing 에는 Fig. 2-34 와 같은 숫돌축과 공작물의 고정대축이 상하에서 회전하는 기계를 사용한다.

상부의 숫돌축은 회전운동과 동시에 진동을 하며, 하부의 공작물의 고정축은 회전만을 한다. 숫돌축을 하부의 축에 대하여 평행이 아닌 어떤 각도로 경사시키면 구면이 얻어진다. cup 형 숫돌은 평면가공에는 사용되지만 구면가공에는 사용되지 않는다.

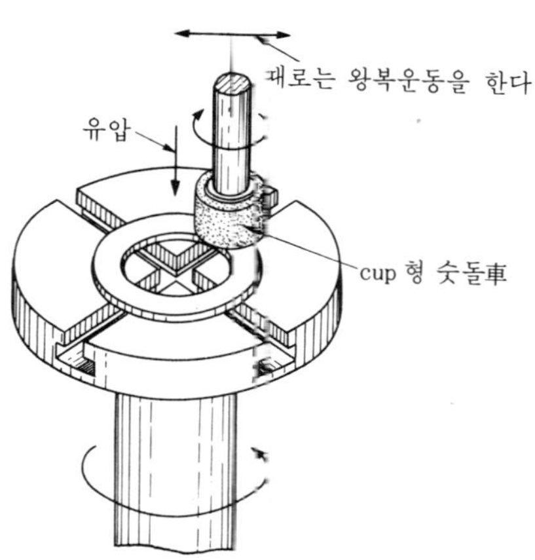

Fig. 2-34 평면 superfinishing 장치

4章 Buffing과 Polishing

織物 등의 연한 재료의 回轉圓盤에 砥料를 부착시키고 공작물을 접촉시켜 마찰에 의한 다듬질을 하는 방법을 **buffing**이라 한다. 때로는 buffing과 polishing을 동일하게 취급하는 수도 있으나 polishing은 연삭숫돌과 같이 미세한 粒子로 된 固形 숫돌에 마찰작용을 시켜 가공면을 매끈하게 가공하는 것이다. 따라서 polishing이 buffing에 선행되는 작업이다.

Fig. 2-35는 buff에 棒狀의 compound를 부착시키는 방법과 buffing 방법을 보여 준다.

buffing은 다듬질량이 극히 적기 때문에 정밀도를 요하는 가공보다는 외관을 좋게 하기 위한 광내기(coloring)에 주로 이용된다.

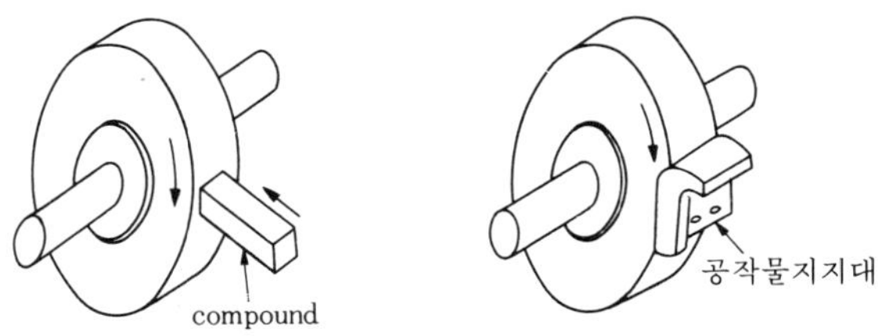

(a) 砥粒을 칠함　　(b) buffing

Fig. 2-35 compound 부착과 buffing 방법

4-1 buff

buff의 재료에는 사용 목적에 따라 여러 가지가 있으나 직물, 피혁, cork, 목재 등이 사용되며 이것을 조합하는 방법도 여러 가지가 있다. 강성이 큰 buff일수록 공작물에 큰 힘이 작용되므로 연삭능률은 높으나 광내기면에서는 강성이 약한 것이 좋다. 또 buff의 무게가 클수록 원심력이 크기 때문에 강성이 커진다. 이외에도 buff의 내구력도 고려하여야 한다.

4-2 buffing 研削劑

buffing 연삭제에는 硬한 것과 軟한 것이 있으며, 전가공의 흠집을 제거하는 것이 주목적일 때에는 경도가 큰 Al_2O_3, SiC 등을 입도 #300 정도로 하여 사용하고, 중간 다듬질에는 #400

～# 2000 정도의 emery 등을 사용한다. 광내기용에는 경도가 낮은 Cr_2O_3, 규조토 등이 사용된다.

4-3　compound

거친 buffing에는 buff의 외주에 지료를 아교로 접착시켜 사용하나, 기타에서는 지료를 유지로 굳혀 봉상으로 만들고 이것을 **compound**라 한다.

compound의 작용에는 연삭작용, burnishing 작용, 화학작용 등이 있다. 즉, 연삭작용은 다듬질량을 크게 하고, burnishing 작용은 공작물이 압력을 받아 고속도로 마찰을 할 때 표면이 국부적으로 고온으로 되어 표층의 유동을 초래하여 평활한 면을 얻는 것으로서 특히 아연합금, aluminium, 구리 같은 것에 중요한 역할을 한다. 화학작용은 buffing에 의한 고열로 인하여 유지 중의 지방산이 금속과 반응하여 금속비누를 발생시키고 가공면을 鏡面으로 되게 한다.

4-4　buff 속도와 압력

buff의 속도가 너무 낮으면 강성이 떨어지고, 너무 속도가 크면 가공물과의 사이에 마찰력이 커져서 buff의 소모가 많아지고 또는 buff가 타는 경우도 있다. Table 2-6은 미국의 수기가공에서의 buff의 원주속도이다.

Table 2-6　수가공 **buffing**의 표준속도〔ft/min〕

가공 정도 \ 재질	탄소강	stainless 강	황　동	Ni 강	Cr강	軟한 금속
보통 완성가공	9000	10,000	4000～9000	5000～9000	—	4600～8000
광택 있는 완성가공	4600～8000	7000～9000	7000～9000	6000～8000	7000～8000	1000～7000

buff에 대한 압력은 buff의 종류, 공작물의 재질, 다듬질 정도 등에 따라 다르나, 일반적으로 거친 다듬질에는 큰 압력을 주고, buff의 강성이 클 때에는 압력을 작게 한다.

Fig. 2-36(a)와 같은 buff의 회전 방향과 공작물의 이송 방향에서는 같은 방향일 때 보다 매끄러운 면이 얻어진다.

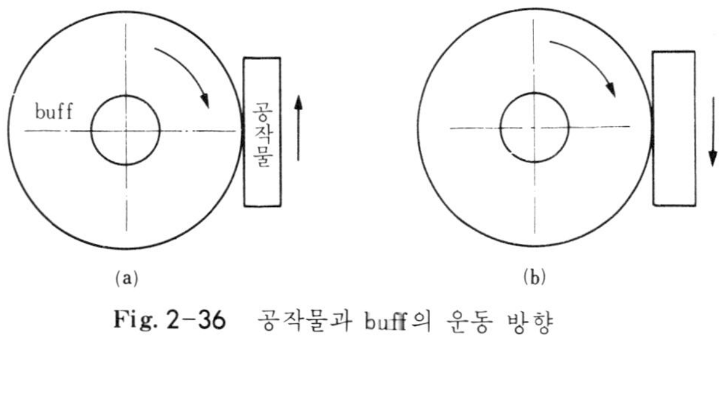

Fig. 2-36　공작물과 buff의 운동 방향

3 篇

特 殊 加 工

기계에 대한 高精度 및 高能率이 점차 요구되어지고 있으며, 또 새로운 기계재료의 출현은 새로운 가공법의 개발을 가져오게 되었다. 지금까지 취급되어 오던 가공법 외의 것을 특수가공법으로 설명한다.

1章 機械的 特殊加工

1-1 grit blasting

주물 표면을 清淨하기 위하여 개발된 sand blasting에서는 砂粒이 파괴되어 입자의 크기가 일정하지 않으며 또 먼지에 의해 작업자의 건강을 해치기 때문에 사용에 부적합하다. 최근에는 砂粒 대신에 shot(작은 鋼球)나 grit(shot를 파쇄한 것)을 사용하여 가공물 표면을 다듬질하는데 전자를 **shot peening**이라 하고, 후자를 **grit blasting**이라고 한다.

grit blasting machine에는 압축공기식과 원심식이 있다.

1-1-1 grit의 크기

粒子가 크면 다듬질량은 많으나 가공면은 거칠고, 입자가 작으면 다듬질량이 적고 가공면은 매끄러우므로 공작물의 재질과 요하는 가공면의 정도에 따라 grit을 선정한다.

일반적으로 硬한 재질에는 굵은 grit을, 軟한 재료에는 미세한 grit을 사용한다.

Table 3-1은 공작물의 재질에 대한 grit의 입드와 공기압력을 표시한다.

cylinder liner, crank shaft, 선반 bed와 같은 물품에는 # 20 또는 # 15 정도가 적당하며 두께가 아주 얇고 작은 물품에는 # 60 정도를 사용한다.

Table 3-1 공작물에 대한 입도와 공기압력

공 작 물	grit 입도	공기압력[lb/in²]
비철금속 주물과 연금속	# 40~# 60	18~20
주 철	# 24~# 30	25~35
가 단 주 철	# 24	40~45
주 강	# 10~# 12	60~80
강 판, 단 조 품	# 16~# 24	45~60

1-1-2 공기압력과 공기량

공작물의 경도가 작을 때에는 공기압력을 낮게 하고, 경도가 클 때에는 공기압력을 크게 한다. Table 3-2에 공기량이 표시되어 있다.

Table 3-2 공 기 량

nozzle 지름〔in〕	공기유량〔ft³/min〕 압력 40〔lb/in²〕	50	60	70	80	90	100	적당한 hose의 지름〔in〕	유량〔lb/hr〕 모래	grit
2/16	27.50	32.80	37.50	43.00	47.50	52.50	57.88	3/4～1	500	1250
1/4	49.10	58.20	67.00	76.00	85.00	94.00	103.00	1～1 1/4	900	2250
5/16	76.70	90.70	105.00	119.00	133.00	146.00	161.00	1 1/4～1 1/2	1200	3250
3/5	110.00	130.00	151.00	171.00	191.00	211.00	232.00	1 1/4～1 1/2	1700	4250
7/16	150.00	178.00	206.00	233.00	260.00	286.00	315.00	1 1/2～1 3/4	2200	5500

1-1-3 噴射거리와 角度

분사거리를 멀리 하면 가공면적은 넓어지나 다듬질량이 감소한다. 따라서 硬한 가공물에는 분사거리를 짧게 하고 軟한 가공물에 대해서는 멀리 하여 가공면을 넓게 하는 것이 좋다.

Fig. 3-1 및 Fig. 3-2는 분사거리와 분사각도의 영향을 각각 표시한 것이다.

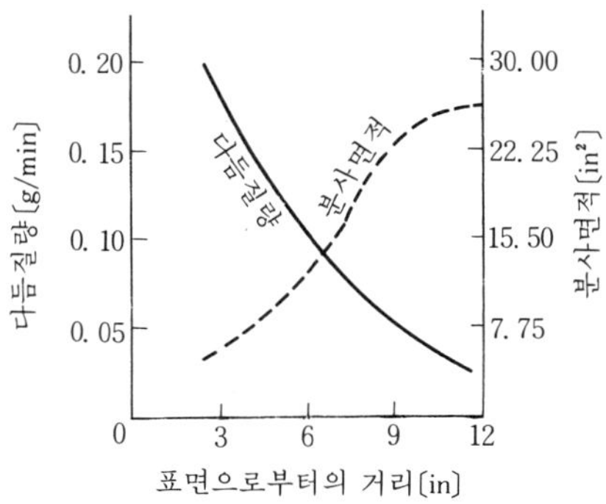

Fig. 3-1 분사거리의 영향

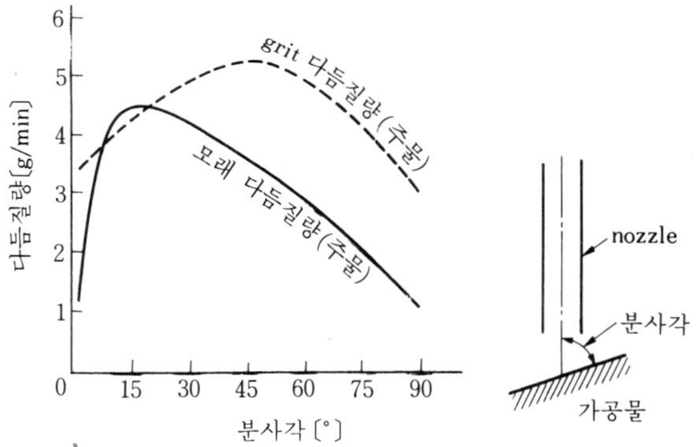

Fig. 3-2 분사각도의 영향

1-2 shot peening

shot peening은 sand blasting의 모래 또는 grit blasting의 grit 대신에 硬化된 小鋼球를 공작물 표면에 분사하여 공작물을 다듬질하고 疲勞强度와 기타 기계적 성질을 향상시키는 방법이며, 이때 사용되는 소강구를 **shot**라 한다.

1-2-1 shot peening 방법

shot peening기의 주요부는 shot분사기와 공작물 고정장치이다. shot분사기는 grit blasting에서와 마찬가지로 압축 공기를 이용하는 분사방식과 원심력에 의한 원심식이 있다. 분사방식은 sand blasting machine을 그대로 사용하며 원심식에서는 공작물을 자동이송시키는 Fig.

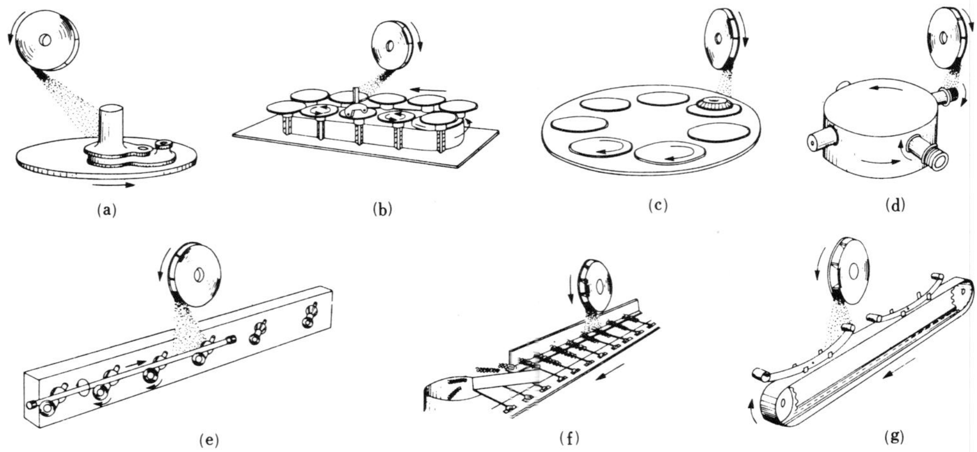

Fig. 3-3 공작물 자동이송장치

3-3과 같은 장치가 있다.

1-2-2 shot

shot에는 chilled주철 shot, 가단주철 shot, 주강 shot, cut wire shot와 드물게 사용되는 구리 또는 유리 shot가 있다.

〔1〕 chilled鑄鐵 shot

熔湯을 水中에 산포하여 急冷硬化한 것으로서, 그 성분은 3% C, 1.4% Si, 0.3% Mn인 것이 보통이다. 경도는 크고 H_v=800~900으로서 작업능률은 좋지만 파괴되기 쉬워 열처리를 해서 경도를 낮추는 경우도 있다.

〔2〕 cut wire shot

鋼線을 절단하여 만들며, 靭性이 크기 때문에 chilled주철 shot보다 수명이 훨씬 길다. Table 3-3은 cut wire shot의 SAE 규격이다.

Table 3-3 cut wire shot의 SAE규격

shot 번호	지 름〔in〕	경도〔R_c〕	인장강도〔lb/in²〕	10개의 길이〔in〕	50개의 중량〔gr〕
CW-62	0.0625±0.002	36 이상	237 000~272 000	0.620±0.040	1.09~1.33
CW-54	0.054±0.002	39 이상	243 000~279 000	0.540±0.040	0.72~0.88
CW-47	0.047±0.002	41 이상	248 000~286 000	0.470±0.040	0.48~0.58
CW-41	0.041±0.002	42 이상	255 000~293 000	0.410±0.040	0.31~0.39
CW-35	0.035±0.001	44 이상	261 000~301 000	0.350±0.030	0.20~0.24
CW-32	0.032±0.001	45 이상	265 000~305 000	0.320±0.030	0.14~0.20
CW-28	0.028±0.001	46 이상	271 000~311 000	0.280±0.030	0.10~0.12
CW-23	0.023±0.001	48 이상	275 000~314 000	0.230±0.020	0.05~0.07
CW-20	0.020±0.001	48 이상	283 000~324 000	0.200±0.020	0.04~0.05

1-2-3 가공조건

shot peening에서 중요한 것은 분사속도, 분사각도 및 분사면적이다. 분사속도가 크면 peening 효과도 크게 되지만 속도에도 한계가 있어 공기분사식에서 공기압력을 4 kg/cm² 이내로 한다. 압력이나 속도가 너무 크게 되면 가공물 표면의 조직이 파괴된다. 분사각도가 90°일 때에 효과가 가장 크고, 가공층의 두께가 가장 크고 분사각이 더 커지면 단위면적의 peening 효과가 떨어지며, 또 분사면적의 각 위치에서의 분사각이 서로 다르기 때문에 peening 효과가 위치에 따라 다르다.

shot peening은 최초에는 板 spring에 주로 이용되었으나, 최근에는 자동차 및 항공기의 부품인 coil spring, 연결봉, washer, pin류, 차축, gear 등에 사용된다.

Table 3-4는 기계 부품에 shot peening을 실시하였을 때의 피로한도의 증가율을 보여 준다.

Table 3-4 shot peening에 의한 피로한도 증대

기 계 부 품	피로한도의 증가[%]	기 계 부 품	피로한도의 증가[%]
crank 축	900	coil spring	1370
板 spring	600	gear	1500
연 결 봉	1000	rocker arm	1400

1-3 barrel 다듬질(barrel finishing)

Fig. 3-4와 같이 회전하는 상자 속에 공작물과 숫돌입자, 공작액, compound 등을 넣고 서로 충돌시켜 매끈한 가공면을 얻는 방법을 **barrel finishing**이라 하고 이때 회전통을 **barrel**이라고 한다. 이와 비슷한 tumbling이라는 것은 筒에 주조품이나 단조품을 넣고 회전시켜 정밀가공이 목적이 아닌 fin 및 기타 불필요한 突起를 제거하는 것이다. 본내용에서는 barrel 다듬질에 대하여 설명하기로 한다.

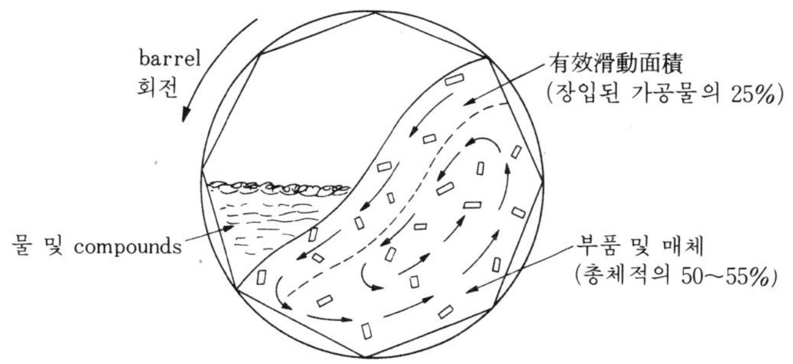

Fig. 3-4 barrel 공작액의 유동

1-3-1 barrel 다듬질 방법

barrel 속에 內容積의 $\frac{1}{2}$ 정도까지 공작물과 media를 넣고 공작액을 첨가하여 저속회전을 시킨다. 가공중에는 작업원을 요하지 않는 것도 유리한 점의 하나이다.

barrel 다듬질이 될 수 있는 재료에는 주철, 강, 구리, 구리합금, aluminium 합금 등의 금속과 bakelite, fiber, vinyl 수지, 목재 등이 있다.

1-3-2 media

거친다듬질에는 숫돌입자, 석영, 石塊, 모래 등이 사용되고, 광택내기에는 木, 皮, 톱밥 등이 사용된다.

1-3-3 barrel 다듬질 조건

〔1〕 물의 硬度

물의 경도가 크면 공작물에 pin hole 상의 부식이 생기므로 경도가 작은 軟水를 사용한다.

〔2〕 공작액의 양

공작액이 barrel 내에서 공작물과 media의 완충작용을 하므로 다듬질량을 크게 하기 위해서는 공작액을 적게 하고, 광택내기가 주목적일 때에는 공작액을 많게 한다.

우선 공작물과 media의 혼합물의 높이까지 공작액을 채우고 가공 정도를 관찰하면서 서서히 첨가하는 것이 보통이다. 또 연한 공작물에는 공작액을 많게 하여 cushion 작용을 돕는다.

〔3〕 공작물과 media의 혼합비

공작물에 대한 media의 용적혼합비율은 (1 : 6)～(1 : 2)가 일반적이다. media의 양을 많게 하면 공작물간의 충돌을 방지함과 동시에 다듬질량이 증가되나, 1 : 1 이상에서는 오히려 다듬질량이 감소한다.

〔4〕 barrel의 속도

barrel의 회전속도가 크면 다듬질량이 커지나 어느 이상이 되면 오히려 다듬질량이 감소한다. Fig. 3-4에서 보는 바와 같이 회전수가 크면 원심력에 의하여 미끄럼층의 上端이 상승하고 어떤 점에서 하락하게 되어 barrel에 필요한 미끄럼운동이 없어지고, 또 공작물끼리 충격을 주어 파손되기가 쉽다. barrel의 회전속도는 공작물의 형상, 크기, 중량에 따라 다르나 보통 6～30 rpm이고 공작물이 작을 때에는 35회전까지도 가능하다. 공작물이 강과 같이 경도가 큰 것은 경도가 작은 구리, aluminium 보다 고속으로 한다.

1-4 burnishing과 roller 다듬질

1-4-1 burnishing

Fig. 3-5와 같이 圓筒의 內面을 다듬질하기 위하여 원통의 안지름보다 약간 지름이 큰 鋼球를 壓入하여 다듬질면을 壓潰함으로써 매끈하게 하는 방법을 **burnishing, ball finishing** 또는 **press finishing**이라 한다.

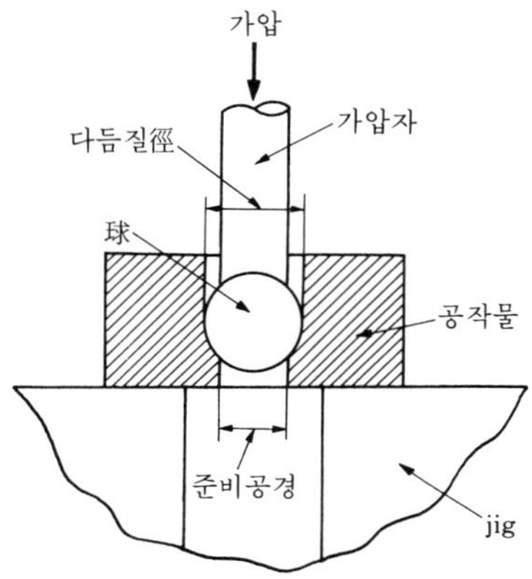

Fig. 3-5 burnishing

drill 또는 reamer 가공한 구멍의 치수 정도를 높이고 다듬질면을 매끄럽게 하는 데 시간이 적게 걸리는 것이 장점이다.

공작물이 鋼材로 되어 있으면 鋼球가 쉽게 마모되기 때문에 주로 구리, aluminium과 같은 硬度가 낮은 비철금속에 이용된다. 공작물의 두께가 얇으면 변형은 거의 탄성적으로 이루어지고 소성 변형은 극히 적어 burnishing 효과가 적어지며, 두께가 증가하면 burnishing 효과는 증대된다. Fig. 3-6은 鋼球와 구멍의 치수차에 대한 구멍의 확대를 도시한 것이다.

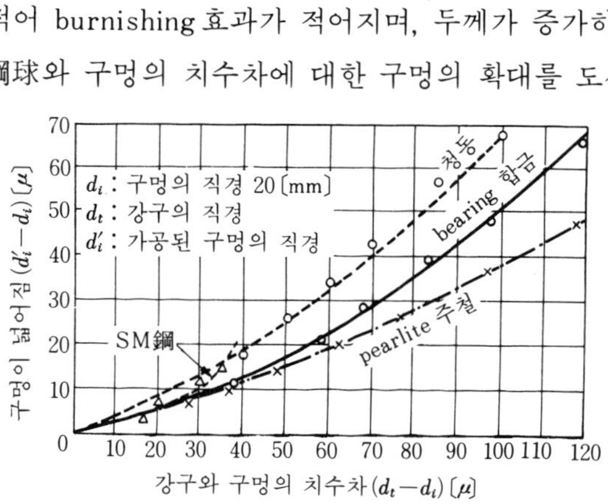

Fig. 3-6 강구치수와 구멍직경

1-4-2 roller 다듬질

선반으로 가공한 공작물의 표면은 뜯긴 자국, 절삭공구 끝의 형상에 의한 凹凸을 roller로

壓潰하여 **平滑**하게 하는데, 이 방법을 **roller 다듬질**이라 한다.

Fig. 3-7과 같이 기계로서는 보통선반이 사용되며 roller에 회전운동과 이송을 주어 다듬질면을 얻는다. roller 1개를 사용하여 공작물이 굽을 염려가 있을 때에는 roller의 수를 Fig. 3-8과 같이 여러 개로 한다.

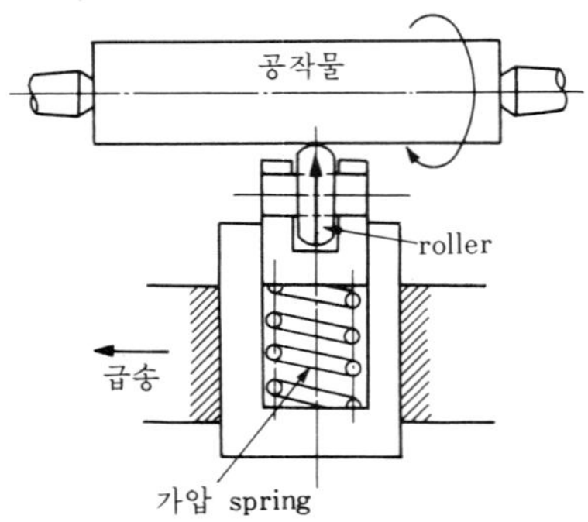

Fig. 3-7 roller 다듬질

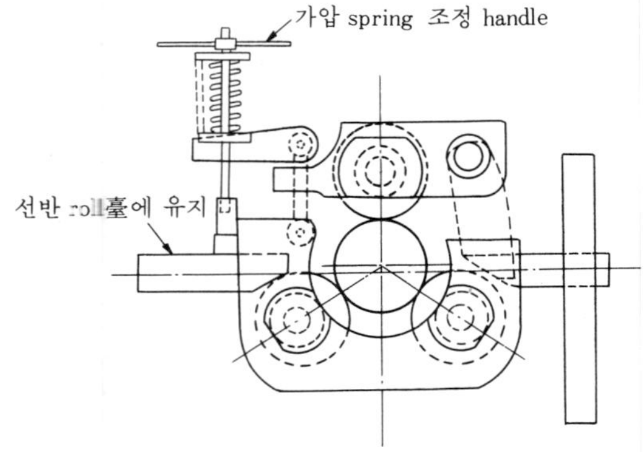

Fig. 3-8 3개의 roller로 된 roller 다듬질

2 章　化學的 特殊加工

화학적 가공법(chemical machining 또는 chemical milling)은 복잡한 형상을 얻기 위하여 溶解, 腐蝕 등의 방법으로 가공하는 것이다. 과거에는 정도가 그다지 필요하지 않은 부분에 이용되었으나, 최근에는 기계나 전기적으로 가공할 수 없는 재료의 정밀가공에도 이용된다. 즉 정도가 높은 자눈板, 진공관의 格子, 半導體 등이다. 가공을 필요로 하지 않는 부분에는 neoprene, vinyl, wax 등으로 감싸거나 鍍金하여 보호한다.

2-1 腐 蝕 加 工

절삭공구 대신에 가공액의 溶解작용으로 표면을 제거하며, 각종 재료에 대한 가공액은 Table 3-5 와 같다.

Table 3-5 공작물 재료에 대한 가공액

피가공재료	가 공 액
aluminium	NaOH 5～25%, HCl 5～20%
철 강	HNO_3 15～30%, H_2SO_4 10～15%+HNO_3 10～20%
stainless 강	HNO_3 5～10%+HF 5～10%
구리 및 구리 합금	HNO_3 5～10%, H_2SO_4 10～15%
tungsten	HNO_3 20cc+HF(50%) 30cc+H_3PO_4 50cc

2-2 化學硏磨(chemical polishing)

화학연마에서는 電解作用을 이용하지 않기 때문에 强酸, 强 alkali 溶液을 사용하여 일정한 온도에서 단시간 담근 후 곧 세척하여야 한다.

화학연마법을 가장 많이 이용하고 있는 금속은 구리합금, 아연, aluminium합금 등이다.

구리합금의 화학연마는 濃燐酸 7 *l*, 濃窒酸 3 *l*, 醋酸 0.5～1 *l* 의 配合液으로 40℃에서 행한다. 亞鉛 또는 cadmium塗金한 면을 硏磨하기 위해서는 0.5～0.7% 질산에 담그면 광택도 나고 耐蝕性이 향상된다.

aluminium의 화학연마는 순도가 높은 것은 순가성 soda, 가성 alkali, 인산, 황산으로 화학연마할 수 있고, 순도가 낮은 aluminium 합금은 다음과 같이 화학연마할 수 있다.

인산 1 l
질산 0.5 l
액온 110～120℃
시간 10 min

또는

불소산 1～5%
질산 5%
시간 1～5 min

鐵鋼의 化學研磨는 Table 3-6 의 조건에서 행한다.

Table 3-6 철강의 화학연마액

연마액		온도〔℃〕
인산 1 l	질산 500cc	130～160
인산 400cc 황산 200～600cc	염산 25cc 질산 100～200cc	>80
황산 100g 황산동 150g	질산 250g	
질산 30cc 불소산 70cc	물 300cc	60

3 章 電氣的 特殊加工

3-1 電解研磨 (electrolytic polishing)

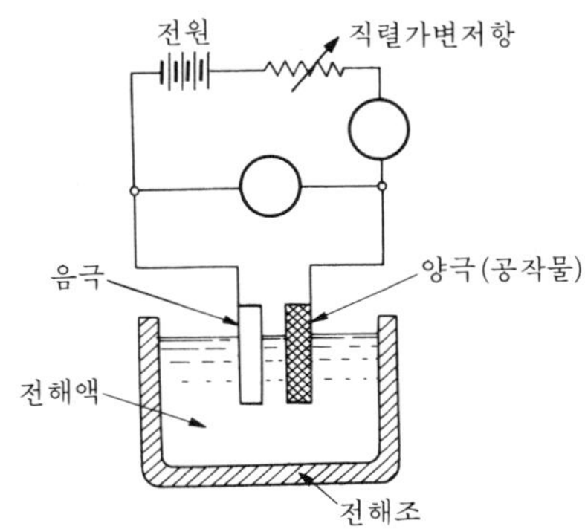

Fig. 3-9 전 해 연 마

전해연마는 전기도금과는 반대로 공작물을 陽極으로 하여 적당한 용액중에 넣어 通電하면 陽極의 溶出作用에 의하여 닦음질되고 광택이 난다. Fig. 3-9는 전해연마장치의 예이며, 전가공에서 표면에 凹凸이 있을 때에는 凸부분이 凹부분보다 더욱 심하게 溶出하기 때문에 평활하게 된다.

철과 강의 전해연마는 다른 금속에 비하여 전해연마가 어렵다. 강에는 불활성 탄소가 포함되어 있기 때문에 유리탄소를 함유한 주철은 전해연마가 불가능하며, 탄소량이 적을수록 유리하다.

Table 3-7은 주강의 전해연마조건을 예시한다.

구리와 銅合金의 電解研磨는 비교적 쉽게 되며, Table 3-8은 대표적인 예이다.

aluminium 및 그 합금은 연하므로 기계가공에 의하여 광택면을 얻기가 어려운데 전해연마법을 이용하면 鏡面에 가까운 매끄러운 면을 얻을 수 있다. 대표적인 전해액은 過鹽素酸, 인산, 황산, 질산 등이다. Table 3-9는 aluminium 및 그 합금의 전해연마조건의 예이다.

Table 3-7 주강의 전해연마조건

전 해 액	온 도	극간전압〔V〕	전류밀도〔A/dm²〕	시 간〔sec〕
正인산(d. 1.2～1.75)	0～140℃ (10)	A.C. D.C.	100	15
正인산(d. 1.6) 1000cc gelatine 40g 수 산 40g	～50	D.C. A.C. 15～25	30～200	數～10數
正인산 1000cc 酢 酸 30～3000cc		A.C. D.C.	50～150	0.5～1

Table 3-8 구리 및 二 합금의 전해연마

전 해 액	액 온〔℃〕	극간전압〔V〕	전류밀도〔A/dm²〕	시 간
정인산 또는 피러인산	15～25	D.C. 1.5～1.8	6～8 60	10～15min 10～15min
정 인 산(60%) 우무〔寒天〕 1g/l		D.C.	20～30	30～60sec
정 인 산 90% 포름알데히드(30%) 10%	20	D.C.	2	5min
정 인 산 600cc 無水酢酸 400cc 젤 라 틴 20g	30	D.C.8	200	20～30sec
정 인 산 1l 황 산 10～40cc	5～40	D.C.10～20	10～30	10～60sec
정 인 산 95% 硝 酸 5%	20	D.C.1.8	20	5min
황 산 10cc/l 阿 膠 50g/l 尿 素 0.3	常温	D.C.	0.9	2min
황 산 100g 酢 酸 125 무수크롬산 125 중크롬산소다 375 물 1l		D.C.	22～	
가성소다(3N) 1000cc 酒 石 酸 30g 황 산 5cc	10～15	D.C.3～3.2	40	30min

Table 3-9 aluminium 및 그 합금의 전해연마

전 해 액	액 온〔℃〕	극간전압〔V〕	전류밀도〔A/dm²〕	시 간
과염소산 220cc 無水酢酸 780cc	45	D.C.50～110	5～8	5～10min
과염소산 (*d*.1.12) 200cc 주정(3% 에틸에테르를 함유) 800	～35	D.C.110～220	200～400	8～12sec
正燐酸 (특히 1.5) 1l 우무〔寒天〕 20g 가성소다(첨가하지 않을 때도 있음) 10g	～100	D.C.40～100	30～100	5～10sec
정 인 산 주정, 글리세린, 아교 등	40～40	A.C.25	50	40sec
정 인 산, 황 산	60～93	D.C.	10～16	

정 인 산 700cc 황 산 200 크 롬 산 50~100 물 100				
정 인 산 중크롬산(포화) 물 4% 알루민산칼리 1 인산제 1 철 2 황산제 1 철 1.5	40	D.C.7	100	15sec

3-2 電解加工(electrochemical machining, ECM)

電解研磨의 電氣化學的 反應을 보다 심하게 하고 거기에 기계적 작용을 첨가시켜 기계가공이 어려운 내열강, 초경합금, 고장력강 등을 가공하는 방법으로서, Fig. 3-10에서와 같이 공작물을 陽極으로 하고 陰極電極과 함께 alkali성의 전해액에 넣어 가공부를 전해시켜서 구멍을 뚫거나 홈파기 등을 한다.

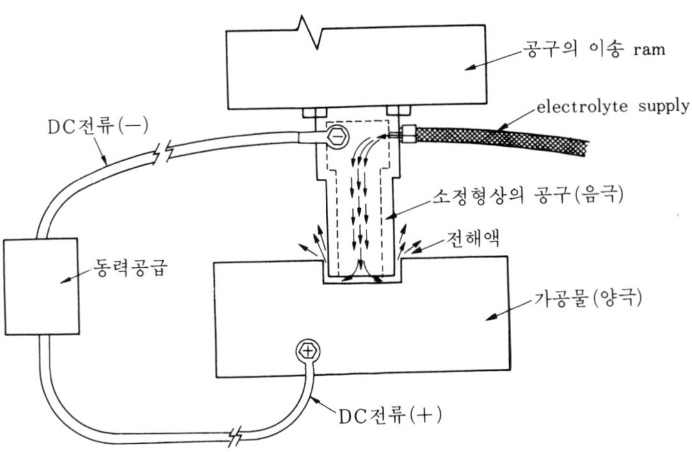

Fig. 3-10 전해가공(ECM)

전해작용에 의하여 공작물 표면에 금속산화물의 막이 생겨 전류가 잘 흐르지 않으므로 전해액의 분사로 제거하면서 작업한다. 직류전압 10~20V, 전류 20~200A/cm², 전해액압력 5~6 kg/cm²의 범위로 하며, 가공속도는 30~170kg/min 정도이다. 가공능률은 공작물의 경도와는 무관하며 표면조도 $1\sim20\mu R_{max}$, 가공 정도 ±(0.1~0.3) mm 정도이다. 金型을 가공할 때에는 전해가공으로 1차로 거친가공을 한 후 방전가공을 시행한다.

전해가공의 특징은 다음과 같다.

① 경도가 크고 靭性이 큰 재질에 대해서도 가공량(metal-removal rate)이 크다.

② 복잡한 3차원가공도 공구자국이나 burr가 없이 쉽게 가공된다.

③ 열이나 힘의 작용이 없으므로 금속학적인 결함이 발생하지 않는다.

④ 공구인 陰極의 소모가 거의 없다.

Fig. 3-11 에서 陰極은 鏡面으로 가공되어야 하며, 工具인 陰極과 공작물인 陽極間에 충분한 전류밀도를 유지하게 하고, 電解液의 공급방법은 Fig. 3-11 과 같다.

전해가공의 일종으로서 공작물이나 전극을 회전시켜 표면을 다듬질하는 방법을 **電解研削**(electro-chemical grinding, ECG 또는 electrolytic grinding)이라 한다. 이 방법은 전해작용에서 생긴 산화막을 기계적으로 제거하는 데 주목적이 있으며, 공작물의 다듬질량의 대부분은 전해작용에 의한다.

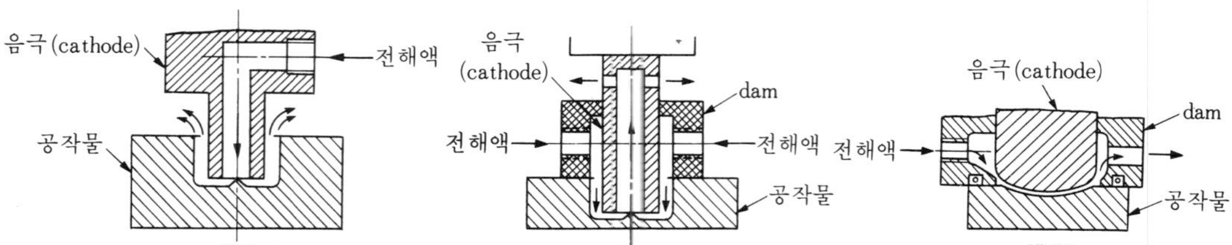

Fig. 3-11 전해액의 공급방식

3-3 放電加工(electrodischarge machining, EDM)

방전가공은 불꽃방전(spark discharge)에 의하여 재료를 微量씩 熔解하여 제거하는 방법이며 구멍뚫기, 조각, 절단 등을 한다. Fig. 3-12는 방전가공기를 도시한 것이며, Fig. 3-13 은 방전에 의한 crater를 보여 준다.

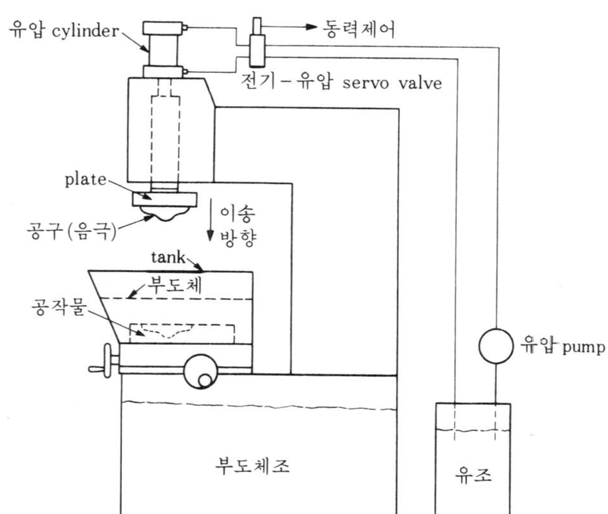

Fig. 3-12 방전가공기

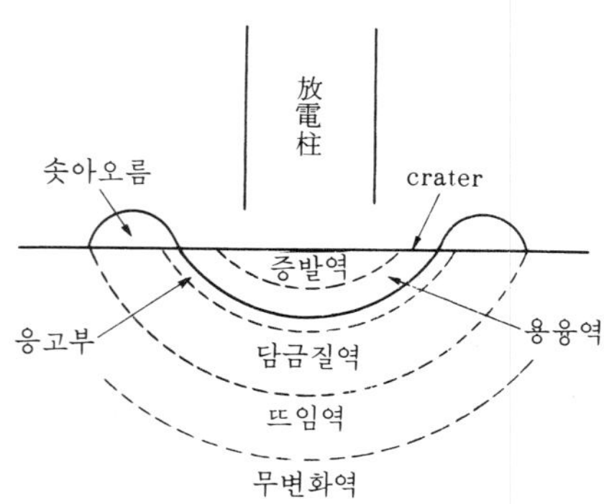

Fig. 3-13 방전에 의한 crater

공작물을 燈油와 같은 액에 담그고, 공구인 陰電極과 공작물인 陽電極의 간격을 0.04~0.05 mm로 하며 100V 정도의 전압을 준다. 방전에서는 陽極이 陰極보다 많이 소모되므로 공작물을 양극으로 한다. 공작액을 사용하고 전극, 전류를 사용하는 점에서는 전해가공과 비슷하나, 공작액이 절연물이고 전류는 pulse상 전류가 주체가 되는 점이 다르다.

3-3-1 방전방법과 回路

〔1〕 금 속 가 공

(1) 蓄電器法 : Fig. 3-14는 축전기법의 대표적인 회로이다. 직류전원으로부터 가변저항을 지나 condenser C를 축전하고, 이 전류가 방전하는 사이에 가공된다.

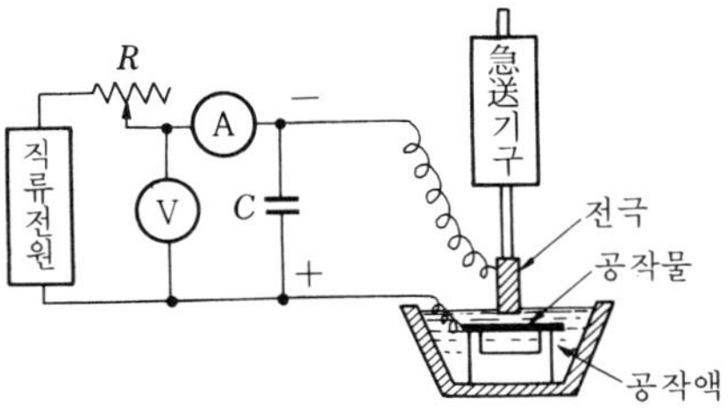

Fig. 3-14 축전기법 회로(RC 회로)

양극과 음극의 간격을 일정하게 유지하도록 이송기구에 의하여 공구인 음극을 이송한다. 공작액은 변압기유, 석유, 물 및 비눗물을 사용한다. 전원전압은 40~400V로서 높을수록 가공 능률이 좋으나 가공면이 조잡하므로 보통 100V 정도로 한다. 저항은 작을수록 전류가 많이 흘러 가공 능률은 좋으나 너무 작으면 간헐방전을 하지 않고 방전이 지속되어 가공할 수 없게 되므로 보통 10Ω 정도로 한다. 축전기의 용량이 크면 가공 능률은 좋으나 가공 정도가 좋지 못하므로 보통 100~200μF 정도로 한다.

Fig. 3-15는 방전특성을 표시한 것이며 축전이 진행됨과 함께 축전기전압은 상승하고 방전하면 전압은 순간적으로 0까지 하강한다. 이때 전류가 흐르며 이것이 반복된다. 전극으로는 황동이 많이 사용되며 가공면과 같은 형상의 전극을 만들어 복잡한 형상도 쉽게 가공할 수 있다는 것이 방전가공의 특징이다.

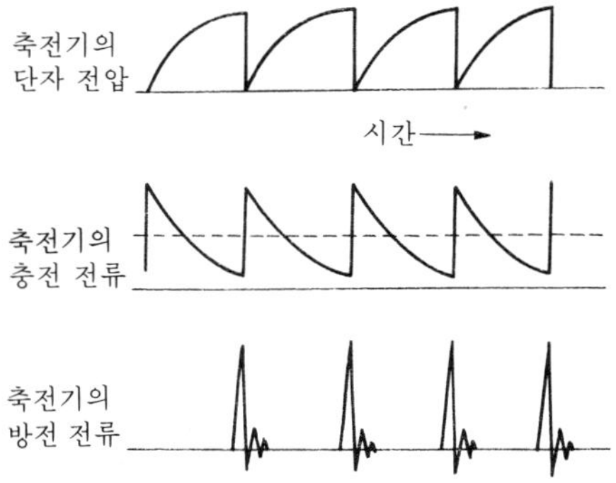

Fig. 3-15 방 전 특 성

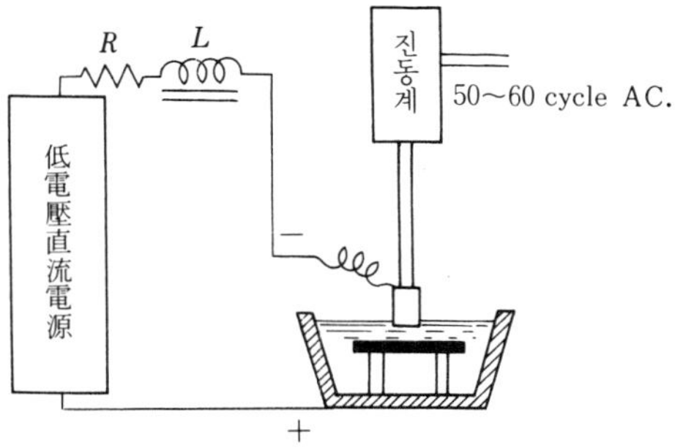

Fig. 3-16 저전압직류법

(2) 振動法 : Fig. 3-16에서와 같이 진동에 의하여 전극과 공작물간에 접촉과 분리를 반복시키고, 분리되는 순간에 過度的인 고전압이 발생하여 spark가 생기는 것을 이용하는 방법이다. 이 방법은 반복 횟수가 작으므로 가공면의 조도 및 가공속도가 condenser 방식보다 못하며 정도를 요하지 않는 작업, 즉 부러진 drill이나 tap 등의 제거에 이용된다.

(3) 低電壓交流法：Fig. 3-17 과 같이 100V 이하의 교류를 전극에 주고 가공전극에 진동을 주어 진동법에서와 같이 전극이 떨어지는 순간의 spark 에 의한 가공법이며, 장치는 간단하나 가공 정도가 좋지 않다.

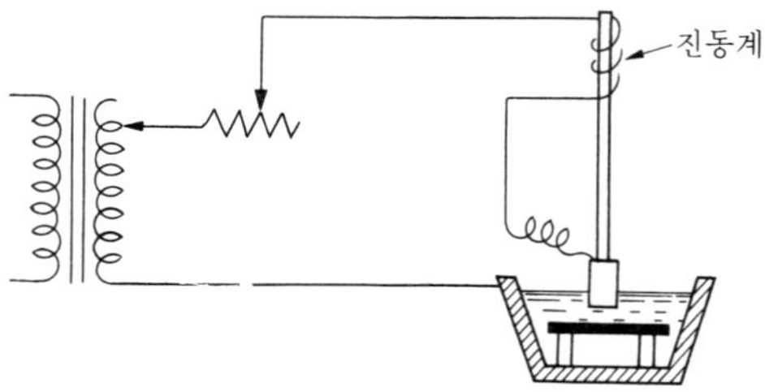

Fig. 3-17 저전압교류법

〔2〕 비금속가공

(1) 高電壓法：diamond, ruby, sapphire, 석영, 유리 등의 경질 비금속재료의 구멍뚫기에는 diamond 분말(diamond powder)을 사용하여 왔으나 시간이 많이 걸리고 diamond powder 가 고가이기 때문에 방전가공에 의한 穿孔法이 연구되었다. Fig. 3-18 은 corona 방전을 이용해서 비금속에 구멍 뚫는 장치의 회로이다.

방전은 백금 lithium의 바늘 끝과 diamond를 올려놓은 臺와의 사이에 절연재료인 diamond를 통하여 나타나며, 이것이 **corona放電**이다. 백금 lithium 선과 diamond 간의 접촉압력 0.5gr 정도가 spring에 주어지고 바늘은 저속도로 회전한다.

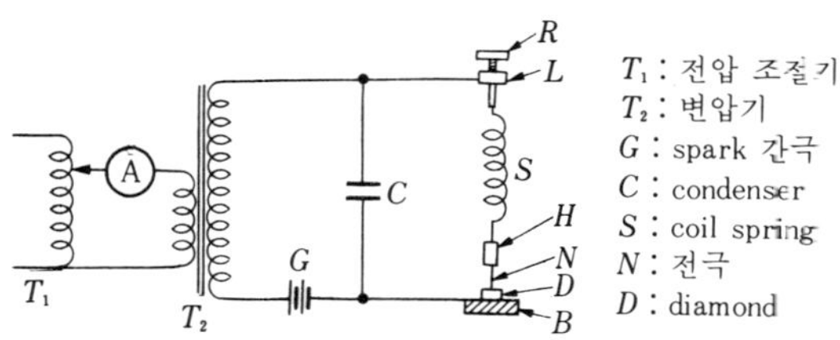

Fig. 3-18 고전압법

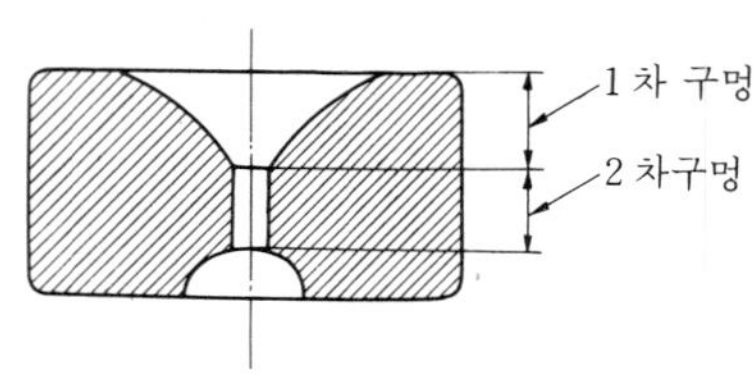

Fig. 3-19 diamond die

이 방법에 의한 diamond의 穿孔速度는 10분간에 0.3~0.4mm 정도이고, 이것은 diamond 분말을 사용한 경우의 수십분의 1에 해당하는 것이다. 이 방법은 주로 Fig. 3-19와 같이 diamond die의 1차 원추형 구멍을 가공하는 데 이용된다.

(2) 電解液法：전해액중에서 저전압의 방전을 일으키고, 전해액으로는 질산 kalium (KNO_3)이 많이 사용된다. 그 외에 鹽, 물유리, 물 등이 있다. Fig. 3-20 과 같은 회로를 갖고 있으며, 주로 diamond die의 2차 원추구멍을 가공하는 데 이용된다. 가공속도는 40분에 0.15mm의 구멍을 뚫는 정도이다.

〔3〕 금속방전절단법

방전가공법을 이용하여 금속을 절단하는 방법으로서, Fig. 3-21 과 같이 가공물을 陽極으로 하고 회전판을 陰極으로 하며 그 사이에 공작액을 넣어 전해액 중의 방전에 의하여 절단을 한

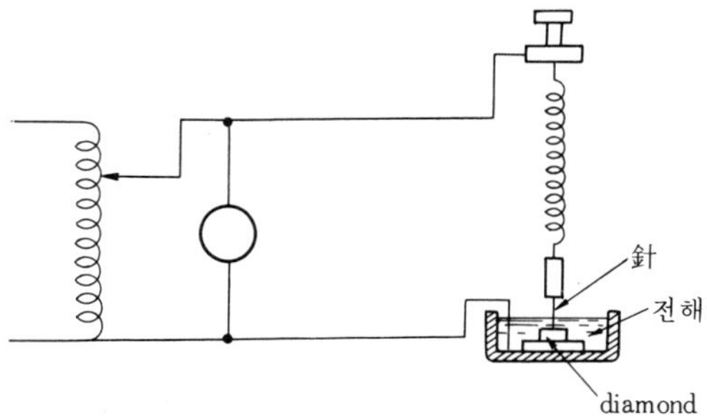

Fig. 3-20 전 해 액 법

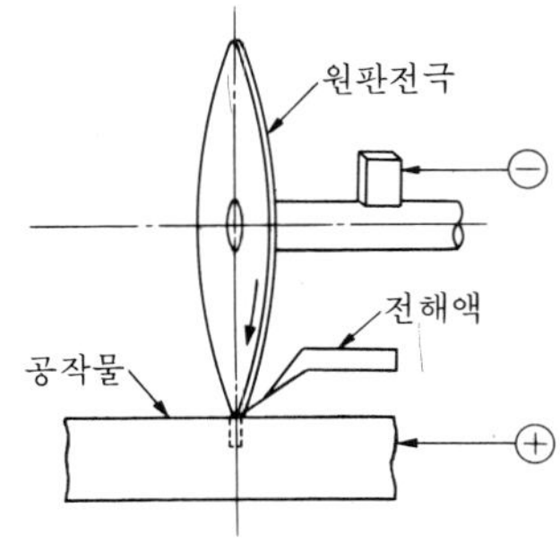

Fig. 3-21 방전절단법

다.

전원으로는 20 V 정도의 직류, 80~100 A 정도의 전류로 하고, 공작액으로는 물에 고령토(kaolin), 비누, 물유리 등을 혼합한 alkali 성 용액을 사용한다. 음극원판으로는 강이 사용되며 원주속도는 5~15 m/sec 이고, 원판과 공작물의 접촉압력은 2.5 kg 이하이다. Table 3-10 과 Table 3-11 은 원판전극의 크기를 표시한다.

이 방법은 초경합금과 같은 고경도의 금속일지라도 쉽게 절단할 수 있으며, 박판과 관(pipe) 류도 변형시키지 않고 절단할 수 있는 특징이 있다.

Table 3-10 원 판 전 극

원판전극의 지름〔mm〕	원판전극의 두께〔mm〕	사 용 전 류〔A〕
~40	0.1	2 ~ 3
40~70	0.2	5
70~120	0.3	10
120~180	0.4	20

Table 3-11 절단재와 원판전극

피절단재의 지름 〔mm〕	원 판 전 극	
	지름〔mm〕	두께〔mm〕
~30	200	0.5~0.6
30~100	200~400	0.8~1.0
100~200	500~700	1.2~1.7
200~300	800~1000	1.7~2.0

〔4〕 금속방전연삭법

Fig. 3-22 에서와 같이 공작물에 주철, 황동 또는 강제의 회전판극을 공작물에 눌러대고 저전압직류법의 방전가공과 같은 방법으로 연삭한다.

전원은 20~30 V 전압의 직류이고 원판극을 음극으로 하며, 물유리, machine 유, 물 등을 연삭액으로 사용하는데 전류는 數 10 A 이다.

원판극의 원주속도는 20 m/sec 이하이며, 연삭속도는 약 0.04 mm/min 정도이고, 가공면의 정도는 1 μ 이하이다.

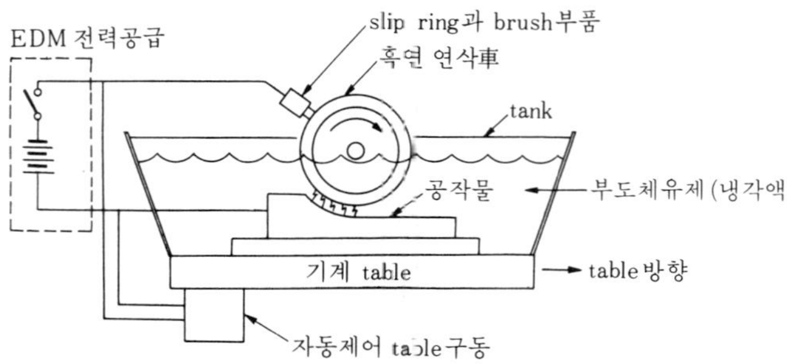

Fig. 3-22 금속방전연삭법

3-4 超音波加工 (ultrasonic machining)

초음파가공은 Fig. 3-23과 같이 초음파진동을 하는 방향으로 공구와 공작물 사이에 砥粒과 공작액을 넣고 砥粒의 공작물에 대한 충돌에 의하여 다듬질하는 방법이다. 이 방법은 전기적 energy를 기계적 energy로 변환하여 금속 및 비금속 등 재료에 제한 없이 정밀가공을 하는데 광범위하게 이용된다.

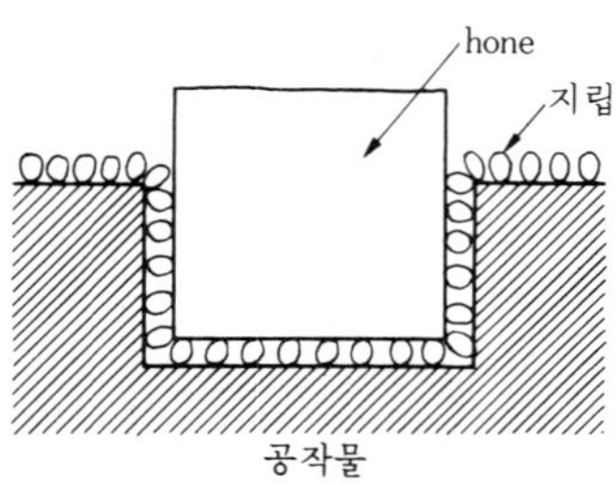

Fig. 3-23 초음파가공의 원리

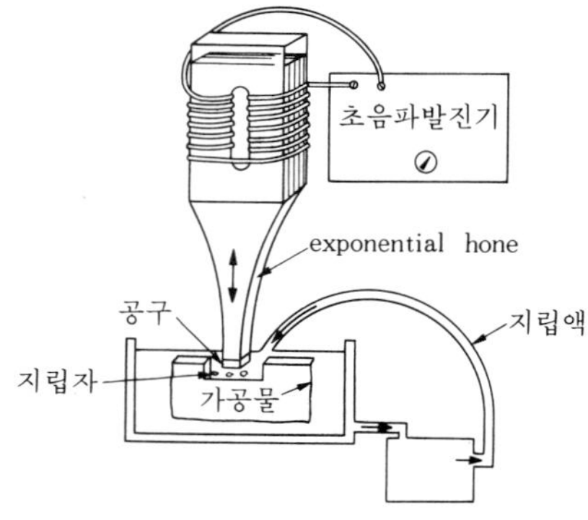

Fig. 3-24 초음파 가공장치

Fig. 3-24는 초음파장치의 원리로서 高周波 발생장치로 振動子에 20~30 kHz/sec의 진동을 발생시켜 이것을 exponential hone으로 振幅을 확대하여 공구에 진동을 전달한다.

工作液 중에서 공구에 이송을 주면 工具斷面形의 구멍이 뚫어지거나 홈이 가공된다. 砥粒으로서는 Al_2O_3, SiC, 탄화붕소, diamond분말을 #200~#600으로 하고 물, 기름, 석유와 혼합하여 사용한다.

진동자의 원리는 Ni棒을 磁場에 넣으면 수축 현상이 생기고, 이것에 coil을 감아서 고주파 전류를 통하면 Ni棒에 交流磁界가 생겨 진동수 20~30 kHz/sec의 진동을 한다. 공구재료에는 spring강, stainless강, tungsten강, piano선재 및 monel metal 등이 사용된다. 공작물과 공구간의 압력은 200~300 g/mm² 정도이고, 가공면의 정도는 2.5μ 정도이다.

Fig. 3-25는 砥粒의 크기와 가공속도, Fig. 3-26은 砥粒의 크기와 가공면의 조도를 각각

표시한다. Fig. 3-27 은 초음파를 이용한 각종 가공법을 도시한 것이다.

이 외에도 특수가공에 속하는 것이 電子 beam 가공, laser 가공 및 plasma 가공 등이 있으나 이에 대하여는 기계공작법의 용접편을 참고하기 바란다.

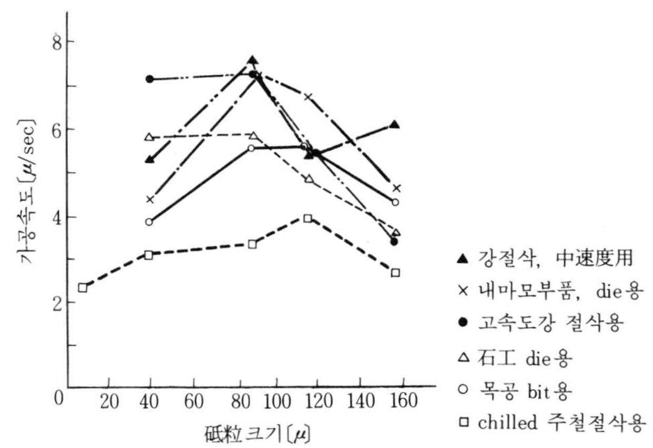

Fig. 3-25 지립의 크기와 가공속도

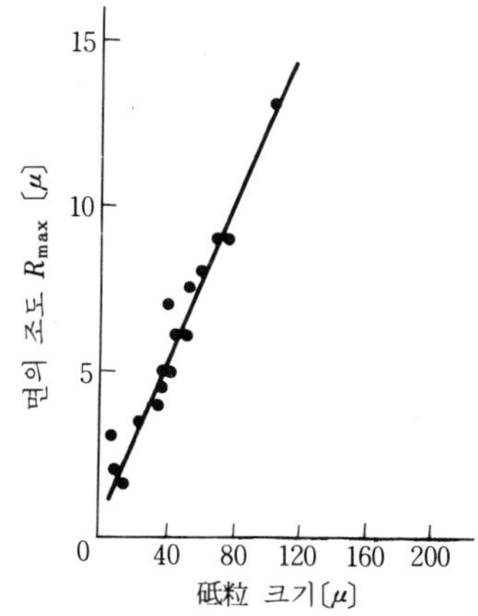

Fig. 3-26 지립의 크기와 다듬질면 조도

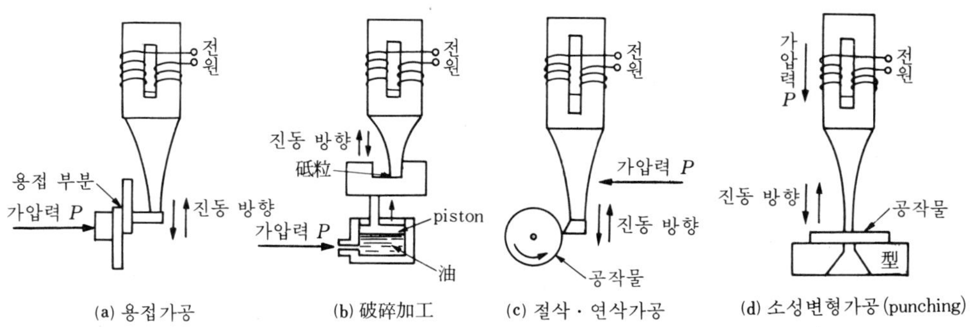

Fig. 3-27 초음파를 이용한 각종 가공

4章 기타 加工

4-1 高温加工 (hot machining)

가공물을 가열하여 軟化시킨 상태에서 절삭하는 것을 **고온가공**이라 하며, 常温에서 가공할 수 없는 耐熱합금, 담금질강 등의 절삭에 이용된다. 절삭공구로서는 초경합금, ceramic 공구 등이 사용되며, 고온가공의 특징은 다음과 같다.

〔장 점〕

① 공작물의 被削性이 증가한다.

② 소비동력이 감소한다.

③ 공구수명이 연장된다.

④ built-up edge가 발생하지 않으므로 가공면이 좋다.

〔단 점〕

① 공작물의 열팽창 때문에 치수의 정도가 저하된다.

② 가열장치에 경비가 많이 든다.

공작물의 가열방법에는 다음과 같은 것이 있다.

① 高周波加熱法 : 가열 부분에 coil을 접촉시키고 10~50kVA의 10~50Hz 고주파전류에 의하여 가열한다.

② gas加熱法 : 산소-acetylene gas, 산소-propane gas로 가열한다.

③ 放電加熱法 : 탄소전극과 공작물간에 arc를 발생시켜 가열하며 공작물을 陽極에, 탄소봉을 陰極으로 하는 직류 100~400A를 흐르게 한다.

④ 輻射加熱法 : 강한 熱線을 발하는 水晶 lamp와 같은 光源에서 한 점에 輻射熱을 집중시키는 방법이다.

Fig. 3-28, Fig. 3-29 및 Fig. 3-30은 각각 절삭온도의 영향을 표시한다.

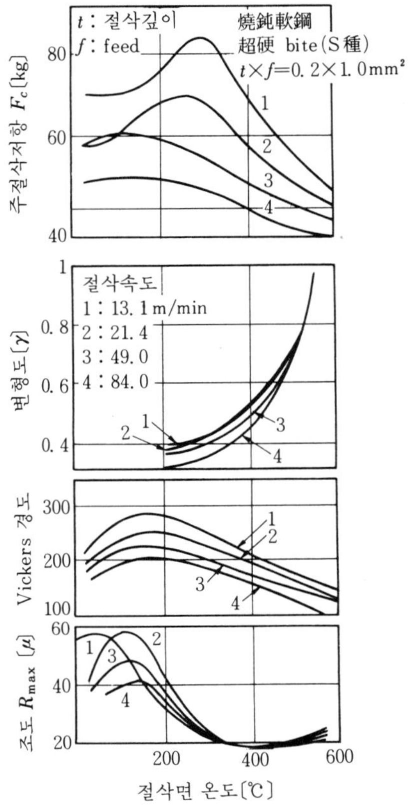

Fig. 3-28 절삭면 온도의 영향

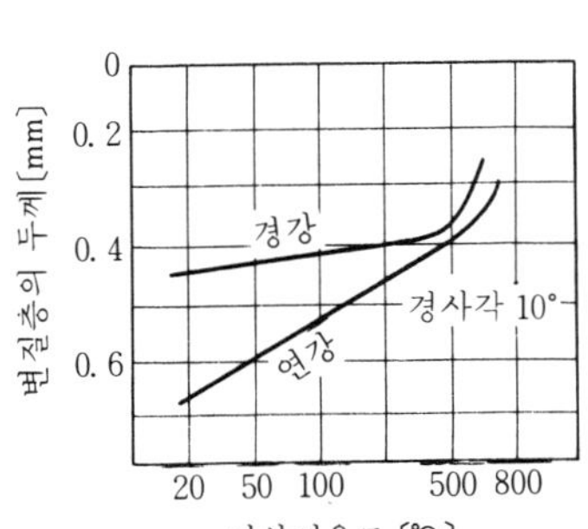

Fig. 3-29 절삭온도와 변질층의 두께

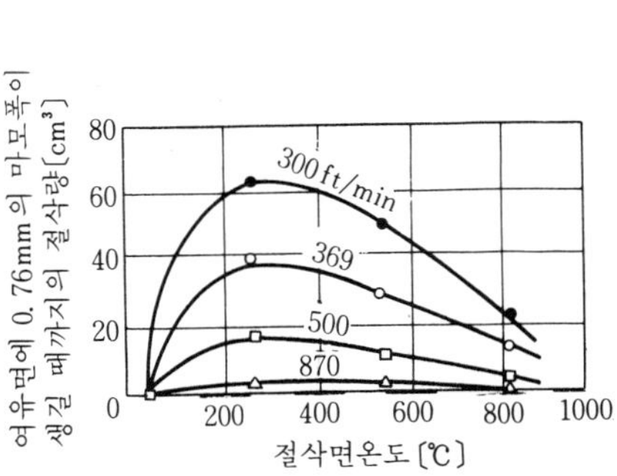

Fig. 3-30 절삭온도와 공구수명

4 篇

切 削 理 論

가공재료를 소정의 치수와 정밀도로 經濟切削을 위한 공작기계 설계에서는 절삭운동 및 이송운동, 절삭저항, 절삭동력, 절삭기구 등을 파악하고 이에 대처한 구조와 크기를 정해야 하므로 '切削理論基礎'와 '各工作機械에서의 切削理論'의 순서로 전개하여 가고자 한다.

1章 切削理論의 基礎

1-1 2次元切削과 3次元切削

Fig. 4-1(a)에서와 같이 切削刃이 절삭 방향과 직각을 이룰 때 **2次元切削**(orthogonal cutting)이라 하고, Fig. 4-1(b)와 같이 切削刃이 절삭 방향과 이루는 각이 직각이 아닌 절삭을 **3次元切削**(oblique cutting)이라고 한다.

실제의 경우에는 3차원절삭이 대부분이지만 이론적 해석이 복잡하기 때문에 2차원절삭에 대한 해석을 한 다음 2차원에서 얻은 지식을 3차원에 적용시키는 것이 보통이다.

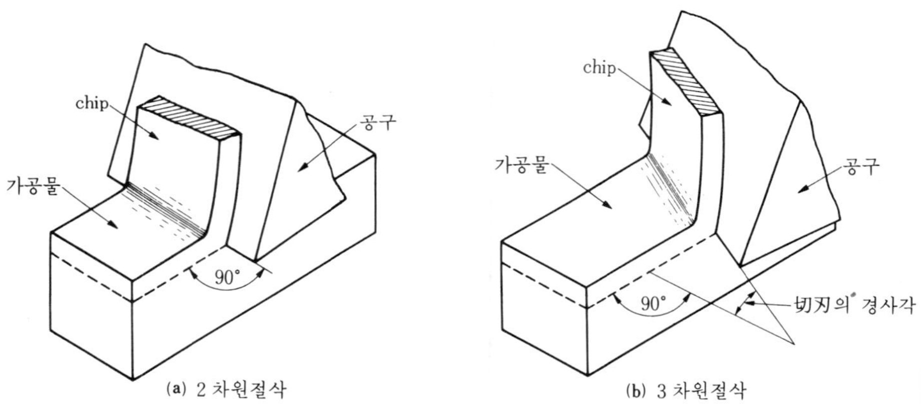

Fig. 4-1 2차원절삭과 3차원절삭

1-2 chip의 形態와 種類

Fig. 4-2는 절삭기구를 구성하는 各部의 명칭을 보여 주며, 傾斜面(face)은 chip이 유동하면서 접촉하는 공구면이고, 餘裕面(flank)은 가공면과 접촉하는 공구면이다.

절삭공구로 공작물을 절삭할 때 대표적인 chip의 형상은 다음 네 가지를 들 수 있다.

① 유동형 chip(flow type chip)
② 전단형 chip(shear type chip)
③ 열단형 chip(tear type chip)
④ 균열형 chip(crack type chip)

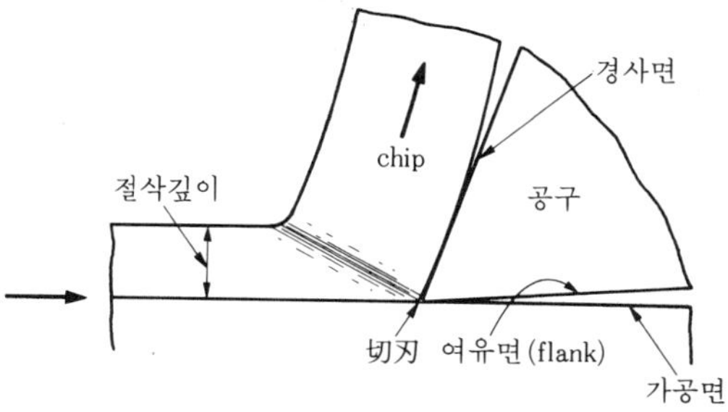

Fig. 4-2 절삭기구의 각부 명칭

〔1〕 **流動形 chip**(flow type chip)

Fig.4-3에서와 같이 chip이 공구傾斜面에 따라 연속적으로 유동하는 chip이며, 이것은 剪斷面에 따라 연속적으로 전단되어 coil 형상의 chip이 발생하기 때문에 붙여진 이름이다. 이 조건에서 절삭저항의 변동이 적고 가공면이 가장 양호하며, 유동형 chip은 延性材料를 고속절삭할 때 용이하게 생긴다.

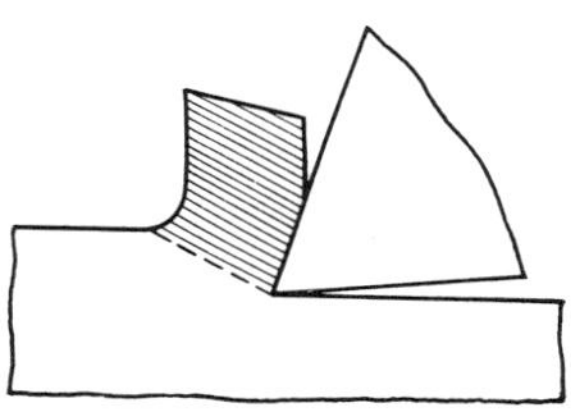

Fig. 4-3 유동형 chip

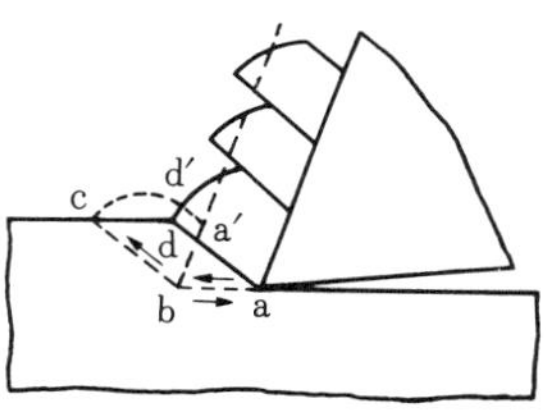

Fig. 4-4 전단형 chip

〔2〕 **剪斷形 chip**(shear type chip)

Fig.4-4와 같이 剪斷이 발생하고 slip 간격이 유동형 chip의 경우보다 큰 것으로서 공구가 진행하면 재료 abcd의 부분은 압축되어 a′bcd′에 위치하며, 다음 bc에 따라 제2차의 slip이 생겨 chip이 된다. 절삭저항은 이와 같은 chip이 생성될 때마다 변동하고 切刃도 변형하므로 가공면에 凹凸이 많으며, 전단형 chip은 延性材料를 저속으로 절삭할 때 흔히 발생한다.

〔3〕 **裂斷形 chip**(tear type chip) **또는 耕作形 chip**(pluck type chip)

유동형이나 전단형과는 달리 Fig.4-5와 같이 공구가 진행함에 따라 공구의 前方 균열이 나타나면서 절삭이 이루어진다. 재료가 face에 粘着하여 공구경사면(face)과의 slip이 생기지 않고 공작물의 下方向으로 균열이 발생하여 전파하다가 어느 한계에서 균열이 정지되고 bc 방향으로 전단되어 chip이 생긴다. 열단형 chip은 균열과 전단의 두 작용에 의하여 생긴다고 할 수 있다. 절삭저항도 유동형 chip과 전단형 chip의 경우에 비하여 훨씬 크며 변동이 심하기 때문에 절삭진동이 크다. 또 절삭저항의 변동이 심하여 切刃이 변형하며 가공면에 凹凸이 많다. 가공물에 잔류응력도 커서 시간의 경과에 따라 변형하는 경우도 있어 정밀가공에는 부적당한 chip 형상이다.

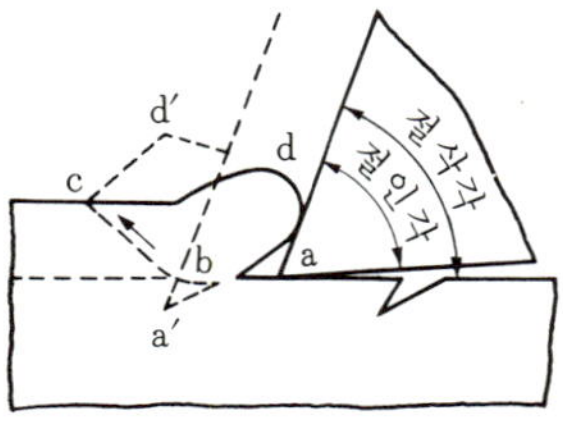

Fig. 4-5 열단형 chip

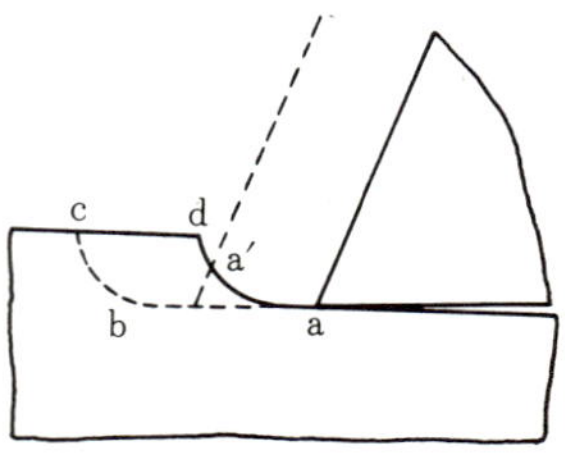

Fig. 4-6 균열형 chip

〔4〕 **龜裂形 chip**(crack type chip)

공구 前方의 공작물에 균열이 생기는 것은 열단형과 같으나 균열의 방향이 Fig. 4-6과 같이 공구가 진행하면 비스듬히 위를 향한다는 것이 열단형과 다르다.

이 균열은 절삭각(cutting angle)이 작으면 수평보다 上方向으로 이루어지나, 절삭각이 크면 下方向으로 이루어져 가공면에 凹凸이 생기고 절삭저항도 변동된다.

영국과 독일에서는 열단형과 균열형을 tear type이라 하고, 미국에서는 유동형 chip을 연속형 chip(continuous chip), 전단형 chip과 裂斷形 chip 및 균열형 chip을 불연속형 chip(discontinuous chip 또는 segmental type chip)이라 한다. 연속형 chip에도 Fig. 4-7과 같이 built-up edge가 없는 chip과 Fig. 4-8과 같이 built-up edge가 있는 것이 있으나, 대부분의 연구에 있어서는 built-up edge가 없는 연속형 chip을 취급한다.

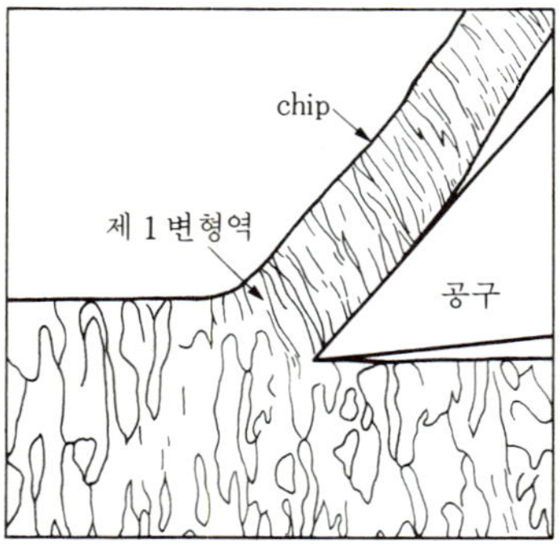

Fig. 4-7 built-up edge가 없는 연속형 chip

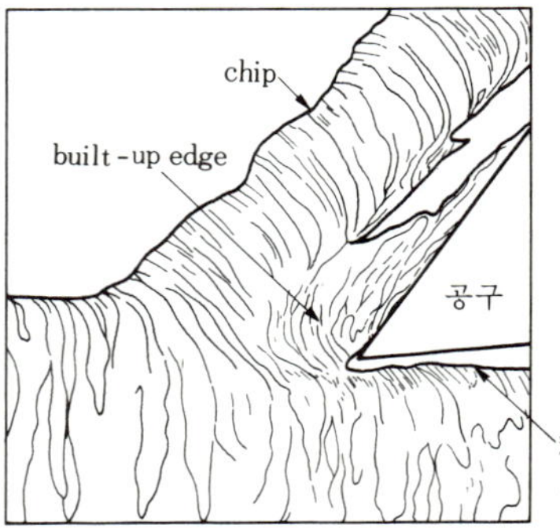

Fig. 4-8 built-up edge를 갖는 연속형 chip

〔5〕 **構成刃先**(built-up edge)

延性이 큰 軟鋼, stainless강, aluminium 등과 같은 재료를 절삭할 때 切削刃先에 작용하는 압력, 마찰저항 및 절삭열에 의하여 chip의 일부가 Fig. 4-8과 같이 부착한 것을 **構成刃先**이라 하며, 이것은 주기적으로 발생하여 성장, 최대 성장, 분열, 탈락 등의 과정을 반복한다.

built-up edge의 발생과 크기를 억제하는 데 효과가 있는 인자는 다음과 같다.

① 경사각(rake angle)을 크게 한다.

② 절삭속도(cutting speed)를 크게 한다(120m/min 이상에서는 구성인선이 없어진다).

③ chip과 공구경사면간의 마찰을 적게 한다.

i) 공구경사면을 매끄럽게 가공한다.

ii) 절삭유제를 사용하여 윤활과 냉각작용을 시킨다.

iii) 초경합금공구와 같은 마찰계수가 작은 것을 사용한다.

④ 절삭 전(uncut) chip의 두께를 작게 한다.

built-up edge의 장단점은 다음과 같다.

〔장 점〕

切削刃을 보호하여 공구수명을 연장시키는 경우가 있다.

〔단 점〕

① built-up edge가 탈락될 때 공구의 일부가 떨어져 나가는 경우가 있어 공구수명을 단축시킨다.

② built-up edge의 날은 공구의 것보다 下位에 있어서 예정된 절삭 깊이보다 깊게 절삭되며, 표면 정도와 치수 정도를 해친다.

1-3 剪斷面(shear plane)과 chip의 운동

Fig. 4-9에서 공구는 定位置에 있고 공작물이 운동을 하여 공작물에 전단강도 이상의 전단응력이 작용하면 전단이 이루어진다. 이 면을 **전단면**(shear plane)이라 하고, 전단면과 절삭방향이 이루는 각을 **전단각**(shear angle)이라고 한다.

Fig. 4-9 에서

$$l_s = \frac{t_1}{\sin\phi} \tag{4-1}$$

$$\theta + \frac{\pi}{2} = \phi + \left(\frac{\pi}{2} - \alpha\right)$$

$$\therefore\ \theta = \phi - \alpha$$

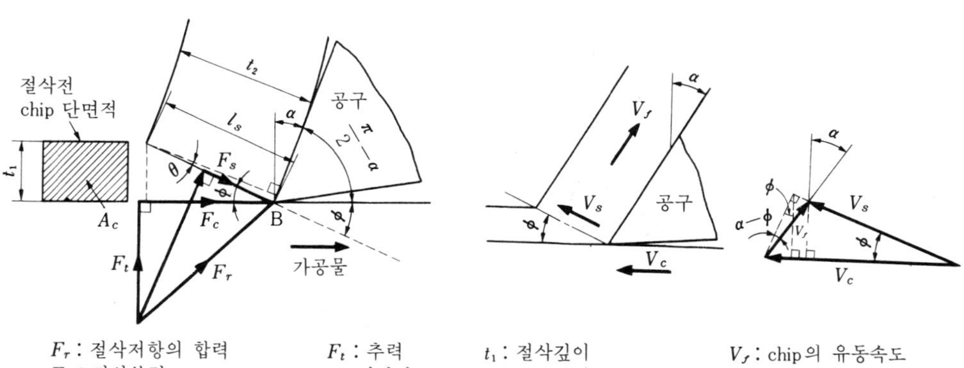

F_r : 절삭저항의 합력　　F_t : 추력　　t_1 : 절삭깊이　　V_f : chip의 유동속도
F_c : 절삭분력　　ϕ : 전단각　　t_2 : chip 두께　　V_c : 절삭속도
F_s : 전단면의 전단력　　α : 유효경사각　　l_s : 전단면의 길이　　V_s : 전단면의 전단속도

Fig. 4-9 연속형 chip의 전단모형

$$\therefore \frac{t_2}{l_s}=\cos\theta=\cos(\phi-\alpha)$$

$$\therefore l_s=\frac{t_2}{\cos(\phi-\alpha)}$$

$$\therefore l_s=\frac{t_1}{\sin\phi}=\frac{t_2}{\cos(\phi-\alpha)} \qquad (4-2)$$

$$\therefore \frac{t_1}{t_2}\cdot\cos(\phi-\alpha)=\sin\phi$$

$$\therefore \frac{t_1}{t_2}(\cos\phi\cdot\cos\alpha+\sin\phi\cdot\sin\alpha)=\sin\phi$$

$$\therefore \frac{t_1}{t_2}(\cos\alpha+\tan\phi\cdot\sin\alpha)=\tan\phi$$

$$\therefore \tan\phi\left(1-\frac{t_1}{t_2}\cdot\sin\alpha\right)=\frac{t_1}{t_2}\cdot\cos\alpha$$

$\frac{t_1}{t_2}=r_c$라 하면(切削比 : cutting ratio)

$$\tan\phi=\frac{r_c\cdot\cos\alpha}{1-r_c\cdot\sin\alpha}=\frac{\cos\alpha}{\frac{1}{r_c}-\sin\alpha} \qquad (4-3)$$

식 (4-3)에서 전단각(shear angle) ϕ를 구할 수 있다.

Fig. 4-10에서 공구가 진행되는 사이에 전단변형(shearing deformation) Δs를 생각한다. 전단 strain ε은 다음과 같이 된다.

$$\varepsilon=\frac{AB}{CD}=\frac{CD\cdot\cot\phi+CD\cdot\tan(\phi-\alpha)}{CD}=\cot\phi+\tan(\phi-\alpha)=\frac{\cos\alpha}{\sin\phi\cdot\cos(\phi-\alpha)} \qquad (4-4)$$

2차원절삭에서는 切削幅의 변화는 거의 없으므로 b : 절삭폭, t_1 : 절삭깊이(uncut chip thickness), t_2 : chip 두께(chip thickness), L_1 : 공작물에서 절삭 길이, L_2 : chip의 길이라 하면

$$b\cdot L_1\cdot t_1=b\cdot L_2\cdot t_2 \qquad \therefore r_c=\frac{t_1}{t_2}=\frac{L_2}{L_1} \qquad (4-5)$$

chip은 절삭깊이보다 두꺼우므로 chip의 공구면(face)에서의 유동속도는 절삭속도보다 느

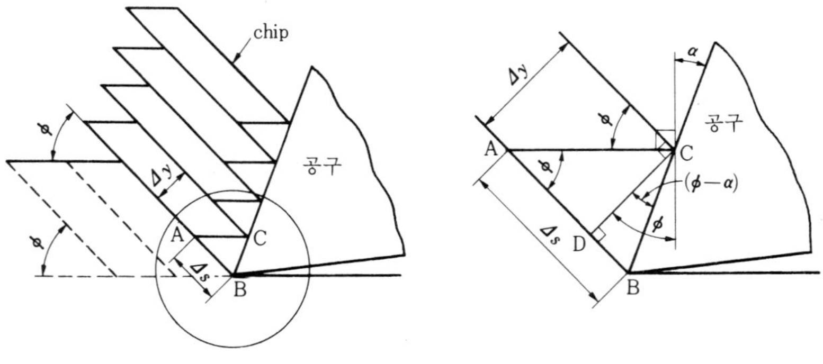

Fig. 4-10 전단 strain

리다.

Fig. 4-9에서 chip의 유동속도를 V_f, 절삭속도를 V_c라 하면

$$V_f \cdot \cos[-(\phi-\alpha)]=V_c \cdot \sin\phi$$

$$\therefore\ V_f=\frac{V_c \cdot \sin\phi}{\cos(\phi-\alpha)} \tag{4-6}$$

또 전단속도 V_s는

$$V_f \cdot \cos\alpha=V_s \cdot \sin\phi$$

$$\therefore\ V_s=\frac{\cos\alpha}{\sin\phi}\cdot V_f=\frac{\cos\alpha}{\sin\phi}\cdot\frac{V_c \cdot \sin\phi}{\cos(\phi-\alpha)}=\frac{V_c \cdot \cos\alpha}{\cos(\phi-\alpha)} \tag{4-7}$$

1-4 應力과 일

〔1〕 剪 斷 應 力

Fig. 4-11 에서 전단면의 전단력을 F_s, 전단면적을 A_s, 가공면에 수직인 추력을 F_t, 절삭분력을 F_c라 하면

$$F_s=F_c \cdot \cos\phi-F_t \cdot \sin\phi \tag{4-8}$$

uncut chip의 단면적 A_c는 Fig. 4-9 에서

$$A_c=t_1 \cdot b \qquad \therefore\ t_1=\frac{A_c}{b}$$

또

$$A_s=l_s \cdot b \qquad \therefore\ l_s=\frac{A_s}{b}$$

$$\therefore\ \sin\phi=\frac{t_1}{l_s}=\frac{\frac{A_c}{b}}{\frac{A_s}{b}}=\frac{A_c}{A_s}$$

$$\therefore\ A_s=\frac{A_c}{\sin\phi} \tag{4-9}$$

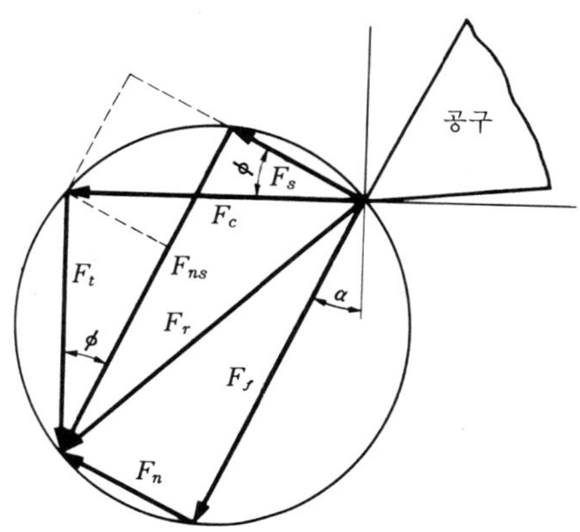

Fig. 4-11 공구 상면에서의 분력

∴ 전단면의 전단응력 τ_s는

$$\tau_s=\frac{F_s}{A_s}=\frac{(F_c \cdot \cos\phi-F_t \cdot \sin\phi)\cdot\sin\phi}{A_c}$$

전단면의 수직응력 σ_s는 (4-10)

$$\sigma_s=\frac{F_{ns}}{A_s}=\frac{(F_c \cdot \sin\phi+F_t \cdot \cos\phi)\cdot\sin\phi}{A_c}$$

〔2〕 剪斷에 소요되는 일

식 (4-4)와 식 (4-10)에서 단위체적의 chip을 생성시키는데 전단면에서의 일은

$$W_s=\frac{F_s \cdot \Delta s}{A_s \cdot \Delta y}=\tau_s \cdot \varepsilon=\tau_s[\cot\phi+\tan(\phi-\alpha)] \qquad (4-11)$$

가 된다.

〔3〕 chip과 工具 사이의 마찰일

단위체적의 chip을 단위시간에 마찰을 이겨 유동시키는 데 요하는 일은 Fig. 4-12(a)와 식 (4-6)에서

$$W_f=\frac{F_f \cdot V_f}{A_c \cdot V_c}=\frac{F_f \cdot \sin\phi}{A_c \cdot \cos(\phi-\alpha)} \qquad (4-12)$$

단, F_f : 공구경사면의 마찰력

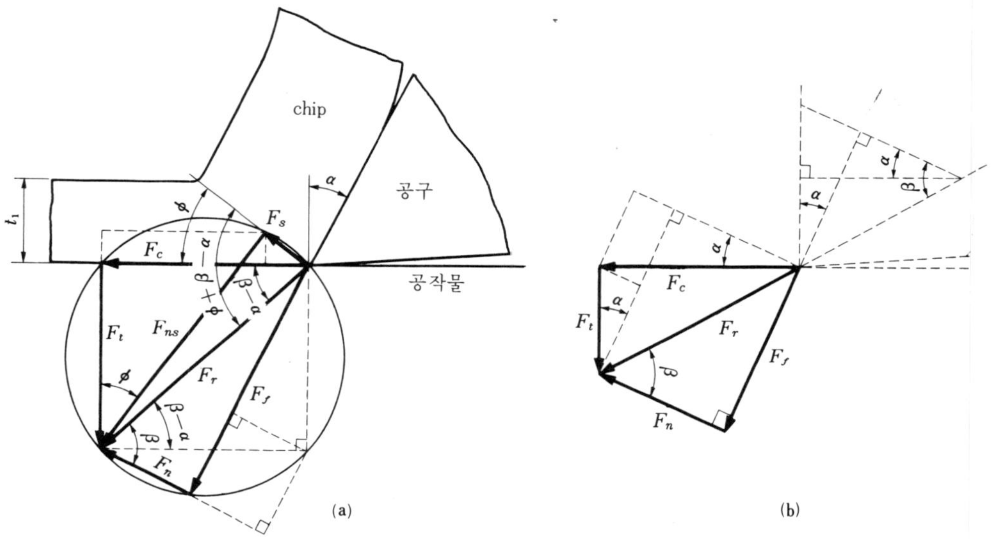

Fig. 4-12 2차원절삭의 절삭력과 작용각

〔4〕 總切削일

2차원절삭에 있어서 여유면의 마찰을 무시한다면 전단에 요하는 일과 chip과 工具 사이의 마찰일을 합한 것이 총절삭일이다.

식 (4-11), 식 (4-12) 및 Fig. 4-12(b)에서

$$\begin{aligned} W_n=W_s+W_f&=\tau_s[\cot\phi+\tan(\phi-\alpha)]+\frac{F_f}{A_c}\cdot\frac{\sin\phi}{\cos(\phi-\alpha)} \\ &=\frac{F_c\cdot\sin\phi\cdot\cos\phi-F_t\cdot\sin^2\phi}{A_c}\left(\frac{\cos\phi}{\sin\phi}+\frac{\sin(\phi-\alpha)}{\cos(\phi-\alpha)}\right) \\ &+\frac{\sin\phi(F_t\cdot\cos\alpha+F_c\cdot\sin\alpha)}{A_c\cdot\cos(\phi-\alpha)}=\frac{F_c}{A_c}\cdot\frac{\cos(\phi-\alpha)}{\cos(\phi-\alpha)}=\frac{F_c}{A_c} \end{aligned} \qquad (4-13)$$

식 (4-13)에서 比切削 energy[kg · cm/cm³]의 크기는 比切削抵抗[kg/cm²]의 것과 같다는 것도 알 수 있다.

1-5 工具面에서의 摩擦

공구의 경사면에 수직으로 작용하는 힘을 F_n, 그 면의 마찰력을 F_f, 전단면상의 수직력을 F_{ns}라 하면 Fig. 4-12 에서

$$F_c = F_{ns} \cdot \sin\phi + F_s \cdot \cos\phi$$

$$F_t = F_{ns} \cdot \cos\phi - F_s \cdot \sin\phi \qquad (4-14)$$

$$F_f = F_c \cdot \sin\alpha + F_t \cdot \cos\alpha$$

$$F_n = F_c \cdot \cos\alpha - F_t \cdot \sin\alpha \qquad (4-15)$$

가 되고, μ : 마찰계수, β : 마찰각이라 하면

$$\mu = \tan\beta = \frac{F_f}{F_n} = \frac{F_c \cdot \sin\alpha + F_t \cdot \cos\alpha}{F_c \cdot \cos\alpha - F_t \cdot \sin\alpha}$$

$$= \frac{F_t + F_c \cdot \tan\alpha}{F_c - F_t \cdot \tan\alpha}$$

가 되어 F_c와 F_t를 알면 μ가 계산된다. (4-16)

1-6 壓壞力과 치수 효과(plowing force와 size effect)

총절삭력은 chip 및 공작물과 접촉하는 공구의 면에 분포되어 있으며, 실제의 절삭공구의 切刃은 이상적 예리함을 갖지 못하여 여유면과 경사면(face)의 교차 부분은 곡면을 이룬다. 잘 연삭된 고속도강공구인의 곡률 반경은 0.005~0.03 mm 정도이다.

공구가 공작물을 절삭할 때 uncut chip에 작용하는 힘 외에 Fig. 4-13 에서와 같이 압괴력 F_p가 작용한다.

여유면에 작용하는 힘과 압괴력은 chip을 제거하는 데 도움이 되지 않는다. 따라서 uncut

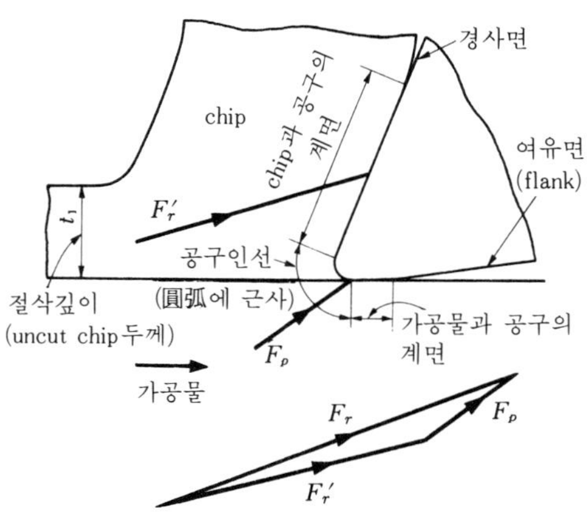

Fig. 4-13 절삭공구의 接觸域

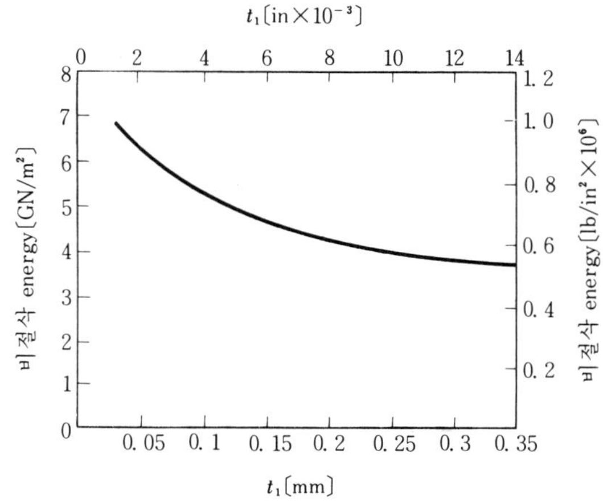

Fig. 4-14 최대 절삭깊이와 비절삭 energy

chip 두께(절삭깊이)가 작을수록 공구에 작용하는 절삭저항(F_c)을 uncut chip 면적($t_1 \cdot b$)으로 제한 비절삭력, 즉 비절삭 energy는 증가한다. 이와 같은 현상을 **치수 효과**(size effect)라 하며, Fig. 4-14는 치수 효과의 예이다.

1-7 剪斷角의 예측

전단각 ϕ, 마찰각 β, 경사각 α의 관계에 대하여 Ernst-Merchant, Lee-Shaffer, Shaw-Cook-Finnie, Krystof 등이 연구하였으나 본서에서는 Ernst-Merchant의 연구 결과만을 소개한다.

〔1〕 Ernst-Merchant의 이론

Ernst-Merchant는 최대 전단응력설(또는 최소 energy설)에 의한 제 1 식과 내부마찰설에 의한 제 2 식을 발표하였으나 본서에서는 전자만을 소개한다.

Ernst-Merchant는 다음 가정을 기초로 하였다.

① 2 차원절삭

② 전단면상에서의 전단응력은 그 면에 작용하는 수직응력의 영향을 받지 않는다.

③ 연속 chip을 발생한다.

④ chip을 분리시키는 energy는 무시하며, 전단 energy가 최소가 되는 곳에 전단면이 위치한다.

F_c가 증가함에 따라 공구 전방의 전단응력은 증가하지만, 그 크기는 위치에 따라 다르다. 그러나 어느 위치에서의 전단응력이 가공재료의 전단강도보다 커져서 소성 변형이 생기고 chip이 발생하며 전단면의 위치인 ϕ가 결정된다. 즉 이 면에서 chip을 발생시키는 데에 최소 energy가 소비된다는 것이다.

Fig. 4-15에서와 같이 合力 F_r가 工具刃先에 작용하고, 그 외의 힘은 工具刃先과 여유면에 작용하지 않는다고 가정한다.

$$F_s = F_r \cdot \cos(\phi + \beta - \alpha) \tag{4-17}$$

$$F_s = \tau_s \cdot A_s = \frac{\tau_s \cdot A_c}{\sin\phi} \tag{4-18}$$

식 (4-17)과 식 (4-18)에서

$$F_r = \frac{\tau_s \cdot A_c}{\sin\phi} \cdot \frac{1}{\cos(\phi + \beta - \alpha)} \tag{4-19}$$

Fig. 4-15에서

$$F_c = F_r \cdot \cos(\beta - \alpha) \tag{4-20}$$

∴ 식 (4-19)와 식 (4-20)에서

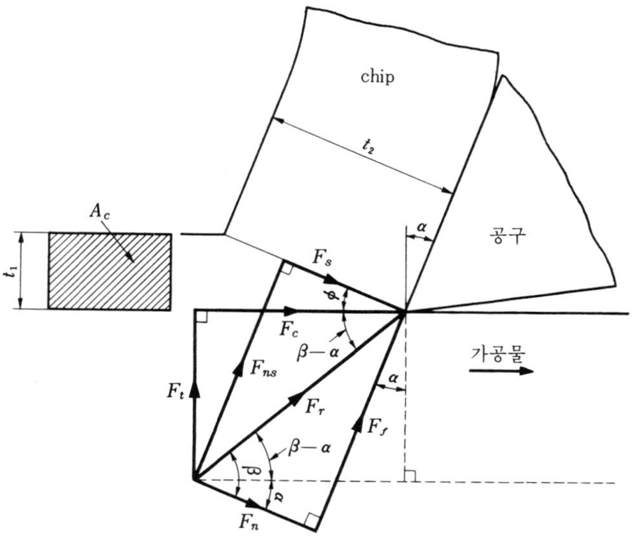

Fig. 4-15

$$F_c = \frac{\tau_s \cdot A_c}{\sin\phi} \cdot \frac{\cos(\beta-\alpha)}{\cos(\phi+\beta-\alpha)} \tag{4-21}$$

F_c를 최소로 하는 전단각 ϕ를 구하기 위하여 $\dfrac{dF_c}{d\phi}=0$을 취하여 정리하면

$$\cos(2\phi+\beta-\alpha)=0$$

$$\therefore\ 2\phi+\beta-\alpha=\frac{\pi}{2} \tag{4-22}$$

Ernst-Merchant는 합성수지를 가공할 때에는 제 1 식이 잘 부합되나, 多結晶體 금속을 절삭할 때에는 부합되지 않는다는 것이었다. 單結晶體에서는 전단강도가 전단면에 수직인 응력의 영향을 받지 않으나, 다결정체인 금속에서는 수직응력, 온도, 전단속도, 전단변형 등의 영향을 받기 때문이라 하였는데 그후 보다 많은 실험에 의하여 금속절삭에도 적용할 수 있게 되었음이 확인되었다.

Fig. 4-16은 이론값과 실험값의 비교이며, 그림에서 이들 값이 정확히 일치하지는 않으나

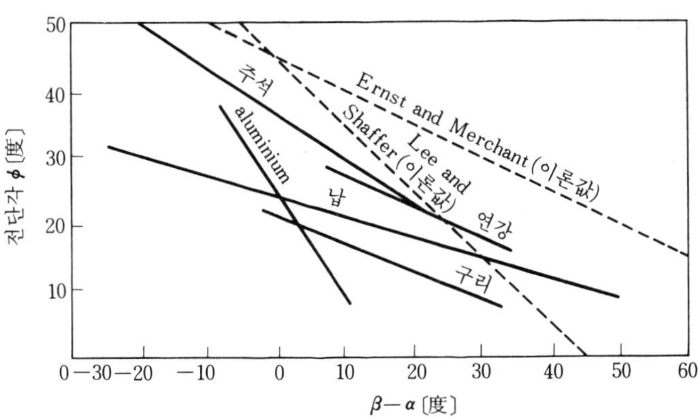

Fig. 4-16 실험값과 이론값의 비교

ϕ와 $(\beta-\alpha)$간에 어떤 함수 관계가 있다는 사실과 또한 모든 값의 경향이 같다는 것을 알 수 있다.

예제 4-1. 공구 경사면의 경사각 $\alpha=20°$인 공구로 절삭폭 $b=3$mm인 강을 절삭깊이 $t_1=0.2$mm, **절삭속도** $V_c=100$m/min로 2 차원절삭을 하였을 때 chip 두께 $t_2=0.3$mm(공구현미경으로 측정), **절삭력** $F_c=100$kg(공구동력계로 측정), 수직력 $F_t=30$kg(공구동력계로 측정)이 되었다.

이때 다음 값을 구하여 본다.

(解) ① 절삭률(metal-removal rate) Z_w

$$Z_w=A_c\cdot V_c=\left(\frac{0.2}{10}\right)\times\left(\frac{3}{10}\right)\times 10\,000=60\,\text{cm}^3/\text{min}$$

② 절삭비(cutting ratio) r_c

$$r_c=\frac{t_1}{t_2}=\frac{0.2}{0.3}=0.67$$

③ 전단각(shear angle) ϕ

$$\tan\phi=\frac{r_c\cdot\cos\alpha}{1-r_c\cdot\sin\alpha}=\frac{0.67\cdot\cos 20°}{1-0.67\cdot\sin 20°}=\frac{0.67\times0.94}{1-0.67\times0.34}=0.82$$

$$\therefore\ \phi=39.4°$$

④ 마찰각(friction angle) β

$$\mu=\tan\beta=\frac{F_t+F_c\cdot\tan\alpha}{F_c-F_t\cdot\tan\alpha}=\frac{30+100\times\tan 20°}{100-30\times\tan 20°}=0.745$$

$$\therefore\ \beta=36.7°$$

⑤ chip의 전단변형도 ε

$$\varepsilon=\cot\phi+\tan(\phi-\alpha)=\cot 39.4°+\tan(39.4°-20°)=1.22+0.35=1.57$$

⑥ 공구면상의 chip 유동속도 V_f

$$V_f=\frac{V_c\cdot\sin\phi}{\cos(\phi-\alpha)}=\frac{100\times\sin 39.4°}{\cos(39.4°-20°)}=\frac{100\times0.635}{0.943}=67.3\,\text{m/min}$$

⑦ 전단면의 chip 유동속도(전단속도) V_s

$$V_s=\frac{V_c\cdot\cos\alpha}{\cos(\phi-\alpha)}=\frac{100\times\cos 20°}{\cos(39.4°-20°)}=\frac{100\times0.940}{0.943}=99.6\,\text{m/min}$$

⑧ 전단면의 전단응력 τ_s

$$\tau_s=\frac{(F_c\cdot\cos\phi-F_t\cdot\sin\phi)\cdot\sin\phi}{A_c}=\frac{(100\times\cos 39.4°-30\times\sin 39.4°)}{0.2\times3}\times\sin 39.4°$$

$$=\frac{(100\times0.77-30\times0.63)\times0.63}{0.2\times3}=61\,\text{kg/mm}^2$$

⑨ 전단면상의 수직응력 σ_s

$$\sigma_s=\frac{(F_c\cdot\sin\phi+F_t\cdot\cos\phi)\cdot\sin\phi}{A_c}=\frac{(100\times\sin 39.4°+30\times\cos 39.4°)\cdot\sin 39.4°}{0.2\times3}$$

$$=\frac{(100\times0.63-30\times0.77)\times0.63}{0.2\times3}=90.4\,\text{kg/mm}^2$$

⑩ 비전단 energy W_s

$$W_s=\tau_s \cdot \varepsilon=61\times1.57=95.77\text{kg}\cdot\text{mm/mm}^3$$

⑪ 비마찰 energy W_f

$$W_f=\frac{F_f \cdot \sin\phi}{A_c \cdot \cos(\phi-\alpha)}=\frac{(F_c \cdot \sin\alpha+F_t \cdot \cos\alpha)\cdot\sin\phi}{0.2\times3\times\cos(39.4°-20°)}$$

$$=\frac{(100\times\sin20°+30\times\cos20°)\cdot\sin39.4°}{0.2\times3\times\cos19.4°}=\frac{(100\times0.34+30\times0.94)}{0.2\times3\times0.94}\times0.63$$

$$=69.5\text{kg}\cdot\text{mm/mm}^3$$

⑫ 비절삭 energy W_n

$$W_n=W_s+W_f=95.77+69.5=165.27\text{kg}\cdot\text{mm/mm}^3$$

1-8 切削温度

금속절삭에 있어서 공구의 刃部에는 고온의 열이 발생하고, 이 열은 공구의 마모, 공구와 chip 사이의 마찰에 영향을 준다.

〔1〕 切削熱의 발생

F_c : 공구의 절삭분력, V_c : 절삭속도라 하면 절삭 energy(切削動力) P_m은

$$P_m=F_c \cdot V_c \tag{4-23}$$

재료의 변형이 탄성적일 때에는 변형 energy가 재료에 축적되지만 소성적일 때에는 대부분의 energy가 열로 변환된다.

Fig. 4-17 에서

P_s : 제 1 변형역 AB에서의 열발생률

P_f : 제 2 변형역 BC에서의 열발생률

P_w : BD역에서의 열발생률(≒0)

J : 열의 일당량

이라 하면

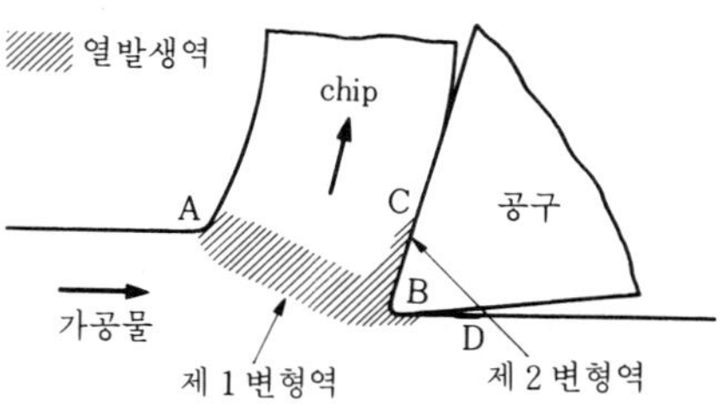

Fig. 4-17 2 차원절삭에서 절삭열

$$P_m \fallingdotseq (P_s+P_f)\cdot J \tag{4-24}$$

그런데

$$P_f=A \cdot F_f \cdot V_f=A \cdot F_f \cdot V_c \cdot r_c \tag{4-25}$$

단, A : 일의 열당량, V_f : chip의 유동속도, r_c : 절삭비

∴ 식 (4-24)에서

$$P_s=\frac{1}{J}\cdot P_m-P_f=A \cdot P_m-A \cdot F_f \cdot V_c \cdot r_c=A(P_m-F_f \cdot V_c \cdot r_c) \tag{4-26}$$

〔2〕 切削熱의 분포

Fig. 4-18 은 실험 결과에 의한 온도 및 열의 분포도이다.

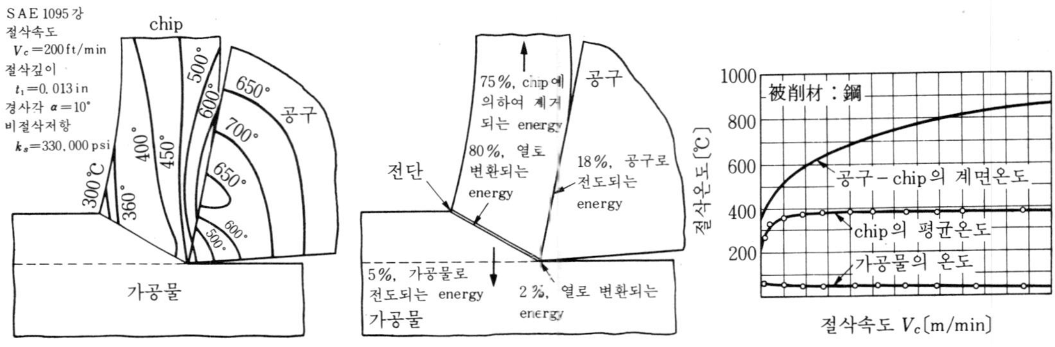

(a) 온도 분포 (b) 熱의 분포 (c)

Fig. 4-18 절삭온도 및 열의 분포

(1) 第1變形域의 熱

제1변형역의 열발생률을 P_s, C를 比熱容量, ρ를 密度, V_c를 熱源에 대한 물질의 속도라 하고, 이 열 중에서(전체를 1로 볼 때) G만큼 가공물에 전도되었다고 하면

$$(1-G)P_s=C\cdot t_1\cdot b\cdot V_c\cdot\rho\cdot\theta_s \quad \therefore\ \theta_s=\frac{(1-G)P_s}{\rho\cdot C\cdot t_1\cdot b\cdot V_c} \tag{4-27}$$

θ_s는 제1변형역을 지나는 재료(chip)의 평균온도이다.

(2) 第2變形域의 熱

제2변형역에서 발생하는 열이 chip의 온도 상승에 소모되었다 하면 chip의 평균온도 θ_f는

$$\theta_f=\frac{P_f}{\rho\cdot C\cdot V_c\cdot t_1\cdot b} \tag{4-28}$$

〔3〕 切削溫度의 측정

절삭온도의 측정에는 다음과 같은 방법이 이용되어 왔다.

① chip의 색에 의한 방법
② calorimeter에 의한 방법
③ 열전대에 의한 방법
④ 복사고온계에 의한 방법

(1) chip의 色에 의한 측정

금속이 가열온도에 따라 색이 달라지게 되며, 또 같은 온도에서도 가열시간에 따라 달라진다. 따라서 색과 가열시간에 따라 절삭온도를 추정할 수 있다. Table 4-1은 강의 절삭온도와 색의 관계를 예시한 것이다.

Table 4-1 강의 온도와 색

가열온도〔℃〕	산화색	볏짚색	갈색	자색	진한 남색	회남색
200	6분	47분	—	—	—	—
220	3분	33분	63분	—	—	—
250	1분	10분	39분	—	—	—
275	0.5분	3분	11분	27분	40분	

(2) calorimeter에 의한 측정

Fig. 4-19 에서와 같이 공구, chip 또는 공구와 chip 의 全熱量을 열량계(calorimeter)로 측정하여 이것을 가열물(공구, chip 또는 공구와 chip)의 질량과 비열로 제하여 평균온도를 구하는 방법이다. 이 방법은 평균온도는 쉽게 측정할 수 있으나 工具壽命에 직접 관계되는 최고 온도는 구할 수 없다.

Fig. 4-20 은 절삭속도에 대한 절삭열의 분포를 예시한 것이며, 대부분의 열은 chip과 함께 제거된다.

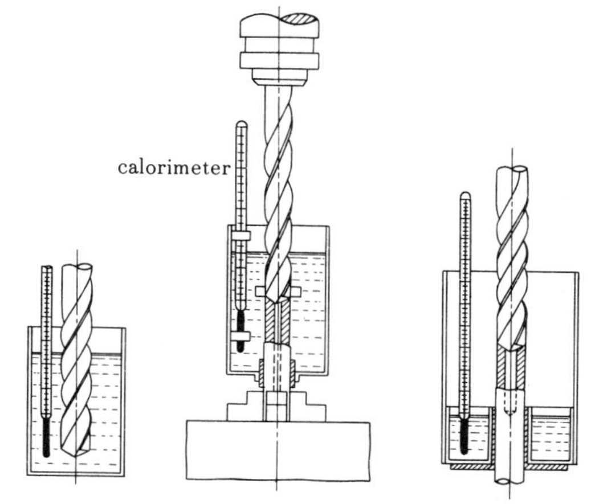

Fig. 4-19 열량계에 의한 절삭열 측정

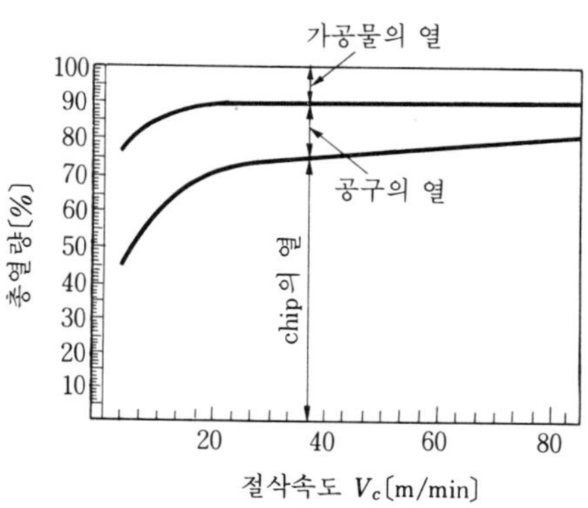

Fig. 4-20 절삭열의 분포

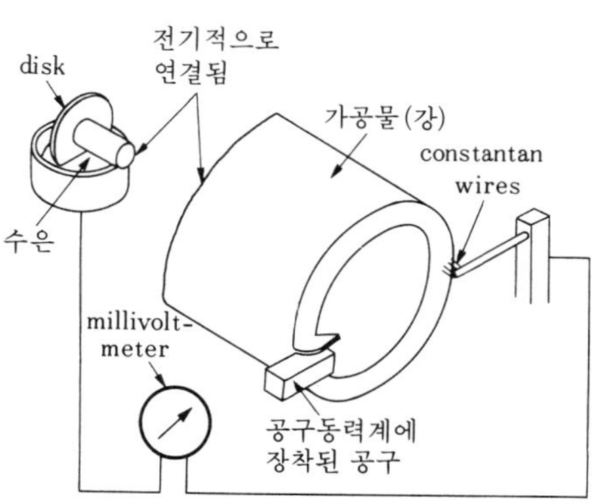

Fig. 4-21 熱電帶에 의한 공작물의 절삭온도 측정

(3) 熱電帶(thermocouple)에 의한 측정

Fig. 4-21 은 thermocouple을 이용하여 공작물의 절삭온도를 측정하는 방법이며, 절삭하지 않는 상태에서 공작물과 constantan wire간의 기전력을 millivoltmeter에서 읽고, 다음 절삭시의 기전력에서 전의 것을 감하면 된다.

Fig. 4-22 는 공구의 절삭온도를 측정하는 방법이며, 공구에 thermocouple을 삽입하는 방법에는 1선 혹은 1쌍의 선을 삽입하는 것이 있으며 Fig. 4-23 은 1쌍을 삽입한 예이다.

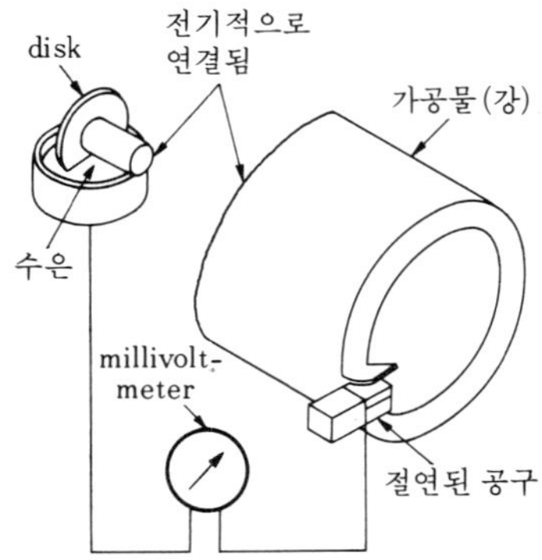

Fig. 4-22 열전대에 의한 공구의 절삭온도 측정

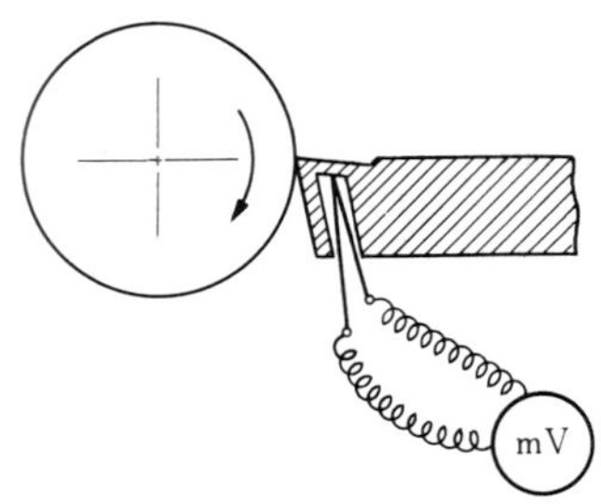

Fig. 4-23 공구에 열전대를 삽입하는 방법

(4) 輻射高温計에 의한 측정

절삭열의 평균온도뿐만 아니라 각 점의 온도 분포를 알기 위해서는 Fig. 4-24와 같은 복사고온계를 사용한다.

온도를 측정하고자 하는 점에 맞추어 岩鹽 또는 螢石으로 만든 lens를 놓고, 그 점에서 나오는 열선을 받아 열전대에 주면 온도에 비례하는 기전력이 발생하고, 이것을 다시 감도가 큰 galvanometer로 측정하여 그 점의 온도를 알 수 있다. 측정점을 이동하면서 측정할 수 있기 때문에 온도 분포를 조사하는 데 편리하다.

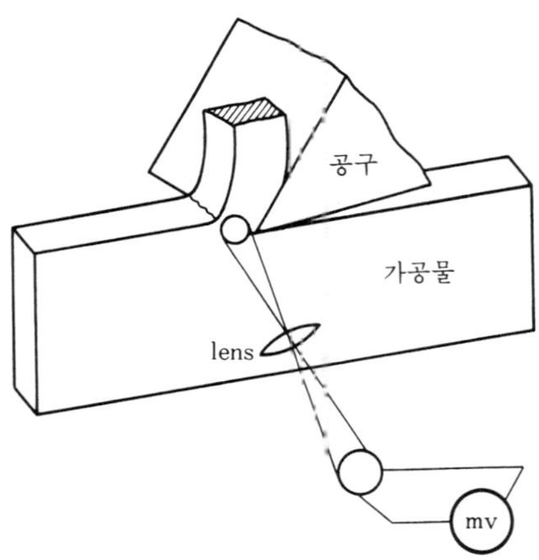

Fig. 4-24 복사고온계에 의한 온도 측정

1-9 工具의 磨耗와 壽命

〔1〕 工具의 漸進的 破損

일반적으로 공구의 파손은 다음 네 가지의 경우로 분류할 수 있다.

① 온도 파손(temperature failure), ② cratering, ③ flank 마모, ④ chipping

(1) **溫度破損**(temperature failure)

절삭작업에서 절삭속도가 크게 되면 절삭온도가 상승하고 마모가 크게 되는데, 마모가 클 경우 공구인선의 입력 energy가 크게 되어 가열 및 마모가 더욱 심하게 된다. 때로는 spark가 발생하는 경우도 있다.

(2) **cratering**

Fig. 4-25에서와 같이 경화된 chip이 공구면을 유동할 때 공구면의 마모작용을 **cratering**이라 하며, 이 때의 마모를 **crater 마모**라 한다.

crater 자체는 문제가 되지 않으나 crater가 크게 되면 공구의 刃部가 약하게 되어 파손하게 된다. crater의 최대 깊이와 인선에서 crater의 중심까지의 비를 공구수명 판정의 기준으로 한다.

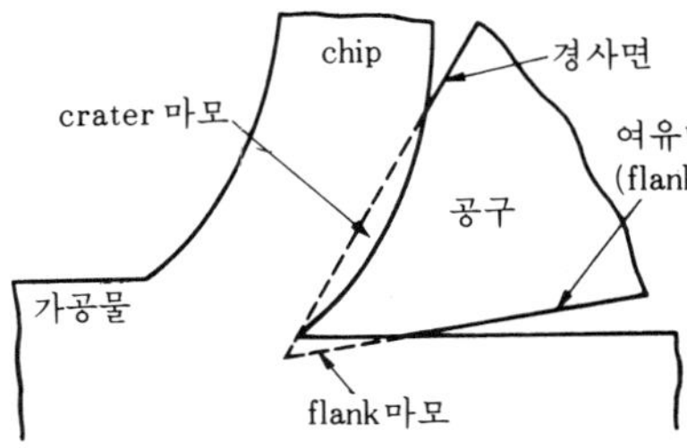

Fig. 4-25 공구의 마모역

(3) **flank마모**

Fig. 4-25에서와 같이 가공면에 평행한 공구 flank의 마모를 **flank마모**(flank wear)라 하며, 마모량은 flank마모의 폭으로 표시하며, 이것을 공구수명 판정의 기준으로 한다.

(4) **chipping**(缺損)

공구의 刃先部가 미세하게 파손되어 탈락되는 것을 **chipping**이라 하며, 평삭과 milling에서와 같이 충격을 받는 경우에 흔히 발생한다.

〔2〕 **工具壽命과 判定基準**

가공재료의 被削性을 조사하거나 공구의 성능을 알기 위하여 공구수명을 파악하는 것이 필요하다. 금속가공시 공구가 큰 압력을 받아 마찰이 일어나고 마모되어 공구의 본래의 형상을 잃게 되어 절삭저항은 증대되고 가공 상태가 불량하게 된다.

이러한 현상이 어느 기준치를 넘게 되면 공구를 다시 研削하여야 할 필요가 있다. 이와 같이 공구를 다시 연삭할 때까지의 절삭시간을 **工具壽命**이라 한다.

공구수명의 판정법에는 여러 가지가 있으나, 가장 일반적인 것을 들면 다음과 같다.

① 가공면에 나타나는 광택 있는 色調 또는 斑點에 의하여

② crater마모 또는 flank마모량에 의하여

③ 완성 가공물의 치수 변화에 의하여

④ 절삭저항의 변화에 의하여

(1) **光澤에 의한 판정**

공구가 마모되어 刃先이 둔화되거나 파손되면 가공면에 광택 있는 band가 생기면서 절삭이 이루어지지 않는다. Fig. 4-26은 고속도강공구에 대한 광택 발생과 절삭저항의 관계이다.

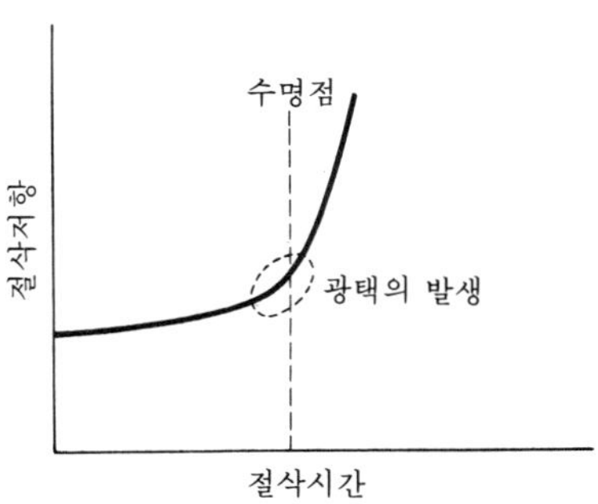

Fig. 4-26 고속도강의 수명

(2) crater 마모와 flank 마모에 의한 판정

Fig. 4-27 은 crater 마모와 flank 마모의 형상을 표시하며, Fig. 4-28 은 flank 마모의 발전 과정을 도시한 것이다.

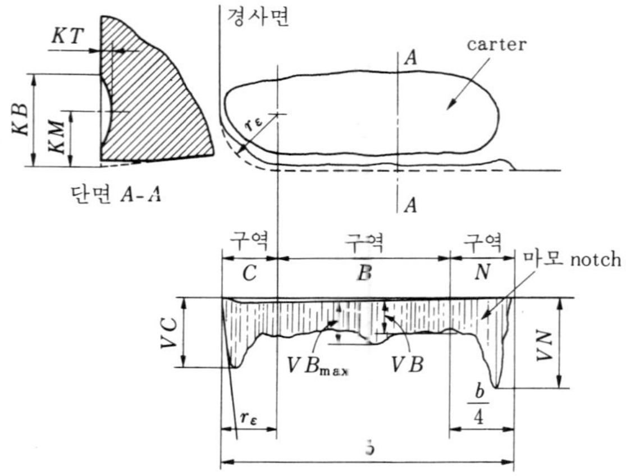

Fig. 4-27 선삭에서 단인공구의 crater 마모와 flank 마모

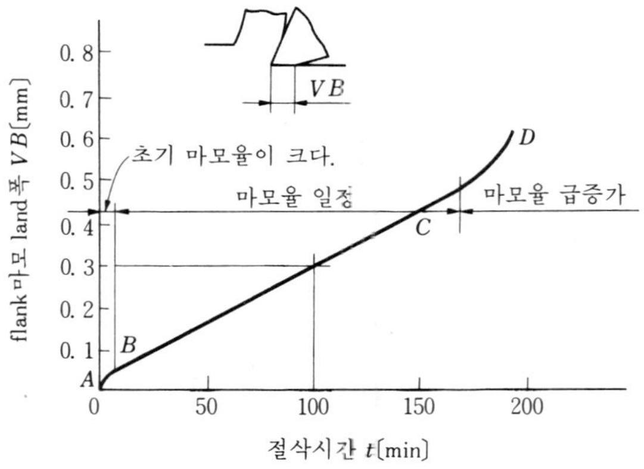

Fig. 4-28 flank 마모의 발달 과정

일반적으로 flank 마모의 폭 VB를 공구수명 판정의 기준으로 삼는다. 燒結 carbide 공구를 사용할 때의 기준 마모 land의 예는 Table 4-2와 같다. flank 마모에 의한 공구수명을 판정할 때, 다음 순서에 의하면 편리하다.

Table 4-2 마모대폭(VB)

다모대(wear land) 폭 VB	비 고
0.2mm	정밀경절삭 및 경합금
0.4mm	특수강절삭
0.7mm	주강절삭
1~1.25mm	보통 주철의 황삭

① Fig. 4-29와 같이 절삭시간과 마모대 폭의 관계 graph를 그리고 마모대가 0.3mm(H.S.S.의 기준)인 점에서 절삭속도(V_1, V_2, …)에 대한 공구수명(t_1, t_2…)을 구한다.

② ①에서 구한 절삭속도(V_1, V_2,…)에 대한 공구수명(t_1, t_2,…)을 Fig. 4-30과 같이 대수좌표에 옮긴다.

③ Fig. 4-30에서

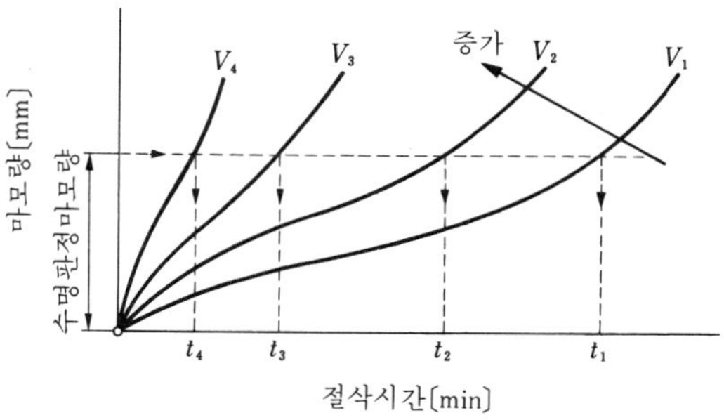

Fig. 4-29 절삭시간과 마모대 폭

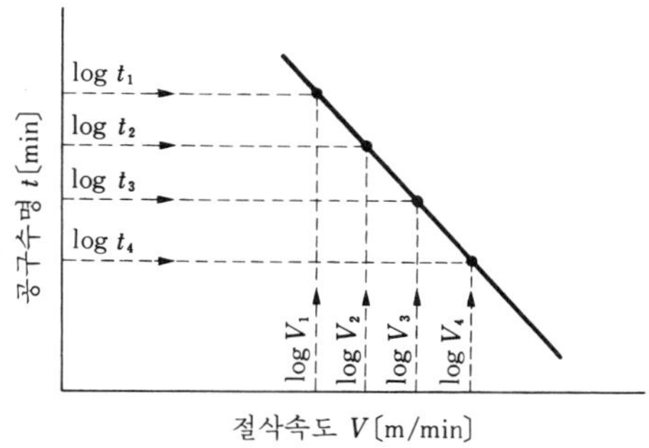

Fig. 4-30 절삭속도와 공구수명

$$\frac{1}{n}=\frac{\log t_1-\log t_2}{\log V_2-\log V_1}=\frac{\log\dfrac{t_1}{t_2}}{\log\dfrac{V_2}{V_1}}$$

$$\left(\frac{t_1}{t_2}\right)^n=\frac{V_2}{V_1}$$

$$\therefore\ V_1\cdot t_1^n=V_2\cdot t_2^n=\cdots=C$$

$$\therefore\ V\cdot t^n=C \qquad (4-29)$$

식 (4-29)를 Taylor의 공구수명방정식이라 하며, $V\cdot t^n=C$에서 C는 $t=1\,\text{min}$일 때 V값이다. 절삭조건에 따라 다르나 공구재료의 영향이 가장 크며, 일반적으로 사용되는 n값은 다음과 같다.

고속도강(H.S.S.) : $n=0.05\sim0.3$ ceramics : $n=0.35\sim0.55$

초경합금(WC) : $n=0.12\sim0.25$

기울기 $\left|\frac{1}{n}\right|$이 적을수록 절삭속도의 증가에 대한 공구수명의 감소가 적기 때문에 n이 클수록 좋다. 또한 절삭상수 C값이 클수록 V와 t가 크게 되므로 양호한 조건이라 할 수 있다.

(3) 완성 가공물의 치수 변화에 의한 판정

Fig. 4-31과 같이 공구가 마모되면 원하지 않는 taper 절삭이 된다. 이와 같이 직경의 증대량이 일정값에 도달하였을 때 공구수명을 판정하는 방법이다.

보통 거친 다듬질에서는 0.2mm, 정밀 다듬질에서는 0.04mm 정도를 취한다.

(4) 切削抵抗의 增大에 의한 판정

공구가 마모되어 감에 따라 절삭저항이 증가한다. 主分力의 증가는 적고 공구마모가 심하면 주로 軸分力과 背分力이 급증하며 이것으로 공구수명을 판정한다.

〔3〕 工具壽命에 영향을 주는 因子

(1) 공구의 角

고속도강과 같이 열에 예민한 절삭공구에서는 경사각의 증가와 더불어 절삭열의 발생이 적어져서 공구수명이 커지나, 경사각이 너무 커지면 刃先의 강도가 저하하여 chipping이 생기고

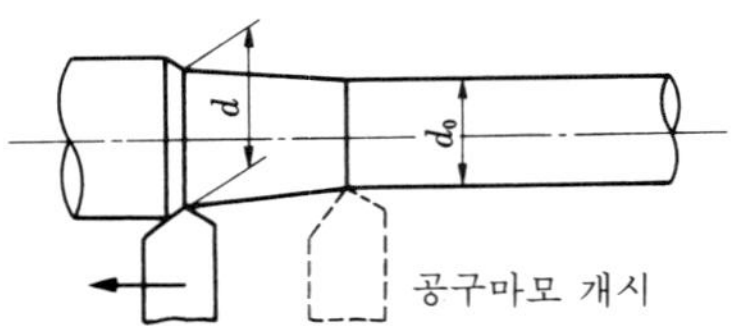

Fig. 4-31 가공물의 치수 변화

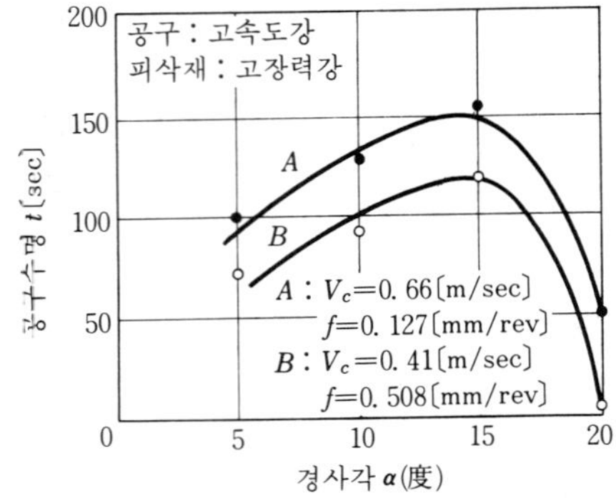

Fig. 4-32 공구의 경사각과 공구수명

열을 흡수할 수 있는 질량이 감소하여 오히려 고온으로 된다.

Fig. 4-32는 경사각과 공구수명의 관계 graph이며, 경사각이 15°정도일 때가 공구수명의 관점에서 적절하다. Table 4-3은 공구수명의 관점에서 공구와 공작물의 재료에 적합한 공구의 경사각이다.

Table 4-3 공구재료와 공작물 저질에 대한 공구의 경사각

피 삭 재	H. S. S. (度)	carbide (度)
주철, 황동주물	0	0. 0
황동, 청동	8	3. 5
고장력강	14	3. 5
연 강	27	3. 5
경합금	40	13. 0

공구의 여유각은 평삭에서는 4° 정도, 선삭에서는 6° 정도로 한다. 일반적으로 공작물의 경도가 크면 여유각을 작게 하고, 경도가 작으면 여유각을 크게 한다.

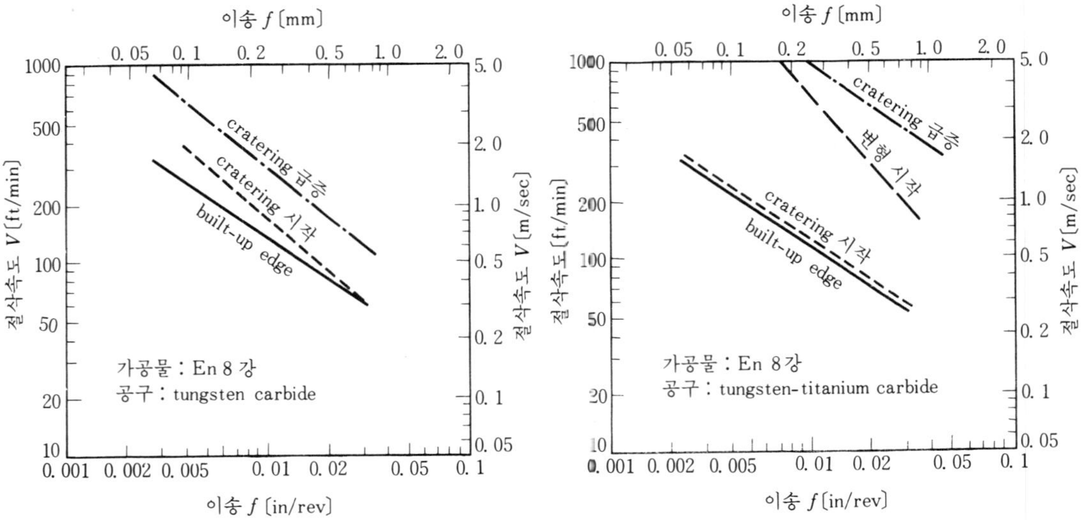

Fig. 4-33 절삭속도와 이송이 crater에 미치는 영향

(2) built-up edge, 절삭속도 및 이송속도

금속절삭에서 절삭속도와 이송속도가 크게 증가하면 경사면(face)에서의 온도가 상승하기 때문에 마찰이 감소하여 built-up edge가 생성되지 않거나 초기에 소멸되지만, 공구의 軟化로 인하여 crater 마모가 크게 된다. Fig. 4-33은 절삭속도와 이송이 cratering에 미치는 영향을 표시한다.

1-10 經濟的 切削速度

〔1〕 平均加工時間 및 生産費

切削加工에서 절삭속도를 선정하는 데 두 가지의 기준이 있는데, 하나는 最低生産費이고, 다른 하나는 最小生産時間이다. 圓筒旋削에서와 같은 일정한 절삭속도에서 最低生産費를 얻는 最適切削速度를 먼저 고려하려 한다. 이 때에 작업자와 기계가 N_b개 부품의 1batch를 생산하는 데 걸리는 시간을 다음과 같이 세 가지로 생각할 수 있다.

i) 총준비시간 $N_b \cdot t_l$

다만, t_l : 준비시간(각 部品의 공작기계에 대한 着脫時間과 공구를 처음 절삭위치에 옮기는 시간)

ii) 총가공시간 $N_b \cdot t_m$

다만, t_m : 각 部品의 가공시간

iii) 마모된 공구를 교체하는 데 요하는 시간 $N_t \cdot t_{ct}$

다만, t_{ct} : 공구교환시간/공구, N_t : 사용공구수

M을 기계와 작업자에 대한 시간당 비용이라 하면(間接費, overheads 포함) 총기계 및 인건비는 다음과 같다.

$$M(N_b \cdot t_l + N_b \cdot t_m + N_t \cdot t_{ct}) \tag{4-30}$$

총생산비를 계산하기 위하여는 식 (4-30)에 공구비 $N_t \cdot C_t$를 더하여야 한다. 다만, C_t는 工具 1개의 값이다.

부품(component) 1개에 대한 평균생산비는 다음과 같다.

$$\begin{aligned} C_{pr} &= \frac{1}{N_b}[M(N_b \cdot t_l + N_b \cdot t_m + N_t \cdot t_{ct}) + N_t \cdot C_t] \\ &= M \cdot t_l + M \cdot t_m + M \cdot \frac{N_t}{N_b} \cdot t_{ct} + \frac{N_t}{N_b} \cdot C_t \end{aligned} \tag{4-31}$$

식 (4-31)에서 첫번째 항은 준비비(非加工費, nonproductive cost)이며, 어느 특정된 작업에서는 일정하다. 두번째 항은 가공비(machining cost)이며 feed를 일정하게 하고 절삭속도를 증가시키면 감소시킬 수 있다. 제일 끝항은 공구비이며 절삭속도의 증가와 함께 증가한다.

1batch를 생산하는 데 요하는 공구수를 구하기 위해서는 절삭속도와 공구수명의 관계를 알

아야 한다. Taylor의 실험식인 절삭속도와 공구수명의 관계는 다음과 같다.

$$V \cdot t^n = V_r \cdot t_r^n = C \tag{4-32}$$

여기서, V : 절삭속도〔m/min〕, t : 공구수명〔min〕, n : 지수(상수)

C : 상수(공구수명 $t=1$〔min〕에 대한 절삭속도)

t_r : 주어진 절삭속도 V_r에 대한 공구수명

1 batch의 가공에 필요한 공구수는 공구가 全加工時間 동안 가공물과 물려 있다고 하면 $N_t = N_b \cdot t_m/t$이다.

$$\therefore\ N_t = N_b \cdot t_m/t = N_b \cdot t_m/t_r\left(\frac{V_r}{V}\right)^{\frac{1}{n}}$$

$$\therefore\ \frac{N_t}{N_b} = \frac{t_m}{t_r}\left(\frac{V}{V_r}\right)^{\frac{1}{n}} \tag{4-33}$$

1개의 부품(component)에 대한 가공시간 t_m은

$$t_m = \frac{K}{V} \tag{4-34}$$

여기서, V : 절삭속도, K : 상수

圓筒旋削에 있어서 $K = \pi \cdot d_w \cdot l_w/f$로 표시되며, K는 가공중에 가공물에 대한 공구의 상대적 이동 거리이다. 다만, l_w : 가공부의 길이, d_w : 가공물의 지름, f : 이송

〔2〕 最低生産費와 切削速度

생산비와 절삭속도의 관계는 식 (4-33) 및 식 (4-34)를 식 (4-31)에 대입하면 다음과 같다.

$$C_{pr} = M \cdot t_l + M \cdot K \cdot V^{-1} + \frac{K}{V_r^{\frac{1}{n}} \cdot t_r}(M \cdot t_{ct} + C_t) \cdot V^{\frac{1-n}{n}} \tag{4-35}$$

最低生産費에 대한 절삭속도 V_c를 구하기 위하여 식 (4-35)에서 $\frac{dC_{pr}}{dV}=0$으로 놓으면

$$-M \cdot K \cdot V^{-2} + \frac{1-n}{n} \cdot \frac{K}{V_r^{\frac{1}{n}} \cdot t_r}(M \cdot t_{ct} + C_t) \cdot V^{\frac{1-n}{n}-1} = 0$$

$$\therefore\ V^{\frac{1}{n}} = M \cdot \frac{n}{1-n} \cdot \frac{V_r^{\frac{1}{n}} \cdot t_r}{M \cdot t_{ct} + C_t}$$

$$\therefore\ V(=V_c) = V_r\left(\frac{n}{1-n} \cdot \frac{M \cdot t_r}{M \cdot t_{ct} + C_t}\right)^n \tag{4-36}$$

切削速度가 生産費 C_{pr}에 미치는 영향을 Fig. 4-34에서 볼 수 있다.

식 (4-35)의 각 항을 나타내는 Fig. 4-34에서 非加工費, 加工費, 工具費가 각각 그려져 있고, 주어진 조건에서 最適切削速度가 어떻게 결정되는가를 알 수 있다. 식 (4-36)에 의하면 최적 절삭속도는 batch size나 준비시간과는 무관함을 알 수 있다.

〔3〕 最小生産時間과 切削速度

식 (4-30) 중에서 부품 1개의 평균생산시간은

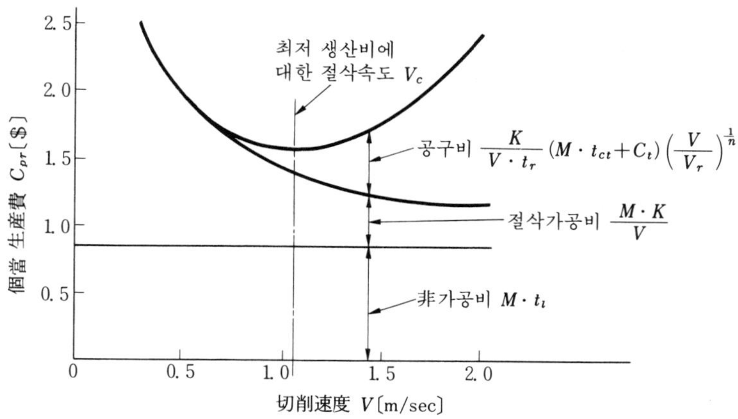

$M=0.0028$〔$/sec〕, $C_t=2.1$〔$〕, $t_{ct}=240$〔sec〕, $n=0.25$,
$t_l=300$〔sec〕, $K=192$〔m〕, $t_r=60$〔sec〕, $V_r=2.75$〔m/sec〕

Fig. 4-34 절삭속도와 생산비

$$t_{pr}=t_l+t_m+\frac{N_t}{N_b}\cdot t_{ct} \tag{4-37}$$

이다. 식 (4-37)에 식 (4-33)과 식 (4-34)를 대입하면

$$\begin{aligned} t_{pr}&=t_l+\frac{K}{V}+\frac{t_m}{t_r}\cdot\left(\frac{V}{V_r}\right)^{\frac{1}{n}}\cdot t_{ct} \\ &=t_l+\frac{K}{V}+\frac{1}{t_r}\cdot\frac{K}{V}\cdot\left(\frac{V}{V_r}\right)^{\frac{1}{n}}\cdot t_{ct} \\ &=t_l+KV^{-1}+\frac{K\cdot t_{ct}}{t_r\cdot V_r^{\frac{1}{n}}}\cdot V^{\frac{1-n}{n}} \end{aligned} \tag{4-38}$$

최소 생산시간에 대한 절삭속도 V_p를 구하기 위하여 식 (4-38)에서 $\frac{dt_{pr}}{dV}=0$으로 놓으면

$$-KV^{-2}+\frac{K\cdot t_{ct}}{t_r\cdot V_r^{\frac{1}{n}}}\cdot\frac{1-n}{n}\cdot V^{\frac{1-n}{n}-1}=0$$

$$\therefore\ V^{\frac{1}{n}}=\frac{t_r\cdot V_r^{\frac{1}{n}}}{t_{ct}}\cdot\frac{n}{1-n}$$

$$\therefore\ V(=V_p)=\left(\frac{n}{1-n}\cdot\frac{t_r}{t_{ct}}\right)^n\cdot V_r \tag{4-39}$$

식 (4-36)과 식 (4-39)를 볼 때 最低生産費에 대한 조건과 最小生産時間에 대한 조건이 서로 다르므로 최종 절삭속도는 절충에 의하여 정하여야 하며, 이에 대한 설명은 우선 다음으로 미룬다.

〔4〕 最低生産費와 最小生産時間에 대한 工具壽命

실제의 절삭작업을 해석하는 데 있어서 최저 생산비에 대한 最適工具壽命 t_c와 최소 생산시간에 대한 最適工具壽命 t_p를 응용하는 것이 편리하다. 이 식들은 식 (4-36)과 식 (4-39)를 Taylor의 방정식 (4-32)에 대입하여 구하면

$$t_c = t_r \cdot \left(\frac{V_r}{V}\right)^{\frac{1}{n}} = t_r \left[\frac{V_r}{V_r}\left(\frac{1-n}{n} \cdot \frac{M \cdot t_{ct} + C_t}{M \cdot t_r}\right)^n\right]^{\frac{1}{n}}$$

$$\therefore\ t_c = \frac{1-n}{n} \cdot \left(t_{ct} + \frac{C_t}{M}\right) \quad (4-40)$$

$$t_p = t_r \cdot \left(\frac{V_r}{V}\right)^{\frac{1}{n}} = t_r \cdot \left[\frac{V_r}{V_r} \cdot \left(\frac{1-n}{n} \cdot \frac{t_{ct}}{t_r}\right)^n\right]^{\frac{1}{n}}$$

$$\therefore\ t_p = \frac{1-n}{n} \cdot t_{ct} \quad (4-41)$$

실제에 있어서 n은 절삭조건과 工具材料에 따라 정하여지나, 다음과 같은 n값을 택할 때 $(1-n)/n$은

H. S. S. (n=0. 125)에 대하여 $\frac{1-n}{n} = 7$

$$\therefore\ t_c = 7\left(t_{ct} + \frac{C_t}{M}\right) \quad (4-42)$$

$$t_p = 7 \cdot t_{ct} \quad (4-43)$$

carbide (n=0. 25)에 대하여 $\frac{1-n}{n} = 3$

$$\therefore\ t_c = 3\left(t_{ct} + \frac{C_t}{M}\right) \quad (4-44)$$

$$t_p = 3 \cdot t_{ct} \quad (4-45)$$

ceramics (n=0. 5)에 대하여 $\frac{1-n}{n} = 1$

$$\therefore\ t_c = t_{ct} + \frac{C_t}{M} \quad (4-46)$$

$$t_p = t_{ct} \quad (4-47)$$

끝으로 이상에 대응하는 最適切削速度는 다음 식에서 구할 수 있다.

$$V_c = V_r \cdot \left(\frac{t_r}{t_c}\right)^n \quad (4-48)$$

$$V_p = V_r \cdot \left(\frac{t_r}{t_p}\right)^n \quad (4-49)$$

이 방정식들에서 最適條件을 선정하기 전에 공구 교체시간 t_{ct}, 예리한 切刃을 얻는 비용, 기계와 작업자의 시간당 비용, 주어진 공구수명 t_r에 대한 절삭속도 V_r 등을 알아야 함을 알았다.

〔5〕 最適條件의 결정에 필요한 因子

기계와 작업자의 비용에는 그것들에 따르는 overheads와 減價償却費까지 포함되는 것으로 한다. 이러한 비용들은 공장에 따라 달라질 수 있으나 대부분의 경우에 다음 식을 적용시킬 수 있다.

$$M = W_0 + \left(\frac{\text{작업자의 overhead〔\%〕}}{100}\right) \cdot W_0 + M_t +$$

$$\left(\frac{\text{기계의 overhead}[\%]}{100}\right)\cdot M_t \qquad (4-50)$$

여기서, W_0 : 작업자의 비용〔$/time〕, M_t : 기계의 減價償却費〔$/time〕

작업자의 overhead는 100~300〔%〕 정도이며 회사에서 베푸는 복지비, 작업시설비, 행정요원 인건비 등이다. 기계의 overhead는 기계의 동력소모비, 기계의 손질비용, 기계를 이동시키는 비용 등이다.

기계의 감가상각비를 계산하는 데 있어서 처음 구입비의 상환기간을 감가상각기간으로 정하는 것이 보통이다.

다음 식이 감가상각비를 계산하는 데 일반적으로 이용된다.

$$M_t=\frac{\text{처음 구입비}}{\text{1년간의 작업시간수}\times\text{상환년수}} \qquad (4-51)$$

工具費를 계산하는 데 이용되는 식은 공구에 따라 다르고, 再硏削하여 사용할 수 있는 공구에서는 예리한 공구를 준비하는 데 드는 비용을 계산하기 위하여 다음 식을 이용할 수 있다.

$$C_t=\text{硏削費}+\frac{\text{공구 구입비}}{\text{再硏削 가능 횟수}} \qquad (4-52)$$

어떤 공구를 이론적으로는 20회 재연삭할 수 있으나 실제에 있어서는 공구가 손상을 입는 경우가 있어 훨씬 적은 횟수의 재연삭을 하는 경우가 있으며, 실제에는 이론적 재연삭 수의 1/2 정도이다.

재연삭하지 않고 무디어지면 처분하는 揷入工具(disposable-insert tool)에 대해서는 다음 식을 이용할 수 있다.

$$C_t=\frac{\text{揷入工具(insert) 구입비}}{\text{揷入工具에 붙은 平均切削刃數}}+\frac{\text{고정구(holder) 구입비}}{\text{고정구 수명 동안의 平均揷入工具刃數}} \qquad (4-53)$$

여기에서도 실제에 사용되는 揷入工具刃數는 원래 공구의 刃數보다 훨씬 적게 택하여야 한다.

공구의 교체시간이란 기계에서 공구를 들어내는 시간, 새로운 공구를 설치하는 시간, 새로운 工具刃으로 돌려 맞추는 시간 및 절삭을 다시 시작하는 데 요하는 시간 등을 포함한다. disposable-insert tool에 대하여 다음 식을 적용할 수 있다.

$$t_{ct}=\frac{\text{揷入工具刃의 교체시간}\times(\text{1개의 삽입공구(insert)의 切刃數}-1)+\text{삽입공구를 교체하는 시간}}{\text{1개의 삽입공구(insert)에서 사용되는 平均切刃數}} \qquad (4-54)$$

공구수명 t_r에 대한 절삭속도 V_r는 공구재료, 공구형상, 가공물재료 및 기타 절삭조건에 따라 다르게 된다. V_r값은 재료의 C(1〔min〕의 공구수명에 대한 절삭속도)와 切削 handbook에 있는 조건으로부터 구할 수 있다. 이것에 대한 개략값이 Fig. 4-35 에 나와 있다.

예제 4-2. 지금까지 설명한 식을 응용하기 위하여 다음 조건을 가정한다. 鋼棒의 큰 ba-

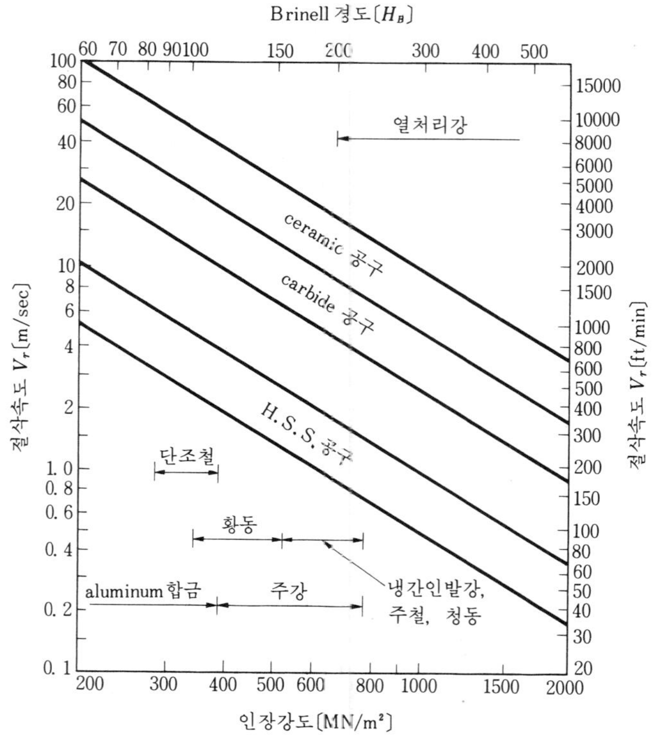

Fig. 4-35　공구수명 t_r=60 sec에 대한 절삭속도 V_r

tch size를 이송 0.25 mm/rev, 길이 300 mm로 하여 지름 76 mm까지는 荒削을 한다. 경랍땜한 carbide 공구를 사용하며, Taylor의 공구수명방정식 因子는 $n=0.25$, $V_r=4.064$ m/sec, $t_r=60$ sec, $C=800$ ft/min이다. 공작기계의 구입비가 10 800 $이고, 상환기간은 5년이다. 작업자의 임금은 0.0015 $/sec (5.40 $/hr)이며, 작업자와 기계의 overhead는 100%라 한다. 공작기계의 공구를 갈아 끼워맞추는 시간은 300 sec, 공구재연삭비는 2.00 $이다. 공구의 구입비는 6.00 $이고 10회 재연삭하여 사용할 수 있다. 각 부품(component)에 대한 가공준비시간(nonproductive time)은 120 sec이다.

(解) 우선 관련된 因子의 값을 구한다.

① 기계 및 작업자의 비용 : 공작기계를 매일 8시간, 주 5일, 연 50주 가동한다면 연가동시간은

$$(8\times5\times50)\times3600=7.2\times10^6\text{ sec}=7.2\,M\text{ sec}$$

이다.

減價償却費는 식 (4-51)에 의하여

$$M_t=\frac{10\,800}{7.2\times10^6\times5}=0.0003\ \$/\text{sec}$$

그러므로 기계 및 작업자의 비용은 식 (4-50)에 의하여

$$M=0.0015+\left(\frac{100}{100}\right)\times0.0015+0.0003+\left(\frac{100}{100}\right)\times0.0003$$

$=0.0036\ \$/\mathrm{sec}$

② 銳利한 공구의 준비 비용 : 식 (4-52)에서

$$C_t=2+\frac{6}{10}=2.60\ \$$$

③ 공구교환시간 : $t_{ct}=300\,\mathrm{sec}$

최저 생산비에 대한 공구수명 t_c와 절삭속도 V_c, 최소 생산시간에 대한 공구수명 t_p와 절삭속도 V_p를 구하여 본다.

식 (4-44)에 의하여

$$t_c=3\left(t_{ct}+\frac{C_t}{M}\right)=3\left(300+\frac{2.6}{3.6\times10^{-3}}\right)=3070\,\mathrm{sec}$$

$$=3.07\,\mathrm{ksec}=51.2\,\mathrm{min}$$

t_c에 대한 절삭속도는 Taylor의 식에서

$$V_c=V_r\cdot\left(\frac{t_r}{t_c}\right)^n=4.064\left(\frac{60}{3070}\right)^{0.25}=1.52\,\mathrm{m/sec}$$

$$=299\,\mathrm{ft/min}$$

식 (4-45)에 의하여

$$t_p=3\cdot t_{ct}=3\times300=900\,\mathrm{sec}$$

식 (4-49)에 의하여

$$V_p=V_r\left(\frac{t_r}{t_p}\right)^n=4.064\left(\frac{60}{900}\right)^{0.25}=2.065\,\mathrm{m/sec}=407\,\mathrm{ft/min}$$

운영의 경제성 혹은 생산시간의 경제성을 어느 하나에 우선을 두지 않는 조건이라 하면, 절삭속도 V_c 또는 V_p중의 어느 것도 상당히 능률적 가공이 될 것이다. 공작기계 主軸의 선택에는 제한이 있다. 따라서 절삭속도의 선택에도 제한이 따른다. 대부분 선택된 주축의 회전수는 最低生産費에 대한 절삭속도에 접근시키는 것이 좋다.

本例에서는 V_c와 V_p에 꼭 일치하는 절삭속도가 얻어진다고 가정한다.

部品(component) 1개의 값, 최저 생산비와 최소 생산시간의 두 기준에 따라 생산시간을 계산하여 보는 것은 흥미있다. 선삭의 경우 최저 생산비에 대한 부품 1개의 加工時間 t_m은 식 (4-34)에 의하여

$$t_m=\frac{\pi\cdot d_w\cdot l_w}{V\cdot f}=\frac{\pi\cdot d_w\cdot l_w}{V_c\cdot f}=\frac{\pi\times(76\times10^{-3})\times(300\times10^{-3})}{1.52\times(0.25\times10^{-3})}$$

$$=189\,\mathrm{sec}$$

공구수명이 3070 sec이므로 각 공구는 $\frac{3070}{189}\fallingdotseq16$개의 부품을 생산할 것이며, $\frac{N_t}{N_b}$는 식 (4-33)에 의하여

$$\frac{N_t}{N_b}=\frac{1}{16}=0.0625$$

이다.

각 부품에 대한

준비비 $M\cdot t_l=(3.6\times10^{-3})\times120=0.432\ \$$

가공비 $M\cdot t_m=(3.6\times10^{-3})\times189=0.68\ \$$

공구비 $\frac{N_t}{N_b}(M\cdot t_{ct}+C_t)=0.0625[(3.6\times10^{-3}\times300)+2.6]=0.23\ \$$

∴ 總生産費 C_{pr}는 식 (4-31)에 의하여

$$C_{pr}=M\cdot t_l+M\cdot t_m+\frac{N_t}{N_b}(M\cdot t_{ct}+C_t)$$

$$=0.432+0.68+0.23=1.34\ \$ \quad\cdots\cdots(a)$$

總生産時間 t_{pr}는 식 (4-37)에 의하여

$$t_{pr}=t_l+t_m+\frac{N_t}{N_b}\cdot t_{ct}=120+189+0.0625\times300=328\,\text{sec}=5.5\,\text{min} \quad\cdots\cdots(b)$$

최소 생산시간에 대한 조건도 위와 같은 방법으로 구할 수 있다. 식 (4-34)로부터

$$t_m=\frac{K}{V}=\frac{\pi\cdot d_w\cdot l_w}{V\cdot f}=\frac{\pi\cdot d_w\cdot l_w}{V_p\cdot f}$$

$$=\frac{\pi\times(76\times10^{-3})\times(300\times10^{-3})}{2.065\times(0.25\times10^{-3})}=139\ \text{sec}$$

각 공구는 $\frac{900}{139}=6.5$개의 부품을 생산할 수 있으며, $\frac{N_t}{N_b}=\frac{1}{6.5}=0.154$이다.

각 부품에 대한

$$M\cdot t_l=(3.6\times10^{-3})\times120=0.432\ \$$$

$$M\cdot t_m=(3.6\times10^{-3})\times139=0.50\ \$$$

$$\frac{N_t}{N_b}(M\cdot t_{ct}+C_t)=0.154[(3.6\times10^{-3})\times300+2.6]=0.567\ \$$$

∴ 식 (4-31)에 의하여

$$C_{pr}=M\cdot t_l+M\cdot t_m+\frac{N_t}{N_b}(M\cdot t_{ct}+C_t)$$

$$=0.432+0.5+0.567=1.5\ \$ \quad\cdots\cdots(c)$$

$$t_{pr}=t_l+t_m+\frac{N_t}{N_b}\cdot t_{ct}$$

$$=120+139+0.154\times300=305\ \text{sec} \quad\cdots\cdots(d)$$

$$\therefore\ \frac{(b)-(d)}{(b)}=\frac{328-305}{328}=0.07=7\%$$

$$\frac{(c)-(a)}{(a)}=\frac{1.5-1.34}{1.34}=0.12=12\%$$

위에서 다음 사실을 알 수 있다.

최소 생산시간에 대한 절삭속도를 채택하는 것이 최저 생산비에 대한 절삭속도를 채택하는 것보다 7%의 생산시간을 감소시키며, 12%의 생산비 증가를 가져왔다. 이와 같이 생산시간을 감소시키는 것이 경제적인가에 대해서는 운영의 조건에 따라 다르다.

예를 들면, 공장측에서 이미 고정된 주문 가격으로 수요가 아주 많을 때에는 주어진 시간에 주어진 기계에서 얻을 수 있는 이익을 계산하여야 할 것이다.

〔6〕 最大利潤率에서의 加工

최저 생산비에 대한 가공조건이 선택되어지면 그 생산시간은 최소 생산시간보다 크게 된다는 것을 앞에서 알았다. 또한, 최소 생산시간에 대한 조건이 선택되어지면 생산비는 최저 생산비보다 크게 된다. 경우에 따라서는 이들 두 조건을 절충하여 最大利潤率을 기준으로 하는 것이 더 합리적이다.

S를 공장에서 받는 部品(component) 1개의 판매값이라 하면 1개당 利潤은 $S-C_{pr}$이며, 利潤率(profit rate) P_r는

$$P_r=\frac{S-C_{pr}}{t_{pr}} \tag{4-55}$$

식 (4-35)와 식 (4-38)을 식 (4-55)에 대입하면

$$P_r=\frac{S-M\cdot t_l-M\cdot K\cdot V^{-1}-\dfrac{K}{V_r^{\frac{1}{n}}\cdot t_r}(M\cdot t_{ct}+C_t)\cdot V^{\frac{1-n}{n}}}{t_l+KV^{-1}+\dfrac{K\cdot t_{ct}}{t_r\cdot V_r^{\frac{1}{n}}}\cdot V^{\frac{1-n}{n}}}$$

$$=\frac{S-M\cdot t_l-M\cdot K\cdot V^{-1}-KV_r^{-\frac{1}{n}}\cdot t_r^{-1}(M\cdot t_{ct}+C_t)\cdot V^{\frac{1-n}{n}}}{t_l+K\cdot V^{-1}+K\cdot V_r^{-\frac{1}{n}}\cdot t_r^{-1}\cdot t_{ct}\cdot V^{\frac{1-n}{n}}} \tag{4-56}$$

식 (4-56)을 $\dfrac{dP_r}{dV}=0$으로 놓고 최대이윤율을 갖는 공구수명 t_{ef}를 구하여 본다.

$t_r^{-1}\cdot V_r^{-\frac{1}{n}}=a$라 놓으면 식 (4-56)은 다음과 같이 된다.

$$P_r=\frac{S-M(t_l+K\cdot V^{-1}+K\cdot a\cdot t_{ct}\cdot V^{\frac{1-n}{n}})-K\cdot a\cdot C_t\cdot V^{\frac{1-n}{n}}}{t_l+K\cdot V^{-1}+K\cdot a\cdot t_{ct}\cdot V^{\frac{1-n}{n}}}$$

$$=\frac{S}{[t_l+K\cdot V^{-1}+K\cdot a\cdot t_{ct}\cdot V^{\frac{1-n}{n}}]}-M-\frac{K\cdot a\cdot C_t\cdot V^{\frac{1-n}{n}}}{[t_l+K\cdot V^{-1}+K\cdot a\cdot t_{ct}\cdot V^{\frac{1-n}{n}}]}$$

$$\therefore\ \frac{dP_r}{dV}=\frac{-\left\{-K\cdot V^{-2}+\left(\dfrac{1-n}{n}\right)\cdot K\cdot a\cdot t_{ct}\cdot V^{\frac{1}{n}}\cdot V^{-2}\right\}\cdot S}{[\quad]^2}-0-$$

$$\frac{\left(\dfrac{1-n}{n}\right)\cdot K\cdot a\cdot C_t\cdot V^{\frac{1}{n}}\cdot V^{-2}[\quad]}{[\quad]^2}+$$

$$\frac{K\cdot a\cdot C_t\cdot V^{\frac{1-n}{n}}\left\{-K\cdot V^{-2}+\dfrac{1-n}{n}\cdot K\cdot a\cdot t_{ct}\cdot V^{\frac{1}{n}}\cdot V^{-2}\right\}}{[\quad]^2}=0$$

$$\therefore\ t_{ef}=\frac{1-n}{n}\left(t_{ct}+\frac{C_t\cdot t_l}{S}\right)+\frac{K\cdot C_t}{n\cdot S\cdot V_r}\left(\frac{t_{ef}}{t_r}\right)^n \tag{4-57}$$

식 (4-57)은 numerical method에 의해서만이 해가 가능하고, 다음과 같은 대략값을 취하기도 한다.

carbide 工具에 대해서 $t_{ef}^n=6.5\,S^n$

H.S.S.工具에 대해서 $t_{ef}^n=2.5\,S^n$

식 (4-57)에서 흥미있는 것은 最大利潤率의 조건이 기계 및 작업자의 비용 M과 무관하다는 것을 알 수 있으며, overhead나 상환기간 등이 불확실하여 결정이 애매한 M과 관계없이 最適切削條件을 정할 수 있다는 것은 아주 편리하다.

Fig. 4-36은 특수한 경우 利潤率 P_r가 절삭속도와 공구수명에 대하여 어떤 변화를 하는가를 보여 준다.

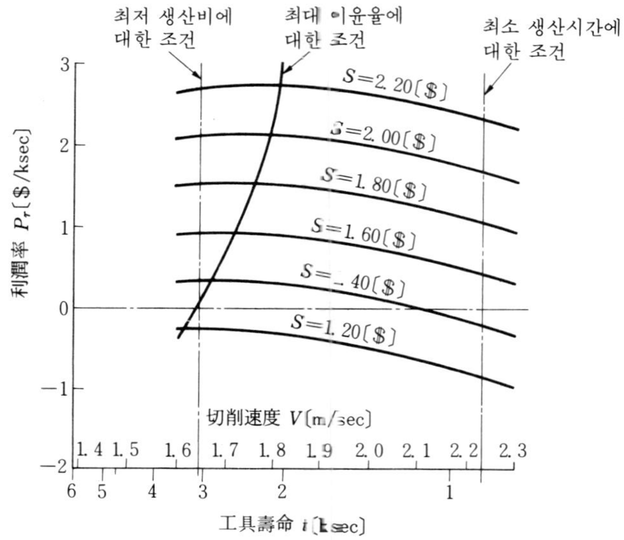

$M=0.00334$[$/sec], $C_t=2.60$[$]　$t_{ct}=300$[sec], $n=0.25$,
$t_l=60$[sec], $K=328$[m], $t_r=1$[sec], $V_r=12.2$[m/sec]

Fig. 4-36　절삭속도와 공구수명에 이윤 P_r에 미치는 영향

또한, Fig. 4-36에서 최저 생산비(식 4-40), 최소 생산시간(식 4-41) 및 최대 효율(식 4-57)의 조건들을 볼 수 있다.

利潤이 정하여지면 最大利潤率에 대한 조건은 최저 생산비의 조건과 최소 생산시간의 조건 사이에 존재함을 알 수 있다. 利潤이 0이면 최대 이윤율에 대한 조건은 최저 생산비의 조건과 같다. 이것으로부터 利潤이 아주 크지 않다면 최대 이윤에 대한 최적 조건은 최저 생산비의 조건에 접근함을 알 수 있다.

1-11　切削工具의 材料

절삭공구 재료의 구비 조건을 들면 다음과 같다

① 경도가 커야 한다.
② 고온에서 경도의 감소가 없거나 적어야 한다.
③ 강도가 커야 한다.
④ 공구의 제작이 용이하여야 한다.
⑤ 가격이 저렴하여야 한다.

주로 사용되어 온 재료를 들면서 설명하기로 한다.

〔1〕 **炭素工具鋼**(carbon tool steel)

低速切削과 낮은 절삭온도 범위에서 사용되며, Table 4-4는 탄소공구강의 성분과 용도를 표시한다.

Table 4-4 탄소공구강의 성분〔%〕과 용도

종 류	기호	C	Si	Mn	P	S	용 도
제 1 종	SK 1	1.3~1.5	0.35 이하	0.5 이하	0.030 이하	0.030 이하	절삭 공구, 선반 bite, planer bite
제 2 종	SK 2	1.1~1.3	0.35 이하	0.5 이하	0.030 이하	0.030 이하	선반 bite, milling cutter, drill
제 3 종	SK 3	1.0~1.1	0.35 이하	0.5 이하	0.030 이하	0.030 이하	나사 dies, drill
제 4 종	SK 4	1.9~1.0	0.35 이하	0.5 이하	0.030 이하	0.030 이하	목공용 drill, 면도칼, 도끼
제 5 종	SK 5	1.8~1.9	0.35 이하	0.5 이하	0.030 이하	0.030 이하	snap, 단조용형, press 형
제 6 종	SK 6	0.7~0.8	0.35 이하	0.5 이하	0.030 이하	0.030 이하	단조 용구, 광산 용구, press형
제 7 종	SK 7	0.6~0.7	0.35 이하	0.5 이하	0.030 이하	0.030 이하	spring, 식도, 수공구

〔2〕 特殊工具鋼(alloyed tool steel)

硬化能을 개량하기 위하여 탄소강에 Cr, Mo 등과 같은 특수원소를 첨가한 것이며, Table 4-5는 그 성분의 예이다.

특수공구강은 drill, tap, reamer 등에 사용되고, 고속선삭 및 milling에는 부적당하다.

Table 4-5 특수공구강의 성분〔%〕

C	S	Mn	Cr	Mo	W
1.2	0.3	0.6	0.5	—	—
1.2	0.3	0.7	0.5	0.5	—
1.2	0.3	0.3	0.7	0.3	1.5
1.2	0.3	0.3	0.7	—	4.0

〔3〕 高速度鋼(high speed steel)

고속도강은 고온경도와 내마모성이 큰 것이 특징이고, 원래 고속절삭을 할 수 있다고 하여 명명하였으나 현재에는 보다 고속절삭이 가능한 공구재료가 개발되었기 때문에 이러한 이름은 부적당하다. 고속도강은 W, Cr, V, Mo 등을 함유한 合金鋼으로서 담금질하여 사용되고, 다음과 같이 대별할 수 있다.

(1) 표준고속도강

18-4-1系를 표준 고속도강이라 하며, W 18%-Cr 4%-V 1%의 성분으로 되어 있다.

(2) 특수고속도강

절삭성을 개량하기 위하여 Co와 V 등을 많이 첨가한 것이다.

〔4〕 超硬合金(燒結硬質合金)

W, Ti, Ta, Mo, Zr 등 경질분말을 Co 또는 Ni의 결합제로 燒結(sintering)한 것으로서 **소결경질합금**이라고도 하며, 내마모성이 크나 충격에 약하다. 초경합금은 탄소강의 자루에 경랍땜하여 사용하며, 이것의 주성분은 W(80~88%), Co(8~12%), C(5~6%), Fe(0.5~2%)이다.

〔5〕 diamond

diamond는 경도가 크기 때문에 취성이 수반되므로, 연질재료를 輕負荷下에서 연속절삭하여

고도의 정밀가공을 하는 데 이용된다. 刃先의 강도를 유지하기 위하여 경사각을 작게 한다. diamond의 성질을 요약하면 다음과 같다.

① 경도가 크다(H_B=7000).
② 열팽창이 적다.
③ 열전도율이 크다.
④ 공기중에서 800℃ 정도로 가열하면 CO_2를 발생한다.
⑤ 내마모성이 크다.

〔6〕 **ceramics**

Al_2O_3(89~99%)-Si-Mg의 微粉末을 燒結시킨 것으로 高温耐磨耗性은 크나 脆性이 있고 靭性이 적으며 충격과 진동에도 약하다. 따라서 ceramic 공구는 고온절삭에는 유리하나 절삭중에 냉각제를 사용하면 파손되기 쉬우므로 주의를 요한다.

1-12 切削油濟

절삭유제의 두 가지 중요한 작용은 冷却作用과 潤滑作用이다. 일반적으로 oil과 물의 혼합액인 乳劑는 열전도용량이 크기 때문에 냉각이 주목적일 때에 사용되고, 순수한 oil은 윤활이 주목적일 때에 사용된다.

〔1〕 **冷却作用**

절삭중에 냉각제를 사용했을 때의 이점은 다음과 같다.

① 공구인선부에서의 온도를 저하시켜 공구수명을 증가시킨다.
② 공작물의 취급이 쉽다.
③ 공작물 내에서의 온도구배에 의한 열변형을 방지한다.

〔2〕 **潤滑作用**

(1) **경계윤활**

Bowden과 Tabor는 고온, 고압 및 낮은 미끄럼속도에서는 유체역학적인 膜(film)이 유지될 수 없다고 하였다. Fig. 4-37에서 A_r: 실접촉 면적(real contact area), γ_m: 실접촉 면적을 1이라 할 때의 금속접촉 부분의 면적이며, 마찰력은

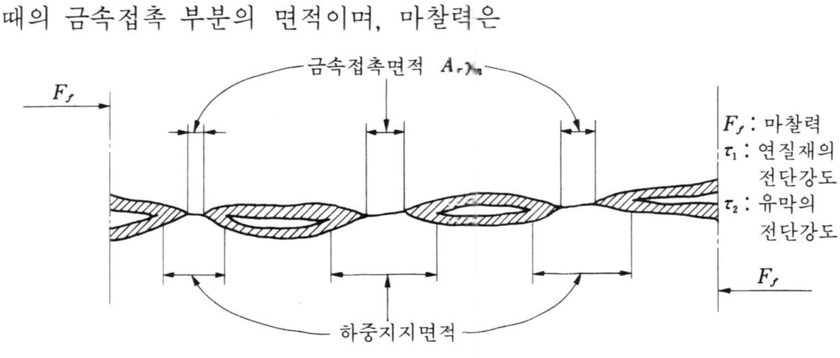

Fig. 4-37 고체·윤활층간의 滑動

$$F_f = A_r \cdot \gamma_m \cdot \tau_1 + (1-\gamma_m) \cdot A_r \cdot \tau_2 = A_r[\gamma_m \cdot \tau_1 + (1-\gamma_m) \cdot \tau_2] \qquad (4-58)$$

식 (4−58)에서 주어진 τ_1과 τ_2에 대하여 γ_m이 일정하다면 F_f는 A_r에 비례하며, τ_1이 τ_2보다 아주 크고 γ_m이 증가하면 F_f도 증가한다. $\gamma_m=1$이라 하면 $F_f=A_r \cdot \tau_1$로서 乾摩擦의 조건으로 된다.

(2) 금속절삭의 윤활

금속절삭에서의 윤활은 공구경사면(face)의 마찰을 감소시키고, 마찰의 감소로 인하여 절삭동력이 감소되어 공구수명을 크게 하고 가공면의 정도를 향상시킨다.

Fig. 4−38 에서와 같이 절삭속도가 어느 한계 이상 되면 윤활 작용을 상실하게 된다. Fig. 4−39 는 각 절삭유제의 윤활 작용을 비교한 것이다.

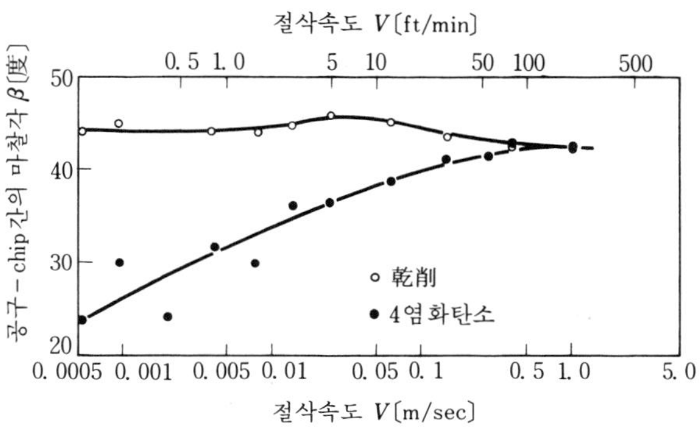

Fig. 4−38 절삭속도가 절삭유제의 작용에 미치는 영향

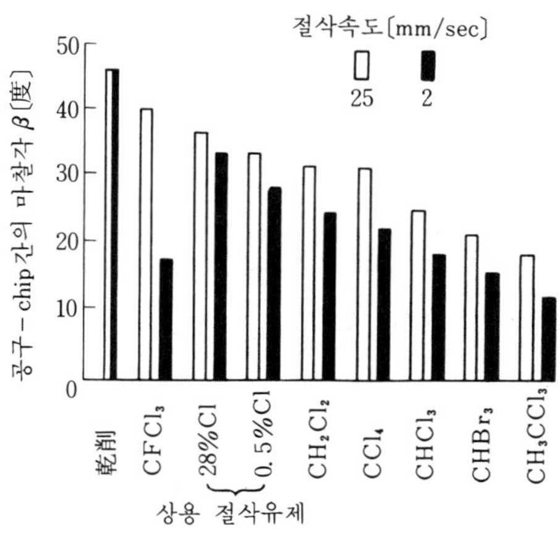

Fig. 4−39 절삭유제의 윤활 작용

1−13 加工面의 粗度

加工面을 현미경으로 보면 수많은 凹凸을 볼 수 있다. 이와 같이 일정한 간격 사이에 나타

나는 凹凸의 빈도와 크기를 **조도**(거칠기, roughness)라 하며, 精密度를 정하는 중요한 인자이다. 조도가 작은 것이 정밀도가 좋다고 말할 수 있으며, 그 외에 摩擦, 磨耗 및 耐蝕性과도 밀접한 관계를 가지고 있다.

〔1〕 粗度 表示法

① 平均粗度(average arithmetic roughness, AA) : 영국에서는 **中心線 平均粗度**(center line average, CLA)라 부르며, R_a로 표시하는 경우가 많다. 평균조도는 산술평균으로 정해지는 平均線(上下의 閉曲線内의 면적의 合이 서로 같게 되는 cut-off 내에서 profile의 총체적 방향에 평행한 선을 平均線 또는 中心線이라 한다)으로부터의 平均離脱線間의 거리이다.

일반적으로 CLA와 AA는 μin로 표시하고 R_a는 μm로 표시한다. Fig. 4-40에서 R_a는

$$R_a = \frac{1}{L}\int_0^L |h_i| \cdot dx \fallingdotseq \frac{|h_1|+|h_2|+\cdots|h_N|}{N} \tag{4-59}$$

이다.

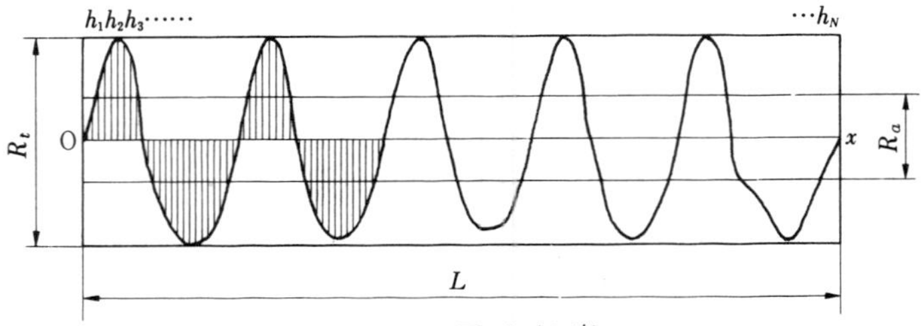

Fig. 4-40 平均粗度

② 최대 높이 粗度(maximum height roughness, R_t, R_{max}) : Fig. 4-41과 같이 斷面曲線(profile)의 上下 頂點을 지나고 채취 부분의 平均線(mean line)에 평행한 두 직선의 上下 거리를 μm로 표시한다.

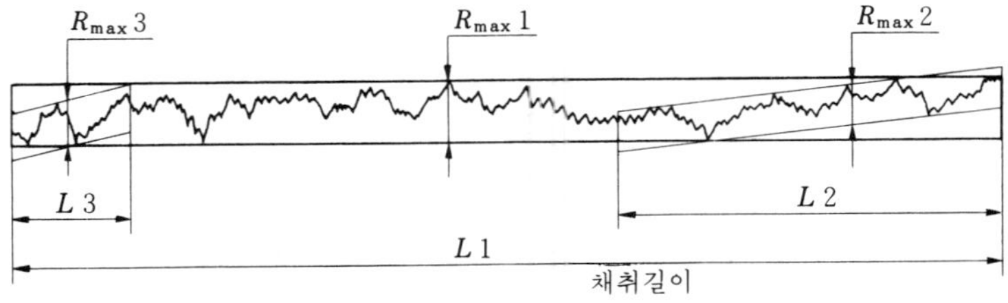

$R_{max}1$, $R_{max}2$, $R_{max}3$: $L1$, $L2$, $L3$에서의 粗度

Fig. 4-41 최대 높이 조도

절삭가공면의 표면조도에는 절삭공구의 기하학적 형상에 의한 이론적 조도와 실제 측정에 의한 조도가 있다.

〔2〕 理論的 粗度(ideal surface roughness)

Fig. 4-42에서와 같이 先端 **반경이** 零인 경우의 feed mark에 의한 조도로서 중심선 평균조도(centerline-average value, arithmetic mean value) R_a와 최대 높이 조도(peak-to-valley height) R_{max}은 다음과 같다.

$$R_a = \frac{|\text{면적 } abc| + |\text{면적 } cde|}{f}$$

그런데 $|\text{면적 } abc| = |\text{면적 } cde|$

$$\therefore\ R_a = \frac{2\times(\text{면적 } abc)}{f} = \frac{2}{f}\cdot\frac{1}{2}\left(\frac{f}{2}\cdot\frac{R_{\max}}{2}\right) = \frac{R_{\max}}{4} \qquad (4-60)$$

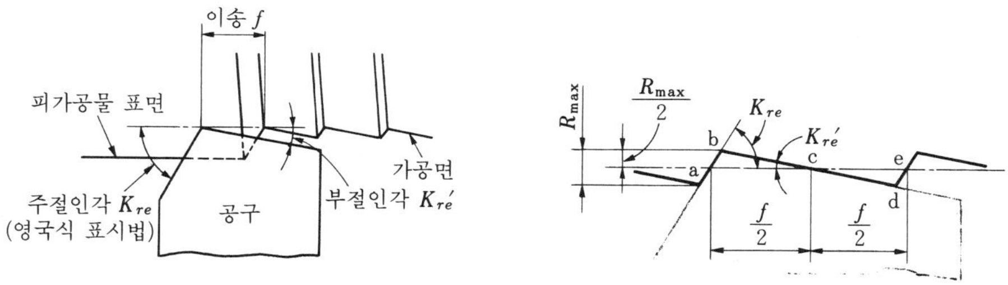

Fig. 4-42 공구의 기하학적 형상에 의한 이론적 조도

또 Fig. 4-42 에서

$$\frac{f}{2} = \frac{R_{\max}}{2}\cdot\cot K_{re} + \frac{R_{\max}}{2}\cdot\cot K'_{re}$$

$$\therefore\ R_{\max} = \frac{f}{\cot K_{re} + \cot K'_{re})} \qquad (4-61)$$

$$\therefore\ R_a = \frac{f}{4(\cot K_{re} + \cot K'_{re})} \qquad (4-62)$$

식 (4-62)에서 R_a는 f에 비례하는 것을 알 수 있다. Fig. 4-43은 식 (4-62)에 대한 graph이다.

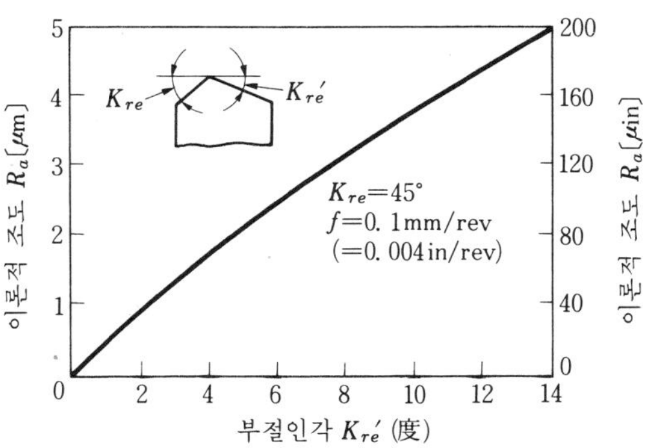

Fig. 4-43 副切刃角이 조도에 미치는 영향

Fig. 4-44 와 같이 先端 반경이 r_e인 가공면의 조도 R_a와 $R_{\max}$은 다음과 같다.

$$R_{\max} = r_e - \frac{1}{2}\sqrt{4r_e^2 - f^2} \fallingdotseq \frac{f^2}{8r_e} \qquad (4-63)$$

$$R_a = \frac{0.0321f^2}{r_e} * \qquad (4-64)$$

---

* 金屬切削理論, 東明社, 徐南燮, p. 226~228.

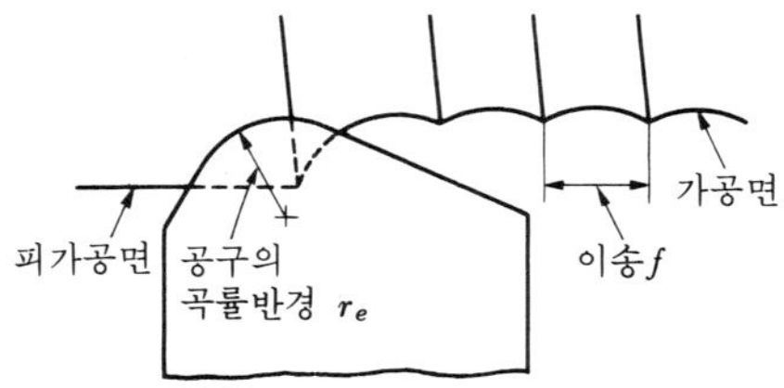

Fig. 4-44 圓形先端을 갖는 공구에 의한 이론적 조도

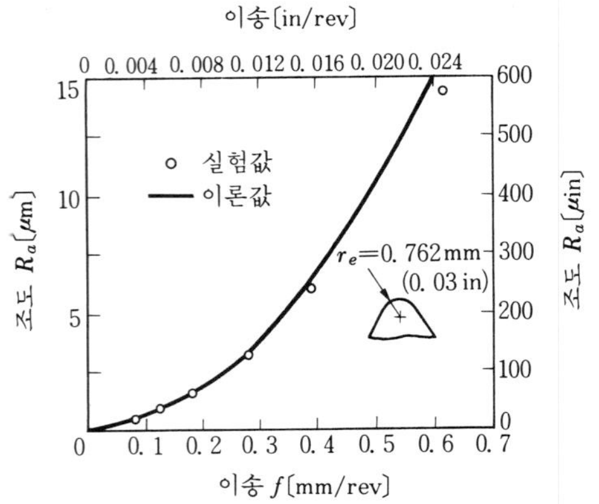

Fig. 4-45 이론적 조도와 실측조도의 비교

Fig. 4-45는 식 (4-64)에 의한 이론값과 실험값의 비교이다.

〔3〕 實際의 粗度 (natural surface roughness)

가공면에 실제로 나타난 조도에 영향을 미치는 인자는 다음과 같다.

① 공작기계의 진동
② saddle 등과 같은 공구운동의 부정확
③ feed 기구의 불규칙성
④ 가공재료의 결함
⑤ 취성재료의 절삭에서 chip의 불연속
⑥ 延性材料를 低速에서 절삭할 때 공작물의 뜯김
⑦ chip의 유동에 의한 가공면의 손상

2 章　각 工作機械에서의 切削理論

2-1　旋削 (turning)

〔1〕 概　　要

공작물의 회전과 그 회전축을 포함하는 평면내에서 공구의 선운동에 의하여 공작물을 원하는 형태로 절삭하는 것을 **旋削**이라 하며, 이에 사용되는 공작기계를 **旋盤**(lathe, Fig. 4-46)이라 하고, 선반에서의 기본작업은 1 篇 Fig. 1-2 를 참조하라.

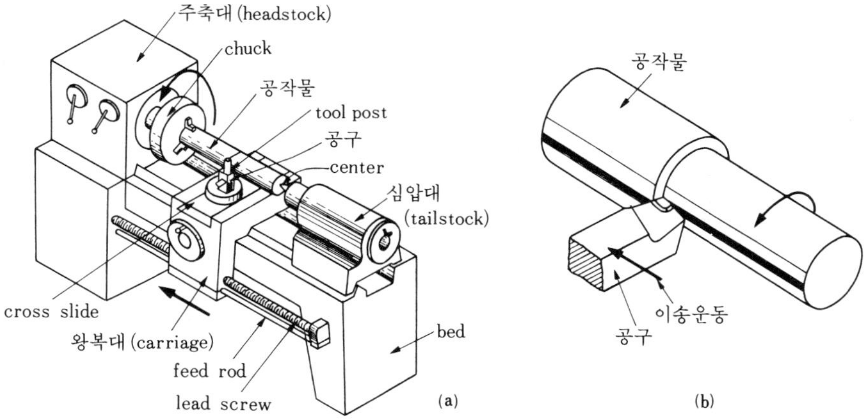

Fig. 4-46　선　반

〔2〕 切削速度 및 移送

切削速度(cutting speed)는 단위시간에 공작물이 切削刃을 통과하는 거리이며, 移送(feed)은 공작물의 1 회전에 대한 공구의 세로방향 (또는 가로방향)의 이동거리이다.

Fig. 4-47 은 圓筒旋削(cylindrical turning)에서 主切削速度와 合切削速度의 관계를 보여 준다. V_e를 合切削速度, V를 主切削速度, η를 合切削速度角이라 하면

$$V_e = V/\cos\eta \qquad (4-65)$$

이다.

실제의 切削에서는 移送速度 $V_f(=f\cdot n\text{〔mm/min〕})$가 主切削速度 V〔m/min〕에 비하여 극히 작으므로 $\eta \fallingdotseq 0$이며

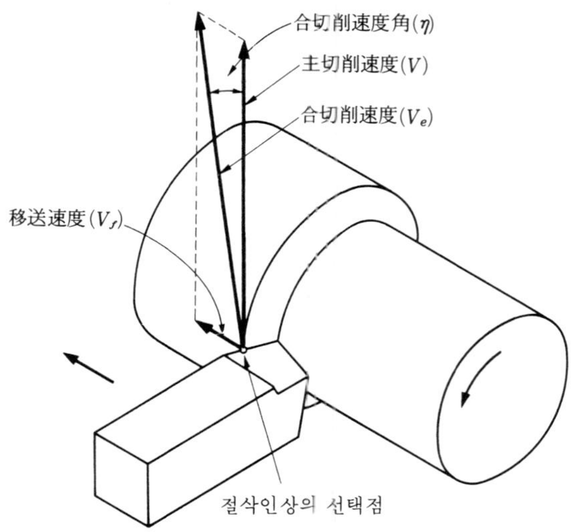

Fig. 4-47　圓筒旋削의 速度關係

$$V_e \fallingdotseq V = \frac{\pi \cdot d \cdot n}{1000} \tag{4-66}$$

이다.

단, d : (절삭인상의 선택점) 직경〔mm〕, n : 회전수〔rpm〕

절삭속도가 너무 크면 공구의 수명이 짧게 되고, 또 너무 느리면 가공시간이 길게 되어 역시 비경제적이다. Table 4-6 은 경제적인 관점에서의 표준 절삭속도의 예이다.

공구수명 또는 공작기계의 조건에 의하여 속도 V가 제한을 받는다면 공작물의 직경 d가 클 때에는 회전수 n을 작게 하고, d가 작을 때에는 n을 크게 하여야 한다.

Table 4-6　각종 재료의 선반표준 절삭속도

(1) 고속도강, (2) 초경합금, 절삭속도 m/min〔ft/min〕, 절삭깊이 mm〔ft〕, feed mm/rev〔in/rev〕

가공물 재료	SAE강재 번호 및 기타	切削刃材料	절삭깊이 0. 13~0. 38 (0. 05 ~0. 015)	절삭깊이 0. 38~1. 4 (0. 005 ~0. 004)	절삭깊이 2. 4~4. 7 (0. 004 ~0. 187)	절삭깊이 4. 7~9. 5 (0. 187 ~0. 375)	절삭깊이 9. 5~19 (0. 375 ~0. 750)
			feed 0. 051~0. 13 (0. 002 ~0. 005)	feed 0. 13~0. 38 (0. 005 ~0. 015)	feed 0. 38~0. 76 (0. 015 ~0. 030)	feed 0. 76~1. 3 (0. 030 ~0. 050)	feed 0. 76~23 (0. 030 ~0. 0010)
쾌삭강	1112	(1)	—	76~106 (250~350)	53~76 (175~250)	24~45 (180~150)	16~22 (55~75)
	1120 1315 등	(2)	228~457 (750~1500)	183~228 (600~750)	137~183 (450~600)	106~137 (350~450)	53~106 (175~350)
탄소강	1010	(1)	—	68~91 (225~300)	45~61 (150~200)	22~38 (75~125)	13~19 (45~65)
저합금강	1025	(2)	213~366 (700~1200)	167~213 (550~700)	122~167 (400~500)	91~122 (300~400)	45~91 (150~300)

〔3〕 切 削 率

切削率은 단위시간당 금속제거량(metal-removal rate)으로서 生産率과 직접 관계되는 양이다.

Fig. 4-48(a)에서 최대 지름과 최소 지름 사이의 平均切削速度 V_{av}는

$$V_{av}=\frac{\pi\cdot d_w\cdot n_w+\pi\cdot d_m\cdot n_w}{2}=\frac{\pi\cdot n_w(d_w+d_m)}{2} \tag{4-67}$$

이다. 그런데 $d_w=d_m+2a_p$이므로

$$V_{av}=\pi\cdot n_w(d_m+a_p) \tag{4-68}$$

이다.

단위시간의 금속절삭량(金屬切削率, metal-removal rate) Z_w는

$$Z_w=A\cdot V_{av}=f\cdot a_p\cdot V_{av}=\pi\cdot f\cdot a_p\cdot n_w(d_m+a_p) \tag{4-69}$$

이다.

또 $Z_w=$(切削量 / 切削時間)으로도 표시할 수 있다. a_p가 d_m에 비하여 아주 작다고 하면

$$Z_w=\pi\cdot f\cdot a_p\cdot n_w\cdot d_m \tag{4-70}$$

로 된다.

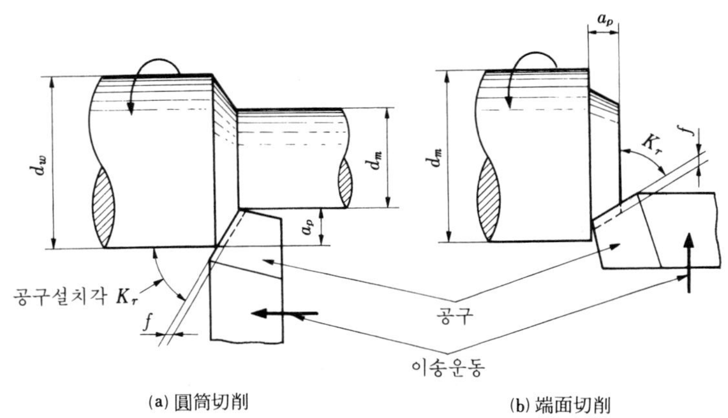

Fig. 4-48 旋 削

〔4〕 切削抵抗

工具刃이 공작물에 파고 들어가면 공작물은 압축을 받다가 공구인과 공작물의 자유 표면을 잇는 면에서 剪斷이 발생하고, 이때 chip은 공구경사면에서 마찰저항을 받으면서 배출된다. 이들 剪斷抵抗 및 摩擦抵抗 등을 합하여 절삭저항 R로 나타내며, Fig. 4-49와 같이 절삭방향의 분력(tangential component or cutting component) F_c, 이송방향의 분력(axial component) F_a, 법선방향의 분력(radial component) F_r를 측정하여 다음 식으로 계산한다.

$$R=\sqrt{F_c^2+F_a^2+F_r^2} \tag{4-71}$$

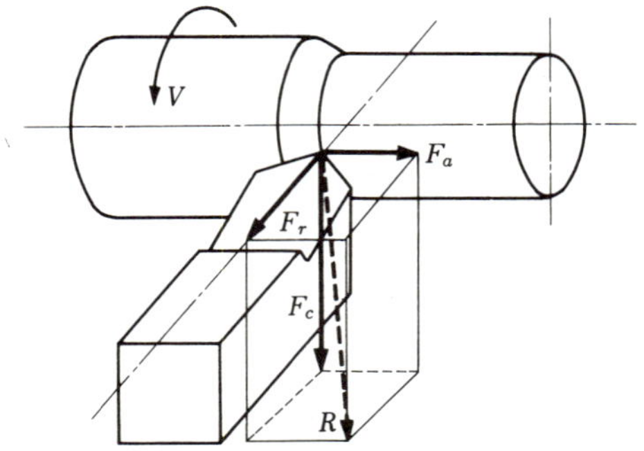

Fig. 4-49 절삭저항의 3분력

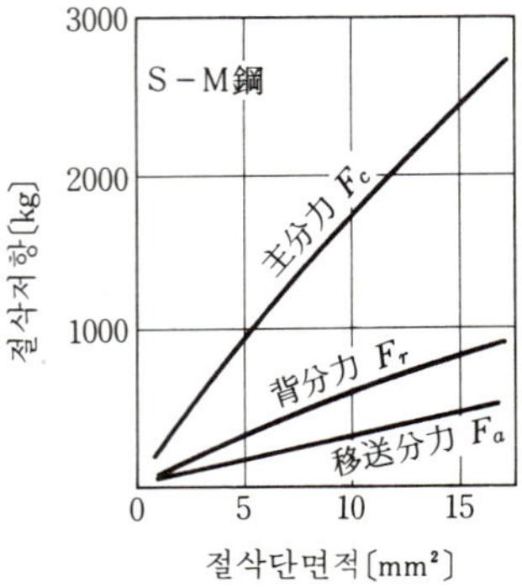

Fig. 4-50 3분력의 비교

(1) 切削抵抗의 3分力 관계

정상적인 절삭조건에서 Fig. 4-50에서와 같이 일반적으로

$$F_c : F_a : F_r = 10 : (1\sim2) : (2\sim4)$$

의 비로 되며, 절삭저항이라 하면 절삭분력 F_c를 의미하는 경우가 많다.

절삭저항은 절삭현상을 파악하는 데 있어서 대단히 중요하다. 즉, 절삭저항은 절삭에 필요한 動力을 결정하는 데 필요할 뿐 아니라 가공재료의 被削性(machinability)을 판정하는 데에도 기준이 된다. 그 외에 공구의 기하학적 형상, 절삭깊이, 이송, 절삭속도와 같은 절삭조건의 適否를 판정하는 데에도 중요하다.

(2) 切削깊이 및 移送의 영향

切削斷面積을 계산할 때 Fig. 4-53에서 보는 바와 같이 旋削에서 이송 f는 平削의 t에 해당되고, 물림깊이 a_p는 切削폭 b에 대응한다. Fig. 4-51 및 Fig. 4-52에서와 같이 이송 f에 대한 주분력의 변화는 f가 커짐에 따라 점점 증가율이 떨어지고, 물림깊이 a_p와 주분력의 관계는 거의 직선적으로 상승하고 있다는 것을 알 수 있다.

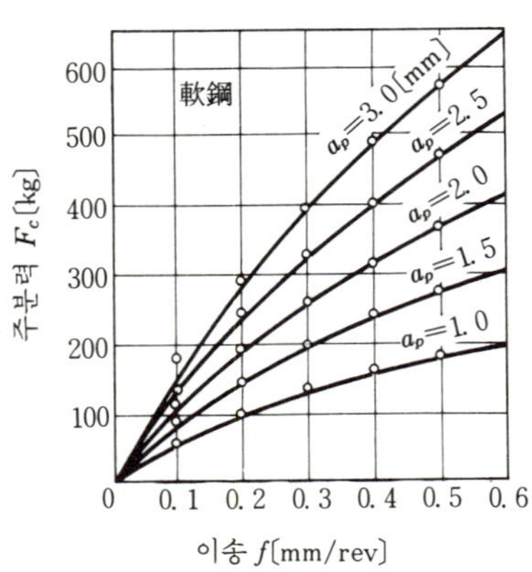

Fig. 4-51 移送과 주분력

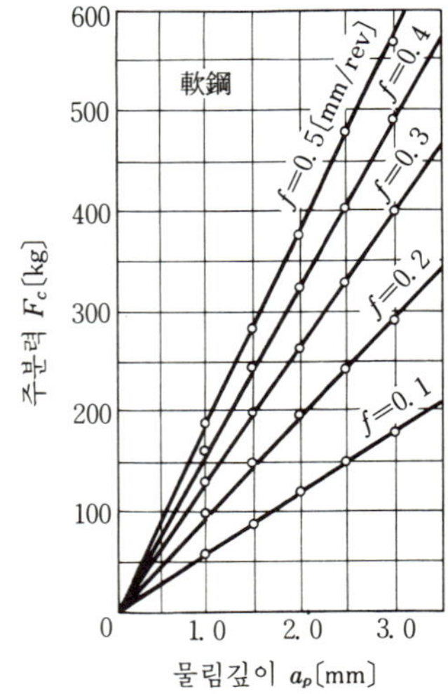

Fig. 4-52 물림깊이와 주분력

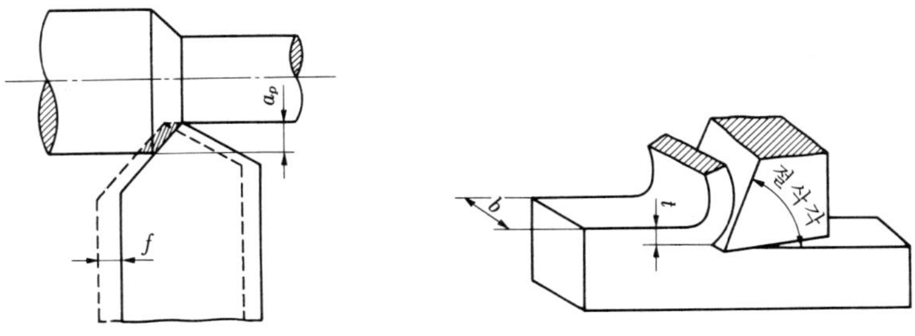

Fig. 4-53 절삭단면적

주분력 F_c는 물림깊이 a_p와 이송 f에 의하여 다음과 같이 나타낸 보고도 있다.

$$F_c = C_{Fc} \cdot a_p^{0.9} \cdot f^{0.8} \tag{4-72}$$

여기서, C_{Fc}는 가공물 재료 및 공구절삭각(쐐기각+여유각)에 의하여 정해지며, 절삭단면적 A[mm²]와 주분력 F_c[kg]의 관계를 다음과 같이 표시한 사람도 있다.

$$F_c = k_s \cdot A \tag{4-73}$$

k_s[kg/mm²]는 比切削抵抗(specific cutting resistance, unit cutting force)이라 하고 k_s의 값으로 Table 4-7 의 값 또는 식 (4-75)의 값을 이용한다. 그러나 절삭시에 剪斷域의 被削材의 강도는 塑性 등으로 인하여 原質部의 강도와는 현저한 차가 있으며, 그 원인은 다음과 같다.

① 전단파괴에 대한 전단변형이 수백 퍼센트로 재료시험에 의한 변형보다도 크기 때문에 가공경화가 심하다.

② chip의 전단면은 전단력과 동시에 압축력을 받기 때문에 순수 전단응력만의 파괴에 더하여 재료조직내의 마찰력이 크게 영향을 미친다.

③ 절삭중에 전단변형 속도가 크다.

Taylor는 Fig. 4-54와 같이 물림깊이 a_p와 移送 f와의 比 $G = a_p/f$의 값 1/1, 10/1에 대한 비절삭저항을 구했다.

Kronenberg는 Taylor의 比切削抵抗 관계인 Fig. 4-54에서

$$\log k_s = -\frac{1}{\varepsilon_{k_s}} \cdot \log A + \log C_{k_s} \tag{4-74}$$

를 생각해 냈다.

여기서, $-\frac{1}{\varepsilon_{k_s}}$: 직선의 기울기

$\log C_{k_s}$: 切片

A : 切削斷面積

식 (4-74)에서

$$\log k_s = \log A^{-\frac{1}{\varepsilon_{k_s}}} + \log C_{k_s} = \log \frac{C_{k_s}}{\sqrt[\varepsilon_{k_s}]{A}}$$

Table 4-7 比切削抵抗

가 공 물 재 료	인장강도〔kg/mm²〕와 경도〔H_B〕	f=0.2mm/rev에서 비절삭저항〔k_s〕〔kg/mm²〕
보 통 강	<50	260
	50~60	290
	60~70	300
	70~85	315
	85~100	330
軟 鑄 鋼	—	230
中 鑄 鋼	—	260
합 금 강	70~85	340
	85~100	360
	100~140	380
	140~180	420
硬 Mn 鋼	—	480
不 銹 鋼	—	380
주 철	H_B<200	136
	H_B 200~250	208
합 금 주 철	H_B 250~400	230
chilled 주 철		260
可 鍛 鑄 鐵		170
구 리		155
황 동		115
청 동 주 물		245
純 Al		76
Al 합 금, Al 주 물		100
Mg 합 금		44

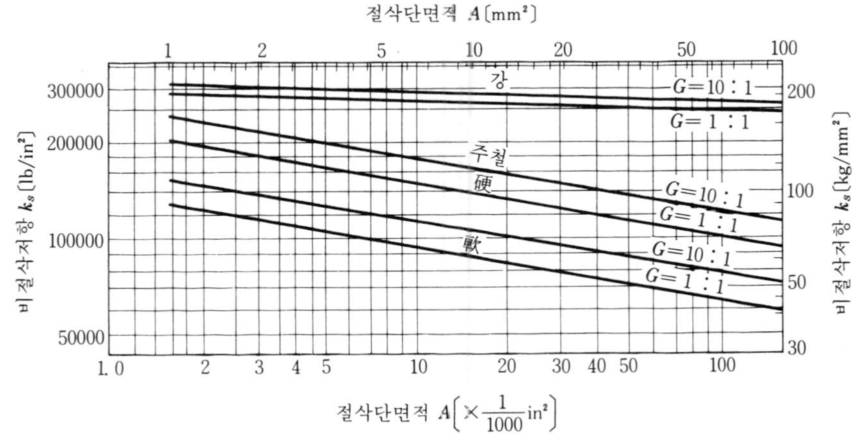

Fig. 4-54 chip 단면적과 細長比에 대한 比切削抵抗

$$\therefore\ k_s=\frac{C_{k_s}}{\sqrt[\varepsilon_{k_s}]{A}} \tag{4-75}$$

이다. 對數座標에서의 직선의 기울기 $-\frac{1}{\varepsilon_{k_s}}$ 은 임의의 절삭단면적 A_1, A_2에 대한 比切削抵抗 k_{s_1}, k_{s_2}를 취하여 구할 수 있다.

$$-\frac{1}{\varepsilon_{k_s}}=-\frac{\log k_{s_2}-\log k_{s_1}}{\log A_2-\log A_1}=\frac{\log k_{s_1}-\log k_{s_2}}{\log A_2-\log A_1} \tag{4-76}$$

Fig. 4-55는 절삭단면적의 函數로서의 절삭력 F_c를 나타낸다.

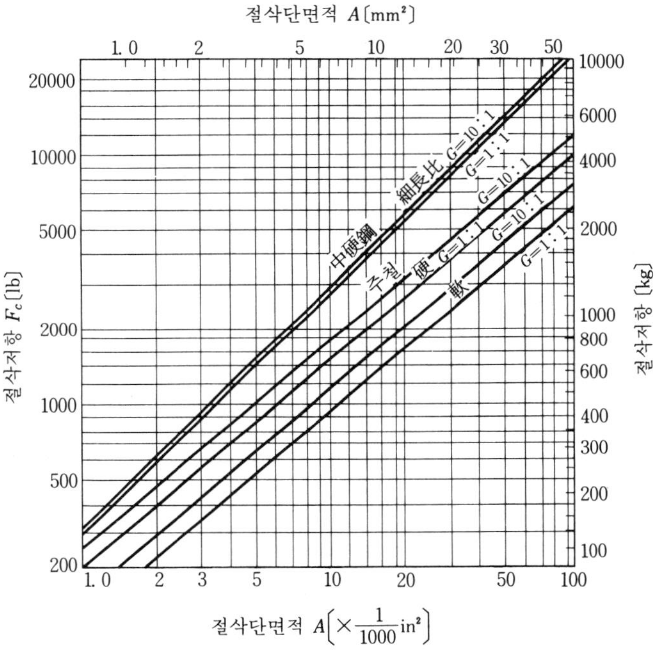

Fig. 4-55 절삭단면적과 細長比에 대한 切削抵抗

(3) 工具角의 영향

절삭저항은 工具角의 영향을 크게 받고 그 중에서도 切削角의 영향이 가장 크다. Fig. 4-56은 절삭각과 절삭저항의 관계이며, 가공재료에 따라 절삭저항의 크기는 다르지만 증감의 경향은 같다. 절삭각이 90°보다 작아지면 절삭저항은 거의 직선적으로 감소하지만 60° 부근에 이르면 거의 일정하다. 따라서 절삭저항과 공구수명의 관점에서 절삭각은 60°인 것이 좋다. Fig. 4-57은 Ernst-Hans의 연구 결과이며, 공구의 경사각에 대한 절삭저항을 나타내며, Fig. 4-56에서와 같은 내용이다.

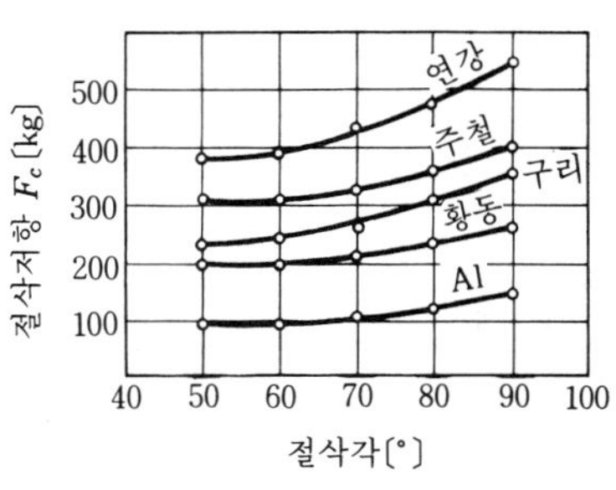

Fig. 4-56 절삭각과 절삭저항

이 章에서는 주로 2차원절삭을 취급하고 있으나 3차원 절삭에서는 공구의 設置角(setting angle)도 절삭저항에 영향을 준다. 설치각으로서 主切刃角(major cutting edge angle)을 들어 설명하는 경우가 많다.

Fig. 4-58에서 설치각의 증가와 더불어 주분력 F_c와 배분력 F_r는 감소하지만 이송분력 F_a는 극히 적은 증가율로 증가하는 것을 보인다.

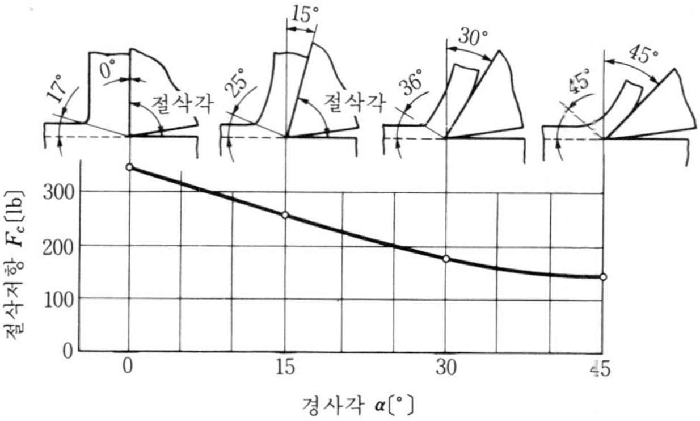

Fig. 4-57 경사각과 절삭저항

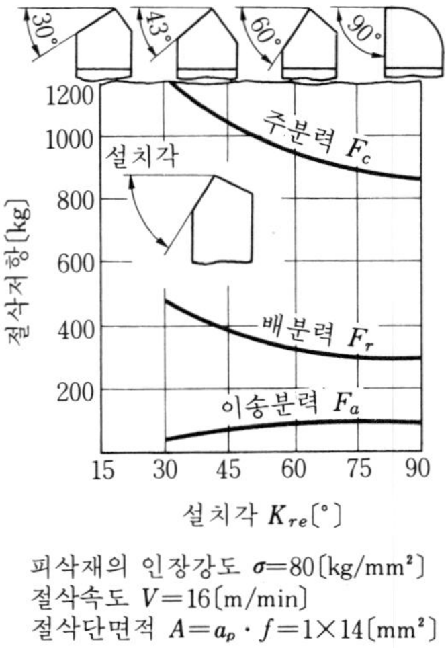

Fig. 4-58

(4) 切削速度의 영향

Fig. 4-59는 절삭속도에 대한 주분력을 나타내며, 절삭속도가 300[ft/min] 이하에서는 절삭속도의 영향을 거의 받지 않고 그 이상에서 절삭속도의 증가와 함께 切削抵抗이 감소하고 있다. 고속절삭에서 절삭저항이 감소하는 것은 切削温度의 상승에 의하여 加工物의 强度가 저하하는 것이 가장 큰 원인이 되는 것으로 간주된다.

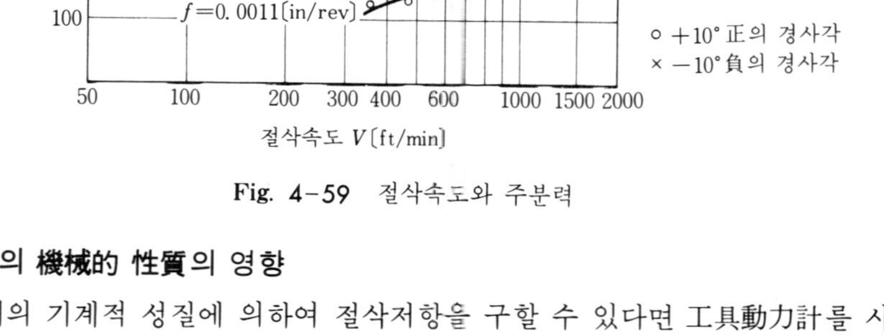

Fig. 4-59 절삭속도와 주분력

(5) 加工材의 機械的 性質의 영향

각종 가공재의 기계적 성질에 의하여 절삭저항을 구할 수 있다면 工具動力計를 사용하여 절삭저항을 측정할 필요가 없어 편리할 것이다. 그러나 원래 절삭에서는 공작물의 극히 복잡한 塑性變形이 따르기 때문에 단순한 기계적 성질에 의하여 나타낸다는 것은 무리이다.

Kronenberg는 가공물의 경도 H_B와 절삭저항 F_c[kg], 가공물의 인장강도 σ_c[kg/mm²]와 절

삭저항 F_c[kg]의 관계를 다음과 같이 소개하였다.

$$\text{軟鋼}: F_c = A^{0.862} \cdot 19.8 \cdot \sqrt[2.2]{H_B} \cdot \sqrt[1.36]{\delta/50} \qquad (4-77)$$

$$\text{中硬鋼}: F_c = A^{0.803} \cdot 25.9 \cdot \sqrt[2.2]{H_B} \cdot \sqrt[1.68]{\delta/50}$$

$$\text{S-M鋼}: F_c = A \cdot 47.5 \cdot \frac{\sqrt[2.2]{\sigma_c}}{\sqrt[5.07]{A}}$$

$$\text{鍛鋼}: F_c = A \cdot 36.5 \cdot \frac{\sqrt[2.2]{\sigma_c}}{\sqrt[7.2]{A}} \qquad (4-78)$$

$$\text{Ni-Cr鋼}: F_c = A \cdot 51.5 \cdot \frac{\sqrt[2.2]{\sigma_c}}{\sqrt[5.05]{A}}$$

여기서, δ는 절삭각[度], A[mm²]는 절삭단면적이다.

[5] 切削動力 및 效率

(1) 切削動力

선반의 全消費動力(total power consumption) N은 선반을 空轉시키는 데 소비되는 손실동력(loss power) N_L, 절삭 작용에만 소비되는 유효절삭동력(effective cutting power) N_E 및 이송에 소비되는 이송동력(feed power) N_F로 생각할 수 있다.

$$N = N_L + N_E + N_F \qquad (4-79)$$

주분력을 F_c[kg], 절삭속도를 V[m/min], 가공물의 지름을 d[mm]라 하면

$$N_E[\text{HP}] = \frac{F_c \cdot V}{75 \times 60} \qquad (4-80)$$

축분력(이송분력)을 F_a[kg], 이송을 f[mm/rev], 회전수를 n[rpm]이라 하면

$$N_F[\text{HP}] = \frac{F_a \cdot n \cdot f}{75 \times 60 \times 1000} = \frac{F_a \cdot V_f}{75 \times 60 \times 1000} \qquad (4-81)$$

이며, $n \cdot f = V_f$는 이송속도이다. 일반적으로 $F_c > F_a$의 관계에 있다.

공작물 직경 $d = 100$mm일 때 $F_c = F_a$라 하고 $f = 1$mm/rev이라 가정하면

$$\frac{N_F}{N_E} = \frac{F_a \cdot V_f}{F_c \cdot V} = \frac{n \cdot f}{\pi \cdot d \cdot n} = \frac{1}{100\pi} = 0.003 = 0.3\%$$

위의 예에서 이송동력이 절삭동력에 비하여 극히 적다는 것을 확인할 수 있다.

(2) 效 率

선반의 효율에는 절삭효율(cutting efficiency), 기계적 효율(mechanical efficiency) 및 시간효율(time efficiency)이 있다.

① 절삭효율 : 절삭효율(η_c)은 1마력당의 절삭량으로 표시하며, 최근에는 선반의 능력을 이것으로 나타내는 경우가 많다. 절삭량을 Q[cm³], 절삭깊이(물림깊이)를 a_p[mm], 이송을 f[mm/rev], 절삭시간을 T[min], 절삭속도를 V[m/min]라 하면

$$Q = \frac{f}{10} \times \frac{a_p}{10} \times 100\,V \cdot T = f \cdot a_p \cdot V \cdot T \qquad (4-82)$$

$$\eta_c = \frac{Q}{N \cdot T} = \frac{Z_w}{N} \tag{4-83}$$

이다. 단, $f \cdot a_p \cdot V = Z_w$: 切削率(metal removal rate, cm³/min)이다.

② 기계적 효율 : 기계적 효율(η_m)은 유효절삭동력(N_E)과 전소비동력(N)의 비이다.

$$\eta_m = \frac{N_E}{N} \tag{4-84}$$

③ 시간효율 : 시간효율(η_t)은 유효절삭일($N_E \cdot T_E$)과 선반에 공급된 전체 일량 ($N \cdot T$)과의 비이다.

$$\eta_t = \frac{N_E \cdot T_E}{N \cdot T} \tag{4-85}$$

단, T : 선반운전시간, T_E : 유효절삭시간이다.

2-2 drilling

공구의 회전과 이송운동으로 공작물에 구멍을 뚫는 것을 **drilling**이라 하고, 이에 사용되는 공작기계를 **drilling machine**이라 하며, 1篇 Fig. 1-67 및 Fig. 1-68을 참고하기 바란다.

〔2〕 切削速度 및 移送

drill의 절삭속도는 切削刃의 위치에 따라 다르나, 특별한 지정이 없으면 外周上의 절삭속도를 의미한다. 따라서 절삭속도 V〔m/min〕, drill 지름 d〔mm〕 및 회전수 n〔rpm〕의 관계는 다음과 같다.

$$V = \frac{\pi \cdot d \cdot n}{1000} \text{〔m/min〕 또는 } n = \frac{1000\,V}{\pi \cdot d} \text{〔rpm〕} \tag{4-86}$$

Table 4-8은 H.S.S. drill의 가공재료에 대한 절삭속도의 예이다.

Table 4-8 고속도강 drill의 절삭속도〔m/min〕

가공물 재료	황동 및 청동	합금강 단조품	공구강, 단조된 탄소강	연 강	주 강	주 철
절삭속도	60~90	15~18	15~21	24~30	21~25	24~32 (硬) (軟)

〔3〕 切 削 率

Fig. 4-60에서 절삭 두께(uncut chip 두께) t는

$$t = \frac{f}{2} \cdot \sin K_r \tag{4-87}$$

절삭폭 b는

$$b=\frac{d_m}{2\sin K_r} \qquad (4-88)$$

절삭인의 물림깊이 a_p는

$$a_p=\frac{d_m}{2} \qquad (4-89)$$

이고, 절삭단면적 A는

$$A=b\cdot t=\frac{1}{4}f\cdot d_m \qquad (4-90)$$

이다.

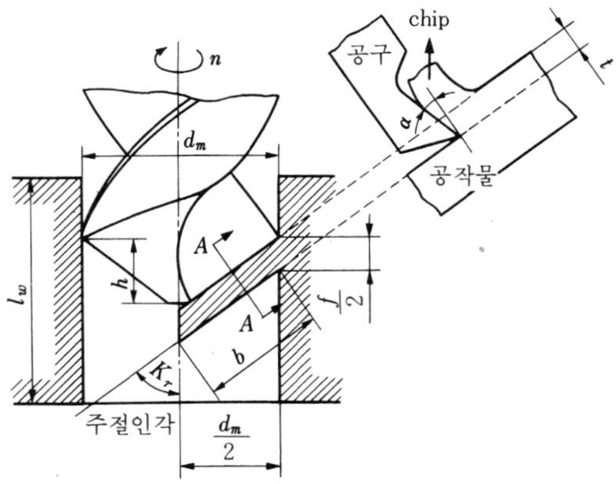

Fig. 4-60 drill의 절삭 작용

절삭률 Z_w는

drilling의 경우 $$Z_w=\frac{\pi}{4}\cdot d_m^2\cdot V_f=\frac{\pi}{4}\cdot d_m^2\cdot f\cdot n \qquad (4-91)$$

boring의 경우 $$Z_w=\frac{\pi\cdot f(d_m^2-d_w^2)\cdot n}{4} \qquad (4-92)$$

이고, d_m은 가공구멍의 지름, d_w는 이미 뚫어진 구멍의 지름, V_f는 이송속도, n은 drill의 회전수〔rpm〕이다. reaming의 경우에서도 절삭률은 식 (4-92)와 같다.

〔4〕 切削抵抗 및 動力

Fig. 4-61(a)에서 F_p는 切削에 작용하는 힘이며, 이송을 f〔mm/rev〕라 하면 切削刃당의 절삭깊이는 $\frac{f}{2}\cdot\cos\alpha_p$이고, 절삭폭은 $\frac{d}{2\cos\alpha_p}$이다.

$$\therefore\ F_p=k_S\cdot b\cdot t=k_S\cdot\frac{d}{2\cos\alpha_p}\cdot\frac{f\cdot\cos\alpha_p}{2}=k_S\cdot\frac{d}{2}\cdot\frac{f}{2} \qquad (4-93)$$

여기서, k_S: 비절삭저항〔kg/mm²〕, b: 절삭폭〔mm〕

$\frac{d}{2}$를 사이에 두고 작용하는 힘 F_p의 moment M〔kg·mm〕은

$$M=F_p\cdot\frac{d}{2}=\left(k_S\cdot\frac{d}{2}\cdot\frac{f}{2}\right)\cdot\frac{d}{2}=\frac{k_S\cdot d^2\cdot f}{8}\doteqdot\frac{H_B\cdot d^2\cdot f}{8} \qquad (4-94)$$

d 또는 f가 커지면 치수 효과(size effect)에 의하여 k_S는 감소한다. 그리고 큰 drill에서는 chisel edge의 영향이 적어진다.

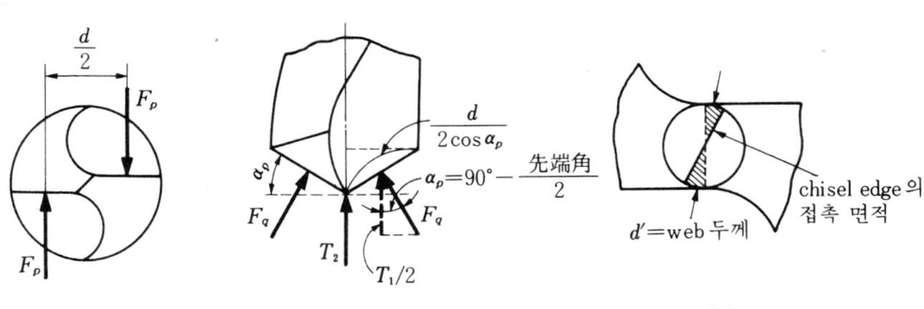

Fig. 4-61 drilling에서의 推力 및 torque의 概算

Fig. 4-61(b)와 같이 推力(thrust force) T의 일부는 절삭력의 분력인 F_q, 다른 일부는 chisel point에 작용하는 추력 T_2에 기인한다. 경사각을 알면 절삭에 의하여 발생하는 추력 T_1은 쉽게 구할 수 있다. 실제에 있어서 유효경사각은 drill 外徑 가까이에서 陽의 값으로부터 chisel edge 근처에서는 陰의 값으로 변한다. 보통 $F_q/F_p=0.5\sim1.0$ 정도이므로

$$\frac{T_1}{2}=F_q\cdot\cos\alpha_p=(0.5\sim1.0)\cdot F_p\cdot\cos\alpha_p=(0.5\sim1.0)\cdot k_S\cdot\frac{d}{2}\cdot\frac{f}{2}\cdot\cos\alpha_p$$

$$\therefore\ T_1=(0.5\sim1.0)\cdot\cos\alpha_p\cdot 2k_S\cdot\frac{d}{2}\cdot\frac{f}{2} \tag{4-95}$$

軟質材料에 대한 先端角을 118°로 하면 $\alpha_p=31°$이고

$$T_1=(0.21\sim0.42)\cdot k_S\cdot d\cdot f \tag{4-96}$$

그러므로 식 (4-94)와 식 (4-96)에서

$$T_1\fallingdotseq(1.7\sim3.5)\cdot M/d \tag{4-97}$$

식 (4-97)의 下限은 경사각이 크고 마찰이 적은 경우에 적용되고, 上限은 下限의 경우와 반대인 때 적용된다. chisel部의 추력 T_2의 계산은 실제 금속과 접촉하고 있는 chisel edge 부분을 쉽게 파악할 수 없기 때문에 어렵다. 이 부분은 이송과 절삭속도의 비가 변하면 변할 것이다. chisel edge의 접촉 면적은 대략적으로 Fig. 4-61(c)의 빗금 부분과 같이 web에 내접시킨 원의 10~20%에 달한다. web 두께 d'는 drill의 지름과 함께 변하며, 지름 $\frac{1}{8}$in보다 작은 것에서는 $0.2d$, 지름 1in보다 큰 것에는 $0.1d$ 정도이다. chisel point의 壓入作用은 硬度試驗과 아주 유사하다. 따라서 T_2는

$$T_2=(0.1\sim0.2)\frac{\pi(d')^2}{4}\cdot H_B \tag{4-98}$$

지름 $\frac{1}{2}$in drill에서는 $\frac{d'}{d}=0.14$이므로

$$T_2=(0.0015\sim0.0030)\cdot d^2\cdot H_B \tag{4-99}$$

$$\therefore\ T=(1.7\sim3.5)\cdot\frac{M}{d}+(1.5\sim3)d^2\cdot H_B\cdot10^{-3} \tag{4-100}$$

평균 추력은 식 (4-94)와 식 (4-100)에서

$$T_{av}=H_B\cdot d(0.3f+0.0022d) \tag{4-101}$$

회전 moment에 대한 동력 P_m[HP]은 각속도를 ω[rad/sec]라 하면

$$P_m=\frac{M\cdot\omega}{75\times1000}=\frac{M\cdot\frac{2\pi n}{60}}{75\times1000}=\frac{M\cdot n}{716\,200} \tag{4-102}$$

이송에 필요한 추력 T에 대한 동력 P_f[HP]는 이송을 f[mm/rev]라 하면

$$P_f=\frac{T\cdot f\cdot n}{75\times60\times1000}=\frac{T\cdot f\cdot n}{4\,500\,000} \tag{4-103}$$

그러므로 drilling에 필요한 全動力 P[HP]는

$$P = P_m + P_f = \frac{M \cdot n}{716\,200} + \frac{T \cdot f \cdot n}{4\,500\,000} \tag{4-104}$$

Fig. 4-62와 Fig. 4-63은 drill의 추력 및 절삭저항(水平分力)의 분포와 비교를 보여 준다.

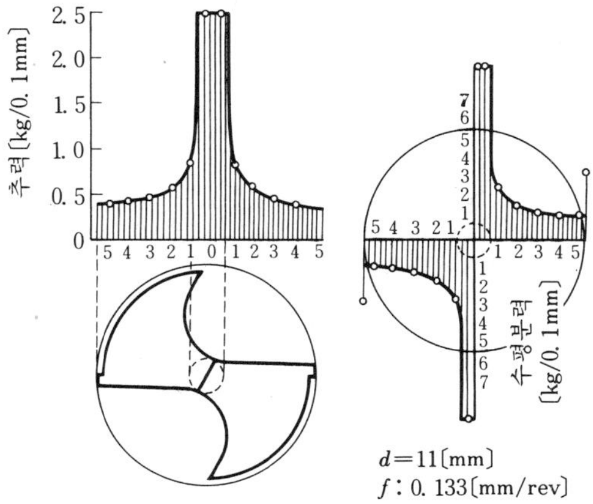

Fig. 4-62 7-3황동을 고속도강(H.S.S.) drill로 작업할 때의 drill의 추력과 절삭저항의 분포

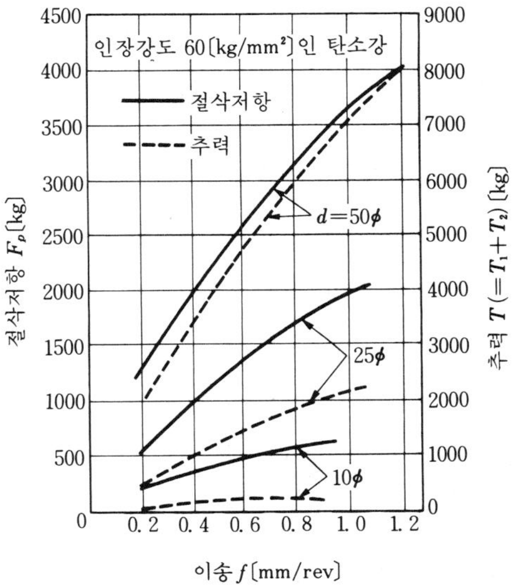

Fig. 4-63 절삭저항 F_p와 추력 T

2-3 milling

〔1〕 概 要

milling machine은 회전하는 절삭공구에 가공물을 이송하여 원하는 형상으로 가공하는 공작기계이다. 이때 회전공구를 **milling cutter**라 한다. 공작물은 table에 고정되며 table은 세로방향(longitudinal), 가로방향(crosswise), 上下方向(vertical)으로 이동된다. Fig. 4-64는 knee 또는 column type의 수평 milling machine이고, Fig. 4-65는 수직 milling machine이다.

milling machine으로 할 수 있는 가공에는 ① 평면절삭, ② 홈절삭, ③ 곡면절삭, ④ 단면절삭, ⑤ gear의 齒形加工, ⑤ 특수 나사가공, ⑦ cam 가공 등이 있다. 分割臺와 같은 부속 장치를 사용하여 drill, reamer, boring공구, cutter 등도 제작할 수 있다.

〔2〕 切削速度 및 移送

cutter의 외경을 d[mm], 회전수를 n[rpm], 절삭속도를 V[m/min]라 하면

$$V = \frac{\pi \cdot d \cdot n}{1000} \tag{4-105}$$

와 같이 표시되며, 공구재료와 가공재료의 종류에 따른 절삭속도는 1篇 Table 1-19를 참조

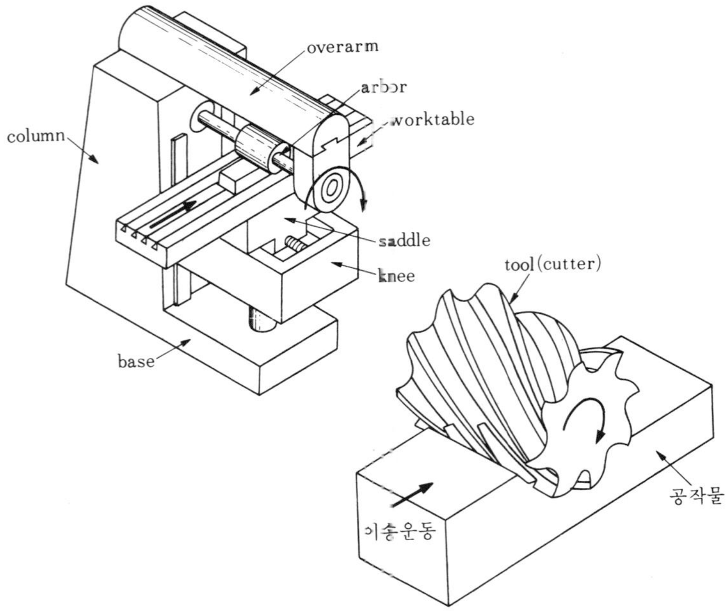

Fig. 4-64　수평 milling machine

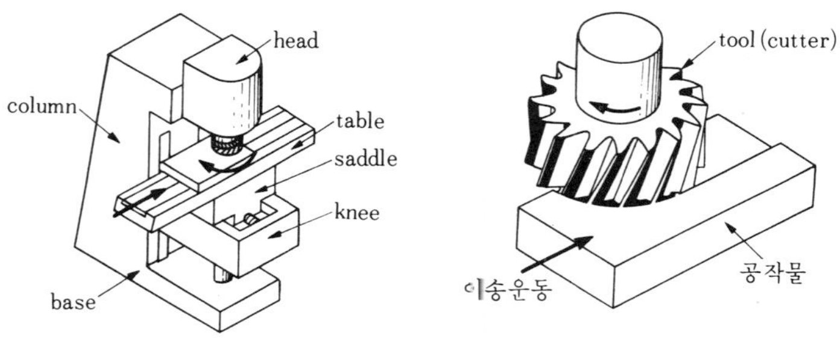

Fig. 4-65　수직 milling machine

하라.

이송은 cutter刃當에 대한 table의 세로 방향 이송 거리 f_z〔mm/tooth〕, 또는 cutter의 매 회전에 대한 table의 이송 거리 f_r〔mm/rev〕로 표시한다. 따라서 단위시간의 이송량, 즉 이송 속도 V_f〔mm/min〕와의 이들 관계는 cutter 刃數를 z라 할 때 다음과 같다.

$$f_z=\frac{f_r}{z}=\frac{V_f}{z\cdot n} \tag{4-106}$$

각종 피삭재와 공구에 대한 적정 이송량은 1篇 Table 1-20을 참조하라.

〔3〕 切削率

slab milling의 경우 cutter의 폭이 加工物의 폭(b)보다 크고($a_p\geq b$) 물림깊이를 a_e라 하면 절삭률 Z_w는 다음과 같다.

$$Z_w=a_e\cdot b\cdot V_f \tag{4-107}$$

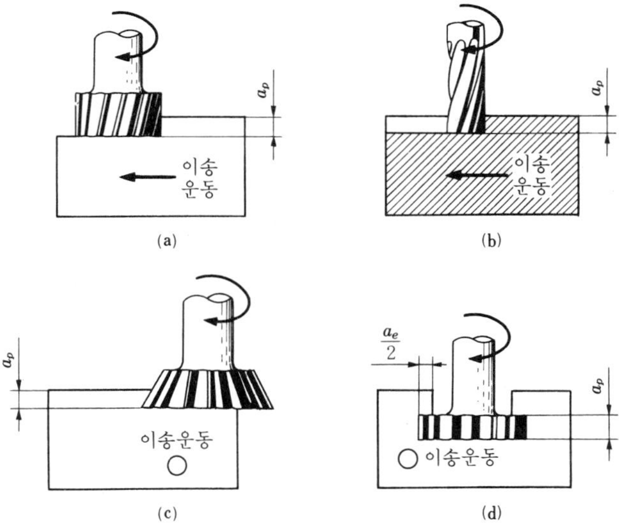

Fig. 4-66 수직 milling

수직 milling의 경우 절삭률 Z_w는 Fig. 4-66의 어느 경우에나

$$Z_w = a_e \cdot a_p \cdot V_f \qquad (4-108)$$

〔4〕 切削抵抗 및 動力

milling에서의 절삭저항은 절삭 방향의 주분력 F_c, 축방향 분력 F_a, 축에 직각으로 작용하는 배분력 F_r로 분해할 수 있다. Fig. 4-67은 절삭력의 3분력의 방향을 각각 표시한다.

milling에서 절삭저항에 영향을 미치는 경사각, chip의 두께 등은 선반의 경우와 같은 방법으로 취급할 수 있다. Fig. 4-68에서 보는 바와 같이, 일반적으로 1개의 날에 대한 절삭깊이 및 이송이 크게 됨에 따라 절삭저항은 증가하나 증가율은 둔화된다.

Fig. 4-69에서 切削刃이 공작물에 대하여 임의각 φ만큼 절삭했을 때 切削刃當의 이송을 f_z,

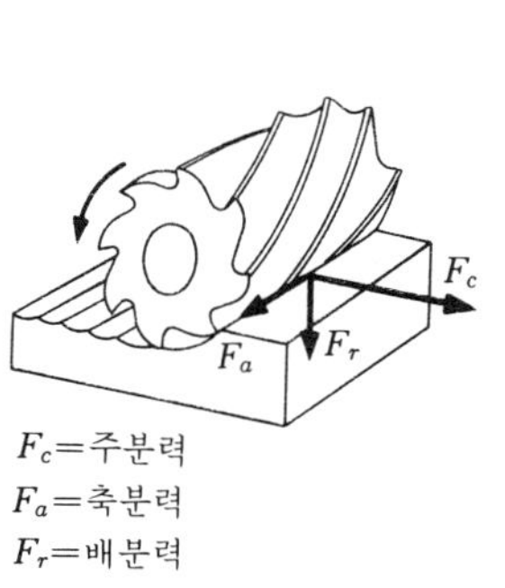

Fig. 4-67 milling의 절삭분력

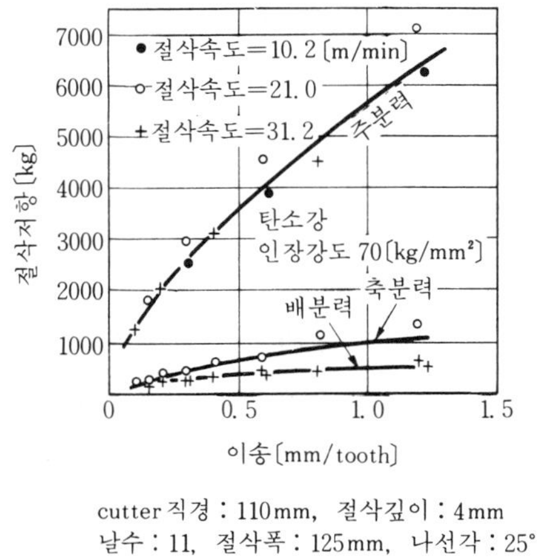

Fig. 4-68 절삭분력과 1개의 날에 대한 이송의 관계

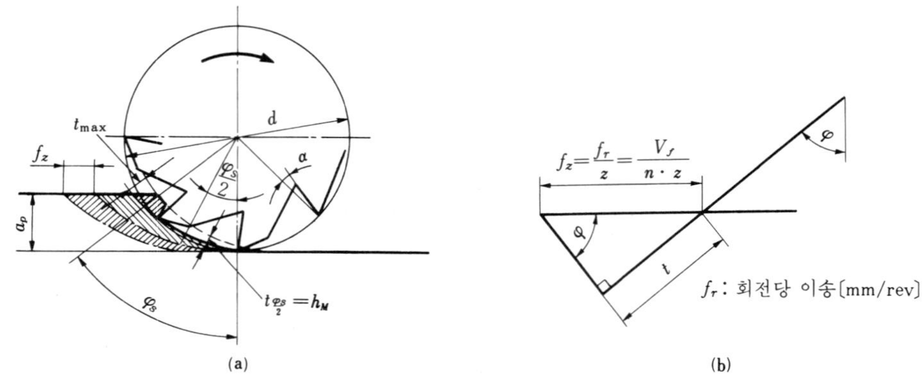

Fig. 4-69

(uncut) chip 두께를 t라 하면

$$t=f_z\cdot\sin\varphi \tag{4-109}$$

cutter의 회전수를 n〔rpm〕이라 하고, 이송속도를 V_f〔mm/min〕라 하면

$$V_f=n\cdot z\cdot f_z \tag{4-110}$$

단 z : cutter의 날수

식 (4-109)와 식 (4-110)에서

$$t=\frac{V_f}{n\cdot z}\cdot\sin\varphi \tag{4-111}$$

∴ 최대(uncut) chip 두께 t_{max}은

$$t_{max}=\frac{V_f}{n\cdot z}\cdot\sin\varphi_s \tag{4-112}$$

그런데 Fig. 4-69에서

$$\sin\varphi_s=\frac{\sqrt{\left(\frac{d}{2}\right)^2-\left(\frac{d}{2}-a_p\right)^2}}{\frac{d}{2}}=\frac{\sqrt{\frac{d^2}{4}-\frac{d^2}{4}+d\cdot a_p-a_p^2}}{\frac{d}{2}}=\frac{2\sqrt{a_p(d-a_p)}}{d}$$

이므로

$$t_{max}=\frac{V_f}{n\cdot z}\cdot\frac{2\sqrt{a_p(d-a_p)}}{d} \tag{4-113}$$

直線날 cutter의 milling에서는 절삭폭이 일정하나 절삭저항과 소요동력은 절삭 깊이에 비례하지 않는다. 그 이유는 比切削抵抗이 chip 두께에 따라서 변하기 때문이다. 평균절삭 torque 및 소요동력은 cutter 접촉각의 2분의 1인 중간점의 (uncut) chip 두께 h_M으로부터 구해지는 비절삭저항 k_M에 의하여 결정할 수 있다는 것이 Schlesinger에 의하여 알려져 있다. h_M은 $\varphi_s/2$에 있어서의 chip 두께로서 이 점에서의 절삭저항은 φ_s角내에서 변화하는 절삭저항의 평균치와 같다.

$$h_M = \frac{V_f}{n \cdot z} \cdot \sin\frac{\varphi_s}{2} \tag{4-114}$$

그런데

$$\sin\frac{\varphi_s}{2} = \sqrt{\frac{1-\cos\varphi_s}{2}}$$

$$\cos\varphi_s = \frac{\frac{d}{2} - a_p}{\frac{d}{2}} = 1 - \frac{2a_p}{d}$$

$$\therefore \sin\frac{\varphi_s}{2} = \sqrt{\frac{1-\left(1-\frac{2a_p}{d}\right)}{2}} = \sqrt{\frac{a_p}{d}}$$

$$\therefore h_M = \frac{V_f}{n \cdot z} \cdot \sin\frac{\varphi_s}{2} = \frac{V_f}{n \cdot z} \cdot \sqrt{\frac{a_p}{d}} \tag{4-115}$$

Fig. 4-70은 比切削抵抗 k_M을 h_M의 함수로 나타낸 것이며, 비절삭저항 k_M은 cutter의 나선각과는 무관하다.

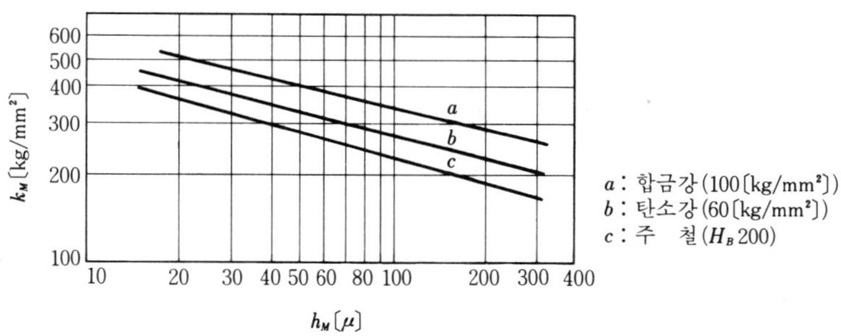

Fig. 4-70 milling 가공에 있어서의 비절삭저항

이송속도 V_f〔mm/min〕, 회전수 n〔rpm〕, cutter 날수 z, 절삭깊이(물림깊이) a_p〔mm〕, 절삭폭 b〔mm〕 및 cutter 직경 d〔mm〕가 주어지고 h_M의 함수로서 비절삭저항 k_M이 정해질 때 절삭저항 F_C〔kg〕는

$$F_C = a_p \cdot b \cdot k_M \tag{4-116}$$

이 된다.

유효절삭동력 N_E〔HP〕는

$$N_E = \frac{k_M}{75 \times 60 \times 1000} \cdot a_p \cdot b \cdot V_f \tag{4-117}$$

가 된다.

가공재료의 인장강도를 σ〔kg/mm²〕, (uncut) chip 평균 두께를 h_M〔mm〕이라 하면, 비절삭저항 k_M〔kg/mm²〕에 대한 실험식을 소개하면 다음과 같다.

$$\text{보통강} \quad k_M = 387\left(\frac{\sigma}{60}\right)^{0.81}\left(\frac{0.03}{h_M}\right)^{0.291} \tag{4-118}$$

$$\text{주철} \quad k_M = 285\left(\frac{\sigma}{24}\right)^{0.86}\left(\frac{0.03}{h_M}\right)^{0.33} \tag{4-119}$$

2-4 研削 (grinding)

〔1〕 概 要

연삭숫돌 粒子 (abrasive grain)의 절삭작용으로 공작물에서 微小의 chip이 발생하는 가공을 **研削** 또는 **研削加工**이라 하며, 숫돌에 회전운동을 주어 공작물과 상대운동을 시킨다. Fig. 4-71은 수평축 평면연삭기이며, 입자에 의한 연삭작용에 대하여는 1篇 Fig. 1-242를 참조하라.

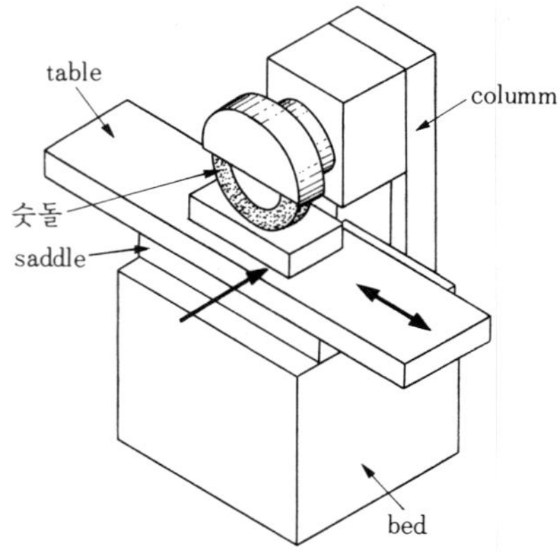

Fig. 4-71 수평축 평면 연삭기

연삭입자는 結合劑로 결합되어 있으며 입자가 둔화되어 절삭저항이 결합제의 강도 이상이 되면 입자는 탈락되고, 새로 예리한 입자가 출현한다.

연삭입자의 재질은 초기에는 金剛砂 (emery), corundum 등의 천연산이었으나 그후 SiC, Al_2O_3 등의 人造研削숫돌이 발명되어 연삭능력이 향상되었다.

〔2〕 研削速度, 移送 및 깊이

숫돌의 원주속도, 연삭깊이, 이송은 서로 밀접한 관계를 맺고 있으며, 공작물의 재질이나 숫돌의 성질 등에 따라 이들을 적당히 택해야 한다.

(1) 숫돌의 圓周速度

숫돌의 원주속도는 연삭능률과 관계가 있고, 숫돌의 원주속도가 너무 느리면 숫돌마멸에 비하여 유효한 일이 적으며, 너무 빠르면 연삭작용이 너무 심하여 숫돌이 파괴되는 수가 있다. 숫돌의 적정 원주속도에 관해서는 1篇 8章 Table 1-29 (p. 157)를 참조하라.

(2) 공작물의 圓周速度

공작물의 원주속도는 숫돌의 원주속도에 관계되나 숫돌의 마모와 다듬질면의 상태면에서는 속도가 느린 것이 좋고, 연삭능률면에서는 다소 큰 것이 유리하다. 공작물의 적정 원주속도에 관하여는 1篇 8章 Table 1-30 (p. 157)을 참조하라.

(3) 移 送

원통연삭에서 이송은 공작물의 원주속도와 관계하며, 원주속도가 크면 이송을 작게 하여 숫돌과 연삭기에 무리가 없도록 해야 하고, 원주속도가 아주 느릴 때에도 이송을 작게 한다.

이송은 숫돌의 폭 이하가 되어야 하며, 이송 f와 숫돌 폭 B에 대한 표준값은 다음과 같다.

구리 $f=\left(\frac{1}{3}\sim\frac{3}{4}\right)B$

주철 $f=\left(\frac{3}{4}\sim\frac{4}{5}\right)B$ (4-120)

다듬질연삭 $f=\left(\frac{1}{4}\sim\frac{1}{3}\right)B$

丸棒硏削이나 內面硏削에서 숫돌이 공작물을 떠날 때까지 이송을 주지 말고 숫돌幅의 $\frac{1}{3}$을 초과하지 않을 정도로 공작물 밖으로 나왔을 때 이송을 중지하는 것이 좋다. 그 이상 나오면 숫돌이 공작물에 미치는 압력이 증가하여 공작물의 연삭 깊이가 커져서 가늘게 되거나 구멍이 크게 된다.

이송 f[mm/rev], 공작물의 회전수 n[rpm]이라 하면 이송속도 V_f[m/min]는 다음과 같다.

$$V_f=\frac{f\cdot n}{1000} \tag{4-121}$$

(4) 연 삭 깊 이

연삭 깊이는 숫돌의 종류, 공작물의 재질 및 형상, 공작물의 가공면 정도 등에 따라 다르나 일반적으로 강을 연삭할 때에의 적정 연삭깊이는 1篇 Table 1-31과 같다.

〔3〕 硏 削 率

Fig. 4-72 및 Fig. 4-73에서 물림 깊이를 a_p, 이송을 f, table(공작물)의 왕복속도를 V_{trav}라 할 때 硏削率 Z_w는

$$Z_w=f\cdot a_p\cdot V_{trav} \tag{4-122}$$

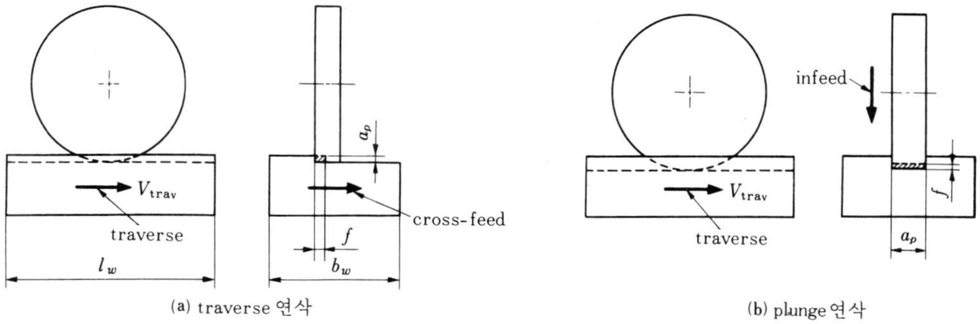

Fig. 4-72 수평연삭기의 연삭

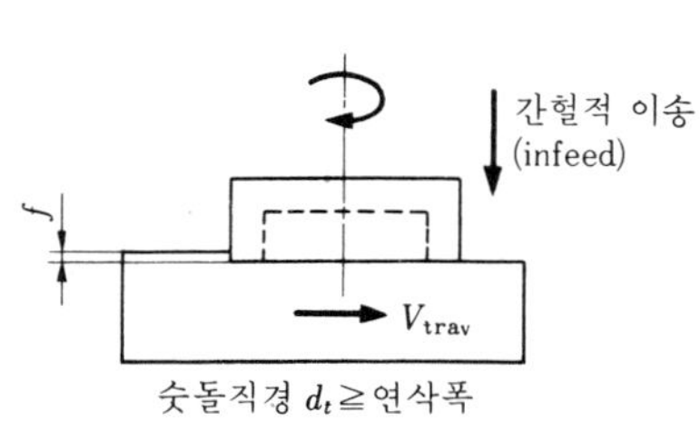

Fig. 4-73 수직연삭기의 연삭

이고, Fig. 4-74(a)와 Fig. 4-75(a)의 traverse grinding에서의 연삭률 Z_w는 각각

$$Z_{w\max}=\pi\cdot f\cdot d_w\cdot V_{trav},\quad Z_{w\max}=\pi\cdot f\cdot d_m\cdot V_{trav} \tag{4-123}$$

이며, Fig. 4-74(b)와 Fig. 4-75(b)와 같은 plunge grinding에서는

$$Z_{w\max}=\pi\cdot a_p\cdot d_w\cdot V_f,\quad Z_{w\max}=\pi\cdot a_p\cdot d_m\cdot V_f \tag{4-124}$$

이다.

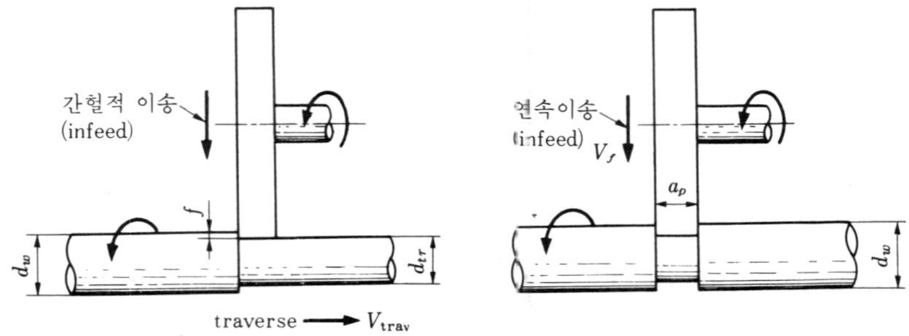

(a) traverse연삭 (b) plunge 연삭

Fig. 4-74 원통외면 연삭기의 연삭

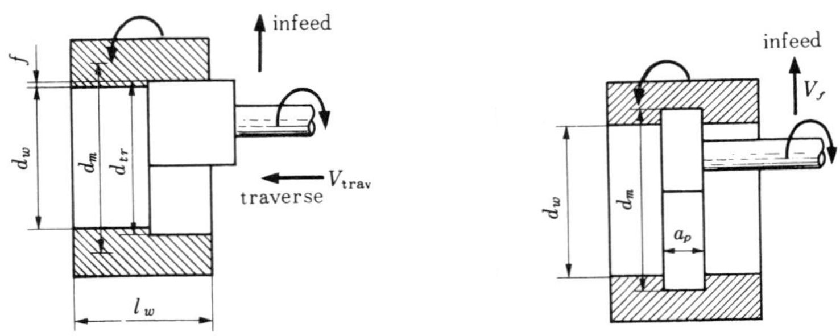

(a) traverse 연삭 (b) plunge 연삭

Fig. 4-75 원통내면 연삭기의 연삭

〔4〕 研削抵抗 및 動力

연삭에서는 숫돌입자의 경사각이 負인 경우가 많고, 입자당 연삭 깊이가 작기 때문에 比研削抵抗이 선삭 또는 milling과 같은 절삭에서보다 훨씬 크다. 따라서 원통연삭에서는 가공물의 변형에 주의하여야 한다.

乳化形 절삭액을 사용할 때 반경방향 저항(背分力) F_r는 접선저항(主研削分力) F_c의 1.5~2.5배가 되어 선삭 등에서와는 반대의 현상이 나타난다.

비연삭저항을 k_G[kg/mm²], (uncut) chip의 평균단면적을 q_m[mm²]이라 할 때 Friedrich는 연삭저항을 다음 식으로 표시하였다.

$$F_c=k_G\cdot q_m \tag{4-125}$$

$$q_m\cdot(V_w+V_s)=a_p\cdot f\cdot V_w$$

$$\therefore\ q_m = \frac{a_p \cdot f \cdot V_w}{V_w + V_s} \qquad (4-126)$$

이때 a_p는 숫돌의 연삭깊이(물림깊이) [mm], f는 이송[mm/rev], V_w은 공작물의 원주속도[m/min], V_s는 숫돌의 원주속도[m/min]이다.

Fig. 4-76은 강과 주철의 비연삭저항을 나타낸다.

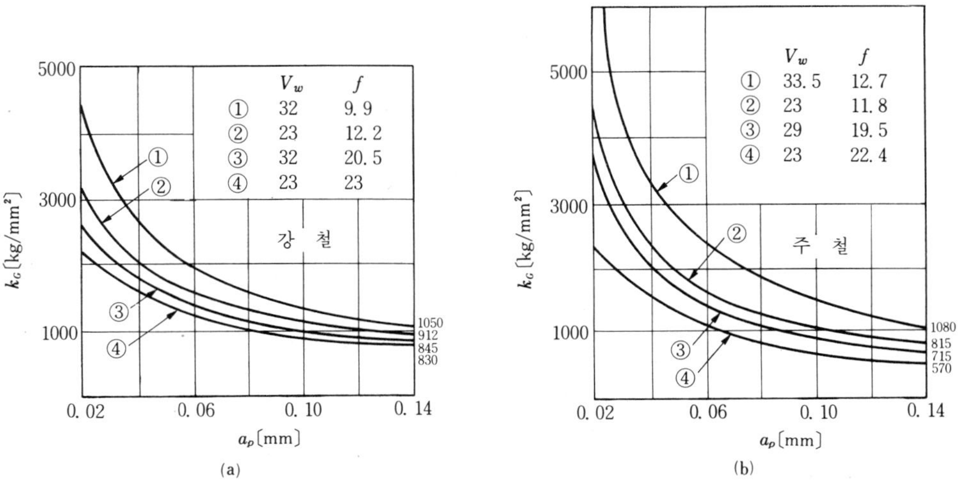

Fig. 4-76 강 및 주철의 비연삭저항

숫돌의 연삭속도를 V[m/min]라 할 때 연삭저항 F_c[kg]에 대한 유효연삭동력 N_E[HP]는

$$N_E = \frac{F_c \cdot V}{75 \times 60} \qquad (4-127)$$

가 된다.

2-5 形削(shaping) 및 平削(planing)

[1] 形 削

(1) 概 要

Fig. 4-77에서와 같이 ram에 고정된 bite가 직선운동을 하고 가공물을 고정한 table의 이동으로 이송을 한다.

(2) 切削速度 및 移送

절삭속도는 귀환속도보다 작으며, 이들 속도는 ram의 위치에 따라서도 다르다. 이송은 귀환행정중에 하며 절삭단면적을 고려하여 적절히 취한다.

Fig. 4-78(b)에서 crank pin의 속도(O_1을 중심으로 한 원주속도) V_1[m/min]은

$$V_1 = \frac{2\pi \cdot r \cdot n}{1000} \qquad (4-128)$$

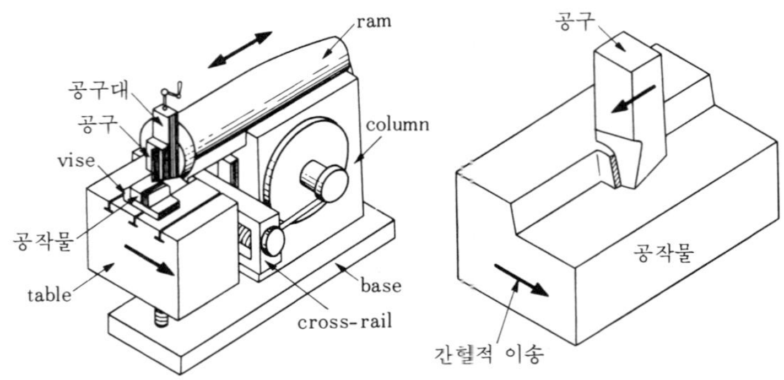

Fig. 4-77　形削機(shaper)에서의 절삭

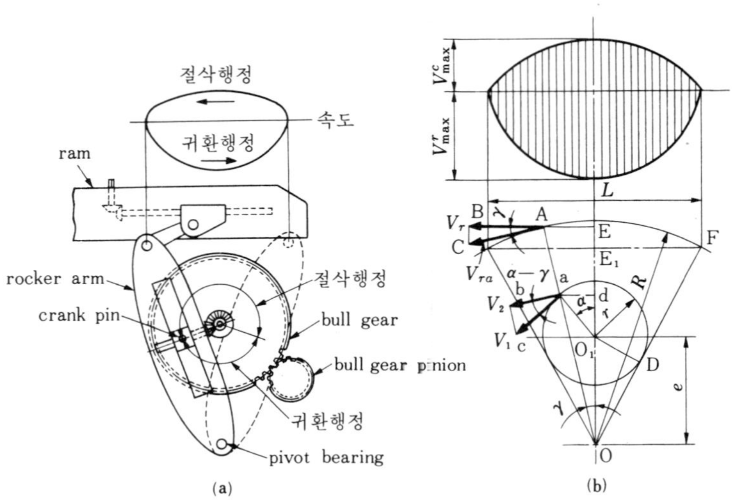

Fig. 4-78　crank식 shaper의 운동과 ram의 속도

이며, 이때 r〔mm〕는 crank 반경, n〔rpm〕은 crank의 회전수이다. 滑子(slide block)의 원주속도(O를 중심으로 한 원주속도) V_2〔m/min〕는

$$V_2 = V_1 \cdot \cos(\alpha - \gamma) \tag{4-129}$$

점 A에서 rocker arm의 원주속도 V_{ra}〔m/min〕는

$$V_{ra} = V_2 \cdot \frac{R}{\mathrm{Oa}} = V_2 \cdot \frac{\mathrm{OE}}{\mathrm{Od}} = V_2 \cdot \frac{R \cdot \cos\gamma}{e + r \cdot \cos\alpha} \tag{4-130}$$

$$\tan\gamma = \frac{r \cdot \sin\alpha}{e + r \cdot \cos\alpha}$$

$$\therefore\ \gamma = \tan^{-1}\frac{r \cdot \sin\alpha}{e + r \cdot \cos\alpha} \tag{4-131}$$

ram의 속도 V_r〔m/min〕는

$$V_r = V_{ra} \cdot \cos\gamma \tag{4-132}$$

$$\therefore\ V_r = V_{ra} \cdot \cos\gamma = V_2 \cdot \frac{R \cdot \cos\gamma}{e + r\cos\alpha} \cdot \cos\gamma$$

$$= V_1 \cdot \cos(\alpha - \gamma) \cdot \frac{R \cdot \cos^2\gamma}{e + r \cdot \cos\alpha}$$

$$= \frac{2\pi \cdot r \cdot n}{1000} \cdot \cos(\alpha - \gamma) \cdot \frac{R \cdot \cos^2\gamma}{e + r \cdot \cos\alpha} \qquad (4-133)$$

그런데 $e = \dfrac{2R \cdot r}{L}$ 이므로

$$V_r = \frac{2\pi \cdot nR \cdot L \cdot \cos^2\gamma \cdot \cos(\alpha - \gamma)}{1000(2R + L \cdot \cos\alpha)} \qquad (4-134)$$

이다. 角 α와 γ의 변화에 따라 ram의 속도는 Fig. 4-78(b)의 속도선도와 같이 변하게 된다.

$\alpha = \gamma = 0°$일 때 ram은 최대 절삭속도를 가지며

$$V^c_{\max} = \frac{2\pi \cdot n \cdot R \cdot L}{1000(2R + L)} \qquad (4-135)$$

이고 $\alpha = 180°$, $\gamma = 0°$인 때 최대 귀환속도(절대치)를 갖고

$$V^r_{\max} = \frac{2\pi \cdot n \cdot R \cdot L}{1000(2R - L)} \qquad (4-136)$$

이다.

(3) 切削率

Fig. 4-79에서 切削率 Z_w는

$$Z_w = f \cdot a_p \cdot V_m \qquad (4-137)$$

이다. 단, V_m은 평균 절삭속도이다.

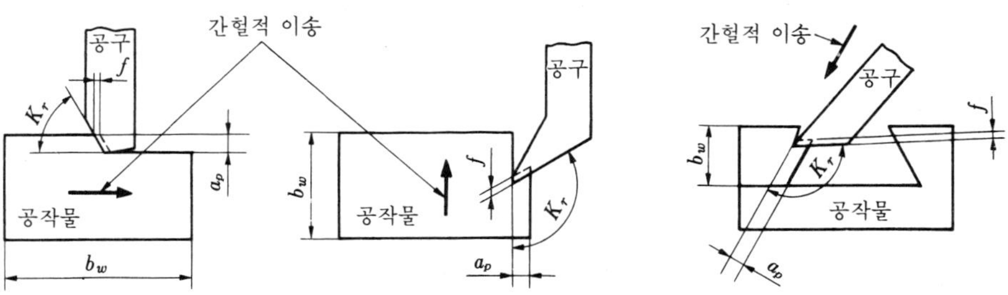

Fig. 4-79 形 削

(4) 切削抵抗 및 動力

절삭 깊이(물림깊이)를 a_p[mm], 이송을 f[mm/stroke], 비절삭저항을 k_s[kg/mm²]라 하면 절삭저항 F_c[kg]는

$$F_c = a_p \cdot f \cdot k_s \qquad (4-138)$$

가 되며, 평균 절삭속도를 V_m[m/min]이라 할 때 유효절삭동력 N_E[HP]는

$$N_E = \frac{a_p \cdot f \cdot k_s \cdot V_m}{75 \times 60} \text{〔HP〕} \qquad (4-139)$$

로 나타낼 수 있고 비절삭저항 k_s는 Table 4-9와 같다.

Table 4-9 鋼의 比切削抵抗

가공물재료	절삭단면			주절삭저항	비절삭저항
	세장비 ($a_p : f$)	절삭깊이 a_p〔mm〕×이송 f〔mm〕	절삭단면적〔mm^2〕	F_c〔kg〕	k_s〔kg/mm^2〕
평로강	4 : 1	1 ×0.25	0.25	48.9	195.6
인장강도 :	2.67 : 1	1 ×0.375	0.375	61.2	163.2
45 kg/mm^2	2.12 : 1	1.06×0.5	0.530	85	160.4
	1.7 : 1	1.06×0.626	0.663	105	158.4
	1.14 : 1	1 ×0.875	0.875	134	153.2
	1 : 1	1 ×1	1.000	151.9	151.9
S.M. 강	12.5 : 1	3 ×0.24	0.72	172	239
인장강도 :	5.5 : 1	3 ×0.55	1.65	335	203
50~60 kg/mm^2	4.9 : 1	3 ×0.61	1.83	370	202.2
	3.2 : 1	3 ×0.94	2.82	530	188

〔2〕 平 削

(1) 槪 要

shaper와 planer가 평면을 가공한다는 데에는 공통점을 갖고 있으나 shaper는 小形物을 가공하고 planer는 大形物을 가공하며, shaper에서는 가공물에 이송을 주고 planer에서는 공구에 이송을 준다. Fig. 4-80은 planer(平削機, 平削盤)에서의 절삭을 보여 준다.

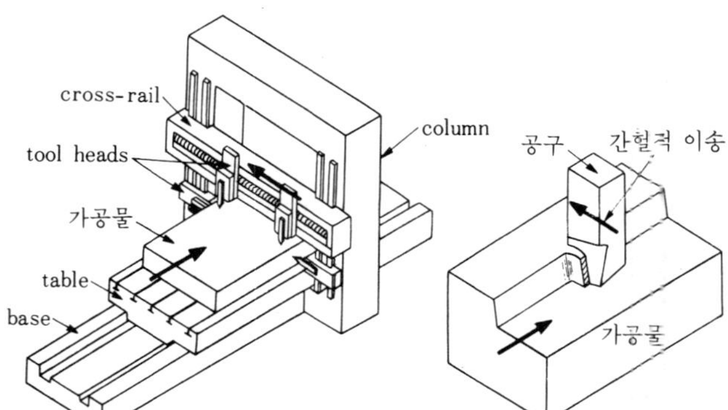

Fig. 4-80 平削機(planer)에서의 절삭

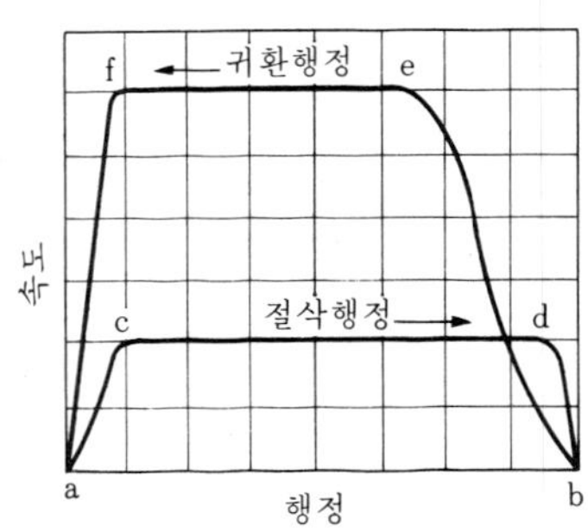

Fig. 4-81 planer의 행정과 절삭 속도와의 관계

(2) 切削速度 및 移送

planer에서의 절삭속도는 table의 속도와 동일하며, Fig. 4-81은 planer table의 行程에 대한 속도 관계를 나타낸다. planer 작업에서 절삭속도, 이송 및 절삭깊이는 1篇 6章 Table 1-15 (p. 97)를 참조하라.

절삭속도가 너무 크면 절삭초기에 bite에 충격을 주고, 귀환행정으로의 방향 전환에 소비되는

energy가 커지므로 belt 구동식에서 기계효율이 20∼30% 정도로 아주 낮다.

절삭행정속도(cutting stroke speed)를 V_c, 귀환행정속도(returning stroke speed)를 V_r, table의 행정을 s, 行程末端에서 관성에 의하여 가속도가 0이 아닌 시간 $c \fallingdotseq 1.2 \sim 2$ sec라 하면 table의 1왕복에 요하는 시간 T는

$$T = \frac{s}{V_c} + \frac{s}{V_r} + c \tag{4-140}$$

이다.

$c=0$라 할 때 평균 왕복속도 V_m은 대략 다음과 같다.

$$V_m = \frac{2s}{s/V_c + s/V_r} = \frac{2V_c}{1+\dfrac{V_c}{V_r}} \tag{4-141}$$

그런데 $\dfrac{V_c}{V_r} \fallingdotseq \dfrac{1}{3} \sim \dfrac{1}{4}$의 값이다. V_m이 구해지면 폭 b_w, 길이 l_w인 가공물 전체를 가공하는데 걸리는 시간은 다음과 같다.

$$T = \frac{2 \cdot b_w \cdot l_w}{\eta \cdot f \cdot V_m} \tag{4-142}$$

단, f는 이송, η는 유효이송비로서 $\eta \cdot f$가 실제적인 이송이 된다.

(3) 切 削 率

形削에서의 절삭률식 (4-137)의 $Z_w = f \cdot a_p \cdot V_m$을 이용할 수 있다.

(4) 切削抵抗 및 動力

절삭저항은 形削에서의 식 (4-138)을 이용할 수 있으며, planer 工作機械의 절삭행정 및 귀환행정에서의 동력은 다음과 같이 표시된다.

W : table의 중량[kg], w : 공작물의 중량[kg], p : bite 1개의 主分力[kg] (背分力을 0으로 가정), μ : bed와 table간의 마찰계수, V_c : 절삭속도[m/min], V_r : 귀환속도[m/min]라 하면

$$\text{절삭행정의 동력} \quad N_c[\text{HP}] = \frac{[(W+w)\mu + n \cdot p] \cdot V_c}{75 \times 60} \tag{4-143}$$

$$\text{귀환행정의 동력} \quad N_r[\text{HP}] = \frac{(W+w) \cdot \mu \cdot V_r}{75 \times 60} \tag{4-144}$$

이며, n은 동시에 가공하는 bite의 수이다.

5 篇

工作機械設計

공작기계 구조의 발전은 切削工具의 切削能 향상의 영향을 크게 받았으며, Fig. 5-1은 절삭공구의 발전에 따른 최대 절삭속도를 보여 준다. 이와 같은 절삭공구의 발전은 공작기계의 可用動力 및 切削速度의 증가를 가져왔으며, 보다 높은 性能뿐 아니라 높은 精密度의 요구도 점증되어 왔다.

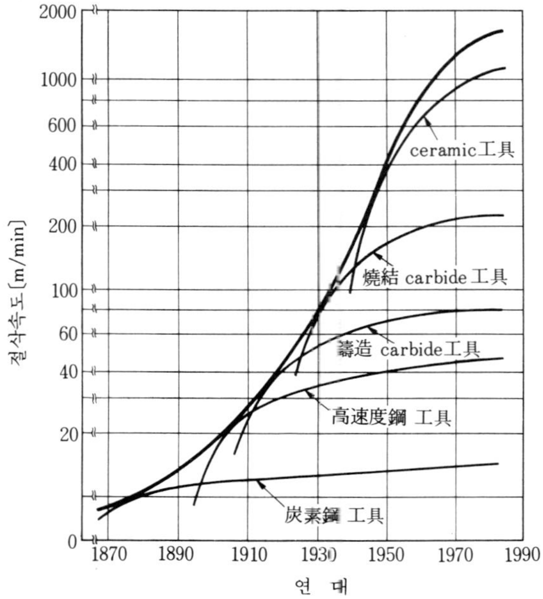

Fig. 5-1 연대별 鋼의 旋削速度

James Watt 시대에는 2mm 정도의 가공정밀도로 만족하였으나, 오늘날에는 정밀공작기계 및 측정기술의 발달에 의하여 Fig. 5-2에서 보는 바와 같이 ±0.001mm 이하의 精密度 가공도 가능하다.

제 2 차 세계대전 후 carbide 및 ceramics와 같은 절삭공구가 출현하여 Taylor 시대에 고속도강 공구로 30m/min의 절삭속도에서 300m/min의 절삭속도가 가능하게 되었다. 이와 같은

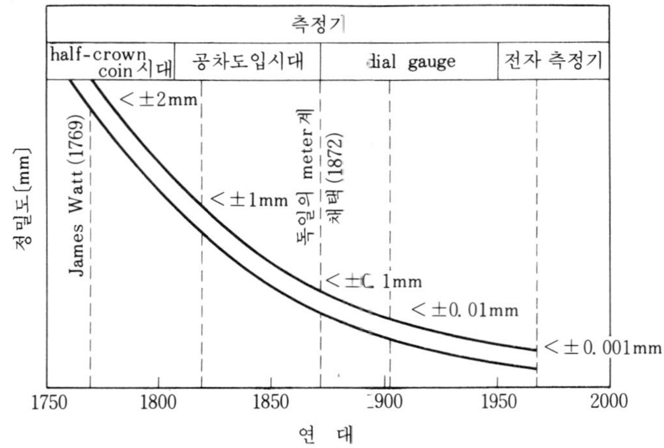

Fig. 5-2 연대별 切削加工의 精密度向上

절삭공구의 발달에 따라 고속중절삭을 위한 공작기계의 제작이 요구되었다.

자동차공업을 비롯한 多量生産을 요하는 기계공업 분야에서 다목적용인 汎用工作機械보다는 單一目的용인 專用工作機械가 출현하고, 그후 각종 搬送裝置를 연결하여 搬送, 定置, 고정, 절삭, 측정 및 해체 등의 全作動을 전자적으로 제어하는 일련의 機械群인 transfer machine 이 등장하였으며, 근년에는 개개의 공작기계의 자동화는 물론 工作機械室 전체, 즉 공장을 전부 자동화하는 소위 無人化工場에 진입하였다.

이와 같이 끝없이 발전하는 工作機械와 공장의 건설도 工作機械 設計原理를 이해함으로써만 가능한 것이다.

따라서 本篇에서는 과거로부터 지금까지 기본적으로 이용되는 工作機械設計의 원리에 국한해서 공부하기로 한다.

1章 驅動機構

가공물과 공구의 상대운동에는 제 1 장에서 언급한 바와 같이 切削運動, 移送運動 및 位置調整運動의 3 대 운동이 있으며, 이들 운동을 위한 장치가 필요하다. 이들 운동은 절삭방식에 따라 직선운동과 회전운동으로 분류되며, 이에 필요한 動力은 주로 電動機에 의존하나 이송 및 위치조정운동은 손으로 행하는 경우도 많다. 이들 절삭운동과 이송운동이 연속적으로 이루어지는 경우와 간헐적으로 행해지는 것으로도 분류된다. 이와 같은 회전운동과 직선운동, 연속운동과 간헐적운동은 모두 기본적으로는 회전운동을 그대로 이용하거나 적당한 방법으로 전환시켜서 얻어지는 것이다.

單能工作機械에서는 극히 제한된 가공만을 하게 되므로 가공조건도 한정되지만, 汎用工作機械에서는 가공조건이 다양하므로 切削速度域이 상대적으로 커야 한다.

經濟的 切削速度는 가공물의 정밀도, 單位生産率, 單位生産價 및 利潤率의 관점에서 결정하게 된다는 것을 제 4 편에서 이미 언급한 바 있다. 이들 관점에 따라 정하여진 절삭속도를 얻기 위한 變速方法을 분류하여 열거하면 Table 5-1 과 같다.

1-1 階段式 驅動機構

1-1-1 主軸 回轉速度列

선반에서와 같이 가공물이 회전하거나 drilling machine 및 milling machine에서와 같이 절삭공구가 회전할 때 절삭에 관계하는 이들 회전체의 직경을 d[mm], 단위시간에 切削工具刃을 통과하는 절삭속도를 V[m/min]라 하고 가공물 또는 절삭공구의 회전수를 n[rpm]이라 하면 다음과 같은 관계식을 구할 수 있음을 식 (4-66), (4-86), (4-105)에서 언급하였다.

$$V=\frac{\pi\cdot d\cdot n}{1000} \text{ 또는 } n=\frac{1000\cdot V}{\pi\cdot d} \tag{5-1}$$

공작기계의 설계에서 사용 목적에 따라 정해지는 최대 절삭속도를 V_{max}, 최소 절삭속도를 V_{min}이라 하고, 이들 속도내에서 정해지는 최대 직경을 d_{max}, 최소 직경을 d_{min}이라 할 때 최대 회전수 n_{max} 및 최소 회전수 n_{min}은 식 (5-2)와 식 (5-3)으로 표시된다.

$$n_{max}=\frac{1000\cdot V_{max}}{\pi\cdot d_{min}} \tag{5-2}$$

Table 5-1

- 變速方法
  - 階段變速
    - 기계식
      - 단차식
      - 변환 gear식
      - sliding gear식
        - 수동 및 기계식
        - 유압 및 전자식
      - clutch식
        - 기계식
        - 유압식
        - 氣壓式
        - 電磁式
    - 전기식
      - 극수변환 전동기식
      - 複電動機式
  - 無段變速
    - 기계식
      - chain식 (예, PIV)
      - belt식 (예, 可變徑 pulley)
      - link식 (예, Haynau식)
      - 마찰차식
    - 전기식
      - 직류 motor식
      - 分卷 motor식
      - Ward Leonald식
    - 유압식 — 유압 motor식

$$n_{\min}=\frac{1000\cdot V_{\min}}{\pi\cdot d_{\max}} \qquad (5-3)$$

이때 최대 회전수 $n_{\max}$과 최소 회전수 $n_{\min}$의 비를 속도변환장치의 回轉數域比(revolution-range ratio)라 하며 B_r라 하면 다음과 같이 표시된다.

$$B_r=\frac{n_{\max}}{n_{\min}}=\frac{V_{\max}}{V_{\min}}\cdot\frac{d_{\max}}{d_{\min}}=B_V\cdot B_d \qquad (5-4)$$

즉, 回轉數域比 B_r는 切削速度域比(cutting-speed-range ratio) B_V와 直徑域比(diameter-range ratio) B_d의 곱으로도 나타낼 수 있다.

$d_{\max}$과 $d_{\min}$ 사이의 범위내에서 임의의 직경 d에 대한 최적 절삭속도(경제적 절삭속도) V_c를 얻기 위하여는 회전수 n을 연속적으로 변화시킬 수 있게 변속장치를 설계하는 것이 이상적이나, 그와 같은 無段變速裝置는 구조가 복잡하고 많은 공간을 차지하며 高價이므로 부득이한 경우가 아니면 階段式變速裝置가 주로 사용된다.

식 (5-1)의 $V=\frac{\pi\cdot d\cdot n}{1000}$에서 회전수 n을 정할 때 절삭속도 V와 가공물의 직경 d는 Fig. 5-3과 같이 비례 관계에 있다.

가공물을 가공할 때 직경의 변화에 따라서 최적 절삭속도 V_c에 가까운 값을 얻을 수 있도록 공작기계의 변속장치를 설계하여야 한다. V_c보다 너무 작으면 가공에 장시간을 요하게 되어 비경제적이고, V_c보다 너무 크면 공구의 磨耗가 급속히 진전되어서 오히려 가공시간이 길어지거나 가공물의 정도를 저해할 수 있다.

Fig. 5-3에서 主軸回轉數 n이 $n_1<n_2<n_3\cdots<n_z$이라 하면 가공물 직경 d_1에서 회전수 n_1일 때 최적 절삭속도 V_c가 된다. 계속된 절삭에 의하여 $d<d_1$일 때 회전수 n_1에서 최적 절삭속도 V_c를 얻을 수 없으며, 직경 $d=d_2$가 되었을 때 $n=n_2$로 하여 최적 절삭속도 V_c가 얻어진다. 같은 방법으로 $d=d_3$로 되기 전에는 $n=n_2$로 절삭하다가 $d=d_3$일 때 $n=n_3$로 높인다. 이와 같이 하여 Fig. 5-3에서 굵은선으로 표시되는 이른바 톱니선도를 형성하게 되며, 주어진

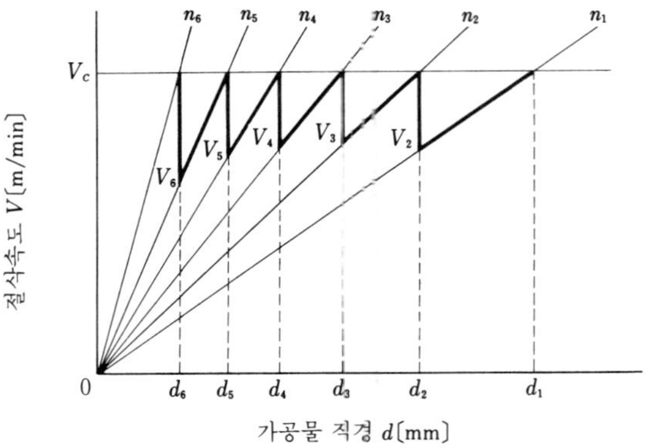

Fig. 5-3 톱니선도(saw diagram)

가공물직경에서 최적 절삭속도를 갖도록 $n_{min} \sim n_{max}$을 규칙적으로 배열할 필요가 있다. 이들 톱니의 배열 방법으로서 다음과 같은 4종류의 回轉速度列을 생각할 수 있으나 等比級數速度列을 택하는 것이 일반적이다.

① 等比級數速度列(geometric progression)
② 等差級數速度列(arithmetric progression)
③ 對數級數速度列(logarithmic progression)
④ 複合等比級數速度列(combined geometric progression)

〔1〕 等比級數速度列

Fig. 5-4에서와 같이 회전속도를 각각 n_1, $n_2 \cdots n_{i-1}$, n_i, $n_{i+1}, \cdots n_z$라 하고 최적 절삭속도를 V_c라 할 때 가공물 직경 d_c에서 V_c를 얻을 수 있는 회전수 n이 회전속도열 중에 없어 n_{i-1} 또는 n_i를 택하는 경우를 생각하여 본다.

n_i를 택하면 $n_i > n$이 되어 $V_i > V_c$가 되며, n_{i-1}을 택하면 $n_{i-1} < n$이 되어 $V_{i-1} < V_c$가 된다. 절삭공구의 수명을 고려할 때 $V_{i-1} < V_c$가 되는 $n_{i-1} < n$을 택하는 것이 안전하다. 이때 절삭속도는 최적 절삭속도보다 $V_c - V_{i-1}$ 만큼 감소하게 되며 절삭속도 감소율 Φ_v는 다음과 같다.

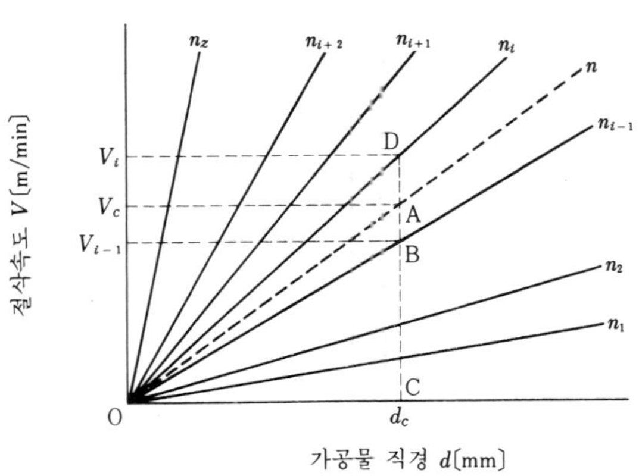

Fig. 5-4

$$\Phi_V = \frac{AC-BC}{AC} = \frac{AB}{AC} = \frac{V_c - V_{i-1}}{V_c} \qquad (5-5)$$

그런데

$$V_c = \frac{\pi \cdot d_c \cdot n}{1000}, \quad V_{i-1} = \frac{\pi \cdot d_c \cdot n_{i-1}}{1000}$$

$$\therefore \ \Phi_V = \frac{V_c - V_{i-1}}{V_c} = 1 - \frac{V_{i-1}}{V_c} = 1 - \frac{n_{i-1}}{n} \qquad (5-6)$$

식 (5-6)에서 $n = n_i$일 때 절삭속도 감소율은 최대가 되며, 이를 $\Phi_{V\max}$이라 하면

$$\Phi_{V(i-1,\, i)\max} = 1 - \frac{n_{i-1}}{n_i} \qquad (5-7)$$

로 된다.

따라서 회전수 구간 $(n_1,\ n_2)$, $(n_2,\ n_3)$, $\cdots(n_{z-1},\ n_z)$에서 최대 절삭속도 감소율은

$$\Phi_{V(1,2)\max} = 1 - \frac{n_1}{n_2}, \quad \Phi_{V(2,3)\max} = 1 - \frac{n_2}{n_3}, \cdots \Phi_{V(z-1,z)\max} = 1 - \frac{n_{z-1}}{n_z} \qquad (5-8)$$

로 표시할 수 있다.

단 $i = 2, 3, \cdots, z$이며, $\frac{n_{i-1}}{n_i}$을 일정하게 하면 $\Phi_{V(i-1,\, i)\max}$이 일정하게 된다.

$\frac{n_{i-1}}{n_i} = \frac{1}{\varphi}$로 놓고 $\varphi > 1$로서 상수라 하면

$$n_i = n_{i-1} \cdot \varphi \qquad (5-9)$$

로 되며

$$n_2 = n_1 \cdot \varphi, \quad n_3 = n_2 \cdot \varphi = n_1 \cdot \varphi^2, \cdots, n_i = n_{i-1} \cdot \varphi = n_1 \cdot \varphi^{i-1}, \cdots, n_z = n_1 \cdot \varphi^{z-1} \qquad (5-10)$$

로 쓸 수 있다.

식 (5-10)에서 z는 절삭속도의 段數로서 主軸回轉數의 段數도 된다. 식 (5-10)에서 상수 φ는 다음 식으로 표시된다.

$$\varphi = \sqrt[z-1]{\frac{n_z}{n_1}} = \sqrt[z-1]{B_r} \qquad (5-11)$$

위에서 B_r는 回轉數域比(revolution-range ratio)이며, φ는 급수 $n_1, n_2, \cdots n_z$의 公比로서 절삭속도 감소율을 일정하게 하려면 주축의 회전수는 等比級數 배열을 하여야 함을 알 수 있다.

예로서 $(n_1 =)\, n_{\min} = 20\,\text{rpm}$, $(n_z =)\, n_{\max} = 560\,\text{rpm}$, 최적 절삭속도 $V_c = 40\,\text{m/min}$, 속도단수 $z = 10$이라 할 때

$$\varphi = \sqrt[z-1]{\frac{n_z}{n_1}} = \sqrt[9]{\frac{560}{20}} = \sqrt[9]{28} \fallingdotseq 1.44$$

이므로 각 단에서 $n_1 = 20$, $n_2 = 20 \times \sqrt[9]{28} = 28.9$, $n_3 = 41.9$, $n_4 = 60.7$, $n_5 = 87.9$, $n_6 = 127.4$, $n_7 = 184.4$, $n_8 = 267$, $n_9 = 386.7$, $n_{10} = 560$의 회전수를 갖게 되며, Fig. 5-5에서 보는 바와 같

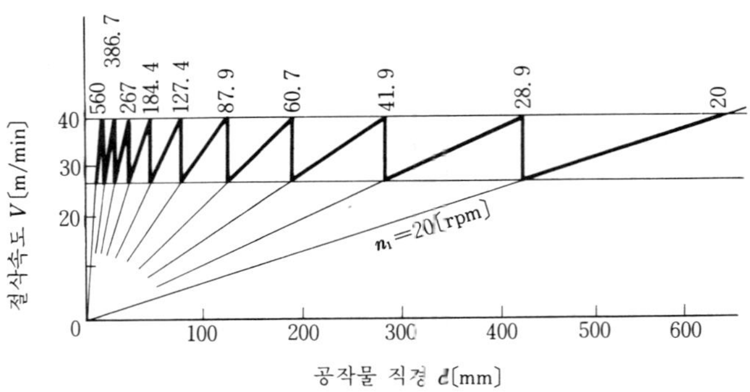

Fig. 5-5 等比級數速度列의 톱니선도

이 低速度 범위에서 회전수 분포 간격이 약간 크고 高速度 범위에 밀집되어 있으나 앞으로 소개할 等差級數速度列에서보다는 비교적 균등하게 배열된 셈이다.

〔2〕 等差級數速度列

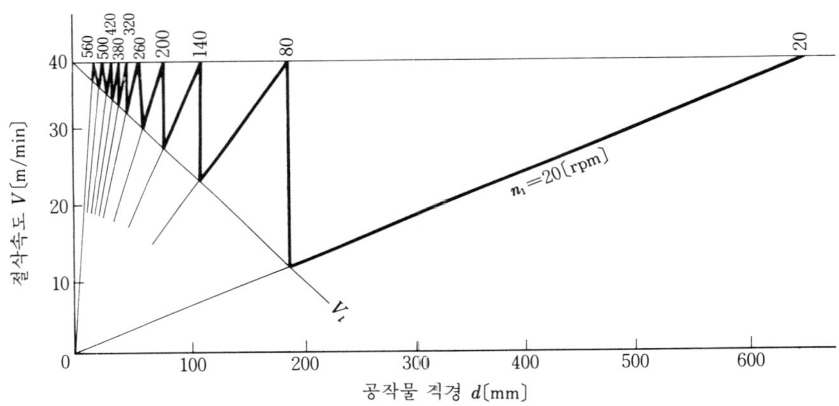

Fig. 5-6 等差級數速度列의 톱니선도

인접한 회전속도의 公差를 a, 段數를 z, 최소 회전속도인 초항을 $n_1(=n_{min})$, 최대 회전속도인 z번째 항을 $n_z(=n_{max})$라 하면

i번째단의 회전속도 n_i는

$$n_i = n_1 + (i-1)\cdot a \tag{5-12}$$

가 되므로

$$n_z = n_{z-1} + a = n_1 + (z-1)\cdot a$$

$$a = \frac{n_z - n_1}{z-1} = \frac{n_{max} - n_{min}}{z-1} \tag{5-13}$$

절삭속도 감소율 Φ_V는

$$\Phi_V = \frac{V_u - V_l}{V_u} = 1 - \frac{V_l}{V_u} \tag{5-14}$$

$\frac{V_l}{V_u} \neq$ constant이므로 $\Phi_V \neq$ constant이다.

단, V_u: 上限速度(upper limit), V_l: 下限速度(lower limit)

Fig. 5-6은 $n_1=20$, $n_{10}=560$, $a=\frac{560-20}{10-1}=\frac{540}{9}=60$, 최적 절삭속도 $V_c=40$m/min일 때 속도 V와 지름 d의 선도이다. 지름 d가 작은 범위에서는 회전수 n이 밀집되어 있고, 톱니형 선도(saw diagram)의 齒形은 작고 낮으며, d가 큰 범위에서는 齒形이 커져서 큰 간격으로 나열된다. 즉 지름이 작을 때에는 너무 자주 회전수를 변환시켜야 하고, 지름이 클 때에는 너무 흩어져 속도가 최적 속도보다 너무 낮아서 비능률적이다.

〔3〕 對數級數速度列

대수속도열값은 對數方眼紙의 어떤 특정직선을 적당히 변화시켜서 얻는다. n_i에 대응하는 직경을 d_i라 하면

$$d_{i-1}-d_i=2C\sqrt{d_{i-1}} \tag{5-15}$$*

에 의하여 회전수 n_i가 정해지며, 본예는 위치계수 C가 2.082인 경우이다.

Fig. 5-7은 $V_c=40$m/min, $n_1(=n_{min})=20$rpm, $n_{10}(=n_{max})=560$rpm을 10단으로 할 때 대수급수속도열로서 全直徑 범위에 걸쳐 회전수가 등비급수속도열 및 등차급수속도열에서보다 균등하게 분포되어 있다.

그러나 절삭속도 감소율은 일정하지 않으며 직경이 큰 범위에서는 절삭속도 감소율이 적어 좋으나 작은 범위로 갈수록 절삭속도 감소율이 크게 나타나서 좋지 않다. 대수급수속도열의 큰 단점은 이론적 속도비에 맞게 각 速度段의 驅動機構를 조합할 수 없는 기술상의 문제를 안고 있다는 것이다.

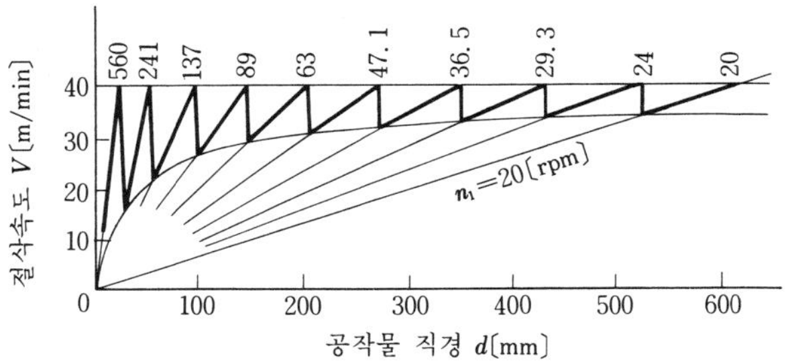

Fig. 5-7 對數級數速度列의 톱니선도(대수방안지에서의 직선기울기가 45°인 경우)

〔4〕 複合等比級數速度列

등비급수속도열에서 공작물 직경이 작은 범위에서는 회전수가 밀집되는 것을 피하기 위해 직경이 큰 경우에서의 公比와, 다른 公比를 직경이 작은 경우에 별도로 채용하는 복합등비급수속도열에서는 이론값에 일치되는 구동장치의 설계와 제작이 곤란할 뿐 아니라, 앞으로 소개하는 回轉數規格에 위배되는 결과를 가져온다.

---

* Kronenberg. M., *Grundüge der Zerspanungslehre*, 2nd ed., Vol, 1, Springer, Berlin 1954.
切削學 및 應用, 徐南燮, 東明社, p. 323~329.

Fig. 5-8은 V_c=40m/min, z=10일 때의 톱니선도로서 회전수 20, 25.4, 32.3, 41, 52.1 rpm에서는 公比 φ=1.27이고, 회전수 52.1, 83.8, 134, 216, 343, 560 rpm에서는 公比 φ=1.61인 경우의 예이다.

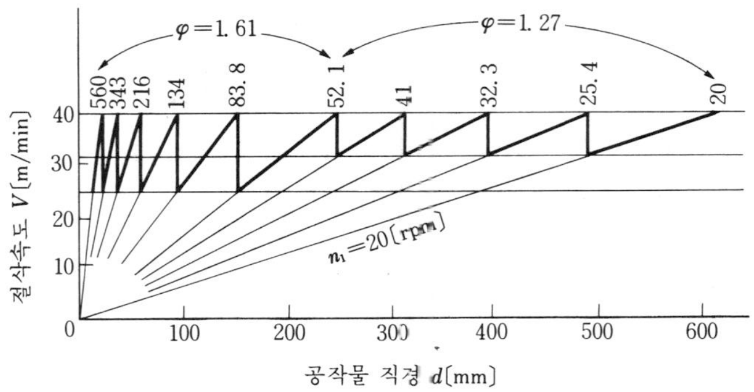

Fig. 5-8　複合等比級數速度列의 톱니선도

이상의 **等比級數速度列**, **等差級數速度列**, **對數級數速度列** 및 **複合等比級數速度列** 중에서 회전수의 배열과 구동장치의 설계면에서 등비급수속도열이 가장 좋다는 것을 알 수 있으며, 회전수 규격이 정해지기 이전과 규격이 정해진 오늘날에도 이 속도열을 주로 채용하고 있다.

등비급수속도열의 장점을 구체적으로 열거하면 다음과 같다.

① 등비급수 각 항에 φ^y를 곱하면 전체 등비급수의 次數는 y만큼 크게 된다.

② 공비 φ의 등비급수 중에서 x번째를 택하여 속도 배열을 만들면 그 배열은 φ^x의 공비를 갖는 새로운 등비급수가 된다.

③ 등비급수의 각 항에 상수 C를 곱하여도 처음의 공비 φ를 갖는 새로운 등비급수가 된다.

④ 10진법 등비급수에서는 各位의 집단에 같은 비열의 수가 나타난다.

〔5〕 等比級數速度列의 公比規定

식 (5-7)에서

$$\Phi_{V\max}=1-\frac{n_{i-1}}{n_i}=1-\frac{1}{\varphi}=\frac{\varphi-1}{\varphi} \tag{5-16}$$

로 되며, Fig. 5-4에서 A가 B에 일치될 때에는 $\Phi_{V\min}=0$가 되므로 평균 속도감소율 Φ_{Vm}은 다음과 같다.

$$\Phi_{Vm}=\frac{\Phi_{V\max}+\Phi_{V\min}}{2}=\frac{1}{2}\cdot\Phi_{V\max}=\frac{1}{2}\cdot\frac{\varphi-1}{\varphi} \tag{5-17}$$

L.B.Erlich는 $(n_{i-1},\ n_i)$ 구간의 평균회전수 $\bar{n}=\frac{n_{i-1}+n_i}{2}$를 취하여 Φ_{Vm}을 표시하는 것이 移送速度列에 편리하다는 것을 제안한 바 있다. 식 (5-16)과 식 (5-17)에서

$$\Phi_{Vm}=\frac{1}{2}\cdot\Phi_{V\max}=\frac{1}{2}\cdot\frac{n_i-n_{i-1}}{n_i}$$

로 표시할 수 있으며, $n_i \fallingdotseq \bar{n}$으로 놓으면

$$\Phi_{Vm}=\frac{1}{2}\cdot\frac{n_i-n_{i-1}}{\bar{n}}=\frac{n_i-n_{i-1}}{n_i+n_{i-1}}=\frac{n_{i-1}\cdot\varphi-n_{i-1}}{n_{i-1}\cdot\varphi+n_{i-1}}=\frac{\varphi-1}{\varphi+1} \tag{5-18}$$

이 되며, 公比 $\varphi=\text{constant}$일 때 Φ_{Vm}도 φ의 함수로서 일정하다는 것을 알 수 있다.

식 (5-11) $\varphi=\sqrt[z-1]{\frac{n_z}{n_1}}$에서

$$\log\varphi=\frac{1}{z-1}\log\frac{n_z}{n_1}$$

$$z-1=\log\frac{n_z}{n_1}\Big/\log\varphi$$

$$z=1+\log\frac{n_z}{n_1}\Big/\log\varphi=\left(\log\varphi+\log\frac{n_z}{n_1}\right)\Big/\log\varphi=\frac{\log\varphi\cdot\frac{n_z}{n_1}}{\log\varphi} \tag{5-19}$$

로 되며, 速度段數 z는 因數分解가 되는 整數가 되도록 조정하여야 한다. $\varphi>1$이며 최대 절삭속도 감소율 $\Phi_{V\max}=50\%$라 가정하면

식 (5-16) $\Phi_{V\max}=\frac{\varphi-1}{\varphi}$에서 $50=\frac{\varphi-1}{\varphi}\times 100$으로 되어

$$\frac{\varphi-1}{\varphi}=\frac{1}{2},\quad 2\varphi-2=\varphi,\quad \varphi_{\max}=2$$

가 되며, φ의 범위는 다음과 같다.

$$1<\varphi\leq 2 \tag{5-20}$$

2速電動機를 사용하고, 주축회전수는 10進法에 의한 등비급수속도열을 많이 채용한다. 여기에서도 이것에 따라 公比規定을 하기로 한다.

(1) 極數變換 3相交流電動機

同期回轉數를 n〔rpm〕, 電源周波數를 f〔cycle/sec〕, 極數를 p라 할 때 이들의 관계는 다음과 같다.

$$n=\frac{60f}{\frac{p}{2}}=\frac{120f}{p} \tag{5-21}$$

2極에서 3000〔rpm〕이라면 4極에서는 1500〔rpm〕, 2極에서 1500〔rpm〕이라면 4極에서는 750〔rpm〕 등과 같이 되어 回轉數比가 (2：1)로 된다.

공작기계의 주축회전수가 $n_1, n_2, \cdots, n_k, \cdots, n_q, \cdots, n_z$로서 z단의 등비급수로 되어 있고 각 단의 회전수는 일정 회전수를 갖는 전동기 다음에는 變速機에서 변속되어 얻어진다. 회전수가 n_{e_1} 및 n_{e_2}인 極數變換電動機를 사용하면 $n_{e_2}/n_{e_1}=2$의 관계가 있으며, z단의 회전수를 얻기 위하여는 변속기에서 $\frac{z}{2}$개의 변속을 하면 된다.

최종속도열의 회전수와 原動軸 회전수의 比인 總速度比를 $I\left(\frac{z}{2}\text{개중 1개}\right)$라 하고 전동기의 두 회전수에 의한 주축의 회전수를 n_k, n_q(n_{e1}에 의한 n_k의 순번과 n_{e_2}에 의한 n_q의 순번이 같을 때)라 하면 다음의 관계식을 얻을 수 있다.

$$n_k = n_1 \cdot \varphi^{k-1} = n_{e_1} \cdot I \qquad (5-22)$$

$$n_q = n_1 \cdot \varphi^{q-1} = n_{e_2} \cdot I$$

$$\therefore \frac{n_q}{n_k} = \varphi^{q-k} = \frac{n_{e_2}}{n_{e_1}}$$

$q-k=E_1$이라 하고 $\frac{n_{e_2}}{n_{e_1}}=2$인 관계를 윗식에 대입하여 정리하면 다음과 같다.

$$\varphi = \sqrt[q-k]{\frac{n_{e_2}}{n_{e_1}}} = \sqrt[E1]{2} \qquad (5-23)$$

(2) 10進法에 의한 主軸의 等比級數速度列

십진법 한 구간의 최소 회전수 n_1과 최대 회전수 n_z의 관계는

$$\frac{n_z}{n_1} = \frac{10}{1} = \frac{100}{10} = \frac{1000}{100} = \cdots = 10$$

으로 되며, $n_z = n_1 \cdot \varphi^{z-1}$에서 $z-1=E_2$로 놓으면 다음 식이 구해진다.

$$\varphi = \sqrt[z-1]{\frac{n_z}{n_1}} = \sqrt[E_2]{\frac{n_z}{n_1}} = \sqrt[E_2]{10} \qquad (5-24)$$

이상에서와 같이 公比 φ는 식 (5-23)과 식 (5-24)를 동시에 만족시키는 값이어야 한다는 것을 알 수 있다.

즉,

$$\varphi = \sqrt[E_1]{2} = \sqrt[E_2]{10} \qquad (5-25)$$

식 (5-25)에서

$$(2)^{\frac{1}{E_1}} = (10)^{\frac{1}{E_2}}$$

$$(2)^{E_2} = (10)^{E_1}$$

$$E_2 \cdot \log 2 = E_1 \cdot \log 10$$

$$0.3\,E_2 = E_1$$

즉,

$$3\,E_2 = 10\,E_1$$

$$\frac{3}{10} E_2 = E_1$$

윗식에서 $\frac{E_2}{10} = E'$라 놓으면

$$3\,E' = E_1, \quad E_2 = 10\,E'$$

로 된다.

십진법 등비급수속도열의 공비를 정하기 전에 Table 5-2를 독일의 표준속도열(DIN 323)로 제정하였으며 이것이 공작기계속도열의 기본이 되고 있다.

식 (5-24) $\varphi = \sqrt[E_2]{10}$로부터

Table 5-2 DIN 323에 의한 표준수

40항	20항	10항	5항	眞 數	假 數	40항	20항	10항	5항	眞 數	假 數
100	100	100	100	10000	000	315	315	315		31623	500
106				10592	025	335				33497	525
112	112			11220	050	355	355			35482	550
118				11885	075	375				37584	575
125	125	125		12589	100	400	400	400	400	39811	600
132				13335	125	425				42170	625
140	140			14125	150	450	450			44668	650
150				14962	175	475				47315	675
160	160	160	160	15849	200	500	500	500		50119	700
170				16788	225	530				53089	725
180	180			17783	250	560	560			56234	750
190				18837	275	600				59566	775
200	200	200		19953	300	630	630	630	630	63095	800
212				21135	325	670				66834	825
224	224			22387	350	710	710			70795	850
236				23714	375	750				74990	875
250	250	250	250	25119	400	800	800	800		79433	900
265				26608	425	850				84140	925
280	280			28184	450	900	900			89125	950
300				29854	475	950				94405	975

$$\log\varphi=\frac{1}{E_2}\cdot\log 10=\frac{1}{E_2}$$

$E_2=40$으로 놓으면

$$\log\varphi=\frac{1}{40}=0.025$$

윗식에서 假數 025에 대한 眞數를 5자리까지 구하면 10592 ($10^{0.025}=1.0592$)이며, 假數를 025만큼 증가시키면 진수는 11220 ($10^{(0.025+0.025)}=10^{0.05}=1.1220$)으로 되어 이들간의 비는 10592 : 11220 1 : 1.06으로 된다.

같은 방법으로 20항, 10항 및 5항을 취하여 Table 5-2와 같은 標準數를 정하였다. 즉, $E_2=40,\ 20,\ 10,\ 5$이고 $E'=\frac{E_2}{10}=4,\ 2,\ 1,\ 0.5$로 되어 E_1은 다음과 같다.

$$\begin{aligned}&3E_2=10E_1=10\times 3E'\text{에서}\\&E_2=40\text{일 때 } E'=4,\ E_1=12\\&E_2=20\text{일 때 } E'=2,\ E_1=6\\&E_2=10\text{일 때 } E'=1,\ E_1=3\\&E_2=5\text{일 때 } E'=0.5,\ E_1=1.5\end{aligned}\tag{5-26}$$

이상의 E_1 및 E_2의 값을 식 (5-25)에 대입하면 각각의 공비 φ를 다음과 같이 구할 수 있다.

$$\begin{aligned}\varphi_{40}&=\sqrt[40]{10}=\sqrt[12]{2}=1.06\\ \varphi_{20}&=\sqrt[20]{10}=\sqrt[6]{2}=1.12\\ \varphi_{10}&=\sqrt[10]{10}=\sqrt[3]{2}=1.26\\ \varphi_{5}&=\sqrt[5]{10}=\sqrt[1.5]{2}=1.58\end{aligned} \qquad (5-27)$$

식 (5-16) $\Phi_{v\max}=1-\dfrac{1}{\varphi}=\dfrac{\varphi-1}{\varphi}$에 의하여 식 (5-27)에 대한 최대 절삭속도 감소율은 다음과 같다.

$$\begin{aligned}\varphi_{40}&=1.06\text{일 때 } \Phi_{v\max}=\frac{1.06-1}{1.06}\times100=5.7\%\\ \varphi_{20}&=1.12\text{일 때 } \Phi_{v\max}=\frac{1.12-1}{1.12}\times100=10.7\%\\ \varphi_{10}&=1.26\text{일 때 } \Phi_{v\max}=\frac{1.26-1}{1.26}\times100=20.6\%\\ \varphi_{5}&=1.58\text{일 때 } \Phi_{v\max}=\frac{1.58-1}{1.58}\times100=36.7\%\end{aligned} \qquad (5-28)$$

식 (5-28)에서 $\varphi_{10}=1.26$일 때 $\Phi_{v\max}=20.6\%$와 $\varphi_5=1.58$일 때 $\Phi_{v\max}=36.7\%$ 사이에 절삭속도 감소율이 너무 크게 증가하여 중간에 $\Phi_{v\max}=30\%$ 되는 공비가 하나 더 있으면 좋겠다. 이 공비도 식 (5-25) $\varphi=\sqrt[E_1]{2}=\sqrt[E_2]{10}$을 만족시켜야 한다.

$(\varphi_{20})^2=\varphi_{10}$, $(\varphi_{20})^4=\varphi_5$이므로 이들 지수 2와 4의 중간값인 지수 3에 대하여 $(\varphi_{20})^3$을 구하여 보기로 한다.

$$(\sqrt[20]{10})^3=(\sqrt[6]{2})^3=1.41$$
$$10^{\frac{3}{20}}=2^{\frac{1}{2}}$$
$$\sqrt[\frac{20}{3}]{10}=\sqrt[2]{2}$$
$$\therefore\ E_2=\frac{20}{3},\ E_1=2\text{가 되므로}$$
$$\varphi_{E_2=\frac{20}{3}}=\varphi_{E_1=2}=1.41 \qquad (5-29)$$

와 같이 정리할 수 있으며, 이때 최대 절삭속도 감소율 $\Phi_{v\max}=\dfrac{1.41-1}{1.41}\times100=29.08\%$로서 30%에 근접한 값이다.

식 (5-20)에서 $\varphi=2$일 때에는 최대 절삭속도 감소율 $\Phi_{v\max}=\dfrac{2-1}{2}\times100=50\%$가 되며,

$$\varphi(=2)=\sqrt[E_1]{2}=\sqrt[E_2]{10}=(2)^{\frac{1}{E_1}}=(10)^{\frac{1}{E_2}}$$

에서 $E_1=1$이 되므로

$$2^{E_2}=10\text{에서 } E_2=\frac{1}{\log 2}=3.32=\frac{20}{6}$$

지금까지 논의된 6종의 공비가 채택되고 있으며 이들을 정리하면 Table 5-3과 같다.

Table 5-3 公比 φ와 절삭속도 감소율

공비 φ		$\sqrt[E_1]{2}$	$\sqrt[E_2]{10}$	ISA에 의한 표시	$\Phi_{v\max}=\frac{\varphi-1}{\varphi}\times 100\%$ 식 (3-16)	$\Phi_{vm}=\frac{\varphi-1}{2\varphi}\times 100\%$ 식 (3-17)	$\Phi_{vm}=\frac{\varphi-1}{\varphi+1}\times 100\%$ 식 (3-18)
일반표시	ISA의 표 시						
1.06	—	$\sqrt[12]{2}$	$\sqrt[40]{10}$	—	5.6≒5	3	3
1.12	1.12	$\sqrt[6]{2}$	$\sqrt[20]{10}$	R 20	10.7≒10	5	5
1.26	1.25	$\sqrt[3]{2}$	$\sqrt[10]{10}$	R 20/2	20.6≒20	10	12
1.41	1.40	$\sqrt[2]{2}$	$\sqrt[20/3]{10}$	R 20/3	29 ≒30	15	17
1.58	1.60	$\sqrt[1.5]{2}$	$\sqrt[5]{10}$	R 20/4	36.7≒40	20	22
2	2	$\sqrt[1]{2}$	$\sqrt[20/6]{10}$	R 20/6	50	25	33

〔6〕 主軸의 標準回轉數 規格

등비급수속도열에 의한 주축회전수 결정에서 속도열의 공비 결정만으로는 충분하지 못하며, Table 5-4와 같이 全速度列에 대한 절대회전수까지 규정하여 놓음으로써 기계의 구조 및 조립이 간편하며 설계가 용이하고, 가공 범위가 확실하게 정하여질뿐 아니라 이용 방법을 익히는 데 용이하다.

Table 5-4도 Table 5-2의 標準數를 기초로 하여 만든 것으로서 회전수 규격을 정하는 방법을 다음과 같이 구분하여 설명한다.

① 최소 공비 $\varphi=1.06$의 속도열에서 40항의 수열로 구성된 Table 5-2의 표준수와 같다. 즉, 첫항이 1인 40항의 수열의 값은 회전수 규격에서 공비 1.06의 속도열의 회전수로 지정되어 있다. 이것은 40항으로 구성된 이 수열값들이 交流電動機들이 갖고 있는 중요한 모든 同期回轉數(3000, 1500, 1000, 750, 600, 500, 375, 300) 및 直流電動機에서 얻을 수 있는 회전수(1180, (1200), 2000)의 값들을 내포하고 있기 때문이다.

② 공비 $\varphi=1.12$, 1.26, 1.58에 대한 속도열은 표준수에서 20항, 10항, 5항으로 된 수열과 일치하고 있으며, 電動機의 同期回轉數를 가능하면 많이 포함한다.

③ 각 10進法 구간에서 첫항을 1.18로 한 것은 모든 공비에 대한 회전수에 전동기의 동기회전수 3000 rpm을 포함시키면 한 십진법 구간에 있어서 1.18이 회전수 첫항에 가장 많이 포함되기 때문이다.

④ Table 5-3에 있는 공비 사이의 관계는 다음과 같다.

$1.12=1.06^2$, $1.26=1.12^2=1.06^4$, $1.41=1.12^3=1.06^6$, $1.58=1.26^2=1.12^4=1.06^8$, $2=1.41^2=1.26^3=1.12^6=1.06^{12}$

즉, 속도열의 모든 공비는 $\varphi=1.06$ 및 1.12를 기본으로 하고 있음을 알 수 있다. 예를 들어 3000 rpm을 기준으로 하여 $\varphi=1.12$에 대한 속도열은 $\varphi=1.06$ 속도열에서 한 項씩 건너서의 값을 취하고 있다. $\varphi=1.26$ 속도열은 $\varphi=1.12$ 속도열에서 한 項씩 건너서의 값을 취하고, $\varphi=1.06$ 속도열에서는 3項씩 건너서 취하면 된다. $\varphi=1.41$, 1.58, 2에 대하여 같은 방법으로 속도열이 구성되어 있다. Table 5-4에서 한 십진법 구간의 속도열에 10^k을 곱하거나 나누어 주

Table 5-4 主軸의 標準回轉數 規格

속도열 1.06	속도열 1.12	속도열 1.26	속도열 1.41	속도열 1.58	속도열 2.0	속도열 1.06	속도열 1.12	속도열 1.26	속도열 1.41	속도열 1.58	속도열 2.0	속도열 1.06	속도열 1.12	속도열 1.26	속도열 1.41	속도열 1.58	속도열 2.0	속도열 1.06	속도열 1.12	속도열 1.26	속도열 1.41	속도열 1.58	속도열 2.0	속도열 1.06	속도열 1.12	속도열 1.26	속도열 1.41	속도열 1.58	속도열 2.0
0.118	0.118	0.118		0.118		1.18	1.18	1.18		1.18		11.8	11.8	11.8	11.8	11.8	11.8	118	118	118		118		1180	1180	1180		1180	
0.125						1.25						12.5						125						1250					
0.132	0.132		0.132			1.32	1.32					13.2	13.2					132	132		132			1320	1320				
0.140						1.40						14.0						140						1400					
0.150	0.15	0.15				1.50	1.5	1.5	1.5		1.5	15.0	15	15				150	150	150				1500	1500	1500	1500		1500
0.160						1.60						16.0						160						1600					
0.170	0.17					1.70	1.7					17.0	17		17			170	170					1700	1700				
0.180						1.80						18.0						180						1800					
0.190	0.19	0.19	0.19	0.19	0.19	1.90	1.9	1.9		1.9		19.0	19	19		19		190	190	190	190	190	190	1900	1900	1900		1900	
0.200						2.00						20.0						200						2000					
0.212	0.212					2.12	2.12		2.1			21.2	21.2					212	212					2120	2120		2120		
0.224						2.24						22.4						224						2240					
0.236	0.236	0.236				2.36	2.36	2.36				23.6	23.6	23.6	23.6		23.6	236	236	236				2360	2360	2360			
0.250						2.50						25.0						250						2500					
0.265	0.265		0.265			2.65	2.65					26.5	26.5					265	265		265			2650	2650				
0.280						2.80						28.0						280						2800					
0.300	0.30	0.30		0.30		3.00	3.0	3.0	3.0	3.0	3.0	30.0	30	30		30		300	300	300		300		3000	3000	3000	3000	3000	3000
0.315						3.15						31.5						315						3150					
0.335	0.335					3.35	3.35					33.5	33.5		33.5			335	335					3350	3350				
0.355						3.55						35.5						355						3550					
0.375	0.375	0.375	0.375		0.375	3.75	3.75	3.75				37.5	37.5	37.5				375	375	375	375		375	3750	3750	3750			
0.400						4.00						40.0						400						4000					
0.425	0.425					4.25	4.25		4.25			42.5	42.5					425	425					4250	4250		4250		
0.450						4.50						45.0						450						4500					
0.475	0.475	0.475		0.475		4.75	4.75	4.75		4.75		47.5	47.5	47.5	47.5	47.5	47.5	475	475	475		475		4750	4750	4750		4750	
0.500						5.00						50.0						500						5000					
0.530	0.53		0.53			5.30	5.3					53.0	53					530	530		530			5300	5300				
0.560						5.60						56.0						560						5600					
0.600	0.60	0.60				6.00	6.0	6.0	6.0		6.0	60.0	60	60				600	600	600				6000	6000	6000	6000		6000
0.630						6.30						63.0						630						6300					
0.670	0.67					6.70	6.7					67.0	67		67			670	670					6700	6700				
0.710						7.10						71.0						710						7100					
0.750	0.75	0.75	0.75	0.75	0.75	7.50	7.5	7.5		7.5		75.0	75	75		75		750	750	750	750	750	750	7500	7500	7500		7500	
0.800						8.00						80.0						800						8000					
0.850	0.85					8.50	8.5		8.5			85.0	85					850	850					8500	8500		8500		
0.900						9.00						90.0						900						9000					
0.950	0.95	0.95				9.50	9.5	9.5				95.0	95	95	95		95	950	950	950				9500	9500	9500			
1.000						10.00						100.0						1000						10000					
1.060	1.06		1.06			10.60	10.6					106.0	106					1060	1060		1060			10600	10600				
1.120						11.20						112.0						1120						11200					

〔註〕: 공비 1.06인 임의 회전수에서 上下로 확대하여(φ=1.12에서는 1間, φ=1.26에서는 3間, φ=1.41에서는 5間, φ=1.58에서는 7間, φ=2에서는 11間을 건너서 취한다) 속도열의 회전수를 얻는다.

면 다른 한 십진법 구간의 속도열을 얻을 수 있음을 알 수 있다.

실제에서는 齒車의 치수 계산 및 皮帶車의 직경 계산 등에서 초래되는 오차 때문에 회전수의 규격대로 정확한 속도열을 얻는 것은 곤란한 경우가 많고 규격값의 $\pm 10(\varphi-1)\%$ 오차를 넘지 않도록 규정하고 있다.

⑤ 십진법속도열에서 첫항을 1로 하였으므로 같은 속도열중의 2개의 항을 서로 곱하면 그 속도열중의 다른 한 개의 항이 얻어진다. 즉, 식 (5-10) $n_i=n_1\cdot\varphi^{i-1}$에서 첫항 $n_1=1$이므로 이 속도열은 1, φ, φ^2, φ^3, $\cdots\varphi^n$이 되며, 예로서 두 개의 항 φ^2과 φ^3을 서로 곱하면 φ^5이 되어 이 속도열중의 한 항이 된다.

⑥ $\sqrt[10]{10}=1.2589$와 $\sqrt[3]{2}=1.2599$가 동일값이 아닌 것을 앞에서 같게 놓았으므로, 이들간에도 근소하지만 차이가 있다. Table 5-2의 標準數에서 10.000×2≒19.953, 10.592×2≒21.135, 11.220×2≒22.387 등과 같이 정확히 (1∶2)가 되지 않는 標準數를 적당히 수정하여 100/200, 106/212, 112/224 등과 같이 (1∶2)가 되도록 하여 실용에 편리하도록 회전수 규격을 정하였다. 그러나 190×2≒375처럼 전혀 배수가 되지 못하는 것도 간혹 있다. 이것은 標準數의 진수의 끝수를 수정한 데서 기인되는 것으로서, 이와 같은 변칙은 불가피하며 그 오차는 ±1%이하이므로 큰 문제가 되지 않는다.

최근에는 고속절삭이 가능한 새로운 절삭공구 재료의 출현과 주축속도의 고속화에 따라서 공비 1.06은 완전히 폐지되고 基本系列로 공비 1.12를 사용한다.

계단식 구동방식의 주축회전 변환기구로서 대부분 全齒車驅動이 채용되고 있으며, 齒數는 整數로 한다. 齒數計算에서 공비가 소수점 이하 두 자리이면 계산에 번거롭고 오차도 커질 수 있으므로 공비 1.26, 1.41, 1.58 대신에 1.25, 1.4, 1.6을 사용하였다. 다만 공비 1.12는 계산에 편리한 숫자이고 회전수 사이에 차가 적으므로 그대로 사용하고 있다.

〔7〕 主運動이 往復直線運動인 工作機械의 速度列

공작물이 직선 왕복운동을 하든가 절삭공구가 직선 왕복운동을 함으로써 절삭가공을 수행하는 공작기계에서는 切削行程(cutting stroke) 속도가 작고 歸還行程(return stroke) 속도를 크게 한다. 이것은 절삭 시작점에서 절삭공구에 대한 충격을 적게 하고, 切削抵抗과 切削速度의 곱으로 표시되는 切削動力을 줄이기 위해서이다.

이와 같이 직선왕복운동을 이용한 절삭가공 工作機械에는 平削機(planer), 形削機(shaper), slotter, broaching machine 및 齒車切削機(gear cutting machine) 등이 있다. 이들 공작기계의 原動力도 電動機에서 얻게 되며, 이 전동기의 회전운동을 여러 가지 변속기구를 통하여 변속하고, planer에서는 行程이 일정할 때 최종 회전축의 회전수는 往復回數의 倍數로 되고, shaper 및 slotter 등의 소형 공작기계에서는 최종 회전축의 회전수와 왕복 횟수가 같은 경우가 많다.

L〔m〕을 공작물 또는 절삭공구의 행정, n을 분당 왕복 횟수, f〔mm/stroke〕를 절삭 행정당 이송량이라 하면 절삭면적 Q〔mm^2/min〕는

$$Q=1000\,L\cdot n\cdot f \qquad (5-30)$$

가 되며, 이송량 f를 일정히 하고 $1000f = C(=\text{const.})$로 놓으면

$$Q = C \cdot L \cdot n \tag{5-31}$$

이 된다.

왕복 횟수 n_{i-1} 때의 절삭면적을 Q_{i-1}이라 하고 $n > n_{i-1}$의 관계라 하면 작업 능력의 감소량은

$$Q - Q_{i-1} = C \cdot L \cdot n - C \cdot L \cdot n_{i-1} = C \cdot L(n - n_{i-1}) \tag{5-32}$$

와 같이 표시되고, 작업 능력의 감소율 Φ_Q는

$$\Phi_Q = \frac{Q - Q_{i-1}}{Q} = \frac{C \cdot L(n - n_{i-1})}{C \cdot L \cdot n} = 1 - \frac{n_{i-1}}{n} \tag{5-33}$$

로 되며, 왕복 횟수 n_i와 n_{i-1}간의 작업 능력의 최대 감소율 $\Phi_{Q\max}$은

$$\Phi_{Q\max(i,\, i-1)} = 1 - \frac{n_{i-1}}{n_i} \tag{5-34}$$

이 되어 왕복 횟수 구간에서 작업능력 감소율 $\Phi_{Q\max}$을 일정히 하려면, 즉

$$\Phi_{Q\max} = 1 - \frac{n_{i-1}}{n_i} = \text{const.} \tag{5-35}$$

가 되기 위하여는

$$\frac{n_{i-1}}{n_i} = \text{const.} \tag{5-36}$$

의 조건을 요한다. 따라서 식 (5-9) $n_i = n_{i-1} \cdot \varphi$와 같이 왕복 횟수도 等比級數速度列이 되게 하면 식 (5-35)로 표현되는 작업능력 감소율이 일정하게 된다. 이와 같이 왕복 횟수를 등비급수 속도열로 배열하면 최종 회전축의 회전수도 등비급수 속도열이 되며 최종 운동이 회전운동하는 경우와 동일한 결과가 된다.

急速歸還運動의 대표적 기구로서 回轉滑子回轉機構는 slotter에서 이용되고 搖動滑子回轉機構는 shaper에서 사용되며, 후자의 경우 T〔min/rev〕를 1왕복에 요하는 시간, t〔min/stroke〕를 절삭행정에 요하는 시간, t_0〔min/stroke〕를 귀환행정에 요하는 시간이라 하고 $\dfrac{t}{t_0} = m_t$라 하면

$$\begin{aligned} T &= \frac{1}{n} = t + t_0 = m_t \cdot t_0 + t_0 = t_0(m_t + 1) \\ &= t + \frac{t}{m_t} = \frac{(1 + m_t)}{m_t} \cdot t \end{aligned} \tag{5-37}$$

식 (5-37)에서

$$t_0 = \frac{1}{n(m_t + 1)}, \quad t = \frac{m_t}{n(1 + m_t)} \tag{5-38}$$

이며, 평균 절삭속도 V_m은 다음과 같다.

$$V_m = \frac{L}{t} = \frac{1 + m_t}{m_t} \cdot L \cdot n \tag{5-39}$$

공작기계에 따라서 $m_t = \text{const.}$이므로 식 (5-39)는

$$V_m = C \cdot L \cdot n \tag{5-40}$$

과 같이 되어 식 (5-1) $V=\frac{\pi \cdot d \cdot n}{1000}$ 에서와 같은 형태를 취하고 있다.

$V_{m(i)}$와 $V_{m(i-1)}$ 사이의 절삭속도 최대 감소율 $\Phi_{V\max}$은 L이 일정하게 될 때

$$\Phi_{V\max}=\frac{V_{m(i)}-V_{m(i-1)}}{V_{m(i)}}=1-\frac{V_{m(i-1)}}{V_{m(i)}}=1-\frac{C \cdot L \cdot n_{i-1}}{C \cdot L \cdot n_i}=1-\frac{n_{i-1}}{n_i} \tag{5-41}$$

로 되어 식 (5-35)에서와 마찬가지로 왕복 횟수는 등비급수 속도열이 됨을 알 수 있다.

搖動滑子回轉機構의 요동 link의 길이를 R〔mm〕, 최대 절삭속도 $V_{\max}$〔m/min〕은

$$V_{\max}=\frac{2\pi \cdot n \cdot R \cdot L}{1000(2R+L)} \tag{5-42}$$

이며, $V_{\min}=0$ 이므로 평균 절삭속도 V_m은

$$V_m=\frac{V_{\max}+V_{\min}}{2}=\frac{V_{\max}+0}{2}=\frac{V_{\max}}{2}=\frac{\pi R}{1000(2R+L)} \cdot L \cdot n \tag{5-43}$$

이 된다.

〔8〕 移送速度列

旋盤, drilling machine, milling machine 등의 공작기계에서 주축 1회전에 대한 이송거리 f〔mm/rev〕, 주축회전수 n〔rpm〕, 시간 t〔min〕 동안의 가공폭 l〔mm〕 사이의 관계는 다음과 같다.

$$l=n \cdot f \cdot t \tag{5-44}$$

단위시간의 작업량(절삭폭) Q〔mm/min〕는

$$Q=\frac{l}{t}=n \cdot f \tag{5-45}$$

가 되며, $(n \cdot f)_i>(n \cdot f)>(n \cdot f)_{i-1}$의 구간에서 작업량의 최대 감소율 $\Phi_{Q\max}$은 다음과 같다.

$$\Phi_{Q\max(i,\,i-1)}=\frac{Q_i-Q_{i-1}}{Q_i}=1-\frac{Q_{i-1}}{Q_i}=1-\frac{(n \cdot f)_{i-1}}{(n \cdot f)_i} \tag{5-46}$$

$\Phi_{Q\max}=\text{const.}$가 되기 위하여는 $\frac{(n \cdot f)_{i-1}}{(n \cdot f)_i}=\text{const.}$이어야 하므로 $(n \cdot f)$가 等比級數速度列이어야 한다. 즉,

$$\frac{(n \cdot f)_{i-1}}{(n \cdot f)_i}=\text{const.}=\frac{n_{i-1}}{n_i} \cdot \frac{f_{i-1}}{f_i}=\frac{1}{\varphi} \cdot \frac{1}{\varphi_f} \tag{5-47}$$

이때 φ_f는 移送公比이며, $\varphi_f=\varphi^E$ 또는 $\varphi_f=\sqrt[E]{\varphi}$ 의 관계로 표시할 수 있고 φ가 작을 때에는 $\varphi_f=\varphi$인 경우도 있다.

최소 이송 거리 : $f_1=f_{\min}$, 최대 이송 거리 : $f_z=f_{\max}$, 移送段數 : z_f라 할 때 移送域比(feed-range ratio) B_f는 다음과 같다.

$$B_f=\frac{f_z}{f_1}=\frac{f_{\max}}{f_{\min}} \tag{5-48}$$

$f_z = f_1 \cdot \varphi_f^{z_f - 1}$ 이 되므로

$$B_f = \frac{f_z}{f_1} = \frac{f_1 \cdot \varphi_f^{z_f-1}}{f_1} = \varphi_f^{z_f-1}$$

로 표시할 수 있어

$$\varphi_f = \sqrt[z_f-1]{B_f} \tag{5-49}$$

식 (5-49)에서 $(z_f - 1)\log\varphi_f = \log B_f$로 되어 段數 z_f는 다음과 같다.

$$z_f = 1 + \frac{\log B_f}{\log\varphi_f} = \frac{\log(B_f \cdot \varphi_f)}{\log\varphi_f} \tag{5-50}$$

主軸回轉數와 마찬가지로 移送速度를 표준화하기 위하여는 이송구동기구인 이송나사의 pitch, pinion의 직경과 잇수 등을 표준속도에 맞게 선택하여야 하며, Table 5-5는 독일의 이송표준규격(DIN 803)을 보여 준다.

Table 5-5 독일 이송〔mm/rev〕 표준규격(DIN 803)

$\varphi_f=1.12$	$\varphi_f=1.25$	$\varphi_f=1.4$			$\varphi_f=1.6$	$\varphi_f=2$		
1	1		1		1		1	
1.12				11.2				
1.25	1.25	0.125				0.125		
1.4			1.4					
1.6	1.6			16	1.6			16
1.8		0.18						
2	2		2				2	
2.24				22.4				
2.5	2.5	0.25			2.5	0.25		
2.8			2.8					
3.15	3.15			31.5				31.5
3.55		0.355						
4	4		4		4		4	
4.5				45				
5	5	0.5				0.5		
5.6			5.6					
6.3	6.3			63	6.3			63
7.1		0.71						
8	8		8				8	
9				90				
10	10	1			10	1		

〔9〕 主軸回轉數, 行程數 및 移送거리의 選定法

설계자는 속도범위, 속도단수 및 공비를 정한 다음 gear box의 설계에 들어간다. radial drilling machine 등과 같이 가공재질 및 직경이 다양한 공작기계에서는 광범위한 속도범위가 필요

하고, 최적 속도에 근접한 속도를 필요로 하는 경우에는 段數가 많은 미세한 速度列이 좋다. 이와 같이 단수를 많게 하면 자연히 공작기계는 高價로 제작된다. 주축속도와 관계없이 이송이 이루어지는 milling machine에서는 주축속도의 공비를 크게 하고, 이송속도의 공비는 작게 택하는 것이 좋다. 결론적으로 최적 속도를 택하는 것을 중요시하면서 공작기계가 너무 高價로 되는 것을 원하지 않을 경우에는, 가공재질과 직경 범위를 적게 하고 미세한 速度列을 택하는 것이 좋다.

齒車驅動 공작기계에서 주축의 최저 회전수 : n_1, 최대 회전수 : n_z, 단수 : z, 回轉數域比 : B_r, 공비 : φ라 하면

$$B_r=\frac{n_z}{n_1}=\frac{n_1\cdot\varphi^{z-1}}{n_1}=\varphi^{z-1}$$

$$\log B_r=(z-1)\log\varphi \qquad (5-51)$$

가 되며, Fig. 5-9는 표준공비를 취할 때 B_r, z, φ의 상호관계도로서 구동장치에 알맞은 공비의 선정에 편리하게 이용된다.

속도범위, 단수 및 공비의 결정과 함께 齒車의 치수 결정, 공간 계산, 조작기구 계산 및 배치 등을 정함으로써 驅動裝置가 정해지는 것이다.

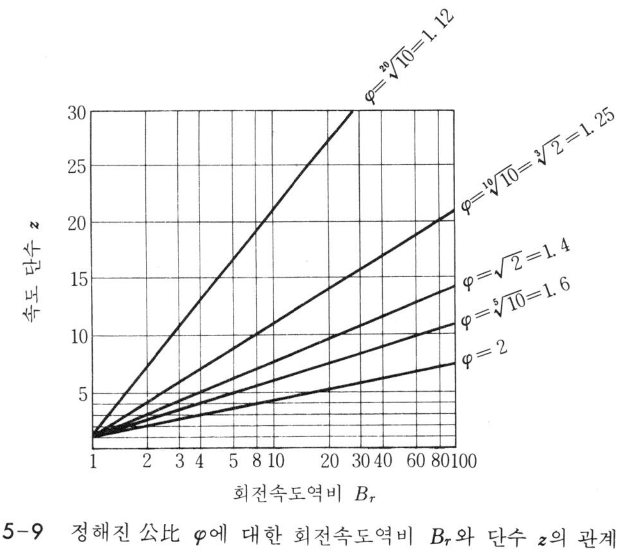

Fig. 5-9 정해진 公比 φ에 대한 회전속도역비 B_r와 단수 z의 관계

공비 φ와 속도단수 z의 개략적 현황은 다음과 같다.

① 일반 공작기계 : $\varphi=1.25\,(\Phi_{vm}=10\%)$, $1.4\,(\Phi_{vm}=15\%)$

② 다량 생산용 공작기계 : $\varphi=1.12\,(\Phi_{vm}=5\%)$, $1.25\,(\Phi_{vm}=10\%)$

이 공비는 자동선반, drilling machine, boring machine 및 치차절삭기 등에도 많이 사용된다.

③ radial drilling machine, universal milling machine, 대형선반에서와 같이 φ가 작고 속도역비가 큰 것이 필요한 경우에는, 속도단수를 줄여서 치차구동장치의 복잡화 및 대형화를

피하기 위하여 極數變換 2速電動機를 채용하고 있다.

④ 속도단수는 部分驅動의 조합으로 구성되므로 因數分解되어야 한다. 따라서 속도단수 z= 2, 3, 4, 6, 8, 9, 12, 16, 18, 24, 27, 32, 36과 같이 정하는 것이 좋다. 즉

$$z=2^{E_1}\cdot 3^{E_2} \tag{5-52}$$

이때 E_1 및 E_2는 正의 整數이다.

주로 쓰이는 속도단수 z는 3, 4, 6, 8, 12, 18, 24, 36이다.

〔10〕 段 車 驅 動

전에는 主軸 및 移送軸에 전적으로 belt가 사용되어 왔으나 현재는, 齒車驅動裝置의 발달에 의하여 거의 치차구동으로 치환되었다. 그러나 아직도 主軸驅動에서는 적어도 1개소 이상에서 belt식 段車를 사용하고 있는데, 사용 여부는 다음의 장단점을 고려하여 정한다.

〔장점〕

① 軸間거리가 멀 때 편리하다.

② 軸間거리를 임의로 선정할 수 있다.

③ 過負荷시에 belt의 미끄럼으로 안전장치의 역할을 한다.

④ 振動과 소음이 적다.

⑤ 負荷의 변동이 완화된다.

〔단점〕

① 선정한 속도비의 변화가 있을 수 있다.

② 强力·高速度 전달이 곤란하다.

③ belt의 張力에 의하여 bearing의 수명이 단축된다.

④ 공작기계 내부에서 공간을 많이 차지한다.

belt에는 平belt와 V-belt가 있으며, 平belt를 사용하는 데에도 velt와 pulley(段車)에 凹凸이 있어 마찰력을 증가시키는 방법이 있다. 本章에서는 平belt의 구동에 의한 變速에 국한해서 설명하고자 한다.

(1) 緊張pulley를 사용하는 경우

Fig. 5-10과 같이 Ⅰ軸에는 폭이 넓은 pulley 1개를 사용하고 Ⅱ軸에는 4段 pulley를 사용하는 예를 들어 각 직경과 公比關係를 설명한다.

$$\pi\cdot d\cdot n_0=\pi\cdot d_1\cdot n_1 \quad \therefore\ n_1=n_0\cdot\frac{d}{d_1}$$

$$\pi\cdot d\cdot n_0=\pi\cdot d_2\cdot n_2 \quad \therefore\ n_2=n_0\cdot\frac{d}{d_2}$$

$$\vdots \qquad n_3=n_0\cdot\frac{d}{d_3}$$

$$n_4=n_0\cdot\frac{d}{d_4}$$

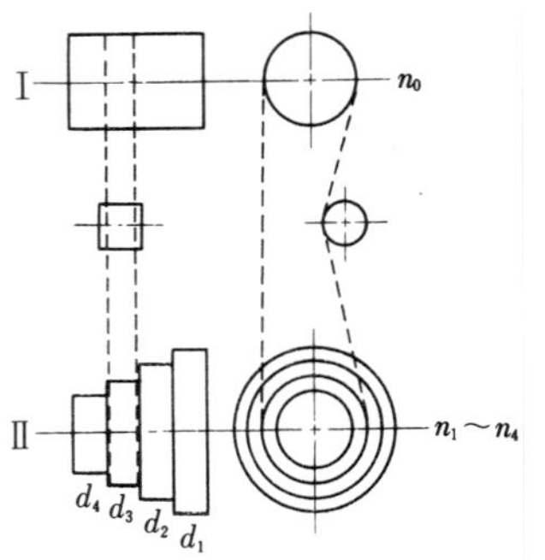

Fig. 5-10

윗식에서

$$\frac{n_2}{n_1}=\frac{d_1}{d_2},\ \frac{n_3}{n_2}=\frac{d_2}{d_3},\ \frac{n_4}{n_3}=\frac{d_3}{d_4}$$

그런데 Ⅱ軸의 회전수 $n_1 \sim n_4$가 등비급수열로서 공비를 φ라 하면

$$\frac{d_1}{d_2}=\frac{d_2}{d_3}=\frac{d_3}{d_4}=\varphi \tag{5-53}$$

와 같이 되므로 工作機械設計條件에 맞는 최소 직경 d_1, 최대 직경 d_z 및 段數를 정하면 各段의 pulley 직경이 계산된다.

(2) 한 쌍의 pulley를 사용하는 경우

Fig. 5-11에서는 Ⅰ軸의 pulley와 Ⅱ軸의 pulley 직경을 각각 d_1, d_2, d_3, d_4 ; d_1', d_2', d_3', d_4'라 하고 Ⅰ軸(主動軸)의 회전수를 n_0〔rpm〕라 한다.

平行걸기 belt에서 Fig. 5-12에서와 같이 軸間거리를 A라 하고, Ⅰ軸에 있는 pulley의 직경을 d_i, Ⅱ軸에 있는 pulley의 직경을 d_i', belt의 길이를 L_i라 하면

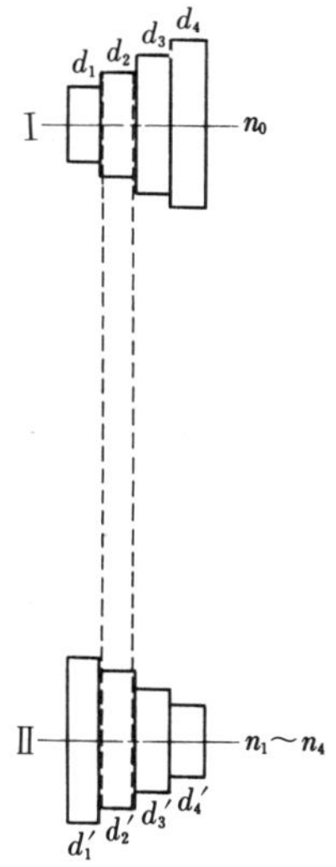

Fig. 5-11 단차변속기구

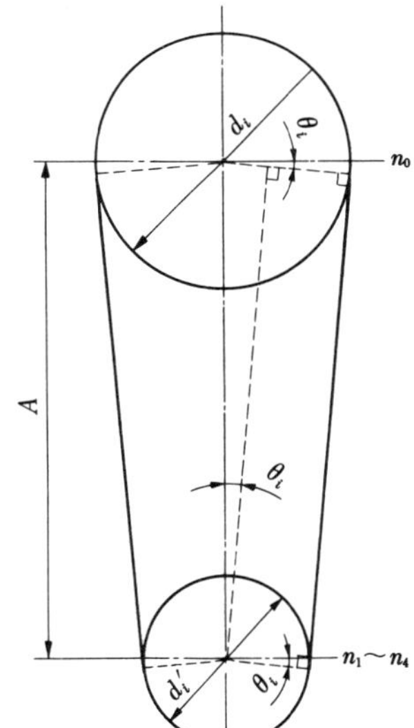

Fig. 5-12

$$\begin{aligned} L_i &= (\pi+2\theta_i)\cdot\frac{d_i}{2}+(\pi-2\theta_i)\cdot\frac{d_i'}{2}+2A\cdot\cos\theta_i \\ &= \frac{\pi}{2}(d_i+d_i')+\theta_i\cdot(d_i-d_i')+2A\cdot\cos\theta_i \end{aligned} \tag{5-54}$$

로 된다.

$$\sin\theta_i=\frac{|d_i-d'_i|}{2}\Big/A=\frac{|d_i-d'_i|}{2A} \tag{5-55}$$

식 (5-55)에서 $A \geq (8\sim10)\cdot|d_i-d'_i|$의 조건일 때 pulley 구동에 의한 변속이 원활하게 된다.

식 (5-55)에서 $\theta_i \fallingdotseq 0$일 때 $\theta_i \cdot (d_i - d'_i) \fallingdotseq 0$가 되어 식 (5-54)는 다음과 같이 된다.

$$L_i = \frac{\pi}{2}(d_i + d'_i) + 2 \cdot A \tag{5-56}$$

식 (5-56)에서 $L_i = \text{const.}$, $A = \text{const.}$일 때 $d_i + d'_i = \text{const.}$가 되며, $\frac{2}{\pi}(L_i - 2A) = d_i + d'_i = s$

$$\therefore\ d_1 + d'_1 = d_2 + d'_2 = d_3 + d'_3 = d_4 + d'_4 = s \tag{5-57}$$

Fig. 5-11에서

$$\pi \cdot d_1 \cdot n_0 = \pi \cdot d'_1 \cdot n_1 \qquad \therefore\ \frac{d'_1}{d_1} = \frac{n_0}{n_1}$$

$$\pi \cdot d_2 \cdot n_0 = \pi \cdot d'_2 \cdot n_2 \qquad \frac{d'_2}{d_2} = \frac{n_0}{n_2}$$

$$\vdots \qquad \frac{d'_3}{d_3} = \frac{n_0}{n_3}$$

$$\frac{d'_4}{d_4} = \frac{n_0}{n_4}$$

로 되며, $n_1 \sim n_4$가 등비급수 속도열로서 공비가 φ라 하면 각 pulley의 직경은 다음과 같다.

$$\left.\begin{aligned}
&\frac{d'_1}{d_1} = \frac{s - d_1}{d_1} = \frac{n_0}{n_1} && \therefore\ d_1 = s \cdot \frac{1}{1 + \frac{n_0}{n_1}} \\
&\frac{d'_2}{d_2} = \frac{s - d_2}{d_2} = \frac{n_0}{n_2} && \therefore\ d_2 = s \cdot \frac{1}{1 + \frac{n_0}{n_2}} = s \cdot \frac{1}{1 + \frac{n_0}{n_1 \cdot \varphi}} \\
&\frac{d'_3}{d_3} = \frac{s - d_3}{d_3} = \frac{n_0}{n_3} && \therefore\ d_3 = s \cdot \frac{1}{1 + \frac{n_0}{n_3}} = s \cdot \frac{1}{1 + \frac{n_0}{n_1 \cdot \varphi^2}} \\
&\frac{d'_4}{d_4} = \frac{s - d_4}{d_4} = \frac{n_0}{n_4} && \therefore\ d_4 = s \cdot \frac{1}{1 + \frac{n_0}{n_4}} = s \cdot \frac{1}{1 + \frac{n_0}{n_1 \cdot \varphi^3}} \\
&\frac{d'_1}{d_1} = \frac{d'_1}{s - d'_1} = \frac{n_0}{n_1} && \therefore\ d'_1 = s \cdot \frac{1}{1 + \frac{n_1}{n_0}} \\
&\frac{d'_2}{d_2} = \frac{d'_2}{s - d'_2} = \frac{n_0}{n_2} && \therefore\ d'_2 = s \cdot \frac{1}{1 + \frac{n_2}{n_0}} = s \cdot \frac{1}{1 + \frac{n_1 \cdot \varphi}{n_0}} \\
&\frac{d'_3}{d_3} = \frac{d'_3}{s - d'_3} = \frac{n_0}{n_3} && \therefore\ d'_3 = s \cdot \frac{1}{1 + \frac{n_3}{n_0}} = s \cdot \frac{1}{1 + \frac{n_1 \cdot \varphi^2}{n_0}} \\
&\frac{d'_4}{d_4} = \frac{d'_4}{s - d'_4} = \frac{n_0}{n_4} && \therefore\ d'_4 = s \cdot \frac{1}{1 + \frac{n_4}{n_0}} = s \cdot \frac{1}{1 + \frac{n_1 \cdot \varphi^3}{n_0}}
\end{aligned}\right\} \tag{5-58}$$

pulley의 직경이 등비급수열로 되어 있으며 공비를 φ'라 하고, 主動軸 I 과 從動軸 II에 있는 pulley가 동일하다면 각 pulley의 직경은 다음과 같다.

$$\left.\begin{array}{l}\text{주동축 pulley 직경}: d_1, \quad d_1\cdot\varphi', \quad d_1\cdot\varphi'^2, \quad d_1\cdot\varphi'^3 \\ \text{종동축 pulley 직경}: d_1\cdot\varphi'^3, \quad d_1\cdot\varphi'^2, \quad d_1\cdot\varphi', \quad d_1\end{array}\right\} \tag{5-59}$$

이때 종동축의 회전수는 각각

$$n_0\cdot\frac{d_1}{d_1\cdot\varphi'^3}=n_0\cdot\frac{1}{\varphi'^3},\quad n_0\cdot\frac{d_1\cdot\varphi'}{d_1\cdot\varphi'^2}=n_0\cdot\frac{1}{\varphi'},\quad n_0\cdot\frac{d_1\cdot\varphi'^2}{d_1\cdot\varphi'}=n_0\cdot\varphi',$$

$$n_0\cdot\frac{d_1\cdot\varphi'^3}{d_1}=n_0\varphi'^3 \tag{5-60}$$

로 되며, 최종 속도열의 공비는 φ'^2가 되어 회전수 속도열의 공비 φ와 pulley 직경간의 공비 φ'의 관계는

$$\varphi=\varphi'^2 \text{ 또는 } \varphi'=\sqrt{\varphi} \tag{5-61}$$

와 같다.

회전수 속도열의 공비 $\varphi=1.06$일 때 pulley 직경의 공비 $\varphi'=\sqrt{1.06}=1.03$으로 되어 이웃段과의 직경차가 너무 작기 때문에 belt가 자유자재로 옮겨지므로 $\varphi=1.06$은 사용할 수 없다.

Fig. 5-13과 같은 back gear를 사용하면 主軸의 속도단수와 속도역비 B_r가 倍加된다.

Fig. 5-13(b)에서 lock pin C를 뽑아 주고 back gear를 연결하여 주면 주축 pulley에 전달되는 회전수가 $\frac{z_1}{z_2}\cdot\frac{z_3}{z_4}$로 감속되어 주축에 低速域의 회전수가 얻어진다. back gear를 분리하고 lock pin C를 밀어 넣으면 pulley와 주축이 일체로 되어 pulley의 회전수가 바로 주축의 회전수이다.

belt 驅動에서 belt의 張力, 傳動動力 및 傳動效率에 관하여는 機械要素設計를 참고하기 바란다.

〔11〕 chain 驅動

공작기계의 구동용으로 chain 구동(Fig. 5-14)이 많이 사용되는 편은 아니나 低速部分에서 다음과 같은 특성 때문에 사용되는 경우가 있다.

〔장점〕

① 미끄러짐이 없으므로 속도비가 일정하다.

② 초기 장력이 없으므로 bearing의 수명이 길다.

③ 접촉각이 90° 이상이면 되므로 축간 거리의 조정 범위가 크다.

④ chain 길이를 임의로 조정할 수 있다.

⑤ chain의 수명이 길다.

⑥ 열, 습기, 기름에 안전성이 크다.

〔단점〕

① chain 바퀴의 두 축은 정확히 평행하여야 한다.

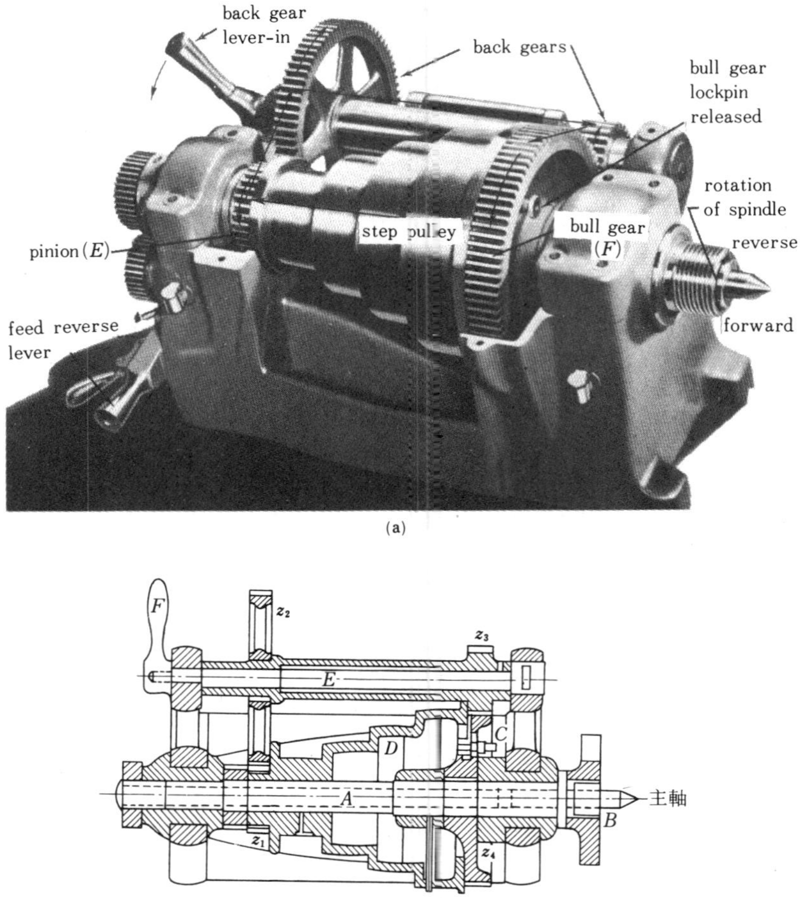

Fig. 5-13 선반 주축의 1단 back gear 장치

Fig. 5-14 chain 구동장치

② 소음과 진동 때문에 고속운전이 곤란하다.

③ 逆回轉을 시킬 때에는 이완측이 긴장측으로 될 때까지 종동축이 운동하지 않고, 충격으로 인하여 chain 연결부의 마멸이 심해진다.

chain과 chain 바퀴의 종류 및 설계법에 관하여는 기계요소설계를 참조하기 바란다.

〔12〕 全齒車驅動

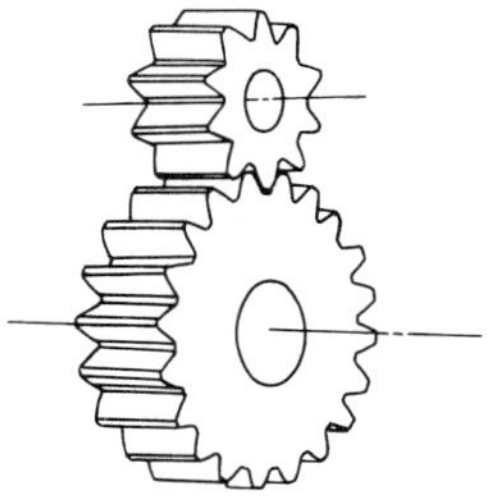

Fig. 5-15

齒車(gear) 구동(Fig. 5-15)을 하면 belt 구동 또는 摩擦車에 의한 구동에서의 결점을 다음과 같이 보완할 수 있다.

① 정확한 회전비가 얻어진다.

② 회전속도비를 크게 할 수 있다.

③ 구동장치에 소요되는 공간을 줄일 수 있다.

(1) 2軸間의 變速

평행한 2개의 축에서 주동축의 회전수가 일정할 때 종동축에서 필요한 회전수를 얻는 방법에는 單列 gear식, clutch식, sliding식, spring key식 및 Norton식 등이 있다.

單列 gear식(pick off gear type)은 Fig. 5-16과 같이 속도변환을 할 때 한 쌍의 gear를 교체하는 속도변환 구동장치로서, 조작이 번거롭기 때문에 같은 회전수로 오랫동안 운전하는 turret 선반, 자동선반 등 외에는 권장할 방법이 못된다.

clutch식 변속 gear열은 Fig. 5-17에서와 같이 주동축 Ⅰ에는 gear가 고정되어 있고 종동축 Ⅱ에서 gear a' 및 b'가 空轉하도록 되어 있다. 필요한 회전에 따라 clutch를 gear a' 또는 b'에 연결시켜 주면 spline key상에 있는 clutch와 함께 회전하게 된다. clutch에는 jaw clutch, cone clutch, disc clutch 및 magnetic clutch 등이 있다.

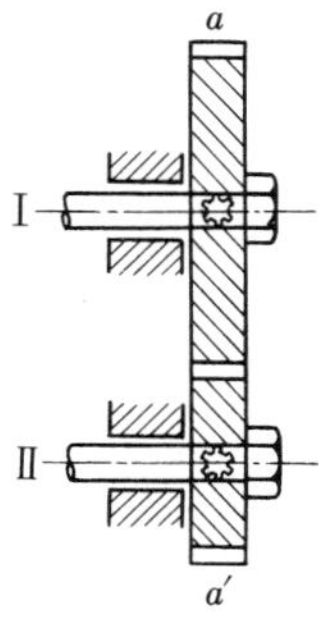

Fig. 5-16 단 열 변 속

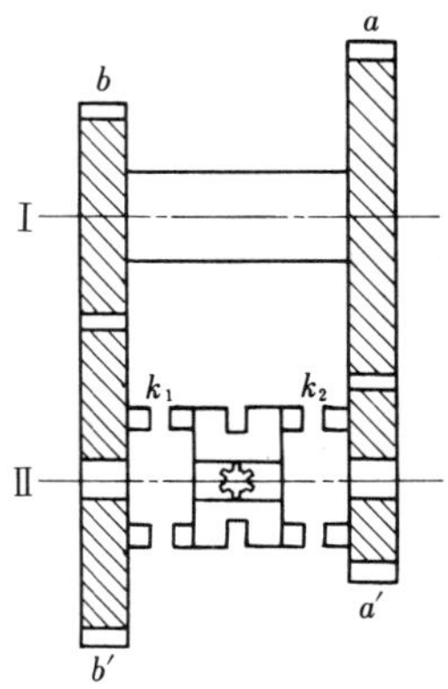

Fig. 5-17 clutch식 변속

sliding 식 변속 gear열은 Fig. 5-18에서와 같이 축 Ⅰ에서는 축과 함께 회전할 수 있도록 gear가 축에 고정되어 있고, 축 Ⅱ에 있는 gear는 spline key에 따라 滑動(sliding)하도록 되어 있다(때로는 Ⅰ軸에서 sliding하고 Ⅱ軸에서 고정될 수도 있다).

Fig. 5-18에서와 같이 3종의 속도변환을 할 경우, 여러 가지의 gear 배열을 생각할 수 있다. 각각의 gear 배열에서 한 쌍의 gear가 연결되기 전에 다른 gear들의 물림이 완전히 제거되어야 한다. 즉, 동시에 두 쌍 이상의 gear 물림이 있게 되면 안 된다. gear의 잇폭이 b_r로서 전부 같으며 gear의 전체 설치폭을 b라 할 때 이들 관계는 Fig. 5-18에서와 같이 배열 방식에 따라 다르다.

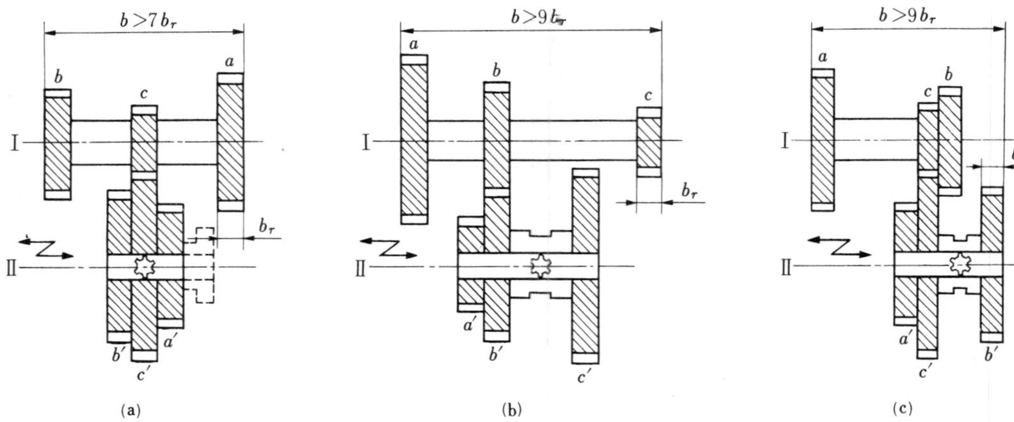

Fig. 5-18 sliding식 변속

Fig. 5-18(b)에서와 같이 어떤 gear a'가 다른 gear b 위를 통과해야 할 때가 있다. 이들의 접촉을 피하기 위해서는 축간 거리를 A라 할 때

$$(2r'_a+2m)+(2r_b+2m)\leq 2A$$

$$(r'_a+m)+(r_b+m)\leq A \text{(기구학에서 齒 높이와 module의 관계 참조)} \qquad (5-62)$$

의 관계를 만족시켜야 한다. 이때 r'_a와 r_b는 gear a' 및 gear b의 pitch원의 반경을 나타내며, m은 이들 gear의 module이다.

그런데

$$r_b+r'_b=A \qquad (5-63)$$

식 (5-62)와 식 (5-63)에서

$$r'_a+r_b+2m\leq r_b+r'_b$$

$$\therefore\ r'_b-r'_a\geq 2m \qquad (5-64)$$

齒數를 z라 하면 module의 정의에 의하여

$$\frac{2r'_a}{z'_a}=\frac{2r'_b}{z'_b}=m$$

$$r'_a=\frac{z'_a\cdot m}{2},\quad r'_b=\frac{z'_b\cdot m}{2}$$

$$\therefore\ \frac{z'_b\cdot m}{2}-\frac{z'_a\cdot m}{2}\geq 2m$$

$$z'_b-z'_a\geq 4 \qquad (5-65)$$

가 된다. 식 (5-65)에 의하면 gear b'와 gear a'의 齒數差는 4개 이상이어야 한다는 것을 알 수 있다.

spring key식 변속 gear열은 Fig. 5-19에서와 같이 I축에서는 모든 gear가 축에 고정되어 있고 II축상의 gear는 空轉하도록 하고 spring key의 이동에 의하여 II축을 회전시키기 위한 gear를 선정한다. 이 방식의 채용은 구조가 약하여 큰 동력 전달에는 부적합하다.

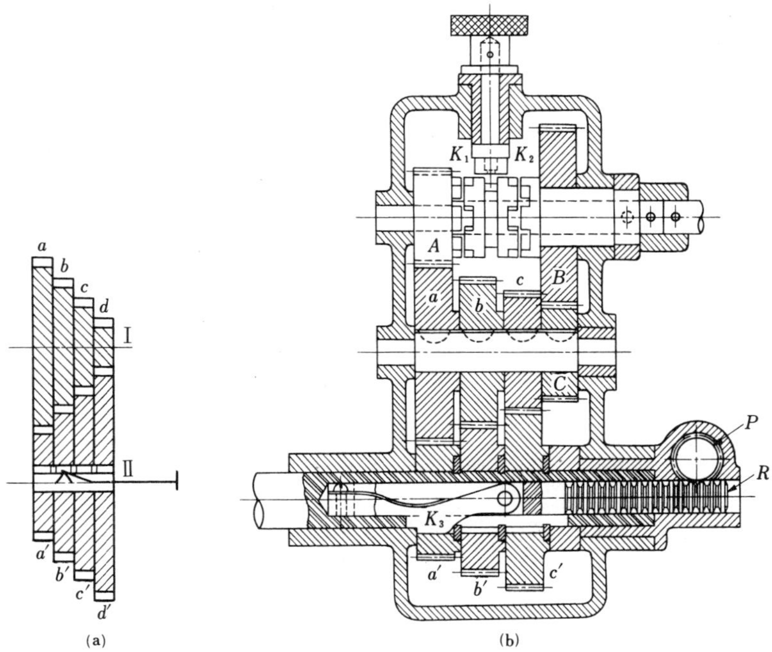

Fig. 5-19 spring key식 변속

spring key식 변속기구는 주로 공작기계의 移送機構에 쓰이며, spring key K_3를 옮기는 수단은 pinion P와 나사봉 R를 이용한다.

Norton식 변속 gear열은 Fig. 5-20에서와 같이 I축에 많은 gear를 고정하고 II축에는 축방향으로 sliding할 수 있는 gear f와 중간 gear e가 있어 I축의 회전을 II축에 전달한다. handle H를 상하로 작동한 후 sliding시키고 gear 연결을 한 다음 handle을 홈에 넣어서 회전전달중 gear의 sliding을 막는다. 이 방식은 공작기계의 주축변속에 많이 채용된다.

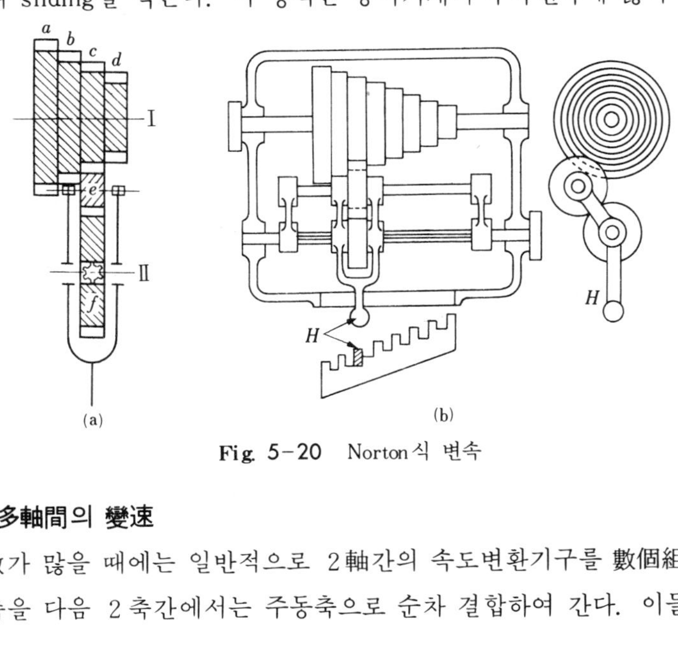

Fig. 5-20 Norton식 변속

(2) 3軸 및 多軸間의 變速

속도열의 段數가 많을 때에는 일반적으로 2軸간의 속도변환기구를 數個組로 조합하여 처음 2축간의 종동축을 다음 2축간에서는 주동축으로 순차 결합하여 간다. 이들 조합구동의 속도

Table 5-6　부분구동의 각종 조합법

조합구동 속도열단수	부분구동의 각종 조합			최소 gear 수
4	2×2	—	—	8
6	3×2	2×3	—	10
8	2×2×2	—	—	12
	4×2	2×4	—	12
9	3×3	—	—	12
10	5×2	2×5	—	14
12	3×2×2	2×3×2	2×2×3	14
	4×3	3×4	—	14
	6×2	2×6	—	16
15	5×3	3×5	—	16
16	2×2×2×2	—	—	16
	4×2×2	2×4×2	2×2×4	16
	4×4	—	—	16
18	3×3×2	3×2×3	2×3×3	16
	6×3	3×6	—	18

열단수, 부분구동의 조합 및 최소 gear 수를 표시하면 Table 5-6과 같다.

Fig. 5-21은 2단 2조(총 4단)의 속도변환 gear열로서 각 변환 gear 열의 조합특성을 사용 목적에 따라 채용한다.

Fig. 5-21(a), (b)의 2단 2조 변속 gear열에서 gear는 8개가 필요하며, 배열 방식에 따라 장치의 폭에 차이가 있다. Fig. 5-21(c)에서는 gear수가 7개, Fig. 5-21(d)에서는 gear수가 6개이다. Fig. 5-21(c)는 Fig. 5-21(b)에서 gear a'와 gear c를 1개로 하여 공통으

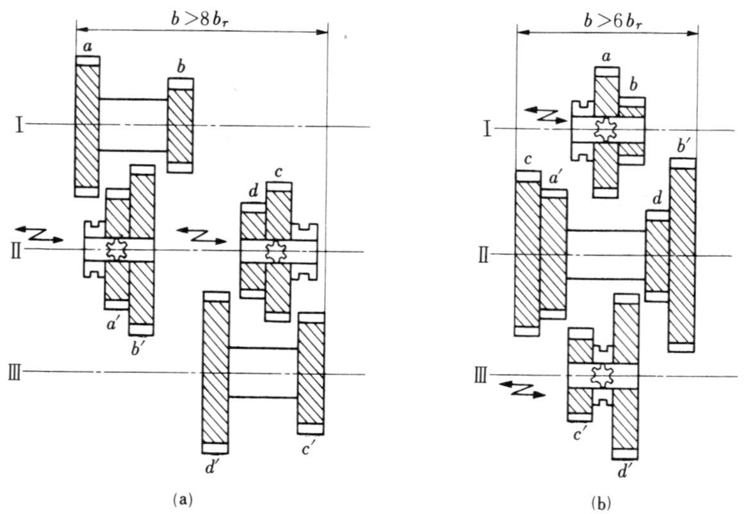

(a)　　(b)

Fig. 5-21(계속)

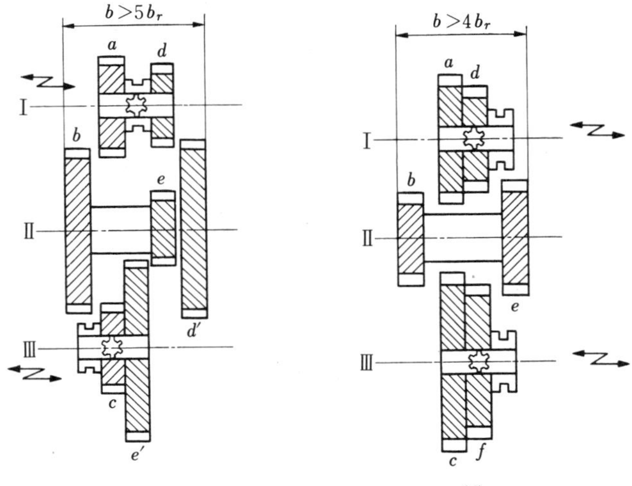

Fig. 5-21 2단 2조 변속 gear열

로 사용하게 한 것이며, Fig. 5-21(c)에서 gear d'와 gear e를 공통으로 사용하면 Fig. 5-21(d)와 같은 변속 gear열이 된다.

Fig. 5-22는 3단 2조(총 9단)의 속도변환 gear열로서 3중 구속을 하기 때문에 6단은 원하는 등비급수속도열을 얻을 수 있으나 나머지 3단은 등비급수에서 이탈하게 된다.

Fig. 5-23은 2단변속 gear와 back gear의 조합을 보이며, $(a\rightarrow a')\rightarrow$축 Ⅱ, $(b\rightarrow b')\rightarrow$축 Ⅱ, $(a\rightarrow a')\rightarrow(c'\rightarrow c)\rightarrow(d\rightarrow d')\rightarrow$축 Ⅱ, $(b\rightarrow b')\rightarrow(c'\rightarrow c)\rightarrow(d\rightarrow d')\rightarrow$축 Ⅱ와 같이 4단의 속도가 얻어진다. back gear는 회전수차가 큰 다단변속기구에 쓰이는 경우가 많다.

Fig. 5-24는 3쌍의 gear로 4단의 속도를 얻는 방법으로서 Fig. 5-23에서 gear b와 c, gear b'와 c'를 각각 공통으로 사용한 경우라 할 수 있다. $(a\rightarrow a')\rightarrow$축 Ⅱ, $(c\rightarrow c')\rightarrow$축 Ⅱ, $(a\rightarrow a')\rightarrow(c'\rightarrow c)\rightarrow(b\rightarrow b')\rightarrow$축 Ⅱ, $(b\rightarrow b')\rightarrow$축 Ⅱ와 같은 속도열이 되며 등비급수 속도열로 할

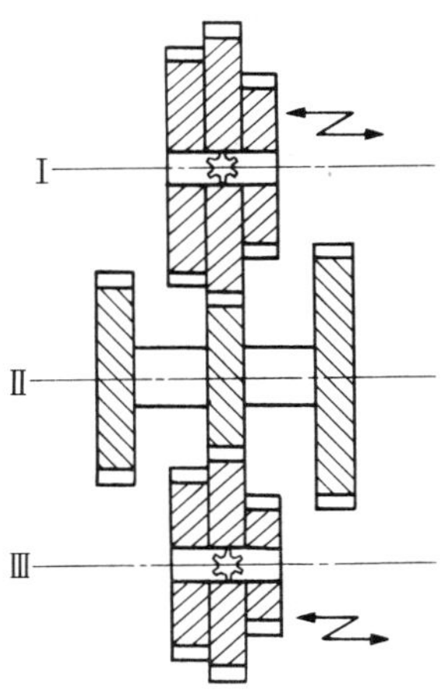

Fig. 5-22 3단 2조 변속 gear열

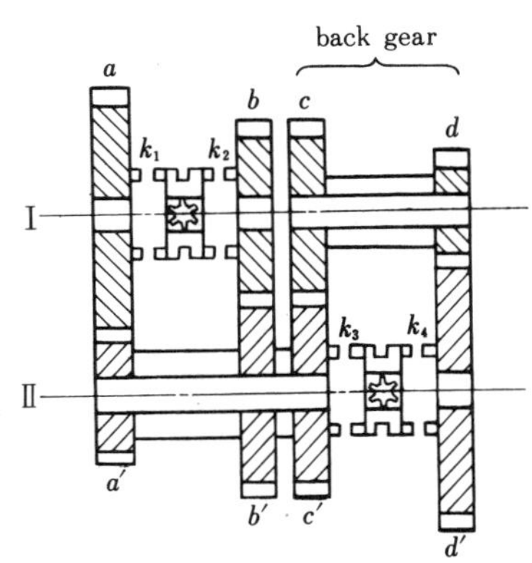

Fig. 5-23 2단 변속 gear와 back gear의 조합

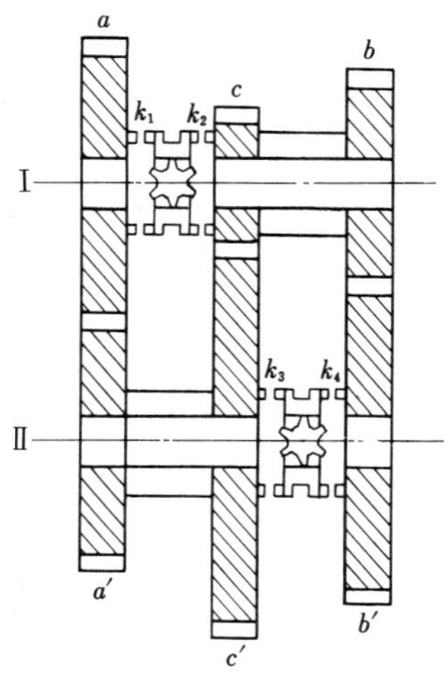

Fig. 5-24 3쌍의 gear에 의한 4단속도 변속 gear열

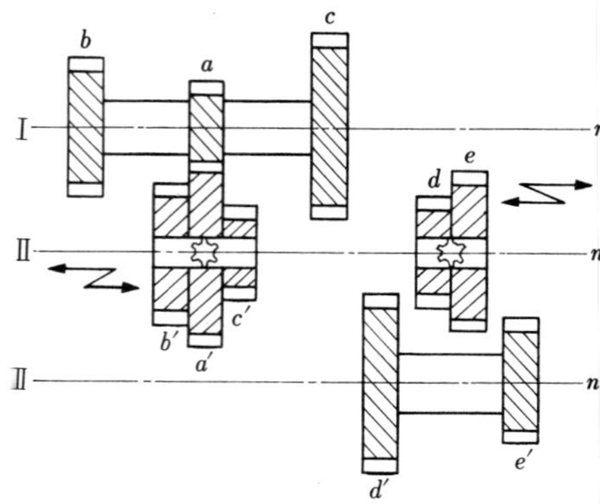

Fig. 5-25 3축 6단 변속gear열

수 있다.

(3) 速度比의 構成

수개의 부분구동을 조합하여 등비급수 속도열을 구성할 때 각 부분구동의 속도열이 등비급수가 되어야 한다. 속도변환치차에서 최종 속도열의 회전수와 原動軸의 회전수와의 비를 總速度比 i라 하고 이 회전수를 얻는 데 이용된 부분구동의 부분속도비가 u_1, u_2, u_3,…일 때

$$i=u_1 \cdot u_2 \cdot u_3 \cdot \cdots \tag{5-66}$$

의 관계가 성립되며, 부분구동 속도열과 최종 속도열이 등비급수 속도열로 되어 있다면 이들 회전수들은 모두 공비 1.06인 수열에 포함된다. 즉, 총속도비 i는 $(1.06)^k$으로 표시할 수 있다.

이때 $i<1$이 될 때를 i를 降速度比라 하고, $i>1$이 될 때 i를 昇速度比라 한다. 이들 총속도비에 대한 성격을 알아보기 위하여 Fig. 5-25와 같은 3축 6단(=3×2)인 경우를 예로 들어본다. 6단의 총속도비를 각각 i_1, i_2, i_3, i_4, i_5 및 i_6라 하고, 부분속도비를 u_1, u_2, u_3 및 u_1', u_2'라 하면

$$u_1=\frac{a}{a'},\ u_2=\frac{b}{b'},\ u_3=\frac{c}{c'},\ u_1'=\frac{d}{d'},\ u_2'=\frac{e}{e'}$$

의 관계가 성립하고, 속도비의 크기에 따라 각각의 총속도비가

$$\begin{aligned} i_1&=\frac{a}{a'}\cdot\frac{d}{d'}=u_1\cdot u_1',\ i_2=\frac{b}{b'}\cdot\frac{d}{d'}=u_2\cdot u_1',\ i_3=\frac{c}{c'}\cdot\frac{d}{d'}=u_3\cdot u_1' \\ i_4&=\frac{a}{a'}\cdot\frac{e}{e'}=u_1\cdot u_2',\ i_5=\frac{b}{b'}\cdot\frac{e}{e'}=u_2\cdot u_2',\ i_6=\frac{c}{c'}\cdot\frac{e}{e'}=u_3\cdot u_2' \end{aligned} \tag{5-67}$$

로 된다면

$$\frac{i_2}{i_1}=\frac{i_5}{i_4}=\frac{u_2}{u_1}=\varphi_1,\ \ \frac{i_3}{i_2}=\frac{i_6}{i_5}=\frac{u_3}{u_2}=\varphi_2$$

의 관계가 도출된다. 그런데 $i_1 \sim i_6 (i_1 < i_2 < \cdots < i_6)$은 공비 φ인 등비급수 속도열이므로 $\varphi_1 = \varphi_2$가 되어야 하며,

$$\frac{i_2}{i_1} = \frac{i_3}{i_2} = \frac{i_4}{i_3} = \frac{i_5}{i_4} = \frac{i_6}{i_5} = \varphi \tag{5-68}$$

가 된다.

제 1 부분 구동의 속도비에서는 공비가 φ이고, 제 2 부분 구동에서는 $i_i = \frac{n_{\mathrm{III}i}}{n_{\mathrm{I}}} = \frac{n_{\mathrm{III}1} \cdot \varphi^{i-1}}{n_{\mathrm{I}}} = i_1 \cdot \varphi^{i-1}$의 관계에 의하여 $\frac{i_4}{i_1} = \frac{i_5}{i_2} = \frac{i_6}{i_3} = \varphi^3$으로 되므로 공비 φ^3인 등비급수열이 된다. 일반적으로 2조의 속도열이 조합될 때 일부의 속도비가 φ이면 타부분의 속도비는 φ^k의 등비급수가 되며, 이때 k는 前部分驅動의 단수를 표시한다.

공작기계의 주축구동용 gear群에서는 gear tooth의 간섭에 의한 진동 또는 gear box의 불균형 등을 고려하여 부분속도비 u_i는 다음 범위로 하는 것을 원칙으로 한다.

$$\frac{1}{4} \leq u_i \leq \frac{2}{1} \left(\text{helical gear 에서는 } \frac{2.5}{1}\right) \tag{5-69}$$

이송용 gear群에서는 부분속도비 u_i의 범위는 다음과 같다.

$$\frac{1}{5} \leq u_i \leq \frac{2.8}{1} \tag{5-70}$$

식 (5-69), (5-70)으로부터 부분구동에서 부분속도비비의 최대값은 다음과 같다.

$$\left.\begin{aligned} &\text{주축의 경우} \quad \left(\frac{u_{i\max}}{u_{i\min}}\right)_{\max} = 2 \div \frac{1}{4} = 8 \\ &\text{이송의 경우} \quad \left(\frac{u_{i\max}}{u_{i\min}}\right)_{\max} = 2.8 \div \frac{1}{5} = 14 \end{aligned}\right\} \tag{5-71}$$

(4) 系統線圖

계통선도는 회전운동의 傳動系統과 部分驅動의 속도비의 크기를 표시하는 선도로서 앞에서 열거한 속도열의 기본원칙을 적용하여 구동장치를 새로 설계할 경우에 그 합리적 구성을 결정하기 위하여 사용된다.

회전속도와 공비 사이에는 $\frac{n_i}{n_{i-1}} = \varphi$에서

$$\log n_i - \log n_{i-1} = \log \varphi \tag{5-72}$$

의 관계가 있으므로 인접회전수의 對數값의 차는 $\log \varphi$로서 일정하며 대수눈금에서 등간격이 된다.

Fig. 5-26(a)는 Fig. 5-25의 gear열에 대한 계통선도로서 축수와 같은 수의 등간격의 수평선을 긋고, 각 수평선에는 대수눈금으로 등간격($\log \varphi$)의 수직선을 긋는다. 최초의 축 I은 회전수 n_{I}만의 점이고, 최후의 축 III에는 공비가 φ인 6종($n_{\mathrm{III}1}$, $n_{\mathrm{III}2}, \cdots n_{\mathrm{III}6}$)이 표시된다. 축 II에는 공비 φ인 3개의 회전수($n_{\mathrm{II}1}$, $n_{\mathrm{II}2}$, $n_{\mathrm{II}3}$)가 표시되며

제 1 부분 구동에서는

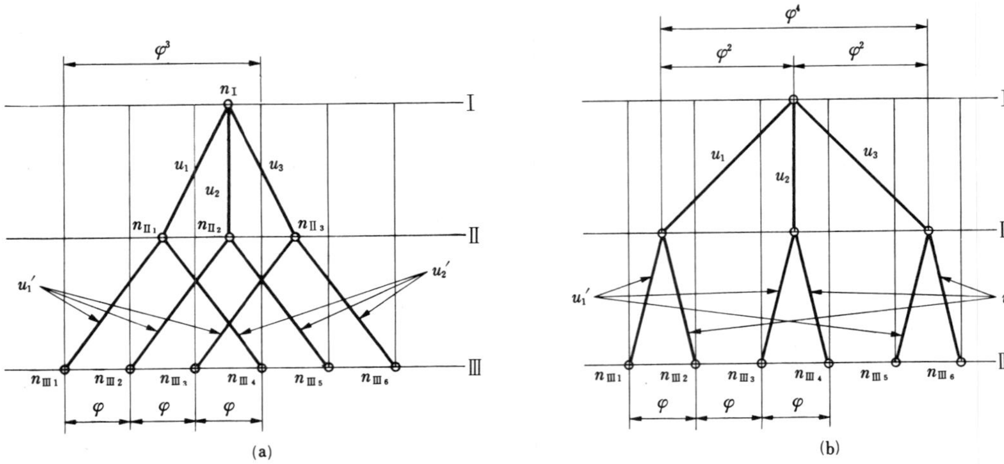

Fig. 5-26　Fig. 5-25의 속도열에 대한 계통선도

$$\frac{u_{max}}{u_{min}}=\frac{u_3}{u_1}=\frac{i_3}{i_1}=\frac{i_1\cdot\varphi^{3-1}}{i_1}=\varphi^2$$

제 2 부분 구동에서는

$$\frac{u'_{max}}{u'_{min}}=\frac{u_2'}{u_1'}=\frac{i_6}{i_3}=\frac{i_3\cdot\varphi^{6-3}}{i_3}=\varphi^3$$

과 같이 된다.

Fig. 5-26(b)는 Fig. 5-25의 속도열에 대한 다른 계통선도이며, 제 1 부분 구동에서는 인접한 부분속도비를 φ^2의 등비급수 속도열로 하고, 제 2 부분 구동에서는 공비 φ의 등비급수열로 구성한 것이다.

제 1 부분 구동에서는

$$\frac{u_{max}}{u_{min}}=\frac{u_3}{u_1}=\varphi^4$$

제 2 부분 구동에서는

$$\frac{u'_{max}}{u'_{min}}=\frac{u_2'}{u_1'}=\varphi$$

가 된다.

Fig. 5-26(a)와 같은 구동계통에서는 제 2 부분 구동에서 최대와 최소의 부분속도비의 비가 φ^3으로서, 지수 3은 제 1 부분 구동의 속도비의 수를 표시하나, Fig. 5-26(b)에는 이런 규칙이 적용되지 않는다.

6단, 8단 및 9단에 대한 가능한 계통선도(일명 Germar 계통선도)를 소개하면 Fig. 5-27과 같고, 12단변속 gear의 계통선도는 Fig. 5-28과 같다.

(5) 速度線圖

계통선도에 실제의 회전수를 나타냄으로써 부분속도비와 속도열의 階段과의 관계를 표시한 것이 속도선도이며, 일명 회전수선도라고도 한다.

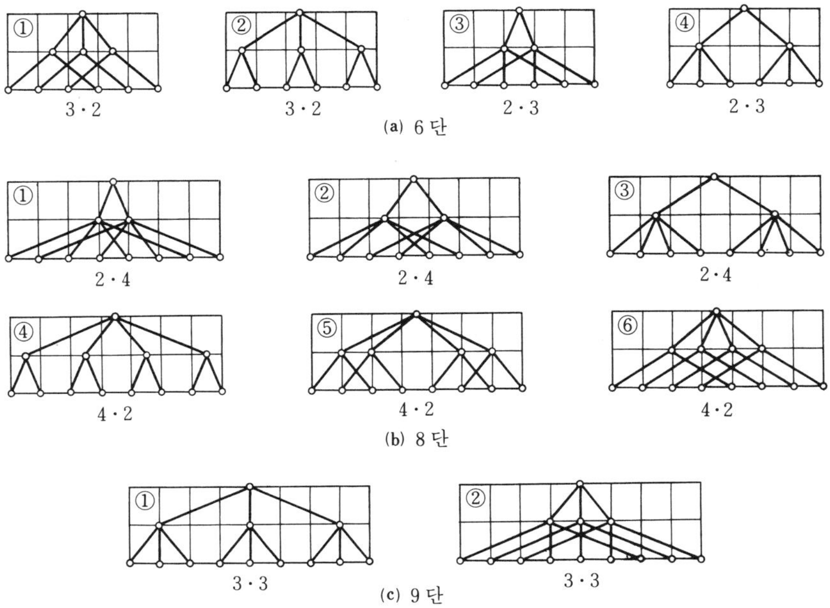

Fig. 5-27 6 단, 8 단 및 9 단의 계통선도(Germar 선도)

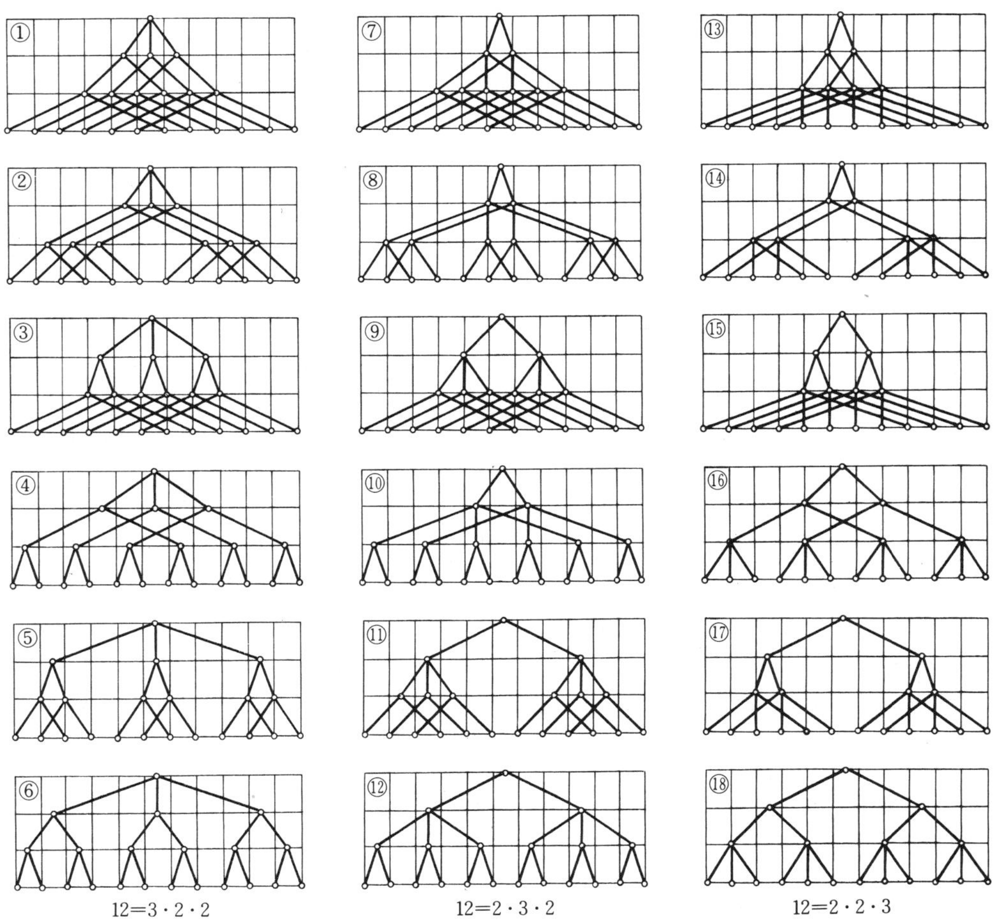

Fig. 5-28 12단 변속의 계통선도(Germar 선도)

계통선도인 Fig. 5-26에서는 선도상의 점은 $\log n_i$이고 점간의 간격은 $\log \varphi$였으나, 속도선도인 Fig. 5-29에서는 선도상의 점은 n_i이고 점간의 간격은 φ로 표시된다. 각 축에는 실제의 회전수를 표시하기 때문에 계통선도와 같이 대칭이 되지 않고 회전수에 따라 偏在하게 되며, 부분속도비가 1일 때에는 垂直線이 된다.

요컨대 계통선도가 조건에 맞는 gear 장치의 구성법을 보여 주는 데 대하여 속도선도는 특정 gear 장치의 속도열 및 부분속도비의 절대값을 보여 준다.

Fig. 5-29는 Fig. 5-25의 계통선도인 Fig. 5-26에 공비 $\varphi=1.26$, $n_{\min}=450$ rpm, $n_{\max}=1400$ rpm의 조건에 대한 속도선도이다. Fig. 5-29(a)의 부분속도비비의 최대치는

제 1 부분 구동에서

$$\frac{u_{\max}}{u_{\min}}=\frac{u_3}{u_1}=\varphi^2=(1.26)^2=1.6$$

제 2 부분 구동에서

$$\frac{u'_{\max}}{u'_{\min}}=\frac{u_2'}{u_1'}=\varphi^3=(1.26)^3=2$$

와 같으며, 총속도비 $i_1 \sim i_6$는 다음과 같다.

$$i_1=u_1\cdot u_1'=\frac{1}{1.6}\cdot\frac{1}{2}=\frac{1}{3.2}$$

$$i_2=u_2\cdot u_1'=\frac{1}{1.26}\cdot\frac{1}{2}=\frac{1}{2.52}$$

$$i_3=u_3\cdot u_1'=\frac{1}{1}\cdot\frac{1}{2}=\frac{1}{2}$$

$$i_4=u_1\cdot u_2'=\frac{1}{1.6}\cdot\frac{1}{1}=\frac{1}{1.6}$$

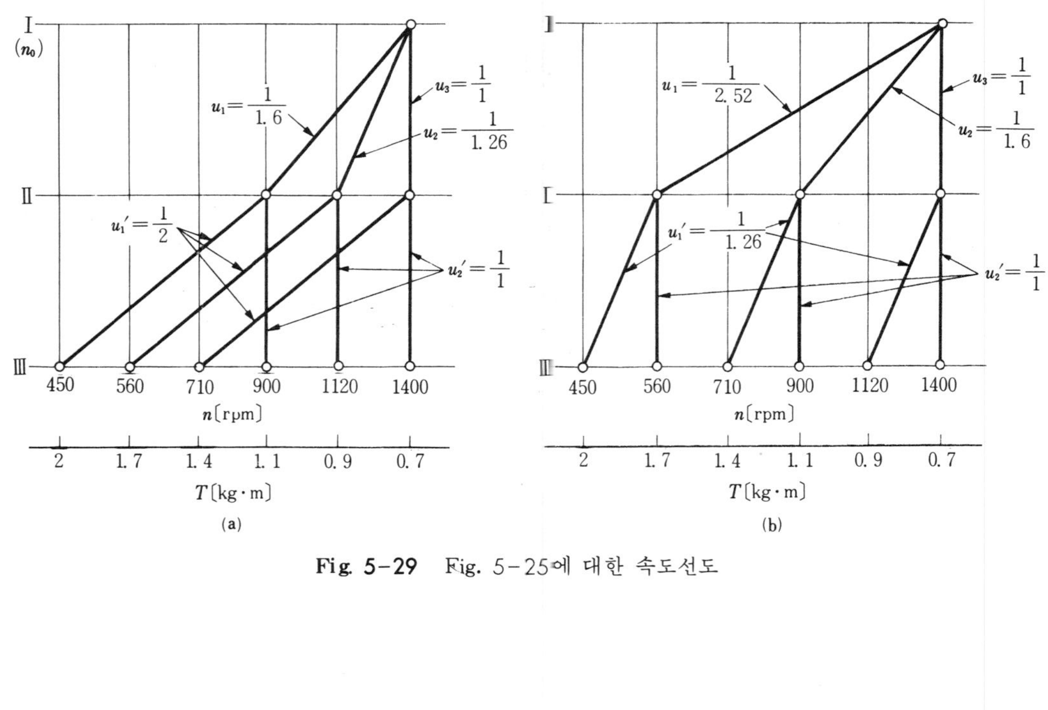

Fig. 5-29　Fig. 5-25에 대한 속도선도

$$i_5 = u_2 \cdot u_2' = \frac{1}{1.26} \cdot \frac{1}{1} = \frac{1}{1.26}$$

$$i_6 = u_3 \cdot u_2' = \frac{1}{1} \cdot \frac{1}{1} = 1$$

번거로움을 피하기 위하여 $n_{\text{III}i}$ 대신 n_i, n_{I} 대신 n_0 사용하면

$$i_i = \frac{n_i}{n_0} = \frac{n_1 \cdot \varphi^{i-1}}{n_0} = i_1 \cdot \varphi^{i-1} \text{에서}$$

$$n_i = n_1 \cdot \frac{i_i}{i_1} \tag{5-73}$$

와 같이 된다.

$$\therefore\ n_1 = 450\,\text{rpm},\quad n_2 = 450 \times \left(\frac{1}{2.52} \Big/ \frac{1}{3.2}\right) = 576\,\text{rpm}$$

그런데 Table 5-4의 표준회전수 규격에서 576 rpm 대신 560 rpm을 택한다. 같은 방법으로 n_3, n_4, n_5, n_6를 계산한 다음 Table 5-4의 표준회전수에서 근사값을 택하면 Fig. 5-29에 표시된 회전수가 된다.

Fig. 5-29(b)에서 부분속도비의 최대치는

제 1 부분 구동에서

$$\frac{u_{\max}}{u_{\min}} = \frac{u_3}{u_1} = \varphi^4 = (1.26)^4 = 2.52$$

제 2 부분 구동에서

$$\frac{u'_{\max}}{u'_{\min}} = \frac{u_2'}{u_1'} = \varphi = 1.26$$

와 같고, 총속도비 $i_1 \sim i_6$는 다음과 같다.

$$i_1 = u_1 \cdot u_1' = \frac{1}{2.52} \cdot \frac{1}{1.26} = \frac{1}{3.2}$$

$$i_2 = u_1 \cdot u_2' = \frac{1}{2.52} \cdot \frac{1}{1} = \frac{1}{2.52}$$

$$i_3 = u_2 \cdot u_1' = \frac{1}{1.6} \cdot \frac{1}{1.26} = \frac{1}{2}$$

$$i_4 = u_2 \cdot u_2' = \frac{1}{1.6} \cdot \frac{1}{1} = \frac{1}{1.6}$$

$$i_5 = u_3 \cdot u_1' = \frac{1}{1} \cdot \frac{1}{1.26} = \frac{1}{1.26}$$

$$i_6 = u_3 \cdot u_2' = \frac{1}{1} \cdot \frac{1}{1} = 1$$

회전수는 식 (5-73)에 의하여 계산하거나 $n_i = n_1 \cdot \varphi^{i-1}$에서 직접 계산한 후 Table 5-4에 있는 표준회전수에서 선택하면 된다.

구동장치에서 어느 축(축 I, II 또는 축 III)의 회전수를 알면 다른 축에 대한 회전수의 절대치를 계산하여 정할 수 있다.

동력이 일정할 때 동력 N〔kW〕, torque T〔kg·m〕와 회전수 n〔rpm〕 사이의 관계식에서

$$102\,N = T \cdot \frac{2\pi \cdot n}{60}$$

$$T = 974\frac{N}{n} \qquad (5-74)$$

이 얻어지며, Fig. 5-25의 구동계통에서 동력 $N=1$kW라 하면 각 회전속도에 대한 구동 torque T는 Fig. 5-29에 표시된 것과 같다.

각 부분속도비의 차와 각 gear의 전달 torque가 크지 않을 때에는 이들 gear의 pitch와 치폭은 같은 값으로 할 수 있다. 그러나 어느 특정 gear의 전달 torque가 다른 gear에 비하여 클 때에는 gear의 치수(寸數)를 크게 하여야 하며 구동장치가 자연히 크게 된다. Fig. 5-29 (a)에서는 제 2부분 구동에서 부분속도비 $u_1'=\frac{1}{2}$로 속도비가 최대이므로 축 Ⅲ에서 3개의 최저 속도가 되는 부분의 gear 한 쌍만을 강력하게 만들면 되나, Fig. 5-29(b)에서는 제 1부분 구동의 부분속도비 $u_1=\frac{1}{2.52}$로 속도비가 최대이므로 세 쌍의 gear를 강력하게 해야 한다. 따라서 Fig. 5-29(a)와 Fig. 5-29(b) 중에서 전자의 구성이 유리하다는 것을 알 수 있다.

(6) 齒數의 결정

주동축에 있는 gear의 pitch원 직경, 치수를 각각 d_i, z_i, 종동축의 것을 d_i', z_i'라 하고 양축간 거리를 A라 할 때 spur gear群의 module $m\left(=\frac{d}{z}\right)$이 같으면

$$\frac{d_i}{2}+\frac{d_i'}{2}=A \text{에서 } d_i+d_i'=2A$$

$$\therefore\ 2A=d_i+d_i'=m\cdot z_i+m\cdot z'_i=(z_i+z_i')\cdot m$$

$$\therefore\ z_i+z'_i=\frac{2A}{m}=s_z=\text{const.} \qquad (5-75)$$

이때 $i=1, 2, 3, \cdots$으로서 驅動 gear쌍을 나타낸다.

부분속도비(총속도비 i_i로 간주할 수 있음) $u_i=\frac{z_i}{z'_i}$와 식 (5-75)에서

$$z_i=\frac{u_i}{1+u_i}\cdot s_z$$

$$z_i'=\frac{1}{1+u_i}\cdot s_z \qquad (5-76)$$

가 되며, 식 (5-76)은 u_i와 s_z가 주어질 때 齒數를 정해 주는 식이다. s_z는 최소 공배수(k)에 의하여 다음과 같이 정한다.

$u_i=\frac{z_i}{z_i'}=\frac{a_i}{b_i}$로 놓으면 $\left(\frac{a_i}{b_i}\text{는 既約分數임}\right)$ 식 (5-76)은 다음과 같이 된다.

$$z_i=\frac{a_i}{a_i+b_i}\cdot s_z$$

$$z'_i=\frac{b_i}{a_i+b_i}\cdot s_z \qquad (5-77)$$

z_i와 z'_i는 整數이며, z_i와 z'_i가 정수가 되기 위하여는 s_z는 (a_i+b_i)의 倍數가 되며, $s_{z\min}$

은 a_1+b_1, a_2+b_2,…의 최소 공배수가 된다. $s_{z\min}$에 의하여 정해지는 齒數가 최소 허용치수보다 적으면 $s_{z\min}$에 배수 E를 곱하여 다음과 같이 치수를 조정한다.

$$z_i=\frac{a_i}{a_i+b_i}\cdot E\cdot s_{z\min}$$

$$z'_i=\frac{b_i}{a_i+b_i}\cdot E\cdot s_{z\min} \tag{5-78}$$

2개의 축상에 있는 spur gear群의 module이 m_i로서 서로 다를 때의 치수는 다음과 같이 정한다.

$$z_i=\frac{2A}{m_i}\cdot\frac{a_i}{a_i+b_i}$$

$$z'_i=\frac{2A}{m_i}\cdot\frac{b_i}{a_i+b_i} \tag{5-79}$$

2개의 축상에 있는 helical gear群의 齒直角 module(m_n)은 모두 같으나 나선각은 상이할 수 있으므로 이것을 β_i로 놓으면

$$A=\frac{m_n\cdot(z_i+z'_i)}{2\cdot\cos\beta_i} \tag{5-80}$$

$$z_i=\frac{2A}{m_n}\cdot\frac{a_i\cdot\cos\beta_i}{a_i+b_i}$$

$$z'_i=\frac{2A}{m_n}\cdot\frac{b_i\cdot\cos\beta_i}{a_i+b_i} \tag{5-81}$$

의 관계를 얻고 $\beta_i=\beta$로서 같은 경우의 치수 계산은 더욱 간편하다.

Table 5-7은 Germar와 Stephan에 의하여 계산된 허용한계를 만족시키는 부분속도비와 표준속도를 얻기 위한 gear의 조합을 보이며, spring key, clutch 및 sliding gear 장치를 갖는 gear群의 齒數를 결정하기 위하여는 Table 5-8을 이용하면 편리하다.

Table 5-7 허용한계를 만족하는 부분속도비와 표준속도를 얻기 위한 **gear**의 조합(DIN 804)

부분속도비 1:	1.12^0 =1	1.12^1 =1.12	1.12^2 =1.25	1.12^3 =1.4	1.12^4 =1.6	1.12^5 =1.8	1.12^6 =2.0	1.12^7 =2.24	1.12^8 =2.5	1.12^9 =2.8	1.12^{10} =3.15	1.12^{11} =3.55	1.12^{12} =4.0
pinion의 치수	gear치수												
16:	16	18	20	23	25	28	32	36	40	45	50 51	56 57 58	63 64
17:	17	19	21	24	27	30	34	38	42 43	48	53 54	60 61	67 68
18:	18	20	23	25	29	32	36	40 41	45 46	50 51	56 57 58	63 64 65	71 72
19:	19	21	24	27	30	34	38	42 43	47 48	53 54	59 60 61	67 68	75 76 77
20:	20	22	25	28	32	36	40	44 45	50 51	56 57	62 63 64	70 71 72	79 80 81
21:	21	24	26	30	33	37	42	47	52 53	58 59 60	66 67	74 75 76	83 84 85
22:	22	25	28	31	35	39	44	49 50	55 56	61 62 63	69 70	77 78 79	88 89
23:	23	26	29	32 33	36 37	41	46	51 52	57 58	64 65 66	72 73 74	81 82 83	91 92 93
24:	24	27	30	34	38	42 43	48	53 54	59 60 61	67 68 69	75 76 77	84 85 86 87	94 95 96 97

Table 5-8 표준 부분속도비에 대한 齒數 및 齒數合(100～109)

부분속도비 1:	1	1.12	1.25	1.4	1.6	1.8	2.0	2.24	2.5	2.8	3.15	3.55	4.0
齒數合	pinion 치수 : gear 치수												
100	50 : 50	47 : 53	44 : 56		39 : 61	36 : 64		31 : 69		26 : 74	24 : 76	22 : 78	20 : 80
101	51 : 50		45 : 56	42 : 59	39 : 62	36 : 65	34 : 67	31 : 70	29 : 72		24 : 77	22 : 79	20 : 81
102	51 : 51	48 : 54	45 : 57	42 : 60		37 : 65	34 : 68		29 : 73	27 : 75			
103	52 : 51			43 : 60	40 : 63	37 : 66		32 : 71		27 : 76	25 : 78		21 : 82
104	52 : 52	49 : 55	46 : 58	43 : 61	40 : 64		35 : 69	32 : 72		27 : 77	25 : 79	23 : 81	21 : 83
105	53 : 52				41 : 64	38 : 67	35 : 70		30 : 75		25 : 80	23 : 82	21 : 84
106	53 : 53	50 : 56	47 : 59	44 : 62	41 : 65	38 : 68		33 : 73	30 : 76	28 : 78		23 : 83	21 : 85
107	54 : 53		47 : 60	44 : 63	41 : 66		36 71	33 : 74		28 : 79	26 : 81		
108	54 : 54	51 : 57	48 : 60	45 : 63	42 : 66	39 : 69	36 72	33 : 75	31 : 77	28 : 80	26 : 82	24 : 84	22 : 86
109	55 : 54	51 : 58	48 : 61	45 : 64	42 : 67	39 : 70		34 : 75	31 : 78		26 : 83	24 : 85	22 : 87

예제 5-1. Fig. 5-30과 같은 속도선도를 갖는 변환 gear群(spur gear)의 치수를 정하라.

(解)

$$i_1=\frac{1}{\varphi^3}=\frac{1}{1.26^3}=\frac{1}{2} \qquad 1+2=3$$

$$i_2=\frac{1}{\varphi^2}=\frac{1}{1.26^2}=\frac{1}{1.58}\doteqdot\frac{7}{11} \qquad 7+11=18$$

$$i_3=\frac{1}{\varphi}=\frac{1}{1.26}=\frac{4}{5} \qquad 4+5=9$$

$$i_4=\frac{1}{\varphi^0}=\frac{1}{1.26^0}=\frac{1}{1} \qquad 1+1=2$$

최소 공배수 $k=18$

$s_{z\min}=k=18$이므로 $z_{\min}=z_1=\dfrac{1}{1+2}\times 18=6$

최소 허용치수를 22라 하면 $E>\dfrac{22}{6}>3$의 관계를 만족시켜야 하므로 $E=4$로 한다. 따라서 $s_z=E\cdot s_{z\min}=4\times 18=72$가 되며 각 치수는 식 (5-78)에 의하면 다음과 같다.

$z_1=24$　　$z_2=28$　　$z_3=32$　　$z_4=36$

$z_1'=48$　　$z_2'=44$　　$z_3'=40$　　$z_4'=36$

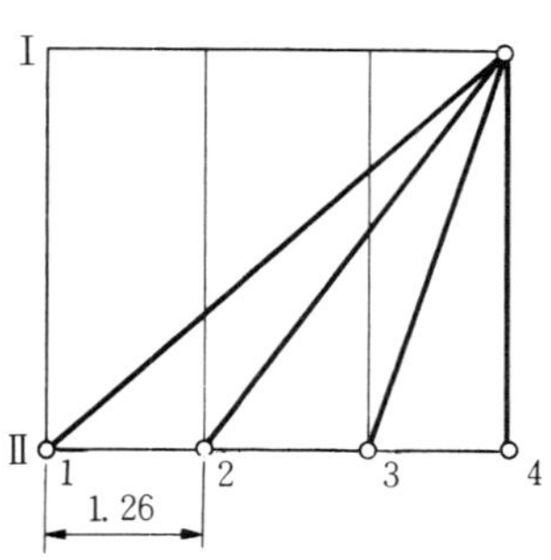

Fig. 5-30

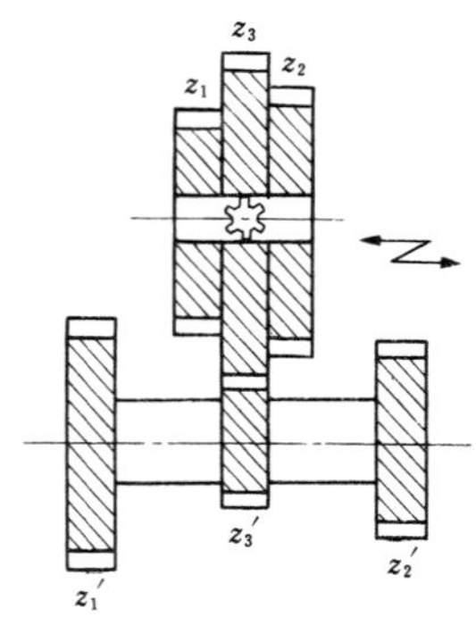

Fig. 5-31

예제 5-2. Fig. 5-31과 같은 3速의 sliding gear群에서 이웃 gear와의 齒數差가 5이고,

속도비 $u_2=\frac{z_2}{z_2'}=\frac{1.4}{1}$, $u_3=\frac{z_3}{z_3'}=\frac{1.8}{1}$이라 할 때 gear齒數를 계산하라(단, $z_1=z_1'=z_0$).

(解)

$$2z_0=z_2+z_2'=z_3+z_3'$$

$$z_3'=z_2'-\varDelta z$$

$$z_3=z_2+\varDelta z$$

의 관계가 있으므로

$$u_3=\frac{z_3}{z_3'}=\frac{z_2+\varDelta z}{z_2'-\varDelta z}=\frac{u_2\cdot z_2'+\varDelta z}{z_2'-\varDelta z}$$

$$z_2'(u_3-u_2)=\varDelta z(u_3+1)$$

$$z_2'=\frac{\varDelta z(u_3+1)}{u_3-u_2}$$

이 된다.

$$\therefore\ z_2'=\frac{5\times(1.8+1)}{1.8-1.4}=35$$

$$z_2=u_2\cdot z_2'=1.4\times 35=49$$

$$z_3'=z_2'-\varDelta z=35-5=30$$

$$z_3=z_2+\varDelta z=49+5=54$$

$$2z_0=(z_2+z_2')=(49+35)=84$$

예제 5-3. milling cutter의 최대 직경 $d_{max}=300$mm, 최소 직경 $d_{min}=20$mm, 최소 절삭속도 $V_{min}=32$m/min, 최대 절삭속도 $V_{max}=90$m/min, 주축회전단수 $z=18$ 및 12인 milling machine의 변속gear 장치를 설계하라.

(解)

$$n_{max}=\frac{1000\cdot V_{max}}{\pi\cdot d_{min}}=\frac{1000\times 90}{\pi\times 20}\fallingdotseq 1400\text{ rpm}$$

$$n_{min}=\frac{1000\cdot V_{min}}{\pi\cdot d_{max}}=\frac{1000\times 32}{\pi\times 300}\fallingdotseq 34\text{ rpm}$$

18단의 경우

$$\varphi_{18}=\sqrt[18-1]{\frac{1400}{34}}\fallingdotseq 1.25$$

Table 5-4의 공비 1.06에서 $n_{min}=34$ rpm에 근접한 35.5 rpm에서 시작하여 3間씩 건너 취하면 공비 1.25인 회전수는 35.5, 45, 56, 71, 90, 112, 140, 180, 224, 280, 355, 450, 560, 710, 900, 1120, 1400(1800)

12단의 경우

$$\varphi_{12}=\sqrt[12-1]{\frac{1400}{34}}\fallingdotseq 1.41$$

Table 5-4의 공비 1.06에서 $n_{min}=34$ rpm에 근접한 31.5 rpm에서 시작하여($n_{max}=1400$ rpm을 고려하여 낮게 취하였음) 5間씩 건너서 취하면 공비 1.41인 회전수는 31.5, 45, 63, 90, 125, 180, 250, 355, 500, 710, 1000, 1400

Fig. 5-32는 18단 또는 12단인 milling machine의 주축구동장치이고, 축 Ⅲ 위의 3-gear block은 逆轉用으로서 역전비는 1 : 1이다. 값이 비싼 spline축의 수를 줄이기 위하여 축 Ⅲ

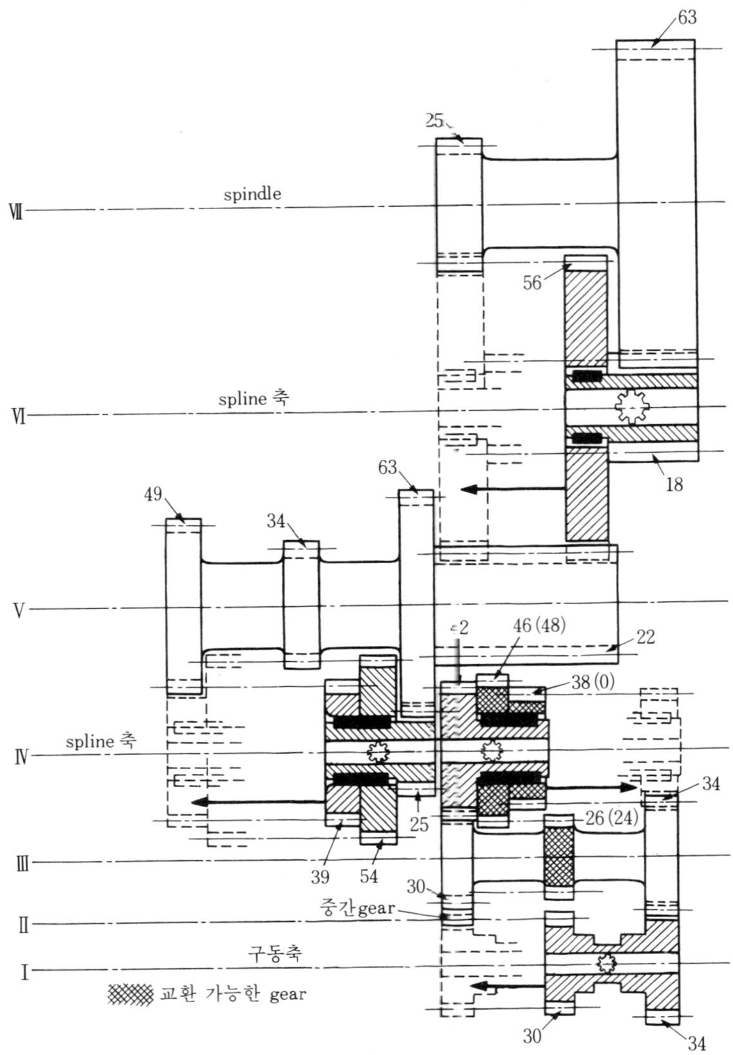

Fig. 5-32 18단 또는 12단인 milling machine의 주축구동장치

과 축 Ⅳ, 축 Ⅳ와 축 Ⅴ의 부분구동을 위한 sliding gear를 축 Ⅳ에 배치하였다. 축 Ⅰ～축 Ⅴ의 속도는 비교적 크므로 동력이 일정하다면 축 사이에 전달되는 torque는 비교적 적어도 된다. 축 Ⅴ와 축 Ⅳ 사이에서 감속이 상당히 크므로 축 Ⅵ과 축 Ⅶ 사이에서의 감속비 한계치 1 : 4를 초과하지 않고 주축(축 Ⅶ)에서 필요한 속도를 얻을 수 있다. 고속에 대한 치수비는 56 : 25=2.24 : 1로서 한계치 2 : 1보다 약간 크나 큰 gear의 직경이 주축에 있는 최대 gear의 직경보다 작으므로 축 Ⅵ의 배치에 충분한 공간을 확보할 수 있다.

Fig. 5-33(a)는 18단 변속gear 장치의 속도선도이고, Fig. 5-33(b)는 12단 변속 gear 장치의 속도선도이다.

18단에 대해서 齒數를 구해 보기로 한다.

축 Ⅲ과 축 Ⅳ 사이에서 종동축의 속도가 주동축 것보다 半間($\sqrt{\varphi}=\sqrt{1.25}=1.12$)이 낮으므로

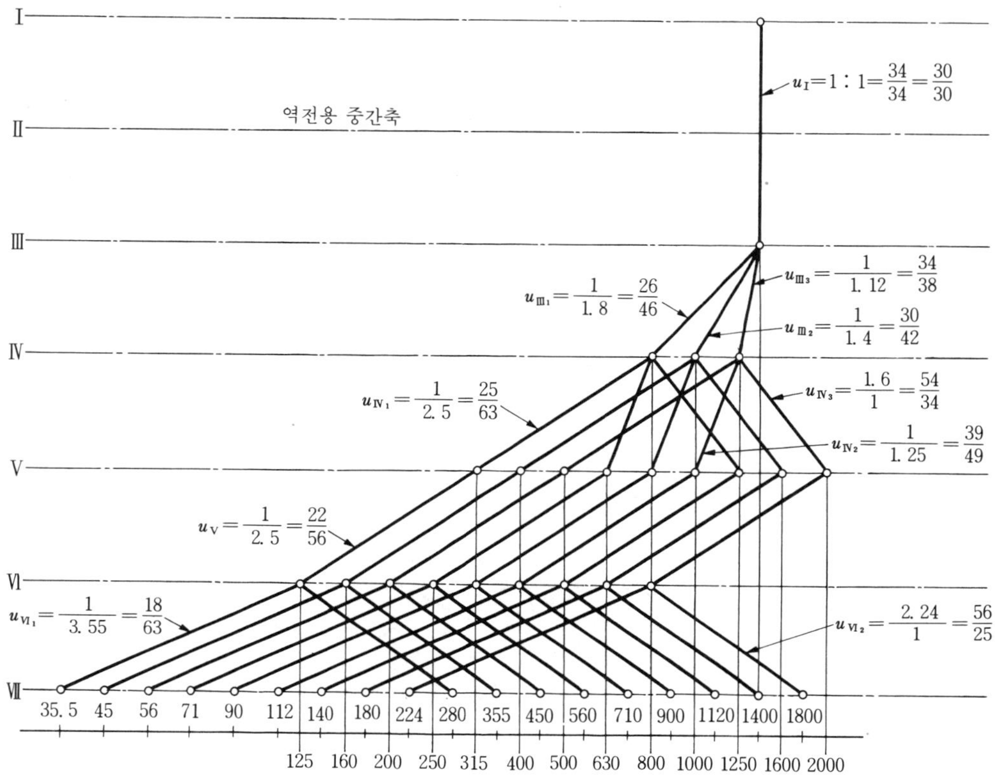

(a) 18단 변속gear 장치의 속도선도

Fig. 5-33(계속)

$$u_{III_3}=\frac{1}{1.12}=\frac{17}{19} \qquad 17+19=36$$

$$u_{III_2}=\frac{1}{1.12\times1.25}=\frac{1}{1.4}\fallingdotseq\frac{5}{7} \qquad 5+7=12$$

$$u_{III_1}=\frac{1}{1.4\times1.25}\fallingdotseq\frac{1}{1.8}\fallingdotseq\frac{5}{9}=\frac{13}{23} \qquad 13+23=36$$

최소 공배수 $k=36$

최소 齒數를 18이라 하면 치수합은 적어도 2×36=72가 되어야 하므로

$$u_{III_3}=\frac{34}{38},\quad u_{III_2}=\frac{30}{42},\quad u_{III_1}=\frac{26}{46}$$

12단〔Fig. 5-33(b)〕에 대하여 축 III과 축 IV 사이에서 주동축의 속도가 종동축에서 $\varphi=1.4$와 $\varphi^2=2$의 비로 감소하므로

$$u_{III_1}=\frac{1}{2} \qquad 1+2=3$$

$$u_{III_2}=\frac{1}{1.4}=\frac{5}{7} \qquad 5+7=12$$

최소 공배수 $k=12$

최소 치수를 18이라 하면 치수합은 적어도 60이 되어야 하므로

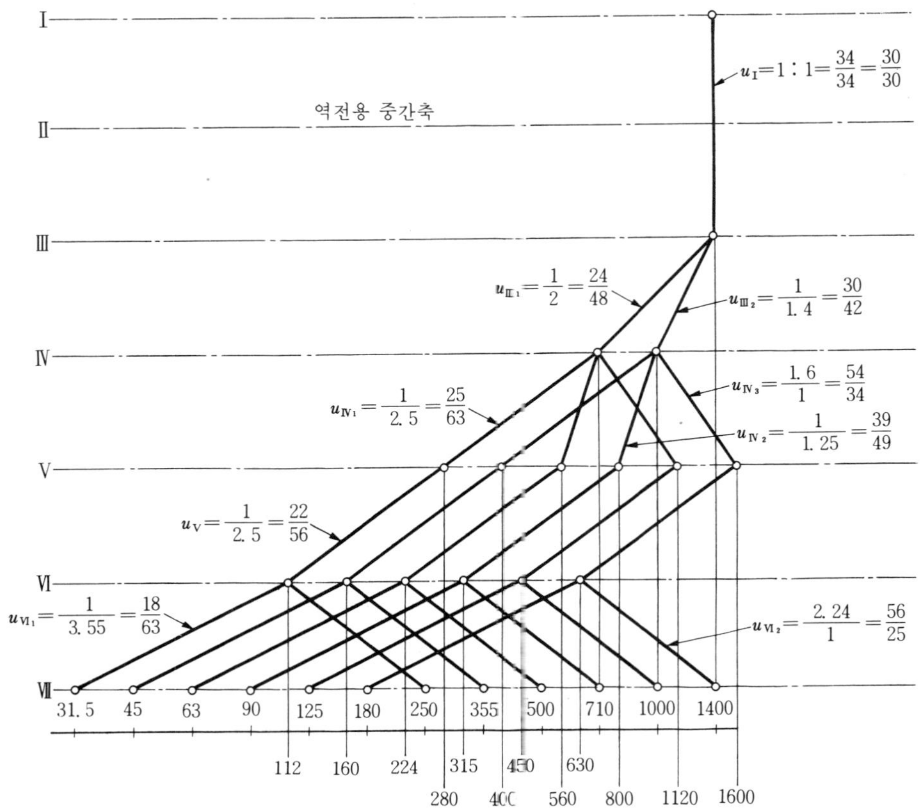

(b) 12단 변속gear 장치의 속도선도

Fig. 5-33 구동장치인 Fig. 5-32의 속도선도

$$u_{III1}=\frac{20}{40}$$

$$u_{III2}=\frac{25}{35}$$

그러나 18단의 구동기구와 호환성을 갖기 위하여는 치수합 60 대신 18단에서와 같이 72를 채용한다.

이상과 같은 방법으로 축 Ⅳ와 축 Ⅴ, 축 Ⅵ과 축 Ⅶ간의 구동gear 치수를 구하거나 Germar Table 5-7과 Table 5-8(전후 연속)에서 찾으면 Table 5-9와 같다.

1-2 無段式 驅動機構

최근의 공작기계에서는 주축 및 이송구동이 계단식에서 무단변속기구로 대치되어 가고 있는 실정이다. 무단변속기구는 段車 및 齒車에서와는 달리 항상 경제적 절삭속도를 유지할 수 있을 뿐 아니라 운전중 조정할 수 있는 장점을 가지고 있다. 단차 및 gear구동에서는 傳動效率

Table 5-9

구동 gear 단수	입력속도 〔rpm〕	총전달비 $u_{III} \cdot u_{IV} \cdot u_{V} \cdot u_{VI}$	출력속도 〔rpm〕	표준속도 〔rpm〕	정확치 〔rpm〕	정확치에 대한 편차 〔%〕
18	1400	$\frac{26}{46}\cdot\frac{25}{63}\cdot\frac{22}{56}\cdot\frac{18}{63}$	35.2	35.5	35.481	−0.8
		$\frac{30}{42}\cdot\frac{25}{63}\cdot\frac{22}{56}\cdot\frac{18}{63}$	44.6	45	44.668	−0.15
		$\frac{34}{38}\cdot\frac{25}{63}\cdot\frac{22}{56}\cdot\frac{18}{63}$	55.8	56	56.234	−0.8
		$\frac{26}{46}\cdot\frac{39}{49}\cdot\frac{22}{56}\cdot\frac{18}{63}$	71	71	70.795	+0.3
		$\frac{30}{42}\cdot\frac{39}{49}\cdot\frac{22}{56}\cdot\frac{18}{63}$	89.5	90	89.125	+0.42
		$\frac{34}{38}\cdot\frac{39}{49}\cdot\frac{22}{56}\cdot\frac{18}{63}$	112	112	112.20	−0.18
		$\frac{26}{46}\cdot\frac{54}{34}\cdot\frac{22}{56}\cdot\frac{18}{63}$	141	140	141.25	−0.18
		$\frac{30}{42}\cdot\frac{54}{34}\cdot\frac{22}{56}\cdot\frac{18}{63}$	178.5	180	177.83	+0.38
		$\frac{34}{38}\cdot\frac{54}{34}\cdot\frac{22}{56}\cdot\frac{18}{63}$	223	224	223.87	−0.4
		$\frac{26}{46}\cdot\frac{25}{63}\cdot\frac{22}{56}\cdot\frac{56}{25}$	276	280	281.84	−2.05*
		$\frac{30}{42}\cdot\frac{25}{63}\cdot\frac{22}{56}\cdot\frac{56}{25}$	350	355	354.81	−1.35
		$\frac{34}{38}\cdot\frac{26}{63}\cdot\frac{22}{56}\cdot\frac{56}{25}$	438	450	446.68	−1.95
		$\frac{26}{46}\cdot\frac{39}{49}\cdot\frac{22}{56}\cdot\frac{56}{25}$	556	560	562.34	−1.15
		$\frac{30}{42}\cdot\frac{39}{49}\cdot\frac{22}{56}\cdot\frac{56}{25}$	702	710	707.95	−0.85
		$\frac{34}{38}\cdot\frac{39}{49}\cdot\frac{22}{56}\cdot\frac{56}{25}$	880	900	891.25	−1.26
		$\frac{26}{46}\cdot\frac{54}{34}\cdot\frac{22}{56}\cdot\frac{56}{25}$	1105	1120	1122	−1.5
		$\frac{30}{42}\cdot\frac{54}{34}\cdot\frac{22}{56}\cdot\frac{56}{25}$	1400	1400	1412.5	−0.9
		$\frac{34}{38}\cdot\frac{54}{34}\cdot\frac{22}{56}\cdot\frac{56}{25}$	1750	1800	1778.3	−1.6
		$\frac{24}{48}\cdot\frac{25}{63}\cdot\frac{22}{56}\cdot\frac{18}{63}$	31.2	31.5	31.623	−0.14
		$\frac{30}{42}\cdot\frac{25}{63}\cdot\frac{22}{56}\cdot\frac{18}{63}$	44.6	45	44.668	−0.15
		$\frac{24}{48}\cdot\frac{39}{49}\cdot\frac{22}{56}\cdot\frac{18}{63}$	62.4	63	63.096	−0.11
		$\frac{30}{42}\cdot\frac{39}{49}\cdot\frac{22}{56}\cdot\frac{18}{63}$	89.5	90	89.125	+0.42
		$\frac{24}{48}\cdot\frac{54}{34}\cdot\frac{22}{56}\cdot\frac{18}{63}$	124.8	125	125.89	−0.87

12	1400	$\frac{30}{42}\cdot\frac{54}{34}\cdot\frac{22}{56}\cdot\frac{18}{63}$	178.5	180	177.83	+0.38
		$\frac{24}{48}\cdot\frac{25}{63}\cdot\frac{22}{56}\cdot\frac{56}{25}$	245	250	251.19	−2.4*
		$\frac{30}{42}\cdot\frac{25}{63}\cdot\frac{22}{56}\cdot\frac{56}{25}$	350	355	354.81	−1.35
		$\frac{24}{48}\cdot\frac{39}{49}\cdot\frac{22}{56}\cdot\frac{56}{25}$	491	500	501.19	−2.02*
		$\frac{30}{42}\cdot\frac{39}{49}\cdot\frac{22}{56}\cdot\frac{56}{25}$	702	710	707.95	−0.85
		$\frac{24}{48}\cdot\frac{54}{34}\cdot\frac{22}{56}\cdot\frac{56}{25}$	980	1000	1000	−2
		$\frac{30}{42}\cdot\frac{54}{34}\cdot\frac{22}{56}\cdot\frac{56}{25}$	1400	1400	1412.5	−0.9

* 공차 ±2%를 약간 초과함

이 0.98 이상인데 대하여 무단변속기구를 이용할 때는 전동 효율이 낮으며, 특히 저속에서 현저히 저하하는 단점도 있다.

무단구동방식에는 機械的 方法, 油壓式 方法 및 電氣的 方法이 있다.

1-2-1　機械的 無段變速機構

기계적 방법은 주로 마찰을 이용하는 방법으로서 절삭가공중 가공물의 직경 변화가 큰 正面旋盤(face lathe), 切斷旋盤(cut-off lathe) 및 drilling machine 등에 주로 사용된다. 일반적으로 변속비가 1 : 10이나, 최근에는 1 : 50 정도에 달하는 것도 있다. 실제에는 필요에 따라 무단변속기구를 2단 또는 3단으로 하거나 gear 변속기구와 병용하는 경우가 많다.

〔1〕 摩擦傳動

Fig. 5-34는 圓板-roller식 마찰전동기구의 일종인데 가죽 또는 특수고무를 붙인 roller B를 주철이나 강으로 된 圓板 A에 눌러대고 반경 x를 임의로 조정한다. 축 II에는 feather key를 사용하거나 spline축을 사용하여 roller B를 축상에서 임의로 滑動할 수 있게 한다.

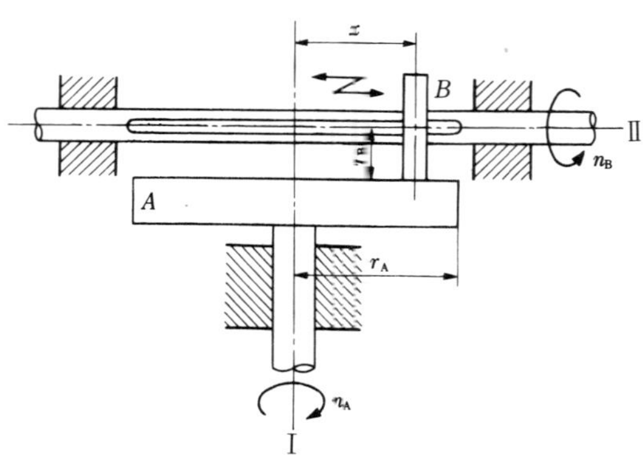

Fig. 5-34　圓板－roller식 마찰전동

축 Ⅰ을 주동축으로 할 때 축 Ⅱ의 속도 n_B는

$$n_B = n_A \cdot \frac{x}{r_B} \qquad (5-82)$$

이고, 축 Ⅱ를 주동축으로 할 때 축 Ⅰ의 회전수 n_A는

$$n_A = n_B \cdot \frac{r_B}{x} \qquad (5-83)$$

로 되며, Fig. 5-35(a)는 n_A를 일정히 한 것이고 Fig. 5-35(b)는 n_B를 일정히 하였을 경우의 속도 변화 곡선이다.

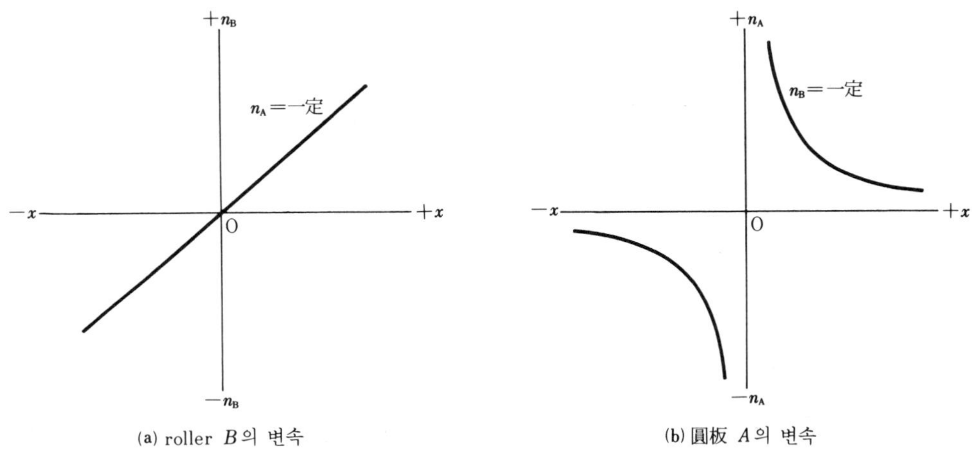

Fig. 5-35 속 도 변 화

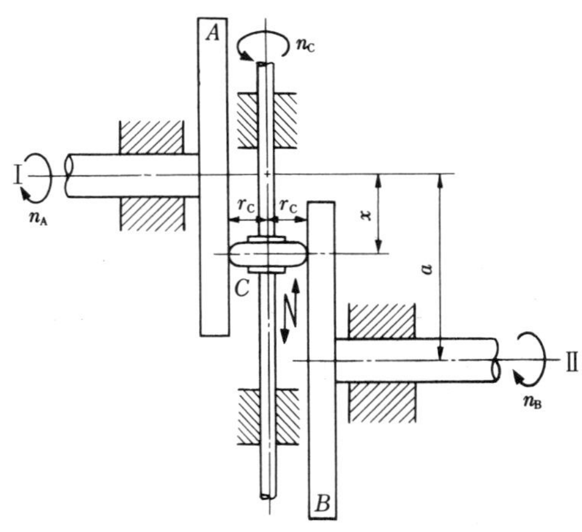

Fig. 5-36 2개의 圓板과 roller에 의한 마찰전동

Fig. 5-36은 2개의 원판과 roller에 의한 마찰전동으로서 원판 A와 B의 구동전달 반경을 동시에 변화시키며 roller C의 축의 굽힘을 방지하도록 되어 있다. 축 Ⅰ 및 축 Ⅱ의 회전수는 다음 식에 의한다.

$$n_B = n_A \cdot \frac{x}{a-x} \qquad (5-84)$$

$$n_A = n_B \cdot \frac{a - x}{x} \tag{5-85}$$

Fig. 5-37은 圓錐의 母線에 따라 roller를 이동시키면서 접속시켜 변속을 시키는 방법으로서 회전수 n과 torque T를 표시하면 다음과 같다.

$$\frac{n_B}{n_A} = \frac{r_A}{r_B} = \frac{R_0(l_0 + x)}{r_B \cdot l_0} \tag{5-86}$$

$$\frac{T_B}{T_A} = \frac{r_B}{r_A} = \frac{r_B \cdot l_0}{R_0(l_0 + x)} \tag{5-87}$$

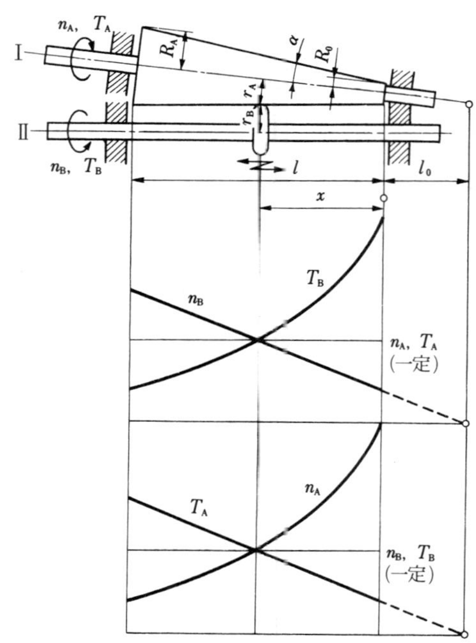

Fig. 5-37 圓錐와 roller에 의한 마찰전동

Fig. 5-38에서 원판 A와 B의 유효 직경 d_A와 d_B는 일정하며, 축 Ⅲ에 지지된 球는 전동매개체로서 축 Ⅲ의 회전각의 변화에 따라 球의 유효 접촉 반경 r가 변화한다. 이 장치에 의한 속도비는 9 정도이며 **Wülfel-Kopp** 구동장치라 칭한다

주동축 Ⅰ로부터 종동축 Ⅱ가 받는 傳達速度比 u는

$$u = \frac{d_A}{2r_A} \cdot \frac{2r_B}{d_B} \tag{5-88}$$

이고, $d_A = d_B$이면 식 (5-88)은 다음과 같이 된다.

$$u = \frac{r_B}{r_A} \tag{5-89}$$

따라서 전달속도비는 원판의 유효 직경에 관계없이 축 Ⅲ의 회전각 α에 따라 결정된다는 것을 알 수 있다. 식 (5-88) 및 식 (5-89)에 있는 r_A 및 r_B는 Fig. 5-39(a)에서 다음과 같이 회전각 α의 함수로 나타낼 수 있다.

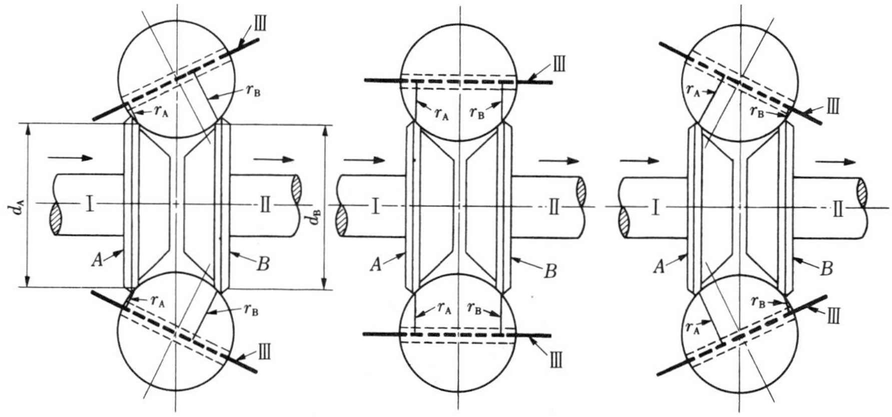

Fig. 5-38 Wülfel-Kopp 장치에 의한 마찰전동

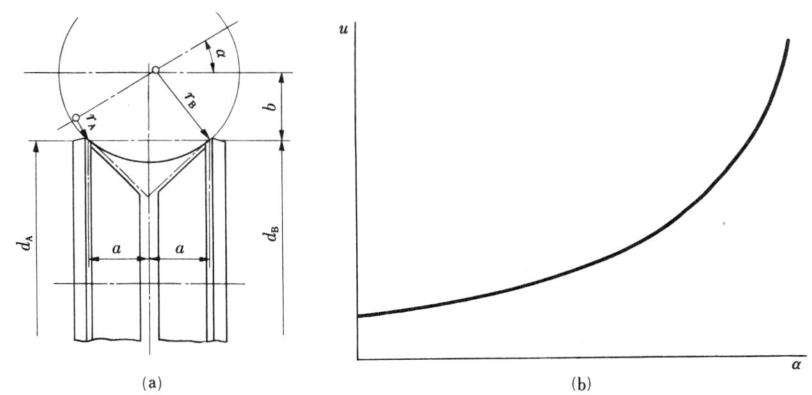

Fig. 5-39 회전각 α와 속도비 u의 관계

$$r_A = (b - a \cdot \tan\alpha) \cdot \cos\alpha$$

$$r_B = (b + a \cdot \tan\alpha) \cdot \cos\alpha$$

$$u = \frac{r_B}{r_A} = \frac{b + a \cdot \tan\alpha}{b - a \cdot \tan\alpha} \tag{5-90}$$

Fig. 5-40은 Heynau 구동장치에 의한 마찰전동을 보여 주며, V-belt 대신에 硬化한 强力合金鋼 ring을 사용하여 전동시킨다. 원추의 최대 유효경비가 3:1이므로 변속비의 범위는 1:3에서 3:1까지 되어 변속역비는 9가 된다. Fig. 5-41은 회전속도를 변경할 때의 작동 원리이다.

〔2〕 强制傳動

마찰구동장치는 전동기구의 미끄럼이 있기 때문에 일정한 회전수비의 전달이 필요한 경우에는 곤란하다. 이에 대처한 대표적 무단변속기구가 Fig. 5-42와 같은 强制無段變速裝置인 P.I.V. 구동장치(Positive Infinitively Variable Drive)이다.

P.I.V. 구동장치에서는 橫方向으로 폭이 조정되는 겹쳐진 板狀의 chain이 사용되며, chain 바

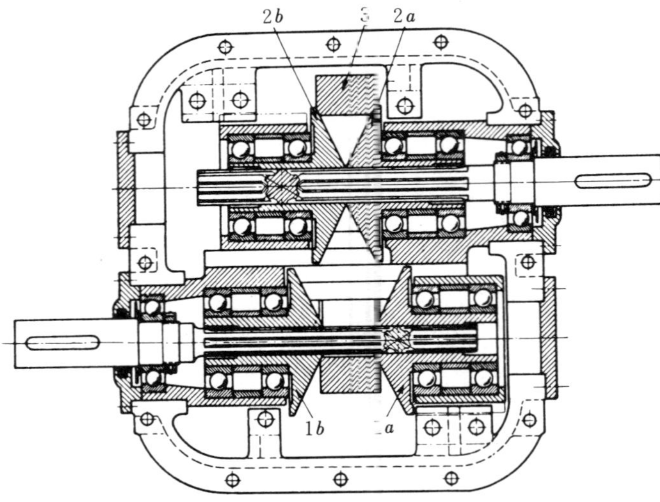

Fig. 5-40 Heynau 구동장치

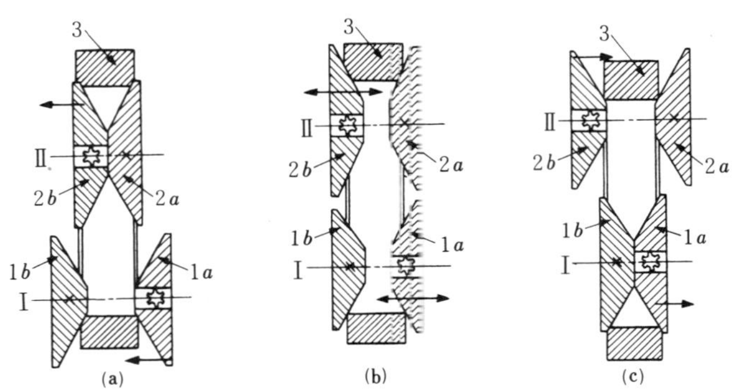

Fig. 5-41 Heynau 구동장치의 작동 원리

퀴로는 원추의 모선에 따라 bevel gear와 같은 홈이 만들어져 있는 것을 사용한다.

입력회전수를 n_{I}, 출력회전수를 n_{II}, 축 I의 유효경을 d_{I}, 축 II의 것을 d_{II}라 하면

$$n_{\mathrm{II}}=n_{\mathrm{I}}\cdot\frac{d_{\mathrm{I}}}{d_{\mathrm{II}}} \tag{5-91}$$

이고,

$$d_{\mathrm{I}\max}=d_{\mathrm{II}\max}=d_{\max},\quad d_{\mathrm{I}\min}=d_{\mathrm{II}\min}=d_{\min}$$

$$n_{\mathrm{II}\min}=\frac{d_{\min}}{d_{\max}}\cdot n_{\mathrm{I}},\quad n_{\mathrm{II}\max}=\frac{d_{\max}}{d_{\min}}\cdot n_{\mathrm{I}}$$

이 되어 회전수역비 B_r는

$$B_r=\frac{n_{\mathrm{II}\max}}{n_{\mathrm{II}\min}}=\left(\frac{d_{\max}}{d_{\min}}\right)^2 \tag{5-92}$$

이 된다.

chain의 최대 하중 P가 정해지고 軸 I의 회전수가 일정할 때 축 I이 전달할 수 있는 torque $T_{\mathrm{I}}=\frac{P}{2}\cdot d_{\mathrm{I}}$이 되므로

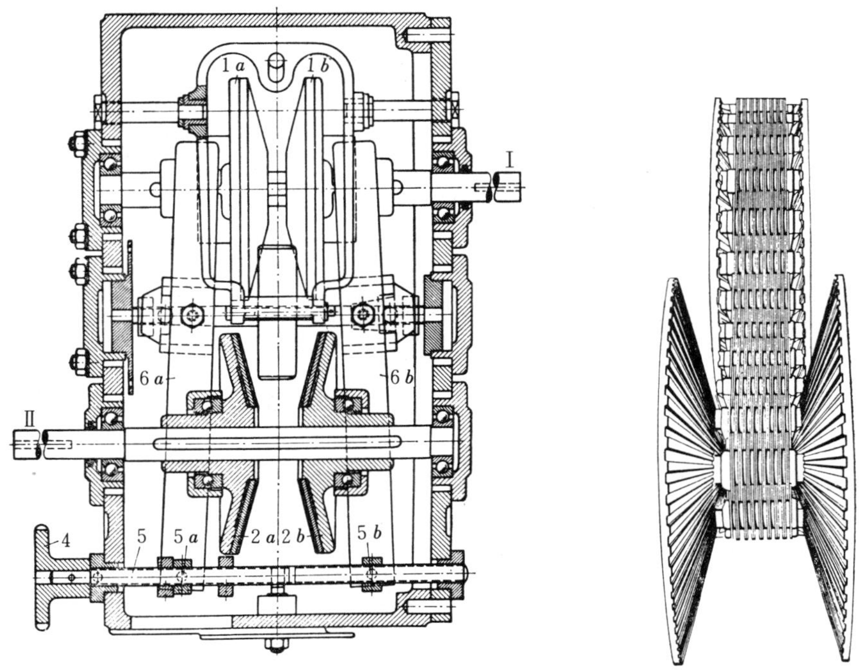

Fig. 5-42 P.I.V. 구동장치

$$T_{\mathrm{I}\max}=\frac{P}{2}\cdot d_{\max},\quad T_{\mathrm{I}\min}=\frac{P}{2}\cdot d_{\min}$$

이 되어 전달동력역비는

$$\frac{N_{\max}}{N_{\min}}=\frac{T_{\mathrm{I}\max}\cdot\omega}{T_{\mathrm{I}\min}\cdot\omega}=\frac{T_{\mathrm{I}\max}}{T_{\mathrm{I}\min}}=\frac{d_{\max}}{d_{\min}}=\sqrt{B_r} \tag{5-93}$$

와 같이 회전수역비의 제곱근과 같다.

1-2-2 電氣的 無段變速機構

전기적 변속기구는 NC공작기계의 주축구동에 이용되고, 전기적 무단변속 제어방식에는 직류전동기, 교류전동기 등과 같이 電動機 속도제어에 의한 것과 電磁 coupling과 같이 電磁結合力의 제어에 의한 것등 각종 방식이 있으나, 공작기계의 무단변속에 이용되는 전동기의 종류, 제어방식, 속도범위 및 출력은 Table 5-10 과 같다.

1-2-3 油壓式 無段變速機構

〔1〕 概 要

유압기구의 특징은 energy의 전달 매개물로 기름을 사용하는 데 있으며, 油壓 pump를 이용하여 기름(作動油)에 압력과 운동을 주어 유압원동기를 구동시키는 것이 보통이다.

유압식기구는 공작기계의 회전운동과 직선운동에 이용될 수 있으나, 주로 직선운동에 많이

Table 5-10　속도제어방식의 비교

구 동 방 식	제 어 방 식	속 도 범 위(최대)	출 력〔HP〕
직류전동기			
直巻電動機	電機子 직렬저항	부하에 따라 변동	1～200(단시간)
分巻電動機	電機子 직렬저항	1：2	1/4～ 50
	界磁抵抗	1：6	1/4～ 50
	電機子 및 界磁抵抗	1：12	제한 없음
複巻電動機	分巻의 각 형식과 같음	제어방식 및 전동기 종류에 따른다	제한 없음
交直兩用 전동기			
萬能電動機	저항	부하에 따라 변동	1 이하
	brush 이동	부하에 따라 변동	1 이하
可變電壓電動機			
自動直巻發電電動機	발전기 界磁의 병렬저항	1：10	1～15
自勵分巻發電電動機	발전전동기 界磁抵抗	1：12	15 이하
他勵發電電動機	발전기 界磁抵抗	1：60	제한 없음
	발전전동기 界磁抵抗	1：120	제한 없음
整 流 器			
電子管式	格子位相制御	1：240	제한 없음
磁氣增幅式	可飽和 reactor	1：100	1/40～5
自動變壓式	자동변압	전동기에 따라 제한 있음	1/5～100
單相交流電動機			
分巻電動機	자동변압	1：4	1 이하
反撥形誘導電動機	brush 이동	1：4	1/4～3
coil形電動機	저항 또는 reactance	1：4	1/6 이하
三相交流電動機			
箱子形誘導電動機	1 차저항	부하에 따라 변동	20 이하
	1 차가포화 reactor		
巻線形 誘導電動機	주파수는 위와 같음,	주파수에 따름	제한 없음
	2 차저항	1：2	제한 없음
整流子機(Schrage 형)	brush 이동	1：20	500까지

사용된다. 유압기구를 공작기계의 무단변속에 이용할 때 다음의 장단점이 있다.

〔장점〕

① 변속범위가 5：1～50：1(또는 100：1)로서 광범위하다.

② 기름은 鋼에 비하여 탄성계수가 극히 작아(약 $1.5\times10^4 kg/cm^2$) 충격을 잘 흡수하기 때문에 운동이 원활하다.

③ 압력계를 사용하여 하중 상태를 쉽게 알 수 있다.

④ 조정용 valve를 전기적으로 조작하면 원거리에서도 속도, torque 및 동력을 쉽게 제어할 수 있다.

⑤ 초과하중에 대하여 안전장치를 간단히 설치할 수 있다.

⑥ 장치구조가 간단하다.

〔단점〕

① 장치의 정밀가공에 의하여 제작비가 높다.

② 作動油의 온도 상승에 따라 점도가 변화하고, 속도 변화가 불가피하게 수반된다.

③ 作動油의 누설이 있을 수 있다.

유압식 변속기구를 채용한 대표적 공작기계에는 研削機(grinding machine), 平削機(planer), 形削機(shaper), broaching machine, milling machine 및 drilling machine 등이 있으며, 유압식 변속기구에는 作動油(鑛油), 압력발생장치(유압pump, 蓄壓器), 원동기, 제어장치(valve) 및 전달부(배관)가 필요하다.

〔2〕 作 動 油

潤滑性이 좋고, 온도 변화에 의한 점도 변화가 적으며, 經年變化가 없을수록 좋은 작동유라 할 수 있다.

기름의 처음 체적을 V_1, 압축 후의 체적을 V_2, 처음 압력을 P_1, 최종 압력을 P_2라 하고 압축률(50℃, 50기압에서 약 $8\times10^{-5}\,\mathrm{cm^2/kg}$)을 β라 하면 다음 식을 얻을 수 있다.

$$\frac{V_1-V_2}{V_1}=\beta\cdot(p_2-p_1) \tag{5-94}$$

기름에 공기가 없으면 β는 온도와 압력에 의해서만 정해지나, 공기가 함유되어 있으면 후자의 영향이 훨씬 크다. Fig. 5-43은 공기 함유량이 기름의 압축률 β에 미치는 영향을 보여 주며, 예로서 0.2%의 공기 함유량으로 인하여 압력이 10기압일 때 압축률은 공기가 없을 때에 비하여 40% 만큼이나 크다. 따라서 유압장치에서 공기를 제거하는 것이 얼마나 중요한가를 알 수 있다.

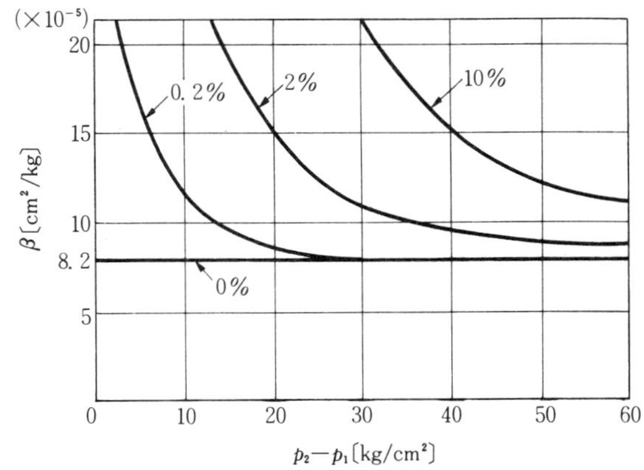

Fig. 5-43 공기 함유량이 지름의 압축률에 미치는 영향

〔3〕 油壓 pump

유압구동장치에 사용되는 pump에는 기구에 따라 gear pump(일정용량), vane pump(일정용

량, 可變容量) 및 piston pump(일정용량, 可變容量)의 3종이 있으며, 압력에 따라 低壓pump (~14kg/cm²), 中壓pump(14~35kg/cm²), 中高壓pump(35~84kg/cm²), 高壓pump(84~210 kg/cm²) 및 超高壓pump(210kg/cm²이상)가 있다.

pump는 전동기에 의하여 일정속도로 구동되는 것이 보통이며, 기름 tank에서 기름을 흡입하여 pipe 및 제어장치를 통하여 원동기에 보낸다. 이때 pump의 실제 토출량을 Q[cm³/min], 이론적 토출량을 Q_0[cm³/min], 토출압력을 p[kg/cm²]라 할 때 pump로부터 기름에 전달되는 동력 N_p[HP]은

$$N_p=\frac{Q\cdot p}{75\times60\times100} \tag{5-95}$$

pump내에서 누설이 없는 이론적 동력 N_{th}[HP]은

$$N_{th}=\frac{Q_0\cdot p}{75\times60\times100} \tag{5-96}$$

pump를 구동시키는 데 소요되는 동력 N_s[HP]는

$$N_s=\frac{Q\cdot p}{75\times60\times100\cdot\eta} \tag{5-97}$$

로 되며, 이때 η는 全效率로서

$$\eta=\frac{Q}{Q_0}\cdot\frac{N_{th}}{N_s}=\eta_v\cdot\eta_m \tag{5-98}$$

의 관계에 있다. 단 $\eta_v=\dfrac{Q}{Q_0}$=체적효율, $\eta_m=\dfrac{N_{th}}{N_s}$=기계효율

(1) **gear pump**

Fig. 5-44와 같이 한 쌍의 gear가 물고 돌아갈 때 흡입된 기름은 gear의 잇홈과 case 사이에 들어가고 이것이 밀려 토출된다. 토출량은 gear의 크기와 pitch에 따라 결정되며, 기준 압력과 토출량은 다음과 같다.

토출압력[kg/cm²] : 35, 70, 105, 140, 175

토출량[cm³/rev] : 16, 25, 35, 40, 50, 63, 80, 100, 125, 180, 225

gear pump에서는 토출량을 pump 자체로서는 조절할 수 없으므로 分配管의 valve로써 조절한다. gear의 측면과 case 사이의 틈새를 방지하기 위하여 可動側板을 한쪽에 설치하여 외부에서 spring으로 側板을 밀어주며, case와 이끝 사이의 틈새는 0.03mm 정도이다.

高壓을 얻기 위하여는 pitch를 작게 하고 회전수를 크게 하는 데 대하여, 低壓에서는 pitch를 크게 하고 저속으로 한다.

module $m\left(=\dfrac{d}{z}\right)$, pitch원직경 d[cm], gear 폭 b[cm], 회전수 n[rpm], 잇수 z, 이 높이 h[cm]≒2m(기구학 참조)라 할 때 이론적 토출량 Q_0[cm³/min]는

$$\frac{Q_0}{2}=\frac{1}{2}\cdot(\pi\cdot d\cdot b\cdot h\cdot n)=\frac{1}{2}\cdot(\pi\cdot m\cdot z\cdot b\cdot 2m\cdot n)$$

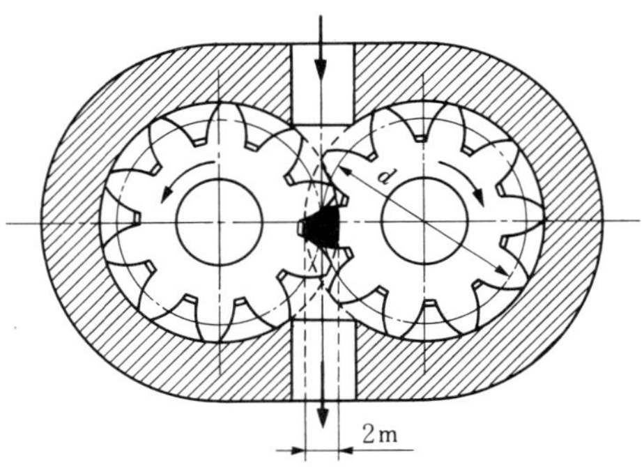

Fig. 5-44 gear pump

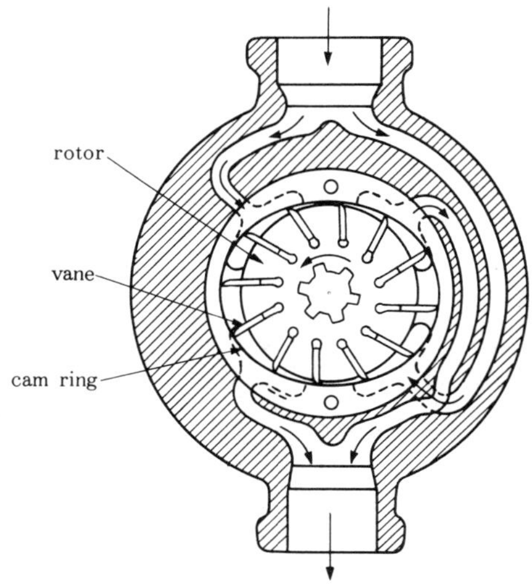

Fig. 5-45 vane pump

$$\therefore\ Q_0 = 2\pi \cdot m^2 \cdot z \cdot b \cdot n \qquad (5-99)$$

이 된다.

(2) vane pump

Fig. 5-45는 Vickers type으로서 回轉子(rotor)에 반경 방향의 홈에서 sliding하는 vane에 유체압력을 가하며, 타원형상의 cam ring과 rotor의 간격이 넓어질 때는 흡입을 하고 좁아질 때 토출한다.

회전자의 편심량을 바꾸기 위하여 회전자의 중심은 고정하고 case 자체의 중심을 이동시키는 Forst-Enor type도 있다.

vane pump는 일반적으로 효율이 좋고, 최소 유압원동기의 선정이 용이하며 작동압력이 中壓 또는 高壓의 범위에 있는 등의 장점을 가지고 있다.

f[cm²]를 흡입실에서 토출구를 통과할 때 vane간의 단면적, b[cm]를 축방향의 室의 폭, z(개)를 vane수, n[rpm]을 회전수라 할 때 이론적 토출량 Q_0[cm³/min]은

$$Q_0 = f \cdot b \cdot z \cdot n \qquad (5-100)$$

이고, pump 효율을 η라 할 때 실제 토출량 Q는 다음과 같다.

$$Q = f \cdot b \cdot z \cdot n \cdot \eta \qquad (5-101)$$

(3) piston pump

piston pump는 piston이 cylinder내에서 왕복운동을 하는 pump로서 軸方向 piston pump(axial piston pump)와 半徑方向 piston pump(radial piston pump)가 있다. 축방향 piston pump에도 斜軸式과 斜板式이 있으나 여기에서는 사축식에 대해서만 언급하기로 한다.

Fig. 5-46은 사축식 piston pump의 작동원리를 보여 주며, 구동축을 회전시키면 universal link를 통하여 piston이 cylinder에 대하여 상대운동을 한다.

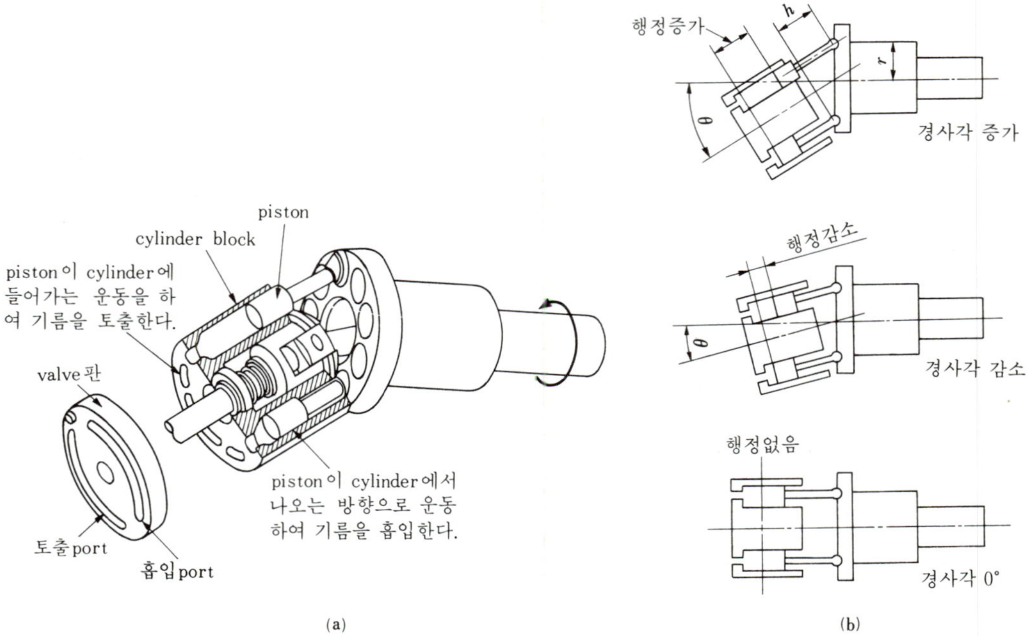

Fig. 5-46 斜軸식 piston pump

piston 지름 d〔cm〕, piston 행정 h〔cm〕, piston수 z, 회전수 n〔rpm〕일 때 이론적 토출량 Q_0〔cm³/min〕는

$$Q_0=\frac{\pi d^2}{4}\cdot h\cdot z\cdot n \tag{5-102}$$

또는

$$Q_0=\frac{\pi d^2}{4}\cdot 2r\cdot\sin\theta\cdot z\cdot n=\frac{\pi d^2}{2}\cdot r\cdot\sin\theta\cdot z\cdot n \tag{5-103}$$

이 된다.

Fig. 5-47(a)는 radial piston pump의 작동원리를 보여 주며, 반경이 커지는 방향에서 흡입되고 반경이 작아지는 방향으로 토출한다.

〔4〕 油壓原動機

앞에서 설명한 gear pump를 제외한 모든 유압 pump에서 흡입과 토출을 반대로 한 것이 유압원동기이며, 일반적으로 vane형 또는 piston형의 원동기를 이와 같은 형식의 pump와 조합하여 무단변속장치로 쓰이는 때가 많다.

유압pump의 이론적 토출량 Q_1〔cm³/min〕은 유압원동기에서의 흡입량 Q_2〔cm³/min〕로 되며, 원동기의 효율을 100%라 하면 원동기의 출력 N_2〔HP〕은

$$N_2=\frac{Q_2\cdot p_2}{75\times 60\times 100} \tag{5-104}$$

로 되고 p_2〔kg/cm²〕는 유압이다.

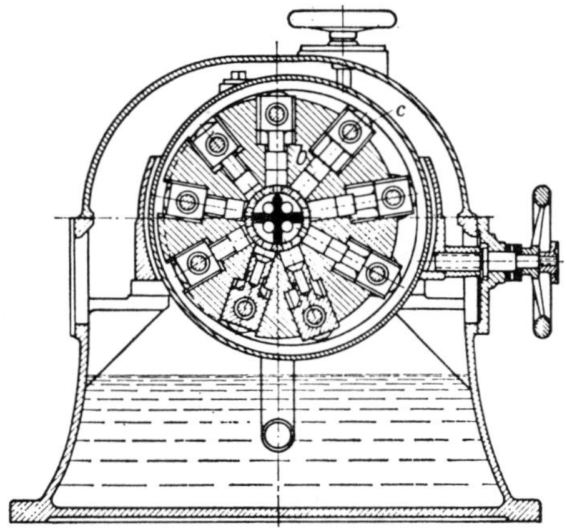

(a)

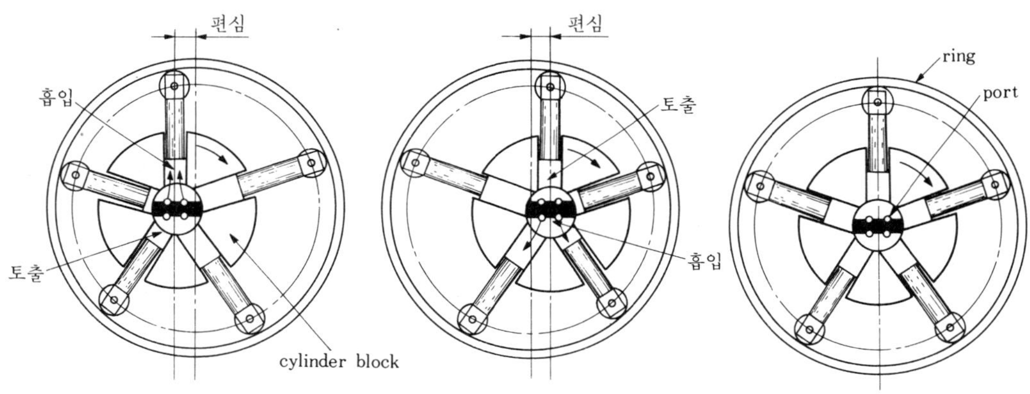

(b) 왼쪽으로 편심된 경우 (c) 오른쪽으로 편심된 경우 (d) 흡입과 토출이 없는 경우

Fig. 5-47 radial piston pump

각속도를 ω〔rad/min〕라 할 때 원동기의 출력회전수 n_2〔rpm〕에 대한 torque T〔kg·cm〕는

$$T=\frac{N_2}{\omega}=\frac{75\times60\times100\cdot N_2}{2\pi\cdot n_2} \tag{5-105}$$

또는

$$T=\frac{Q_2\cdot p_2}{2\pi\cdot n_2}$$

로 되며, pump와 원동기에 손실이 없다면 입력동력과 출력동력이 같다. 공작기계 구동장치에서는 일반적으로 pump와 원동기간의 거리가 짧으므로 pipe에서의 압력강하는 무시할 수 있어 $p_1=p_2=p$가 된다. 따라서 pump의 토출량 Q_1과 원동기의 흡입량 Q_2는 $Q_1=Q_2$가 된다. 그러나 실제의 누설손실로 인한 기계효율을 η_{m_2}라 하면 원동기의 正味出力動力 $N_{2\mathrm{net}}$는 다음과 같이 된다.

$$N_{2\,\mathrm{net}}=N_2\cdot\eta_{m_2} \tag{5-106}$$

소요출력 $N_2=Q_2\cdot p$를 얻으려면 pump의 흡입량을 Q_2 대신 $Q'_2=Q_2/\eta_{m_2}$로 하거나, p 대신

$p'=p/\eta_{m_2}$로 하여야 한다. 출력속도를 변화시키지 않고 소요동력을 얻으려면 원동기의 치수를 크게 하여 흡입량을 증가시켜야 한다.

〔5〕 油壓 valve

valve는 회로의 압력, 유동 방향 및 유량을 조절하는 역할을 하며, 조절기능에 따라 구조가 다르며 대표적인 것을 예로 들어 설명하기로 한다.

(1) 壓力調節 valve

Fig. 5-48은 회로의 압력이 설정치에 도달하였을 때 유체의 일부 또는 전량이 cylinder 또는 tank로 흘러들어가는 relief valve로서, 통로 *a*의 유체 압력이 spring장치에 의하여 조절된 압력을 초과할 때 ball *b*가 spring을 밀고 위로 올라가서 구멍 *d*를 통하여 유체가 cylinder 또는 tank로 흘러들어간다.

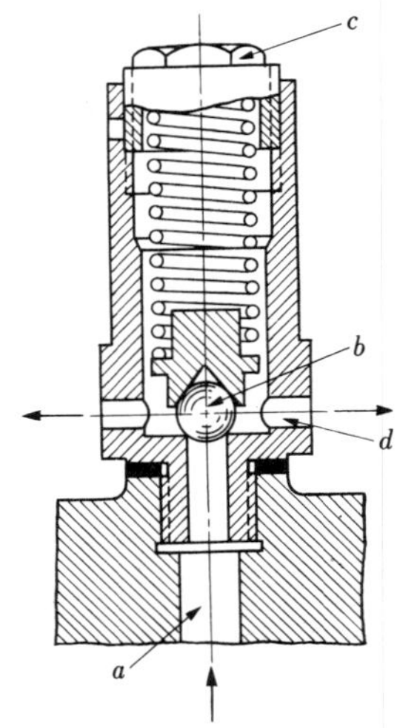

Fig. 5-48　ball식 relief valve

(2) 方向調節 valve

Fig. 5-49에서 spool을 右側으로 이동시키면 압력을 받고 있는 유체는 구멍 *d*를 통해서 작동 cylinder에 들어가고, 구멍 *b*와 *e*는 배출구에 연결된다. spool를 左側으로 이동시키면 위와 반대 방향의 작동 cylinder에 압력액이 공급되고 역시 *d*와 e는 배출구에 연결된다.

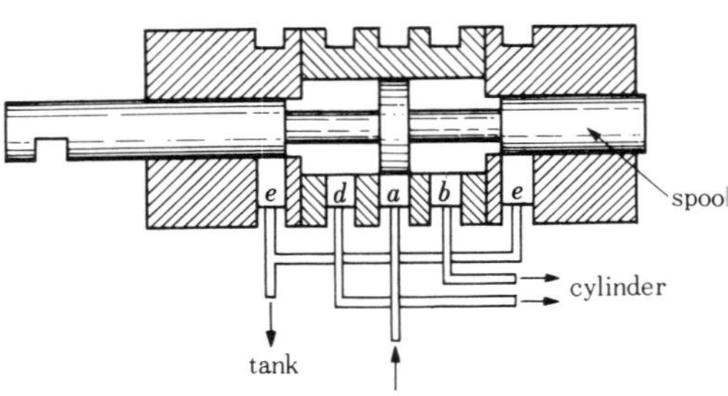

Fig. 5-49　spool식 方向調節 valve

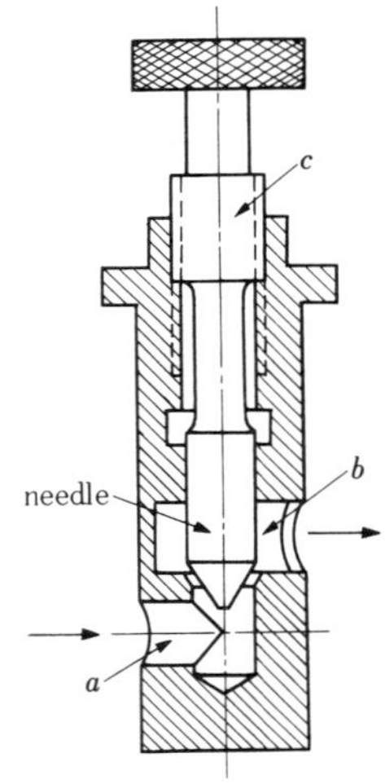

Fig. 5-50　needle식 유량조절 valve

(3) 流量調節 valve

Fig. 5-50은 needle type 流量調節 valve로서 나사 *c*를 돌려 needle를 上下로 이동시킴으로써 *a*와 *b*를 연결하는 유동단면적을 조절하여 유량을 가감한다.

〔6〕 油壓回路의 例

공작기계에 사용되는 유압구동방식에서 주축과 같은 회전운동은 유압pump와 유압motor 의 조합에 의하여 이루어지고, table 및 ram과 같은 직선운동은 유압pump와 유압cylinder의 조합에 의한다.

유압 motor에 대하여는 이미 앞에서 언급한 油壓原動機의 내용을 참조하기로 하고 직선운동에 대한 것만을 예로 들어 설명하기로 한다.

Fig. 5-51은 공작기계 table의 逆轉回路圖이며, 유체는 흡입관 *a*를 통해서 tank 1로부터 pump 2에 끌어들여 송출 관로 속에 들어간다. 고정축 *A*에서 회전하는 lever 3의 오른쪽 위치에서 송출관으로부터의 유체는 방향 valve 4를 통해서 cylinder 5의 오른쪽 끝에 흘러가서 piston 6과 piston봉에 붙어 있는 table 8을 왼쪽으로 이동시킨다. cylinder 5의 왼쪽 끝에서부터 유체는 valve 4를 통해서 tank에 배출된다. lever 3의 왼쪽 위치에서 유체는 cylinder 5의 왼쪽 끝에 전달되어서 table 8을 오른쪽으로 이동시킨다. 이 경우에 cylinder 5의 오른쪽 끝에서부터 유체는 valve 4를 통해서 tank 1에 배출된다. lever 3은 이동하는 공작기계 table 8에 설치된 dog *b*에 의해 회전된다. 유량 제어 valve 9는 cylinder 5에 전달되는 유체의 양을 조절한다. 여분의 유체는 relief valve 10을 통해서 tank 1에 도로 배출된다. pi-

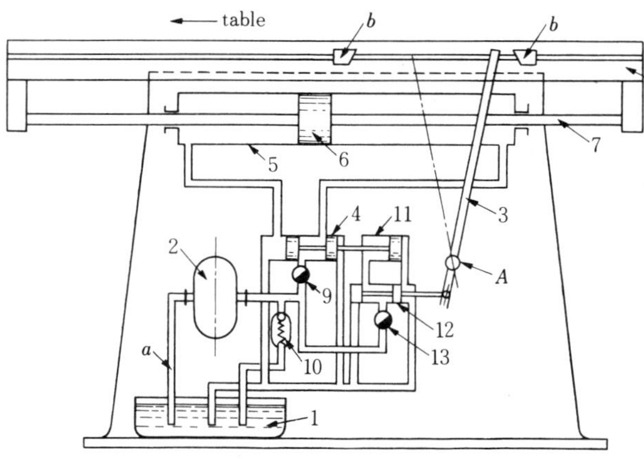

Fig. 5-51 유압에 의한 table의 역전회로

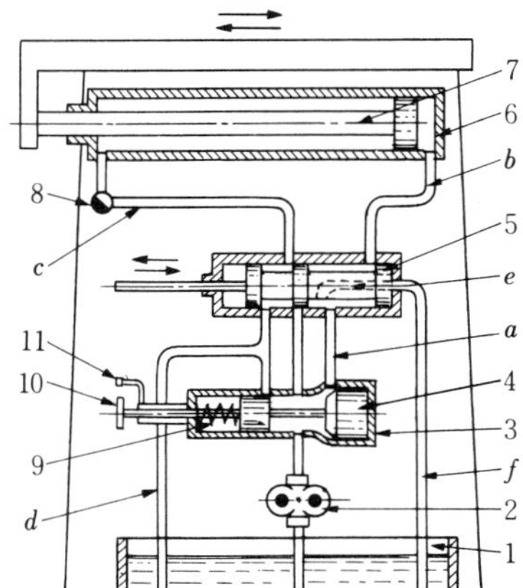

Fig. 5-52 유압에 의한 table의 급속귀환기구

lot valve 12는 valve spool 11의 운동을 제어하고 lever 3의 위치가 불확실하게 되는 것을 없앤다. piston과 table의 속도는 유량 제어 valve 13의 조절에 의한다.

Fig. 5-52는 공작기계 table의 急速歸還回路이다, 유체는 pump 2에 의해 일정압력에서 유량제어 valve 4와 방향제어 valve 5를 통하여 cylinder 6의 우측에 들어가 공작기계 table과 함께 이동하는 piston 7을 좌측으로 밀어낸다. 배압을 조절하는 流量制御 valve 8과 方向 valve 5를 통하여 관로 d를 따라 cylinder의 좌측유체는 tank로 돌아온다. 귀환행정시에는 valve 5의 작동으로 유체가 cylinder 6의 좌측에 공급되고 우측의 유체는 tank로 돌아오며, 이때 piston 봉에 의하여 좌측 cylinder 체적이 적기 때문에 piston의 우측운동속도가 좌측운동 때보다 크다.

1-3 機械的 往復運動

공작기계의 절삭운동, 이송운동 및 조정운동에 직선왕복운동도 많이 이용되고 있다. 직선운동은 일반적으로 行程終端에서 정지한 다음 다시 들아와야 하며, 이때 歸還行程時間을 단축하여 시간효율을 크게 한다. 이와 같은 직선운동은 油壓驅動 외에 다음과 같이 회전운동을 변환하여 얻을 수도 있다.

1-3-1 rack와 pinion에 의한 왕복운동

Fig. 5-53은 rack와 pinion을 보여 주며, planer의 table 구동기구나 일반 이송기구에 널리 사용되고 있다. 이 기구가 planer에서와 같이 主軸驅動이 될 때에는 rack와 pinion의 충분한 齒强度를 고려하여야 하고, 移送에 이용될 때에는 beam 및 bearing 강도만 고려하면 충분하다.

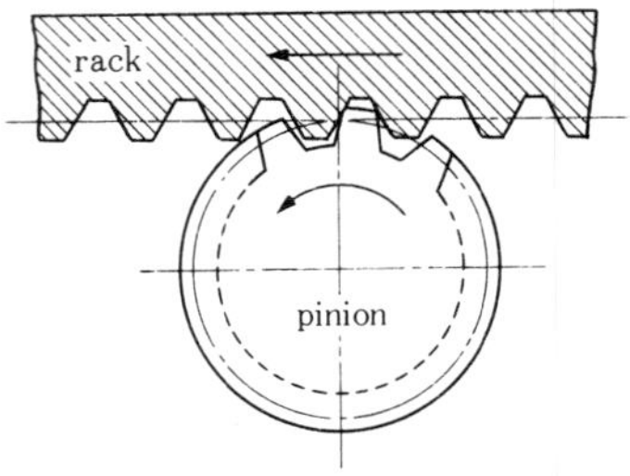

Fig. 5-53 rack과 pinion

1-3-2 worm과 rack에 의한 왕복운동

Fig. 5-54는 worm과 rack에 의한 왕복운동기구를 보여 주며, 이 기구에 의한 운동은 앞

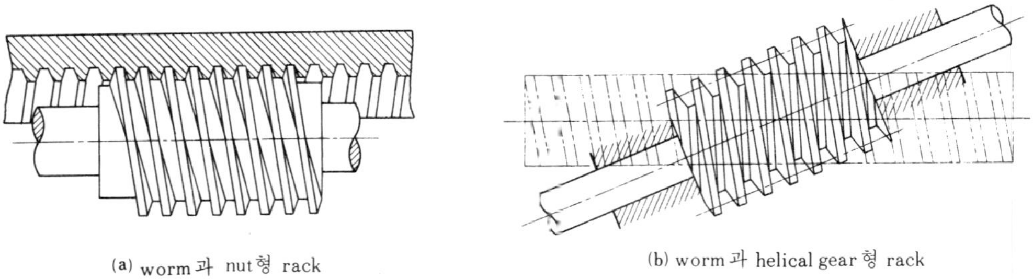

(a) worm과 nut형 rack (b) worm과 helical gear형 rack

Fig. 5-54 worm과 rack

의 rack-pinion에 의한 것보다 속도변환비가 낮고 운동이 평활하며, 行程이 크고 강성이 커야 할 때 적합하다.

1-3-3 lead screw와 nut에 의한 왕복운동

lead screw와 nut에 의한 기구는 선반에서 세로이송, 가로이송 및 복식공구대의 이송, milling machine에서 table의 이송, shaper에서 table의 이송, planer에서 공구대의 이송 등에 쓰이며, 큰 속도변환을 할 수 있다.

lead screw의 山은 梯形으로 하여 half nut와의 물림을 원활하게 하며, 보통 梯形나사각이 30°이나 高精度 나사절삭기 등에서는 10°～15°로 한다. lead screw의 축방향 및 반경 방향의 隙間이 너무 크지 않도록 bearing을 설치하여야 한다. 나사의 lead각을 α, 마찰각을 ρ라 할 때 나사구동효율 η는

$$\eta = \frac{\tan \alpha}{\tan(\alpha + \rho)} \tag{5-107}$$

로서 보통 screw와 nut 조합에서는 30～35% 정도로서 낮은 편이다.

Fig. 5-55와 같은 ball nut를 사용하면 구동효율이 90% 정도로 크게 향상되어 최근 공작기계의 직선운동에 많이 사용되고 있다. lead screw a와 nut b에 작용하는 하중은 ball c를 거쳐서 전달되고, ball은 bearing의 內輪과 外輪 사이에서의 운동처럼 lead screw와 nut 사이에서 d의 방향으로 회전 이동한다. ball이 nut의 右端 e를 떠나서 통로 f를 지나 左端 g로 온 다음 출발점 e로 되돌아간다.

荷重傳達要素인 ball이 탄성체이기 때문에 驅動剛性은 일반나사의 것보다 다소 낮은 편이다.

lead screw와 nut 사이에 어느 정도의 backlash는 불가피하다. 이와 같은 backlash는 제작의 不正確, 磨耗 등으로 더욱 크게 되어, 이것을 방치하면 lead screw를 역전시킬 때 backlash만큼 회전한 후에 nut와 접촉하게 되기 때문에 lead screw의 회전에 의한 nut의 예상 이동 거리와 실제 이동 거리간에 차이가 크게 난다. 이와 같은 backlash를 조정하거나 제거하기 위해서는 2개의 nut를 사용한다.

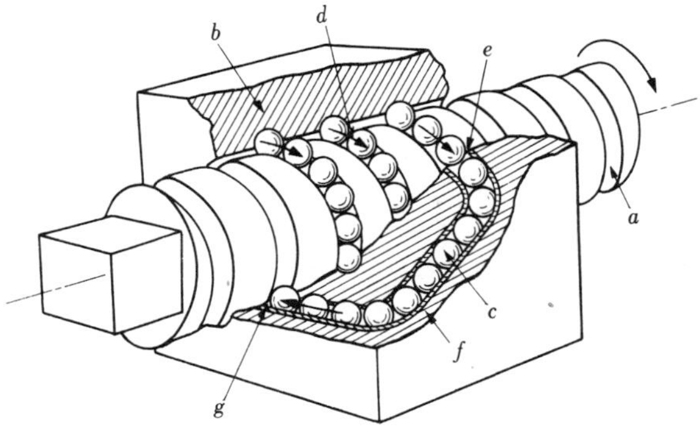

Fig. 5-55 순환 ball nut

Fig. 5-56에서 조정 screw *b*에 의하여 쐐기 *c*를 밀어넣어 backlash를 조정한 다음 2개의 nut를 clamping screw *a*로 고정한다. 이때 최소 backlash에 대해서만 조정하여야 하며, 최대 backlash가 없도록 조정하면 마모 등이 적어 backlash가 최소인 부분에서는 회전할 수 없게 된다.

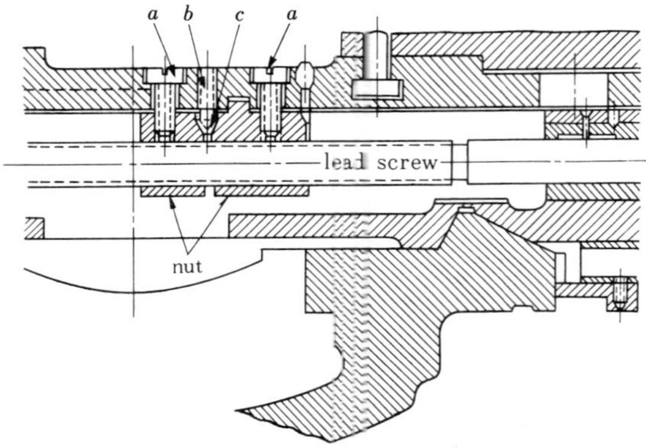

Fig. 5-56 2개의 nut와 쐐기에 의한 backlash의 조정

Fig. 5-57에서는 set nut로써 backlash를 조정한다. Fig. 5-56 및 Fig. 5-57에서는 필요에 따라 수시로 backlash를 조정하여야 하나, Fig. 5-58에서는 spring 및 油壓에 의한 豫壓이 항시 작용하고 있어 자동적으로 backlash가 제거된다.

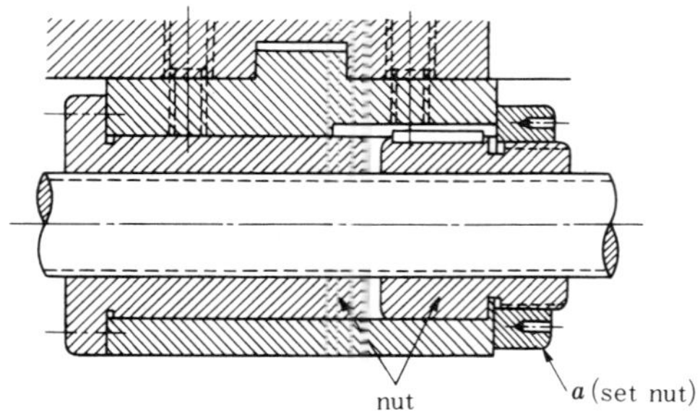

Fig. 5-57 set nut에 의한 backlash의 조정

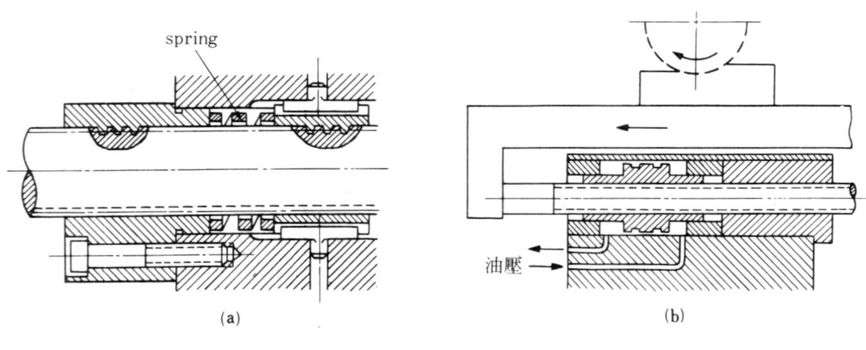

Fig. 5-58 자동적으로 backlash가 제거되는 nut

1-3-4 急速歸還運動

자동적으로 逆轉할 수 있는 여러 가지 기구가 行程이 짧은 경우에 많이 사용되나, 그 중에서 Fig. 5-59와 같은 搖動滑子急速歸還機構와 Fig. 5-60과 같은 回轉滑子急速歸還機構가 많이 이용된다. Fig. 5-59에 대하여 제4편에 있는 Fig. 4-78에서 상세하게 언급하였으므로 여기에서는 Fig. 5-60에 대해서만 설명한다.

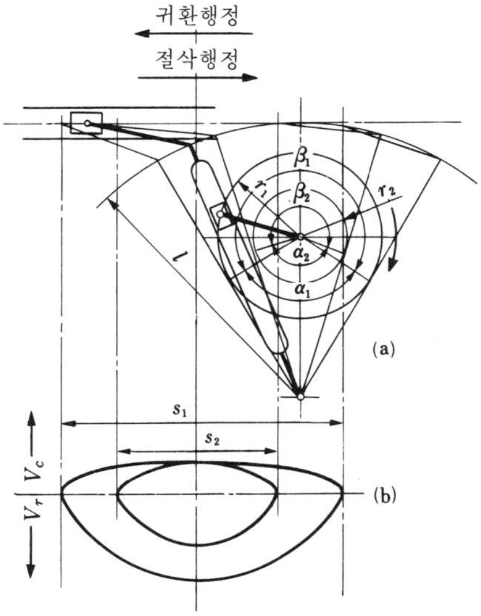

Fig. 5-59 요동활자 급속귀환기구

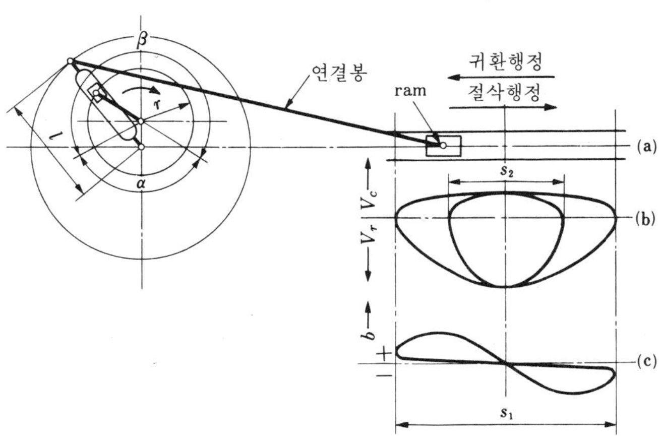

Fig. 5-60 회전활자 급속귀환기구

Fig. 5-60의 기구를 Whitworth 급속귀환기구라고도 하며 slotter ram의 왕복운동에 이용된다. 회전 반경 r인 crank가 滑子(slider)를 통하여 반경 l인 홈붙이 crank를 회전시킨다. 이 crank는 연결봉(connecting rod)을 통하여 ram을 왕복직선운동을 시킨다. 구동crank가 β각만큼 회전하는 동안 홈붙이 crank는 180° 회전하여 1行程을 하고, 구동crank가 계속 회전하여 α만큼 회전하는 동안 홈붙이 crank는 다시 180° 회전하여 1행정을 한다. 구동crank

의 각속도 ω가 일정할 때 $\beta/\omega > \alpha/\omega$의 관계가 성립하므로 ram은 절삭행정에서 느리고, 귀환 행정에서 빠르게 된다.

속도선도 Fig. 5-60(b)와 가속도선도 Fig. 5-60(c)에서 보는 바와 같이 불연속점이 없이 원활한 逆轉이 이루어지고 있다. ram의 행정 s는 구동crank의 반경 r 및 회전각 β, α와 무관하고 홈붙이 crank의 길이 l에 의해서 정해진다. ram의 속도는 구동 crank 반경이 정하여져도 ram의 행정 s에 따라 변한다.

1-3-5 cam에 의한 왕복운동

주동절인 cam과 종동절의 접촉점의 궤적이 평면곡선을 그리는 平面cam과 공간곡선을 그리는 立體cam으로 크게 나눌 수 있으며, 이 장치는 relieving선반 및 자동선반 등의 設定位置, 이송운동과 制御要素를 조작하는 경우에 사용된다. cam 장치의 장점은 驅動機構와 관계없이

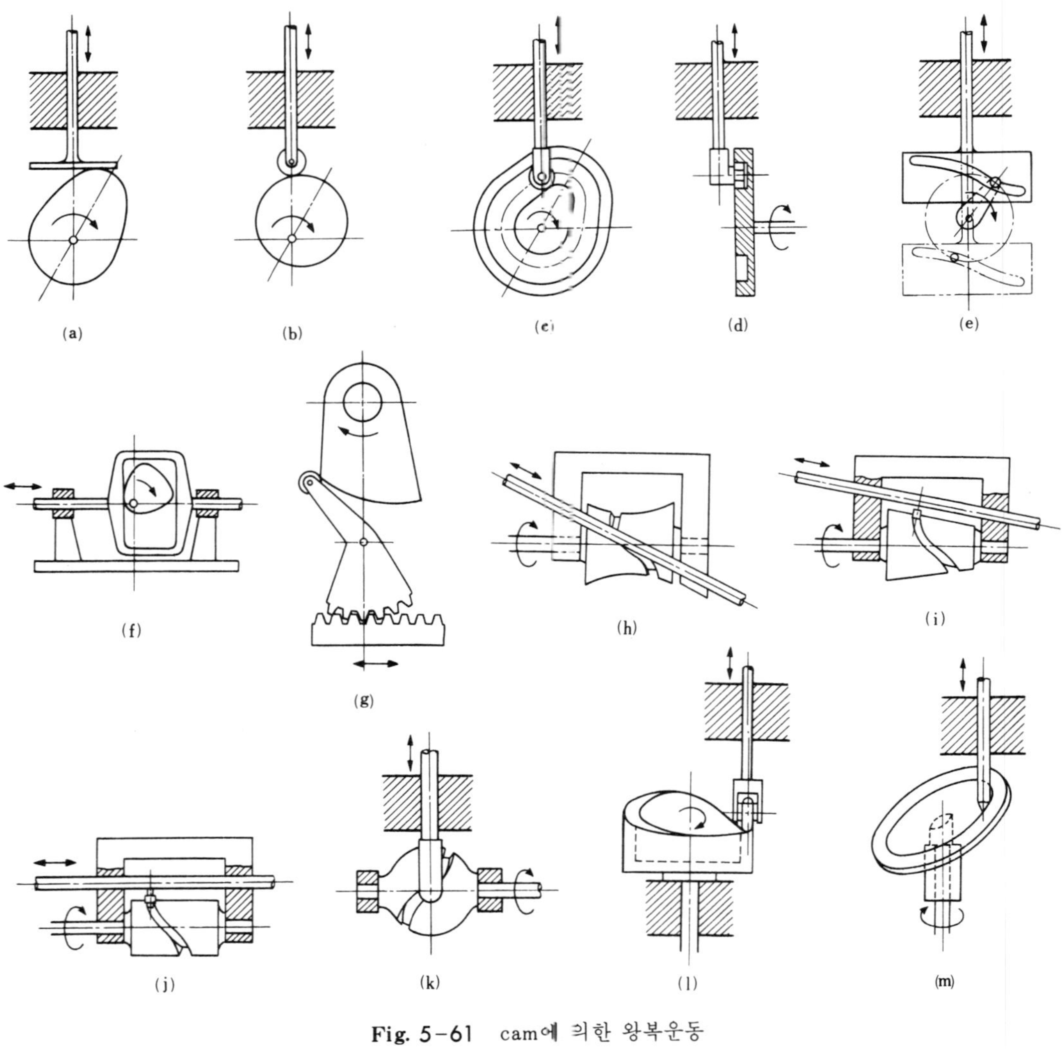

Fig. 5-61 cam에 의한 왕복운동

구동되는 부분의 속도 및 소요 작동 조건에 맞는 cam곡선을 자유로이 설계할 수 있다는 것이다. 그러나 작동 조건이 달라지면 그 때마다 cam을 쉽게 교환할 수 있게 설계하여야 한다.

Fig. 5-61은 주동절의 회전운동으로 종동절을 직선왕복운동시키는 각종의 cam을 보여 준다.

1-4 週期(間歇)運動機構

공작기계에 따라서는 가공물과 공구간의 상대적 위치가 주기적으로 변할 필요가 있으며, 이와 같은 주기운동은 1행정이 끝나고 다음 행정에 들어가기 전에 이루어지는 것이 보통이다. 주기운동기구에는 cam기구, clutch기구, ratchet기구, Geneva기구, 전자기구, 유압기구, 공기압기구 등이 있으나 여기에서는 ratchet기구에 의한 주기운동과 Geneva기구에 의한 주기운동만을 소개한다.

1-4-1 ratchet기구에 의한 주기운동

ratchet기구는 변위에 할당된 시간이 제한을 받는 경우에 사용하면 편리하다. 특히 planer, shaper, slotter, grinder 및 gear finishing machine 등에서 공작물 또는 공구의 귀환행정중의 이송운동에 ratchet기구가 많이 사용된다.

Fig. 5-62(a)에서 'gear A의 회전→gear B의 회전→연결봉 C의 왕복운동→ratchet에 의해 ratchet wheel O의 주기운동→ratchet wheel O의 축인 screw의 주기적 회전→nut에 의한 table 또는 공구의 이송'의 순으로 운동이 전달된다. 이때 이송량은 작동 pawl이 고정된 arm의 이동각의 변화(crank disk B의 홈에 있는 滑子의 위치 조정)에 의하여 조정되거나, ratchet wheel의 잇수(teeth)를 증감하여 조정된다.

Fig. 5-62(b)에서는 'cam A의 회전→연결봉 C의 각운동→연결봉 C'의 직선운동→ratchet wheel O의 회전 중심에 대한 pawl arm의 각운동→ratchet wheel의 주기회전→ratchet wh-

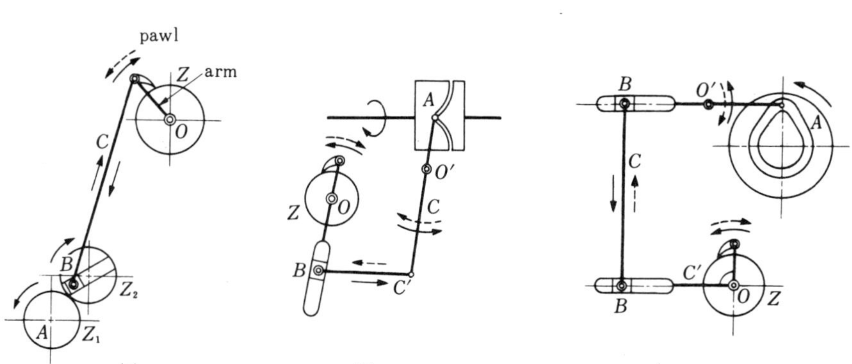

Fig. 5-62 ratchet 기구를 이용한 주기운동

eel의 screw의 주기적 회전→nut에 의한 table 또는 공구의 이송'의 순으로 운동이 전달된다. 이송량의 조절은 Fig. 5-62(a)에서와 같다.

Fig. 5-62(c)에서는 'cam A의 회전→O'를 중심으로 한 연결봉의 각운동→연결봉 C의 직선운동→pawl arm과 pawl의 각운동→ratchet wheel의 주기적 회전'의 순으로 운동이 전달되며, 이송량 조정은 앞에서 설명한 것과 같은 방법에 의한다.

1-4-2 Geneva기구에 의한 주기운동

Fig. 5-63에서와 같이 구동바퀴 A의 cam이 피동바퀴 B의 홈에 들어가 A의 회전에 의하여 Geneva 바퀴인 피동바퀴 B에 주기적 운동을 준다. 따라서 Geneva 기구는 분할장치에 사용되며, Geneva 바퀴의 2α각 회전은 구동바퀴 A의 2β각 회전에 의하여 이루어지므로, 구동바퀴가 $2(\pi-\beta)$각 회전중에는 Geneva 바퀴는 회전하지 않고 정지하여 있다.

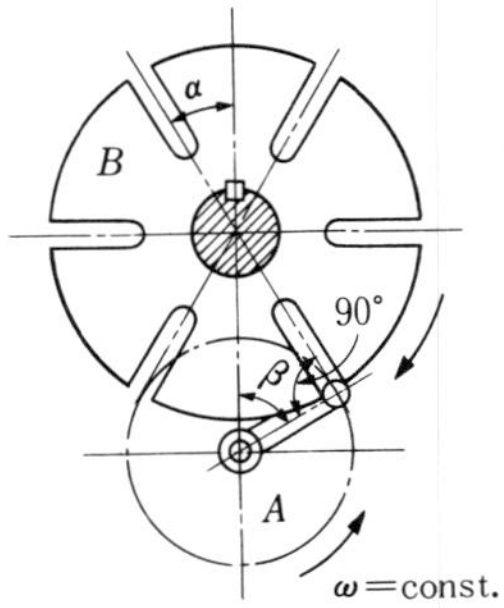

Fig. 5-63 Geneva 기구

2章 工作機械의 剛性

선반의 bed, milling machine의 column, planer의 column과 bed 같은 frame의 靜的 또는 動的荷重에 의한 변형은 공작기계의 加工精密度와 加工能率에 영향을 준다. 따라서 공작기계의 설계에 있어서 소요의 가공정밀도를 얻을 수 있도록 구조물 형태나 재료, 조립, 조작 및 chip 처리 등을 면밀하게 선택하여야 한다.

공작기계의 설계에 강성(rigidity) 개념을 처음으로 도입한 Krug는 강성의 크기를 負荷〔kg〕/變形〔μ〕로 정의하고, 負荷에 따라서 다음과 같이 靜剛性(static stiffness)과 動剛性(dynamic rigidity)으로 분류하였다.

2-1 靜 剛 性

정하중에 의하여 변형이 생기기 어려운 성질을 **정강성**이라 하며, 변형의 원인이 되는 정하중에는 다음과 같은 것이 있다.

① 기계의 운동 부분의 중량

② 공작물의 중량

③ 절삭저항

정강성을 대별하면 다음의 3종류를 들 수 있다.

① 인장 및 압축강성

$$k_a = \frac{P_a}{\delta_a} = \frac{E \cdot A}{l} \text{〔kg/}\mu\text{〕} \qquad (5-108)$$

② 굽힘강성

$$k_b = \frac{P_b}{\delta_b} = C \cdot \frac{E \cdot I}{l^3} \text{〔kg/}\mu\text{〕} \qquad (5-109)$$

③ 비틀림강성

$$k_t = \frac{M_t}{\theta} = \frac{M_t}{\varphi/l} = \frac{M_t \cdot l}{\varphi} \text{〔kg·m/rad〕} \qquad (5-110)$$

위에서 P_a〔kg〕는 인장 또는 압축하중, δ_a〔μ〕는 인장 또는 압축변형량, P_b〔kg〕는 굽힘하중, δ_b〔μ〕는 요량, M_t〔kg·m〕는 비틀림 moment, φ〔rad〕는 비틀림각도, E〔kg/cm^2〕는 인장 또는 압축탄성계수이다.

2-1-1　斷面形狀과 靜剛性

Fig. 5-64(a)는 높이가 같고 단위길이에 대한 중량이 같은(斷面積이 같은) 단면형상 Ⅰ, Ⅱ, Ⅲ, Ⅳ를 갖는 4종의 beam을 보여 주고, Fig. 5-64(b)는 굽힘강성 k_b와 비틀림강성 k_t의 관계를 단면폭 b와 높이 h의 비 $n=\frac{b}{h}$에 대하여 표시한 것이다.

단면형상 Ⅳ의 면적과 형상 Ⅰ의 면적은 같으므로,

$$h\cdot(n\cdot h)-(h-2d)(n\cdot h-2d)=2h\cdot c$$

에서

$$\begin{aligned} c&=\frac{1}{2h}(n\cdot h^2-n\cdot h^2+2n\cdot h\cdot d+2h\cdot d-4d^2)\\ &=n\cdot d+d-\frac{2d^2}{h}\\ &\fallingdotseq(n+1)\cdot d\\ &=n_1\cdot d \end{aligned}\qquad(5-111)$$

단, $n_1=n+1$

위와 같은 방법으로 계산하면

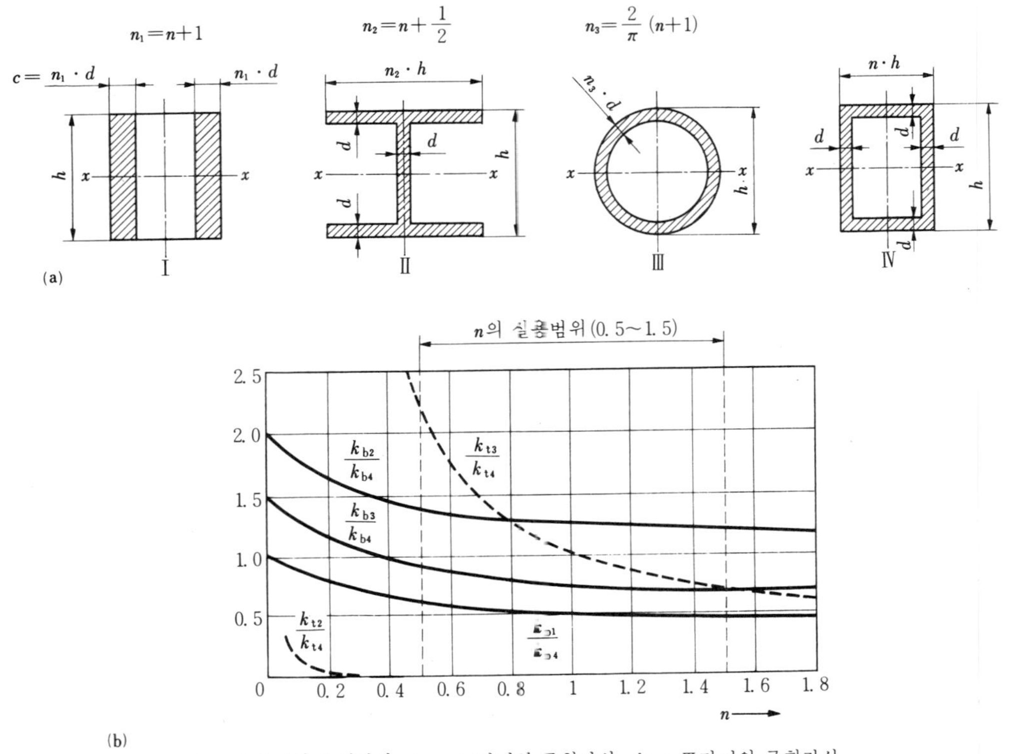

k_{b1}=Ⅰ단면의 굽힘강성, k_{b2}=Ⅱ단면의 굽힘강성, k_{b3}=Ⅲ단면의 굽힘강성,
k_{b4}=Ⅳ단면의 굽힘강성, k_{t2}=Ⅱ단면의 비틀림강성, k_{t3}=Ⅲ단면의 비틀림강성,
k_{t4}=Ⅳ단면의 비틀림강성

Fig. 5-64　각종 구조물 단면형상에 따른 굽힘 및 비틀림강성(Koenigsberger)

$$n_2 = n + \frac{1}{2} \tag{5-112}$$

$$n_3 = \frac{2}{\pi}(n+1) \tag{5-113}$$

이 구해진다.

Fig. 5-64(b)에서 보는 바와 같이 실용범위인 $n=0.5\sim1.5$에서는 閉鎖形 Ⅲ과 Ⅳ형단면이 굽힘강성과 비틀림강성의 관점에서 가장 좋다는 것을 알 수 있다.

고려대상이 강성뿐 아니라 破壞强度도 있으며, Krug에 의하면 鋼의 縱彈性係數 E가 鑄鐵의 것의 2배이고 주철의 허용인장응력과 굽힘응력은 연강의 것의 30~60%에 불과하므로 주철 대신에 강을 사용하는 것이 재료의 절약 및 중량의 감소면에서 유리하다고 한다.

矩形斷面의 單純支持보에서 사용 재료의 강도 및 강성을 동시에 한계까지 이용하는 값으로 길이와 높이의 비를 택한다면 상당한 재료의 절약을 할 수 있다는 Krug의 제안이 절대적인 것이 아니라는 것을 Fig. 5-65(a)의 경우를 예로 설명하고자 한다.

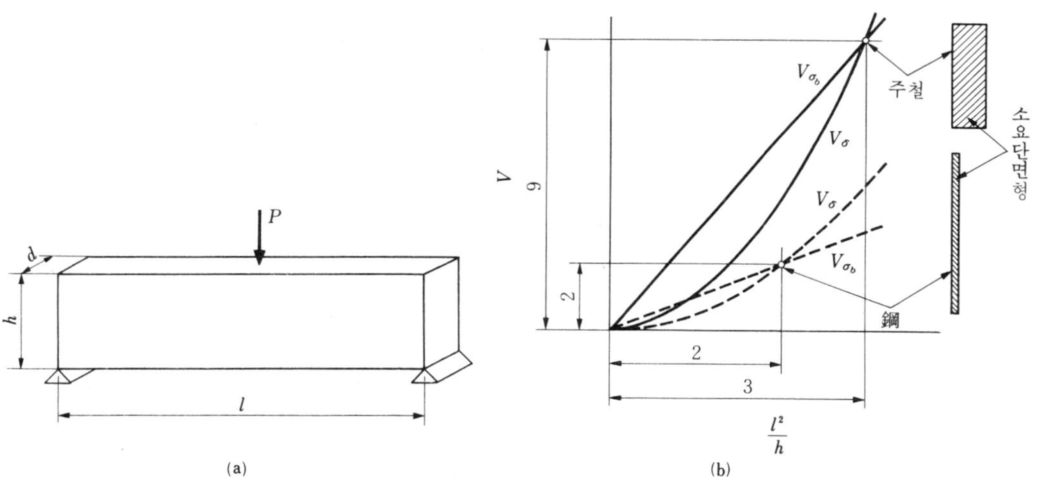

Fig. 5-65 주철과 강의 剛性比較

변위 δ와 굽힘응력 σ_b는 다음과 같이 된다는 것을 재료역학에서 이미 공부하였을 것으로 생각한다.

$$\delta = \frac{P\cdot l^3}{48E\cdot I} = \frac{1}{48E}\cdot\frac{P\cdot l^3}{d\cdot h^3/12} = \frac{1}{4E}\cdot\frac{P\cdot l^4}{d\cdot h\cdot l\cdot h^2} = \frac{P\cdot l^4}{4E\cdot V\cdot h^2}$$

$$= \frac{P}{4E\cdot V}\cdot\left(\frac{l^2}{h}\right)^2 \tag{5-114}$$

$$\sigma_b = \frac{\frac{P}{2}\cdot\frac{l}{2}}{\frac{d\cdot h^2}{6}} = \frac{3}{2}\cdot\frac{P\cdot l}{d\cdot h^2} = \frac{3}{2}\cdot\frac{P}{d\cdot h\cdot l}\cdot\frac{l^2}{h} = \frac{3}{2}\cdot\frac{P}{V}\cdot\frac{l^2}{h} \tag{5-115}$$

V는 보의 체적으로서 $V=d\cdot h\cdot l$이며, 허용굽힘응력(permissible maximum bending stress)을 σ_{bp}, 허용굽힘변위(permissible maximum deflection)를 δ_p라 하고 이에 대한 최소 필요체적을 각각 V_δ 및 $V_{\sigma p}$라 하면 식 (5-114)와 식 (5-115)에서 다음 식을 얻는다.

$$V_\delta = \frac{P}{4} \cdot \frac{1}{E} \cdot \frac{1}{\delta_p} \cdot \left(\frac{l^2}{h}\right)^2 \tag{5-116}$$

$$V_{\sigma p} = \frac{3P}{2} \cdot \frac{1}{\sigma_{bp}} \cdot \frac{l^2}{h} \tag{5-117}$$

식 (5-116)과 식 (5-117)에 의하면, 보의 체적은 l^2/h의 함수이며 이들 식은 공작기계 bed 설계의 중요한 기초가 된다.

허용응력과 허용변위가 동시에 한계치까지 이용되면 l^2/h값은 주철과 강에서 다르다는 것을 알 수 있다. 허용응력과 허용변위를 동시에 만족하는 l^2/h을 구하기 위해서는 식 (5-116)과 식 (5-117)을 等値시키면 된다.

예로서 주철의 $E=11\times10^5\text{kg/cm}^2$, 강의 $E=22\times10^5\text{kg/cm}^2$, 주철의 $\sigma_{bp}=100\text{kg/cm}^2$, 강의 $\sigma_{bp}=300\text{kg/cm}^2$이라 하면, 주철의 경우

$$V_\delta = V_{\sigma p} = \frac{P}{4} \cdot \frac{1}{11\times10^5} \cdot \frac{1}{\delta_p}\left(\frac{l^2}{h}\right)^2 = \frac{3P}{2} \cdot \frac{1}{100} \cdot \frac{l^2}{h}$$

으로 되며,

$$\frac{1}{2\times11\times10^3} \cdot \frac{1}{\delta_p} \cdot \frac{l^2}{h} = 3$$

의 관계가 얻어진다.

여기에서 $\delta_p = \dfrac{1}{2\times11\times10^3}$ cm라 가정하면 $\dfrac{l^2}{h}=3$이 되며 $V_\delta = V_{\sigma p} = \dfrac{P}{200}\times9$ 이다.

강의 경우에서도 $\delta_p = \dfrac{1}{2\times11\times10^3}$ cm라 가정하면 $V_\delta = V_{\sigma p} = \dfrac{P}{4} \cdot \dfrac{1}{22\times10^5} \cdot \dfrac{1}{\delta_p}\left(\dfrac{l^2}{h}\right)^2 = \dfrac{3P}{2} \cdot \dfrac{1}{300} \cdot \dfrac{l^2}{h}$에서 $\dfrac{l^2}{h}=2$이며, $V_\delta = V_{\sigma p} = \dfrac{P}{200}\times2$이다. 따라서 Fig. 5-65(b)와 같은 선도가 얻어진다. 이와 같은 조건에서 강을 사용하면 주철 체적의 23% 정도로써 70% 이상의 재료 절약을 가져온다. 그러나 강에서는 같은 길이 l에 대하여 l^2/h이 적으므로, 높고 체적이 적으므로 얇게 되어 보강할 필요가 있을 수 있다. 이와 같은 이유로 실제에서는 Fig. 5-65(b)에서 V_δ와 V_{σ_b}의 교점의 右則을 이용하는 것이 대부분이며, 공작기계의 치수와 체적의 계산은 재료의 파괴강도보다는 강성의 관점에서 행하는 것이 좋다.

2-1-2 구멍과 靜剛性

공작기계의 중량 支持部가 반드시 전길이에 걸쳐서 균일한 단면만으로 설계 제작된다고 할 수 없다. Fig. 5-66은 Aachen공대 연구소에서의 모형 실험 결과이며, 둥근 구멍의 영향이 구멍 직경의 약 2배($l_1 \fallingdotseq 2d$)의 범위까지 미치고 있다.

길이 l인 긴 구멍에서는 보의 전길이에 비하여 영향 범위가 더욱 확대되어 있으며, 總合剛性에 큰 영향을 주고 있다($l_2=l+d$). 이와 같은 벽의 구멍은 기계구조물 및 bed 등에서 gear상자 등의 설치로 인하여 불가피한 경우가 많다.

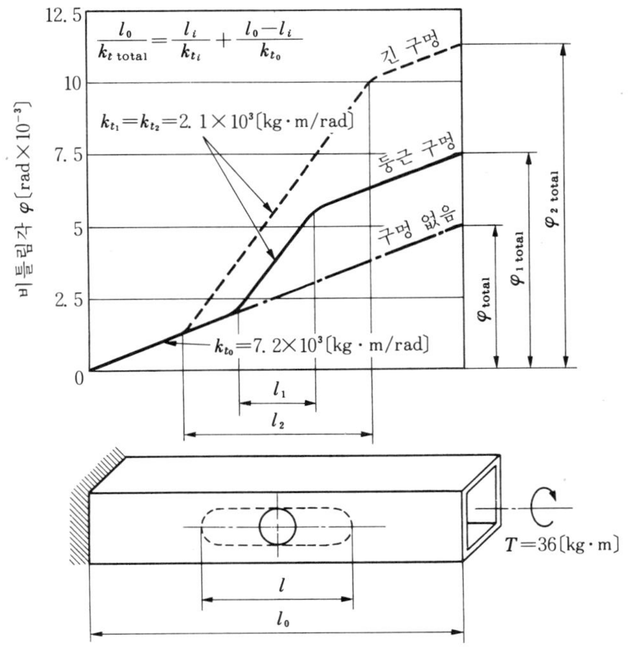

Fig. 5-66 벽에 구멍이 있는 상자형 보의 비틀림각과 비틀림강성

Fig. 5-67은 벽에 구멍이 없는 경우(a), 구멍이 있는 경우(b), 구멍에 뚜껑이 위에만 있는 경우(c), 구멍에 마개 뚜껑이 있는 경우(d)에 대한 실험 결과로서 구멍에 의한 굽힘강성의 저하는 적으나 비틀림강성의 저하는 현저하게 나타난다. 뚜껑을 덮어서 굽힘강성은 상당한 정도까지 보강이 되나 비틀림강성에 대한 보강의 효과는 아주 적다는 것을 알 수 있다.

Peters가 제안한 예로서 Z자형 대각선 배치 보강이 전후의 rib 배치보다 굽힘강성과 비틀림강성이 우수하다는 것이다.

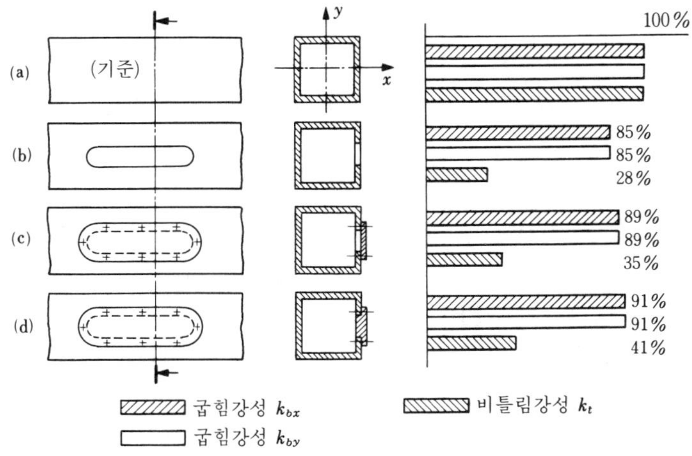

Fig. 5-67 구멍 유무 및 뚜껑의 유무에 대한 상자형 단면보의 정적 특성

2-1-3 結合部와 靜剛性

공작기계의 구조물은 單一體로 구성되어 있는 경우는 드물고 부분의 체결 및 결합에 의하여 구성되는 것이 대부분이다. 예를 들면 flange의 변형, 체결 bolt의 伸長, 各部간의 遊隙의 변화, 안내면과 bearing의 하중 전달 요소의 변화 등이 강성에 영향을 준다.

Fig. 5-68 은 공작기계 구조물의 bolt 결합예를 보여 주며, bolt를 적절히 배열하면 부분 결합으로 인한 단일체에 대한 강성 저하를 어느 정도 회복시킬 수 있다.

굽힘을 받는 flange결합부의 압축측에 bolt를 집중시키는 것은 전체적으로 균등하게 배열하는 것보다 불리하며, 도리어 인장측에 집중시키는 것이 유리하다. flange 결합부가 비틀림을 받는 경우 역시 bolt를 균등하게 배치하는 것이 좋다. 체결하중이 비교적 적은 범위에서는 체결

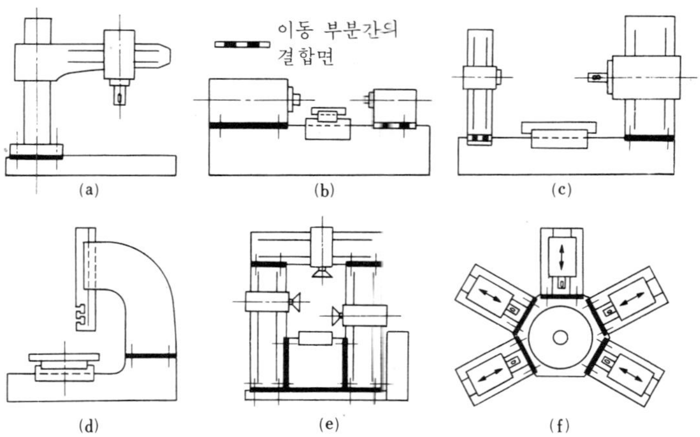

Fig. 5-68 공작기계 구조물의 bolt 결합

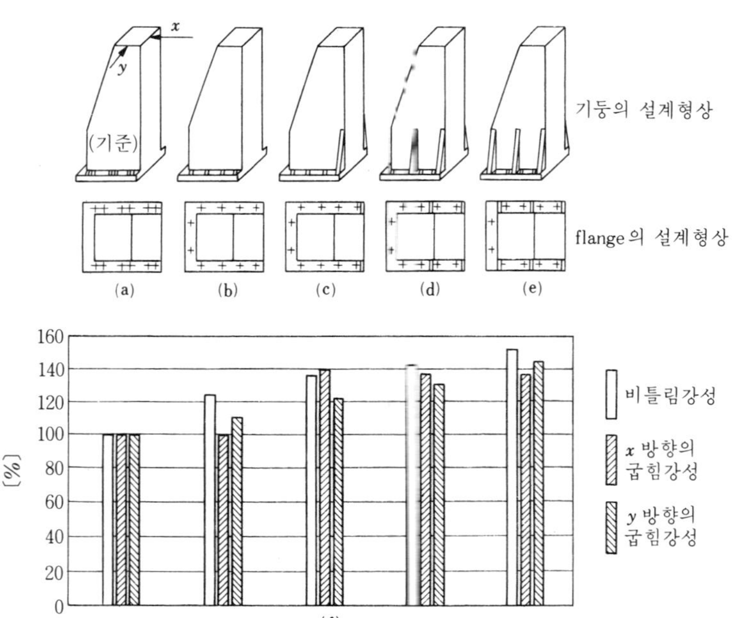

Fig. 5-69 flange 설계가 강성에 미치는 영향

하중의 증가에 따라 flange 결합부의 굽힘강성은 상당히 증가하나 비틀림강성의 증가는 극히 적다. flange결합면은 가능하면 넓고 평탄 또는 평활하게 다듬어야 한다. 물론 flange 자체의 강성도 결합부의 굽힘강성에 기여하는 바가 크다.

Fig. 5-69는 flange 설계가 강성에 미치는 영향을 보여 주는 것으로서 (a)에서는 flange 체결 bolt를 12개 사용하고 다음 것에서는 bolt를 10개 사용하고 flange를 보강(2, 4, 6개 곳)한 결과 결합부의 강성이 무려 50% 정도 증가하였다.

flange 두께를 증가시키면 단면 2차 moment는 증가하나 bolt가 길어져서 bolt의 伸長이 커지므로 flange 결합부가 분리될 위험이 있을 수 있다.

기계 各部를 결합할 경우에는 單一體의 강성에 상당하는 보강법을 고려하여야 하며, bearing에 의하여 지지되는 軸, 안내면상을 운동하는 미끄럼대 등과 같이 상호운동부에 대하여는 차후에 언급하기로 한다.

2-2 動剛性

변동하중 및 관성력에 의한 振動이 생기기 어려운 성질을 **동강성**(dynamic rigidity, dynamic stiffness)이라 하며, 공구 및 가공 방법의 발달에 따라 고속절삭이 행하여지고 요구되는 가공정밀도가 엄격하여지고 있기 때문에 동강성이 높은 공작기계가 요구되고 있다.

2-2-1 振動과 動剛性

진동에 영향을 주는 因子로는 다음과 같은 것을 들 수 있다.

① 진동체의 질량(m)

② 정강성(또는 spring 상수, k)

③ 감쇠계수(n)

④ 고유진동수(ω_0)

Fig. 5-70에 주기적인 外力 $F_{max}\cdot\cos(\omega\cdot t')$를 가한 粘性減衰를 받는 강제진동의 운동방정식은 다음과 같다.

$$-m\cdot g-k\cdot x-C_d\cdot\dot{x}+m\cdot g+F_{max}\cdot\cos(\omega\cdot t')=m\cdot\ddot{x}$$

$$\therefore\ m\cdot\ddot{x}+C_d\cdot\dot{x}+k\cdot x=F_{max}\cdot\cos(\omega\cdot t') \tag{5-118}$$

여기에서, F_{max} : 주기적인 외력의 최대값

ω : 주기적인 외력의 角振動數

식 (5-118)에서

$$\ddot{x}+\frac{C_d}{m}\cdot\dot{x}+\frac{k}{m}\cdot x=\frac{F_{max}}{m}\cdot\cos(\omega\cdot t') \tag{5-119}$$

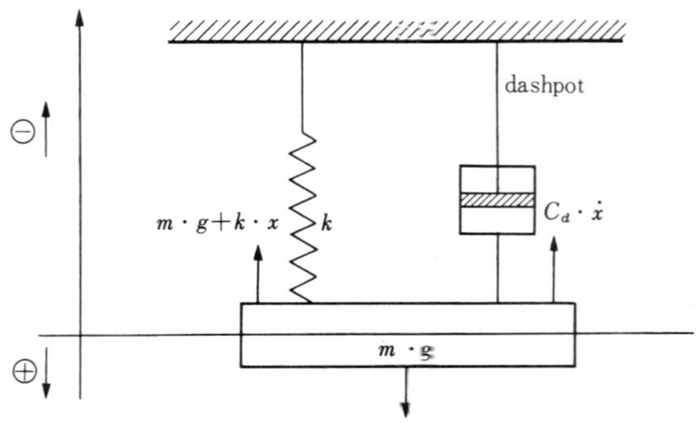

Fig. 5-70

$\dfrac{k}{m} = \omega_0^2$, $\dfrac{C_d}{m} = 2n$ 이라 하면 식 (5-119)는 다음과 같이 된다.

$$\ddot{x} + 2n \cdot \dot{x} + \omega_0^2 \cdot x = \frac{F_{max} \cdot g}{W} \cdot \cos(\omega \cdot t') \qquad (5-120)$$

식 (5-120)의 特解를

$$x_1 = M \cdot \sin(\omega \cdot t') + N \cdot \cos(\omega \cdot t') \cdots\cdots (a)$$

라 하자. 여기서 M과 N은 상수이다.

식 (a)를 식 (5-120)에 대입하여 정리하면

$$(-M \cdot \omega^2 - 2N \cdot \omega \cdot n + M \cdot \omega_0^2) \cdot \sin(\omega \cdot t') +$$
$$(-N \cdot \omega^2 + 2M \cdot n \cdot \omega + N \cdot \omega_0^2) \cdot \cos(\omega \cdot t')$$
$$= \frac{F_{max} \cdot g}{W} \cdot \cos(\omega \cdot t')$$

$$\therefore \; -M \cdot \omega^2 - 2N \cdot \omega \cdot n + M \cdot \omega_0^2 = (\omega_0^2 - \omega^2) \cdot M$$
$$-2n \cdot \omega \cdot N = 0$$
$$-N \cdot \omega^2 + 2M \cdot \omega \cdot n + N \cdot \omega_0^2 = 2\omega \cdot n \cdot M + (\omega_0^2 - \omega^2) \cdot N$$
$$= \frac{F_{max} \cdot g}{W}$$

$$\therefore \; M = \frac{F_{max} \cdot g}{W} \cdot \frac{2n \cdot \omega}{(\omega_0^2 - \omega^2)^2 + 4n^2 \cdot \omega^2}$$
$$N = \frac{F_{max} \cdot g}{W} \cdot \frac{\omega_0^2 - \omega^2}{(\omega_0^2 - \omega^2)^2 + 4n^2\omega^2} \cdots\cdots (b)$$

식 (b)를 식 (a)에 대입하면 特解를 얻게 된다. 이 특해를 減衰自由振動方程式의 일반해인 $x = e^{-n \cdot t'}[C_1 \cdot \cos(\omega_{0_1} \cdot t') + C_2 \cdot \sin(\omega_{0_1} \cdot t')]$*에 더하면 식 (5-120)의 一般解를 얻게 된다. 즉

$$x = e^{-nt'}[C_1 \cdot \cos(\omega_{0_1} \cdot t') + C_2 \cdot \sin(\omega_{0_1} \cdot t')] + M \cdot \sin(\omega \cdot t') + N \cdot \cos(\omega \cdot t') \qquad (5-121)$$

* 金屬切削理論, 서남섭, 동명사, p. 300

식 (5-121)의 강제진동의 항은 Fig. 5-71과 같은 vector에 의하여 간단하게 표시할 수 있다. vector $\overrightarrow{OD}$ 와 $\overrightarrow{OB}$ 를 vector $\overrightarrow{OC}$ 로 대체할 수 있다. vector $\overrightarrow{OC}$ 의 크기 A는 다음과 같다.

$$A=\sqrt{M^2+N^2}=\frac{F_{max}\cdot g}{W}\sqrt{\frac{4n^2\cdot\omega^2+(\omega_0^2-\omega^2)^2}{[(\omega_0^2-\omega^2)^2+4n^2\cdot\omega^2]^2}}$$

$$=\frac{F_{max}/m}{\sqrt{4n^2\cdot\omega^2+(\omega_0^2-\omega^2)^2}}$$

$\dfrac{F_{max}}{m}=F_0$ 로 놓으면

$$A=\frac{F_0}{\sqrt{4n^2\cdot\omega^2+(\omega_0^2-\omega^2)^2}} \quad (5-122)$$

A를 축 X에 투영하면

$$x_1=M\cdot\sin(\omega\cdot t')+N\cdot\cos(\omega\cdot t')$$

$$=A\cdot\cos\left(\frac{\pi}{2}-\omega\cdot t'+\alpha\right)$$

$\dfrac{\pi}{2}+\alpha=\phi$ 라 하면

$$x_1=A\cdot\cos(\omega\cdot t'-\phi)$$

$$=\frac{F_0\cdot\cos(\omega\cdot t'-\phi)}{\sqrt{4n^2\cdot\omega^2+(\omega_0^2-\omega^2)^2}} \quad (5-123)$$

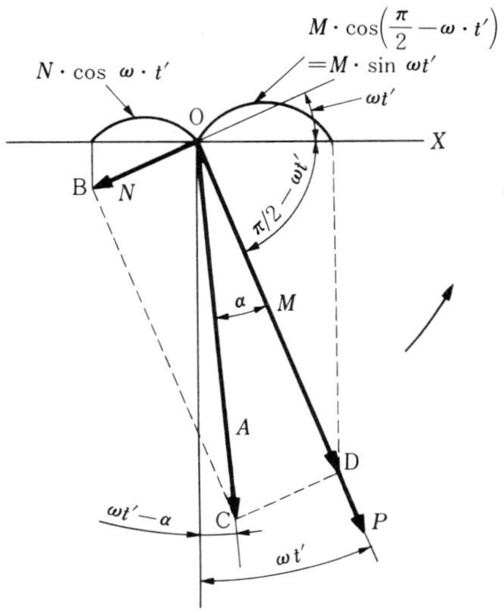

Fig. 5-71

여기에서 $A=\dfrac{F_0}{\sqrt{4n^2\cdot\omega^2+(\omega_0^2-\omega^2)^2}}$ 를 **振幅**(amplitude)이라 한다. 또한 진폭은 다음과 같이 나타낼 수 있다.

$$A=\frac{F_{max}\cdot g}{W}\cdot\frac{1}{\sqrt{(\omega_0^2-\omega^2)^2+4n^2\cdot\omega^2}}$$

$$=\frac{F_{max}}{m}\cdot\frac{1}{\omega_0^2}\cdot\frac{1}{\sqrt{\left(1-\dfrac{\omega^2}{\omega_0^2}\right)^2+\dfrac{4n^2\cdot\omega^2}{\omega_0^4}}}$$

$$=\frac{F_{max}}{m}\cdot\frac{m}{k}\cdot\frac{1}{\sqrt{\left(1-\dfrac{\omega^2}{\omega_0^2}\right)^2+\dfrac{4n^2\cdot\omega^2}{\omega_0^4}}}$$

$$=\delta_{st}\cdot\frac{1}{\sqrt{\left(1-\dfrac{\omega^2}{\omega_0^2}\right)^2+\dfrac{4n^2\cdot\omega^2}{\omega_0^4}}} \quad (5-124)$$

여기서, δ_{st}=靜的伸長이며, $\dfrac{1}{\sqrt{\left(1-\dfrac{\omega^2}{\omega_0^2}\right)^2+\dfrac{4n^2\cdot\omega^2}{\omega_0^4}}}$ 을 **倍率**(magnification factor)이라 한다.

또

$$A=\frac{F_0}{\omega_0^2}\cdot\frac{1}{\sqrt{\left[1-\left(\dfrac{\omega}{\omega_0}\right)^2\right]^2+4n^2\cdot\left(\dfrac{\omega}{\omega_0^2}\right)^2}}$$

$$= \frac{F_0}{\omega_0^2} \times 倍率$$

$$\therefore 倍率 = \frac{A \cdot \omega_0^2}{F_0}$$

Fig. 5-72는 減衰係數 n에 따른 각진동수비 ω/ω_0와 배율의 관계를 보여 준다.

$\omega_0 = \omega$ 이면

$$A = \frac{F_0}{2n \cdot \omega_0}$$

로서 共振에서의 진폭이다. Fig. 5-72에서 보는 바와 같이 강제진동의 진폭을 최소화하기 위해서 가능하면 고유진동의 각진동수 ω_0를 작게 하고 강제진동의 각진동수 ω를 크게 하여야 함을 알 수 있다.

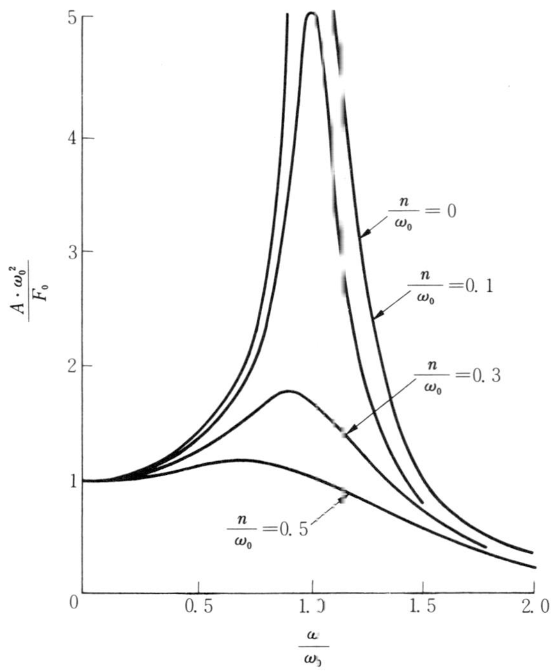

Fig. 5-72

배율을 낮게 하려면 고유진동수 ω_0를 크게 하고 강제진동수 ω를 작게 하거나, ω_0를 작게 하고 ω를 크게 한다. ω_0를 크게 하기 위하여는 靜剛性을 크게 하고 질량을 감소시키며, 낮은 고유진동수 ω_0를 얻기 위하여는 정강성을 낮게 하고 질량을 되도록 크게 한다.

주철의 감쇠계수는 강의 것의 數倍나 되어 진동의 감쇠작용이 크며, 흑연의 함유량이 많을수록 감쇠작용이 큰데 이것은 주철 내부조직 사이에 있는 층상으로 존재하는 針狀自由黑鉛의 기계적 마찰에서 기인된다고 한다.

공작기계의 진동을 1自由度 또는 2自由度의 문제로 단순화하여 해석한다는 것은 곤란할 뿐 아니라, 순수이론적 계산에 의존할 수 없는 경우가 대부분이다. 따라서 공작기계의 진동은 모형실험 또는 실물실험을 통하여 검토하고 규명하고 있는 실정이다.

Aachen 공대의 연구에 의하면 Fig. 5-73에서 보는 바와 같이 상자형 보에 구멍이 없는 경우(a), 구멍이 있는 경우(b), 구멍에 뚜껑이 있는 경우(c), 구멍에 마개형 뚜껑이 있는 경우(d)에 고유진동수와 감소율이 각각 변하고 있다.

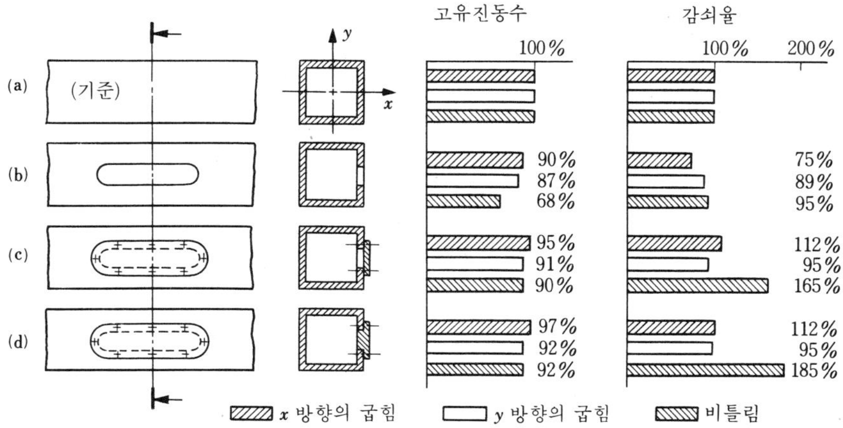

Fig. 5-73 구멍 유무 및 뚜껑 유무에 대한 상자형 斷面기둥의 동적특성(Bielefeld)

Table 5-11은 Heiss에 의한 실험 data로서 보의 형태 및 하중의 종류에 따라 강성, 진동수 및 감쇠계수의 상대적 크기가 변하고 있음을 보여 준다.

Table 5-11

			靜剛性			自由振動數			減衰係數		
			굽힘 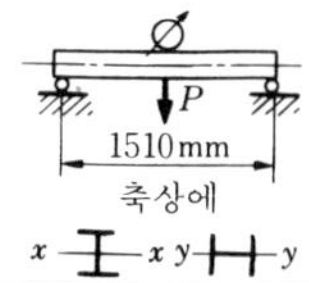 축상에		비틀림 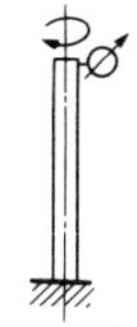	굽힘 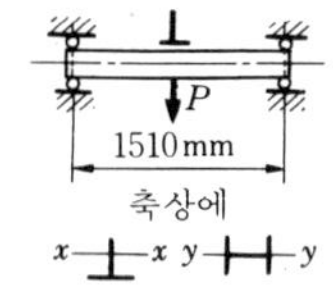 축상에		비틀림 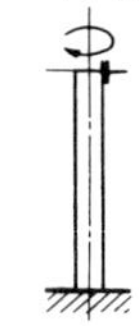	굽힘 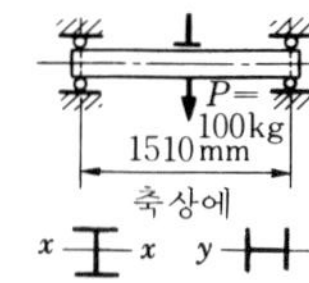 축상에		비틀림 $T=1\,kg \cdot m$ 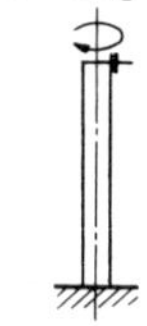
No	보의 약도	중량〔kg〕	c_b〔kg/μ〕		c_D $10^{-3}\,mkg\ \frac{\mu}{m_1}$	ω_{ob}〔cps〕		ω_{ot}〔cps〕	n_b〔$\times 10^{-3}$〕		n_t〔$\times 10^{-3}$〕
Ⅰa	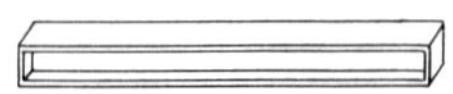	42	3. 2	1. 6	1. 0	195	135	50. 5	1. 12	0. 58	1. 38
Ⅰb	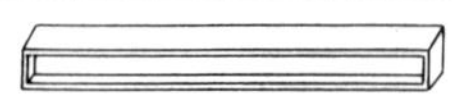	43	3. 65	1. 6	1. 6	209	135	54. 5	0. 74	0. 31	0. 56
Ⅰc	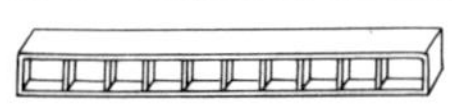	47	3. 65	1. 6	1. 6	190	128	53. 5	0. 73	0. 47	1. 07
Ⅱ	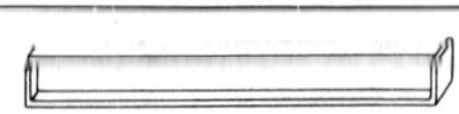	38	3. 0	–	1. 0	196	–	50. 5	0. 81	–	–
Ⅲ	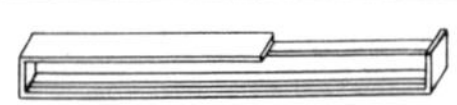	46	3. 6	1. 75	1. 75	194	132. 5	58	0. 86	0. 345	0. 595
Ⅳ	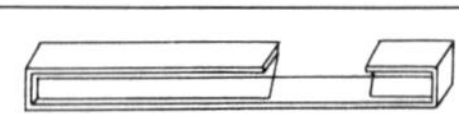	49	3. 6	1. 95	11. 6	187	137. 6	129. 5	0. 75	0. 23	0. 285
Ⅴ	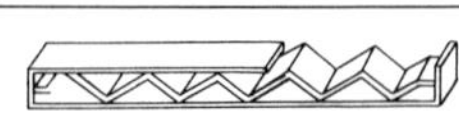	44	1. 6	1. 75	22. 3	118	134	183	0. 79	0. 25	1. 26
Ⅵ	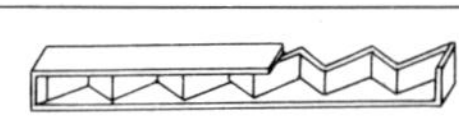	44	3. 1	1. 85	2. 9	181	134. 5	70	0. 63	0. 24	0. 89
Ⅶ	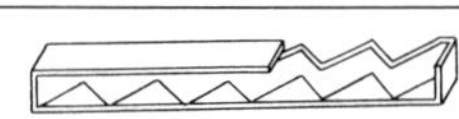	45	2. 95	1. 8	3. 7	178	136	78. 5	0. 65	0. 275	0. 335
	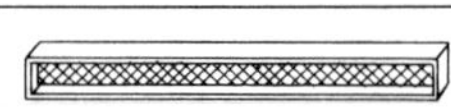	10. 5	0. 85	0. 01	0. 25	200 Rayleigh에 의한 계산	11	41	—	–	3. 0 T 0. 25 kg·m

3章 熱 變 形

精密加工에 있어서 加工誤差중 열변형에 의한 것이 40~70%에 달할 정도로 크다고 한다. 열변형을 방지하거나 최소화하기 위해서는 열의 發生源, 熱流動, 열 및 열변형 측정법에 대한 지식을 요한다.

Table 5-12는 공작기계가 받는 열을 열원에 따라 분류한 것이며, Fig. 5-74는 공작기계에서 소비되는 energy의 대부분이 내부 열손실이라는 것을 보여 주고, Fig. 5-75는 공작기계에서의 열유동을 나타낸다.

Table 5-12 工作機械의 熱源

열 원			
내부 열원		외부 열원	
손 실 열	가 공 열	분 위 기	복 사 열
motor bearing gear clutch 미끄럼 안내면 *윤활유 *驅動유	공작물 공 구 chip *절삭액	기온 변화 실온 변화 국부적 온도차 地熱	日 光 조 명 난방기 人 體

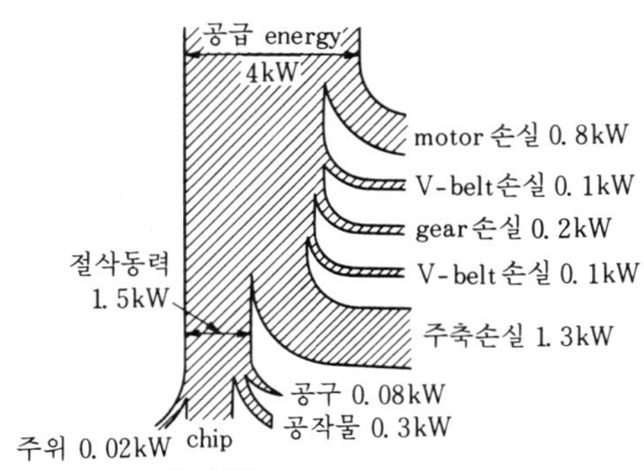

Fig. 5-74 주축회전수 1500rpm일 때 旋削 소비 energy 분포

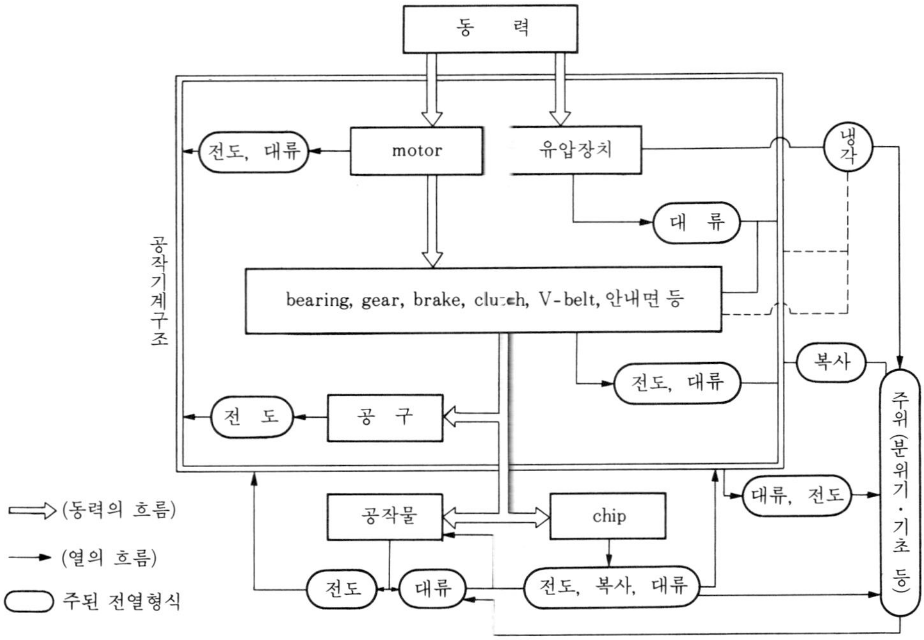

Fig. 5-75 공작기계의 열유동

3-1 熱變形解析

열변형 해석은 試作機에 대하여 변형의 실태를 파악하고 구조를 개선해 나가는 것도 되겠으나, 가능하면 設計者가 공작기계의 설계단계에서 열변형 정도를 예측하여 그것에 대비하는 연구를 하는 것이 이상적이라 할 수 있다.

열변형 해석의 수단으로서 i) 模型에 의한 실험과 ii) 有限要素法에 의한 해석 등이 있다.

plastic 등의 재료를 이용한 모형 실험도 유용하나, 그 결과를 곧바로 실제의 기계에 적용하는 데에는 많은 문제가 있다. 실제의 기계는 매우 복잡한 구조로 되어 있기 때문에 실물과 같은 구조의 모형 제작에도 어려움이 있다. 그러나 개략적인 열변위를 원리적으로 파악하는 데에는 도움이 된다.

유한요소법에 의한 해석에서는 경계조건의 정도 및 공작기계 구성요소에서의 發熱量과 熱傳達率 등의 복합요인이 정확히 제시만 된다면 계산 결과의 정도를 신뢰할 수 있다. 그러나 실제에 있어서는 熱源의 대부분을 차지하는 bearing, clutch 등을 제외한 motor 및 gear 등에서의 發熱, 결합부에서 접촉저항에 의한 발열에 관한 연구가 아직 미진한 상태이고 보면, 공작기계 내부의 열적 경계조건을 정확히 정한다는 것은 어려운 일이다.

3-2 熱變形測定

열변형을 측정하는 방법에는 변형을 직접 측정하는 것과 발열량 또는 온도를 측정하여 열변형을 계산하는 간접적인 것이 있을 수 있다. 切削熱은 절삭저항에 의하여 간단히 계산할 수 있으나 여타의 발열량의 측정과 예측은 어려운 일이며, 그 결과에 대한 정도에도 문제가 있다. 온도의 측정은 主軸과 같은 회전부를 제외하고는 비교적 용이하게 측정할 수 있다.

Table 5-13은 열변형 거동측정의 측정기와 정도를 보여 준다.

Table 5-13 열변형 거동측정의 측정기와 정도

대 상	측 정 정 도	측 정 법
변 위	0.01〔μm〕	laser 간섭계(特)
	0.1	laser 간섭계, laser follow graphy*
	0.3	전기 micrometer(特), moire 간섭계
	1	전기 micrometer, dial gauge(特)
	3	dial gauge
온 도	0.01〔℃〕	thermistor(特)
	0.1	thermistor, thermal camera*
	0.2	열전대
	0.5	수은온도계, 저항온도계
발 열 량	10〔kcal/h〕	torque 에서 추정
	30	전력소비량, 온도 분포에서 추정

* 표는 이차원적인 측정이 가능

3-3 熱變形對策

熱傳達率과 熱傳導率이 온도에 따라 변하지 않는다면 열변형은 발열량에 비례하므로 발열량을 감소시키는 것이 가장 중요하다. 따라서 bearing의 형식과 윤활법 등을 연구해서 개량하고, 가능하면 熱源이 되는 motor, gear 및 유압장치를 공작기계 본체와 분리해서 설치하는 것이 바람직하다. chip이 공작기계, 공구 및 가공물과 가급적 접촉하는 시간을 줄일 수 있도록 설계하는 것도 중요하다.

절삭가공시에 온도를 제어하는 대상에는

i) 분위기, ii) 윤활유, iii) 기계본체(주축 bearing, gear box 등), iv) 공구, 공작물, 조명장치 및 chip 등이 있다. i)~iv)를 동시에 해결하는 것을 목표로 할 때에는 공기 bearing, aluminium 합금 공작물, diamond공구의 사용과 공작기계에 oil shower를 하여야 하나, 高精密度가 요구되는 machining center에서는 oil shower만으로는 불충분하여 주축 bearing 등의 發熱部에 별도의 온도 control system이 필요하다. 온도의 제어범위는 ±1℃, ±0.1℃, ±0.

01℃까지 가공정밀도에 따라 채용되고 있다.

선반, 내면연삭기 및 machining center와 같이 대칭성 구조를 얻기 쉬운 것은 對稱性을 적극적으로 이용하는 설계를 함으로써 온도 분포를 대칭되게 하면 1차원적인 상대변위를 상당한 정도로 억제할 수 있다.

이상의 것을 포함한 여타의 변형방지책 및 補正法을 정리하면 Table 5-14와 같다.

Table 5-14　열변형 대책

대　책		예	連鎖의 遮斷			
			열 량	온도 분포	변 형	정도 저하
設計	효율의 향상	sliding면 재료의 선택	○			
		潤滑의 선택(粘度, 量)	○			
		굴림마찰, 유체마찰의 이용	○			
		可變吐出形 pump의 채용	○			
		發熱이 적은 機器의 선택	○			
	구조의 개량	熱源을 機械本體 外에 설치		○		
		sliding면을 경사시켜 chip의 퇴적 방지		○		
		熱的 對稱形으로 설계(double column)			○	○
		변형의 방향을 정도 저하를 받지 않는 방향으로				○
		변형의 예상 위치를 교정시킴				○
		豫張力의 부여			○	
		斷熱材의 이용		○		
		지지점의 주의				○
		線膨脹係數가 작은 재료의 사용(invar)			○	
열의 제거와 가열		적극적 냉각(oil shower)		○		
		放熱面積의 증가		○		
		액체의 순환량의 조정		○		
		보조열원		○		
변형의 보정		열변형을 측정, in process 補正				○
		열변형을 측정, off process 數値制御				○
		온도에서 열변위를 추정하여 위치보정				○
		强制力에 의한 열변형의 보정			○	
環境의 보정		恒温室에 넣음(簡易恒温室)		○		
		공기흐름의 조절		○		
		복사열의 遮斷	○			
작업조건		길들이기 운전		○		
		주축회전수의 저하	○			○
		적절한 운전조건의 선택	○			
		열응력의 해방			○	

4章 工作機械의 構成要素設計

4-1 構造物 및 案內面

bed, column 및 base 등은 공작기계의 骨組를 이루는 것으로서 自重, 공작물의 중량 및 절삭저항 등을 받아 각 부분에 변형이 생겨서 가공물의 형상, 치수, 정도에 영향을 주므로 이에 대비한 충분한 정강성, 동강성, 강도를 고려하여 설계하여야 한다.

안내면에는 미끄럼운동을 하는 것과 위치 조정한 후 미끄럼운동을 하지 않는 것이 있으며, 여기에도 미끄럼部와 공작물의 중량 및 절삭저항 등이 작용하므로 耐磨耗性 材料를 선택함과 동시에 강도, 강성을 고려하여야 한다.

4-1-1 構造物 및 案內面 材料와 熱處理

공작기계 구조물에는 주철과 강이 주로 사용된다. 주철은 복잡한 형상의 구조물도 주조하여 쉽게 만들 수 있으나, 강도가 낮기 때문에 재료가 많이 들어 중량이 증가하고 재료비가 많이 드는 단점이 있다. 이와 같은 점에서는 강의 용접구조물이 유리하겠으나 용접구조물에서는 殘留應力에 의한 변형 및 용접비의 관점에서 분리한다. 실제에는 구조물에서 주물이 대부분이고 용접구조물은 그리 많지 않다.

주철주물만으로 강도가 부족할 때에는 半鋼鑄鐵, 合金鑄鐵 및 Meehanite주철을 사용한다. 주물의 經年變形의 원인이 되는 內部應力을 제거하기 위하여 자연seasoning(natural seasoning) 또는 인공 seasoning(artifical seasoning)을 행한다. 전자의 방법에서는 6개월~2년간 자연환경에 방치하고, 후자의 방법에서는 500~550℃에서 5~10시간 가열한 후 爐冷하는 풀림열처리를 한다.

안내면의 재료는 耐磨耗性이 좋고, 미끄럼운동이 원활한 것이어야 한다. Meehanite주철은 인장강도 뿐 아니라 耐壓力이 크고 마찰계수가 적어서 안내면 재료로서 우수한 재료이며, Table 5-15는 Meehanite주철의 압축강도, Table 5-16은 마찰계수를 다른 재료의 것에 비교하여 보여 준다.

사용 조건에 있어 특히 내마모성이 큰 것이 요구될 때에는 안내면을 白銑化시키든가, 球狀黑鉛鑄鐵 또는 Meehanite주철을 火焰硬化(flame hardening) 및 高周波硬化(induction harden-

Table 5-15　압축강도의 비교

재료 종류	Meehanite 주철	공 구 강	0.35%C 탄소강	가 단 주 철	회 주 철
압축강도 〔kg/mm²〕	87.8	88.1	55.6	47.0	43.6

Table 5-16　마찰계수의 비교

금속의 미끄럼쌍	다 듬 질	표 면 조 도 〔rms〕〔μin〕	소 착 압 력 〔kg/cm²〕	마 찰 계 수 (평균값)
강과 청동	기계다듬	60 40	136	0.22
강과 회주철	기계다듬	60 160	194	0.16
강과 Meehanite 주철	기계다듬	60 120	246	0.16
Meehanite 주철(상호간)	기계다듬	65 75	194	0.11

ing)로 처리하여 마찰면을 경화시킨다.

마모량은 고정안내면과 이동안내면의 재질 및 열처리에 따라서 Fig. 5-76과 같이 큰 차이가 있으므로 운전조건에 맞게 적절한 조합이 필요하다.

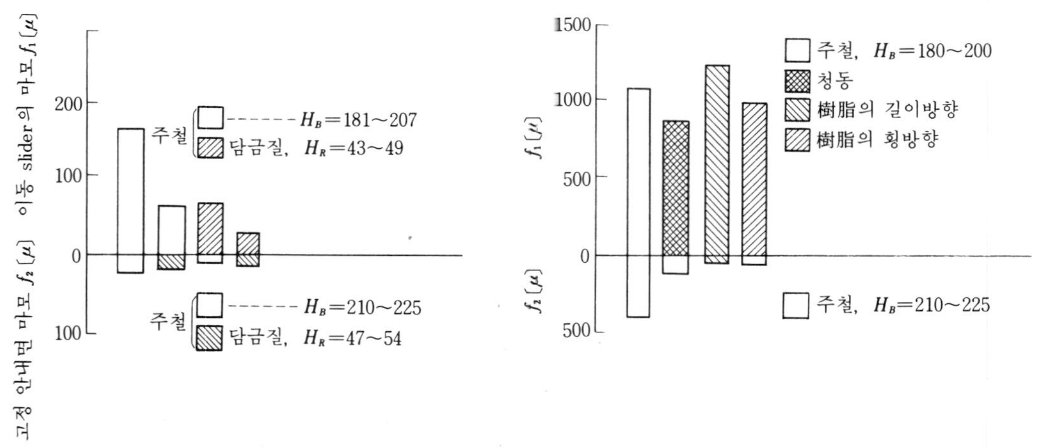

(a) 이동 slider와 bed의 마모량, 담금질의 영향(Lapidus)

(b) 이동 slider와 bed의 마모량, 재질의 영향(Salje)

Fig. 5-76　slider와 bed의 마모량

4-1-2　構 造 物

切削力 및 作動力은 가공조건에 따라 결정되나 이들의 反力 및 合力이 구조물에 전달되는 상

태를 해석할 필요가 있다. 또 어떤 부분의 質量이 비교적 빠른 속도로 운동할 경우에는 慣性力이 應力이나 變形에 미치는 영향뿐만 아니라 振動에 미치는 영향도 고려하여야 한다.

許容變形의 크기는 소요 加工精密度 및 표면거칠기에 의하여 결정되는 것이나 工作機械에 생기는 변형의 정확한 계산은 곤란하든가 불가능한 것이 많다. 즉 bed나 column은 일반적으로 복잡하여 기계구조물의 各部間의 하중의 작용양식을 정확하게 결정한다는 것이 거의 불가능에 가깝기 때문이다. 따라서 이론적인 해석을 하는 데는 어떤 가정을 설정해야 하기 때문에 정확한 결과는 얻어지지 않으나 設計者에게는 어떠한 설계상의 중요 指針이 될 수 있다는 데에 의미를 두고 있다.

〔1〕 普通旋盤

Fig. 5-77(a)는 工作物에 작용하는 힘을 표시하며, P_1은 접선방향의 切削分力, P_2는 축방향의 이송분력, P_3는 공구자루 방향 또는 공작물의 반경 방향의 배분력이다. 주축대 center에서 공구의 절삭저항 작용점까지의 거리를 x라 하고 공작물의 직경을 d, 양 center간의 거리를 l이라 하면, 주축대 center와 심압대 center는 다음과 같은 작용을 받는다.

주축대 center의 수직반력을 P_{Hv}, 수평반력을 P_{Hh}라 하고 심압대 center에 대한 moment를 취하면

$$P_{Hv} \cdot l = P_1 \cdot (l-x) \text{에서 } P_{Hv} = P_1 \cdot \frac{(l-x)}{l},$$

$$P_{Hh} \cdot l = P_3 \cdot (l-x) + P_2 \cdot \frac{d}{2} \text{에서 } P_{Hh} = P_3 \cdot \frac{(l-x)}{l} + P_2 \cdot \frac{d}{2l}$$

와 축방향에 P_2 및 主軸端에 torque $T = P_1 \cdot \frac{d}{2}$가 작용한다.

심압대 center의 수직반력을 P_{Cv}, 수평반력을 P_{Ch}라 하고 주축center에 대한 moment를 취하면

$$P_{Cv} \cdot l = P_1 \cdot x \text{에서 } P_{Cv} = P_1 \frac{x}{l},$$

$$P_{Ch} \cdot l = P_3 \cdot x - P_2 \cdot \frac{d}{2} \text{에서 } P_{Ch} = P_3 \cdot \frac{x}{l} - P_2 \cdot \frac{d}{2l}$$

의 반력이 각각 발생한다.

가공 전후의 직경차가 작고 공작물의 중량 W가 균일하게 분포되어 있다면 양 center의 지지 부담은 각각 $\frac{W}{2}$가 된다. 축방향의 豫荷重을 S라 하면 이것도 지지력과 평형 상태에 있어야 한다.

主軸端, 心押臺 및 saddle상의 지지점에 작용하는 힘은 Fig. 5-77(b)와 같고 공작물에 작용하는 힘과 반대 방향이다.

이상의 힘의 크기 및 작용점을 근거로 하여 bed의 각 위치에 가해지는 힘의 크기를 Fig. 5-77(c)와 같이 정할 수 있다.

bed面上의 Ⅰ에는 주축대를 올려놓고, 심압대는 1개 또는 그 이상의 bolt로 앞쪽에서 bed에 고정하므로 Ⅱ는 이들 bolt의 중심선과 심압대 後端 사이의 면적이 된다. 중심 높이 h인 곳

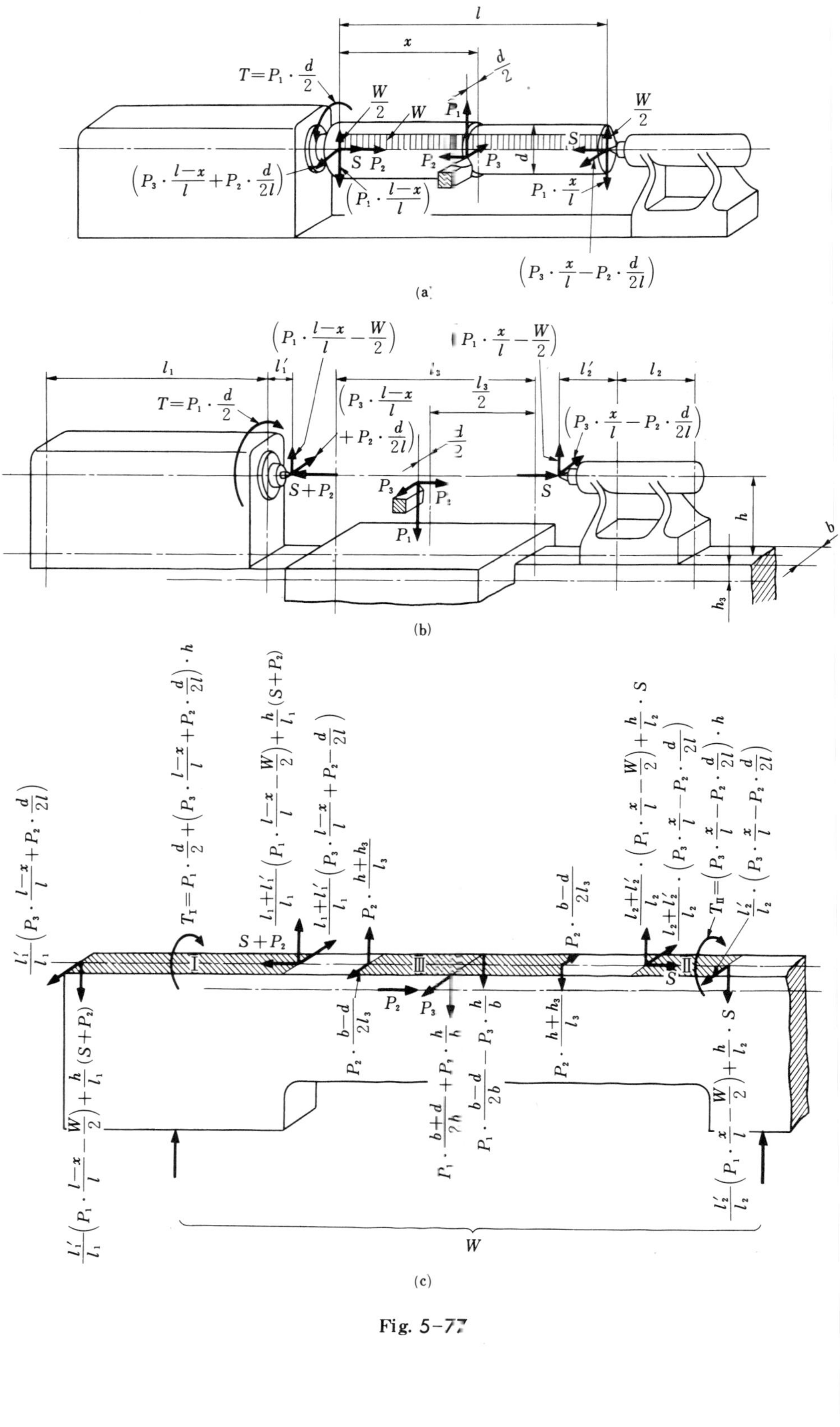

l
x
$T=P_1\cdot\frac{d}{2}$
$\frac{d}{2}$
$\frac{W}{2}$
W
P_1
S
P_2
P_3
d
$\left(P_3\cdot\frac{l-x}{l}+P_2\cdot\frac{d}{2l}\right)$
$\left(P_1\cdot\frac{l-x}{l}\right)$
$P_1\cdot\frac{x}{l}$
$\left(P_3\cdot\frac{x}{l}-P_2\cdot\frac{d}{2l}\right)$
(a)
$\left(P_1\cdot\frac{l-x}{l}-\frac{W}{2}\right)$
$\left(P_1\cdot\frac{x}{l}-\frac{W}{2}\right)$
l_1
l_1'
l_3
l_2'
l_2
$\frac{l_3}{2}$
$\left(P_3\cdot\frac{l-x}{l}+P_2\cdot\frac{d}{2l}\right)$
$\left(P_3\cdot\frac{x}{l}-P_2\cdot\frac{d}{2l}\right)$
$S+P_2$
h
b
h_3
(b)
$\frac{l_1'}{l_1}\left(P_3\cdot\frac{l-x}{l}+P_2\cdot\frac{d}{2l}\right)$
$T_I=P_1\cdot\frac{d}{2}+\left(P_3\cdot\frac{l-x}{l}+P_2\cdot\frac{d}{2l}\right)\cdot h$
$\frac{l_1+l_1'}{l_1}\left(P_1\cdot\frac{l-x}{l}-\frac{W}{2}\right)+\frac{h}{l_1}(S+P_2)$
$\frac{l_1+l_1'}{l_1}\left(P_3\cdot\frac{l-x}{l}+P_2-\frac{d}{2l}\right)$
$P_2\cdot\frac{h+h_3}{l_3}$
$P_2\cdot\frac{b-d}{2l_3}$
$\frac{l_2+l_2'}{l_2}\cdot\left(P_1\cdot\frac{x}{l}-\frac{W}{2}\right)+\frac{h}{l_2}\cdot S$
$\frac{l_2+l_2'}{l_2}\cdot\left(P_3\cdot\frac{x}{l}-P_2\cdot\frac{d}{2l}\right)$
$T_{II}=\left(P_3\cdot\frac{x}{l}-P_2\cdot\frac{d}{2l}\right)\cdot h$
$\frac{l_2'}{l_2}\cdot\left(P_3\cdot\frac{x}{l}-P_2\cdot\frac{d}{2l}\right)$
I
II
III
$S+P_2$
S
P_2
P_3
$\frac{l_1'}{l_1}\left(P_1\cdot\frac{l-x}{l}-\frac{W}{2}\right)+\frac{h}{l_1}(S+P_2)$
$P_2\cdot\frac{b-d}{2l_3}$
$P_1\cdot\frac{b+d}{2h}+P_3\cdot\frac{h}{h}$
$P_1\cdot\frac{b-d}{2b}-P_3\cdot\frac{h}{b}$
$P_2\cdot\frac{h+h_3}{l_3}$
$\frac{l_2'}{l_2}\left(P_1\cdot\frac{x}{l}-\frac{W}{2}\right)+\frac{h}{l_2}\cdot S$
W
(c)

Fig. 5-77

에 작용하는 이송분력 P_2는 rack의 pitch선상(bed면에서 下向으로 h_3되는 곳)에서 pinion에 작용하는 힘과 같고 방향만 반대되는 힘과 평형하게 된다. 이 결과 경사 moment(tilting moment) $P_2 \cdot (h+h_3)$가 작용하고 이것은 saddle의 미끄럼면이 지지하여야 한다. Fig. 5-76(c)에는 공작물의 자중 W가 bed발 및 기초대에 직접 전달되는 것 외에는 주축대, 심압대 및 saddle에 의하여 bed에 부과되는 힘과 moment가 기계의 자중과 함께 표시되어 있다.

공작물의 중량 W를 제외하고 작용력들은 bed내에서 폐쇄되며, (P_2+S)에 의하여 bed는 인장응력을 받는데 주축대 및 심압대의 前端은 위쪽으로, saddle 밑은 아래쪽으로 수직굽힘응력이 발생하고 수직굽힘과 유사한 수평굽힘 및 비틀림응력도 발생한다.

〔2〕 drilling machine

Fig. 5-78은 drilling machine에서 작용력을 보여 주며, column은 drill의 推力 P에 의하여 굽힘 moment와 비틀림 moment를 받게 된다. 공작물 및 부품의 중량을 무시하면 굽힘 moment $P \cdot l$에 의한 Fig. 5-79(a)의 경사가 허용 범위내에 있어야 한다. 비틀림은 비교적 적으나 Fig. 5-79(b)에서의 비틀림에 의한 변위 δ에 의하여 구멍의 同心度가 변하고, Fig. 5-80에서와 같이 drill날의 절삭저항의 對稱性을 잃게 되는 결과를 낳는다. Fig. 5-80(b)의 위치에서는 절삭저항이 대칭적이나, $\frac{1}{4}$회전을 더하면 Fig. 5-80(a), (c)에서와 같이 비대칭이 된다. $\frac{1}{4}$회전을 주기로 비대칭 상태가 되풀이되어 진동의 원인이 된다.

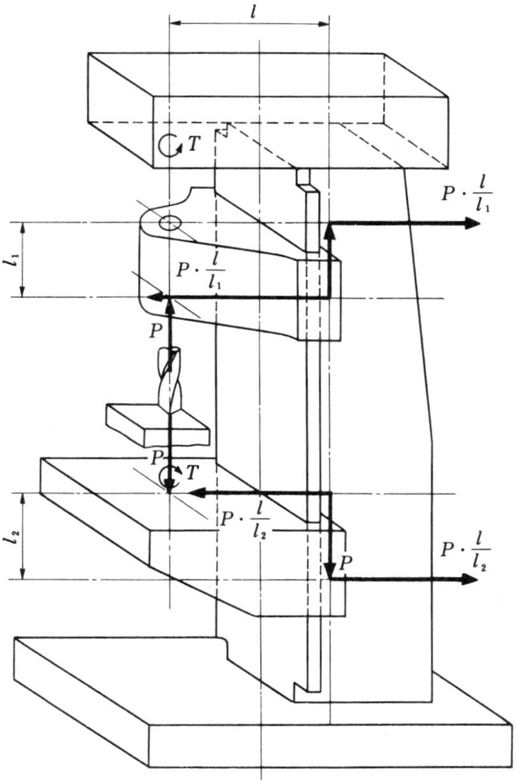

Fig. 5-78 drilling machine의 작용력

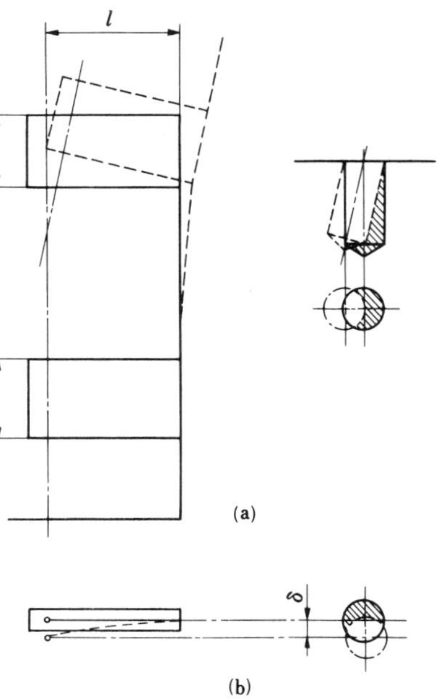

Fig. 5-79

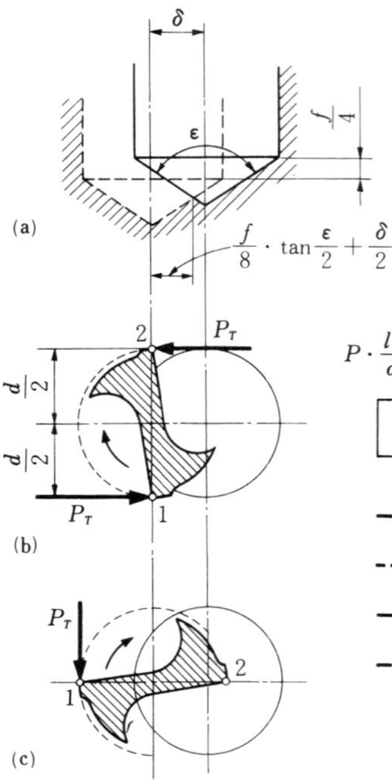

Fig. 5-80 절삭저항의 비대칭성

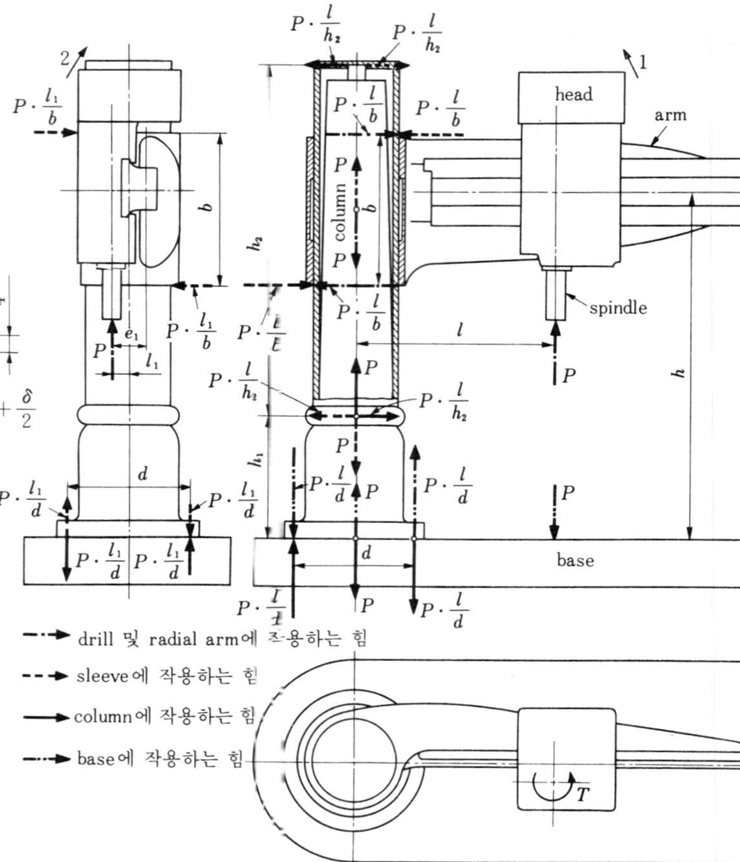

Fig. 5-81 radial drilling machine의 작용력

Fig. 5-81은 radial drilling machine에 작용하는 힘을 보여 주며, 주축이 radial arm상에 있으므로 column의 중심축에 대하여는 편심위치에 있는 것이 보통이다. drill의 추력 P에 의하여 1방향에 $P\cdot l$의 굽힘 moment, 2방향에 $P\cdot l_1$의 굽힘 moment 및 radial arm의 비틀림 moment $P\cdot e_1$을 생각할 수 있다. 그리고 arm상에서 주축대의 위치에 따라 위의 작용의 크기가 변하므로 이에 대비한 설계가 필요하다.

〔3〕 knee형 milling machine

Fig. 5-82는 knee형 수평 milling machine에서의 작용력을 보여 주며, P_H는 수평이송 방향의 절삭분력, P_V는 수직분력, P_A는 arbor 축방향의 분력이다.

점선으로 표시된 cutter날에 작용하는 저항은 arbor, 주축, overarm을 거쳐 column에 전달되고, 1점쇄선으로 표시된 공작물에 작용하는 저항은 table, saddle, knee를 거쳐 column에 전달된다. 공작물과 부품의 중량을 무시하고, 절삭저항의 작용점의 위치의 변화도 다른 치수에 비하여 작으므로 무시하고, knee이송나사의 지지력도 고려하지 않기로 하여 작용력을 계산하여 본다. 이때 분력 P_V는 overarm을 통하여, 분력 P_A와 P_H는 주축에 의하여 각각 column에 전달되는 것으로 한다. cutter의 직경을 d라 하면 주축에 가해지는 비틀림 moment $T=$

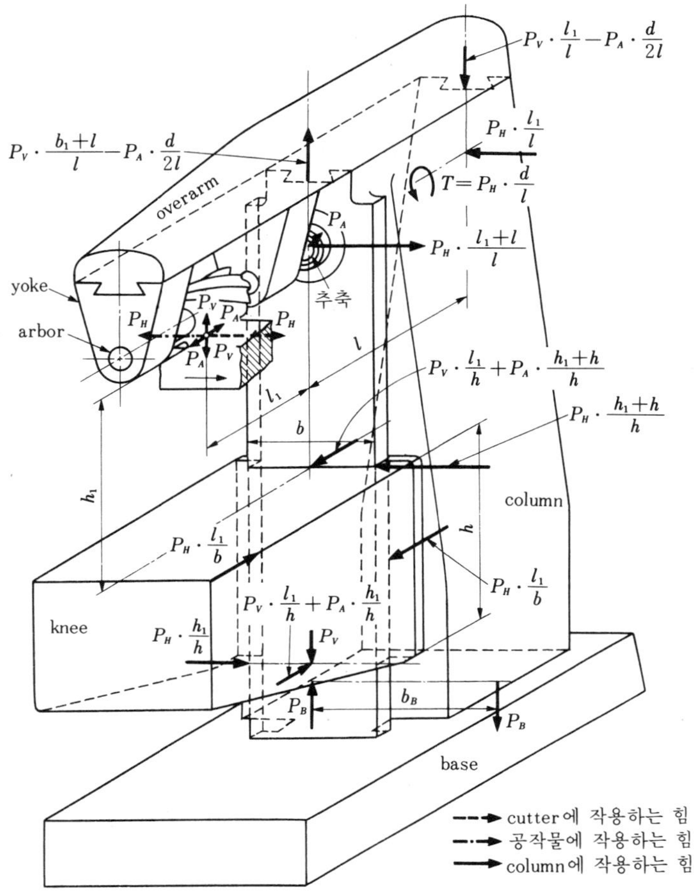

Fig. 5-82 knee형 milling machine의 작용력

$P_H \cdot \frac{d}{2}$가 주축, 구동장치, motor를 거쳐서 이들 각 軸의 bearing 하중 및 motor의 지지력의 형식으로 column에 전달된다. 여기에서도 문제를 단순화하기 위하여 비틀림 moment가 base에 직접 전달되는 것으로 할 때 Fig. 5-83(a), (b)에서와 같이 두 개의 평면에서 굽힘을 받고, Fig. 5-83(c)에서와 같이 수직축 $S-S$ 주위로 비틀림을 받는다.

knee형 milling machine의 column은 gear box 및 제어장치의 housing으로 사용되는 것이 보통이므로 그 斷面形이 다소 복잡하여 정확한 변형의 계산은 곤란하고 경향을 파악하는 정도의 계산만이 가능하다. 실제에 있어서는 靜的荷重뿐 아니라 가공중에 발생하는 動的荷重에 의한 共振의 위험도 있다. 따라서 각 부분의 강도뿐 아니라 knee, table, cutter arbor 등의 締結剛性도 고려하여야 한다는 것은 앞에서 언급한 바 있다.

〔4〕 planer

Fig. 5-84는 planer의 작용력을 보여 주며, 다른 공작기계에서와는 달리 공작물의 중량 및 table의 중량이 절삭저항에 비하여 큰 경우가 많다. 수개의 공구대가 cross rail에 있거나 column에 설치되어 있을 경우에 Fig. 5-84에 표시된 3분력 P_1, P_2, P_3 외에 이들의 절삭저항도

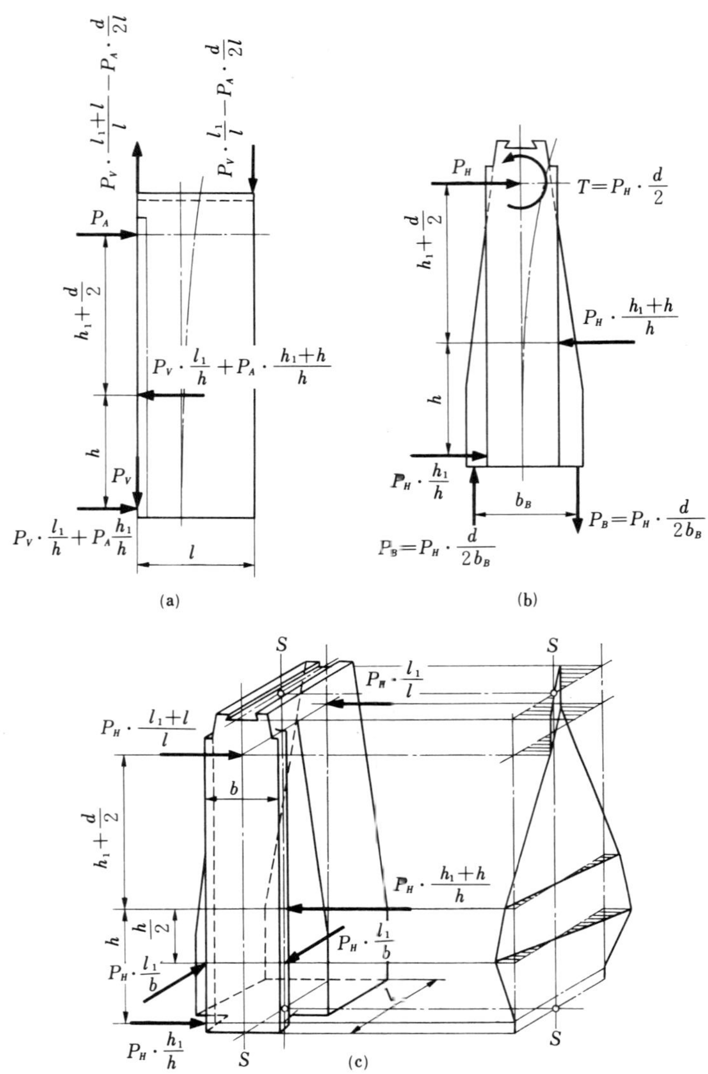

Fig. 5-83 knee형 milling machine의 column의 작용력

가산하여야 한다. 各部의 중량은 bed를 통하여 지지부에 전달되고, 절삭저항은 table상의 공작물을 통하여 bed에 전달되는 것과 공구, cross rail 및 지주를 통하여 bed에 전달된다.

table 斷面높이 H는 bed단면의 형상에 따라 정해지며, table과 공작물의 중량 W가 길이 L_2에 걸쳐서 균등히 분포되고, table의 각 안내면이 $\frac{W}{2}$의 하중을 지지한다고 볼 수 있다. 조정지지대가 L_3의 간격으로 놓여 있으며, 이때 bed의 최대 변위가 허용한계에 있도록 L_3를 선택하여야 한다. table 横斷面상의 변위는 table의 안내면상에서 지지된 단순보로 보고 계산하면 된다.

일반적으로 절삭저항은 table과 공작물의 중량에 비하여 적으나, 절삭저항이 table로부터 높은 곳에서 작용하면 bed에 굽힘 moment가 크게 되므로 table의 중량을 크게 하여 bed의 굽힘을 방지할 수 있다. 그러나 table 중량이 크면 관성력이 크기 때문에 逆轉動作에서 문제점이 있

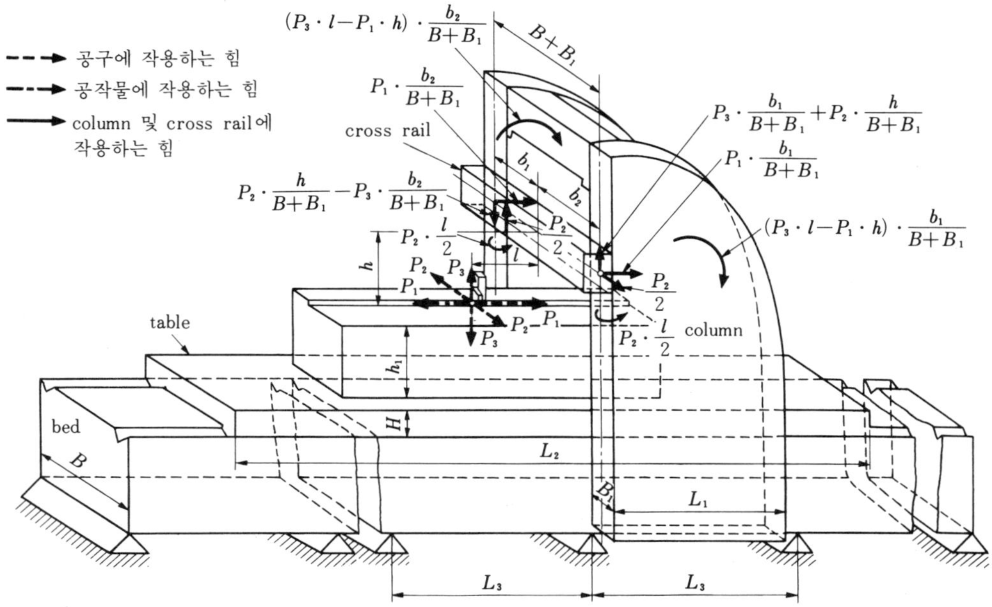

Fig. 5-84　planer의 작용력

다는 것도 함께 고려하여야 한다. Fig. 5-85에서 보는 바와 같이 cross rail에는 수직면에 분력 P_3 및 굽힘moment $P_2 \cdot h$, 수평면에 분력 P_1 및 굽힘moment $P_2 \cdot l$과 비틀림 $(P_1 \cdot h - P_3 \cdot l)$이 작용한다.

Fig. 5-86에서 수평면상에서의 cross rail 굽힘강성은 横斷面의 높이를 크게 하여 대처한 것이고 비틀림강성은 閉鎖箱子形으로 설계하여 크게 하고 있는 것을 보여 준다.

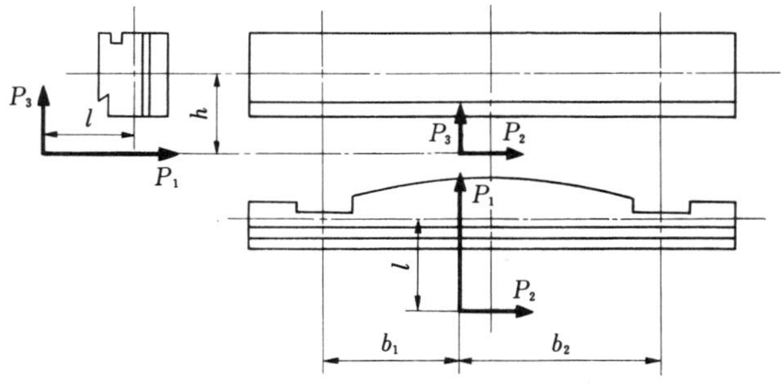

Fig. 5-85　cross rail에 작용하는 힘

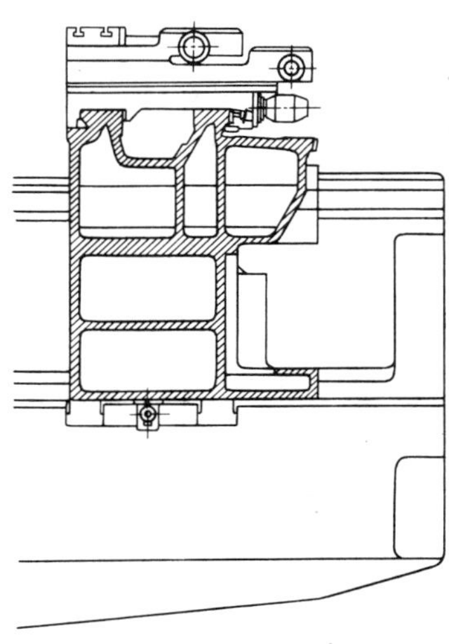

Fig. 5-86　cross rail의 단면

Fig. 5-87(a)는 planer의 한쪽 column에 작용하는 힘의 양상을 보이며, 공구대가 가장 높은 위치에 있고 2column중 어느 한쪽에 치우쳐 있을 때($b_1=0$ 또는 $b_2=0$) 최대의 負荷가 생기는데, 그것은 한쪽 column에 전절삭저항이 작용하고 P_1에 의한 굽힘moment가 최대이기 때

문이다. Fig. 5-87(b)는 table 및 column을 통하여 bed에 가해지는 힘을 표시한다. bed와 column의 결합강성을 크게 하여 column 및 bed의 미끄럼면의 상대위치가 허용한계내에 있게 하여야 한다.

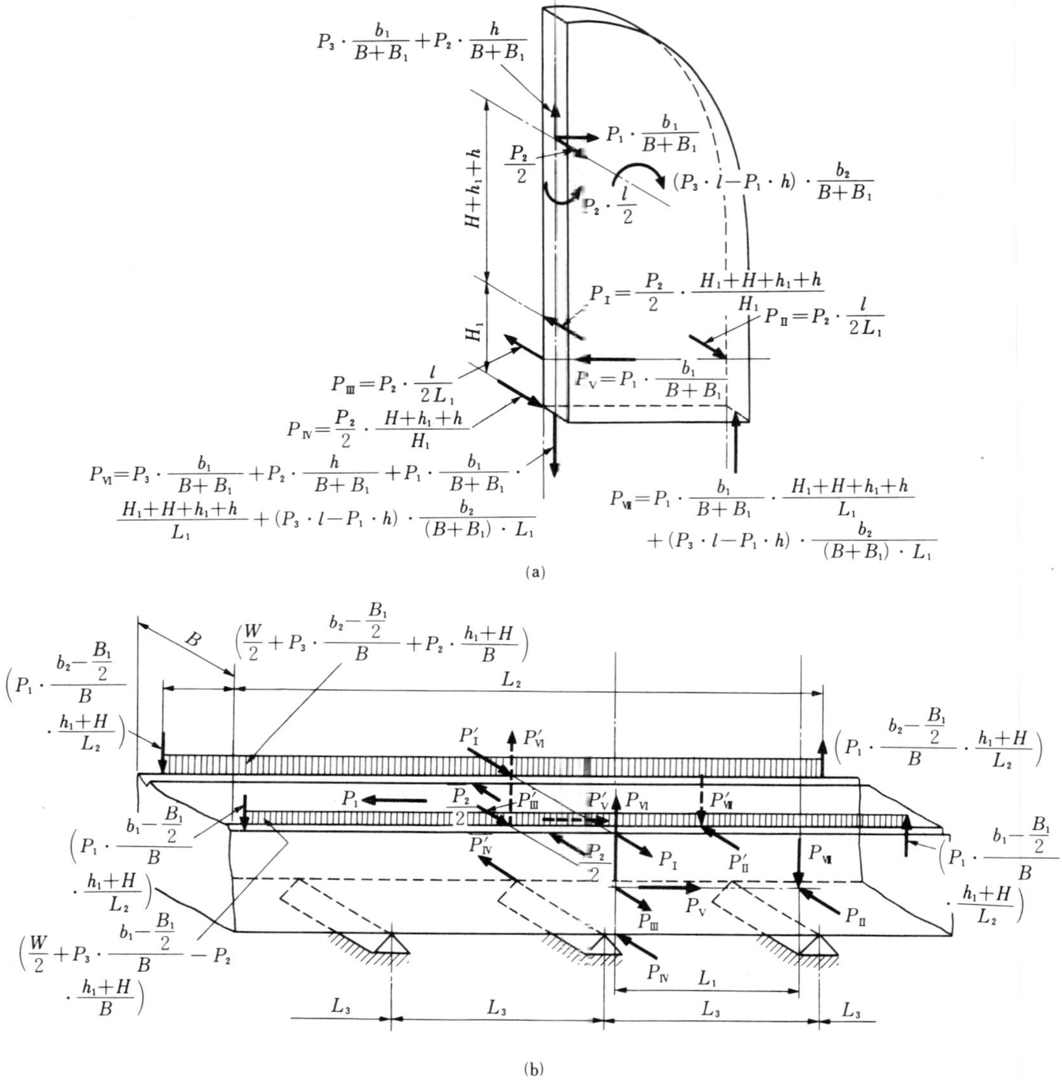

Fig. 5-87　column 및 bed에 작용하는 힘

공작기계에 작용하는 하중의 크기 및 형식이 기계에 따라 다양하므로 각 공작기계에서 강성을 요구되는 범위에 있게할 수 있는 구조의 단면을 갖는 frame, column 및 bed를 설계하여야 한다.

Fig. 5-88은 radial drilling machine의 column 단면의 예로서 arm을 임의 위치에 고정할 수 있어야 하므로 圓形斷面으로 하여야 하며, arm의 自重 및 절삭저항에 의한 굽힘moment를 크게 받으므로 rib로 보강한다.

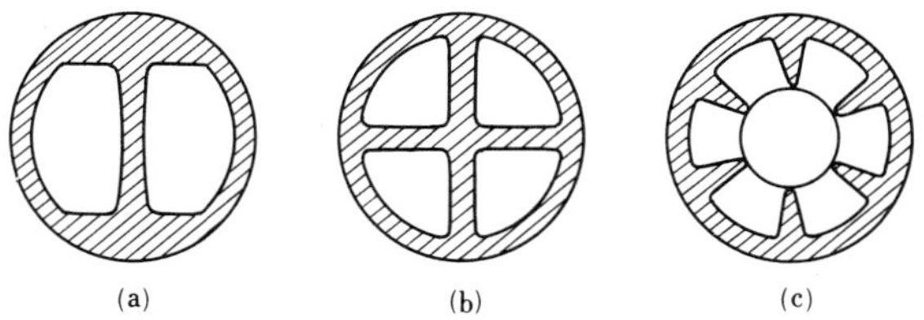

Fig. 5-88 radial drilling machine의 column斷面

Fig. 5-89는 圓形斷面 column의 다른 예로서 안내면이 접선방향과 반경방향에서 補强된다. 원형단면은 비틀림 저항이 크고 종방향의 rib는 굽힘저항을 증가시킨다.

Fig. 5-90은 矩形斷面 column의 예로서 공작기계의 주축대 및 안내부의 중량에 대한 平衡을 고려하여 column 내부의 rib의 위치 및 크기를 고려하여야 하며, 횡방향 rib는 비틀림강성을 크게 하고 종방향 rib는 굽힘강성을 크게 하는데 기여한다.

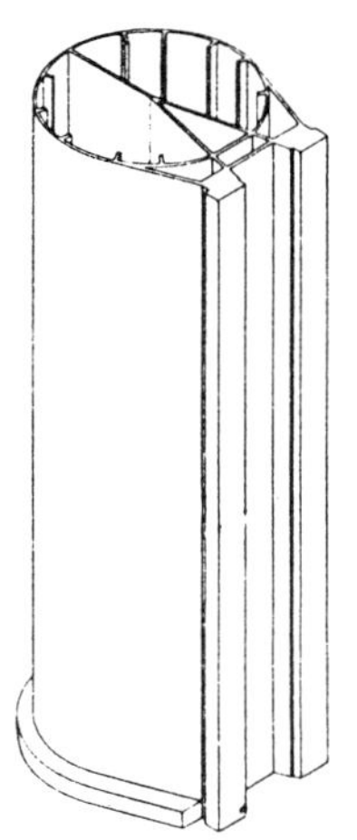

Fig. 5-89 원형단면 column

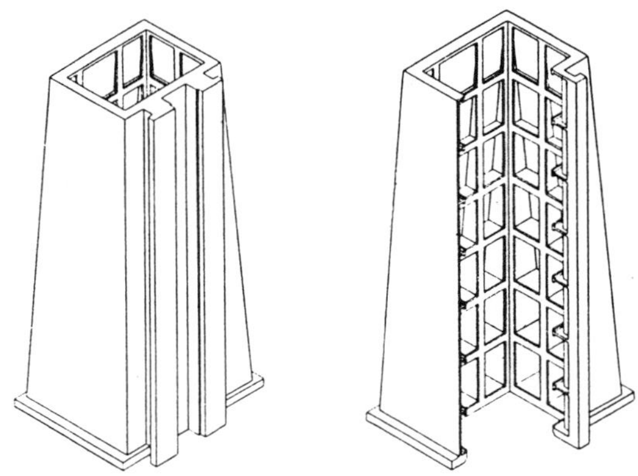

Fig. 5-90 矩形斷面 column

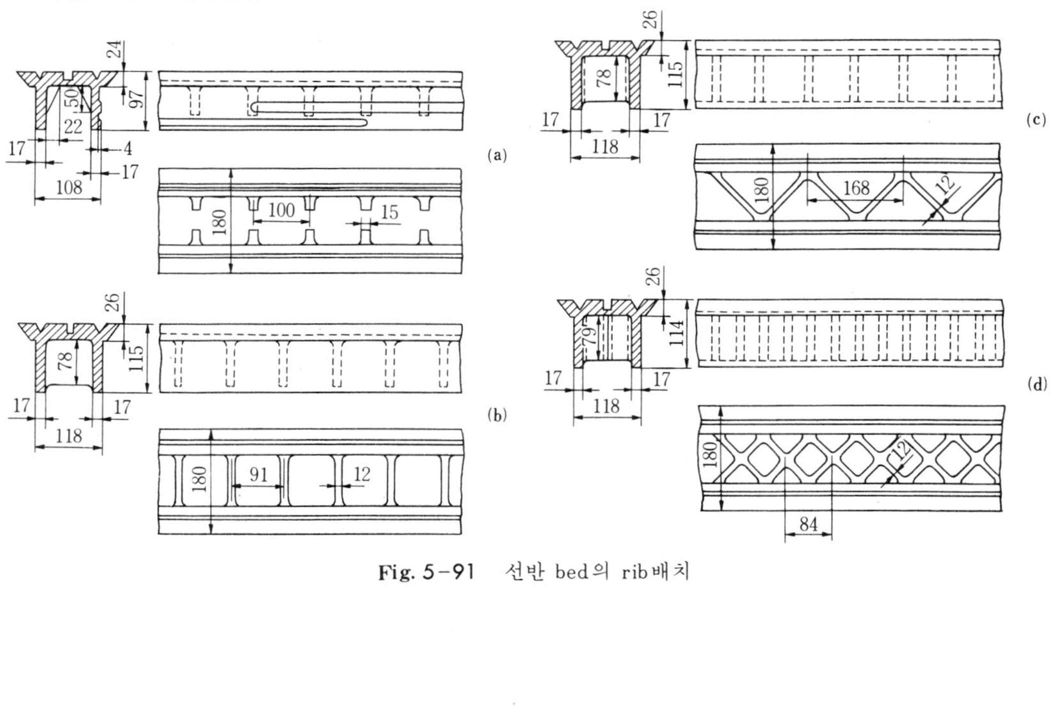

Fig. 5-91 선반 bed의 rib배치

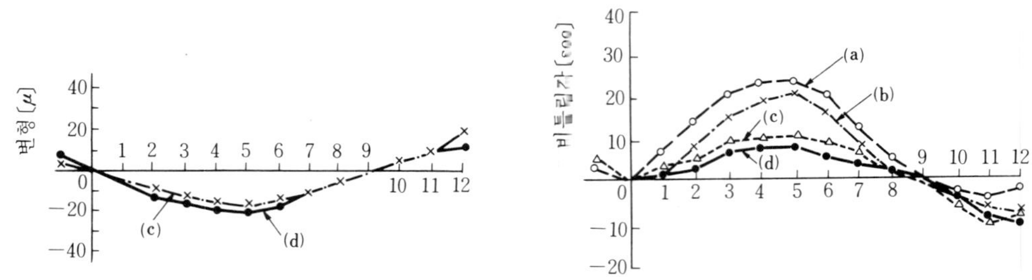

Fig. 5-92 Fig. 5-91에 대한 굽힘 및 비틀림 변형

Fig. 5-91은 선반 bed에서 側壁을 전후로 연결하는 rib배치의 예를 보여 주며, Fig. 5-92는 Fig. 5-91의 bed길이 1m에 대한 굽힘변형과 비틀림각을 보여 준다. 비틀림강성이 큰 것부터 나열하면 (d)의 X형, (c)의 Z형, (b)의 평행형, (a)의 수평형의 순이다.

4-1-3 案 內 面

공작기계에서 각종 sliding하는 부분에 기하학적으로 정확한 운동을 주기 위하여 각종 형상의 안내면(guide surface 또는 slide way)이 있다. 안내면은 직선운동과 회전운동을 주는 것으로 대별하며, sliding하는 것과 위치 조정 후에 sliding하지 않는 것이 있다.

이상의 내용을 정리하면 table, saddle 및 橫移送臺 등의 안내면 설계에서 다음과 같은 점을 고려하여야 한다.

① 形狀, 配置, 組合
② 재료, 정밀도, 마멸
③ 마찰조건, 負荷容量

〔1〕 形狀, 配置 및 組合

안내면의 형상, 배치 및 조합의 만족한 조건은

① 어느 위치, 어떤 하중하에서도 案內部는 항상 정확한 위치에 있도록 한다.
② 마멸되었을 때 補正할 수 있게 한다.
④ chip 제거가 용이하고, chip이 殘留하지 않도록 한다.
④ 潤滑이 효과적으로 될 수 있게 한다.
⑤ 조립이 용이하고 제작비가 저렴하게 한다.

Fig. 5-93은 안내면의 기본형이며, 안내면의 설계는 이들 기본형의 하나 또는 수개가 조합

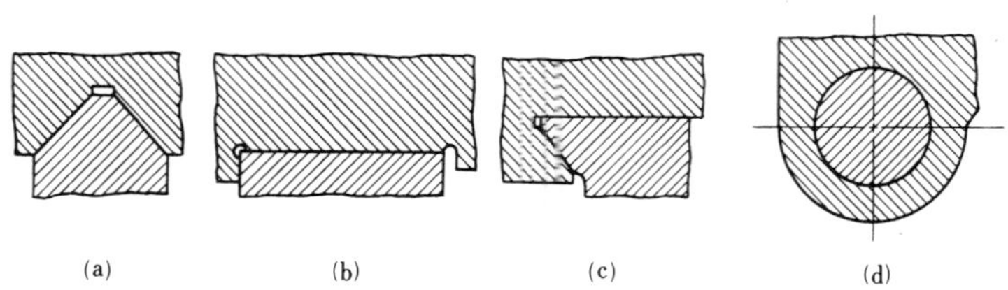

Fig. 5-93 안내면의 기본형

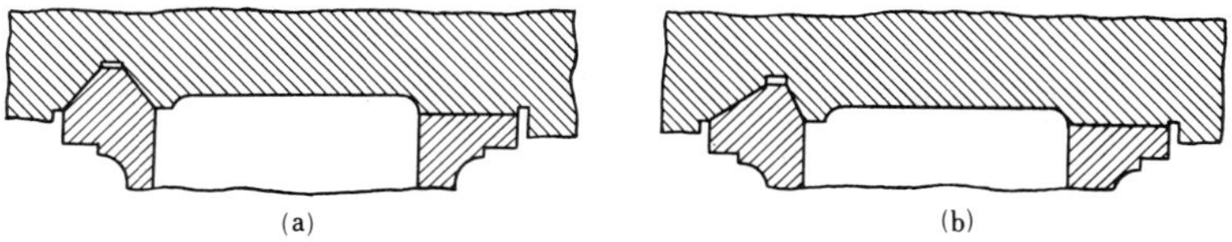

Fig. 5-94 조합된 無拘束 안내면

하여 되는 것이 보통이다. Fig. 5-93(a)는 V형 안내면으로서 頂點은 위 또는 아래로 행할 수 있으며, Fig. 5-94(a)와 같이 대칭형 V와 평면형 또는 Fig. 5-94(b)와 같이 비대칭형 V와 평면형을 조합하는 것이 보통이다. V형 안내면의 장점은 안내면이 마모하여도 간격이 생기지 않는다는 것과 上向에서는 chip이 쌓이지 않고 下向에서는 윤활유가 고이기 때문에 sliding이 원활하다는 것이다. V형 안내면은 planer 및 연삭기에서 많이 채용된다.

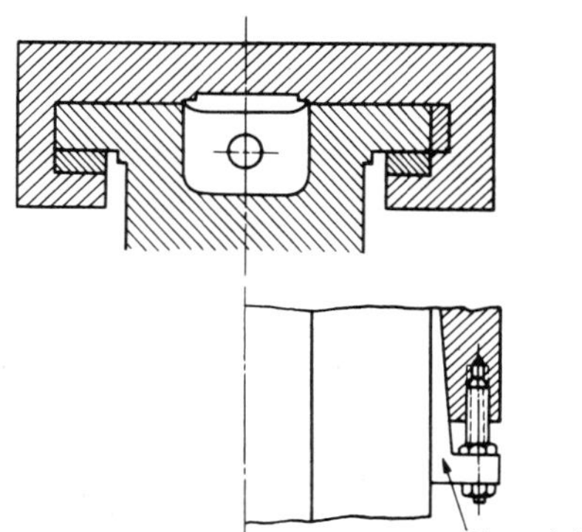

Fig. 5-95 조절판에 의한 안내면의 조정

Fig. 5-93(b)와 같은 평면형 안내면은 重荷重을 지지하는 경우에 많이 쓰인다. 수직 및 수평 방향의 구속이 없으므로 마모시에 Fig. 5-95와 같이 안내면 조절판으로 조정은 용이하나, V형에서처럼 자동 조정은 되지 않는다.

Fig. 5-93(c)는 dovetail형 안내면으로서, 미끄럼臺의 위치를 수직 또는 수평 방향으로 정할 수 있고, Fig. 5-96(a)와 같이 수직하중을 내부면에서 지지할 수 있게 하거나 Fig. 5-96(b)와 같이 외부면에서 지지할 수 있다.

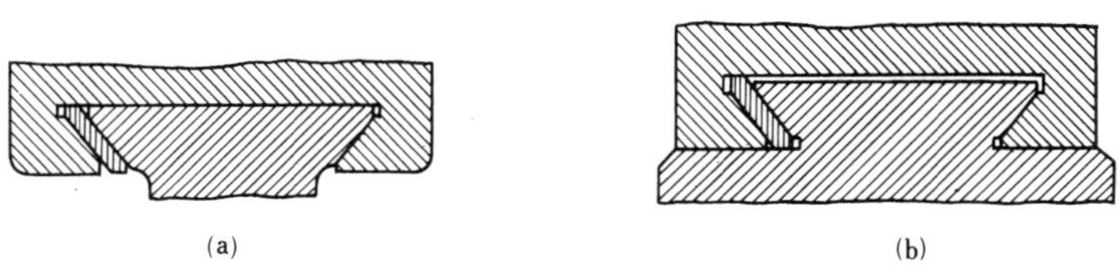

Fig. 5-96 dovetail 안내면

Fig. 5-97 dovetail 안내면의 조정법

Fig. 5-97은 dovetail 안내면을 조정하는 방법을 보여 준다. 이때 안내면이 길어서 조정판의 他端이 너무 얇아져도 곤란하고 너무 두꺼우면 Fig. 5-98에서 보는 바와 같이 점 A를 지나는 수직 방향과 점 B를 지나는 수직 방향의 힘간의 거리 x가 커져서 偶力 $P \cdot x$에 의하여 조정판이 경사지게 될 염려가 있다.

dovetail 안내면 조정판은 Fig. 5-96에서와 같이 평행형 쐐기조정판보다는 Fig. 5-99와 같이 非平行形 쐐기를 사용하면 $P \cdot x$의 偶力을 없게 할 수 있어 유리하다.

dovetail 안내면의 조립은 Fig. 5-100과 같이 경사시켜서 하는 방법과 Fig. 5-101과 같은 쐐기형 조정판을 분리시킨 후 할 수 있으며, 또는 운동 방향으로 끼워맞출 수 있다. Fig. 5-101에서는 $x > y$가 되게 α를 조정할 필요가 있다.

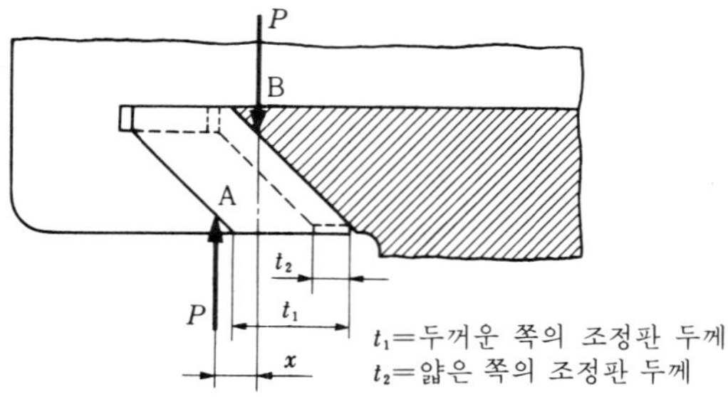

Fig. 6-18 조정판에 작용하는 偶力

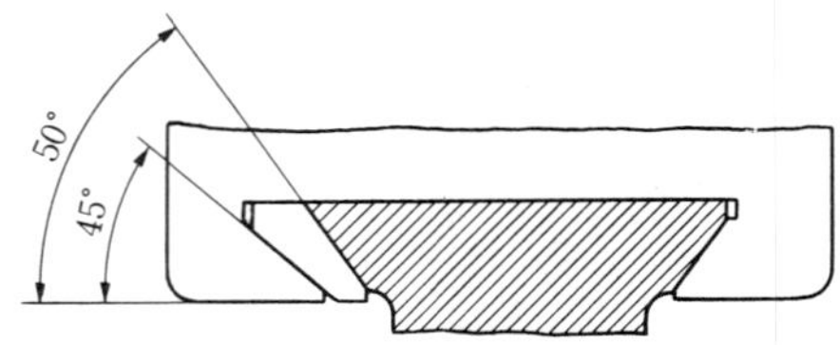

Fig. 5-99 非平行 쐐기형 조정판

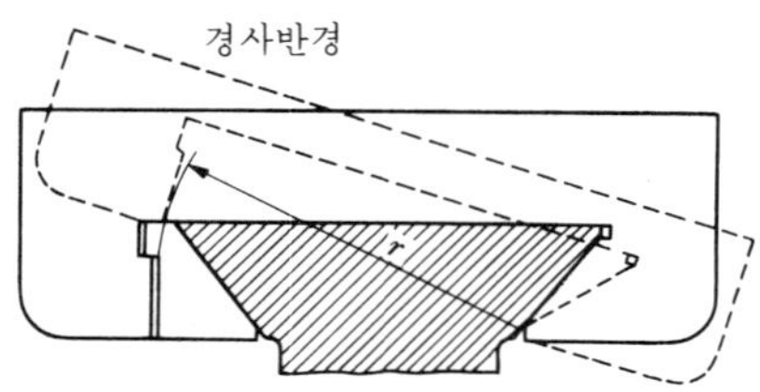

Fig. 5-100 미끄럼대를 경사시켜 조립

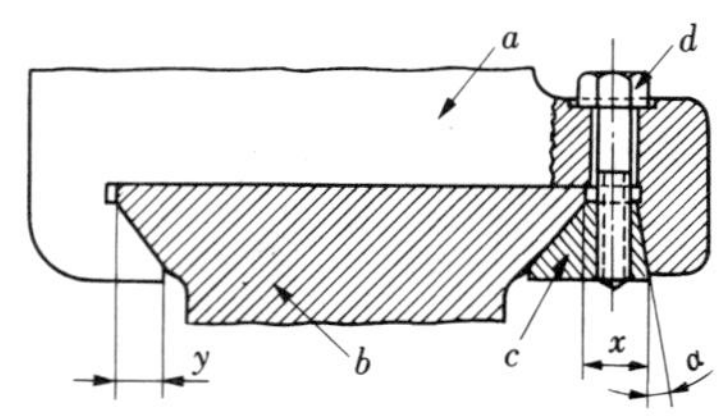

Fig. 5-101

Fig. 5-93(d)는 원통형 안내면으로서 無拘束 미끄럼면의 배치가 얻어진다. 원통형 안내면은 정밀하게 가공하지 않으면 조립이 어렵게 되나, 강성이 크기 때문에 milling machine의 overarm, radial drilling machine의 column, drilling machine의 주축 sleeve, 선반심압대의 spindle 등에 쓰인다.

Fig. 5-102는 구속형이 되므로 제작에 어려움이 있고, Fig. 5-103은 무구속 조합으로서 광학장치 등에 쓰인다. Fig. 5-104는 원통의 전길이에 걸쳐서 지지하는 것으로서 제작이 용이하지 않다.

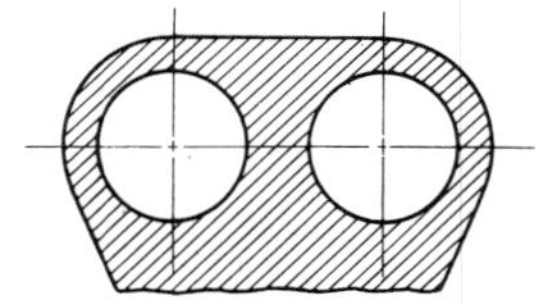
Fig. 5-102 2개의 원통형 안내면

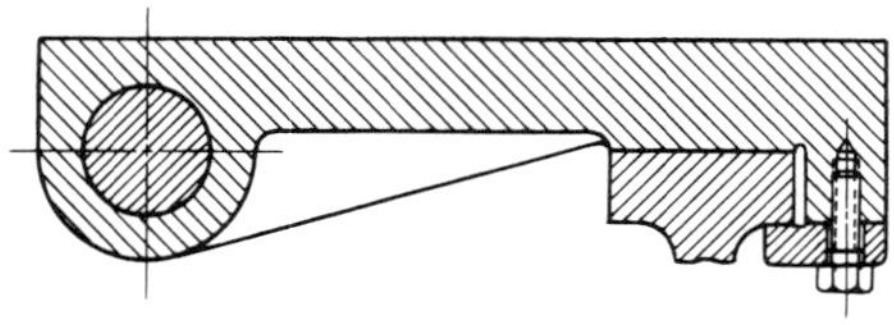
Fig. 5-103 원통형 안내면과 평면형 안내면의 조합

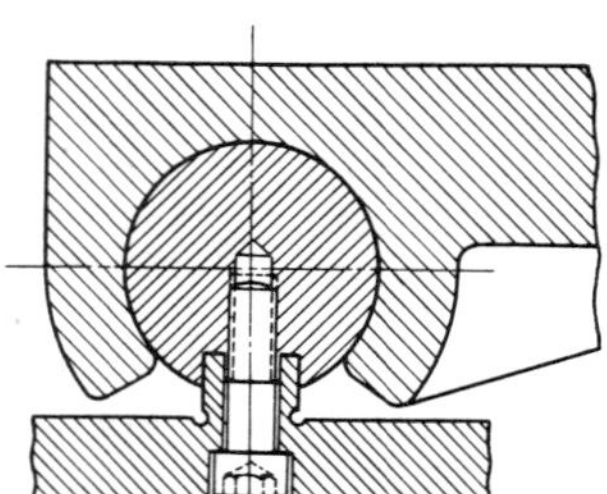
Fig. 5-104 특수 원통형 안내면

〔2〕 材料, 精密度 및 磨滅

안내면 재료에 대해서는 앞에서 취급하였으므로 여기에서는 다음 사항에 대하여만 설명한다.

① 안내면의 표면 상태

② 안내면에 작용하는 힘

③ 안내면의 雜物

(1) 안내면의 표면 상태

Fig. 5-105에서 보는 바와 같이 마모와 더불어 표면거칠기는 감소하고, Fig. 5-106에서는 주행거리의 증가와 함께 마모량이 증가하며 초기의 증가율, 즉 곡선의 기울기는 초기의 표면거칠기에 따라 다르다. Fig. 5-107은 주철제끼리의 미끄럼에서 주행속도 10m/min 조건에서의 압력에 대한 마모량의 관계이다. 일반적으로 압력은 4~6kg/cm² 을 초과하지 않도록 하며, 정밀한 미끄럼에서는 0.3kg/cm² 정도의 저압을 유지한다.

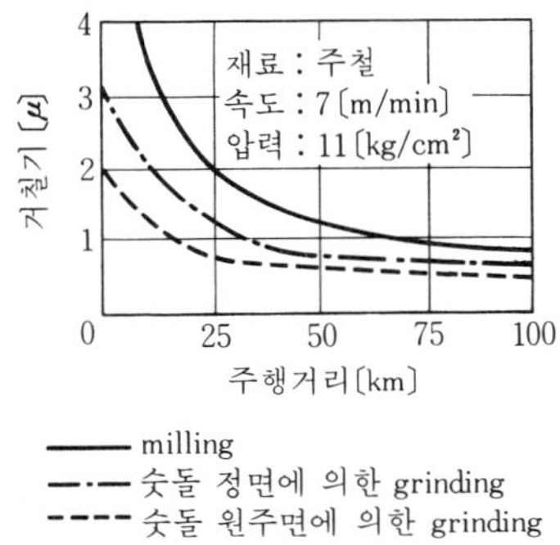

Fig. 5-105 주행거리와 표면거칠기

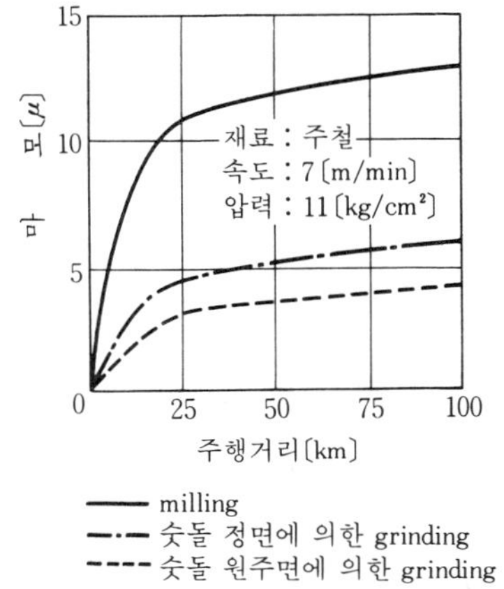

Fig. 5-106 주행거리와 마모량

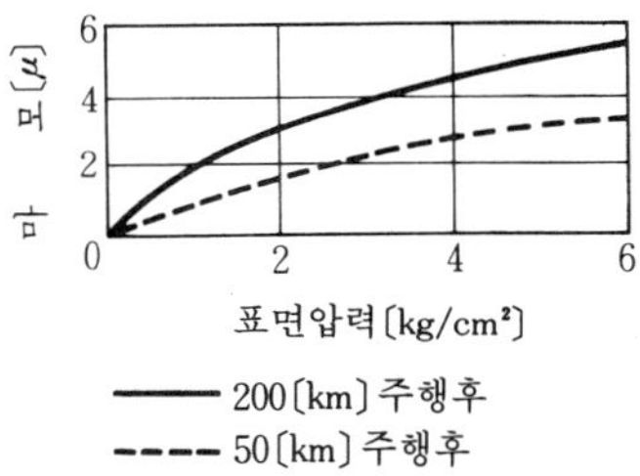

Fig. 5-107 압력과 마모량

(2) 안내면에 작용하는 힘

Fig. 5-108은 절삭저항 P_1 및 P_3에 의하여 선반의 saddle 안내면에 작용하는 힘을 보여 준다. 이들 작용력은 공작물 직경의 변화에 따라 변하며, 수평으로 작용하는 배분력 P_3는 평면안내

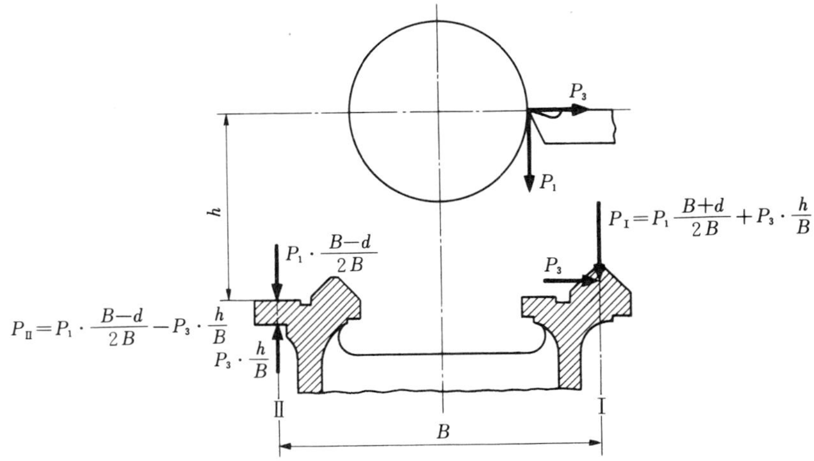

Fig. 5-108 saddle 안내면에 작용하는 힘

면 및 V형 안내면 중에서 전적으로 앞에 있는 V형 안내면 Ⅰ에 작용한다. 따라서 안내면의 수직 방향에 다음과 같은 힘이 작용한다.

$P_{\mathrm{I}} \cdot B = P_1 \cdot \left(\frac{B}{2} + \frac{d}{2}\right) + P_3 \cdot h$에서

$$P_{\mathrm{I}} = P_1 \cdot \frac{B+d}{2B} + P_3 \cdot \frac{h}{B} \tag{5-125}$$

$P_{\mathrm{II}} \cdot B = P_1 \cdot \left(\frac{B}{2} - \frac{d}{2}\right) - P_3 \cdot h$에서

$$P_{\mathrm{II}} = P_1 \cdot \frac{B-d}{2B} - P_3 \cdot \frac{h}{B} \tag{5-126}$$

Fig. 5-109는 식 (5-125) 및 식 (5-126)에서 공작물의 직경 변화에 대한 지지력 P_{I} 및 P_{II}의 변화를 보인다.

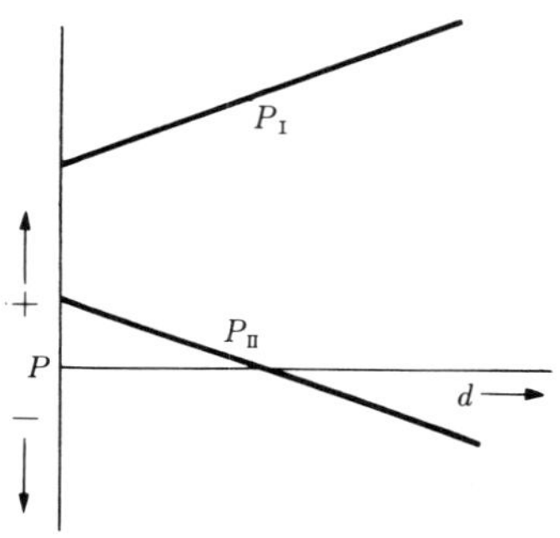

Fig. 5-109 공작물 직경과 안내면의 지지력

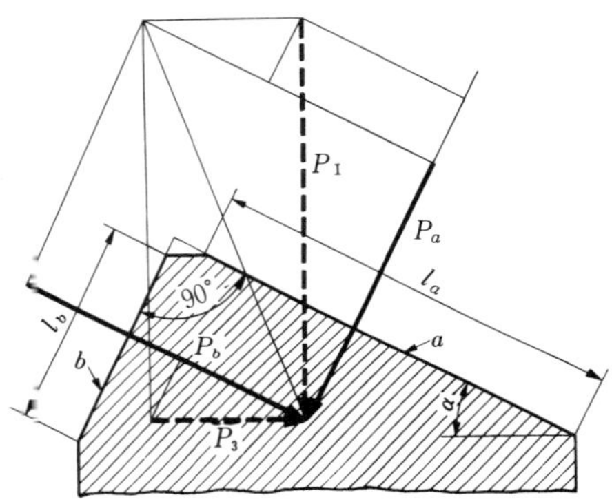

Fig. 5-110 V형 안내면의 작용력

안내면의 작용압력을 구하기 위하여는 Fig. 5-110에서 안내면에 작용하는 수직력을 계산하여야 한다. 두 안내면이 서로 직각이며 면 a가 수평면과 α만큼 경사진 경우를 예로 들어 본다.

$$\begin{aligned} P_a &= P_{\mathrm{I}} \cdot \cos\alpha - P_3 \cdot \sin\alpha \\ P_b &= P_{\mathrm{I}} \cdot \sin\alpha + P_3 \cdot \cos\alpha \end{aligned} \tag{5-127}$$

식 (5-127)에 식 (5-125)를 대입하면

$$\begin{aligned} P_a &= P_1 \cdot \frac{B+d}{2B} \cdot \cos\alpha - P_3 \cdot \left(\sin\alpha - \frac{h}{B} \cdot \cos\alpha\right) \\ P_b &= P_1 \cdot \frac{B+d}{2B} \cdot \sin\alpha + P_3 \cdot \left(\cos\alpha + \frac{h}{B} \cdot \sin\alpha\right) \end{aligned} \tag{5-128}$$

와 같이 되어 안내면상의 수직력 P_a 및 P_b가 공작물 직경 d와 경사 α의 함수임을 알 수 있다.

saddle을 들어올리려는 것을 방지하기 위하여는 P_a가 負의 값이 되지 않도록 하여야 한다. $d \fallingdotseq 0$인 경우 식 (5-128)에서

$$\frac{P_1}{2} \cdot \cos\alpha > P_3 \cdot \left(\sin\alpha - \frac{h}{B} \cdot \cos\alpha\right) \tag{5-129}$$

의 조건을 만족시켜야 하며, 일반적으로 $P_3 \fallingdotseq 0.3P_1$으로 되나 최악의 경우인 $P_3 \fallingdotseq 0.4P_1$으로 하고 $h/B=0.6$의 값을 식(5-129)에 대입하면 $\tan\alpha < 1.85$, 즉 $\alpha < 60°$가 되게 설계해야 한다는 것을 알 수 있다.

미끄럼대 길이를 L, V형 표면의 폭을 l_a 및 l_b라 하고 荷重이 全面에 等分布되어 있다 하면 面 a 및 面 b에서의 압력 p_a와 p_b는 다음과 같다.

$$p_a = \frac{P_a}{L \cdot l_a}, \quad p_b = \frac{P_b}{L \cdot l_b}, \quad \frac{p_a}{p_b} = \frac{P_a}{P_b} \cdot \frac{l_b}{l_a} = \frac{P_a}{P_b} \cdot \tan\alpha \tag{5-130}$$

Fig. 5-111의 표면 Ⅱ에 작용하는 압력 P_{II}는

$$p_{\text{II}} = \frac{P_{\text{II}}}{L \cdot l_{\text{II}}}, \quad \frac{p_a}{p_{\text{II}}} = \frac{P_a}{P_{\text{II}}} \cdot \frac{l_{\text{II}}}{l_a} \tag{5-131}$$

$l_{\text{II}} = l_a$라 하면

$$\frac{p_a}{p_{\text{II}}} = \frac{P_a}{P_{\text{II}}} \tag{5-132}$$

전길이에 걸쳐서 마모가 균등하게 된다면 안내면의 마모가 가공정밀도에 미치는 영향은 적으나, 마모가 불균등할 때 saddle의 운동경로가 달라진다. 예를 들면 bed가 완전 강체라 하더라도 bed의 중앙부의 마모가 다른 부분에 비하여 심하면 가공물의 중앙부 치수가 크게 된다.

bite의 수직 방향의 변위가 가공 정도에 미치는 영향은 적으나, 수평 방향의 변위는 그 변위의 2배에 해당하는 가공오차를 가져온다. Fig. 5-111에서 δ_w를 saddle의 수평 방향변위, δ_s를 saddle의 앞쪽에서 안내면의 수직 방향의 마모, δ_{II}를 뒤안내면의 수직 방향의 마모라 할 때 직경오차 Δd는 다음과 같다.

$$\frac{\Delta d}{2} = \delta_w + \frac{h}{B}(\delta_s - \delta_{\text{II}})$$ 에서

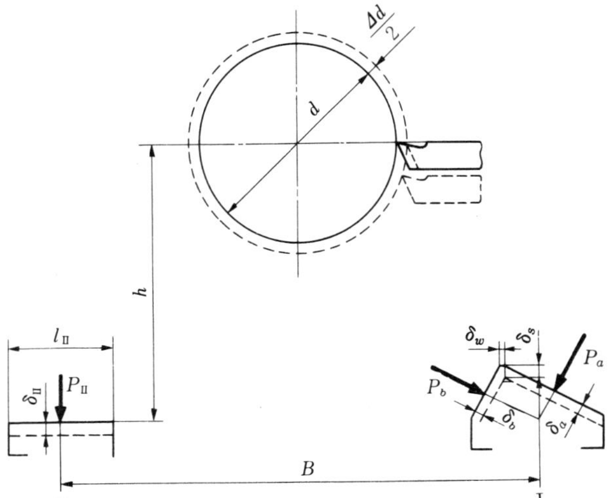

Fig. 5-111 saddle 수평 방향변위

$$\Delta d=2\left[\delta_w+\frac{h}{B}(\delta_s-\delta_{\text{II}})\right] \tag{5-133}$$

$$=2\left[(\delta_b\cdot\cos\alpha-\delta_a\cdot\sin\alpha)+\frac{h}{B}\{(\delta_a\cdot\cos\alpha+\delta_b\cdot\sin\alpha)-\delta_{\text{II}}\}\right]$$

$\delta_a/\delta_b=C_1$, $\delta_a/\delta_{\text{II}}=C_2$로 놓으면

$$\Delta d=2\delta_b\left[\cos\alpha-C_1\cdot\sin\alpha+\frac{h}{B}\left(C_1\cdot\cos\alpha+\sin\alpha-\frac{C_1}{C_2}\right)\right] \tag{5-134}$$

으로 되며, 여기에서 $\Delta d=0$로 하는 C_1과 C_2의 관계를 구하여 본다.

$\cos\alpha-C_1\cdot\sin\alpha+\frac{h}{B}\left(C_1\cdot\cos\alpha+\sin\alpha-\frac{C_1}{C_2}\right)=0$에서

$$C_1=\frac{C_2\left[\cos\alpha+\frac{h}{B}\cdot\sin\alpha\right]}{C_2\left[\sin\alpha-\frac{h}{B}\cdot\cos\alpha\right]+\frac{h}{B}} \tag{5-135}$$

가 되며, $\frac{h}{B}=0.6$, $\alpha=30°$, $45°$, $60°$일 때 C_1과 C_2의 관계는 Fig. 5-112와 같다.

직선운동을 구속하는 2개의 안내면을 될 수 있는 대로 접근시킨 것을 narrow guide라 하며 이렇게 함으로써 미끄럼운동이 원활하게 된다.

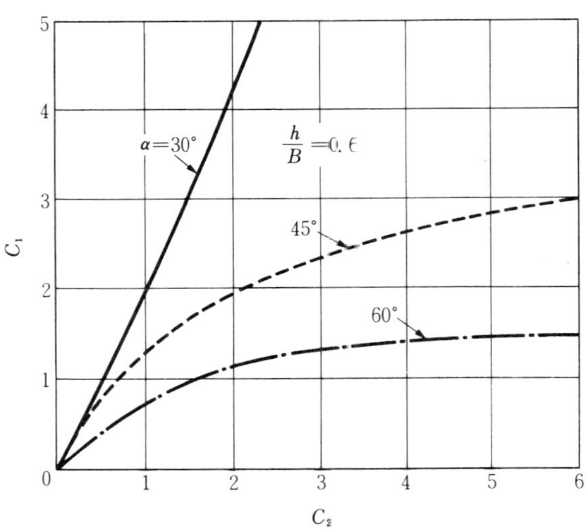

Fig. 5-112 식 (5-135)에서 C_1과 C_2의 관계

Fig. 5-113에서 P는 왕복대를 bed에 따라 이송하는 힘, R는 절삭저항의 이송저항, W는 왕복대의 자중이라 할 때 P는 R 및 W에 의한 마찰력보다 커야 한다. 안내면 측면에는 왕복대가 회전하려 하기 때문에 생기는 反力 N이 존재한다.

$R\cdot d+\mu W\cdot c+\mu N\cdot a+\mu N\cdot b=N\cdot l$에서

$$R\cdot d+\mu W\cdot c+\mu N(a+b)=N\cdot l$$

$$R\cdot d+\mu W\cdot c=N[l-\mu(a+b)]$$

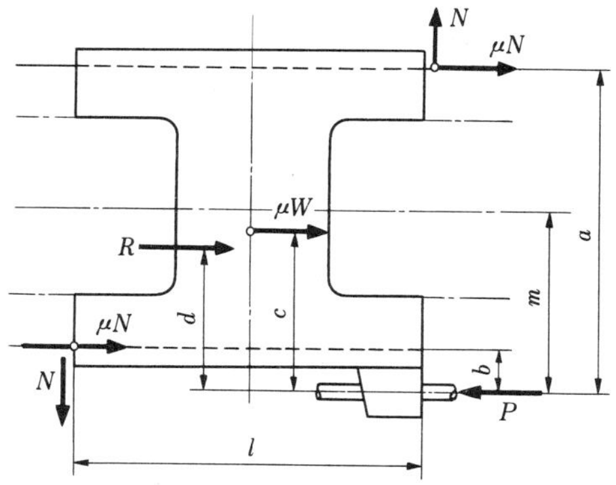

Fig. 5-113　선반의 왕복대

$a+b=2m$라 하면

$$N=\frac{R\cdot d+\mu W\cdot c}{l-2\mu\cdot m} \tag{5-136}$$

이고, 힘의 균형 관계는 다음과 같다.

$$P=R+\mu(W+2N) \tag{5-137}$$

P를 작게 하기 위하여는 식 (5－137)에서 N을 작게 하여야 하고, N을 작게 하기 위해서는 식 (5－136)에서

① c와 d를 작게 한다.

② 왕복대의 길이 l을 크게 한다.

③ 안내면의 중심 거리 m을 작게 한다.

narrow guide 방식은 선반의 왕복대 및 milling machine의 table 등에 널리 사용된다.

(3) 안내면의 雜物

미끄럼면에 雜物이 침입하면 마모가 증가한다. Lapidus에 의하면, 잡물 제거장치를 사용할 때 그것이 없을 경우에 비하여 마모를 60%까지 줄일 수 있다. 미끄럼면에 chip, 먼지 등의 잡물의 침입을 방지하기 위하여 다음의 방법을 이용한다.

① 미끄럼면을 보호한다.

② 미끄럼면 端에서 sealing한다.

③ 교체할 수 있는 鋼 tape를 미끄럼면에 삽입한다.

Fig. 5-114는 운동 부분이 돌출하여도 변형의 염려가 없을 때 고정안내면 A의 길이 L_A보다 운동 부분의 길이를 l만큼 크게 하여 chip을 비롯한 잡물이 미끄럼면에 들어가지 않도록 보호하는 것을 보인다.

Fig. 5-114와 같은 설계가 곤란할 때에는 cover plate를 사용하여 미끄럼면을 보호한다.

Fig. 5-115(a)는 felt seal을 보이나 seal의 마모에 의하여 기능을 상실하므로 많이 사용되지는 않는다. Fig. 5-115(b)에서는 a는 felt seal이고 b는 고무 seal로서 조합한 예이다. Fig. 5-115(c)에서는 덮개판 a와 seal 사이에 板 spring b를 사용하여 seal에 압력을 준다. Fig.

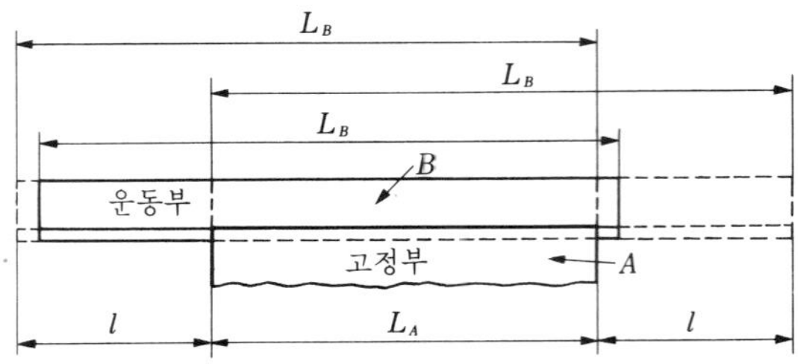

Fig. 5-114 미끄럼의 보호예

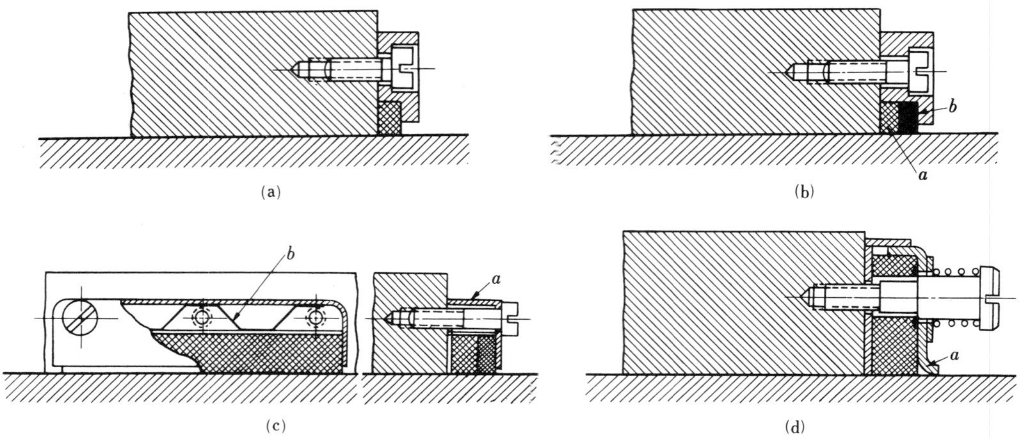

Fig. 5-115

5-115(d)에서는 coil spring에 의하여 판 a에 압력을 준다.

Fig. 5-116에서는 안내면에 직접 접촉시키는 대신 鋼 tape가 두 개의 판 c 사이에 있어서 주철 안내면을 보호하고 spring steel scraper d와 seal e에 의하여 잡물을 제거한다.

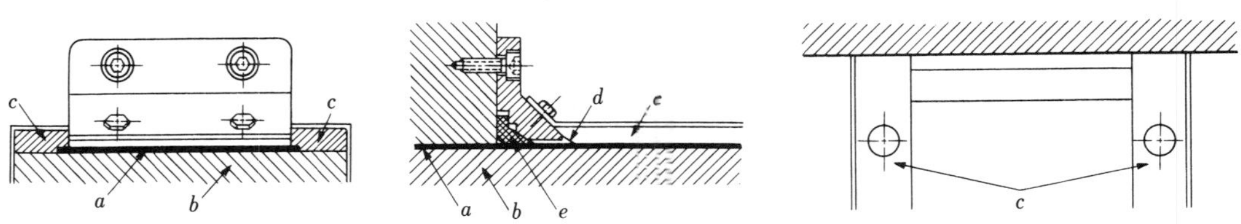

Fig. 5-116

〔3〕 摩擦條件 및 負荷容量

안내면에서 마찰조건은 비단 마모의 관점에서뿐만 아니라 各部를 구동하는 필요한 힘 및 동력, 各部의 제어정밀도에도 큰 영향을 주기 때문에 중요하다.

Fig. 5-117과 같이 안내면에 기름홈을 만들거나 Fig. 5-118에서와 같이 안내면 수개소에 기름통을 설치하고 roller에 의하여 급유하면 완전한 流體摩擦은 얻어지지 않으나 반유체마찰 상태는 유지할 수 있다.

Fig. 5-119는 완전 유체마찰조건을 얻는 방법으로서 pump로부터 제어 valve를 통하여 안내면의 pocket에 급유되어 간극 h를 통하여 유출된다. Fig. 5-120은 V형 안내면과 평면 안내면

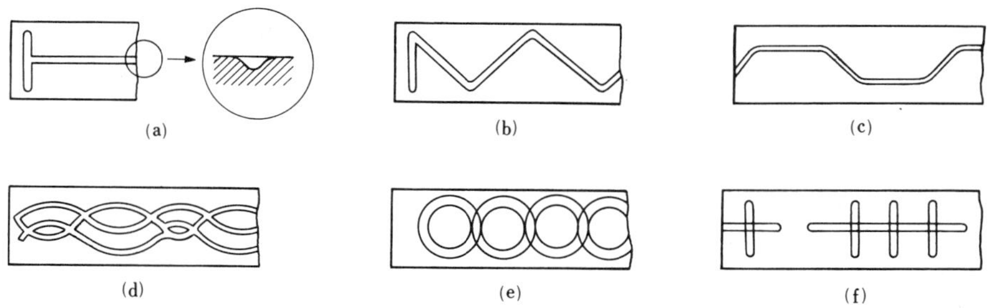

Fig. 5-117 안내면의 기름홈에 의한 급유

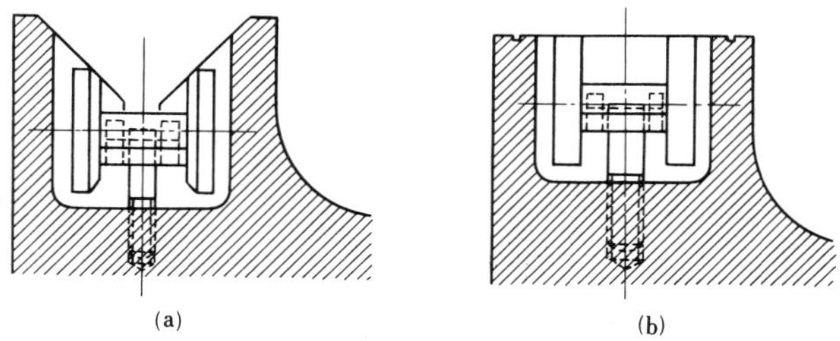

Fig. 5-118 기름통에 있는 roller에 의한 급유

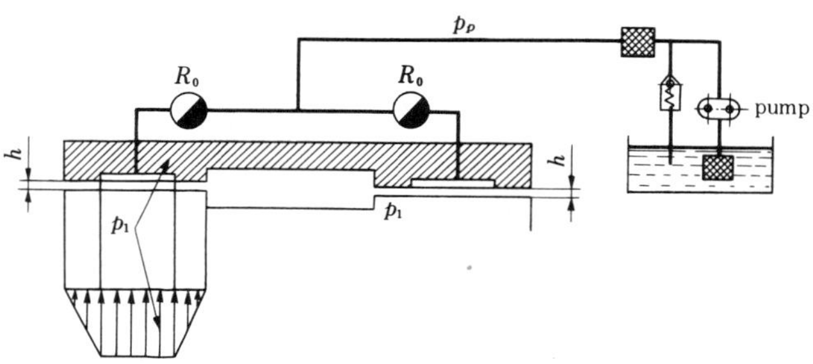

Fig. 5-119 평면 안내면의 강제급유

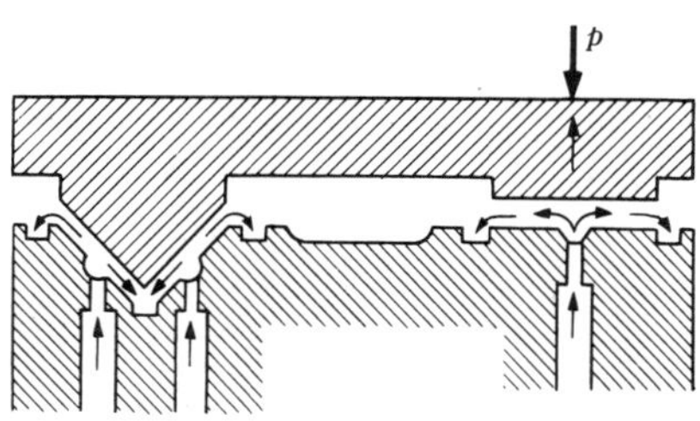

Fig. 5-120 V형 및 평면형 조합 안내면의 강제급유

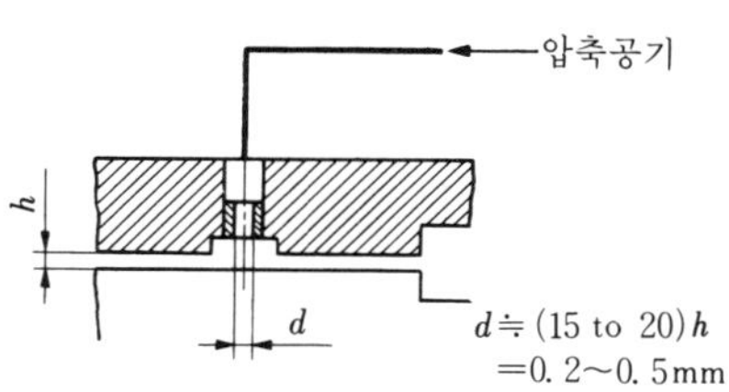

Fig. 5-121 공기윤활

의 조합에서의 강제급유를 보이고, Fig. 5-121은 공기윤활을 보이며 $3 \sim 4$kg/cm^{2}의 압력으로 air pocket에 공급된다.

안내면용 구름 bearing은 負荷가 적은 측정기 등에 주로 쓰이나, 위치 결정을 위하여 미세한 조정이 요구되는 경우와 負荷가 비교적 적고 절삭저항이 작용하지 않는 동안만 지지한 후, 全負荷 상태에서 미끄럼면이 지지할 때에는 공작기계에서도 사용된다. 全負荷를 구름bearing으로 지지하여야 할 경우에는 정밀도의 요구, 조정 가능성 및 豫荷重 등의 조처가 수반되어야 한다. 구름 bearing을 사용한 미끄럼면에는 限定移送미끄럼면과 非限定移送미끄럼면이 있는데, Fig. 5-122는 한정 이송미끄럼면을 보여 주며, 미끄럼대 B가 고정안내면 A 위에서 l만큼 이동할 때 retainer는 A의 길이 L_A보다 $\frac{1}{2}l$만큼 짧아야 한다. 그리고 B가 A의 중앙에 오면 retainer도 중앙에 위치(兩端에서 $\frac{1}{4}l$의 위치)하여야 한다.

일반적으로 ball, needle이 사용되고, 重荷重에는 roller가 사용되며, 이것들이 硬化된 안내

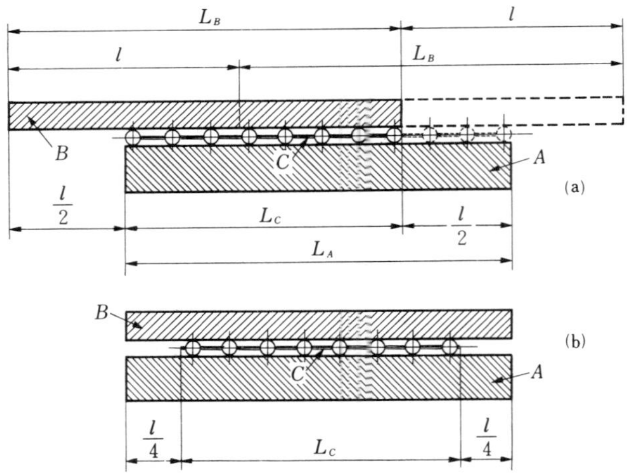

Fig. 5-122　한정 이송미끄럼면의 예

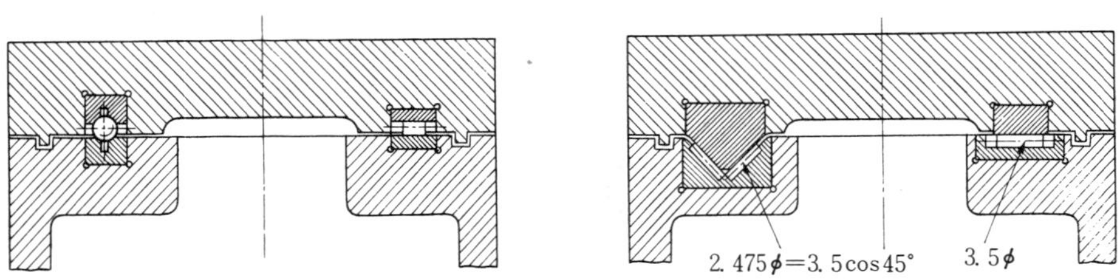

(a) ball과 roller 사용　　(b) 직경이 다른 needle 사용

Fig. 5-123　開放形배치

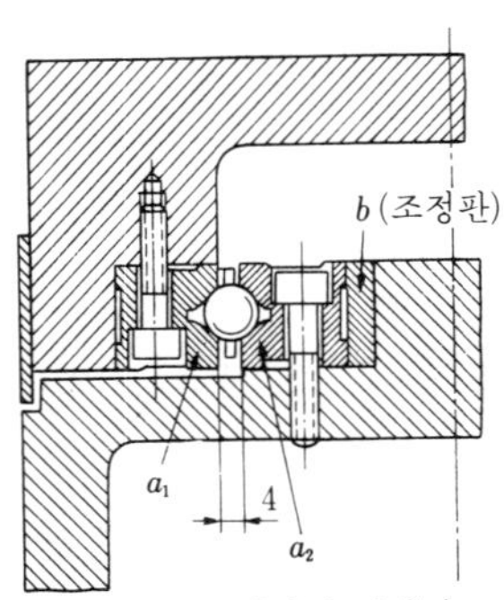

a_1, a_2 : 경화된 안내판

Fig. 5-124　ball bearing

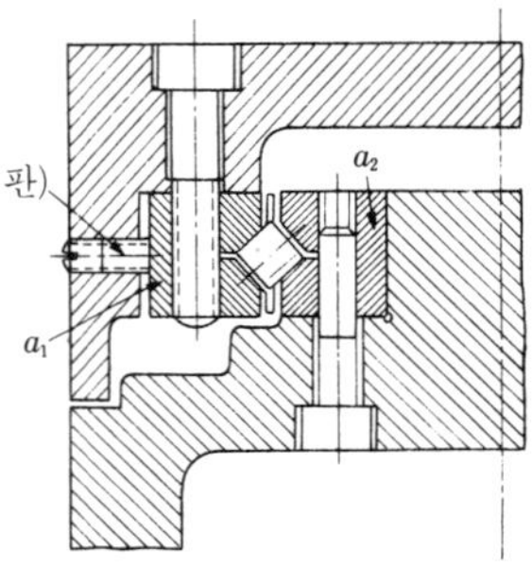

a_1, a_2 : 경화된 안내판

Fig. 5-125　roller bearing

판(H_{RC}=60~62) 사이에서 운동한다. 遊隔은 안내판 1개만을 조정할 수 있게 만들면 제거할 수 있다. Fig. 5-123(a) 및 Fig. 5-124는 동시에 상호 직각 방향의 輕荷重을 지지할 때 사용되는 ball bearing의 배열이며, Fig. 5-123(b) 및 Fig. 5-125에서는 하중 방향에 대하여 45°로 roller를 위치시키는 대책이 필요하고, 이때 경사면의 needle 반경은 하중을 needle 축방향에 직각으로 받는 것보다 작아야 한다.

Fig. 5-123(b)에서와 같이 needle축이 서로 직각인 경우에 2개의 retainer 대신에 Fig. 5--125에서처럼 roller를 배치하면 1개의 retainer로 지지할 수 있다.

이제까지는 미끄럼대가 안내면에 따라서 직선운동을 하는 경우를 설명하였으며, Fig. 5-126은 회전운동의 각종 안내면을 보인다. Fig. 5-126(a), (b), (c)에서는 main bearing면 AA'에서 회전정밀도를 유지하고 면 BB'와 BB''가 수직하중을 지지한다. Fig. 5-126(d), (e), (f)에서는 면 AA', AA'' 및 BB'에서 회전정밀도를 유지하고 동시에 수직하중을 지지한다.

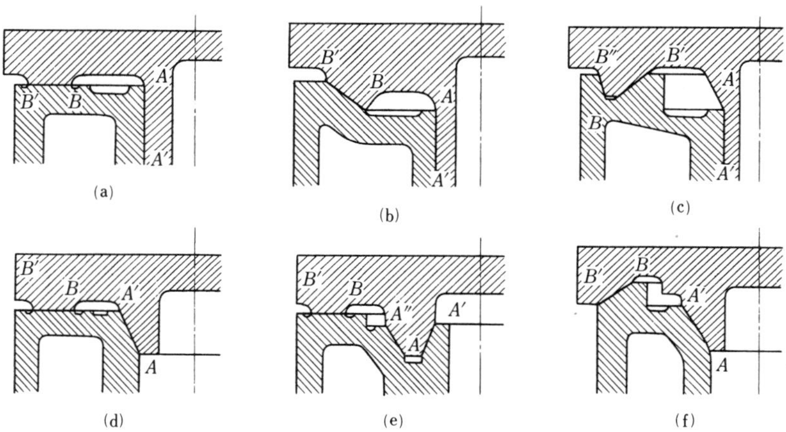

Fig. 5-126 회전운동의 각종 안내면

Fig. 5-127은 thrust bearing의 높이 조정 및 압력 조정장치를 보여 준다. Fig. 5-127(a)에서는 「bevel gear a→bevel gear b(nut b)→나사 c」의 순으로 thrust bearing의 높이 조정이 되고, Fig. 5-127(b)에서는 「나사 a→taper 조정쐐기 b」의 운동으로 높이조정을 하며, Fig. 5-127(c)에서는 壓力油로써 회전대의 처짐을 방지하고 윤활 작용으로써 운동을 원활하게 한다.

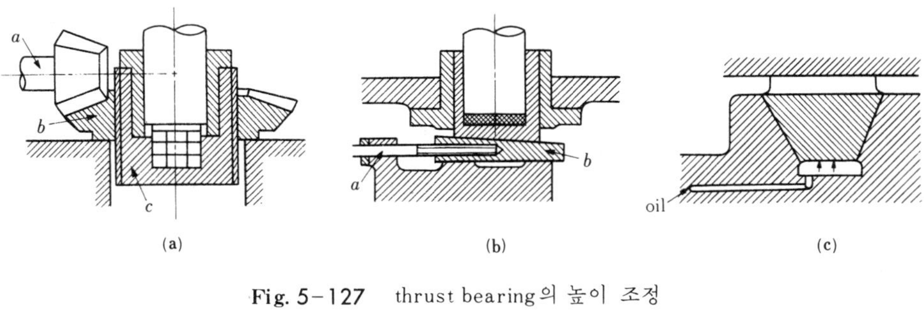

Fig. 5-127 thrust bearing의 높이 조정

4-2 主軸 및 主軸 bearing

회전운동을 하는 공작기계에서 가공물 또는 공구를 고정하여 회전하는 軸을 **主軸**(main spindle)이라 하며, 주축은 自重 및 절삭저항의 작용을 받고, 절삭운동에 필요한 驅動動力과 torque를 전달하고, 절삭공구(drill, cutter, 연삭숫돌) 또는 가공물에 대한 위치를 조정할 뿐 아니라 작업중에 필요한 정밀도와 강성을 유지해야 한다. 주축과 주축 bearing을 포함한 주축대는 공작기계의 성능에 가장 큰 영향을 주는 機素로서 다음의 조건을 구비해야 한다.

① 回轉精密度 : 항상 정확한 회전운동을 하고, 軸心의 浮動이나 진동이 없을 것.

② 剛性 : 절삭저항, 구동력 등에 의한 변형이 없을 것.

③ 安定性 : 회전수 변화에 의한 정밀도 및 성능의 저해 요소가 없을 것.

④ 耐磨耗性 : sliding bearing 내에서 spindle이 회전운동을 하거나, drilling machine 및 boring machine에서처럼 축방향의 직선운동을 할 때 내마모성이 요구된다.

이상의 4 항목을 동시에 만족시키는 주축과 그 bearing을 정하는 것은 어렵기 때문에 공작기계의 용도에 따라서 요구성이 높은 항목부터 충족시켜 가는 것이 보통이다.

4-2-1 主 軸

〔1〕 主軸의 材料

주축으로서 가장 중요한 성질은 일반적으로 剛性이며, 이 성질은 주로 재료의 탄성계수에 의존한다. 그런데 강의 탄성계수는 강의 종류에 관계없이 거의 동일하므로 특별한 경우가 아니면 合金鋼을 채용할 필요가 없이 SM 45C 및 SM 50C와 같은 탄소강을 사용한다. sliding bearing(plain bearing)을 사용할 때에는 윤활유에 섞인 雜物에 의하여 축이 손상을 받지 않도록 축표면을 경화한다. 때로는 炭素鋼을 心棒으로 하고 journal에 합금강 sleeve를 덮어서 사용하기도 한다. 窒化鋼은 큰 경도를 얻을 수 있을 뿐 아니라 열처리할 때 변형이 거의 없어 rolling bearing을 사용할 때도 많이 이용된다.

Table 5-17은 축재료로 쓰이는 탄소강의 성질을 보이고, Table 5-18은 축재료로 사용되는 질화강을 소개한 것이다.

Table 5-17 축재료로 사용되는 탄소강의 기계적 성질

기 호	화 학 성 분(%)					용 도	normalizing 〔℃〕	normalizing 후의 성질			
	C	Si	Mn	P	S			항복점 〔kg/mm²〕	인장강도〔kg/mm²〕	연신율 〔%〕	경도 〔H_B〕
SM45C	0.40~0.50	0.25~0.40	0.40~0.85	<0.035	<0.040	軸材, rod	820~870	>35	>58	>20	167~229
SM50C	0.45~0.55	0.15~0.40	0.40~0.85	<0.035	<0.040	軸材, key, pin	810~860	>37	>62	>18	179~235

기 호	normalizing (℃)	담금질 (℃)	뜨 임 (℃)	담금질 후 뜨임한 재료의 성질					
				항복점 (kg/mm²)	인장강도 (kg/mm²)	연신율 (%)	단면수축률 (%)	Charpy충격치 (kg-m/cm²)	경도 (H_B)
SM45C	820~870	820~870 水冷	550~650	>50	>70	>17	>45	>8	201~269
SM50C	810~860	810~860 水冷	550~650	>55	>75	>15	>40	>7	212~277

Table 5-18 축재료로 사용되는 질화강의 성질

화 학 성 분(%)								열 처 리	
C	Si	Mn	P	S	Cr	Mo	Al	담금질(℃)	뜨임(℃)
0.40~0.50	0.15~0.35	<0.60	<0.035	<0.035	1.30~1.70	0.15~0.35	0.70~1.20	900 油冷	680~720 급랭

열 처 리 후 의 기 계 적 성 질					
항복점(kg/mm²)	인장강도 (kg/mm²)	연신율(%)	단면수축률(%)	Charpy 충격치 (kg-m/cm²)	경 도(H_B)
>70	>80	>15	>50	>10	229~285

〔2〕 主軸의 强度 및 剛度

굽힘moment와 비틀림moment를 동시에 받는 경우에 대한 軸徑計算法을 알아보기로 한다.

(1) 强度에 의한 軸徑設計

M_{max} : 최대 굽힘moment(kg·cm)

T_{max} : 최대 비틀림moment(kg·cm)

d : 中實軸의 직경(cm)

τ : 축재료의 비틀림응력(kg/cm²)

d_1 : 中空軸의 내경(cm)

d_2 : 中空軸의 외경(cm)

σ_b : 축재료의 굽힘허용응력(kg/cm²)

$x=\dfrac{d_1}{d_2}$ 이라 하면 靜荷重하에서 축의 직경은 다음과 같다.

공식의 도입과정에 관하여는 재료역학 및 기계요소설계를 참조하기 바란다.

中實軸 : $\tau_{max}=\dfrac{16}{\pi d^3}\cdot\sqrt{M_{max}^2+T_{max}^2}$ 에서

$$d=\sqrt[3]{\frac{16}{\pi\cdot\tau_{max}}\sqrt{M_{max}^2+T_{max}^2}} \qquad (5-138)$$

中空軸 : $\tau_{max}=\dfrac{16}{\pi(1-x^4)\cdot d_2^3}\cdot\sqrt{M_{max}^2+T_{max}^2}$ 에서

$$d=\sqrt[3]{\frac{16}{(1-x^4)\cdot\tau_{max}}\cdot\sqrt{M_{max}^2+T_{max}^2}} \qquad (5-139)$$

動荷重하에서는 굽힘moment M과 비틀림moment T가 일정하지 않고 복잡하게 작용하거나 충격적으로 작용한다. 어느 경우에는 설치물의 중량과 belt의 張力 때문에 회전할 때마다 反復荷重이 작용한다. 이와 같은 動的인 경우에는 M에 계수 k_b를 곱하고 T에 계수 k_t를 곱하여 축

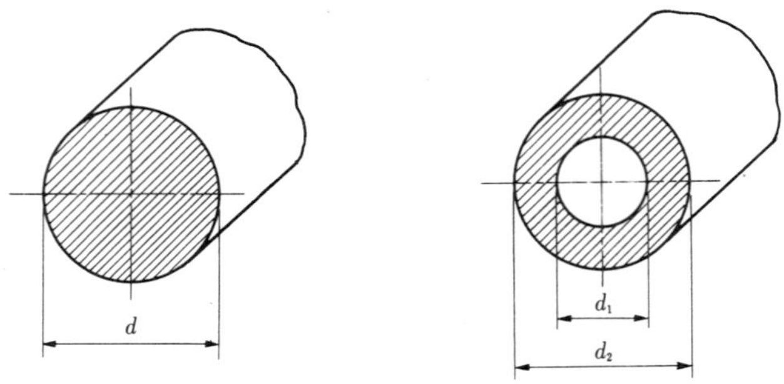

(a) 中實軸　(b) 中空軸

Fig. 5-128 축 단 면

의 직경을 계산하여야 한다.

$$d=\sqrt[3]{\frac{16}{\pi(1-x^4)\cdot\tau_{max}}\cdot\sqrt{(k_b\cdot M_{max})^2+(k_t\cdot T_{max})^2}} \quad (5-140)$$

$x=\frac{d_1}{d_2}$에서 $d_1=0$로 놓으면 中實軸의 직경을 구하는 식이 되며, Table 5-19는 하중 상태에 따른 계수 k_b와 k_t를 보여 준다.

Table 5-19 동적계수 k_b 및 k_t

하 중 의 종 류	회 전 축		정 지 축	
	k_b	k_t	k_b	k_t
정하중 또는 극히 완만한 동하중	1.5	1.0	1.0	1.0
심한 변동하중 또는 가벼운 충격하중	1.5~2.0	1.0~1.5	1.5~2.0	1.5~2.0
격렬한 충격하중	2.0~3.0	1.5~3.0	-	-

축에 flywheel 또는 gear 등을 설치하는 경우 Fig. 5-129(a)와 같이 key홈을 파면 축의 단면이 감소할 뿐 아니라 應力集中으로 인하여 축의 강도가 크게 감소하며, Fig. 5-129(b)는 일본의 즈무라(津村)가 발표한 것이다. key홈이 없는 경우의 기준응력 $\tau_0=\frac{5.1\,T_{max}}{d^3}$라 할 때 key홈이 있는 경우의 비틀림에 의한 허용응력 $\tau_1=\alpha\cdot\tau_0$이며, Fig. 5-129(b)에서 보는 바와 같이 key홈의 곡률반경 $\rho/d>3\%$로 하는 것이 좋다.

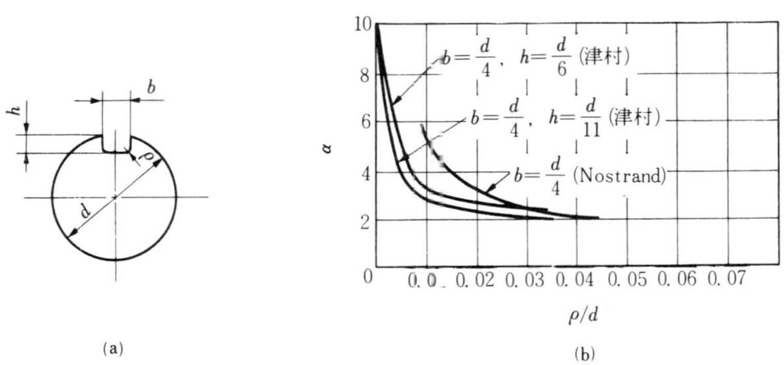

(a)　(b)

Fig. 5-129 key 홈의 응력집중계수

같은 축에서 직경이 다른 부분이 있을 때에는 Fig. 5-130에서 fillet의 곡률반경 r를 크게 함으로써 응력집중에 의한 허용응력의 감소 정도를 완화시킬 수 있다.

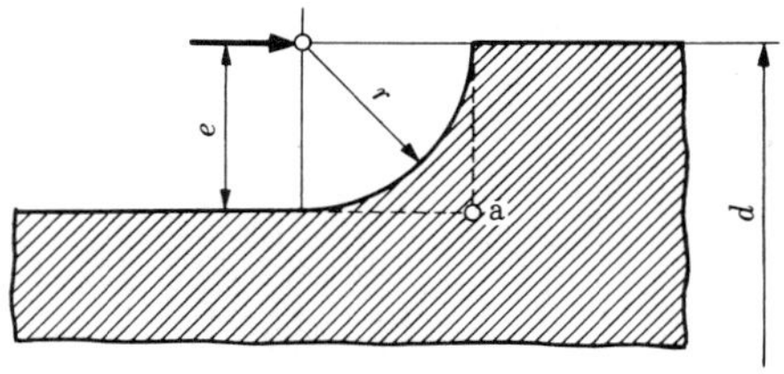

Fig. 5-130

(2) 剛性에 의한 軸徑設計

(i) 비틀림 moment만이 작용하는 경우

Fig.5-131 과 같이 축의 비틀림 θ〔rad/cm〕가 너무 크면 축에 설치된 gear가 파손되는 등 여러 가지의 문제가 발생한다. 일반적으로 비틀림 moment에 의한 비틀림 θ가 축의 길이 1m에 대하여 0.25° (0.004363 rad) 이내에 있도록 하는 것이 좋다고 Bach가 주장한다. 또는 $l=20d$에 대하여 1° 이내로 하는 것을 주장하는 사람도 있다.

G : 축재료의 전단탄성계수〔kg/cm^2〕 T : 비틀림 moment〔kg · cm〕

d : 中實軸의 직경〔cm〕 θ : 비틀림각〔rad/cm〕

l : 축의 길이〔cm〕 φ : 길이 l의 끝에서의 비틀림각〔rad〕

이라 할 때

$$T=\int_A \tau \cdot dA \cdot r=\int_A G \cdot \theta \cdot r^2 \cdot dA=G \cdot \theta \int_A r^2 \cdot dA=G \cdot \theta \cdot I_p \qquad (5-141)$$

이고, $I_p=\dfrac{\pi d^4}{32}$ 이므로

$$T=G \cdot \theta \cdot \frac{\pi d^4}{32}$$

$$\therefore\ \theta=\frac{T}{G \cdot I_p}=\frac{32\,T}{G \cdot \pi \cdot d^4} \qquad (5-142)$$

따라서 전비틀림각 φ는 다음과 같다.

$$\varphi=\theta \cdot l=\frac{T \cdot l}{G \cdot I_p}=\frac{32\,T \cdot l}{G \cdot \pi \cdot d^4} \qquad (5-143)$$

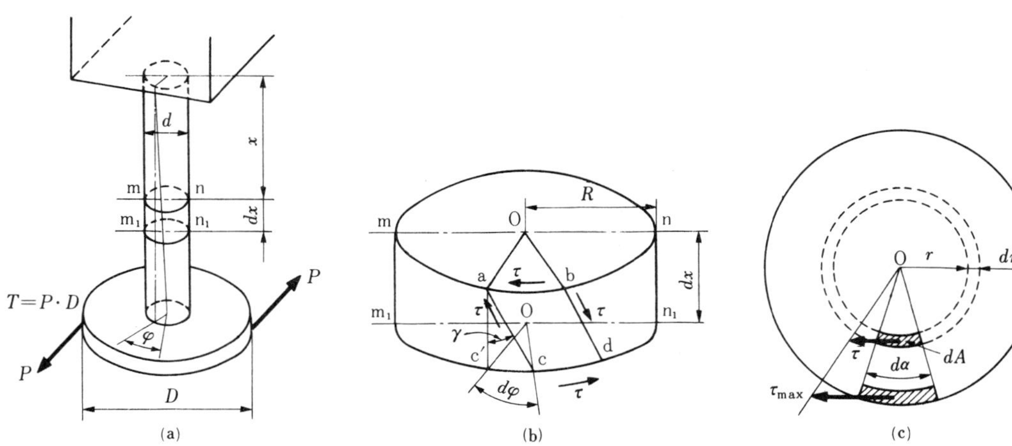

Fig. 5-131 축의 비틀림

이때 $G \cdot I_p$를 비틀림剛性係數라고도 한다. 최대 전단응력 τ_{max}은 축의 표면에 작용하므로 식 (5-142)를 $\tau = G \cdot \gamma = G \cdot R \cdot \theta = \frac{1}{2} G \cdot \theta \cdot d$의 관계식에 대입하면

$$\tau_{max} = \frac{T \cdot R}{I_p} = \frac{16T}{\pi d^3} \tag{5-144}$$

$$\therefore \ d = \sqrt[3]{\frac{16T}{\pi \cdot \tau_{max}}} \tag{5-145}$$

中空軸에 대한 식은 기계요소설계 또는 재료역학을 참조하기 바란다.

(ii) 굽힘 moment만이 작용하는 경우

구동장치가 정상적인 구동을 할 때 주축의 변형이 예정된 정도인가 또는 가공 정도를 유지할 수 있는가를 판단하는 것은 중요한 일이다. 일반적으로 축의 전길이에 대한 변형을 고려할 필요없이 軸先端에서의 굽힘변위와 경사만을 결정하는 것으로 축설계가 충분하다.

공작기계의 주축의 구조는 다소 복잡하기 때문에 剛度計算에 다음과 같은 두 가지의 어려움이 있다.

① 주축에 段이 있는 경우가 많아서 계산 위치에 따라 단면 2차moment 또는 단면극2차 moment가 변하므로 계산이 번잡하다.

② 주축을 지지하는 bearing의 減衰能 및 spring상수의 결정이 어렵다.

Fig. 5-132에서는 균일단면을 갖는 보의 2點支持를 고려하여 굽힘변위 y_1과 bearing의 탄성변위 y_2를 합성하며 $P/(y_1+y_2)$ [kg/μ]로 선반주축의 정적강성을 나타낸다.

Fig. 5-132(a)의 반력 R_1과 반력 R_2는

$$R_1 \cdot b = P \cdot a \text{에서 } R_1 = \frac{a}{b} \cdot P$$

$$P \cdot (a+b) = R_2 \cdot b \text{에서 } R_2 = \frac{(a+b)}{b} \cdot P$$

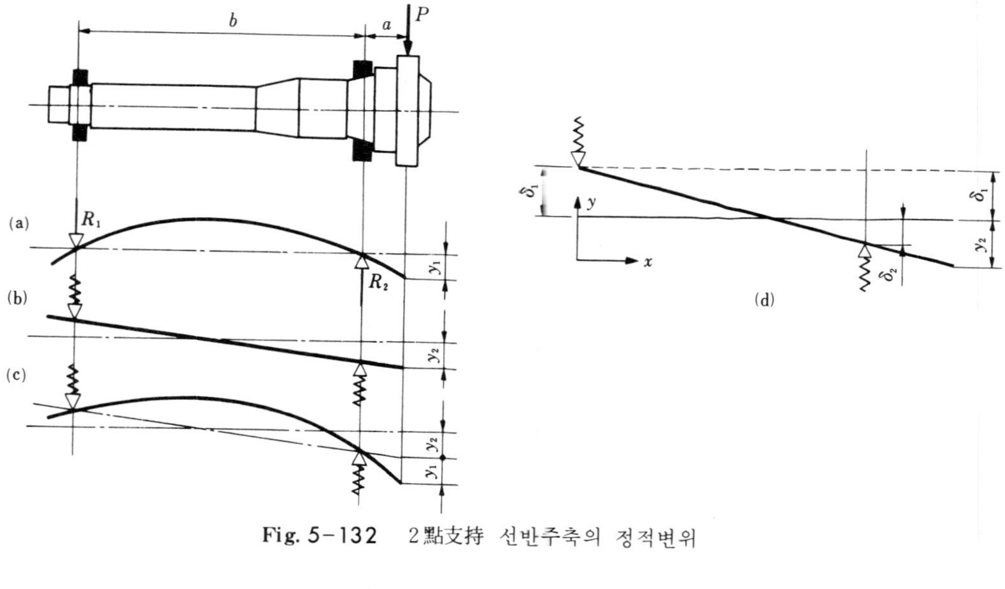

Fig. 5-132 2點支持 선반주축의 정적변위

$0 \leq x \leq b$ 범위에서의 굽힘방정식은

$$-EI \cdot \frac{d^2y}{dx^2} = M_x = \frac{a}{b} P \cdot x$$

$$\therefore \ -\frac{EI}{P} \cdot \frac{d^2y}{dx^2} = \frac{a}{b} \cdot x \tag{5-146}$$

$b \leq x \leq (a+b)$의 범위에서의 굽힘방정식은

$$-EI \cdot \frac{d^2y}{dx^2} = M_x = \frac{a}{b} \cdot P \cdot x - \frac{(a+b)}{b} \cdot P \cdot (x-b) = -P \cdot x + (a+b) \cdot P$$

$$\therefore \ -\frac{EI}{P} \cdot \frac{d^2y}{dx^2} = -x + (a+b) \tag{5-147}$$

식 (5-146)과 식 (5-147)에서

$$-\frac{EI}{P} \cdot \frac{dy}{dx} = \frac{a}{b} \cdot \frac{x^2}{2} + C_1 \tag{5-148}$$

$$-\frac{EI}{P} \cdot \frac{dy}{dx} = -\frac{x^2}{2} + (a+b)x + C_1' \tag{5-149}$$

$x=b$에서 식 (5-148) 및 식 (5-149)로 표시되는 접선은 공통이므로

$$\frac{a}{b} \cdot \frac{b^2}{2} + C_1 = -\frac{b^2}{2} + (a+b) \cdot b + C_1'$$

$$C_1' = -\frac{a \cdot b}{2} - \frac{b^2}{2} + C_1$$

식 (5-148)과 식 (5-149)에서

$$-\frac{EI}{P} \cdot y = \frac{a}{b} \cdot \frac{x^3}{6} + C_1 \cdot x + C_2 \tag{5-150}$$

$$-\frac{EI}{P} \cdot y = -\frac{x^3}{6} + (a+b) \cdot \frac{x^2}{2} - \left(\frac{a \cdot b}{2} + \frac{b^2}{2} - C_1\right) \cdot x + C_2' \tag{5-151}$$

$x=0$, $x=b$에서 $y=0$이므로

$$C_2 = 0, \ C_1 = -\frac{a \cdot b}{6}, \ C_2' = \frac{b^3}{6} + \frac{a \cdot b^2}{6}$$

상수를 식 (5-151)에 대입하면

$$-\frac{EI}{P} \cdot y = -\frac{x^3}{6} + (a+b) \cdot \frac{x^2}{2} - \left(\frac{a \cdot b}{2} + \frac{b^2}{2} + \frac{ab}{6}\right) \cdot x + \frac{b^3}{6} + \frac{ab^2}{6}$$

$$\therefore \ \left(-\frac{EI}{P} \cdot y\right)_{x=a+b} = -\frac{1}{6}(a+b)^3 + \frac{1}{2}(a+b)^3 - \left(\frac{a \cdot b}{2} + \frac{b^2}{2} + \frac{a \cdot b}{6}\right)(a+b)$$

$$+\frac{b^3}{6} + \frac{ab^2}{6} = \frac{1}{3}(a^3 + a^2 \cdot b)$$

$$\therefore \ -y(=y_1) = \frac{P}{EI} \cdot \frac{1}{3}(a^3 + a^2 \cdot b) \tag{5-152}$$

주축의 수직변위중에서 축의 굽힘에 의한 것이 50~70% 정도이고 bearing의 탄성변위에 의한 것이 30~50% 정도이다. 따라서 지지점의 위치 a와 b가 정해질 때 y_1을 한계치내에 있게 하기 위한 단면2차moment I가 정해지고 軸徑 d가 정해진다.

Fig. 5-132(d)에서 보는 바와 같이 bearing의 변위를 탄성체, 즉 spring상수가 k_1 및 k_2인 spring의 변위로 생각키로 한다.

$(\delta_1+\delta_2):(y_2+\delta_1)=b:(a+b)$의 관계로부터

$$\begin{aligned} y_2 &= \frac{(a+b)}{b}\cdot(\delta_1+\delta_2)-\delta_1 \\ &= \frac{(a+b)}{b}\left\{\frac{a\cdot P}{b}\Big/k_1+\frac{(a+b)\cdot P}{b}\Big/k_2\right\}-\frac{a\cdot P}{b}\Big/k_1 \\ &= \frac{(a+b)}{b}\left\{\frac{a\cdot P}{b\cdot k_1}+\frac{(a+b)P}{b\cdot k_2}\right\}-\frac{a\cdot P}{b\cdot k_1} \\ &= \frac{(a+b)^2\cdot P}{b^2\cdot k_2}+\frac{a^2\cdot P}{b^2\cdot k_1} \end{aligned} \quad (5-153)$$

∴ 축의 굽힘에 의한 변위 y_1과 bearing의 탄성변위 y_2를 합성한 P의 작용점의 전변위 y_p는

$$y_p=P\left\{\frac{a^3+a^2\cdot b}{3EI}+\frac{(a+b)^2}{b^2\cdot k_2}+\frac{a^2}{b^2\cdot k_1}\right\} \quad (5-154)$$

축선단의 剛度 k는 다음과 같다.

$$k=\frac{P}{y_p}=\left\{\frac{1}{\dfrac{a^3+a^2\cdot b}{3EI}+\dfrac{(a+b)^2}{b^2\cdot k_2}+\dfrac{a^2}{b^2\cdot k_1}}\right\} \quad (5-155)$$

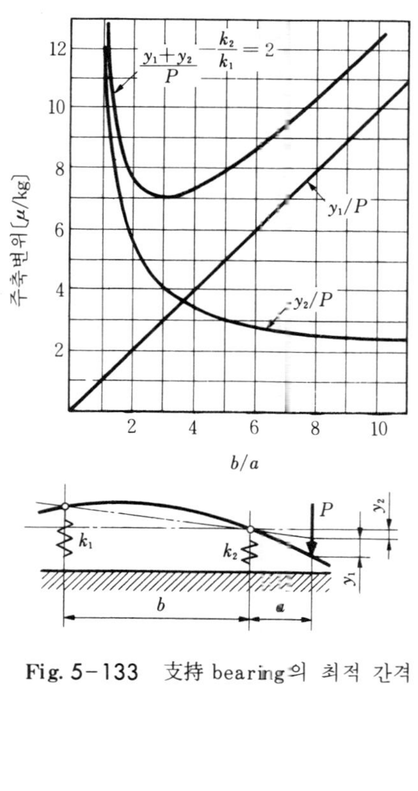

Fig. 5-133 支持 bearing의 최적 간격

식 (5-154) 및 식 (5-155)에서 보는 바와 같이 주축선단의 剛性을 크게 하기 위하여는 축선단과 bearing간의 간격 a를 작게 할 필요가 있다.

Fig. 5-133은 힘 P의 작용점에서의 축의 변위를 bearing 간격 b와 돌출부 길이 a와의 비의 함수로 나타낸 것이며, $(y_1+y_2)/P$의 값이 최소인 b/a가 존재함을 알 수 있고, 본례에서는 $b/a=3$에서 전변위가 최소이므로 최대 강성을 나타낸다고 볼 수 있다.

공작기계 주축은 2點支持가 많으나, 축이 길때 또는 belt구동 및 gear구동에 의한 굽힘, 진동을 방지할 목적으로 3點支持를 받는 경우가 있다. Fig. 5-134에서와 같이 中央支持點을 제외한 2개의 bearing만에 의한 굽힘 moment선도와 굽힘곡선을 그리면〔Fig. 5-134(a)～(c)〕, 이 때의 굽힘변위 y_P를 알 수 있다.

다음은 集中荷重 F(P_i의 크기에 따라 정해진다)를 중앙 bearing으로 지지한다. 이때 $y_F=y_P$인 것이 이상적이다.

공작기계의 가공 능률과 가공 정도를 높이기 위해서는 주축구동계의 動的剛性이 높아야 함은 당연하다. 따라서 軸徑의 크기, bearing의 선정 및 지지위치에 대한 충분한 검토가 요망된다. 주축의 진동을 해석하여 가장 효과적인 위치, 즉 진폭이 가장 큰 위치에 damper를 설치함으로써 chattering에 대한 안정한계를 數10% 증가시킬 수 있다고 한다. 주축에 부착되는 gear 또는 pulley의 위치에도 주축의 변위가 최소가 되도록 배려하여야 한다.

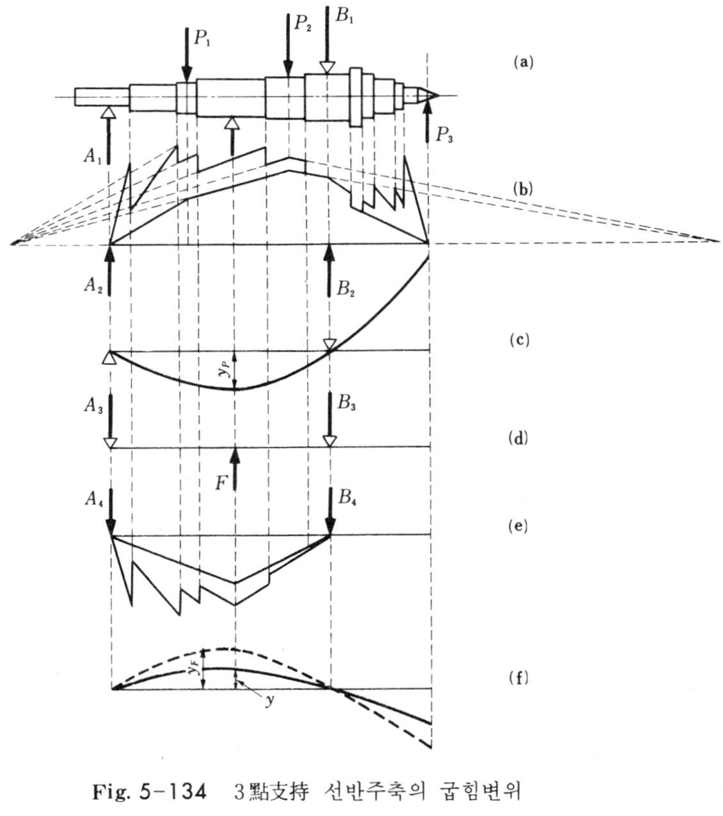

Fig. 5-134 3點支持 선반주축의 굽힘변위

(3) 主軸의 温度上昇

공작기계의 熱源은 회전 부분이며, 그 중에서도 主軸系의 발열이 많다. 지지부인 bearing에서의 마찰은 起動時에는 靜摩擦로서 크고 점차 마찰이 감소하여 일정한 動摩擦이 된다. bearing에서의 발생열은 마찰moment에 의한 일(work)이라 할 수 있다. 이 열은 rolling bearing의 경우 內輪(inner race)을 거쳐 주축에 전도되고, 이어서 공작물에 전해지며, 外輪을 거쳐 주축gear에 전달된다. 일반적으로 gear box가 주축에 비하여 방열조건이 좋으므로 주축에서의 온도 상승이 gear box에서보다 크다. 경우에 따라서는 열팽창으로 인하여 주축이 정지되는 일이 있다. 이와 같은 사고가 없다 하여도 온도 상승으로 윤활조건이 악화되고 열변형으로 인하여 가공정밀도가 저하한다.

Fig. 5-135는 室温의 주축을 고속회전하며 spindle의 內面과 주축 gear box의 외면 온도 상승 경향을 표시한 것이다.

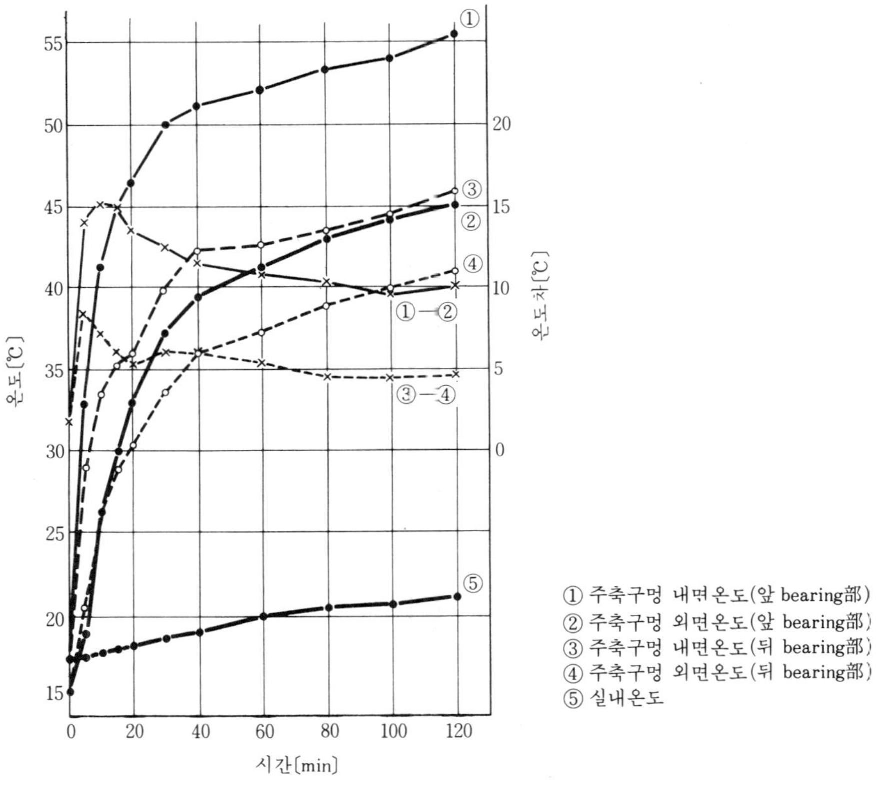

Fig. 5-135 주축 온도 상승

4-2-2 主軸 bearing

회전하고 있는 축을 支持하여 축에 작용하는 하중을 받는 機素를 **bearing**(軸受)이라 하며, 절삭, 구동, 자중, 동적절삭분력 등의 힘이 축의 수직 방향 또는 축방향으로 작용한다. 따라서 驅動軸 bearing에는 다음과 같은 조건을 충족시킬 필요가 있다.

① 진동으로 인하여 가공 정도를 해치지 않을 것.

② 眞圓度가 높은 회전운동을 할 것.

③ 치수정밀도를 유지하기 위한 축방향의 안내가 있을 것.

이와 같은 필요조건은 bearing에만 의존하는 것이 아니고 기계의 各部 조립 상태에도 관계된다.

〔1〕 bearing의 종류

bearing에는 많은 종류가 있으나 여기에서는 공작기계의 주축에 주로 사용되는 radial bearing과 약간의 thrust bearing에 국한해서 설명하기로 한다.

(1) sliding bearing

軸頸(journal)과 軸受(bearing)면이 윤활유를 중간에 개재물로 유지하면서 직접 對面하여 미끄럼 접촉을 하는 bearing을 **미끄럼bearing**(sliding bearing) 또는 **평면bearing**(plain bearing)이라 한다.

최근에는 sliding bearing의 사용은 크게 줄어들었으나 高速低荷重에서는 아직도 사용되고 있다.

(i) sliding bearing 材料

sliding bearing 재료의 이상적 구비조건은 다음과 같다.

① 軸材料보다 연하면서도 하중에 견딜 수 있는 경도를 가질 것.

② 마찰계수가 적을 것.

③ 마찰열을 잘 소산시키기 위하여 열전도율이 클 것.

④ 내마모성과 내부식성이 클 것.

⑤ 주조성이 좋을 것.

⑥ 油膜의 형성이 잘 될 것.

이상의 조건을 전부 구비한 재료는 있을 수 없고 운전조건과 중요성의 우선 순위에 맞는 재료를 택하면 되며, 다음은 일반적으로 많이 쓰이는 bearing 재료이다.

bearing metal 종래에 bearing 재료의 대표적인 것이었다는 데에서 붙여진 명칭으로서, Sb와 Sn의 합금이며, 성분비에 따라 많은 종류가 있다. 이 중에서 특히 white metal은 耐磨耗性이 우수하나 高負荷에는 부적합하다.

cadmium합금 Cd 基質에 强靭性을 부여하기 위하여 Cu, Ag, Ni, Mg 등을 첨가한 것이 많고, 耐疲勞性 및 耐磨耗性이 우수할 뿐 아니라 高負荷에도 잘 견딘다.

銅基質 bearing合金 靑銅(砲金, 燐靑銅), Kelmet(Cu와 Pb의 합금) 등이 있다.

aluminium합금 Al기질에 5.5~7.0%의 Sn을 첨가한 것으로서 열전도율이 크고 경도가 크다.

含油 bearing metal 분말야금법에 의하여 燒結成形하며, 이 bearing을 oilless bearing이라 부른다. 금속분말을 소결한 후에 기름 속에서 적당한 시간 동안 유지시켜서 粒子間의 공간에 윤활유를 함유시킨다.

이상의 bearing 재료에 대한 상세한 설명은 金屬材料學을 참조하기 바란다.

(ii) 일반 sliding bearing

Fig. 5-136은 일반 sliding bearing으로서 주축은 회전방향과 반대방향의 bearing 내벽으로 상승하여 sliding 각에 도달하면 다시 떨어진다. 윤활조건에 따라 이 각은 변하고 주축의 위치가 변한다. journal과 bearing의 간격을 줄이면 어느 정도까지는 축의 불안정한 운동을 방지할 수 있으나 가장 중요한 것은 주어진 속도에서 윤활조건을 일정하게 하는 것이다. Fig. 5-137은 油膜(oil film)에 생기는 油壓의 분포를 보여 주며, 이것은 회전수에 따라 그 크기가 다르다.

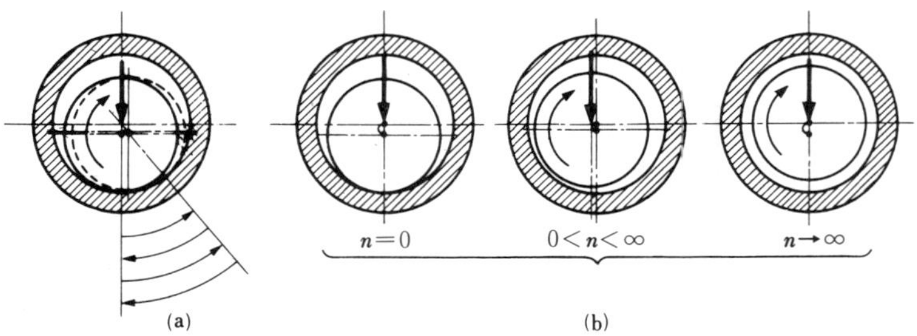

Fig. 5-136 주축과 bearing의 상대위치

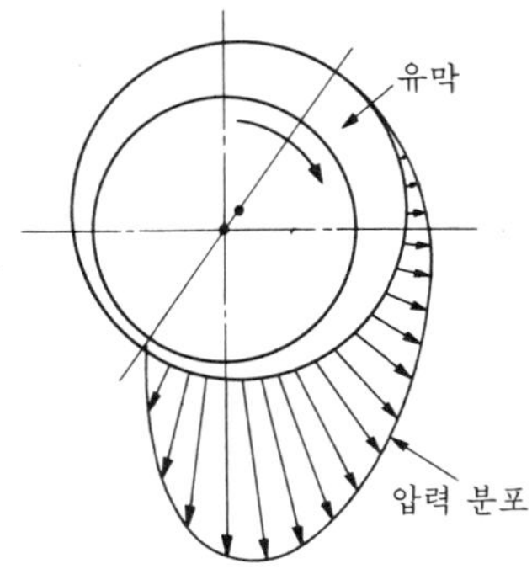

Fig. 5-137 유막과 압력 분포

(iii) 특수 sliding bearing

單一面支持인 일반 sliding bearing에서 문제점으로 지적된 속도와 하중 상태에 따라 회전축의 위치가 변하는 것을 해결하기 위하여는 多面支持 bearing이 등장하였다.

Fig. 5-138은 Mackensen bearing으로서 3面에서 지지하고 있으며, 주위에 9개의 홈이 있어 탄성을 가진다. 윤활유는 축의 회전에 따라 기름의 쐐기(wedge) 작용에 의하여 자동적으로 유입되며, bearing과 축의 간격은 taper bush를 축방향으로 이동시킴으로써 조정하여 $1\sim5\mu$가 되게 할 수 있다.

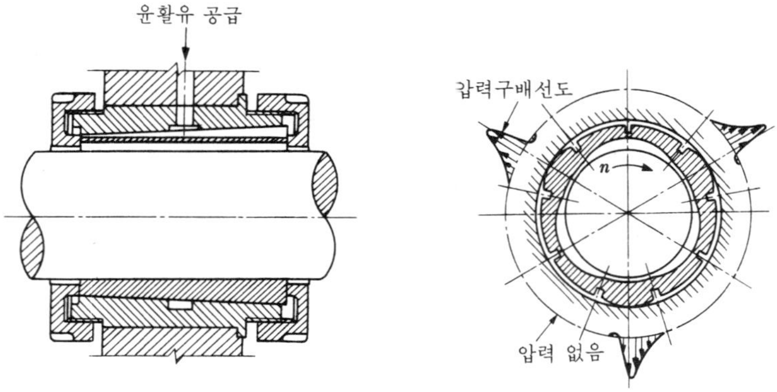

Fig. 5-138 3面支持 bearing (Mackensen bearing)

Fig. 5-139는 自動調心 bearing이며, 일명 micro-sphere bearing이라고도 한다. 외부는 球形狀을 하고 내부는 원통형상을 하여 축의 중심선이 일치하지 않아도 bearing 球面이 이동하여 무리없이 축을 지지한다. 內面에는 축방향으로 기름홈이 있고, 이 곳에서 회전 방향으로의 쐐기형 틈으로 윤활유가 공급된다.

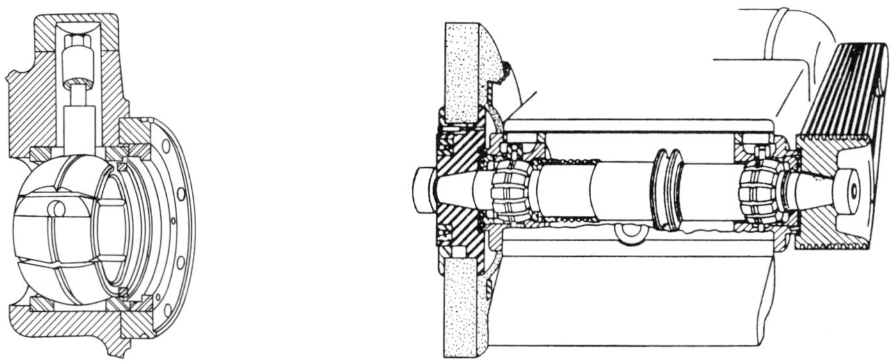

(a) (b) 자동조심 bearing에 의한 연삭기 주축의 지지

Fig. 5-139 자동조심 bearing

Fig. 5-140은 Cincinnatic filamatic bearing으로서 油膜의 압력분포이론에서 유도된 것이며, 搖動하는 segment bearing이다. bearing의 틈새는 비교적 크나 축의 浮動과 하중에 의한 軸心의 이동이 적어 이것을 주축 bearing으로 채용할 때 좋은 다듬질면을 얻을 수 있다.

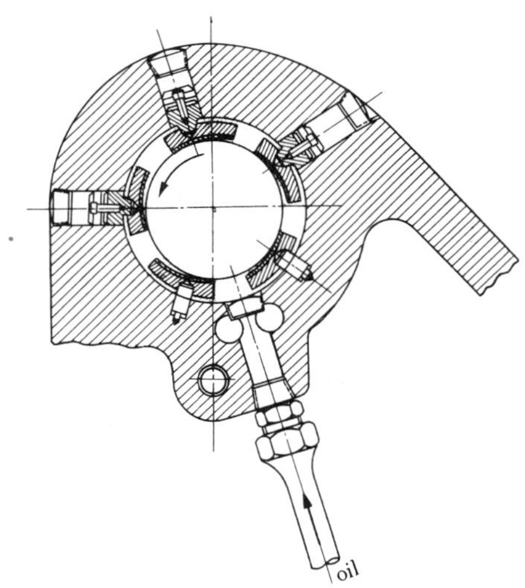

Fig. 5-140 Cincinnatic filamatic bearing

Fig. 5-141은 靜壓bearing으로서 내면에 수개의 oil pocket이 있고 bearing 간격이 비교적 크다. oil pocket에 壓力油를 공급하고, pocket과 pocket 사이에 있는 구멍을 통하여 외부로 윤활유를 배출한다. 이 bearing에서는 마찰이 극히 적고 공작기계의 가공정밀도가 높다. 정압 sliding bearing에서 하중 p〔kg/cm²〕와 주속 v〔m/sec〕를 곱한 $p \cdot v < 15$가 경험상 적합하다

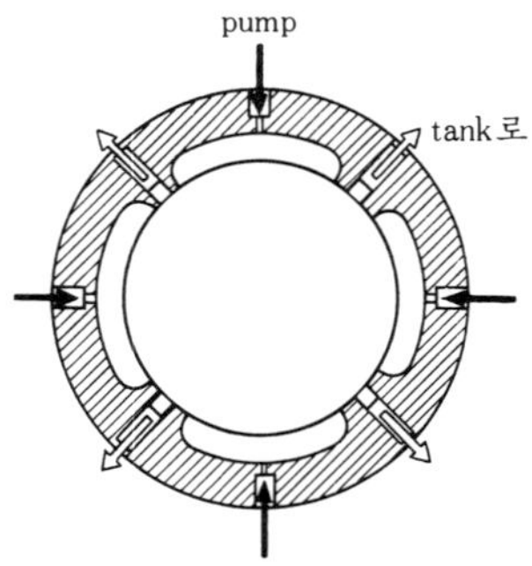

Fig. 5-141 정압 bearing

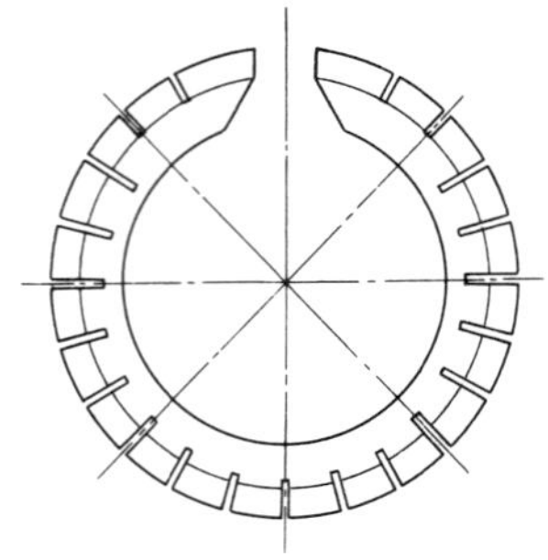

Fig. 5-142 Norton bearing

고 한다.

이상의 多面支持 bearing 외에 Fig. 5-142는 Norton bearing으로서 연삭기 주축에 사용되며, journal에 油路가 가공되어 있고, bearing의 외측에 깊이가 상이한 홈이 있어 bearing의 내면이 진원을 유지하게 한 燐青銅製 sliding bearing이다.

(2) rolling bearing

축과 bearing 사이에 ball, roller, needle roller를 넣어서 미끄럼 접촉(sliding contact)을 구름접촉(rolling contact)으로 대체하여 마찰이 sliding bearing에서보다 훨씬 적게 한 것을 **rolling bearing**이라 한다.

(i) angular contact ball bearing

내륜 및 외륜과 鋼球의 접촉점을 맺는 선이 Fig. 5-143과 같이 bearing의 중심선과 어느 각도를 갖고 있는 bearing으로서, radial하중뿐 아니라 어느 정도의 thrust하중도 지지할 수 있기 때문에 하중이 크지 않은 소형 공작기계에 사용된다. 특히 내면연삭기에 주로 사용되며, 최근에는 이것을 2개 포개어 대형 공작기계의 thrust bearing으로 사용되는 예가 많다.

Fig. 5-144는 angular contact ball bearing의 조합 방식을 보여 준다. Fig. 5-144(a)의 후면 복합bearing은 굽힘moment에 대하여 강하므로 가장 많이 이용된다. Fig. 5-144(b)에서는 외륜의 압입 정도로 豫壓이 조정되므로 미세한 조정이 필요한 고속 내면연삭기의 주축에 많이

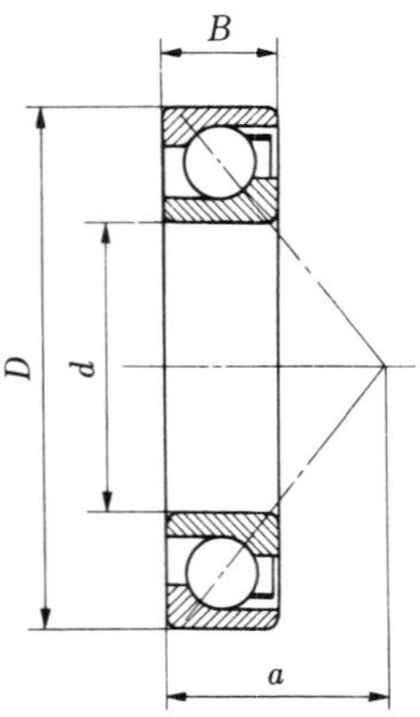

Fig. 5-143 angular contact ball bearing

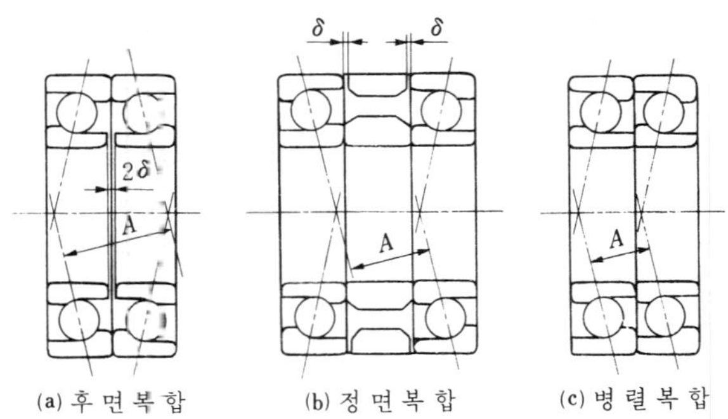

Fig. 5-144 angular contact ball bearing의 조합 방식

쓰이고, 직접 bearing을 맞대면 굽힘moment에 대하여 약하기 때문에 間隔片을 사용한다. Fig. 5-144(c)는 thrust 하중이 커서 bearing 1개로 지지할 수 없을 경우에 이용된다.

(ii) roller bearing

roller bearing에는 원통 roller bearing 및 taper roller bearing이 있으나, 공작기계에서는 Fig. 5-145와 같은 radial하중과 thrust 하중을 동시에 지지하는 taper roller bearing이 주로 사용된다.

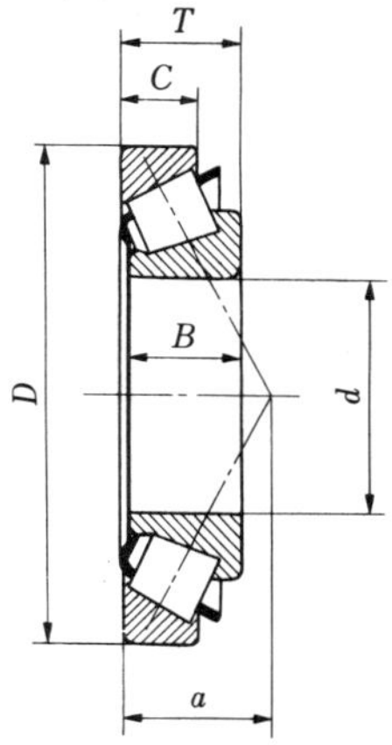

Fig. 5-145 taper roller bearing

(iii) thrust roller bearing

대부분의 공작기계에서는 radial하중이 thrust하중에 비하여 크다. 그러나 drilling machine 및 수직선반에서는 thrust하중이 크기 때문에 angular ball bearing 또는 taper roller bearing을 사용하여 thrust하중을 지지하기 보다는 큰 thrust하중을 지지할 수 있는 Fig. 5-146과 같은 thrust bearing을 사용하는 것이 안전하다.

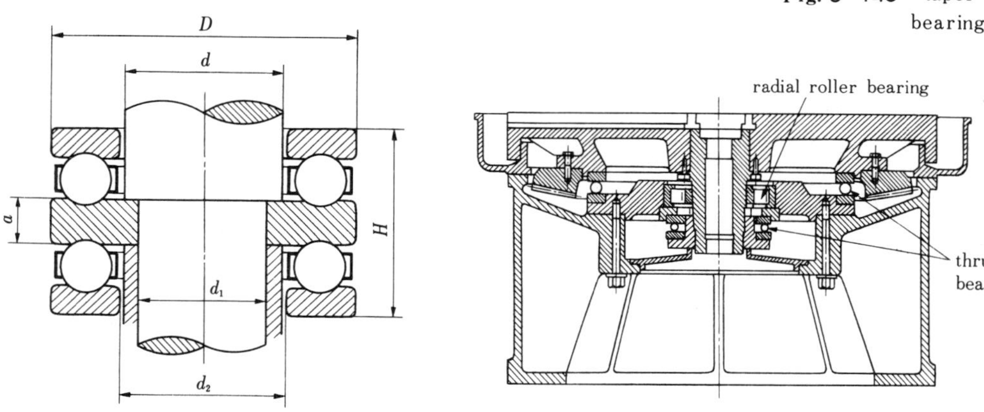

(a) 복열 thrust ball bearing (b) 수직선반의 bearing 배치

Fig. 5-146 thrust ball bearing

〔2〕 **bearing의 設計**

(1) **sliding bearing**

(i) 許容壓力

Fig. 5-147에서와 같이 bearing의 미소면적을 dA[cm²], 평균압력을 p[kg/cm²]라 하고 하중을 P[kg]라고 하면

$$P=\int_0^\pi p\cdot dA\cdot\sin\alpha \tag{5-156}$$

$dA=l\cdot\dfrac{d}{2}\cdot d\alpha$이므로

$$P=p\cdot\frac{d}{2}\cdot l\int_0^\pi \sin\alpha\cdot d\alpha=p\cdot d\cdot l \tag{5-157}$$

여기에서 $d\cdot l$은 하중 P의 방향에 수직한 투영면적으로서 $d\cdot l=A$라 하면

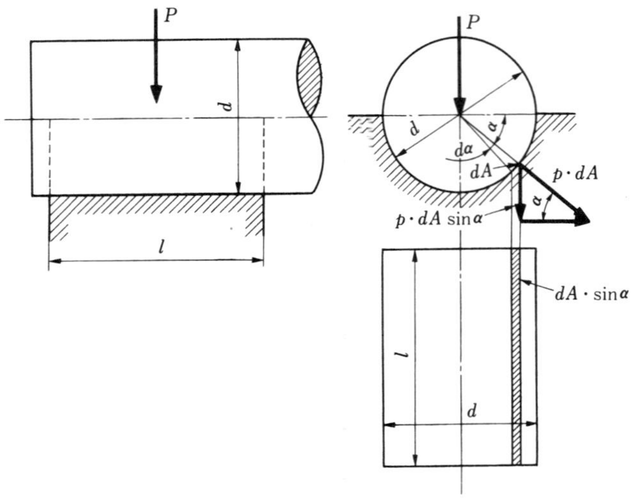

Fig. 5-147 sliding bearing의 허용 압력

$$p=\frac{P}{A} \tag{5-158}$$

가 되며, 압력 p를 許容壓力 p_a와 같이 놓고 A를 정한다.

즉

$$A=\frac{P}{p_a} \tag{5-159}$$

허용압력 p_a는 bearing재료, 윤활유, 윤활 방법, 회전속도, 하중의 종류 및 面의 가공 상태 등에 따라 다르나 대체로 Table 5-20의 값을 택한다.

Table 5-20 bearing재료에 따른 허용압력

재 료	p_a[kg/cm²]	재 료	p_a[kg/cm²]
강과 주철	20~30(표준치)	담금질한 강과 aluminium 합금	50(표준치), 100(최대치)
강과 砲金, 또는 황동	50	담금질하여 연마한 강과 강	150
강과 청동	50	軟鋼과 水潤滑한 堅質木材	5~20
담금질하여 연마한 강과 청동	80	chilled 주철과 주철	40(표준치), 80(최대치)
강과 white metal	60(표준치), 100(최대치)	특히 고급재료	200~300
담금질한 강과 white metal	90		

(ii) 强 度

Fig. 5-148에서처럼 end journal(端軸頸)은 축의 직경보다 어느 정도 직경이 작은 것이 일반적이다. journal의 중앙에 하중 P가 작용하는 것으로 생각하여 굽힘moment 공식을 적용한다.

$$M=\sigma\cdot Z \tag{5-160}$$

이때 M은 굽힘moment, σ는 굽힘응력, Z는 단면계수이다.

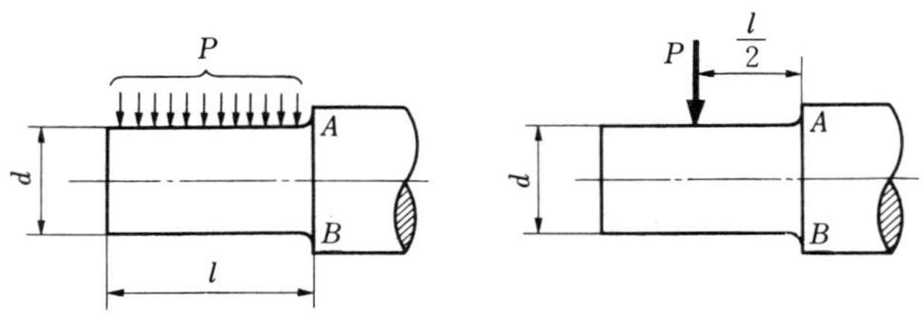

Fig. 5-148 end sliding bearing

따라서 $P \cdot \frac{l}{2} = \frac{\pi d^3}{32} \cdot \sigma$에서

$$d = \sqrt[3]{\frac{5.1}{\sigma} P \cdot l} \qquad (5-161)$$

또한 $P = p_a \cdot d \cdot l$이므로

$$p_a \cdot d \cdot l \cdot \frac{l}{2} = \frac{\pi d^3}{32} \cdot \sigma$$

$$\therefore \left(\frac{l}{d}\right)^2 = \frac{\pi}{16} \cdot \frac{\sigma}{p_a}$$

$$\therefore \frac{l}{d} = \sqrt{\frac{1}{5} \cdot \frac{\sigma}{p_a}} \qquad (5-162)$$

中間軸頸의 경우에도 굽힘moment를 구한 다음 같은 방법으로 l/d을 구할 수 있다. 공작기계에서는 일반적으로 $l/d = 2 \sim 4$이다.

(iii) $p \cdot v$의 制限値와 길이 l

v〔m/sec〕를 journal과 bearing간의 미끄럼속도, d〔cm〕는 journal 또는 bearing의 내경, N〔rpm〕을 journal의 회전수라 하면 마찰일 W_f〔kg·m/sec〕는

$$W_f = \mu \cdot P \cdot v \qquad (5-163)$$

마찰손실동력 H_f〔HP〕는

$$H_f = \frac{\mu \cdot P \cdot v}{75} \qquad (5-164)$$

마찰열 Q_f〔kcal/sec〕는

$$Q_f = \frac{W_f}{J} = \frac{W_f}{427} \qquad (5-165)$$

이고, 熱消散은 bearing의 투영면적 $d \cdot l$에 비례하는 것으로 생각할 수 있다. 비교의 편의상 마찰열 대신 마찰일을 이용하며, 比摩擦일 w_f〔kg·m/sec·cm²〕는

$$w_f = \frac{W_f}{d \cdot l} = \frac{\mu \cdot P \cdot v}{d \cdot l} = \frac{\mu \cdot (d \cdot l \cdot p) \cdot v}{d \cdot l} = \mu \cdot p \cdot v \qquad (5-166)$$

마찰열에 의한 bearing의 온도 상승을 방지하기 위하여는 마찰열이 어느 限界値를 넘지 않도록 하면 된다. μ를 상수로 보고 $p \cdot v$ 제한하면 w_f가 제한된다. 그런데

$$p \cdot v = \frac{P}{d \cdot l} \cdot \frac{\pi \cdot d \cdot N}{100 \times 60} \doteqdot \frac{P \cdot N}{2000 l}$$

$$\therefore \ l = \frac{P \cdot N}{2000 p \cdot v} \tag{5-167}$$

가 되므로 $p \cdot v$의 허용치를 대입하여 안전온도를 보장할 수 있는 bearing의 길이 l을 결정할 수 있다.

(2) rolling bearing

(i) ball의 접촉이론

ball bearing의 설계는 많은 사항을 고려한 후 다시 경험을 첨가하여야 한다. 여기서 극히 일반적인 이론적 계산을 하기로 한다. 鋼球의 접촉압력, 변형에 대한 탄성역학적 계산은 Hertz의 계산식에 의거하여 행하기로 되어 있다. Fig. 5-149에서 도시한 바와 같이 반경 r_1과 r_2의 탄성계수 E가 같은 동일 재료의 鋼球(ball)를 P의 힘으로써 서로 밀어 압력을 가하면 접촉면은 변형하여 직경 $2a$의 좁은 원형면적으로 된다. 2개의 ball의 중심간의 거리가 外接의 경우에는 처음에 (r_1+r_2)이었던 것이 δ만큼 가까워지고, Fig. 5-150에서와 같이 內接하고 있는 경우에는 중심 거리가 처음에 (r_2-r_1)이었던 것이 δ만큼 가까워질 것이다. 이때 a와 δ에 대한 Hertz의 결과식만 소개하면 다음 식 (5-168) 및 식 (5-169)와 같다.

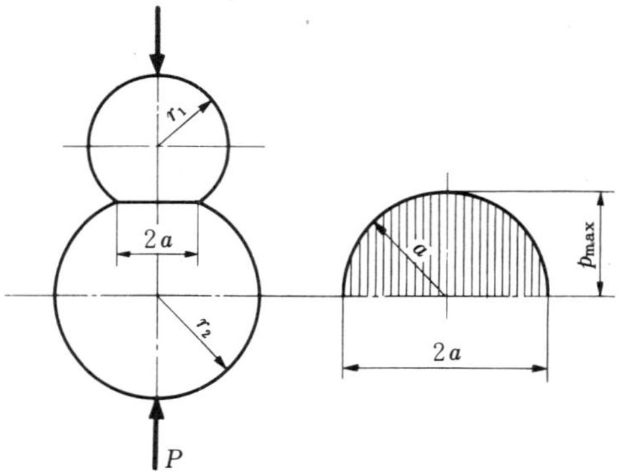

Fig. 5-149 ball의 외접

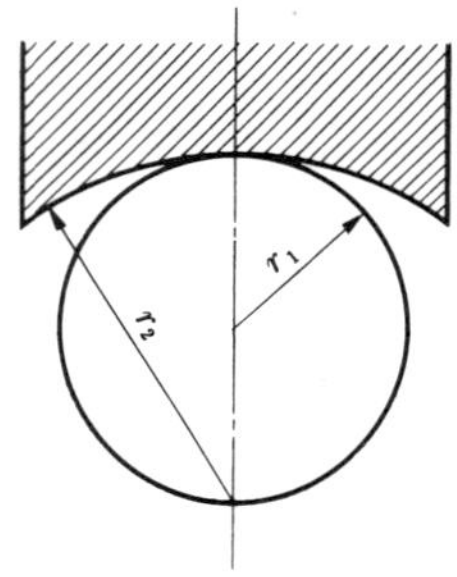

Fig. 5-150 ball의 내접

$$a = 1.109 \sqrt[3]{\frac{P}{E} \cdot \frac{r_1 \cdot r_2}{r_1 + r_2}} \tag{5-168}$$

$$\delta = 2.46 \sqrt[3]{\frac{P^2}{E^2} \cdot \frac{r_1 + r_2}{r_1 \cdot r_2}} \tag{5-169}$$

접촉면의 압력은 접촉원의 중심에서 최대치 p_{max}으로 되고 주위에 있어서는 0이 된다. 평균압력 p_{mean}은 P를 원면적으로 나눈 값이 되므로 다음 관계가 성립된다.

$$p_{mean} = \frac{P}{\pi a^2} = \frac{1}{1.109^2 \pi} \cdot \sqrt[3]{P \cdot E^2 \left(\frac{r_1 + r_2}{r_1 \cdot r_2} \right)^2} \tag{5-170}$$

$p_{max} = 1.5 p_{mean}$의 관계에 있으므로 평균압력 p_{mean}은 다음과 같이 표시된다.

$$p_{max}=0.388\sqrt[3]{P\cdot E^2\left(\frac{r_1+r_2}{r_1\cdot r_2}\right)^2} \tag{5-171}$$

만일 직경 d의 2개의 鋼球가 접촉할 때에는 $r_1=r_2=\frac{d}{2}$로 되어

$$p_{max}=0.388\sqrt[3]{\frac{16P\cdot E^2}{d^2}}, \quad P=\left(\frac{q_{max}}{0.388}\right)^3\cdot\frac{d^2}{16E^2} \tag{5-172}$$

또는 鋼球 내부에 일어나는 최대 압축응력을 σ_{max}이라 하면

$$\sigma_{max}=0.388\sqrt[3]{\frac{16P\cdot E^2}{d^2}}, \quad P=\left(\frac{\sigma_{max}}{0.388}\right)^3\cdot\frac{d^2}{16E^2} \tag{5-173}$$

그리고 반경 r의 ball이 반경 $2r$의 ball의 내면에 접촉할 때에는

$$\sigma_{max}=0.388\sqrt[3]{\frac{P\cdot E^2}{d^2}}, \quad P=\left(\frac{\sigma_{max}}{0.388}\right)^3\cdot\frac{d^2}{E^2} \tag{5-174}$$

다음에 평면상에 ball이 접촉하는 경우는 $r_2\to\infty$로 되어 다음 식으로 된다.

$$\sigma_{max}=0.388\sqrt[3]{\frac{4P\cdot E^2}{d^2}}, \quad P=\left(\frac{\sigma_{max}}{0.388}\right)^3\cdot\frac{d^2}{4E^2} \tag{5-175}$$

위의 결과에서 살펴본 바와 같이 ball이 평면과 접촉할 때에는 σ_{max}의 같은 값에 대하여 압축력의 크기가 같은 ball이 접할 때의 4배가 되고, ball의 2배의 직경이 ball面에 內接할 때에는 16배가 되는 것을 알 수 있다. 즉 ball끼리 서로 外接시키는 것은 위험하다는 결론을 얻고, 內接시키는 것이, 즉 ball bearing에서 보는 것처럼 ball과 race의 홈이 접촉하는 것이 가장 좋다는 결론을 얻을 수 있다.

(ii) 靜的負荷容量

rolling bearing이 돌지 않은 상태에서 정적하중이 작용하였을 경우에 bearing이 안전 상태에 있을 수 있는 하중의 크기가 bearing의 부하용량이다. radial 하중을 받을 때의 各球에 걸리는 힘의 계산에 대해서는 Stribeck의 공식에서 구하기로 한다. Fig. 5-151에서와 같이 下半部分이 ball의 總荷重 P를 부담하고 上半部分의 ball은 無負荷의 상태에 있다고 생각한다. 이

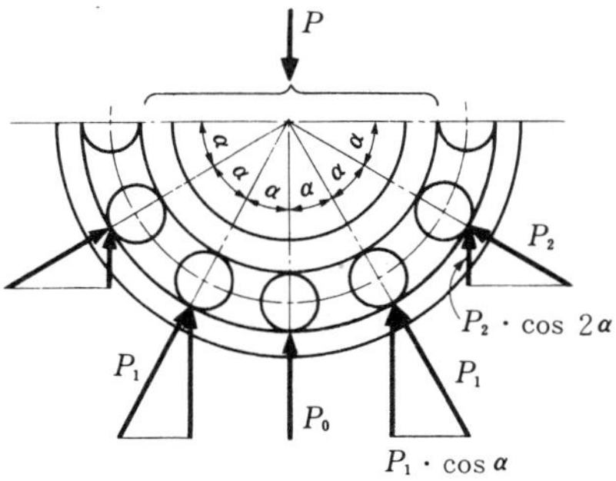

Fig. 5-151 ball bearing의 부하

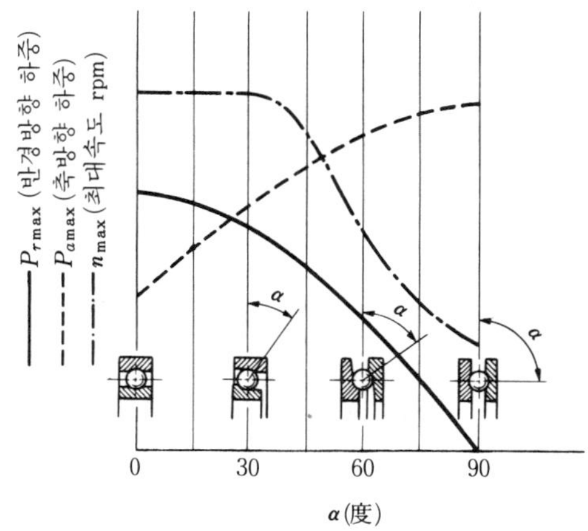

Fig. 5-152 bearing의 負荷能力

負荷圈内에 있는 ball에 작용하는 힘을 각각 P_0, P_1, P_2…라 하면, P방향에 있는 最下位의 ball이 받는 힘 P_0가 최대로 된다. P_0의 힘을 받는 ball에서 다음 ball의 중심을 통과하는 선과 맺는 각을 α라 하고, ball의 수를 Z라 하면 $\alpha=\frac{360°}{Z}$이다.

횡하중 P는 각 ball과 race와의 수직 방향 압력의 분력의 總合과 같아야 하므로 다음 관계가 성립된다.

$$P=P_0+2P_1\cdot\cos\alpha+2P_2\cdot\cos 2\alpha+\cdots+2P_n\cdot\cos n\alpha \qquad (5-176)$$

〔3〕 **bearing의 設置**

공작기계에서는 주로 rolling bearing이 사용되므로 여기에서도 sliding bearing을 제외한 rolling bearing의 설치에 한해서 설명하기로 한다.

Fig. 5-152는 ball bearing의 負荷能力을 보여 주는 것으로서 필요에 의한 최적 조건을 찾을 수 있다.

Fig. 5-153은 선반주축bearing의 설치를 보여 주며, 2개의 taper roller bearing이 서로 너무 멀리 떨어져 있으면 주축의 온도 상승에 의한 팽창으로 인하여 内輪(inner race)이 빠져

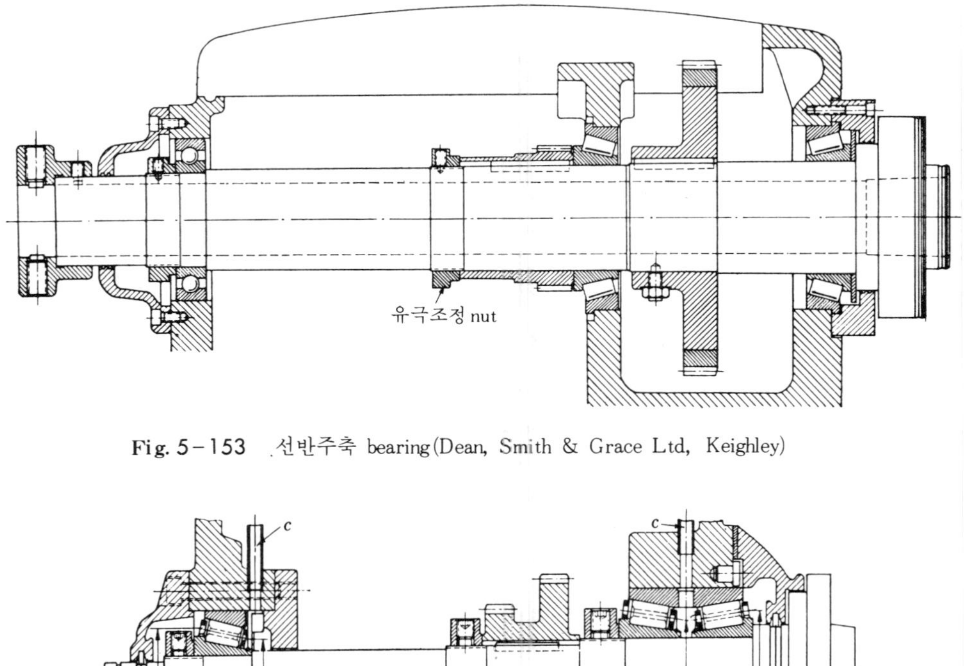

Fig. 5-153 선반주축 bearing(Dean, Smith & Grace Ltd, Keighley)

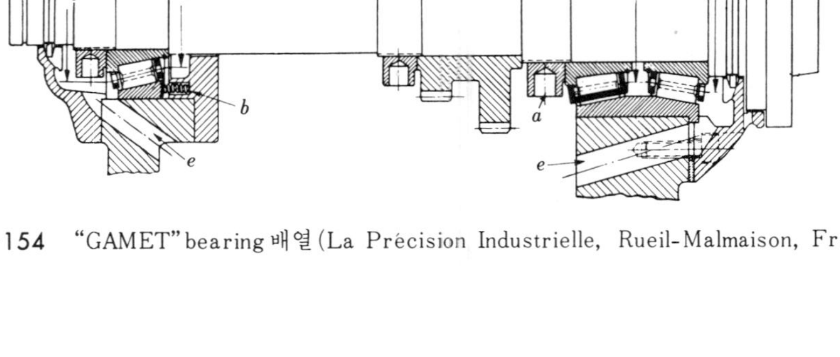

Fig. 5-154 "GAMET"bearing배열(La Précision Industrielle, Rueil-Malmaison, France)

나오므로 bearing의 遊隙이 원래 조정된 것보다 커지게 된다.

Fig. 5-154에서는 2열 taper roller bearing을 채용함으로써 축의 팽창에 의한 遊隙의 증가를 방지하고 있는 것을 보여 주며, 앞에 위치한 bearing은 nut *a*로, 뒤에 있는 bearing은 spring *b*로 각각 유극을 조정한다. taper roller bearing에서 윤활유의 공급 방향에 주의를 요한다. 윤활유는 Fig. 5-154에서 pipe *c*를 경유하여 小徑部 (d_1)에 공급하는 것이 가장 좋은 방법인데, 그 이유는 taper roller에 의하여 윤활유가 大徑部 (d_2)로 pumping되어 구멍 *e*를 통하며 tank로 돌아가기 때문이다. 즉 大徑部에서의 원심력이 크기 때문에 吸引作用을 하는 것이다.

Fig. 5-155는 turret선반 주축의 bearing 배열을 보여 주는 것으로서, 원통 roller bearing을 앞과 뒤에 각각 설치하였다. 이때 內論이 taper로 되어 있어 nut *a*와 *b*로 앞 bearing을, nut *c*와 *d*로 뒤 bearing을 각각 축방향으로 변위시킬 수 있다. 축상에서 bearing 위치를 미세조정하기 위하여는 구멍 *e*에 윤활유를 공급함으로써 축과 bearing간의 마찰을 줄여 내륜의 전길이에 걸쳐서 축과 밀착되게 하고, 그 油膜은 제거한다.

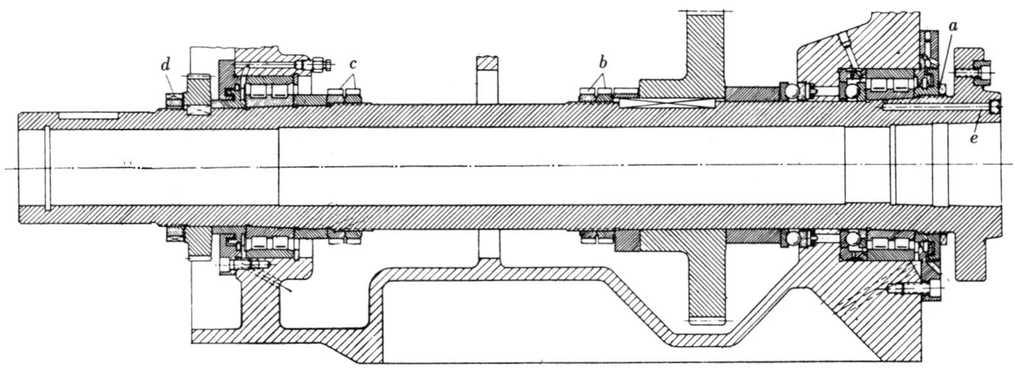

Fig. 5-155 turret 선반 주축 (Gebr, Heinemann A. G., St. Georger, Germany)

Fig. 5-156(a)는 모방선반 주축의 bearing 배열을 보여 주며, radial roller bearing과 2개의 thrust ball bearing이 밀집되어 있는 것이 특징이다. 축하중을 지지하는 면(*a*, *b*, *c*, *d*,)이 球面形狀으로 되어 自動調心된다. 따라서 gear 등이 주축에 정확히 수직으로 되지 않는 경우에도 thrust bearing의 모든 면에서 균등히 하중을 지지한다.

Fig. 5-156(b)에서는 bearing 조정 nut를 사용하지 않고 收縮 bush(shrunk bush) *a*만을 사용했다.

Fig. 5-157은 milling machine 주축의 bearing 배열을 보여 주며, 조립이 용이하고 高剛性의 구조이다. 주축의 앞부분 *e*에 2개의 2열 roller bearing *a*, *b* 및 2개의 thrust bearing *c*, *d*가 설치되어 있고, 삽입된 bush *f*가 나사 *h*에 의하여 고정된다. ball bearing 및 roller bearing의 潤滑油孔 *i*가 있으며, 內輪을 조정하고 豫荷重을 부여하기 위해서 油孔 *k*가 있다.

V-belt pulley *l*은 2개의 ball bearing *m* 및 *n*으로 지지하여 belt의 장력에 대처하고 있다. gear *o*의 미끄럼 이동에 의하여 V-pulley의 회전운동을 직접 주축에 전달할 수도 있고, back

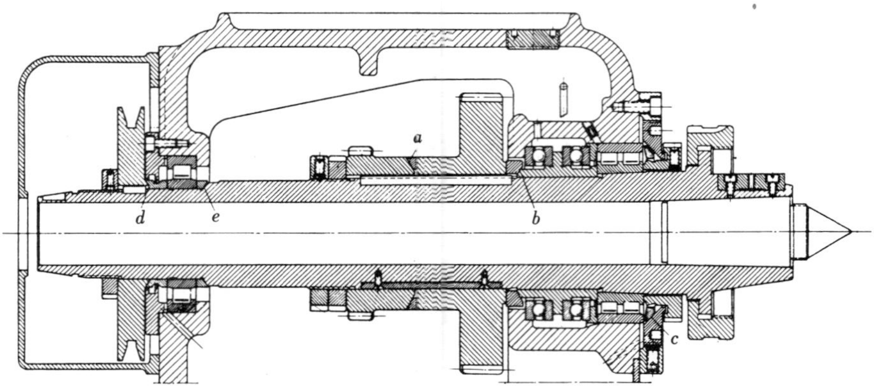

(a) 모방선반 bearing 배열(Georg Fischer A.G., Schaffhausen, Switzerland)

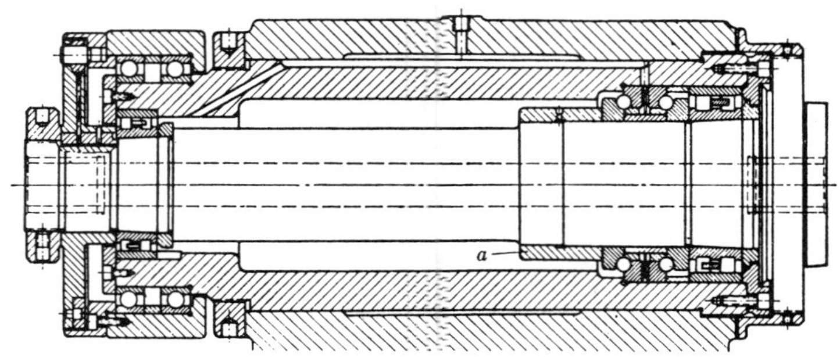

(b) SKF 복열원통 bearing 및 angular contact ball thrust bearing

Fig. 5-156

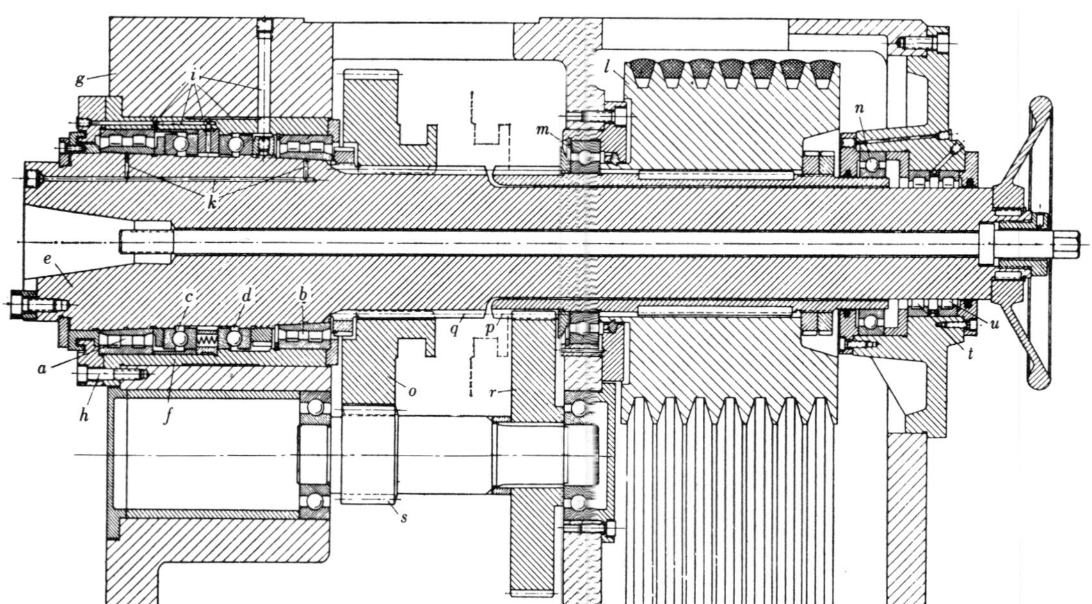

Fig. 5-157 milling machine 주축 bearing 배열(Gebr. Heller G. m. b. H., Nürtingen, Germany)

gear 연결 「$p \to r \to s \to o$」순으로 회전운동의 전달이 되기도 한다.

Fig. 5-158은 수직선반 table의 회전구동을 위한 bearing 배열을 보여 주며, 반경 방향의 하중보다는 축방향 하중이 상대적으로 크다. 편심된 하중에 의하여 table을 경사시키려는 moment가 발생되므로 이를 감당하기 위하여 직경이 큰 ball 또는 roller를 갖는 race徑이 큰 bearing이 필요하다.

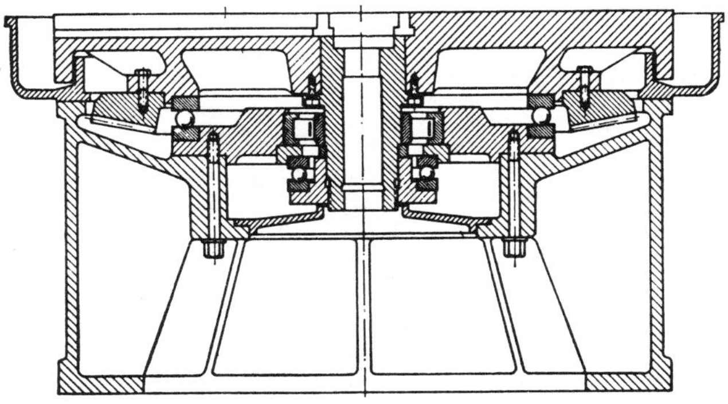

Fig. 5-158 수직선반 table의 bearing 배열

4-3 切削 및 移送驅動裝置

절삭운동의 구동장치는 가공물과 공구날간의 상대운동을 시키는 장치로서, 특정절삭의 요구에 상응하는 절삭속도로 진동 없이 필요한 동력을 전달할 수 있게 설계되어야 한다. 절삭속도는 motor의 회전속도 및 motor軸과 被驅動要素(축, ram 등) 사이의 전달비로 결정된다는 것을 제 3 장에서 논한 바 있다. 절삭날에서 소비되는 正味動力은 주분력 F_c와 절삭속도 V의 곱으로 표시된다는 것도 제 2 장에서 취급하였다. 入力이 정해졌을 때 低速回轉要素인 gear, worm gear, lead screw 등이 전달하여야 할 힘 및 torque가 크게 되어 이 요소들에 변형이 생겨서 가공정밀도에 악영향을 줄 수 있으므로, 가능하면 저속을 얻기 위한 전달비가 큰 부분은 구동요소열에서 끝부분에 배치함으로써 최후의 구동요소에만 큰 힘과 torque가 작용하고 다른 고속회전요소에는 비교적 작은 힘과 torque가 작용하여 유리하다.

milling, grinding 등에서 원통의 윤곽을 가공하는 것 외에는 移送은 직선운동으로 행하여지는 경우가 많다. 이송운동이 선삭, drilling 및 milling에서처럼 연속적으로 이루어지는 경우와 平削에서처럼 단속적인 경우로 분류할 수 있다. 이송운동의 소요동력은 비교적 적기 때문에 일반적으로 동력전달에 어려움은 없으나 加工精度가 높은 것을 요하는 공작기계에서는 이송운동요소의 剛性이 중요시된다. 이송운동이 절삭운동에 종속적인 경우와 독립적인 경우가 있고, 어느 것이나 가공 정도를 크게 하기 위하여는 연속운동이 좋다. 이송운동이 절삭운동에 종속할 때에는 이들의 관계가 정해진 가공정밀도를 유지할 수 있게 되어야 한다.

4-3-1 旋盤의 切削 및 移送驅動裝置

선반은 Fig. 4-46과 같이 bed, 心押臺(tailstock), 主軸臺(headstock), 往復臺(carriage) 등으로 구성되어 있다. 선반에는 많은 종류가 있으나 여기에서는 가장 많이 사용되는 보통선반의 절삭 및 이송구동기구에 관해서 1篇 1章 旋削加工을 참조하라.

Fig. 5-159는 saddle 및 그 위에 있는 복식공구대 및 공구대의 위치와 이들의 상호운동 관

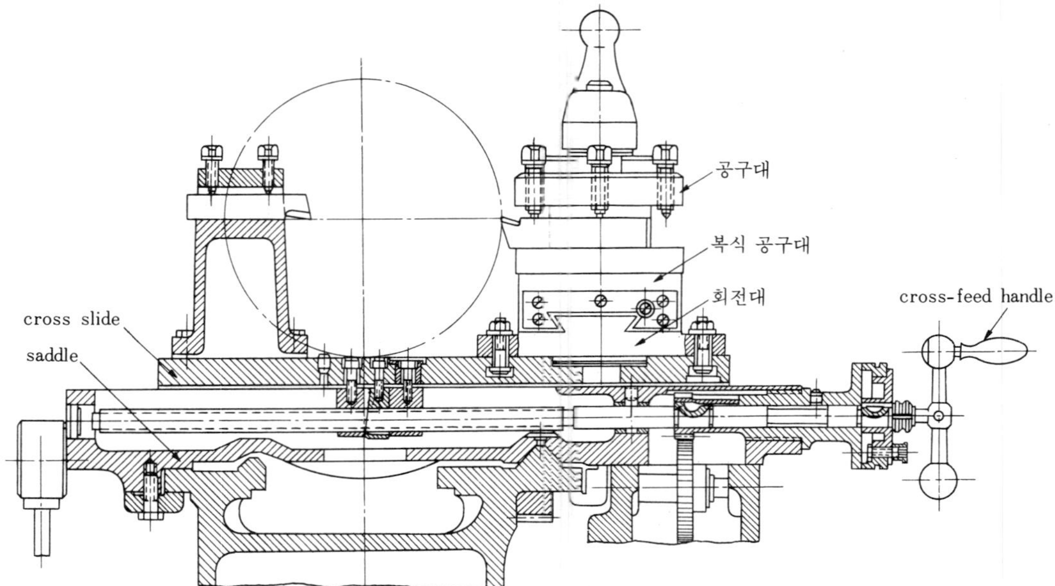

Fig. 5-159 saddle 및 복식공구대

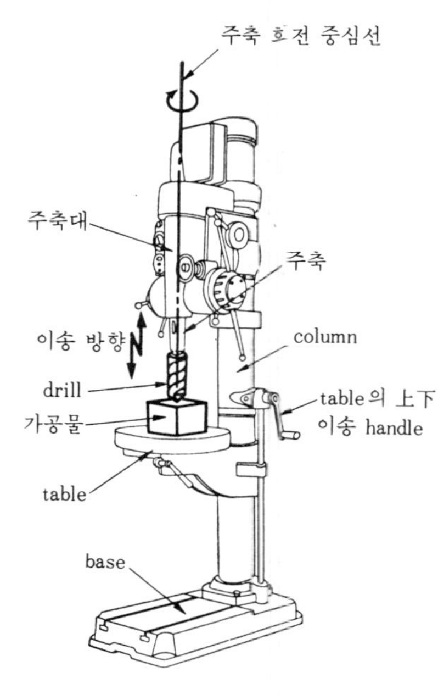

Fig. 5-160 직립 drilling machine

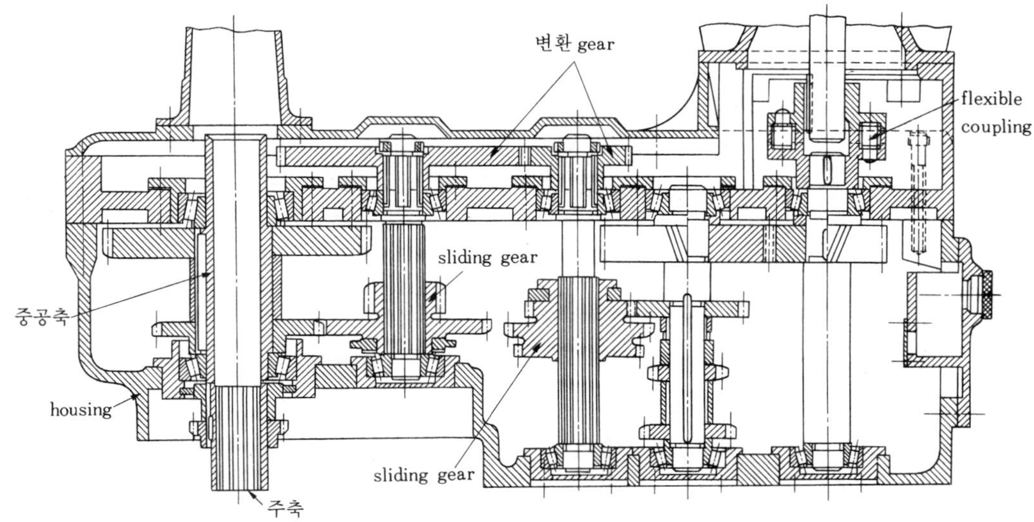

Fig. 5-161 동력전달 변속 gear열

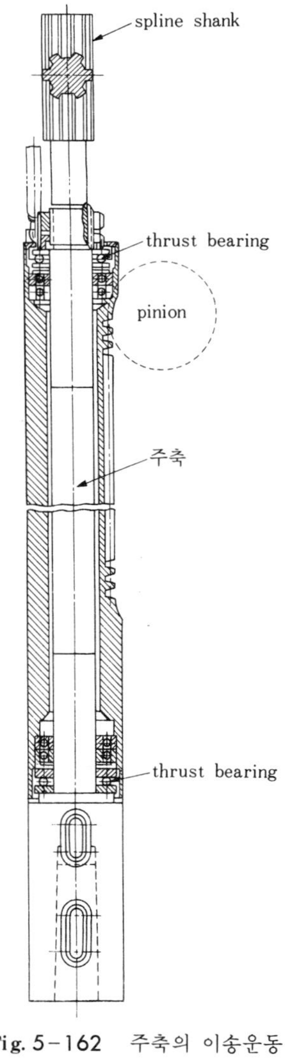

Fig. 5-162 주축의 이송운동

계를 보여 준다.

4-3-2 drilling machine의 切削 및 移送驅動裝置

卓上식 bench drilling machine, 直立 drilling machine, radial drilling machine, 深孔 drilling machine 등이 있으나, 그 중에서 직립 drilling machine과 이에 한하여 절삭 및 이송구동장치를 설명한다.

Fig. 5-160은 직립 drilling machine을 보여 주며, Fig. 5-161은 주축대내의 동력전달 변속 gear열이다. Fig. 5-161에서 housing은 column 上部에 고정되어 있고, motor는 gear box의 cover 위에 설치되어 flexible coupling을 통하여 gear box내의 축과 연결된다. 2개의 sliding gear를 이용하여 6단의 속도가 中空軸에 전달된다. 이 중공축은 내부 spline을 갖고 있어 중공축의 회전이 주축에 전달된다.

Fig. 5-162는 주축의 이송운동을 보여 주며, Fig. 5-161의 중공축과 함께 spline shank가 회전하는 동안 pinion의 회전으로 축을 上下로 이동시켜 이송운동하게 한다.

4-3-3 milling machine의 切削 및 移送驅動裝置

milling machine은 회전하는 절삭공구에 공작물을 이송하여 바라는 형상으로 가공하는 공작기계이다. 이때 회전공구를 **milling cutter**라 한다. 공작물은 table에 고정되며 table은 세로 방향(longitudinal), 가로 방향(crosswise), 상하 방향(vertical)으로 이동된다. 이에 대한 상세한 내용은 1篇 7章 milling을 참조하라.

4-4 操作裝置

작업자가 조속히, 안전하게, 최소의 노력으로 기계를 조작할 수 있어야 한다. 이와 같은 조건을 갖게 하는 인자인 조작 handle 및 조작 wheel의 합리적 배치와 운동 방향은 Fig. 5-163과 같은 표준형을 따른다.

일반적으로 lever 및 wheel의 조작력은 15~20kg을 초과해서는 안 된다. 발에 의한 조작이

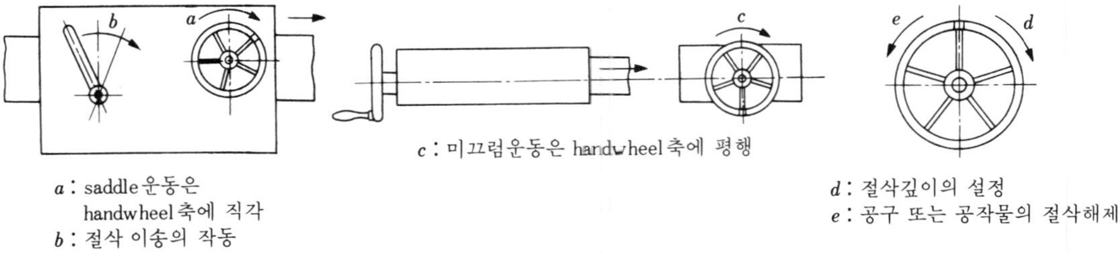

Fig. 5-163 조작 handle 및 handwheel의 표준형

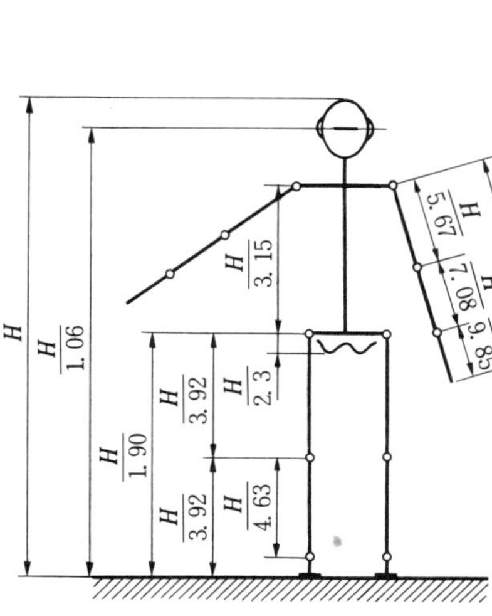

(a) 인체의 구성비

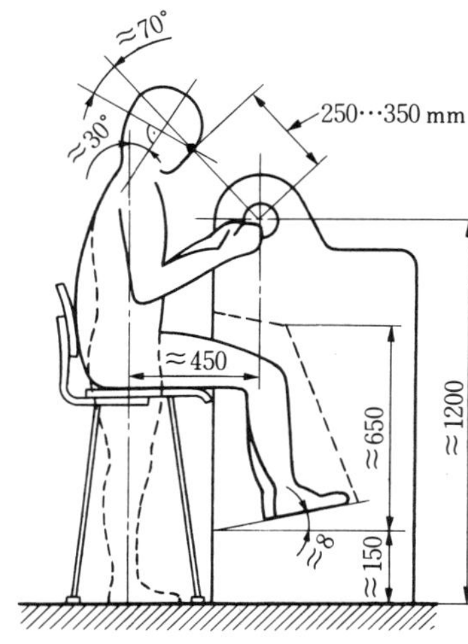

(b) 조작중 인체의 표준위치

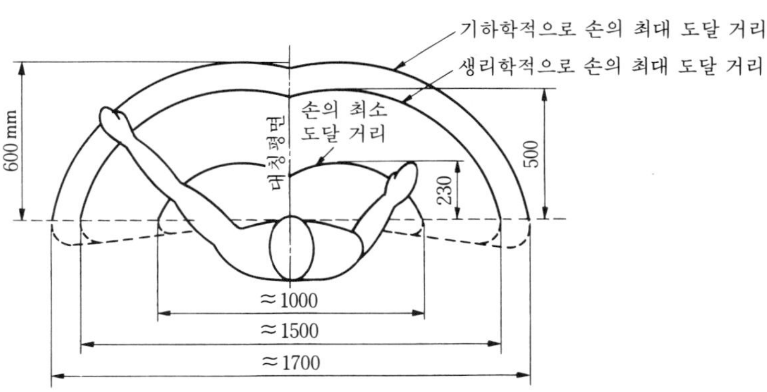

(c) 수평면에서 손의 도달 거리

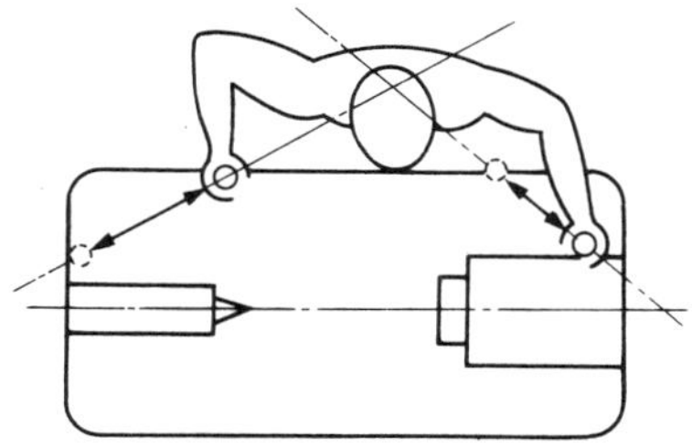

(d) 조작운동이 인체의 長手方向인 lever의 배치

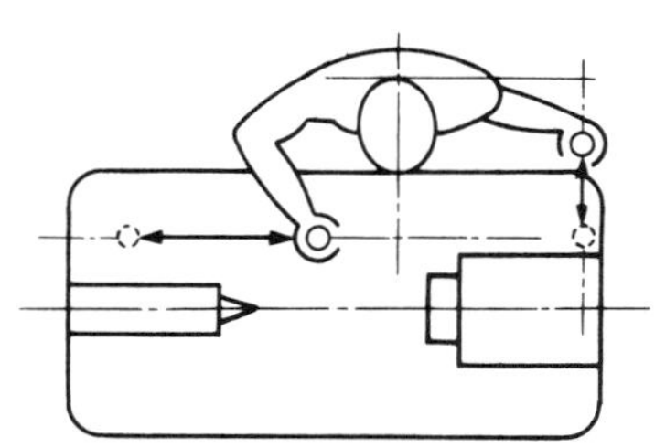

(e) 조작운동이 축에 평행한 lever의 배치

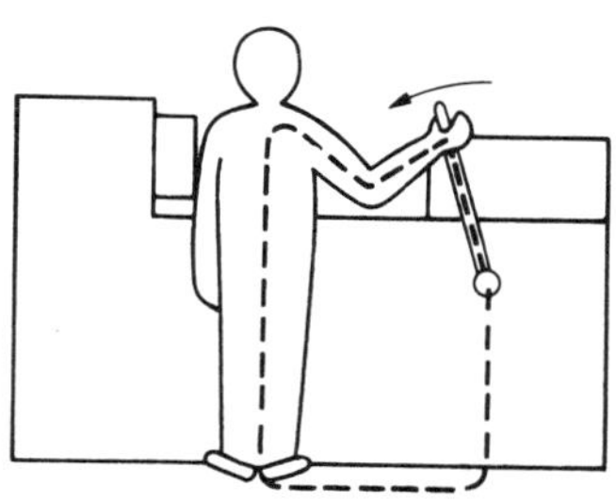

(f) 조작력이 인체의 축방향을 통하는 lever의 배치

(g) 조작력이 인체의 가로 방향을 통하는 lever의 배치

Fig. 5-164 lever의 배치

수시로 있을 경우에는 최대 조작력은 10～15kg이며, 조작의 횟수가 적고 체중을 직접 이용할 수 있을 때에는 25～30kg의 조작력도 허용할 수 있다. lever가 앉아 있는 자세에서 조작될 때에는 조작력은 4～8kg을 초과하지 않도록 하며, 여성에 의한 조작력은 이보다 적게 한다.

Fig. 5-164와 같은 人體의 기하학적 구성을 고려해서 lever와 handwheel를 설계한다면 불필요한 운동과 피로를 줄일 수 있다.

5章 潤 滑

마찰면에 어떠한 潤滑劑를 어떠한 給油法으로 공급할 것인가는 마찰면의 형상, 운동 방향, 하중의 輕重과 성질, 운동속도, 재질, 틈의 大小, bearing의 정밀도, 공작의 정도, 윤활제의 종류, 사용 온도, 주위의 상태, 관리 및 경제성 등에 따라서 결정된다.

5-1 給油方法 및 grease供給法

급유방법에는 循環給油法과 非循環給油法이 있으며, 전자에서는 기름을 순환시켜 다시 사용하므로 경제적이나 기름이 오염될 염려가 있고, 후자에서는 전자의 것에 대한 상반된 장단점이 있다.

grease윤활은 급유간격이 길고, 누설이 적으며 밀봉성이 있어 먼지 등의 침입을 적게 하는 장점이 있기 때문에 rolling bearing에서 많이 사용되고 있다. 그러나 냉각작용과 질의 균일성에서는 기름에 비하여 떨어진다.

5-1-1 給油方法

〔1〕非循環給油法

(1) 手 給 油 法

手給油法은 Fig. 5-165와 같이 손으로 급유하는 것으로서 마찰면의 미끄럼속도가 낮고 輕荷重인 때 이용된다. 이 방법에서는 기름을 공급하는 순간은 윤활 상태가 좋으나 시간의 경과에

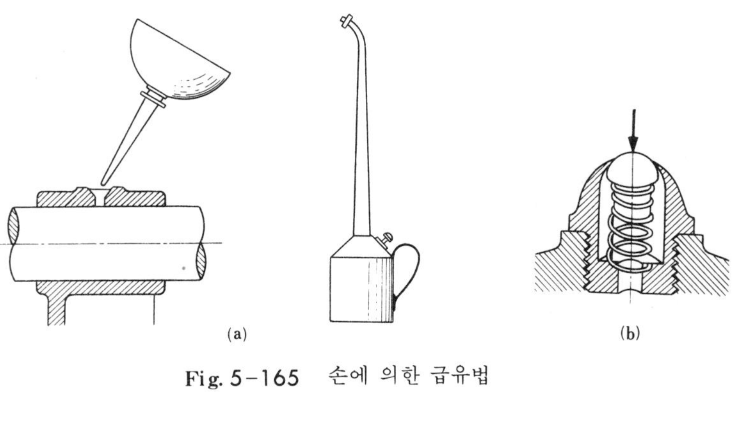

(a) (b)

Fig. 5-165 손에 의한 급유법

따라 건조하므로 수시로 공급하여야 하는 불편이 있다. 기름구멍에 먼지 등의 오물이 들어갈 염려가 있을 경우에는 Fig. 5-165(b)와 같이 spring으로 지지된 ball head로 구멍을 막는다.

(2) 重力式 滴下給油法

중력식 적하급유법은 Fig. 5-166과 같이 기름용기가 투명체로 되어 있어 적하 상태를 관찰할 수 있다. needle valve로 적하구멍을 加減하여 유량을 조절하며, handle을 세우면 급유가 시작되고 눕히면 valve가 닫힌다. 손에 의한 급유법보다는 지속적으로 급유할 수 있으나 용기 속의 油面의 높이에 따라 급유량이 변하는 것이 결점이다.

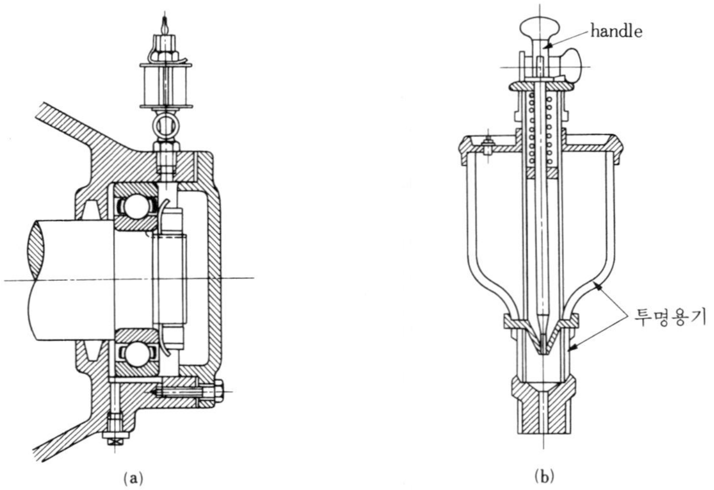

Fig. 5-166 중력식 적하급유법

(3) plunger식 加壓滴下給油法

plunger식 가압 적하급유법은 Fig. 5-167에서와 같이 기름이 cylinder까지는 중력적하를 하고 「cam→rocker→plunger」의 운동으로 cylinder내의 기름에 압력을 가하여 壓力油를 송유관에 보낸다.

〔2〕 循環給油法

(1) pad 給油法

pad급유법은 Fig. 5-168에서와 같이 pad를 journal에 가볍게 접촉시키고 pad의 毛細管現狀에 의하여 기름을 마찰면인 journal에 보내는 급유법이다. pad를 이루는 털실이 축의 회전에 의하여 bearing과의 틈새에 감겨 들어가지 않도록 단단히 겹쳐진 것을 사용해야 한다.

(2) ring 給油法

축의 회전에 의하여 ring이 oil tank의 기름을 마찰면에 운반하는 Fig. 5-169와 같은 ring급유법에서는 축과 bearing의 마찰열을 제거하는 데 효과적이며, tank에는 돌아오는 기름의 냉각을 고려한 양의 기름이 있어야 한다.

(3) splash 給油法

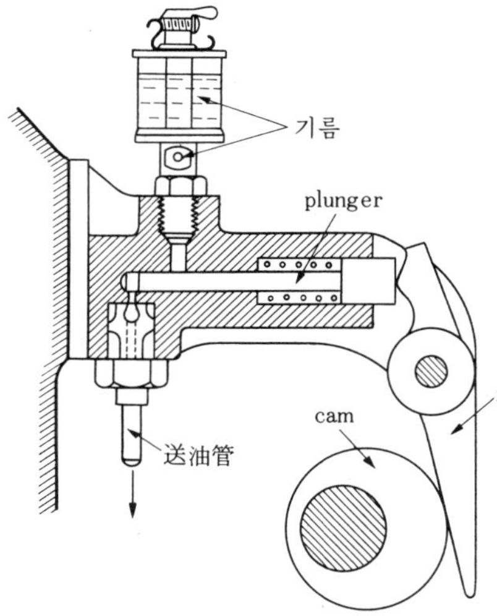

Fig. 5-167　plunger식 가압 적하급유법

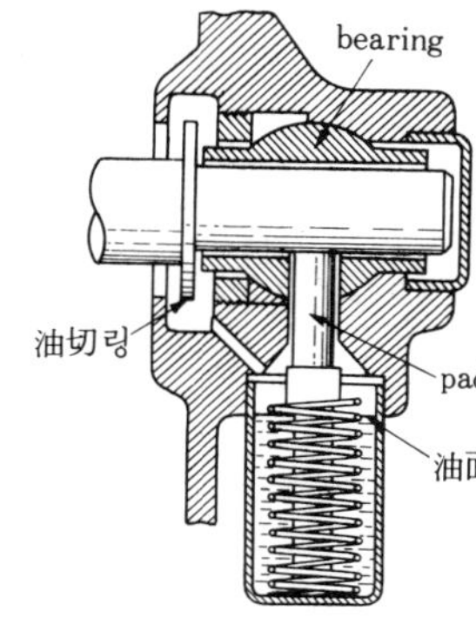

Fig. 5-168　pad급유법

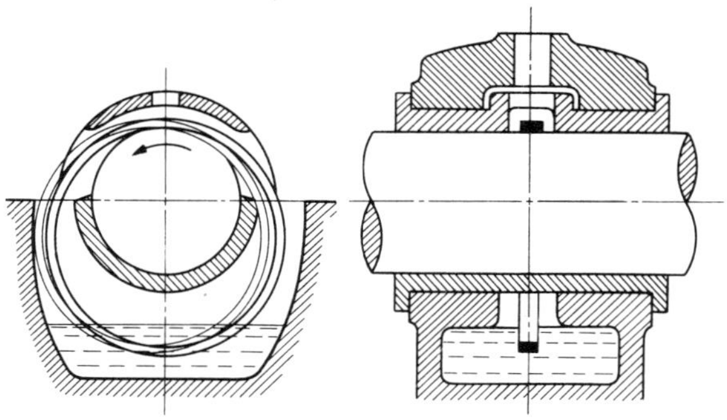

Fig. 5-169　ring 급유법

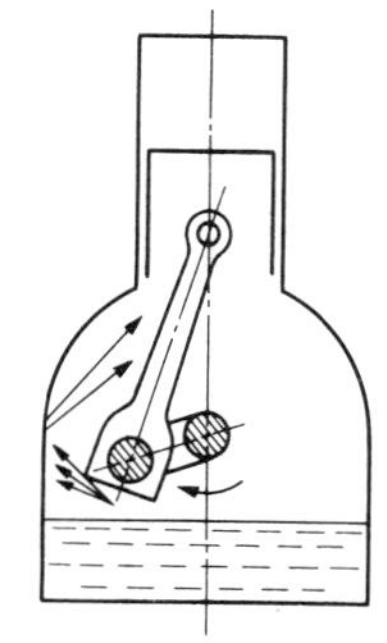

Fig. 5-170　splash급유법

기계의 일부인 운동부가 tank내의 기름을 Fig.5-170과 같이 마찰면에 splash하여 급유하는 법을 **splash급유법**이라 하며, 냉각효과도 기대할 수 있고 數個의 면을 동시에 윤활할 수 있는 특징이 있다.

(4) roller給油法

Fig.5-171에서와 같이 기름 tank에 잠겨 있는 roller가 table에 의하여 회전하면서 기름을 미끄럼면에 공급하는 급유법을 **roller 급유법**이라 한다.

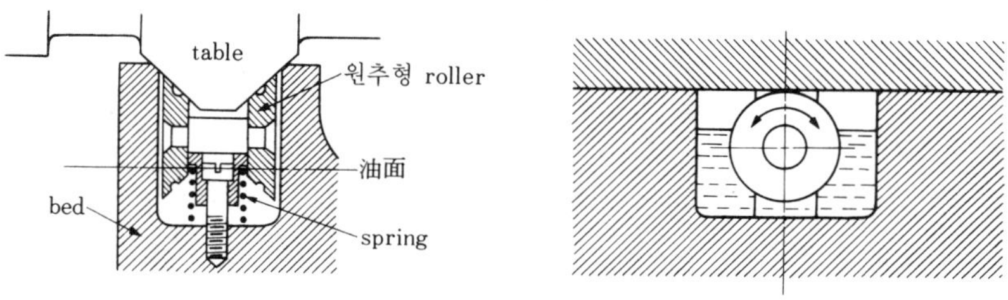

(a)　(b)

Fig. 5-171　roller 급유법

(5) **遠心給油法**

원심급유법은 원심력을 이용한 급유법으로서 Fig.5-172에서와 같이 용기바퀴를 crank 축에 붙이고 그 용기에 기름을 滴下시키면 원심력에 의하여 crank pin 구멍에 공급되고, 회전이 멈추면 공급이 중단된다.

(6) **나사給油法**

나사급유법은 Fig. 5-173에서와 같이 축이 회전하면 기름이 축면에 있는 나선홈을 타고 올라가면서 윤활하는 것으로서 저속에서는 기름의 공급이 원활하지 않다.

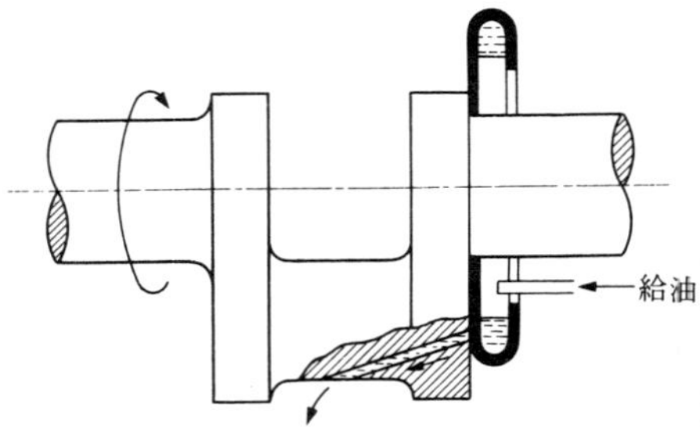

Fig. 5-172 원심급유법

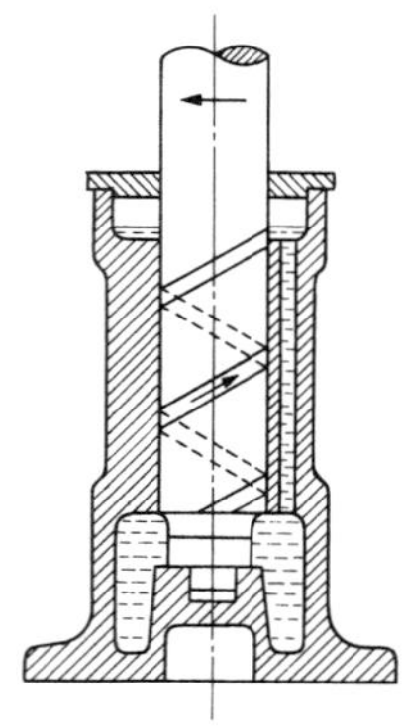

Fig. 5-173 나사급유법

5-1-2 grease供給法

(1) **grease充塡法**

Fig.5-174에서와 같이 sliding bearing의 metal 일부를 개방하여 여기에 grease를 충전하고 뚜껑을 덮는 방식으로서 저속 bearing에 많이 사용된다. 이 방법에서는 bearing이 發熱하여 grease의 온도가 滴點 이상이 되면 grease 全量이 일시에 유출되어 윤활이 불확실하게 되므로 bearing의 발열에 유의해야 한다.

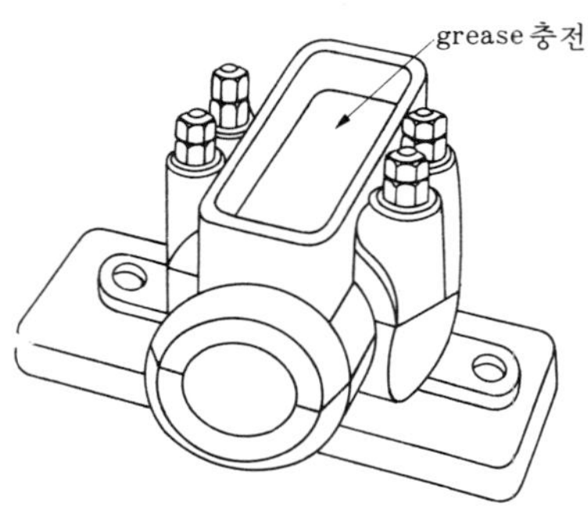

Fig. 5-174 grease 충전 bearing

(2) **grease cup**

Fig.5-175(a)에서와 같이 grease를 cup에 넣고 뚜껑을 덮거나, Fig. 5-175(b)에서처럼 뚜껑에 붙은 spring이 壓板을 눌러 grease에 압력을 가하는 윤활법이 있다. grease가 滴點 이상의 온도에 달하면 grease 구멍을 통하여 윤활면에 공급된다.

(3) **grease gun**

grease gun은 Fig. 5-176과 같이 bearing에 grease를 壓入하는 휴대용 grease pump이며, 1회 공급으로 數時間 또는 數日間 운전하여도 지장이 없는 경우에 많이 사용된다.

보통 bearing의 grease 구멍에는 spring ball 또는 plunger가 달린 nipple를 부착하여 이 ball 또는 plunger를 grease gun의 nozzle로 밀고 grease를 壓入한다.

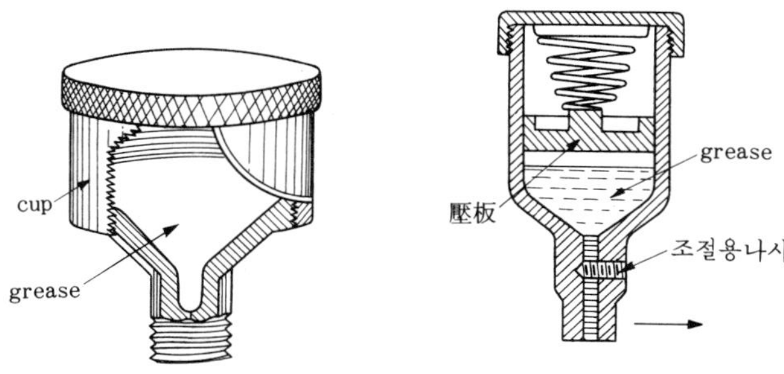

(a) (b)

Fig. 5-175 grease cup

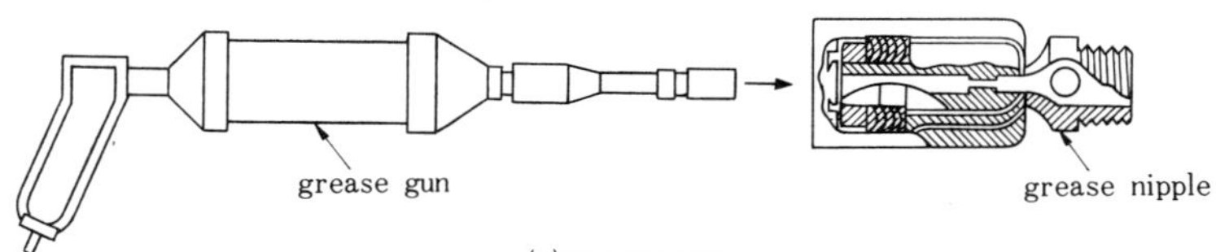

(a) grease gun

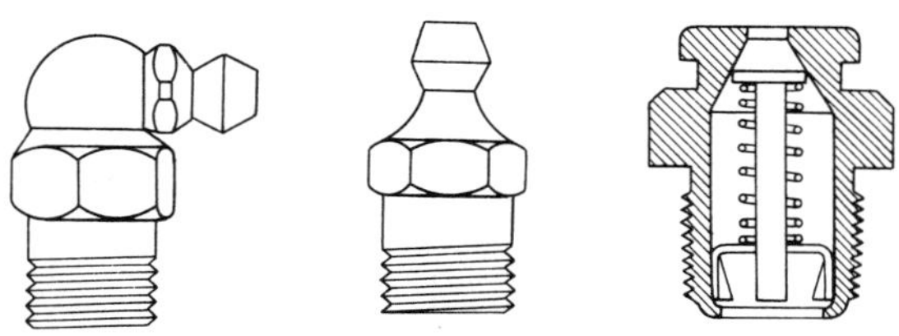

(b) grease nipple

Fig. 5-176 grease gun 및 nipple

5-2 潤滑劑의 選擇

5-2-1 潤滑劑의 性質

(1) 기름과 grease

많은 因子가 상호 영향을 주고받으므로 일괄적으로 말할 수는 없으나 일반적으로 rolling bearing에서는 500 rpm 이하에서 grease를 사용하고, 그 이상에서 기름을 사용한다. Table 5-21은 기름과 grease의 특성을 비교한 것이다.

Table 5-21 기름과 grease의 특성비교

비교항목	기 름	grease	비교항목	기 름	grease
회 전 수	고 속 용	中低速用	밀봉장치	복 잡	간 단
회전저항	小	大	순환급유	간 단	곤 란
냉각효과	大	小	여 과	간 단	곤 란
누 설	大	小			

(2) 粘 度

流體摩擦을 유지하기 위하여는 기름의 점도가 커야 하나, 너무 크면 유체마찰 자체가 크게 되어 동력손실이 크고 열이 많이 난다.

(3) 安 定 性

油性, 점도, 인화점 등의 물리적 안정성과 산화 등의 화학적 안정성을 윤활제의 선택에서 고려해야 한다.

(4) 마찰면의 형상 및 크기

마찰면이 sliding bearing, rolling bearing 또는 gear 등 어느 형상인가에 따라 기름의 종류가 다르고, 틈새가 크거나 마찰면의 폭이 좁으면 기름의 流出이 쉽게 되므로 점도가 다소 큰 기름을 사용해야 한다.

(5) 荷 重

重荷重 및 衝擊荷重이 가해지는 마찰면의 윤활에 있어서는 油膜强度가 큰 기름을 사용하는 것이 좋다.

(6) 温 度

마찰면의 온도가 상승하면 기름의 점도가 낮아져서 유체마찰을 위한 허용압력이 강하한다. 따라서 마찰면의 사용온도에서 적합한 점도를 유지하는 기름의 선택이 요구된다. 그러나 室温에서 점도가 너무 크면 始動時에 마찰력이 너무 크게 되어 기계요소에 무리를 초래한다.

(7) 周 速 度

sliding bearing에서 축의 주속도가 커지면 축과 bearing 사이의 간극으로 기름이 吸引되어 油膜壓이 생겨서 低粘度의 기름에서도 축은 쉽게 浮上한다. 고속일수록 점도가 낮은 기름이 요구된다.

rolling bearing에서는 Table 5-22와 같이 限界周速度를 정해 주는 인자인 축경 d[mm]와 회전수 n[rpm]의 곱 $d \cdot n$에 의하여 윤활제의 종류 및 급유법이 결정된다.

Table 5-22 rolling bearing의 $d \cdot n$값

bearing 종류	grease 윤활	기름 윤활			
		撒布	滴下噴霧狀	强制	噴霧
單列 radial ball bearing	160 000	250 000	400 000	600 000	600 000 이상
調心形 radial ball bearing	160 000	250 000	400 000	—	—
angular ball bearing	160 000	250 000	400 000	600 000	600 000 이상
圓筒 roller bearing	120 000	250 000	400 000	600 000	600 000 이상
taper roller bearing	100 000	160 000	230 000	300 000	—
球面 roller bearing	80 000	120 000	—	250 000	—
thrust ball bearing	40 000	60 000	120 000	150 000	—

5-2-2 潤滑劑의 選擇基準

마찰면의 종류는 무수히 많으나 여기에서는 sliding bearing, rolling bearing 및 gear의 마찰면에 공급하는 윤활제의 선택 기준을 Table 5-23, Table 5-24 및 Table 5-25로 예시하기로 한다.

Table 5-23(a) 輕·中荷重 sliding bearing

조건 / 회전수 〔rpm〕	운전온도(60℃ 이하) 경하중~중하중(최대 30kg/cm² 정도)	
	윤활법	기름 종류
5000 이상	강제, 순환	1~2호(60~150) spindle 유
5000~3000	강제, 순환, ring	2호(150) spindle 유 1호(90) turbine 유 1~2호(80~110) dynamo 유
3000~1000	강제, 순환, ring, 滴下	1~2호(90~140) turbine 유 1~2호(80~110) dynamo 유
1000~500	강제, 순환, ring	2~3호(140~180) dynamo 유 20 motor 유
	滴下(手動 기름치기)	20 motor 유 1~2호(120~160) machine 유
500~100	강제, 순환, ring, chain	3~4호(180~200) turbine 유 20~30 motor 유
	滴下, 手動 기름치기	20 motor 유 2호(160) machine 유
100~50	강제, 순환, ring, collar, chain	20~30 motor 유 40 motor 유
	滴下, 手動 기름치기	20~30 motor 유
50 이하	강제, 순환, bucket, collar, chain	30~40 motor 유 50 motor 유
	滴下, 手動 기름치기	30~40 motor 유

註 : 各 윤활유의 특성에 대하여는 「潤滑工學, 정선모 저. 동명사, p.80」을 참조할 것.

Table 5-23(b) 中·高荷重 sliding bearing

조건 / 회전수 〔rpm〕	운전온도(60℃ 이하) 중·고하중(30~75kg/cm² 정도)	
	윤활법	기름 종류
750~500	강제, 순환, ring	3~4호(180~200) turbine 유 20~30 motor 유
	滴下	20~30 motor 유
500~250	강제, 순환, ring	30~40 motor 유
	滴下	30~40 motor 유

250～100	강제, 순환, ring	40 motor 유
	滴下	40 motor 유
100～50	강제, 순환, ring, chain	40～50 motor 유
	滴下, 手動 기름치기	40～50 motor 유
50 이 하	강제, 순환, bucket, collar	50 motor 유 1호(90) cylinder 유
	滴下, 手動 기름치기	1～2호(90～120) cylinder 유

Table 5-24 (a) **rolling bearing**(기름윤활)

운전온도 [℃]	속도지수 [dn]	適油		bearing
		보 통 하 중	重荷重 또는 충격하중	
−30～0 (室温)	한계회전수 까지	2호(150) 냉동기유	2～3호(150～300) 냉동기유	전종류
60 이하	15000 까지	2호(110) dynamo 유 2호(140) turbine 유	3～4호(180～200) turbine 유 30～40 motor 유	
	75000 까지	2호(110) spindle 유 1호(90) turbine 유 2호(110) dynamo 유	2～3호(140～180) turbine 유 20 motor 유	
	150000 까지	2호(150) spindle 유	1호(90) turbine 유	thrust ball bearing 제외
	300000 까지	1호(60) spindle 유	2호(150) spindle 유	깊은 홈 ball bearing 과 圓筒 roller bearing
	450000 까지	1호(60) spindle 유	1호(60) spindle 유	
60～100	15000 까지	30～40 motor 유	40～50 motor 유 1호(90) cylinder 유	전종류
	75000 까지	3～4호(180～200) turbine 유 30 motor 유	30～40 motor 유	
	150000 까지	2～3호(140～180) turbine 유	3～4호(180～200) turbine 유 30 motor 유	thrust ball bearing 제외
	300000 까지	1～2호(90～140) turbine 유 2호(110) dynamo 유	2호(110) dynamo 유 2～3호(140～180) turbine 유	깊은 홈 ball bearing 과 圓筒 roller bearing
	450000 까지	2호(150) spindle 유 1호(90) turbine 유	1호(90) turbine 유 2호(110) dynamo 유	
100～150	한계회전수 까지	450～B 700 diesel engine 유 50 motor 유 1호(90) cylinder 유		전종류
150 이상		B 700 diesel engine 유 2～3호(120～과열) cylinder 유		
60 이하		2호(110) dynamo 유 2～3호(140～180) turbine 유		自動調心 roller bearing
60～100		3～4호(180～200) turbine 유 30～40 motor 유 350～B 450 diesel engine 유		

Table 5-24 (b) rolling bearing(grease윤활)

운전온도 〔℃〕	속도지수 〔*dn*〕	건 조 한 장 소	물 또는 습기가 있는 장소
0~40	80000까지	*稠度 2~3호(300~220 정도) fiber grease cup grease lithium grease	稠度 2~3호(300~220 정도) cup grease lithium grease
	80000 이상	稠度 3호(250~220) fiber grease lithium grease	稠度 3호(250~220) cup grease lithium grease
40~80	80000까지	稠度 3호(250 정도) fiber grease lithium grease	稠度 3호(250 정도) lithium grease
	80000 이상	稠度 3호(230 정도) fiber grease lithium grease	稠度 3호(230 정도) lithium grease

*稠度 : 「潤滑工學, 정선모, 동명사, p. 200」 참조.
註 : 각 grease의 특성에 대하여는 「潤滑工學, 정선모, 동명사, p. 193」을 참조하라.

Table 5-25 (a) 밀폐식 gear

spur gear, helical gear, bevel gear(室温 : 10~50℃)				
pinion 회전수 〔rpm〕	용 량 〔HP〕	감 속 비		윤 활 법
		10 : 1 이 하	10 : 1 이 상	
300 이하	30 이하	30 motor 유 350 diesel engine 유	40 motor 유 450 diesel engine 유	순환 또는 油浴 splash
	30~100	40 motor 유 50 motor 유	450 diesel engine 유 1호(90) cylinder 유	
	100 이상	450 diesel engine 유 1호(90) cylinder 유	1~2호(90~120) cylinder 유 2종 · 4~5호 gear 유	
300~1000	20 이하	20 motor 유 30 motor 유	30 motor 유 40 motor 유	
	20~75	30 motor 유 450 diesel engine 유	40 motor 유 450 diesel engine 유	
	75 이상	40 motor 유 50 moter 유	450 cylinder 유 1호(90) cylinder 유	
1000~2000	10 이하	2호(140) turbine 유 3호(180) turbine 유	3~4호(180~200) turbine 유 30 motor 유	순환, 분사 또는
	10~50	3~4호(180~200) turbine 유 30~40 motor 유	30 motor 유 40 motor 유	
	50 이상	30~40 motor 유 350 diesel engine 유	40 motor 유 450 diesel engine 유	

2000～5000	5 이하	1호(90) turbine 유	2호(140) turbine 유	splash에 의한 것이고, 2단으로 기입된 것 중에서, 上段은 보통하중, 下段은 충격하중의 경우이다.
	5～25	1호(90) turbine 유 2호(140) turbine 유	2호(140) turbine 유 3호(180) turbine 유	
	50 이상	3호(180) turbine 유 4호(200) turbine 유	30 motor 유 250 diesel engine 유	
5000 이상	1 이하	1호(60) spindle 유	2호(150) spindle 유	
	1～10	2호(150) spindle 유	2호(150) spindle 유 1호(90) turbine 유	
	10 이상	2호(150) spindle 유 1호(90) turbine 유	1호(90) turbine 유 2호(140) turbine 유	

Table 5-25 (b) 개방식 gear

운전온도 〔℃〕	윤 활 법	
	滴 下	塗 布
25 이하	2호(160) machine 유	稠度 2호(250～300) gear grease 1호 gear compound
10～55	2호(160) machine 유 20 motor 유	稠度 3호 정도(250～200) gear grease 2호 gear compound 2～3호 graphite grease
55 이상	—	稠度 4호 정도(200～150) gear grease 2～3호 gear compound 3～4호 graphite grease

Table 5-25 (c) worm gear

운전온도 〔℃〕	윤 활 법	기 름 종 류	
30℃ 이하	油浴, 循環	30～40 motor 유 4호 gear 유(1종 또는 2종)	저온
		40～50 motor 유 1호(90) cylinder 유 2종·6～7호 gear 유	
	grease 또는 compound	aluminium grease (mobile grease) 1호 gear compound	
30℃ 이상	油浴, 循環	50 motor 유 1호(90) cylinder 유 2종·6～7호 gear 유	
		2종·7호 gear 유 2호(120) cylinder 유 600 w 또는 GX 140 3호(過熱) cylinder 유	고온
	grease 또는 compound	aluminium grease (mobile grease) 2호 gear compound	

6章 專用工作機械

전용공작기계(special purpose machine tool)는 정해진 형상이나 치수의 공작물을 능률적으로 소정의 정밀도를 갖도록 가공할 수 있게 설계된 공작기계이다. 따라서 형상과 치수가 공작기계 설계기준과 상이한 공작물의 가공에는 비능률적이다.

오늘날에는 전용공작기계의 개념이 확장되어 필요에 따라 power unit을 조립 및 분해할 수 있고, 대량 생산을 위하여 transfer machine화된 것도 포함한다.

6-1 power unit

가공하려는 공작물에 적응한 기능을 구비한 기구로 이루어진 구성 단위를 power unit 또는 unit이라 하며, 주축의 회전 및 傳動機構, 이송 및 이송제어기구와 動力源으로 구성되어 있으므로 가공 목적에 알맞는 공구와 공작물만 고정시키면 바로 공작기계로서의 운전 조작이 가능하다.

power unit을 가공법에 의하여 분류하면

① drilling unit ② boring unit ③ milling unit

④ turning unit ⑤ tapping unit

형상에 의하여 분류하면

① quill feed식 unit(주축 자체가 전진 혹은 후퇴 동작으로 이송운동을 한다)

② slide way식 unit(table이 sliding하여 이송운동을 한다)

이송기구에 의하여 분류하면

① 기계이송식 unit(cam, feed screw에 의하여 이송운동을 한다)

② 유압이송식 unit

으로 나눠어진다.

6-2 transfer machine

transfer machine은 複數의 가공공정을 필요로 하는 공작물을 가공하기 위하여 일련의 工作機械와 이들 공작기계 사이에 공작물을 이동시키기 위한 搬送裝置 및 기타 부속장치를 조합한 것이며, 이것은 서로 통일된 제어장치에 의하여 운전된다. transfer machine은 생산성을 높이기 위하여 自動專門工作機械에서 많이 채용된다.

각 power unit에 공작물의 반송을 원활하게 하기 위한 unit의 배열 양식에는 dial형, center column형, L형, U형 및 일직선형이 있으며, Fig. 5-177은 dial형과 일직선형을 보여 준다.

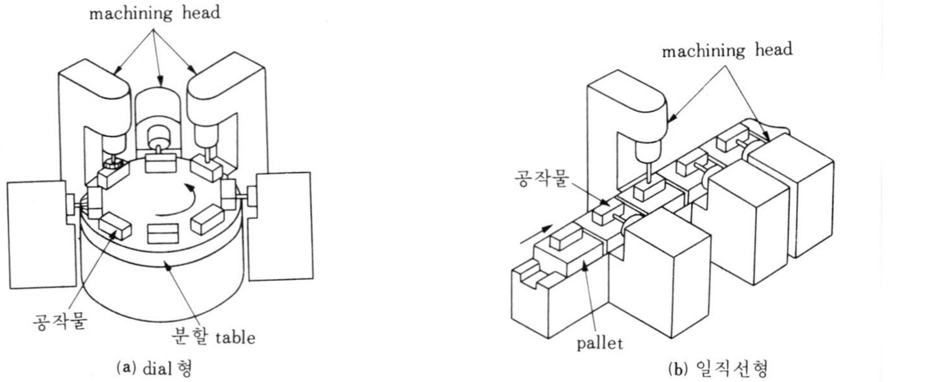

Fig. 5-177 transfer machine의 power unit 배열 양식

공작물이 반송되는 과정에서 정상적으로 정지하는 장소를 **station**이라 하고, 순차적으로 제 1 station, 제 2 station… 등으로 칭한다. 공작물이 가공되는 station을 **가공 station**, 가공되지 않는 station을 **idle station**이라 하고, 공작물의 方位를 변화시키는 station을 **index station** 또는 축의 주위를 회전하는 station을 **turnover station**이라 한다.

가장 널리 사용되는 일직선형 transfer machine에서 공작물이 설정된 위치에 이송된 후 고정되면 절삭공구가 접근하여 절삭작업을 마치고 후퇴한다. 이때 공작물은 clamp기구에서 해방되어 conveyer에 의하여 다음 station에 옮겨져서 예정된 가공이 수행된다. 非加工時間을 최소화하기 위하여 예비공구와 공구gauge가 비치되어 있는 것이 보통이다.

공작물의 표면이 복잡하거나 고정하기 어려운 공작물은 transfer machine에서 직접 clamping하기 곤란하므로 특수형태의 固定具(fixture)로 공작물을 고정한 후 이것을 transfer machine에 넣어 각 station에서 소정의 위치에 고정하며, 이때 그 固定具를 **pallet**이라 한다. Fig. 5-178은 transfer machine에서 pallet이 회수되는 회로를 보여 준다.

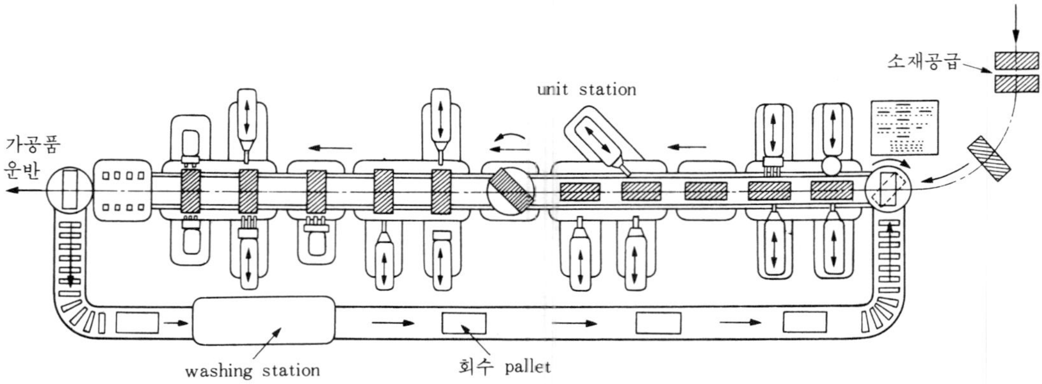

Fig. 5-178 transfer machine에서 pallet의 회수

7章　自動化 工作機械

공작기계를 자동화하는 목적은

① 생산성 증가, 생산비의 절감 및 품질의 향상　③ 반복 작업에 오는 권태감 해소

② 작업장에서의 위험으로부터 작업자의 보호　④ 기계공장 공간의 경제적 이용

등에 있다.

공작기계를 자동화하기 위한 기초동작에는 다음 사항이 있다.

① 소재를 운반한다.

② 가공물을 공작기계에 장착한다.

③ 절삭속도 및 이송속도를 선정한다.

④ 공구를 가공물에 급속히 접근시킨다.

⑤ 절삭운동 및 이송운동을 개시한다.

⑥ 이송운동을 정지한다.

⑦ 공구가 원위치로 복귀한다.

⑧ 절삭중에 chip을 제거한다.

⑨ 절삭중 또는 절삭 후 공작물을 계측한다.

⑩ 측정 결과에 의하여 공구를 수정한다.

⑪ 공구의 설치 및 풀기를 한다.

⑫ 가공물을 푼다.

⑬ chip을 운반한다.

이상의 기초 동작을 시간과 공간적으로 制御하여 전부 자동화한 것을 **全自動工作機械**(full automatic machine tool)라 하고, 공작물의 着脫을 手動에 의존하는 것을 **半自動工作機械**(semi-automatic machine tool)라고 한다. 자동화에는 막대한 투자 비용이 들기 때문에 어느 정도까지 자동화할 것인가는 경제적 고려에 의하여 정하여진다.

7-1　制御裝置

공작기계의 제어에는 機械的制御, 油・空壓式制御, 電子式制御 및 數値制御로 크게 분류할 수 있다.

7-1-1　機械的 制御裝置

회전운동을 전달하는 요소에는 belt전동, gear전동, chain전동 등이 있고, 운동방식을 변화시키는 데에는 lever-crank기구, cam기구 등이 있다. 이 중에서도 공작기계의 자동화에는 다음의 間歇的 機構는 빼놓을 수 없는 중요한 요소이다(5篇 1章 1-4 주기운동기구 참조).

〔1〕 lever 운동을 이용한 간헐기구

Fig. 5-179는 walking beam방식으로서 air cylinder에 의하여 구동되며, slider 및 lever, 반

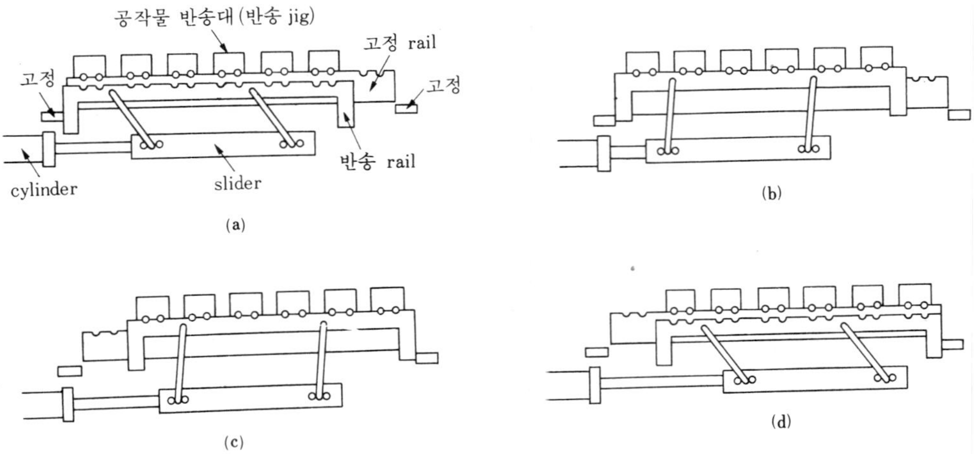

Fig. 5-179 walking beam 방식 간헐운동기구

송 rail 및 고정 rail로 구성되어 있다.

고정 rail 위에 정리된 jig는 반송 rail에 의하여 동시에 이웃 station으로 이동된다. 고정 rail의 각 station에는 홈이 있어 jig의 위치를 정하여 준다. Fig.5-180은 walking beam 방식의 간헐운동기구에 의하여 圓形工作物을 반송하고 있는 예이다.

Fig.5-181은 click(걸쇠)식 간헐운동기구로서 air cylinder에 의하여 구동되고, click, slider, 고정 rail로 구성되며 반송 jig는 고정 rail 위에 놓여 있다.

Fig.5-182는 回轉pusher식 간헐운동기구로서 feed rod는 회전운동과 왕복운동을 할 수 있으며 등간격의 arm에 의하여 반송jig가 이동된

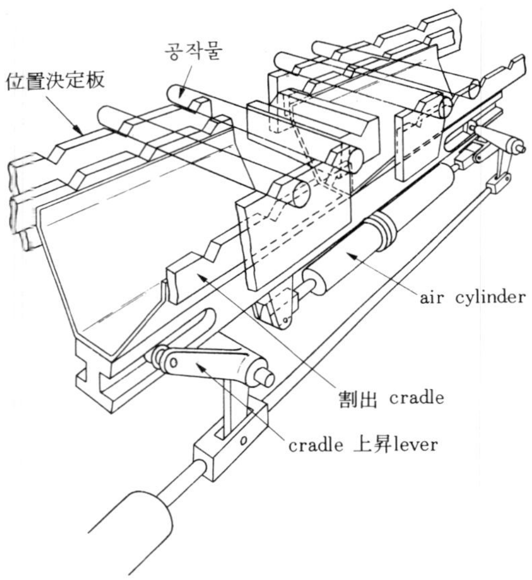

Fig. 5-180 walking beam 방식의 간헐운동에 의한 원형공작물의 반송

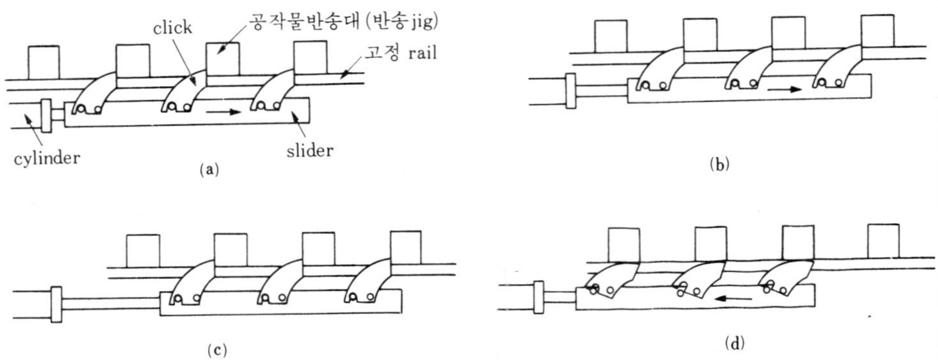

Fig. 5-181 click 방식 간헐운동기구

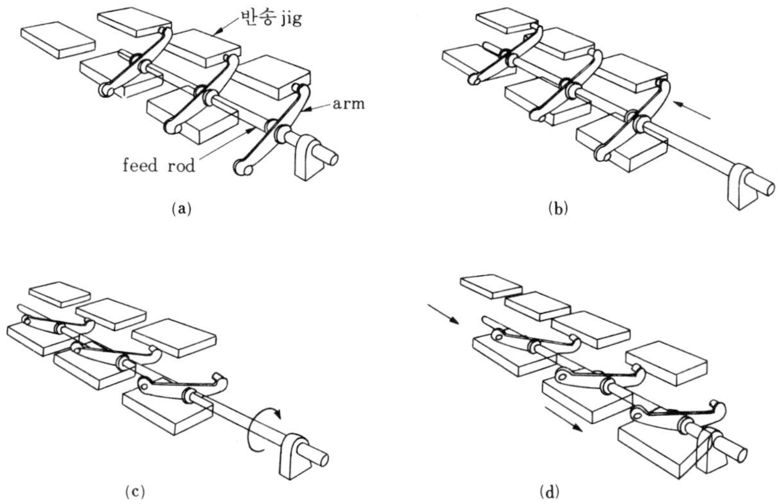

Fig. 5-182 回轉pusher식 간헐운동기구

feed rod의 왕복은 air cylinder에 의하여 이루어지고, 회전은 rack과 pinion에 의하는 경우가 많다.

〔2〕 ratchet을 이용한 간헐기구

Fig. 5-183은 ratchet기구가 간헐운동기구로 쓰이는 예로서 구동piston의 行程(stroke)을 변경함으로써 또는 pinion과 rack의 pitch를 변경함으로써 割出數(dividing數, indexing數)의 변경이 용이하다. 이때 위치 결정 정도를 확보하기 위하여는 삽입 pin 또는 brake를 사용하는 것이 좋다.

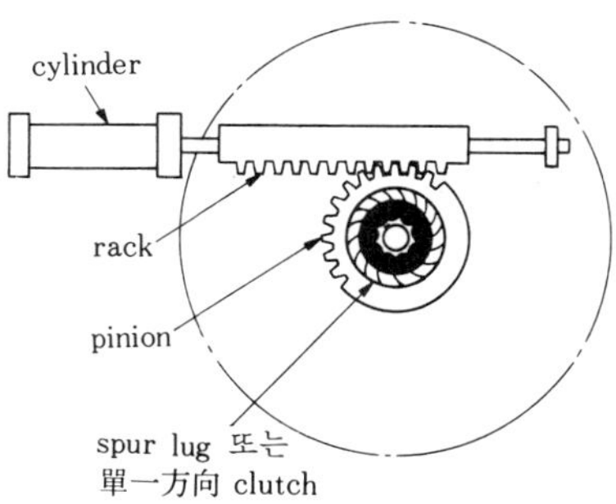

Fig. 5-183 ratchet 방식 간헐운동기구

〔3〕 Geneva기구를 이용한 간헐운동기구

Fig. 5-184는 Geneva기구에 의한 간헐운동을 보여 주며, 원동축이 연속 또는 일정속도로 회전하고 있을때 Geneva wheel은 회전과 정지를 되풀이 한다. Geneva wheel의 割出(indexing) 이동은 원동차의 roller가 Geneva wheel의 홈부에 삽입된 상태에서 이루어지고, roller가 홈에서 빠져나옴과 동시에 원동차의 位置決定板이 Geneva wheel의 오목면에 물리어 위치 결정이 된다.

〔4〕 cam을 이용한 간헐운동기구

Fig. 5-185에서는 축 A를 중심으로 회전하는 cam의 1端 a가 축 C상에서 회전하는 바퀴의 돌출부 d를 들어 바퀴를 간헐적으로 회전시킨다. lever의 돌출부 e는 바퀴의 역전을 막으며 cam의 b 부분은 d를 들어올려 회전시킬 때 lever의 brake 작용을 제거하여 준다.

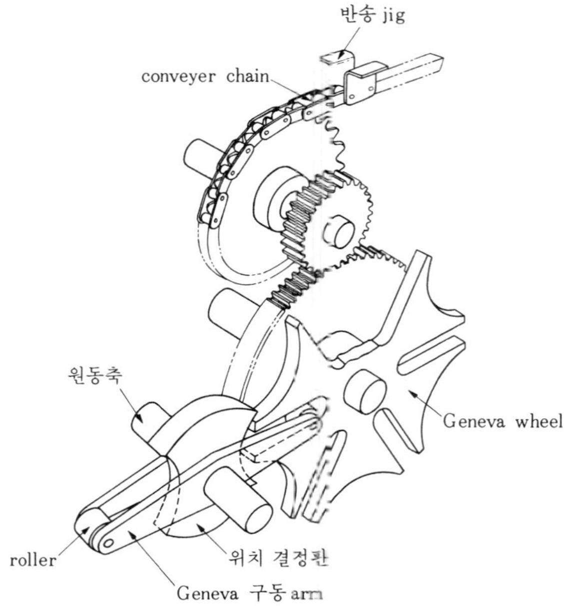

Fig. 5-184 Geneva 기구에 의한 간헐운동

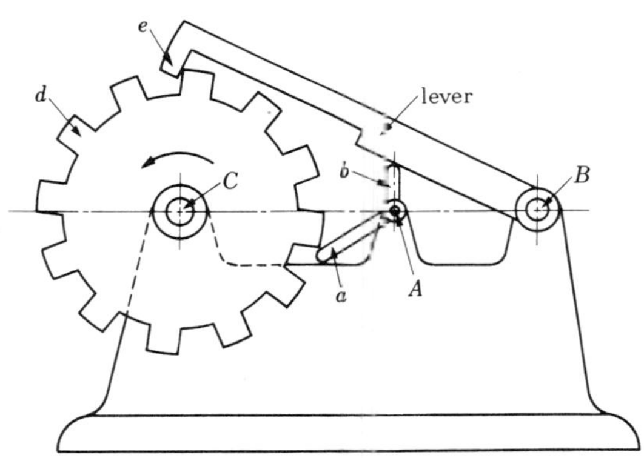

Fig. 5-185 finger cam에 의한 간헐운동

7-1-2 油壓式 制御裝置

油壓機構는 자동화 공작기계의 구동에서 다음과 같은 우수한 기능을 갖고 있다.

① 속도 변화를 연속적이면서 무단계로 할 수 있다.

② 진동이 적어 평활한 운동을 하게 한다.

③ 제어가 확실하고 용이하다.

④ 기계부분의 배치가 용이하다.

⑤ 운전의 응답이 빠르고 안전성이 높다.

그러나 기름의 온도변화에 의하여 속도변화가 수반되고, 정확한 운동을 얻는 데 어려움이 따른다.

보다 상세한 설명은 5篇 1章 1-2-3을 참조하기 바란다.

7-1-3 電子式 制御裝置

전자식 속도제어 방식의 종류 및 이들의 비교는 5篇 1章 Table 5-10을 참조하기 바란다. 여기에서는 主軸의 起動 및 정지, 正轉 및 逆轉에 많이 사용되는 電磁 clutch만을 설명한다.

전자 clutch는 운전중에 변환을 신속하고 안전하게 하기 위하여는 전자brake(magnetic brake)가 병용되는 경우가 많다. 전자clutch는 일종의 마찰clutch이며, 마찰면에 가해지는 압력은 coil에 직류전기를 통해서 생기는 電磁力에 의한 것이다.

Fig. 5-186(a)에서 축 A가 회전하고 축 B가 정지하고 있을 때 전자clutch에 전류를 통해서 clutch가 磁化되면 축 B에 회전을 전달하게 된다. Fig.5-186(b)는 전자clutch 2개를 조합한 것으로서 중심축이 회전하고 있고 gear A와 gear B는 정지하고 있을 때 a, b에 통전하면 左clutch가 작동하여 gear A가 회전한다. c, d에 통전하면 右clutch가 작동하여 gear B가 회전한다. 이와 같이 通電方式에 따라 gear A, B가 동시에 또는 별개로 회전하거나 모두 정지한다. 반대로 gear A, B가 각각 임의 회전수로 회전할 때 이 장치로 右clutch 또는 左clutch에 전류를 보냄으로써 축을 高底 2段의 속도로 회전시킬 수 있다.

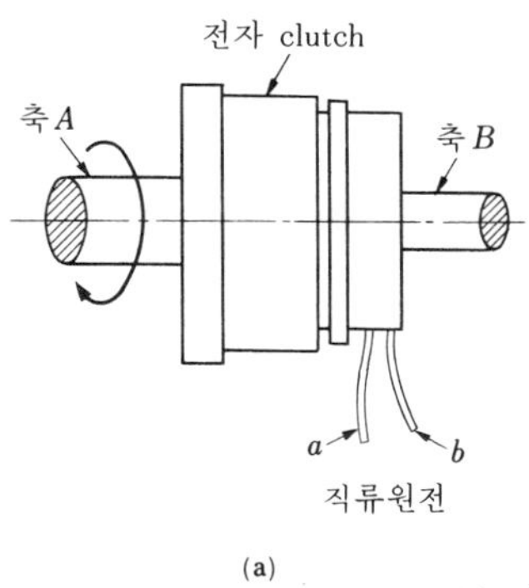

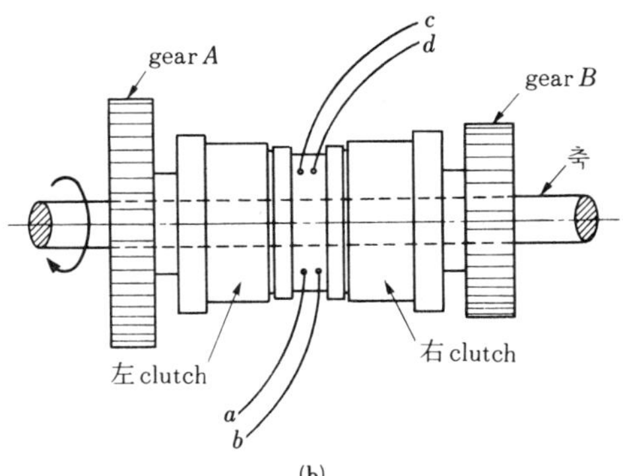

Fig. 5-186 電磁 clutch

7-1-4 數値制御(NC) 工作機械

〔1〕 **NC system**

(1) **NC의 構成**

기계공학의 눈부신 발전과 더불어 전자공학의 발전은 모든 공학분야에 혁신을 가져다 주었다. IC, LSI와 VLSI의 개발은 계산과 制御分野에 더욱더 도움이 되었으며, 근래에 computer의 출현은 공작기계 분야에 커다란 영향을 미쳤다.

數値制御(NC)란 공작기계, gas절단기, robot, 제도기, 용접기, 조립기, 배선기 등의 각 기구의 동력을 수치와 부호로 구성된 수치정보로 제어하는 것을 말한다. 이때 각 기계의 기구를

servo機構(servo mechanism)라 하는데, 이 servo mechanism을 지령하는 program을 穿孔(punching)하거나 종이 tape 혹은 磁氣tape에 기록하여서 기계의 운동거리와 속도 및 운동의 종류 등을 부호로 지령하게 된다. 즉 수치나 부호 등을 이용하여 전자계산기구로 하여금 제어하는 것을 **NC** 라고 한다. NC의 구성은 Fig. 5-187에서 보는 바와 같이 program기구, 전자계산기 기구와 servo기구로 구성되어 있으며, 이것을 **NC의 3요소**라 한다.

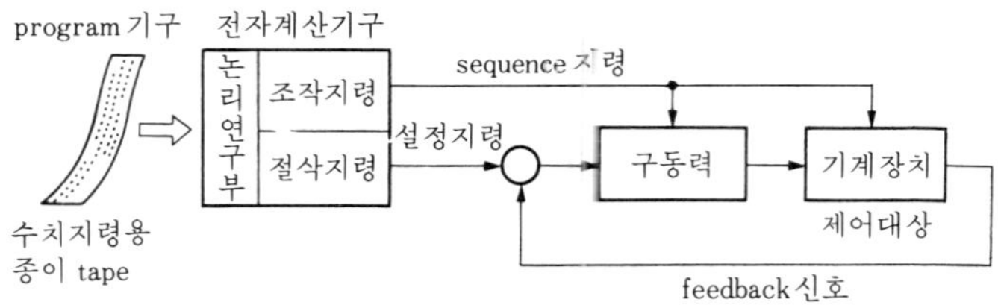

Fig. 5-187 수치제어의 구성

(i) servo機構

servo기구는 자동제어의 일부분으로서 선박이나 항공기의 자동제어, 온도 및 압력 등의 自動平衡計器 등에 널리 쓰이며, 특히 공작기계에서는 기계의 이동 거리, 위치와 속도를 제어하기 위하여 cam, limit switch를 조합하여 sequence제어나 program제어로 사용된다.

servo기구는 Fig. 5-188과 같이 入力된 수치나 부호를 전기신호로 변환시켜 servo계에 입력시켜서 기계가 실제 이동한 양 e_f와 基準入力量 e_i와의 차, 즉 검출기에서 얻은 오차를 feedback시켜서 servo계의 동작을 적절히 조절하며, 그 偏差信號에 소정의 특성을 가지게 하는 조

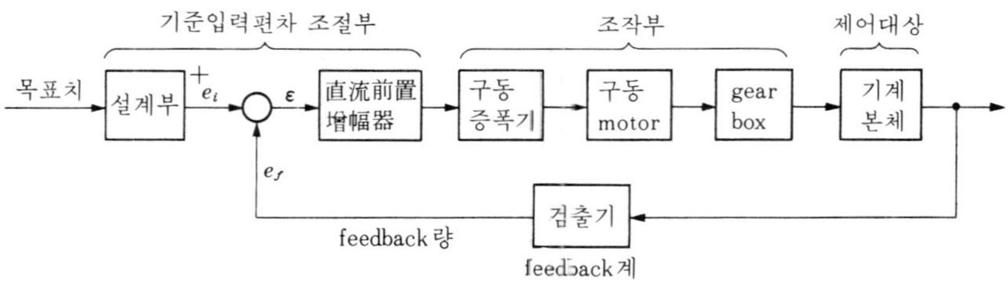

Fig. 5-188 servo機構의 기본 구성

절부, 구동motor, 유압motor 및 구동증폭기와 기계본체 또는 전동기를 연결시키는 gear box로 구성된 操作部, 제어의 대상이 되는 기계본체, 그리고 기계본체에 입력시킨 기준입력치(e_i)와 실제 움직인 이동량(e_f)과의 차(feedback量, ε)를 검색하는 검출기 및 증폭부로 구성된 feedback계로 되어 있다.

feedback이란 제어하여 얻은 결과의 정도를 검색하며, 이것을 지령의 목표치(기준입력치, e_i)와 비교하기 위하여 입력측으로 되돌려 보내는 것을 말한다. 이 system에는 閉鎖回路 안에서 출력의 기준입력(e_i)과 출력(e_f)과의 차에 의하여 제어장치를 움직이게 하여 그 편차(e_i-e_f)를 0으로 하는 것과 같은 訂正動力을 계속 실시하여 제어하는 방식과, 訂正動力을 가하지 않고 지령을 한 방향으로만 보내는 제어방식이 있다. 전자를 **閉鎖回路制御**(closed loop NC sys-

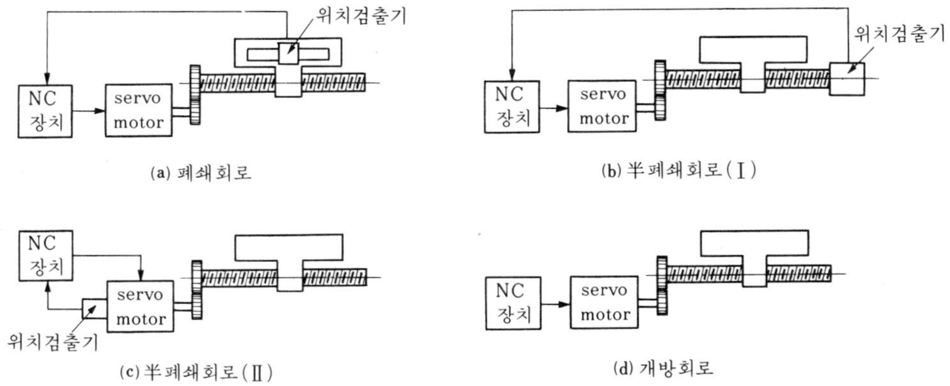

Fig. 5-189 NC의 servo 기구

tem)라고 하며, 후자를 **開放回路制御**(open loop NC system)라 한다. Fig. 5-189는 이들 NC의 servo 기구의 예를 보여 준다.

(ii) 전자계산기 기구

일반적으로 공작기계에서는 가공물이나 절삭동작 등의 조건이 변하게 된다. 그러므로 가공조건이나 가공물의 형태가 바뀌어도 이에 대응하는 동작을 할 수 있어야 한다. NC 공작기계에서도 이 조건에 따라 program이나 이미 program된 지령 tape를 교환하여 가공동작을 할 수 있어야 한다. 이렇게 하기 위하여 NC에서는 program을 바꿈으로써 이에 대응하는 여러 가지의 제어명령을 이 電子計算機機構가 자동적으로 연산처리하여 제어동작을 하여야 한다.

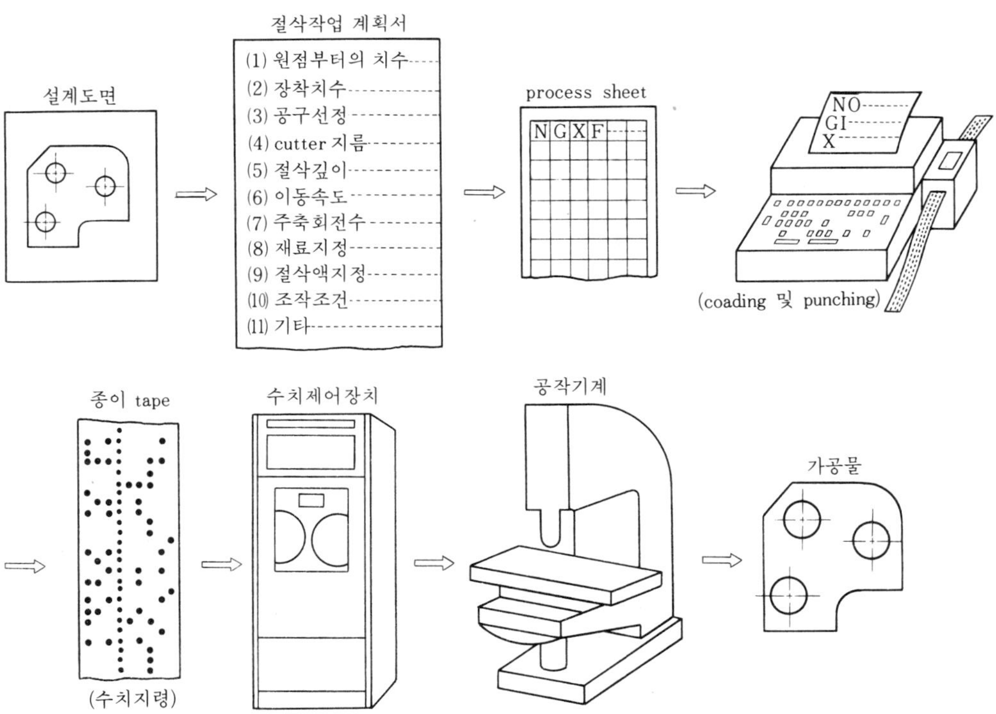

Fig. 5-190 가공 순서

(iii) program 기구

NC의 장치는 여러 종류가 있으며, 그 장치마다 program에 사용되는 언어는 다르다. program 기구는 공작물의 제작도면으로부터 NC의 지령용지 tape를 만드는 과정의 기계들을 말하며, 이 과정을 **programming**이라 한다.

공작물의 제작도면에서 절삭계획서의 작성, process sheet 작성, 종이 tape에 천공(punching)을 하게 되는데, 가장 중요한 작업은 절삭계획서를 작성하는 일이다. 즉, 주어진 도면 위에서 원점좌표를 결정하여 가공물을 원점에 대하여 모양과 치수를 결정하고 가공 순서, 절삭속도 및 사용할 공구의 선정, 주축회전수 선정, 기계의 조작 순서, 냉각액의 지정, 공정 등 절삭에 필요한 모든 항목 및 순서를 상세히 검토하여 절삭계획을 수립한다. Fig. 5-190은 NC공작기계의 가공순서를 그림으로 나타낸 것이다.

(2) 기능에 따른 NC의 제어방식

가공의 종류를 분류해 보면 drilling과 punching, pressing 등과 같이 절삭작업을 포함하지 않고 공구의 이동 거리만이 문제가 되는 위치 결정 작업, milling이나 boring과 같이 위치 결정과 동시에 직선절삭가공을 병용하는 작업, 원호·타원 등 곡선의 조합으로 되는 복잡한 형상의 가공물의 절삭가공 등으로 분류할 수 있다.

(i) 위치 결정 제어(point to point control, positioning control)

drilling machine이나 punching machine과 같이 공작물의 지정된 위치에 공구가 도달되는 것만이 요구되는 가공에서는 작업은 단순하지만 작업속도가 매우 중요한 요건이 된다.

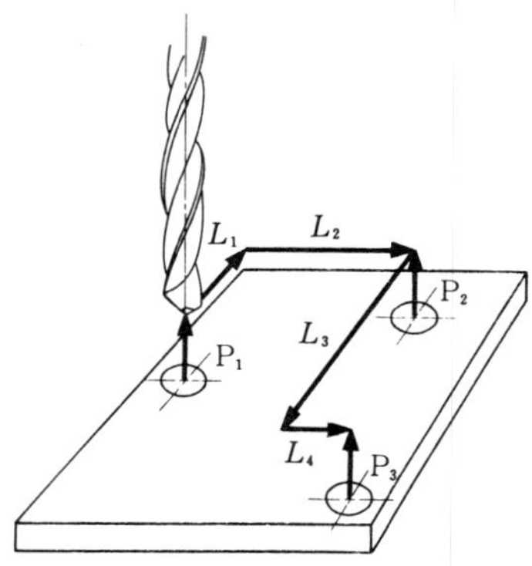

Fig. 5-191 위치 결정 방식

Fig. 5-191은 위치 결정 작업의 예로서 drilling을 도시한 것이다. 구멍 P_1, P_2 및 P_3를 뚫을 때 점 P_1에서의 drill의 위치 결정은 NC 제어로 하지만 점 P_1에서의 drilling 작업의 상하운동, 경로 L_1 및 L_2를 지나 구멍 P_2의 위치가 결정되기까지의 속도 변화에 대한 제어는 하지 않는다. 그러나 drill의 절삭저항의 변화나 table 또는 drill이 이동하는 동안의 마찰저항의 변화 등으로 어느 정도의 속도 변화가 나타난다. 이 속도 변화에 대한 원인은 구동전동기의 동력이 충분하지 못하기 때문이다. 그러므로 구동동력을 충분히 크게 하여 절삭저항 및 마찰저항의 변화를 motor의 torque에 흡수시켜 주축의 운동속도를 거의 일정하게 한다.

Fig. 5-192에서는 위치 결정 NC 장치의 동작개요를 나타낸 것으로서 구동방식은 교류전동기(AC motor)에 의하며, 속도가 일정하고 고속회전을 한다. 지금 점 P_1에서 점 P_2에 위치 결정을 할 경우에 P_1에서 drill 작업이 끝나면 gear 변환지령에 의하여 고속용 電磁 clutch C_H가 작동하여 高速 gear G_H가 물리고, 低速 gear G_L 및 中速 gear G_M은 空轉하며, drill 또는 table은 고속 V_H로 이동을 시작하게 된다.

다음에 정지점 P_2의 바로 앞의 위치에서는 NC로부터의 지령에 의하여 고속용 전자clutch

C_H가 off되고 중속용 전자 clutch C_M을 on하여서 gear G_M을 작동시켜 중속 V_M으로 한다. 다음 정지점 P_2의 직전에서 다시 중속용 전자clutch가 off되고 저속용 전자clutch가 on되어 저속용 gear G_L이 작동되어서 저속 V_L로 된다. 이렇게 하여 점 P_2에 도달하면 電磁brake에 의해 정지하게 된다. 그러나 기계의 관성moment가 이송속도에 따라 다르기 때문에 속도변환점의 설정은 그 때마다 미세한 조정이 필요하게 되며, 저속에서 정지 직전에 전자clutch는 모두 off가 되고 잠시 기계가 惰行하는 기간이 있게 되는데, 기계의 可動部가 마찰의 영향을 받아서 정지점이 조금이나마 흐트러지는 경향이 있게 되므로 높은 정밀도의 위치 결정에는 적당하지 않을 때가 있다.

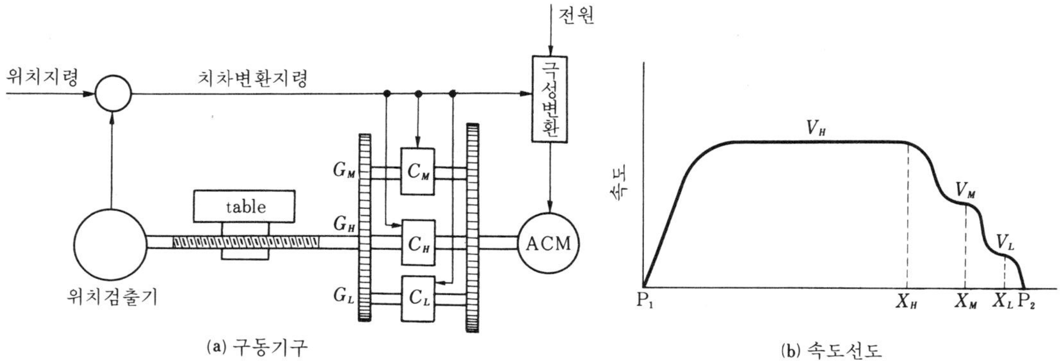

Fig. 5-192 위치 결정 동작

공작물의 모양에는 X, Y, Z 방향으로 직교하는 평면으로 구성된 것이 많은데, 위치 결정 제어에는 각 점의 位置情報를 나타내는 방법에 두 가지 종류가 있다. 하나는 각 점의 위치를 어떤 하나의 原點을 기준으로 하여 좌표값으로 표시하는 방식(絶對座標方式)과, 또 하나는 각 점의 위치를 그 앞의 점의 위치로부터의 增分値로 표시하는 방식(增分方式)이다.

Fig. 5-193은 절대좌표방식과 증분방식으로 위치 정보를 나타낸 예로서, 절대좌표방식에 있어서는 좌표값을 지령 tape에 넣으면 각 점의 순서는 달라져도 指令値는 변하지 않지만 증분방식에서는 가공 순서가 변화되면 같은 점이라도 지령치가 변하게 된다.

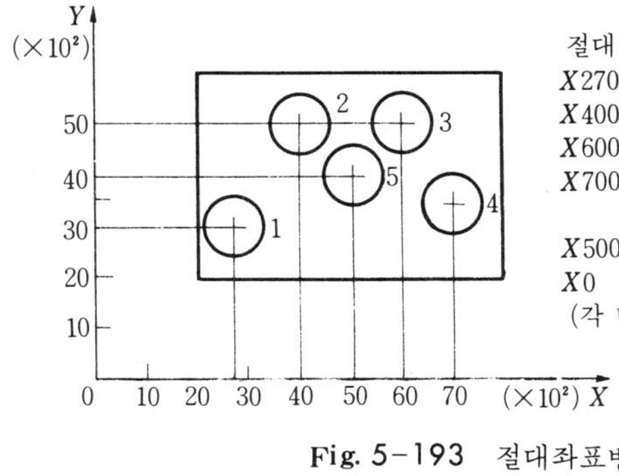

절대좌표방식		증분방식	
X2700	Y3000	X2700	Y3000
X4000	Y5000	X1300	Y2000
X6000	Y5000	X2000	
X7000	Y3500	X1000	Y−1500
		X−2000	Y500
X5000	Y4000	X−5000	Y−4000
X0	Y0		

(각 방식의 위치 결정 program)

Fig. 5-193 절대좌표방식과 증분방식

(ii) 位置決定－直線切削制御(point to point straight cut control)

위치 결정－직선절삭운동은 기계가공에서 가장 널리 사용되는 방식으로서 위치 결정 사이에 축방향으로 평행하게 움직이는 동안 절삭작업을 하는 경우이다. 이 경우는 선반, milling machine 등에서 주로 사용하는 방법으로 Fig. 5-194에서와 같이 점 P_1의 bite 위치 결정과 P_1에서 P_2 사이의 직선절삭작업, P_2-P_3점에서의 위치 결정과 같이 되풀이되어 실시된다.

위치 결정 동작은 소정의 위치에 대하여 구동전동기의 정확한 정지를 위한 제어를 실행하여야 하며, 직선절삭시의 cutter의 이동속도는 절삭깊이와 절삭속도, 즉 절삭 torque 및 마찰 torque의 변화에 대하여 구동전동기의 torque가 무한대이면 속도 변화는 나타나지 않고 규정된 속도로 절삭할 수 있다. 그러나 구동전동기는 경제성 및 무게, 크기에 제한을 받기 때문에 최소한의 전동기용량을 설정해야 하므로 속도제어가 필요하게 된다.

따라서 직선절삭에 쓰이는 구동전동기는 속도제어의 변화 범위에 대응하여 충분한 넓은 범위에서 동작되며 저속시에 필요한 torque를 충분히 공급할 수 있는 능력을 가져야 하므로 직류전동기와 유압 motor가 일반적으로 쓰인다.

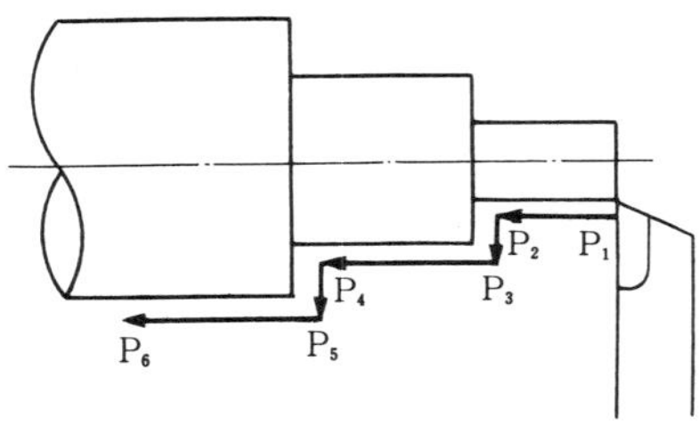

Fig. 5-194 위치 결정-직선절삭방식

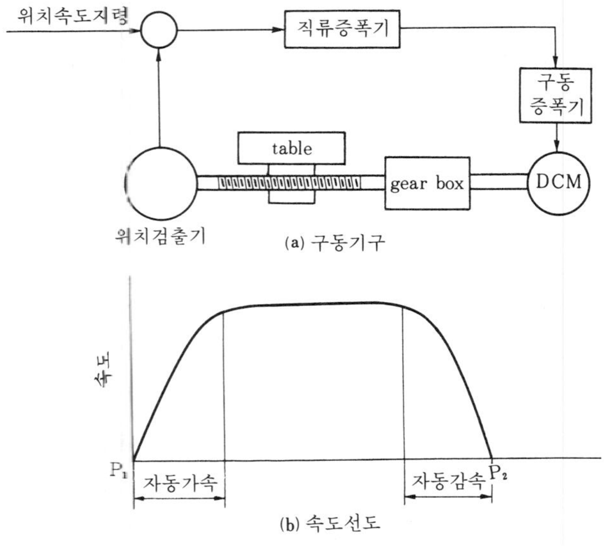

Fig. 5-195 위치 결정-직선절삭동작

Fig. 5-195는 위치 결정-직선절삭 NC장치의 동작개요를 나타낸 예이다. 직류전동기(DC motor)를 사용하여 지령치에 의해서 속도가 지정되면 이에 대응한 전압이 전류증폭기를 거쳐 구동증폭기로 가해진다. 이렇게 하여 증폭기의 출력전압에 의해 가해진 전압에 따라서 DC motor의 회전수가 결정된다. 이 방식이 위치 결정 제어방식과 다른 점은 구동전동기의 속도 변화가 자유롭기 때문에 매우 간단하고 단시간에 이루어진다는 것이다.

(iii) 輪廓切削制御(contouring control, continuous path control)

윤곽절삭은 가공면이 매우 복잡하거나 연속곡선 또는 곡면을 절삭하는 것으로서 선반, milling machine 및 型彫刻機 등에 널리 이용된다.

Fig. 5-196은 윤곽절삭의 경우를 나타낸 경우로서 곡선 위에 P_1, P_2의 2점을 잡고 직선 P_1P_2의 곡선 P_1P_2에 대한 오차 ε이 소정의 일정값이 되도록 P_2의 좌표를 정하여 곡선 P_1P_2를 직

선 P_1P_2로 근사적으로 절삭하는 것이다. 따라서 P_1P_2의 길이는 곡선의 曲率에 따라 변화하게 된다. 이 근사직선 P_1P_2를 X, Y 성분으로 분해하고 X성분을 bite의 이동량, Y성분을 가공물의 이동량으로 하여 각각의 구동전동기의 동작량으로 나타나게 한다. 또 이동속도는 주변속도를 일정하게 하고 절삭하기 위하여 공구 및 가공물에 주어진 위치지령과 함께 각각의 속도지령이 이 vector의 성분에 의해서 주어지게 된다.

일반적으로 이동 거리 P_1P_2 및 주변절삭속도 V_T가 주어지면 NC내의 계산기구에 의하여 각 축의 성분 P_1P_3 및 P_3P_2가 결정되며 V_X, V_Y가 자동적으로 계산되어 각 구동전동기에 지령하게 된다. 이와 같은 방법을 **直線補間法**(linear interpolation)이라 하고, 圓弧를 따라 分配回路를 가지는 것을 **圓弧補間法**(arc interpolation)이라고 한다.

직선보간이나 원호보간에는 여러 가지 방식이 있다. 여기서는 DDA 방식과 代數演算方式에 관하여 설명하기로 한다.

DDA란 digital differential analyzer(計數形 微分解析器)의 약어이다. NC processor 안에는 여러 개의 register가 있다. register란 processor 자체의 동작을 하기 위하여 필요한 특수 memory가 processor 내부에 존재하는데, 이것을 **register**라 한다. 이 digital積分器에서도 적분되는 변수 x가 數值化되어서 register X에 저장되고, 이 적분변수의 증분량을 Δt라 하면 적분치는 $x \cdot \Delta t$만큼 증가하게 되고, Δt의 신호 pulse가 나타나면 x를 R register의 내용인 r에 가산하여 $r+x \cdot \Delta t$를 새로운 r로 한다. 각 register의 용량은 같으므로 가산을 계속하면 overflow가 발생하여 pulse가 나타난다. 이것을 Δz라고 하면 overflow pulse의 길이는 Δt 및 x에 비례하게 되고, 이와 같이 하여 직선보간 및 원호보간의 pulse를 구할 수 있다.

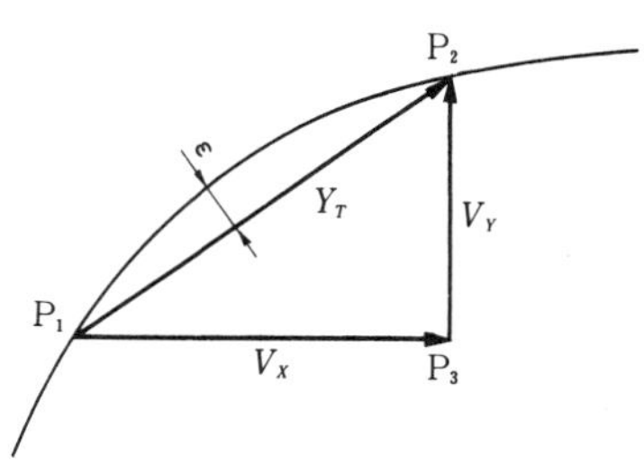

Fig. 5-196 윤곽절삭시의 근사직선

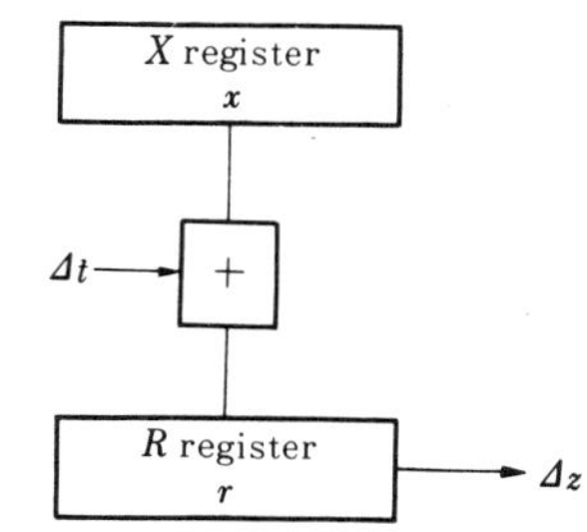

Fig. 5-197 digital 적분기

Fig. 5-197은 digital적분기(digital微分解析器)이다.

① 직선보간 : Fig. 5-198(a)에서 直線의 微分方程式은 다음과 같다.

$$dx=x_c \cdot dt, \quad dy=y_c \cdot dt$$

② 원호보간 : Fig. 5-198(b)에 있어서 원호 AB를 움직이는 것으로 하고, A를 원점으로 하는 B의 좌표 및 반지름을 주게 되면 원의 방정식은

$$(x-x_c)^2+(y-y_c)^2=R^2 \tag{5-177}$$

양변을 미분하면

$$\frac{dy}{dx} = -\frac{x - x_c}{y - y_c} \qquad (5-178)$$

따라서 $dy = -(x - x_c)dt$, $dx = (y - y_c)dt$의 모양으로 pulse가 발생하게 된다.

대수연산방식이란 x방향과 y방향만으로 움직임을 한정하고, 계단식으로 곡선의 좌우를 순차적으로 이동시켜 접근시키는 방법이다.

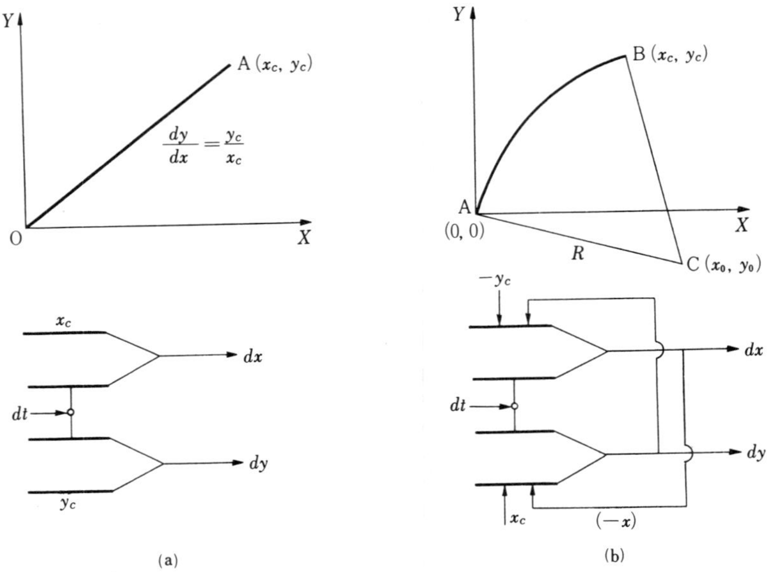

Fig. 5-198 DDA방식 직선보간과 원호보간

① 직선보간 : Fig. 5-199(a)에서 원점과 점 P_e를 통과하는 직선을 따라 움직이게 하는 경우에 직선방정식은 $y/y_e = x/x_e$가 되며, 임의의 점 $P(x_i, y_j)$가 직선의 위쪽에 있으면 $y_j/y_e > x_i/x_e$가 되고, 아래쪽에 있으면 $y_j/y_e < x_i/x_e$가 된다. 이때 $y_j/y_e - x_i/x_e = D$로 놓으면 $D > 0$는 점이 위쪽에, $D = 0$은 직선과 일치하고, $D < 0$은 직선의 아래쪽에 있게 된다.

여기서 점 (x_i, y_j)가 직선의 아래쪽에 있고 $D < 0$이면 Y방향으로 pulse를 1개 낸다. 계속하여 $D < 0$이면 $D > 0$이 되도록 계속 행하는 방법이다. $D > 0$이 되면 X방향으로 pulse를 1개

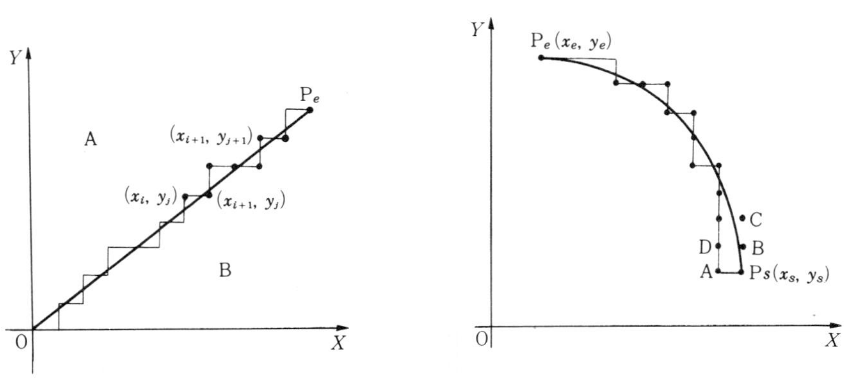

Fig. 5-199 대수연산방식

낸다. 이와 같이 하여 직선의 가장 가까이에 접근할 수 있도록 계단 형태로 움직이게 한다. 이 방법을 **代數演算方式**이라 한다.

② 원호보간 : 좌표원점을 중심으로 원호 P_sP_e를 생각할 때, 이 원호를 원으로 생각하면

$$(x-x_s)^2+(y-y_s)^2=R^2 \quad (5-179)$$

이 된다.

이때 마찬가지의 임의점 $(x_i,\ y_j)$가 있을 때, 이 점의 좌표를 원의 식에 대입하면 R^2이 클 때 원호의 外側에 있게 된다. 그러므로 판별식($R^2=0$으로 놓고 D^2-4ac)은

$$D=x_i^2-x_s^2+y_j^2-y_s^2 \quad (5-180)$$

으로 표시할 수 있다.

따라서 점 $(x_i,\ y_j)$가 원호의 外側에 있으면 $D>0$, 원호와 일치하면 $D=0$, 원호의 內側에 있으면 $D<0$이 된다.

이때 $D<0$인 경우 Y방향의 pulse, $D\geq 0$으로 하면 X방향의 pulse를 낸다. 이것을 되풀이 하여 원호의 근방을 추적해 나가는 것이다.

(3) 制 御 指 令

NC의 정보는 수치와 부호로 표시되는데, 종이 tape나 磁氣 tape에 기록되어서 NC 장치에 주어지게 된다. 종이 tape가 주로 사용되므로 이에 대하여 설명하기로 한다.

NC의 program이나 천공(punching)의 경우에 key-board가 사용되는데, 여기에 사용되는 문자 code에는 EIA(electric industries association) code와 ISO(international standardization organization) code의 두 가지 종류가 있다. 현재는 주로 EIA code가 사용되며, 이때 사용되는 tape는 1 in 폭, 8 track이다.

제어 tape 위에 어떤 순서, 어떤 형태로 NC 기계에 정보를 천공하는가의 형식을 **tape format**이라 하며, 이 tape는 block 단위로 다음과 같이 기록된다.

(i) sequence 번호(N) (sequence number) : block의 처음에 위치하여 block의 순서(번호)를 나타내는 것이며 3자리로 기입한다.

(ii) 준비기능(G) (G-function) : 이 block에 있어서는 NC 장치에 어떤 기능을 준비하라는 지정이다.

(iii) 수치어(dimension word) : NC 공작기계에서는 각 축의 변위량을 지정하게 되며, 이때 각 축의 address 다음에 부호와 변위량을 지정하는 수치가 들어가게 된다. 수치어의 순서를 address에 의해 표시하면 X, Y, Z, P, Q, R, U, V, W, A, B, C, D, E와 같은 순서로 나타낸다.

(iv) 이송속도(F) (F-function) : 공작물에 대한 공구의 상대속도를 지정하는 것으로, 다음 세 가지 방법이 있다.

① magic-3 (magic three) : 3자리의 10진수를 사용하여 이송속도〔mm/min〕를 지정하는 방법으로서 상위 1자리는 이송속도의 소수점 이상 자리수보다 3이 큰 값을 나타내며, 하위 2자리는 실제의 이송속도를 반올림한 값을 표시한다.

② 이송속도수(FRN, feed rate number) : 이송속도 V〔mm/min〕를 변위량 L〔mm〕로 나눈 값을 FRN이라 한다. 이것을 10진수의 3자리로 표시하게 된다.

③ 등비급수열법 : R 20이라는 10의 20乘根을 기본으로 한 等比級數에 따라 이송속도를 두고, 이것을 10진수의 2자리로 code화한 것으로 이송속도를 지정하는 방법이다.

(v) 주축회전수 지시기능(S) (S-function) : 주축의 회전수〔rpm〕를 지정하는 기능이다. 이 code화는 F-function에서의 magic-3 또는 등비급수열법중의 하나를 선택하여 사용한다.

(vi) 공구선택기능(T) (tool-function) : 공구의 교환에 있어서 공구를 지정하는 기능이다. 자동공구 교환장치(ATC=automatic-tool-changer)의 code화에는 key holder와 code key 방법이 가장 많이 사용된다.

(vii) 보조기능(M) (M-function) : 10진수 2자리수로서 표시하며 block의 최후에 오는 언어인 냉각액의 on-off, 주축회전의 on-off 등 보조적인 NC 기능의 지정을 위한 것이다.

(viii) EOB, CR : block의 종료를 뜻한다(end of block, carriage return).

(4) programming

NC 장치의 종류는 많으나 그 장치마다 사용되고 있는 용어는 다르며 저마다 특성을 갖고 있다. 이 특성을 살려 최소의 가공시간으로 최대의 가공을 할 수 있도록 program을 작성하여야 한다.

NC 공작기계를 사용할 때 가공물의 부품도면으로부터 NC tape를 작성하는 작업을 **part programming**이라 하며, 이에 필요한 지식은 다음과 같다.

① 도면을 해독할 수 있는 능력과 입체적인 형상을 머리 속에다 그릴 수 있어야 한다.

② 기계가공에 대한 지식과 경험이 있어야 한다.

③ 사용하는 NC기계의 능력과 기능, 한계 program에 관한 사전 지식이 필요하다.

④ 대수 및 삼각법의 기초적인 지식이 필요하다.

⑤ program 언어에 관한 지식이 필요하다.

다음에는 부품의 도면으로부터 가공계획을 수립해야 하며, 이때 필요한 사항은 다음과 같다.

① 가공하는 범위와 사용하는 NC 기계의 선정

② 절삭순서

③ 절삭공구 및 tool holder의 선정과 기계에 설치할 위치의 결정

④ 절삭조건(주축의 회전, 이송속도, 절삭액의 선정)

⑤ 공작물의 성질

위의 조건에 맞는 process sheet로부터 programming을 하며, 이에는 수동 programming과 자동 programming이 있다.

(i) 수동 programming

수동 programming은 비교적 단순하고 간단한 공정인 경우에 사용하는 방법으로서, 부품의 도면으로부터 공정을 설정하고 NC공작기계를 선택하여 가공순서에 따라 공구를 선택하며, 절삭조건에 맞게 하여 공구의 위치 및 공구경로를 계산해서 process sheet를 작성한 다음 punching 하여 checking을 거쳐 가공에 들어간다.

(ii) 자동 programming

부품의 형상이 복잡해서 수동 programming으로는 공구의 위치 산출에 많은 시간이 걸릴 경우와 punching의 잘못 등에 의해 programming에 많은 시간을 요할 경우에 computer를 이용해서 자동 programming을 실시하면 매우 편리하다.

Fig. 5-200은 자동 programming의 순서를 나타내며, program 언어는 다음과 같다.

① APT (automatically programmed tools) : 미국에서 개발된 언어로 현존하는 것 중에서 가장 대규모로 풍부한 기능을 가지고 있으며 언어가 복잡해서 대형계산기 기구를 필요로 한다.

② EXAPT (extended subset of APT) : work shop technology를 고려하여 APT와 호환성을 가진 국제적 표준 자동 program 언어이다. 이 언어는 서독 Aachen 공과대학이 중심이 되어 개발된 언어이다. 이 언어는 공구의 동작뿐만 아니라, 가공공정, 절삭조건의 결정까지 자동화되어 수준은 높으나 처리 가공 형상이 매우 제한된다.

③ FAPT : 일본의 FANUC 회사에서 개발한 자동 program으로, 현재 우리 나라에서 주로 많이 사용되고 있는 언어이다.

Fig. 5-201은 program system을 나타낸 것이다.

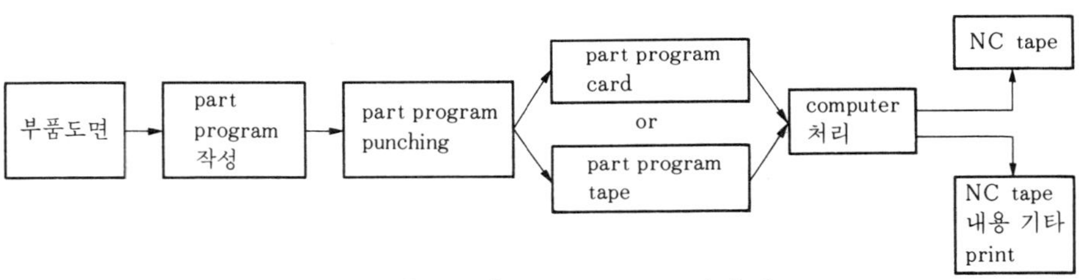

Fig. 5-200 자동 programming의 순서

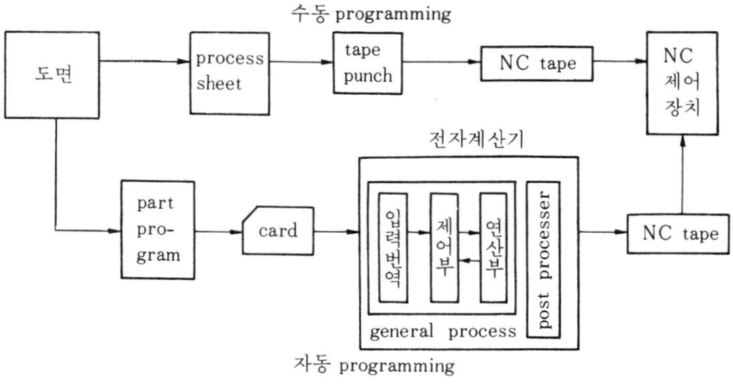

Fig. 5-201 program system

〔2〕 CNC system

전자공학의 발전은 모든 산업에 커다란 변화를 가져다 주었다. 몇천, 몇만 개의 transistor나 diode가 모여서 하나의 복잡한 회로를 구성하고 있는데, 이 복잡한 회로를 작은 chip에 집

적시킨 결과 computer가 탄생하게 되었고, computer를 numerical control 분야에 이용한 결과 CNC(computer numerical control)가 탄생되었다. 즉, CNC 장치는 數値制御裝置의 일부 또는 거의 대부분을 computer로 치환한 것이다. 보통 NC는 直線補間, 圓弧補間, 工具徑補間 등의 목적에 고정된 論理回路를 가진 특수한 계산기를 가지고 있었다. 그러나 microprocessor의 등장은 computer에 의한 numerical control이 이루어지게 하였고, NC의 내부에 computer를 두고 numeric box를 제어하여 기능을 더욱 완벽하게 함은 물론 programming에 있어서도 명령과 programming 공정을 단순화하여 시간을 적게 들여서 일반 NC 장치에 없는 여러 가지 기능을 가지게 되었다. 또한 computer에 robot을 부착시켜서 모든 공정을 自動化할 수 있게 하였다. 이와 같이 computer를 numerical control에 사용한 것을 CNC라 하며, Fig. 5-202는 CNC의 기본 형태를 나타내고 있다.

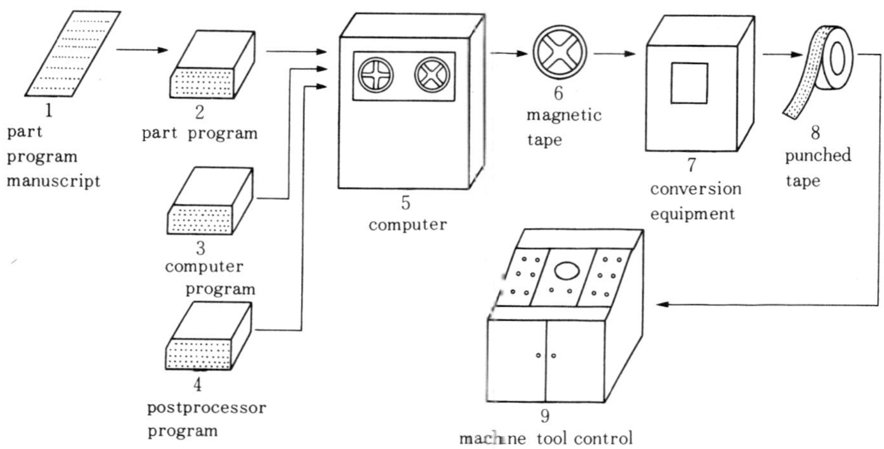

Fig. 5-202 computer에 의한 control 경로

CNC의 구동은 제작도면으로부터 part program을 작성하여 computer에 입력시켜서 program을 완성시키거나 tape reader로부터 이미 program된 내용을 computer의 memory에 load하여 program이 실행되는데, 모든 동작이 자동화되어서 수정 작업도 동시에 행할 수 있다.

computer에 출력된 신호에 따라 spindle과 stepping motor에 의해 절삭을 이행하게 된다. 특히 stepping motor는 computer에서 출력된 pulse에 의해 동작하게 되므로 매우 정밀한 동작을 할 수 있게 된다.

Fig. 5-203은 computer에 출력된 신호에 의해 control unit에서부터 가공 과정을 나타낸 open-loop의 control system이다.

CNC의 기능은 다양하면서 매우 복잡한 경우도 있으나 숙련된 기능공에 의해서 절삭할 수 없는 형상도 program에 의해서 수행할 수 있다.

여기서는 간단한 몇 종류만 설명하기로 한다.

선삭가공의 경우 조도 및 정밀도는 거의 무시된다. 이때 Fig. 5-204에서와 같이 工具의 cycle 동작이 요구되는 경우가 발생되는데 program은 아주 간단히 된다. Fig. 5-204(a), (b)의 경

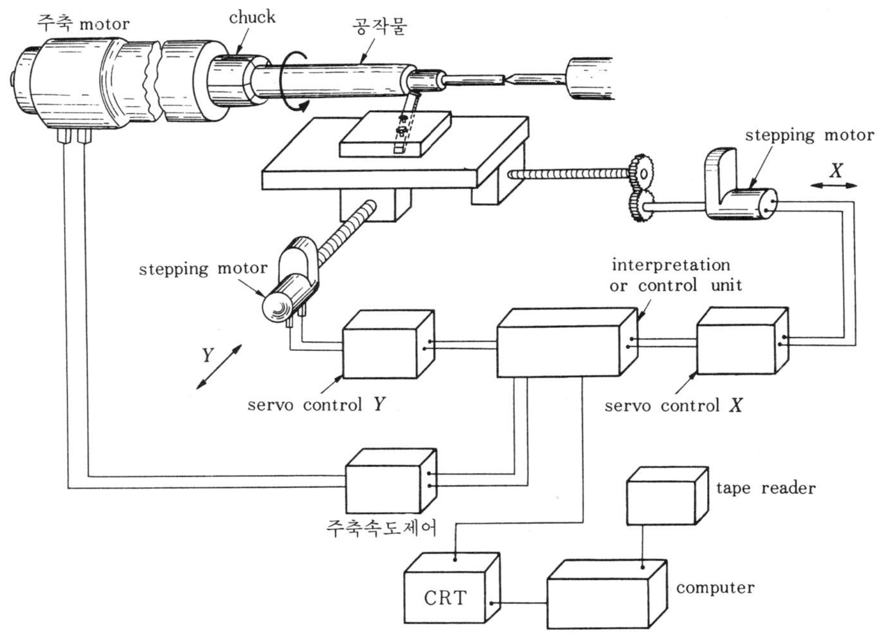

Fig. 5-203 CNC의 open-loop control system

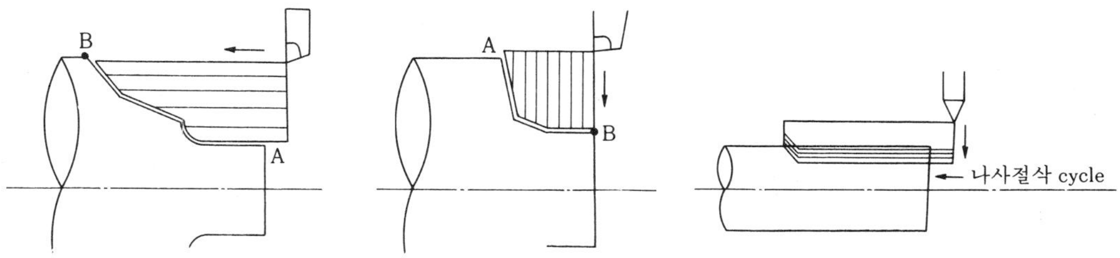

Fig. 5-204 선삭 cycle

우 점 A에서 B에 이르는 輪廓形狀에 관한 data를 지령 tape에 넣고, 실제의 공구통로를 CNC 내의 computer에 의해서 산출시키고, Fig. 5-204(c)의 나사절삭 cycle에서는 나사의 깊이, pitch, 절삭깊이, 최초의 절삭량, 주축의 회전수를 지령 tape에 입력시킴으로써 나사절삭을 위한 공구 통로를 CNC 내의 computer에서 결정하여 2회 절삭 깊이부터 자동으로 산출하여 가공한다.

CNC 공작기계의 주축은 DC motor로 구동되기 때문에 주축의 속도는 전압에 비례하게 된다. 절삭가공에 있어서 가공면 조도 및 정밀도는 주축의 속도와 깊은 관련이 있으므로 균일한 속도를 유지하여야 한다. Fig. 5-205는 주축의 회전을 공구의 위치에 따라

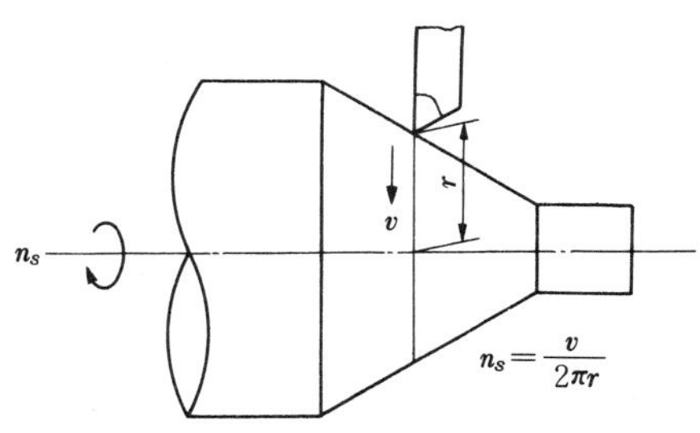

Fig. 5-205 周速一定制御

변화시켜서 공구와 공작물의 상대속도를 일정하게 유지하는 제어가 필요하게 된다.

이외에 圓弧補間, 공구의 位置補正, 工具徑補正, 增分-絶對座標 변환, EIA-ISO code 변

환, 고정 cycle 등 보통 NC에서 복잡한 기능도 CNC의 등장으로 package화된 program에 의해 쉽게 가공할 수 있다.

〔3〕 machining center

machining center는 일종의 數値制御 複合工作機械로서 setting이나 clamping 등을 바꾸지 않고 milling, boring, 나사깎기 등 각종의 가공을 1대의 制御機械에서 거의 자동적으로 수행할 수 있다.

Fig. 5-206은 3軸制御 machining center, Fig. 5-207은 4軸制御 machining center이고, Fig. 5-208은 5軸制御 machining center의 예이다. machining center는 垂直形(vertical type)과 水平形(horizontal type)이 있으며, 수평형은 분할대를 갖고 있어 多數面을 가공할 때 공작물의 면을 바꾸어 가면서 가공할 수 있기 때문에 ATC의 기능과 더불어 종래의 多工程作業을 單工程作業으로 할 수 있다. 또한 수평형에서는 chip의 자연 낙하로 chip 처리가 용이하나 수평으로 위치한 공구의 처짐에 의한 가공 정도의 저하가 염려된다.

수직형은 생산성과 chip 처리 능력은 다소 낮으나 공작물의 설치 및 해체가 용이하다.

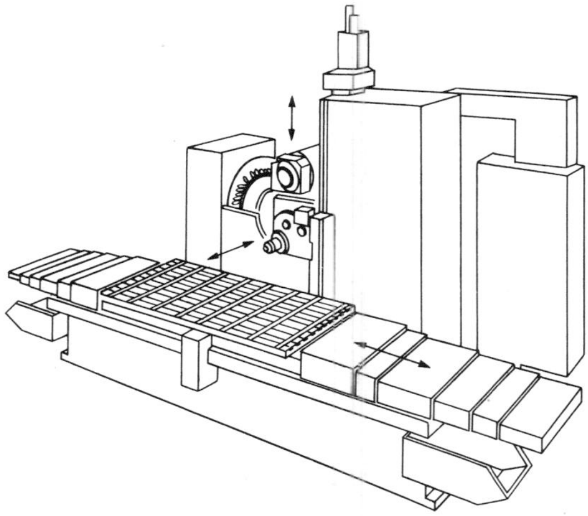

Fig. 5-206 3축제어 machining center

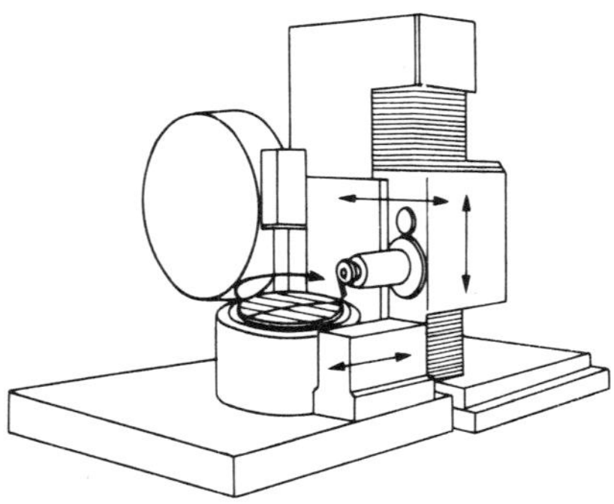

Fig. 5-207 4축제어 machining center

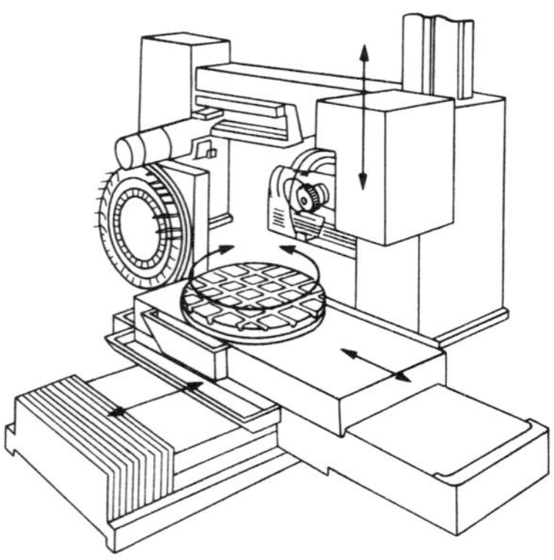

Fig. 5-208 5축제어 machining center

machining center는 數値制御 기능을 갖고, cutter, drill, tap, reamer, broach 등의 공구를 신속하게 교환할 수 있어야 하며, 타공작기계와 비교하여 다음과 같은 특징을 갖고 있다.

〔장 점〕

① 공작물과 공구의 총 着脫時間이 크게 절감된다.

② tape의 교환으로 가공조건의 변화가 신속하고 융통성이 큰 자동화가 가능하다.

③ 가공 정도가 균일하여 검사공정을 생략할 수 있다.

④ 공정과 소요시간이 tape에 의하여 규제되므로 공정관리가 용이하다.

〔단 점〕

① 연속된 가공에 의해서 발생한 열이 가공물에 축적되어 熱變形 및 치수오차를 초래한다. 최근에는 熱變形對策이 실시되어 상당히 高精度의 가공이 가능하다.

(1) **自動工具交換裝置**(ATC, automatic tool changer)

ATC에 사용되는 tool holder는 Fig.5-209와 같이 공작기계협회의 MAS 규격으로 정하여져 있다. pull stud는 tool holder에서 나사조임으로 고정된다.

pull stud와 工具의 체결장치와의 관계는 Fig.5-210에서와 같이 pull stud를 ball로 잡아올려서 tool holder의 taper부가 주축의 taper 구멍에 밀착되도록 고정시킨다.

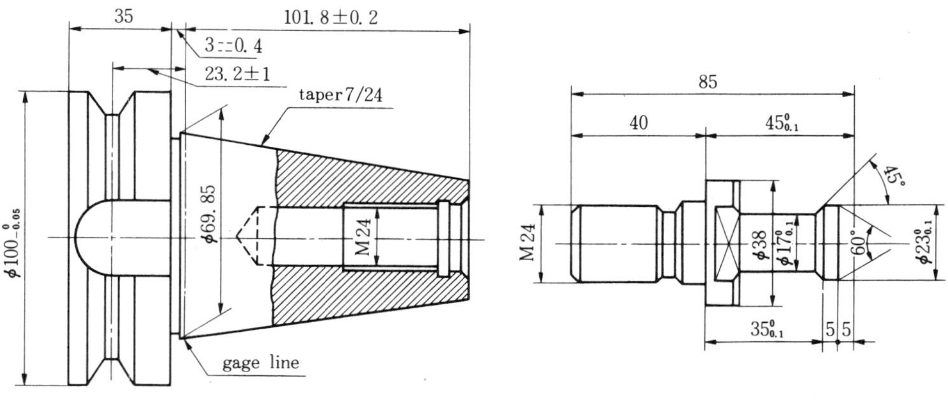

(a) tool holder (MAS BT 50)　(b) pull stud (MAS I type P 50T)

Fig. 5-209 tool holder와 pull stud

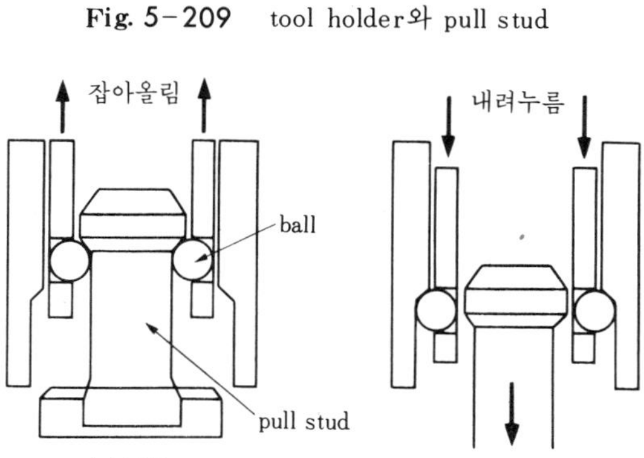

(a) 잠김　(b) 풀림

Fig. 5-210 ATC의 공구체결방식 (주축 내부)

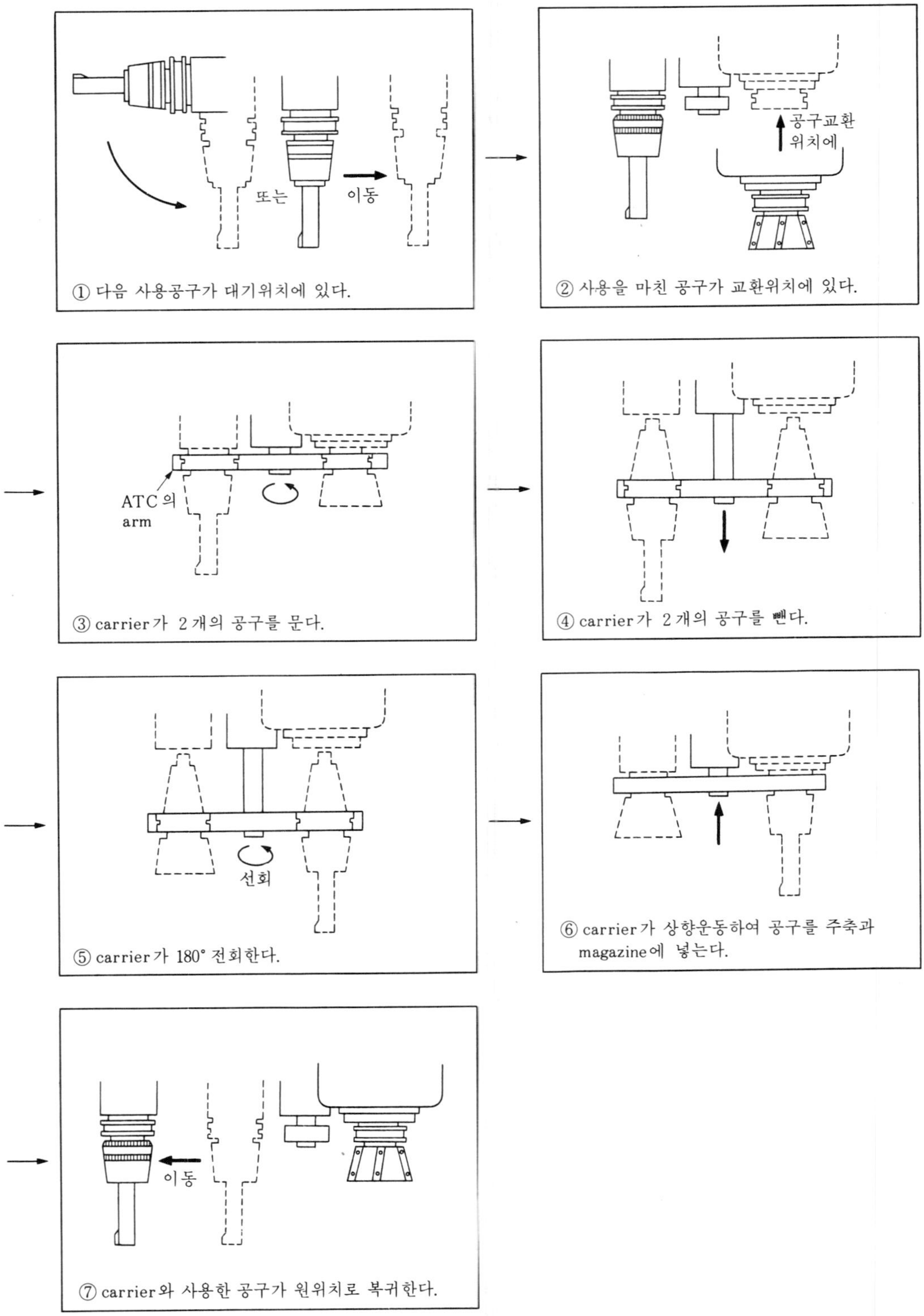

Fig. 5-211 공구의 자동교환

주축에서 멀리에 多數의 공구를 저장하는 magazine이 있으며, 이 magazine에서 필요한 공구를 가져오고 사용을 마친 공구는 magazine에 보관한다. carrier(돌리개)의 동작은 주축과 magazine의 두 공구를 물고 180° 회전하여 주축과 magazine에 넣은 다음 carrier는 90° 만큼 더 회전하여 가공에 지장이 없는 위치에서 대기한다. 다음에 다시 교환을 요할 때는 carrier는 90° 회전하여 앞의 동작을 되풀이하며, Fig. 5-211은 공구교환 과정을 보여 주고, 교환시간은 5초 정도이다.

공구를 magazine에 사용될 순서대로 정리하여 두는 방식의 공구교환장치를 sequential 방식이라 하고, 임의대로 공구번호만 지정하면 공구가 선택되도록 하는 방식을 random 방식이라 한다.

〔4〕 DNC system

DNC란 direct numerical control의 略語로서, 1대의 computer를 數臺의 공작기계와 직접 연결하고 공작기계를 자동으로 제어하는 system이다. NC 기계에서 paper tape에 정보를 수록하기 때문에 tape reader의 불량, 먼지, 파손 등에서 오는 문제점을 DNC system은 tape-less system으로서 정보가 magnetic disc에 저장되어 NC system의 문제가 해결된다. Fig. 5-212는 DNC system의 각종 기능의 관계도로서 端末에서 실행된 각 program의 기능은 NC data 준비기능, 공구 data 入出力 기능 및 system을 관리하는 목적의 기타기능으로 구성되어 있으며, 이들의 기능에 따라 DNC 운전에 필요한 NC data, 공구data, 搬送制御data의 준비가 행해진다.

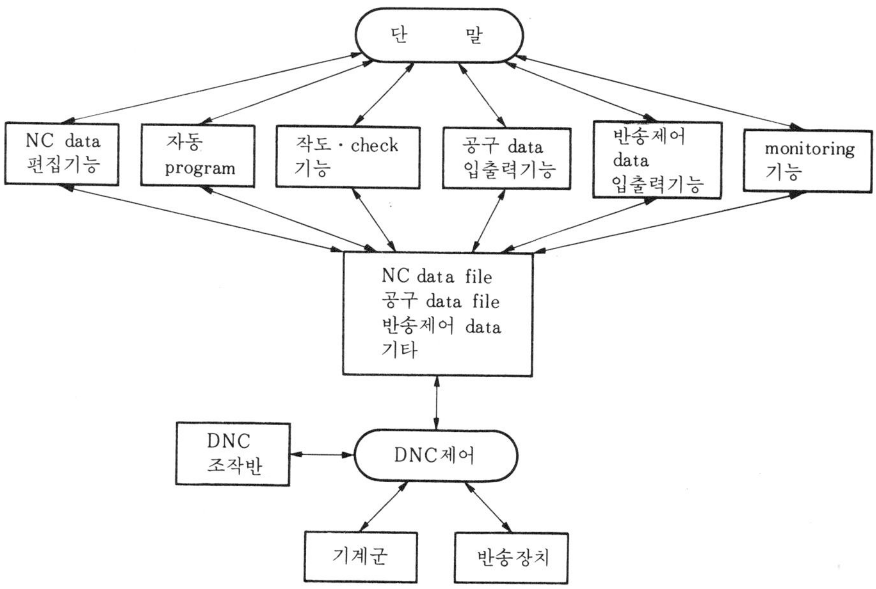

Fig. 5-212 각 기능의 관계

8章 工作機械의 基礎와 設置

공작기계의 정밀도, 능률 및 성능을 충분히 발휘하고 긴 수명을 유지하기 위하여는 적절한 방법으로 설치되어야 한다.

8-1 温 度

恒温恒濕室이 이상적이나 비용이 많이 들므로 가능하면 온도와 습도 변화가 적어 기계의 기대정밀도를 유지하도록 하여야 한다. 直射光線을 피하고 外氣에 노출되는 장소를 피하는 것이 좋다.

8-2 振 動

공구와 공작물의 상대적 진동이 加工精度와 표면 상태에 영향을 주므로 가공 정도와 표면 상태를 향상시키기 위하여는 기초에서 기계에 전해지는 진동을 절연하여야 하며, 이와 같은 절연을 **피동적 절연**(passive insulation)이라고 한다. 이와 반대로 기계의 진동이 기초에 전해지는 것을 절연할 때 이것을 **능동적 절연**(active insulation)이라 한다.

공작기계가 설치되는 基礎 및 設置要素(mounting element)에 대한 공작기계의 靜的·動的擧動은 기계에 따라 다양하다. 기계의 기초와 설치의 설계에서 고려하여야 할 사항을 요약하면 다음과 같다.

① 기계의 水平 및 中心을 맞출 것.

② 기초로써 기계의 補剛을 고려할 것.

③ 동적 간섭을 막기 위한 대책을 강구할 것.

기계설치에서 진동절연이나 剛性, 또는 이들 양자를 고려할 것인가 하는 문제는 설치장소뿐만 아니라 기계의 사용조건 및 기대정밀도에 따라 다르다. 결론적으로 적절한 기초와 기타 설치요소를 갖추기 위하여는 상당한 비용이 필요하다는 것이다.

공작기계의 설치법에는 Fig. 5-213과 같이 네 가지가 있다고 볼 수 있다.

제 1 란에서는 선반, milling machine 및 shaper와 같은 소형공작기계의 설치기준으로서 이들 기계는 충분한 剛性을 갖고 있기 때문에 기초에 의한 補剛이 필요치 않다. 이들 기계를 공

설치에 따른 공작기계 분류	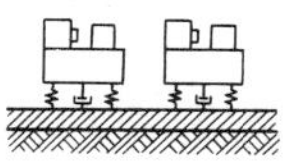	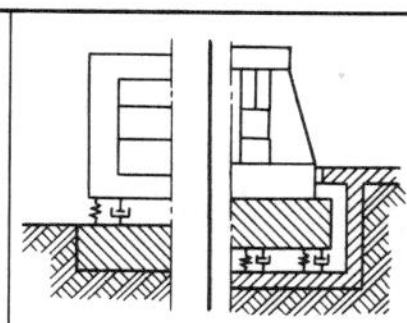		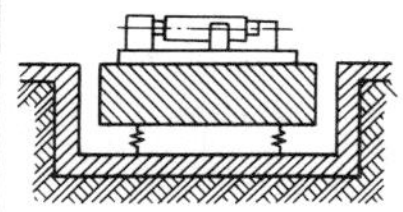		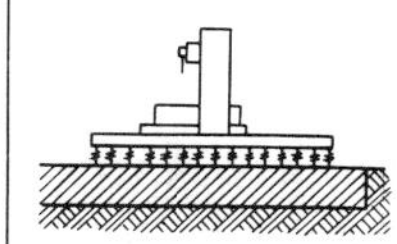
기계명	소형기계 선반 milling machine shaper	성형기계 press blanking press 鍛造 hammer		정밀기계 roller grinding machine 정밀선반		中·大 工作機械 planer milling machine, drilling 및 milling center
기계의 강성	충분한 강성	강성 양호		불충분한 강성		충분한 강성
설치요소의 하중	최소 하중	重 충격하중		重 정하중		中 정하중
설치요소의 기능	능동·피동적 절연	적극적 격리		피동적 절연		補剛
설치기준	동적	동적		동적	정적	정적
기계					×	×
설치요소	×	×	×	×	×	×
기초			×	×	×	×
지반		×	×			×

Fig. 5-213 공작기계 설치 기준

장바닥 또는 충격흡수면 위에 설치할 때 진동절연설치 및 탄성설치를 함으로써 외부 또는 반작용의 동적 간섭에 대처하는 것이 좋다. 鋼 spring 및 고무 spring과 같은 저렴한 설치재료가 다양하게 시판되고 있어 이 방법의 채용이 경제적이다(Fig. 5-213 제 1 란 참조).

위와 유사한 방법이지만 鍛造hammer, press 및 전단기와 같은 金屬成形加工機械에서는 능동적 절연을 요하기 때문에 설치비가 훨씬 많이 든다. 이와 같은 예에서는 軟spring系를 사용하여 바닥으로 전달되는 energy를 흡수하고, 힘을 최소화함으로써 기계-설치요소계의 고유진동수를 최소화할 필요가 있다. 특수한 경우에는 地振 흡수물질로 된 기초대(foundation block)와 바닥, spring 및 감쇠요소를 바쳐 주는 기초상자로써 2중기초요소가 사용된다. 이와 같은 설치법의 비용은 공작기계의 구입비에 비교할 때 대단히 큰 비중을 차지한다(Fig. 5-213 제 2 란 참조).

roller grinding machine 및 정밀선반과 같은 정밀공작기계의 경우에는 어느 것에서나 기초에 비용이 많이 든다. 이와 같은 기계는 高精度의 제품과 표면 상태가 아주 좋은 제품을 가공해내야 하면서도 일반적으로 기계 자체의 剛性이 크지 못하므로 견고한 기초로써 기계를 補剛 및 진동절연시키는 방법을 채용해야 한다. 바닥에 놓인 spring系로 지지되는 기초대는 전체 질량을 증가시켜, 이것이 系의 진동수를 감소시키는 데 도움이 되고, 기계와 마찰 연결을 통하여 補剛體의 역할도 한다(Fig. 5-213 제 3 란 참조).

剛性의 관점에서 中形 및 大形工作機械가 주종을 이룬다. 주로 경제성의 이유로 planer milling machine, drilling 및 milling center의 bed와 설치 unit에 충분한 設置剛性을 부여하기가 어렵다. 工場地盤에 설치되는 기초는 정해진 굽힘 및 비틀림剛性을 발휘하여 機械自重과 가공에서 발생하는 荷重에 관계없이 소요의 기계성능을 갖게 해야 한다. 바닥 자체가 耐荷重

및 기계 frame과 기초간의 안정성에 영향을 주지 않을 정도의 견고성을 갖고 있어야 한다. 이와 같은 기계의 능동적 또는 피동적 절연은 많은 예에서 바람직하나, 비용이 많이 소요되므로 실용적은 못된다. 따라서 기계기초를 서로 분리하고 공장바닥으로부터 중립 상태에 놓음으로써 절충할 수 있다(Fig. 5-213 제 4 란 참조).

8-3　剛性이 큰 機械의 基礎와 設置

선반, milling machine 및 shaper와 같이 고유강성이 큰 소형기계에서는 기초가 정적 작용력의 이동에 제대로 대처하지 못하고 설치조건은 절삭점(공작물-공구)의 동적거동에 크든 작든간에 영향을 미치게 된다. 한 예로서 Fig. 5-214는 chuck식 선반의 절삭점(예, 靜的撓曲剛性의 동적 등가치)에서 加振 및 상이한 설치조건에 대한 x축의 변위에 의한 진폭-진동수의 특성인 상대적 撓曲剛性(flexibility)을 보여 준다.

기계가 固有剛性을 보유하고 있다는 사실은 정적탄성(f=0 Hz)이 설치조건에 실질적으로 무관하다는 것이다. Fig. 5-214의 곡선으로부터 동적거동이 거의 전진동수에 걸쳐 설치 방법에 의하여 영향을 받는다는 것을 알 수 있다. 최대 動的撓曲剛性은 剛性設置 때의 0.15μm N^{-1}에서 軟性基礎要素가 사용될 때의 0.1μm N^{-1}로 감소된다. 설치양식(예로 軟性 또는 감쇠와 硬性)에 따라 고유강성을 갖는 기계의 성취 동적거동이 달라진다.

기계의 절삭점에서 설치양식에 대한 동적거동의 관계는 설치점에서의 진동 형태 및 발생되는 강제운동에 의하여 영향을 받는다. 다양한 설치법(軟性 또는 硬性)의 장단점의 선명한 의미는 해당 기계의 특성에 따라 다를 수 있다.

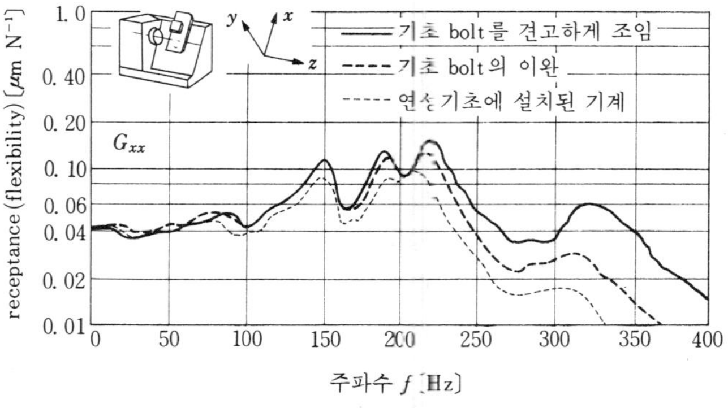

Fig. 5-214　chuck식 선반에서 설치조건이 동적 거동에 미치는 영향

Fig. 5-215는 설치요소의 종류를 보여 주며, 구조에 따라서는 설치요소의 높이를 조정할 수 있는 것도 있다. 이들 조정법은 단순한 감쇠판에서 spring과 감쇠특성을 갖는 조정나사에 이르기까지 이른다. 단일 진동체의 간단한 모형이 고유강성을 갖는 기계의 진동절연설치를 위하

(h : 조정높이)	h	d	(d : 감쇠 효과)	h	d
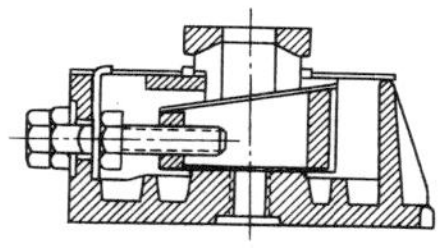	Yes	No	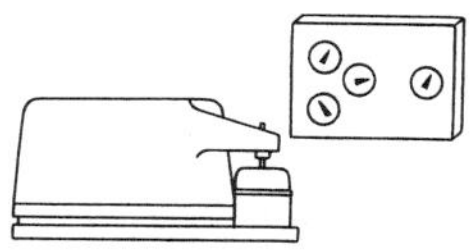	No	Yes
	Yes	No	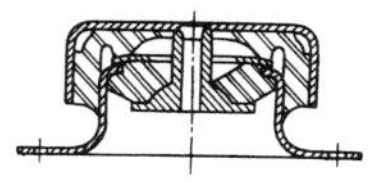	No	Yes
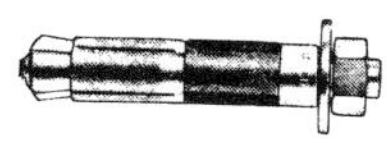	No	No	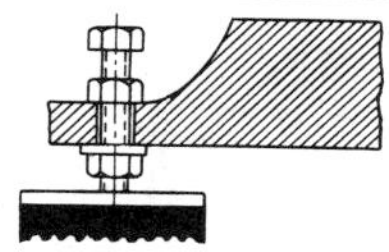	Yes	Yes
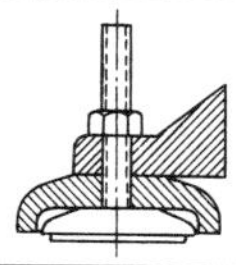	Yes	Yes	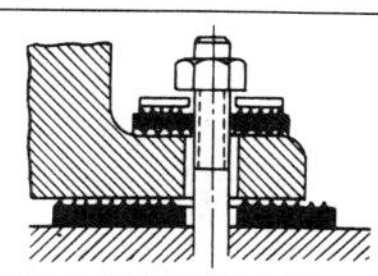	No	Yes
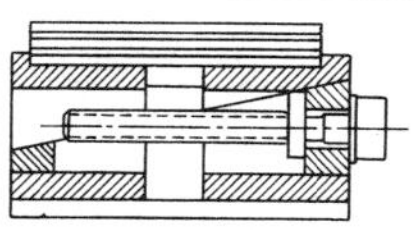	Yes	Yes	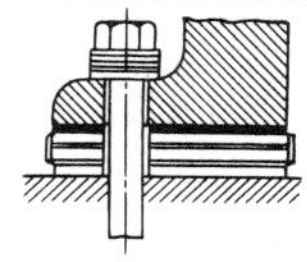	No	Yes
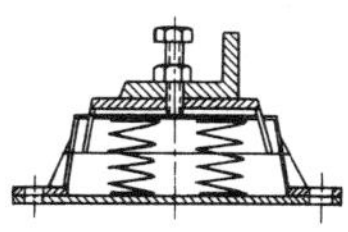	No	No		No	Yes

Fig. 5-215 설치요소의 종류

여 사용될 수 있다. m은 기계의 질량, k는 강성계수, c는 설치요소의 감소계수로서 특수한 경우에는 Fig. 5-216에서와 같은 관계를 이용한 기계설치가 있을 수 있다.

능동적 절연에서는 동적 힘 F_0에 의하여 야기되는 바닥진동을 최소화하기 위해서 탄성기초가 필요하다. Fig. 5-216은 전달비, 즉 상대적 加振振動數(ω/ω_0)와 감소비 D에 대한 바닥에 작용하는 힘(F_A)과 가공으로 발생되는 加振力(F_0)의 비이다.

진동이 생산기계에 미치는 영향의 최소화가 요청될 때에는 감쇠탄성설치로서 능동적 절연법이 사용된다. Fig. 5-216은 위의 목적 달성을 위한 바닥의 진폭 a_0에 대한 기계운동진폭 x의 관계를 보인다. Fig. 5-216에서 보는 바와 같이 설치고유진동수 ω_0는

$$\omega_0=\sqrt{\frac{\sum k}{m}} \qquad (5-181)$$

로서 설치요소의 spring 강성계수가 허용하는 한 낮게 유지되어야 한다. 고유진동수는 Fig. 5-216에서 간섭진동수의 $\frac{1}{3}$ 이하가 되어야 한다. 과잉임계진동수 범위에서 미소한 감쇠를 받는 설치요소가 보다 우수한 절연과 차단 효과를 보여 주나, 기계 전체의 진동운동에 간섭, 상승,

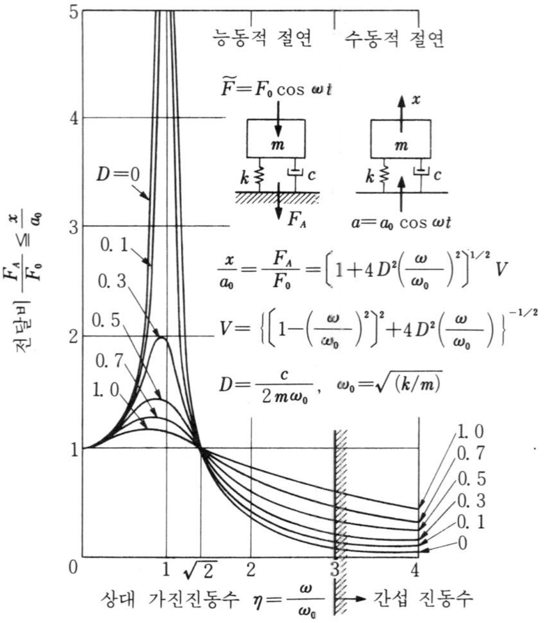

Fig. 5-216　능동적·피동적 진동절연의 효과

또는 흔들림진동을 야기시킬 수 있다.

감소계수 표준은 다음과 같다.

$$0.4 < D = \frac{\sum c}{2m \cdot \omega_0} = \frac{\sum c}{2\sqrt{m \cdot \sum k}} < 0.7 \tag{5-182}$$

8-4　金屬成形機械의 基礎와 設置

본서에는 切削工作機械를 취급하고 있으나 기초와 설치에서는 成形工作機械에 대하여도 설명하고자 한다.

금속성형기계에서는 脈動하는 작용력으로 환경에 미치는 공해를 최소화하는 것이 중요하다. floor hammer와 같은 기계에서는 주위에 전달되는 energy를 최소치로 유지해야 한다. Fig. 5-217은 鍛造hammer에서 능동적 감쇠기초를 적용한 예이다. 여기에서는 ram이 die와 공작물이 놓여진 bed plate 위로 낙하함으로써 系가 성립된다. 鍛造hammer의 bed plate는 고무판과 기초대 위에 놓여 있고, 기초대는 spring과 감쇠unit에 의한 기초판에 의하여 지지된다. Fig. 5-216에 의하여 최적 설계를 하면 바닥의 운동은 bed plate 운동의 10%이하가 될 수 있다. spring요소의 운동이 근본적으로 바닥의 진동을 지배하는 데 반하여, 감쇠특성이 감쇠 상태를 지배한다. 기초질량이 전체 질량을 증가시켜 진동 저지 효과를 발휘한다.

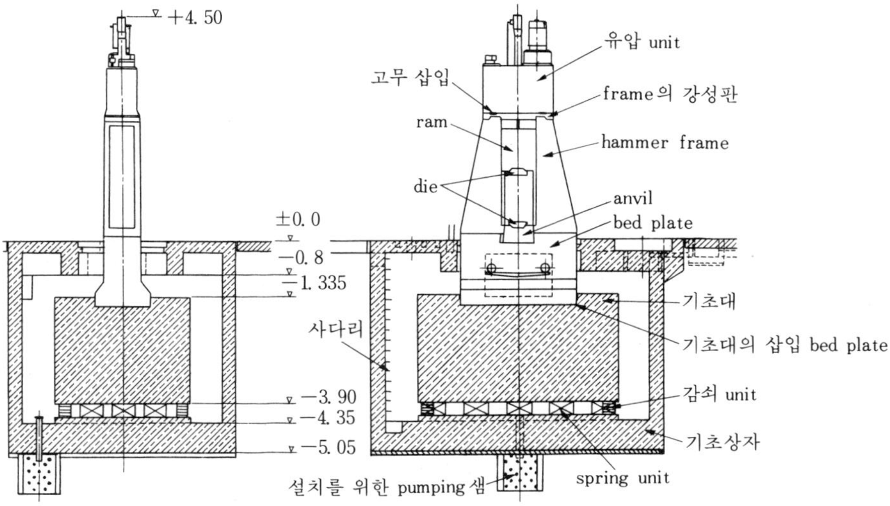

Fig. 5-217 단조hammer의 spring대 설치 요소

8-5 固有剛性이 불충분한 精密工作機械의 設置

roller grinding machine, 정밀선반 등과 같이 자체의 剛性이 충분하지 못한 정밀 생산기계의 경우에는 기초는 한편으로 기계를 補剛해 주고, 다른 한편으로 외부의 간섭을 막아 주는 2중의 역할을 한다.

Fig. 5-218은 roller grinding machine의 기초의 예를 보여 주며, 외부 간섭의 영향을 최소화하기 위하여 피동적 진동절연을 한다. 기초를 바닥에 직접 놓으나 鋼spring과 점성감쇠기로 받친다. 地盤에 대한 지지로는 spring 기초대를 鋼補强 concrete 상자에 넣는다. spring기초대는 기계frame을 補剛하며, 나아가서 기초의 질량은 기계질량에 더해질 때 외부 간섭을 흡수

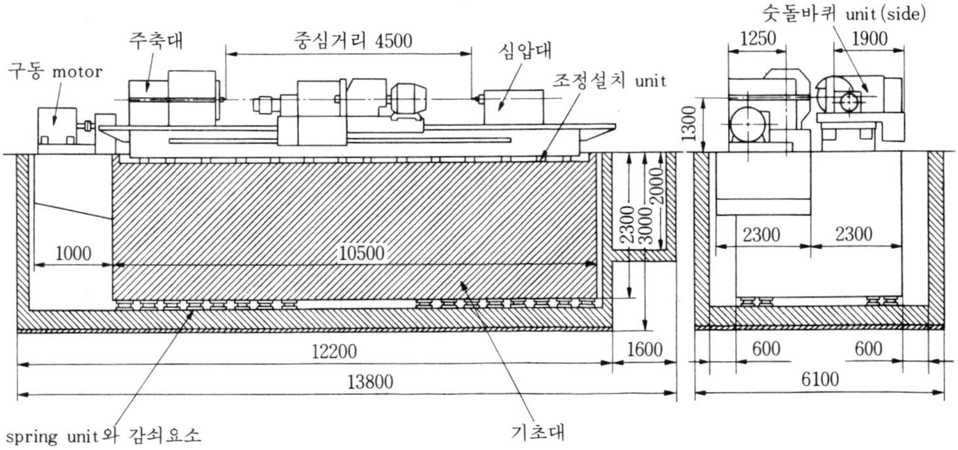

Fig. 5-218 roller grinding machine의 피동 절연

할 정도로 충분히 커야 한다.

외부 간섭과 더불어 이 系는 근사적으로 단일 질량진동체로서 생각할 수 있다. 기계운동의 전달특성이 설치요소의 진폭, 강성 및 감쇠특성과 함께 Fig. 5-216에 나타나 있다.

8-6 固有剛性이 불충분한 中·大形機械의 基礎

충분한 剛性을 갖지 못한 대형기계의 경우에서 기초가 剛性을 향상시키는 데 전적으로 기여한다. 이와 같은 기계가 기초 위에 설치되면 剛性의 설치요소(쐐기)가 기본적으로 사용된다.

Fig. 5-219는 기초를 갖는 gantry milling machine을 圖示한 것이다. 기초 상부표면의 치수, 형상은 chip 처리, cable channel 등과 같은 설계의 고려뿐 아니라 기계의 외적 치수에 의하여 결정된다. 그러나 기초의 두께는 기계의 정해진 성능이 요하는 地盤條件 및 全必要剛性에 의존한다. 기초를 설계할 때에는 기계, 설치 unit, 기초대 삽입요소 및 바닥 자체를 고려한 全系에 근거한 결론이 필요하다. Fig.5-220은 단순화한 수학적 模型을 보여 주며, 이것이 기계 자체 또는 기계와 기초간의 삽입요소의 剛性値를 취한 것은 아니다. 기계와 공작물의 중량이 기초대 위에 바로 작용하는 荷重의 형태로 고려된다. 기초 자체는 beam으로, 바닥은 spring으로 simulation 한다. 바닥의 단위면적에 대한 荷重을 계산하면 주어진 하중에 대한 beam의 용량이 얻어진다(Fig. 5-220의 아랫부분 참조).

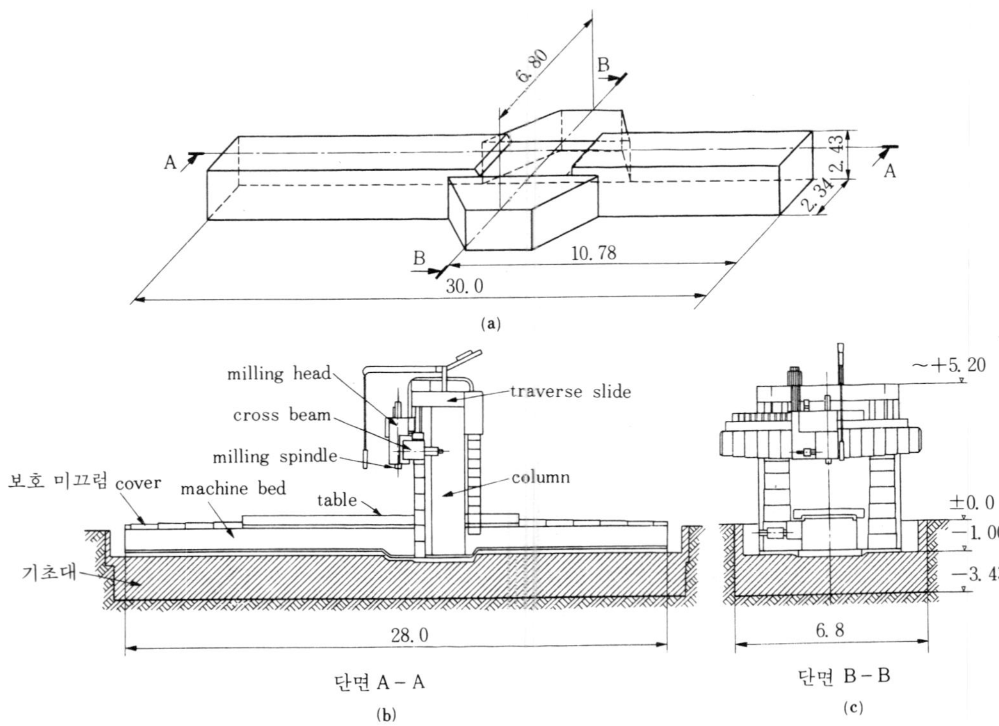

Fig. 5-219 gantry milling machine

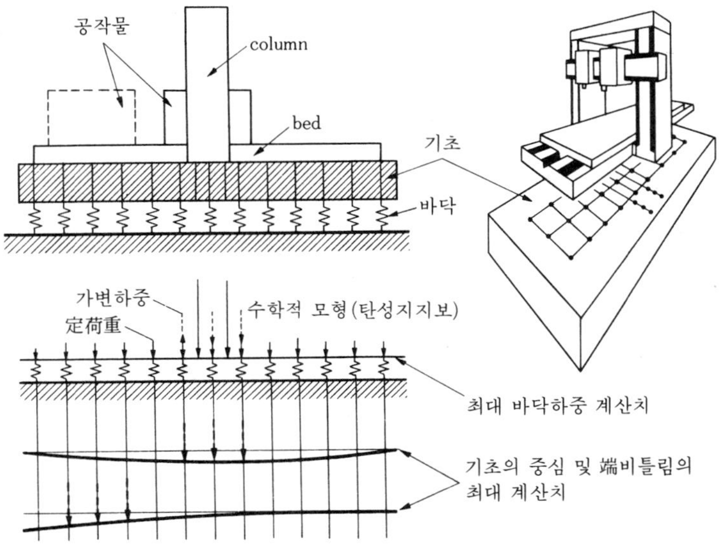

Fig. 5-220 기초대의 정적계산(탄성지지된 보)

기초를 보다 정확하게 설계하기 위하여는 Fig. 5-221과 같은 수학적 模型의 적용이 바람직하다. 이 방법에서는 기계특성과 설치요소가 계산에 포함된다. 기계는 beam과 spring에 의한 삽입요소로 근사화시키고, 기초는 압축 및 回轉 spring에 의한 beam과 바닥으로 개략적으로 대체할 수 있다. 기초의 관점에서 보면 절삭력은 중요성에서 次順位이므로 기계 및 가공물의 자중만을 이 방법에 고려하고, 계산은 有限要素法에 근거한다.

Fig. 5-220에 설명된 간소화법이 설계에 적용될 때에는 機械剛性은 고려되지 않으므로 최소치수보다 큰 치수의 기초가 설계된다. 결론적으로 말해서 비용이 필요 이상으로 많이 든다. 따라서 Fig. 5-221에서 정해지는 보다 정확한 해법에 의하면, 계산비는 많이 든다 하여도 보다 경제적임이 판명될 것이다. 왜냐하면 상당량의 재료 및 건축비가 기초설립시에 절약될 것이기 때문이다.

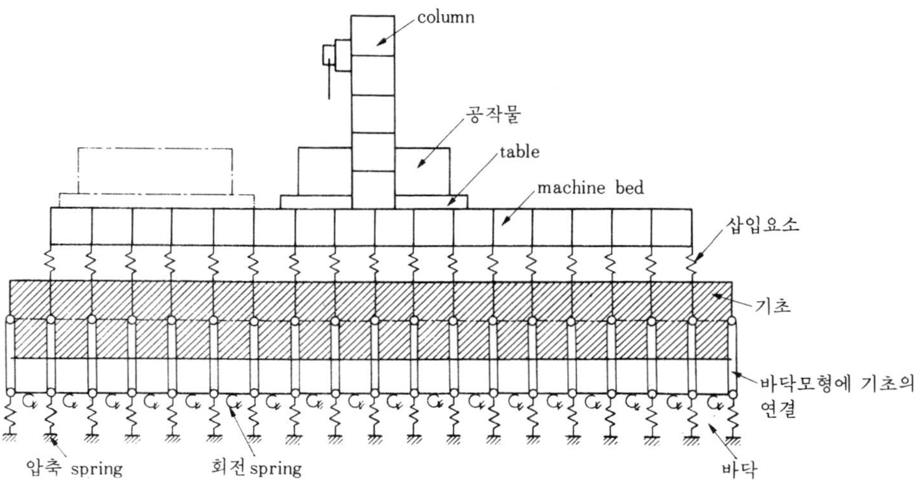

Fig. 5-221 비틀림특성 규명을 위한 기계-기초-바닥系의 수학적 모형

9章 工作機械의 檢査 및 性能評價

공작기계의 檢査 및 試驗의 목적은 受領檢査와 공작기계 설계제작의 평가자료를 얻는 데 있으며, 전자의 목적을 위해서는 공작기계 자체의 정도를 측정하고 가공 정도 및 가공 한계의 관점에서 공작기계의 성능을 평가한다. 후자의 목적을 위해서는 절삭과정에서 예측불가한 여러가지 境界를 고려하지 않고 compliance의 주파수특성을 측정하여 가공성능을 평가하는 것이 보통이다. 여기에서는 靜的·動的檢査 및 시험으로 구분하여 설명하고자 하니 필요에 따라서 수령검사 또는 성능평가에 응용하기 바란다.

9-1 靜 的 檢 査

정적 검사로는 眞圓度, 平面度, 平行度, 直角度 회전축의 축방향 및 반경방향 요동, lead screw의 전진 및 후퇴정밀도, 분할대의 정밀도 등을 들 수 있다.

9-2 動 的 檢 査

공작기계 기능의 목표는 소요 정도와 형상의 가공을 경제적으로 수행하는 데 있으므로, 실제의 가공조건에서 각종 정도와 성능을 평가할 필요가 있다.

9-2-1 加工精度試驗條件

① 온도 변화, 진동 등인 외부 영향을 제거한다

② 구성인선(built-up edge) 등의 특이한 절삭현상을 없게 하기 위하여 공구의 재질과 형상, 가공물 재료의 선택에 유의한다.

③ 공작물의 고정강성을 크게 하여 가공 정도에 영향을 주지 않게 한다.

④ 공작기계 내부 열원에 의한 변형을 가급적 피한다.

9-2-2 工作物의 精度測定

공작물의 정도는 치수 정도와 형상 정도로 나눌 수가 있으나 치수 정도와는 달리 형상 정도를 엄밀히 측정하는 것은 어려운 일이다.

다듬질면의 조도는 주로 chattering 진동에 의하여 영향을 받는데, 가공조건에 따라 너무 다양하게 나타나므로 공작기계의 평가기준을 정하기가 어렵다.

가공된 공작물의 1차원적 치수정도의 측정에는 slide calipers와 micrometer, 2차원적 측정에는 萬能測長器, 3차원적 측정에는 3차원측정기를 사용한다.

이들 측정법에 대하여는「測定工學」또는「機械工作法의 測定篇」을 참고하기 바란다.

9-2-3 실제 切削條件에서의 加工限界測定

가공한계는 motor의 동력, 공구와 공작물을 포함한 工作機械系의 强度 및 剛性 등 여러 가지 인자에 의하여 정하여진다.

사용자의 입장에서는 특정의 공작기계, 공구 및 공작물을 택하여 실험을 행함으로써 가공한계를 구할 수 있다. 제작자의 입장에서는 汎用性 있는 판정기준에 의하여 가공한계를 정하고, 이것을 最適設計에 feedback 시키는 것이 중요하나 조건에 따라 결과가 너무 많은 차이가 생기므로 적용에 어려움이 많다. 앞으로 설명될 加振試驗의 결과는 수학적 처리를 하여 설계에 유효하게 적용시킬 수 있다.

실제절삭에 의한 가공한계를 구하는 것중에서 가장 일반적인 것은 限界切削動力을 들 수 있으며, 이때 측정기술상의 전제가 되는 것은 安定切削 상태에서 不安定 상태로 이행하는 것을 정확히 파악하는 것이다. 안정 및 불안정 상태를 파악하는 데 가장 확실한 방법은 變位形, 速度形 또는 加速度形의 진동검출기를 절삭점의 근방에, 예를 들면 Fig.5-222와 같이 공작기계의 table 또는 ram에 고정해서 직접 진동을 측정하고 oscilloscope에 기록하는 것이다.

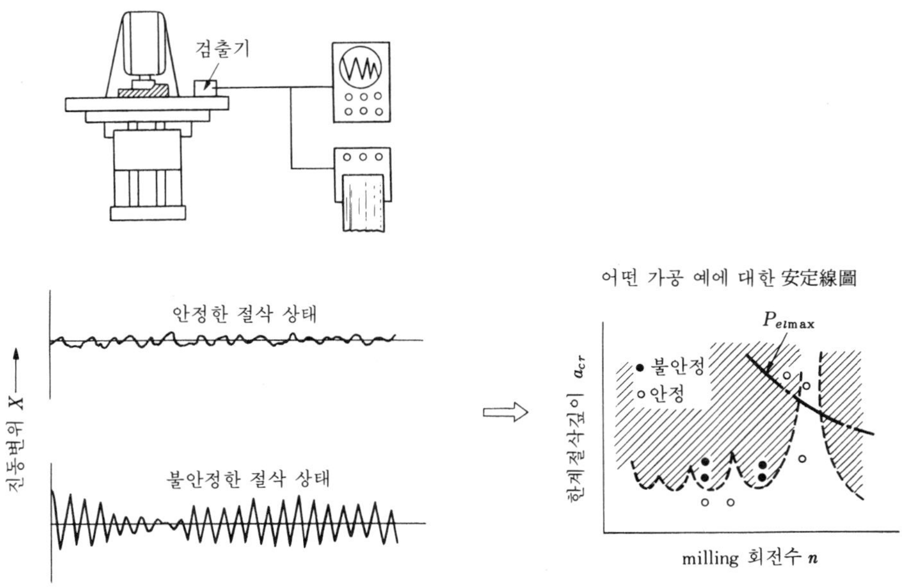

Fig. 5-222 한계절삭깊이의 결정 및 안정성 선도에 의한 결과 표현

9-2-4 加振試驗

여기에서는 가진시험법의 일종인 compliance의 周波數特性에 의한 것만을 소개하고자 한다.

〔1〕 動的 compliance의 측정

Fig. 5-223은 공작기계의 동적 compliance를 측정하기 위한 측정장치의 구성을 보여 주며, 발진기로부터 나온 전기신호를 증폭하여 가진기에 공급하면 기계에는 전기신호에 비례하는 힘이 가해진다. 正弦波, random波 또는 過度的(transient) 波形 등의 특성을 갖는 가진력 신호는 공작기계와 관련된 주파수 범위에 걸쳐 진동 spectrum 성분을 가지고 있어야 한다.

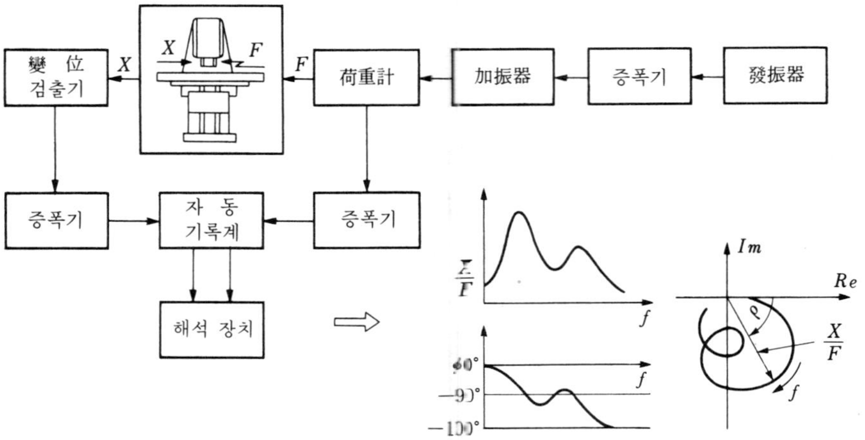

Fig. 5-223 공작기계의 동적 compliance를 측정하기 위한 측정장치의 구성

힘 F에 의하여 변위 X가 생기며, 힘과 변위는 검출기로 측정하고, 증폭시킨 후에 기록기에 기록하여 처리한다. 경우에 따라서는 해석장치를 직접 연결하여 자동처리하기도 한다. 해석 결과로서 compliance 주파수 특성이 진폭 및 위상의 변화, 또는 그와 等價의 표현으로 vector 궤적으로 표시된다. 측정된 compliance의 주파수 특성은 기계를 평가하는 데 필요한 자료가 된다.

Fig. 5-224는 compliance의 측정에 의한 기계특성평가법을 보여 준다.

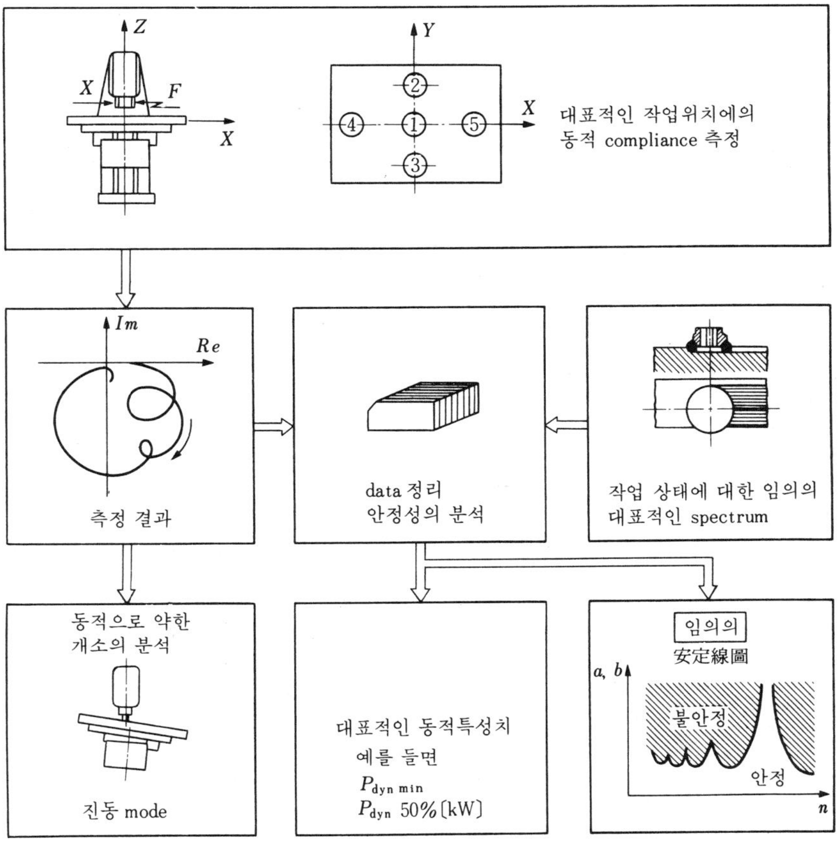

Fig. 5-224 compliance의 측정에 의한 기계특성평가법

参考文獻

1. 標準 機械工作法, 徐南燮, 東明社
2. 金屬切削理論, 徐南燮, 東明社
3. 工作機械, 姜哲熙・徐南燮, 東明社
4. 工作機械の設計原理, 塩崎進譯, 養賢堂, Design Principles of Metal-Cutting Machine Tools by F. Koenigsberger
5. 工作機械, 第一巻, 第二巻, 森佐一郎外 2名譯, コロナ社版, Die Werkzeugmachinen von G. Schlesinger
6. 体系 工作機械, 田中重芳外 1名, 共立出版株式会社
7. 工作機械 I, II, 田中重芳外 1名, 共立全書
8. 工作機械, 相原健三外 23名, 日本機械学会
9. 工作機械設計技術資料集, (日本)工作機械高度化設計技術研究会
10. Machine Tool Design, Vol. 1～Vol. 4, Translated from the Russian by Nicholas Weinstein, Mir Publisher, Moscow
11. Handbook of Machine Tools, Vol. 1～Vol. 4, Translated from the German by H. Bibring, John Wiley & Sons
12. Machine Tool Structures by F. Koenigsberger, Pergamon Press
13. 最新 工作機械講義, 李奉珍, 電設文化社
14. 工作機械基本設計, 康明順, 孫明煥, 治庭文化社
15. 標準 機械設計, 鄭善謨, 東明社

찾 아 보 기

표준 공작기계

2005년 7월 25일 수정판발행
2012년 2월 5일 수정4쇄발행

• 저 자 서 남 섭
http://sns.chonbuk.ac.kr
• 발행인 최 국 주
• 발행처 동 명 사

경기도 파주시 교하읍 문발리 535-10 파주출판단지 30블록 4롯트
전 화 : 031) 955-7200(代), 955-7201~4, 7203 (편집부)
팩시밀리 : 031) 955-7205
출판등록 : 1950년 11월 1일(제1-76호)
E-mail : dms723@chol.com
홈페이지 : www.dmsbook.com

정가 27,000원

ISBN 978-89-411-0150-5 93550